"Várias gerações de terapeutas e clínicos tiveram o benefício de usar o livro *Vencendo a ansiedade e a fobia: guia prático*, de Edmund Bourne. Poucos são os colegas que não têm um exemplar em suas estantes que consultam regularmente ao tratar pacientes que sofrem de transtornos relacionados à ansiedade. Este livro é especialmente importante hoje, à medida que as mudanças climáticas continuam a inflamar as ansiedades de nosso já estressado tecido social. A Organização Mundial da Saúde (OMS) e o National Institutes of Health (NIH) estão relatando aumentos radicais na 'ecoansiedade'. O recente relatório especial da American Psychological Association (APA), *Saúde mental e nosso clima em mudança*, descobriu que os furacões nos Estados Unidos mais do que dobraram as taxas de suicídio e ideação suicida, com quase 50% do grupo de captação estudado desenvolvendo um transtorno de ansiedade ou de humor de longo prazo, como transtorno de estresse pós-traumático (TEPT). Se você ainda não tem esta edição atualizada do 'padrão-ouro' no tratamento da ansiedade, agora é a hora de adicioná-la ao seu arsenal clínico."

—**Christian R. Komor, PsyD**,
autor de *Climate Deadline 2035*

"Esta é a atualização valiosa e abrangente de um clássico. Este guia desvenda os mistérios das ansiedades, fobias e preocupações e, na sequência, fornece técnicas de 'como fazer' focadas na ação. Com essas ferramentas poderosas em suas mãos, você pode mais do que sobreviver – pode prosperar."

—**Reid Wilson, PhD**,
autor de *Stopping the Noise in Your Head*

"Este livro é uma atualização oportuna e abrangente de um recurso clássico no estudo e no tratamento da ansiedade. Esta edição é extremamente acessível, de fácil compreensão, repleta de informações atualizadas e deve ser bastante útil e informativa para qualquer pessoa interessada em tratar ou se recuperar de um transtorno ou de uma condição marcada pela ansiedade. Agradeço imensamente a Ed Bourne por este excelente trabalho!"

—**Jeffrey Brantley, MD**,
psiquiatra; membro fundador do corpo docente da Duke Integrative Medicine e diretor fundador de seu programa de redução do estresse baseado em *mindfulness*; autor de *Calming Your Anxious Mind* e de vários outros livros e capítulos de livros relacionados a práticas de *mindfulness* para a saúde e o bem-estar na vida diária

"O melhor se torna ainda melhor! Bourne se recusa a ser complacente e atualiza seu livro clássico com novos tópicos, como superar preocupações e prevenir recaídas. Esta obra é parte informativa, parte livro de exercícios, parte repositório de etapas a seguir e parte diretório de recursos para tudo que se relaciona a ansiedade, fobias e até mesmo ao transtorno obsessivo-compulsivo (TOC). Um recurso surpreendente em um único volume! Aqueles com ansiedade encontrarão muita ajuda nestas páginas."

—**Timothy A. Sisemore, PhD**,
professor de Psicologia na California Baptist University e
autor de *The Clinician's Guide to Exposure Therapies for Anxiety Spectrum Disorders*

"Ed Bourne produziu uma revisão completamente atualizada de seu livro clássico. Incrivelmente útil para clientes e clínicos, ele descreve em detalhes os sintomas e as técnicas de tratamento mais atuais e apresenta muitos exercícios. Bourne aborda condições de saúde que podem contribuir para a ansiedade, comportamentos de segurança que a perpetuam, bem como informações sobre nutrição, medicação e meditações que a reduzem – além da prevenção de recaídas. Ele atualiza as descrições das exposições de acordo com novas pesquisas e descreve testes genotípicos que ajudam a determinar os melhores medicamentos antidepressivos para cada indivíduo. Por fim, ele apresenta material para identificar valores e estabelecer metas, incluindo aquelas baseadas na vida espiritual dos indivíduos."

—**Lynne Henderson, PhD**,
fundadora do Social Fitness Center; fundadora e codiretora, com Philip Zimbardo,
do Shyness Institute; autora de *Improving Social Confidence and Reducing Shyness
Using Compassion Focused Therapy and Helping Your Shy and Socially Anxious Client*

"O livro de Edmund Bourne sobre ansiedade e fobia é leitura obrigatória para quem luta contra essas aflições dolorosas. Ele vai além de suas seis edições anteriores para expandir seu conhecimento sobre as causas da ansiedade e das fobias e desenvolver um passo a passo com prescrições claras, que você pode seguir conforme escritas ou ajustar em um programa personalizado. Neste livro organizado, prático e fácil de ler, Bourne se baseia na ciência e em sua prática para mapear caminhos para mudanças positivas. Use essas informações para se libertar do que está entre os piores sentimentos possíveis."

—**William Knaus, EdD**,
autor de *The Cognitive Behavioral Workbook for Anxiety* e *The Cognitive Behavioral
Workbook for Depression* e coautor de *The Cognitive Behavioral Workbook for Anger*

Elogios às edições anteriores

"Edmund J. Bourne refinou e expandiu sua mensagem holística para aqueles que lutam contra a ansiedade. Há muitas coisas que você pode fazer para aliviar seu sofrimento a fim de viver uma vida mais plena e significativa. Recomendo vivamente este recurso clássico a qualquer pessoa que sofra de ansiedade ou fobia."

—**Michael A. Tompkins, PhD**,
autor de *Anxiety and Avoidance* e codiretor do
San Francisco Bay Area Center for Cognitive Therapy

"O livro de Edmund J. Bourne está repleto de ideias e exercícios testados que praticamente qualquer pessoa que sofra de ansiedade e medos pode usar imediatamente para obter alívio da ansiedade e evitar que ela volte."

—**William Knaus, EdD**,
autor de *The Cognitive Behavioral Workbook for Depression*
e *The Cognitive Behavioral Workbook for Anxiety*

"Assim como Bourne vê a ansiedade como um 'estresse ao longo do tempo', os 25 anos de sucesso de seu livro foram uma 'ajuda ao longo do tempo'. Esta 6ª edição pega o melhor e o torna melhor ainda, incorporando desenvolvimentos recentes na compreensão da natureza e do tratamento da ansiedade. Abrangente em todos os sentidos, é um recurso único para pessoas com ansiedade e uma ferramenta inestimável e incomparável para os clínicos que trabalham com elas."

—**Timothy A. Sisemore, PhD**,
diretor de pesquisa e professor de Aconselhamento e Psicologia
na Richmont Graduate University; autor de *Free from OCD*

"Nesta versão atualizada de um clássico, Edmund J. Bourne nos guia cuidadosamente por meio de uma riqueza de informações sobre ansiedade, transtornos de ansiedade e fobias. Completo e articulado, o livro aborda fundamentos sólidos, desde descrições cuidadosas dos sintomas até os tratamentos atuais, e inclui informações sobre medicação e nutrição, além de estratégias para cada área de dificuldade. Uma leitura obrigatória para quem luta contra a ansiedade e um ótimo recurso para terapeutas, o livro é uma excelente contribuição para o campo."

—**Lynne Henderson, PhD**,
fundadora do Social Fitness Center; fundadora e codiretora,
com Philip Zimbardo, do Shyness Institute

"Como uma pessoa que já foi desafiada pela ansiedade e como profissional, sou verdadeiramente grata por este livro. É a enciclopédia da cura da ansiedade e das fobias, não para ler tudo de uma vez, mas um recurso que tem exatamente o que você precisa a cada dia ou a cada mês... Fácil e reconfortante de seguir... transformador de vida."

—**Mani Feniger**,
autora de *Journey from Anxiety to Freedom*

"Este é um livro conciso, prático e abrangente sobre como reduzir a ansiedade. Um recurso altamente conceituado e amplamente conhecido."

—***Authoritative Guide to Self-Help Resources in Mental Health***

"Um ótimo recurso para uma abordagem holística."

—**Reid Wilson, PhD**,
autor de *Don't Panic*

"Muito bem-feito."

—**Christopher McCullough**,
coautor de *Managing Your Anxiety*

"Qualquer pessoa que tenha lutado contra ataques de pânico e medos encontrará neste livro, repleto de exercícios e diretrizes para superar a ansiedade e o estresse, um recurso para criar uma estratégia de recuperação positiva."

—*Midwest Book Review*

"Este livro de exercícios é um guia prático e abrangente para qualquer pessoa que esteja lutando para lidar com as manifestações multifacetadas do pânico e da ansiedade."

—***Child and Behavior Therapy***

Vencendo a ansiedade e a fobia

A Artmed é a editora oficial da FBTC

Nota do editor: Ao longo dos capítulos, o autor cita muitos livros que o leitor poderá encontrar somente em língua inglesa. Essas citações foram mantidas para aqueles leitores que possam se interessar por esses recursos. Para outros livros relacionados, mas publicados em língua portuguesa, veja a lista de títulos citados nas orelhas deste livro.

B775v   Bourne, Edmund J.
           Vencendo a ansiedade e a fobia : guia prático / Edmund J. Bourne ; tradução : Marcos Vinícius Martim da Silva ; revisão técnica : André Luiz Moreno. – 7. ed. – Porto Alegre : Artmed, 2024.
           xiv, 510 p. ; 25 cm.

          ISBN 978-65-5882-229-5

          1. Ansiedade. 2. Terapia cognitivo-comportamental. 3. Psicoterapia. I. Título.

CDU 159.9:616.89-008.441

Catalogação na publicação: Karin Lorien Menoncin – CRB 10/2147

Edmund J. **Bourne**

Vencendo a ansiedade e a fobia

guia prático

7ª edição

Tradução
Marcos Vinícius Martim da Silva

Revisão técnica
André Luiz Moreno
Psicólogo. Especialista em Terapia Cognitivo-comportamental pelo Instituto WP.
Doutor em Saúde Mental pela Faculdade de Medicina de Ribeirão Preto —
Universidade de São Paulo (FMRP-USP).

artmed

Porto Alegre
2024

Obra originalmente publicada sob o título *The Anxiety and Phobia Workbook*, 7th Edition.
ISBN 9781684034833

Copyright © 2020 by Edmund J. Bourne
New Harbinger Publications, Inc.
5674 Shattuck Avenue
Oakland, CA 94609
www.newharbinger.com

Coordenadora editorial
Cláudia Bittencourt

Capa
Paola Manica | Brand&Book

Preparação de original
Marquieli de Oliveira

Leitura final
Nathália Bergamaschi Glasenapp

Editoração
Ledur Serviços Editoriais Ltda.

Reservados todos os direitos de publicação, em língua portuguesa, ao
GA EDUCAÇÃO LTDA.
(Artmed é um selo editorial do GA EDUCAÇÃO LTDA.)
Rua Ernesto Alves, 150 – Bairro Floresta
90220-190 – Porto Alegre – RS
Fone: (51) 3027-7000

SAC 0800 703 3444 – www.grupoa.com.br

É proibida a duplicação ou reprodução deste volume, no todo ou em parte, sob quaisquer formas ou por quaisquer meios (eletrônico, mecânico, gravação, fotocópia, distribuição na Web e outros), sem permissão expressa da Editora.

IMPRESSO NO BRASIL
PRINTED IN BRAZIL

Autor

Edmund J. Bourne, PhD, especializou-se no tratamento de ansiedade, fobias e outros transtornos relacionados ao estresse por mais de duas décadas. Seus livros para pacientes ajudaram mais de um milhão de pessoas e foram traduzidos para vários idiomas. Atualmente, reside na Flórida e na Califórnia.

Mais informações sobre o trabalho de Bourne no campo de transtornos de ansiedade podem ser encontradas em **helpforanxiety.com**.

Para conhecer o trabalho do autor fora do campo dos transtornos de ansiedade, consulte seu *site*, **journeysofthemind.net**.

Agradecimentos

A toda a equipe da New Harbinger que contribuiu para esta edição: Tracy Carlson, Vicraj Gill, Catharine Meyers, Amy Shoup, Michele Waters e outros, bem como Jean Blomquist, que atuou como editor. Obrigado pelo cuidado e pela atenção dedicados à 7ª edição deste livro e por sua flexibilidade e paciência em trabalhar comigo ao longo do ano que levamos para concluir o projeto.

Prefácio à 7ª edição

Trinta anos se passaram desde que este livro foi publicado pela primeira vez como um amplo resumo das diversas abordagens para o tratamento de transtornos de ansiedade. Ao longo desse tempo, o livro foi muito bem recebido, com suas traduções alcançando inúmeras pessoas em todo o mundo.

Muita coisa mudou no campo dos transtornos de ansiedade em quatro décadas. Os anos de 1980 e 1990 viram o crescimento da terapia cognitivo-comportamental (TCC) como a abordagem de tratamento dominante para todos os transtornos de ansiedade. No século XXI, tem havido uma especialização cada vez maior no campo, com inúmeros livros, programas e organizações especialmente dedicados a cada um dos principais transtornos de ansiedade (p. ex., a International OCD Foundation, para transtorno obsessivo-compulsivo). Nos últimos anos, ocorreu uma proliferação de *sites* relacionados à ansiedade, sendo o meu *site*, helpforanxiety.com, um entre muitos. Nos Estados Unidos, a organização nacional que representa as ordens de ansiedade mudou seu nome de Anxiety Disorders Association of America para Anxiety and Depression Association of America, reconhecendo a prevalência da depressão entre muitas das pessoas que lutam contra a ansiedade.

Esta 7ª edição difere em muitos aspectos de todas as edições anteriores. Todos os capítulos existentes foram revisados em graus variados (às vezes substancialmente), e o livro apresenta dois novos capítulos, o Capítulo 10, "Superando a preocupação", e o Capítulo 20, "Prevenção de recaídas".

Segue um resumo do conteúdo e das principais revisões dos capítulos desta edição. As limitações de espaço impedem uma descrição de todas as revisões para todos os capítulos.

- Capítulo 1 ("Transtornos de ansiedade"). As descrições dos transtornos de ansiedade no Capítulo 1 foram atualizadas para se tornarem compatíveis com o manual diagnóstico para transtornos comportamentais atualmente utilizado por todos os profissionais de saúde mental, o *Manual diagnóstico e estatístico de transtornos mentais*, quinta edição, ou DSM-5, publicado em 2013.* O capítulo também inclui revisões sobre dados de prevalência e diferenças de gênero para vários transtornos

---

* N. de T. Atualmente já em sua versão revisada: DSM-5-TR.

de ansiedade, incluindo agorafobia, transtorno de ansiedade social, transtorno de ansiedade generalizada (TAG) e transtorno obsessivo-compulsivo (TOC).
- Capítulo 2 ("Principais causas dos transtornos de ansiedade"). As descrições das causas biológicas do transtorno de pânico, do TAG e do TOC foram atualizadas com base nas pesquisas mais recentes em neurobiologia. Uma nova seção, que fornece mais detalhes sobre como os medicamentos antidepressivos funcionam para reduzir a ansiedade, foi adicionada. Uma nova seção sobre comportamentos de segurança pode ser encontrada na última seção do capítulo, "Causas mantenedoras da ansiedade".
- Capítulo 6 ("Lidando com ataques de pânico"). Este capítulo é voltado a aprender a superar e a substituir pensamentos catastróficos que impulsionam ataques de pânico, como "Vou ter um ataque cardíaco", "Vou enlouquecer" ou "Isso nunca vai acabar". São descritas estratégias para interromper os ataques de pânico em um estágio inicial, como respiração abdominal, utilização de declarações de enfrentamento, abstenção de comportamentos de segurança ou prática de atividade física.
- Capítulo 7 ("Exposição a fobias"). Este capítulo foi reescrito para refletir pesquisas recentes sobre exposição. Um ponto-chave é a mudança na compreensão de como a exposição funciona. Em vez de uma ênfase na exposição promovendo a dessensibilização a uma fobia, o ingrediente ativo na exposição bem-sucedida parece ser o *novo aprendizado* de que a situação não é tão terrível nem tão ameaçadora quanto você pode ter percebido inicialmente. O capítulo conclui com um resumo dos fatores que facilitam o sucesso da terapia de exposição.
- Capítulos 8 e 9 ("Diálogo interno" e "Crenças equivocadas"). Estes capítulos apresentam as principais ideias e práticas da TCC, uma abordagem utilizada por quase todos os terapeutas que tratam de transtornos de ansiedade. O Capítulo 8 se concentra em aprender a substituir o diálogo interno temeroso (o que você diz para si mesmo) por um diálogo interno mais construtivo e reconfortante. O Capítulo 9 se concentra na substituição de crenças centrais equivocadas, que fundamentam o diálogo interno negativo, por crenças construtivas, utilizando várias estratégias diferentes, incluindo afirmações.
- Capítulo 10 ("Superando a preocupação"). Este é um novo capítulo dedicado a superar a preocupação. Ele enfatiza uma variedade de estratégias para lidar com a preocupação, incluindo técnicas de interrupção proativa, desfusão, exposição à preocupação, adiamento da preocupação e tomada de medidas construtivas para resolver as preocupações.
- Capítulo 11 ("Estilos de personalidade que perpetuam a ansiedade"). O capítulo descreve traços de personalidade que são comuns para pessoas que lutam com transtornos de ansiedade, como perfeccionismo, necessidade excessiva de aprovação ou necessidade excessiva de controle. O capítulo apresenta várias estratégias diferentes para lidar com essas características.
- Capítulo 12 ("Dez fobias específicas comuns"). Muitas pessoas enfrentam uma fobia única e específica que limita sua vida de maneira significativa. Este capítulo

fornece descrições e tratamentos de fobias específicas comuns, como o medo de se apresentar em público, o medo de voar, o medo de procedimentos odontológicos e, até mesmo, o medo da morte.
- Capítulos 13, 14 e 15 ("Lidando com sentimentos", "Ser assertivo" e "Autoestima"). Estes capítulos vão além da TCC para cobrir três tópicos relevantes para quase todas as pessoas que lutam contra transtornos de ansiedade: 1) expressar e comunicar sentimentos reprimidos; 2) tornar-se assertivo – defender o que você quer e dizer não ao que você não quer; e 3) desenvolver a autoestima por meio de uma ampla gama de estratégias para aumentar seu senso de autoestima e autorrespeito.
- Capítulo 16 ("Alimentação"). Este capítulo traz recomendações nutricionais atualizadas para pessoas com transtornos de ansiedade, fornecendo diretrizes alimentares gerais para reduzir a ansiedade e o estresse. O capítulo também recomenda certos suplementos de venda livre que podem ajudar a controlar a ansiedade, bem como a depressão.
- Capítulo 17 ("Condições de saúde que podem contribuir para a ansiedade"). Este capítulo analisa várias condições de saúde que comumente acompanham os transtornos de ansiedade, como fadiga adrenal (*burnout*), desequilíbrios da tireoide, tensão pré-menstrual (TPM), menopausa e insônia, com diretrizes para lidar com cada uma dessas condições.
- Capítulo 18 ("Medicação para ansiedade"). O capítulo foi atualizado para incluir medicamentos para ansiedade e depressão que foram utilizados mais recentemente, como os antidepressivos moduladores e estimuladores de serotonina (SMS, do inglês *serotonin modulation and stimulator*), como cloridrato de vilazodona e vortioxetina. Além disso, explora o uso recente de canabidiol e cetamina para tratar ansiedade e depressão. Uma seção final menciona o novo campo experimental de testes genotípicos, que usa testes de DNA para determinar quais medicamentos antidepressivos podem ser mais apropriados para um indivíduo em particular.
- Capítulo 20 ("Prevenção de recaídas"). Por que as pessoas não conseguem melhorar mesmo com um bom tratamento? Por que algumas pessoas recaem? A primeira parte deste capítulo descreve cinco possíveis razões para um indivíduo não se recuperar totalmente após receber TCC e/ou medicação para o transtorno de ansiedade. A segunda parte enumera uma série de "sinais de alerta" que podem sugerir a possibilidade potencial de uma recaída.
- Capítulo 21 ("Significado pessoal"). A seção "Encontrando e cumprindo seu propósito único" foi expandida para incluir material sobre identificação de valores, definição de metas pessoais e tomada de ações comprometidas com base nessas metas. A seção principal de conclusão desse capítulo, "Espiritualidade", oferece um novo material que 1) ajuda você a definir suas crenças espirituais únicas e 2) apresenta práticas para o desenvolvimento da sua vida espiritual.

A sociedade estressante em que vivemos fornece um pano de fundo para a crescente prevalência de transtornos de ansiedade observada nos últimos anos. Condições sociais amplas, como ameaça de recessão econômica, superpopulação, desigualdade de renda, polarização política, proliferação nuclear, crise de opioides, aumento da poluição e mudanças climáticas, bem como problemas mais imediatos com o sistema de saúde, dívida estudantil, congestionamento urbano e complexidade tecnológica, contribuem para os tempos estressantes em que vivemos. Nessa sociedade, muitas pessoas se sentem ansiosas, e algumas desenvolvem transtornos de ansiedade.

Felizmente, uma boa ajuda para a ansiedade e seus transtornos está disponível. Espero que a variedade de intervenções apresentadas neste livro forneça uma ampla gama de recursos para lidar melhor com a ansiedade em todas as formas em que ela pode se manifestar nestes tempos de mudança.

Sumário

	Prefácio à 7ª edição	ix
	Introdução	1
1	Transtornos de ansiedade	5
2	Principais causas dos transtornos de ansiedade	38
3	Recuperação: uma abordagem abrangente	69
4	Relaxamento	93
5	Exercício físico	119
6	Lidando com ataques de pânico	132
7	Exposição a fobias	164
8	Diálogo interno	196
9	Crenças equivocadas	226
10	Superando a preocupação	244
11	Estilos de personalidade que perpetuam a ansiedade	259
12	Dez fobias específicas comuns	275
13	Lidando com sentimentos	297
14	Ser assertivo	314
15	Autoestima	334
16	Alimentação	356

17	Condições de saúde que podem contribuir para a ansiedade	385
18	Medicação para a ansiedade	410
19	Meditação	444
20	Prevenção de recaídas	461
21	Significado pessoal	473
	Epílogo: um futuro de ansiedade crescente	500

Apêndices

1	Organizações úteis	507
2	Recursos para relaxar	509
3	Como parar pensamentos obsessivos	510
4	Declarações para superar a ansiedade	512

Introdução

Pesquisas realizadas pelo National Institute of Mental Health, dos Estados Unidos, mostraram que os transtornos de ansiedade são o problema de saúde mental número 1 entre as mulheres, perdendo apenas para o abuso de álcool e drogas entre os homens. Aproximadamente 18% da população dos Estados Unidos, ou mais de 50 milhões de pessoas, sofreram ataques de pânico, fobias ou outros transtornos de ansiedade em 2019. Quase um quarto da população adulta sofrerá de um transtorno de ansiedade em algum momento de sua vida. No entanto, apenas uma pequena proporção dessas pessoas recebe tratamento. Durante os últimos 25 anos, o pânico e a ansiedade atingiram proporções epidêmicas, com muita cobertura desses transtornos na mídia. Nos últimos tempos, uma tendência em muitos países desenvolvidos em direção ao aumento da ansiedade coletiva apareceu na esteira de novas incertezas, como instabilidade econômica, rápida deterioração do meio ambiente e terrorismo global.

Por que os problemas com pânico, fobias e ansiedade são tão prevalentes? Tenho a impressão de que os transtornos de ansiedade são um resultado do estresse cumulativo agindo ao longo do tempo. Certamente, existem inúmeros fatores que fazem uma pessoa desenvolver ataques de pânico, fobias ou obsessões, mas o estresse ao longo do tempo desempenha um papel fundamental. É claro que cada um de nós cria muito do nosso próprio estresse, mas a sociedade em que vivemos também pode nos afetar profundamente. As pessoas que vivem na sociedade ocidental estão atualmente experimentando mais estresse do que em muitos momentos anteriores da história, e é esse estresse que explica o aumento da incidência de transtornos de ansiedade. Embora se possa argumentar que os seres humanos sempre tiveram de lidar com condições sociais estressantes (guerras, fome, pragas, depressão econômica, e assim por diante), há três razões para sugerir que o nível geral de estresse é particularmente alto no momento.

Em primeiro lugar, nosso ambiente e nossa ordem social mudaram mais nos últimos 30 anos do que nos 300 anos anteriores. A tecnologia da informação digital mudou drasticamente nossa vida em menos de 20 anos. O aumento do ritmo da sociedade moderna e o aumento da taxa de mudança tecnológica privaram as pessoas de tempo adequado para se adaptarem a essas mudanças.

Em segundo lugar, para agravar essa situação, há incertezas cada vez maiores sobre o futuro de nossas vidas. A partir do final de 2008, a pior recessão econômica desde a Grande Depressão afetou pessoas em todo o mundo, com ramificações contínuas até o presente momento. Outros problemas sérios, como superpopulação, desigualdade de renda, terrorismo global e proliferação de armas de destruição em massa, contribuem para um contexto de estresse global coletivo. Finalmente, as perspectivas futuras para o meio ambiente estão seriamente em questão, já que a maioria dos cientistas acredita que já alcançamos um ponto de inflexão para mudanças climáticas, eventos climáticos extremos, perda de biodiversidade e destruição de hábitats naturais em todo o mundo. À medida que esses pontos de inflexão são cruzados, é muito difícil retornar ao mundo ao qual estamos acostumados. A lista de incertezas pode continuar, mas condições como essas fornecem um contexto social para a ansiedade. Quando uma sociedade se torna mais ansiosa e incerta, isso se reflete no aumento da incidência de transtornos de ansiedade na população.

Por fim, os valores culturais não estão claros. Falta-nos um conjunto de valores consistente e sancionado externamente (tradicionalmente prescrito pela sociedade, pelo governo e pela religião). Isso gera um vácuo, no qual as pessoas são deixadas para se defenderem sozinhas. Diante de uma enxurrada de visões de mundo e padrões inconsistentes apresentados por divisões políticas, centenas de canais de televisão e várias plataformas de mídia social, as pessoas devem aprender a lidar com a responsabilidade de criar seu próprio significado e sua ordem moral.

Todos esses fatores dificultam que muitos indivíduos na sociedade moderna experimentem uma sensação de estabilidade ou consistência em sua vida. Os transtornos de ansiedade são simplesmente o resultado de uma capacidade diminuída de lidar com o estresse resultante, assim como as dependências químicas e comportamentais, a depressão, a queda da expectativa de vida nos Estados Unidos e o aumento da incidência de suicídio entre adolescentes.

Muitos bons livros sobre transtornos de ansiedade apareceram nos últimos 20 anos. A maioria desses livros populares tende a ser principalmente descritiva. Embora vários deles tenham falado de métodos de tratamento e oferecido estratégias práticas de recuperação, a ênfase tem sido em fornecer aos leitores uma compreensão básica dos transtornos de ansiedade.

Ao escrever este livro, minhas intenções foram 1) descrever habilidades específicas que você precisa para superar problemas como pânico, ansiedade e fobias e 2) fornecer procedimentos e exercícios passo a passo para dominar essas habilidades. Embora haja um pouco de material descritivo, o que faz deste livro *um guia* é a sua ênfase em estratégias e habilidades de enfrentamento, juntamente a exercícios para promover a sua recuperação.

Provavelmente, há pouco neste livro que seja totalmente novo. Os capítulos sobre relaxamento, exercícios, habilidades de enfrentamento para ataques de pânico, exposição a fobias, combate a pensamentos de medo com pensamentos construtivos, expressão de sentimentos, afirmação de si mesmo, autoestima, nutrição, medicamentos e meditação resumem abordagens que foram tratadas com mais detalhes nos livros listados ao final de cada capítulo. Tem sido minha esperança definir em um único volume *toda a gama* de estratégias necessárias para superar problemas de ansiedade. Quanto mais dessas estratégias você puder incorporar em seu próprio programa de recuperação, mais eficiente e rápido será seu progresso. A abordagem deste livro de exercícios é principalmente holística. Ela apresenta intervenções que afetarão sua vida em muitos níveis: corpo, comportamento, sentimentos, mente, relações interpessoais, autoestima e espiritualidade. Muitas abordagens populares para pânico e fobias enfatizam principalmente estratégias comportamentais e cognitivas (ou mentais). Estas são muito importantes e ainda constituem o núcleo de qualquer programa bem-sucedido para o tratamento de todos os transtornos de ansiedade. Tais abordagens são tratadas em cinco capítulos deste livro: o Capítulo 6 oferece conceitos e estratégias de enfrentamento que são cruciais para aprender a lidar com ataques de pânico; o Capítulo 7 detalha o processo de exposição, que é necessário para qualquer programa de recuperação de agorafobia, fobia social ou outras fobias específicas; os Capítulos 8 e 9 apresentam métodos para aprender a combater o "diálogo interno" inútil e as crenças equivocadas que tendem a perpetuar a ansiedade no dia a dia; o Capítulo 10 oferece uma variedade de estratégias para lidar com a preocupação excessiva.

Relaxamento e bem-estar pessoal são de primordial importância. Como mencionado anteriormente, os transtornos de ansiedade se desenvolvem como resultado do estresse cumulativo de longo prazo. Esse estresse fica evidente no fato bem conhecido de que muitas pessoas com transtornos de ansiedade tendem a estar em um estado crônico de hiperexcitação fisiológica. A recuperação depende primeiro da adoção de mudanças no estilo de vida que promovam uma abordagem mais relaxada, equilibrada e saudável: em suma, mudanças que melhorem seu nível de *bem-estar físico*. As estratégias e habilidades apresentadas nos capítulos sobre relaxamento, exercício e nutrição constituem uma *base* necessária sobre a qual repousam as outras habilidades apresentadas ao longo deste livro de exercícios. É muito mais fácil, por exemplo, implementar a exposição se você aprendeu primeiro sobre os benefícios do relaxamento e do exercício. Você também achará mais fácil identificar e mudar o diálogo interno contraproducente quando estiver se sentindo fisicamente saudável e relaxado. Assim como aprender hábitos de diálogo interno positivo ajudará você a se sentir melhor, melhorar a sua saúde física por meio de relaxamento, exercícios e nutrição adequados reduzirá a sua *predisposição* a atitudes contraproducentes e diálogo interno. Em suma, quando você se sentir bem, pensará bem.

No outro extremo do espectro, a falta de direção ou significado pessoal em sua vida pode levar ao aumento da vulnerabilidade aos transtornos de ansiedade. Ataques de pânico e agorafobia – especialmente quando envolvem medo de ficar preso ou ser incapaz de escapar – podem simbolizar uma sensação de não ter "para onde ir" ou estar "preso" em sua vida. Dada a complexidade da sociedade contemporânea e a falta de qualquer conjunto de valores prescritos externamente, é comum sentir-se confuso e incerto sobre o significado e a direção de sua vida. Ao entrar em contato com um senso de propósito maior e, quando apropriado, cultivar sua própria espiritualidade, você pode obter um senso de significado que ajudará a diminuir seus problemas de ansiedade. Essa é uma área importante a ser considerada ao lidar com transtornos de ansiedade e, provavelmente, com a maioria dos outros transtornos comportamentais (ver Capítulo 21).

Em suma, um modelo holístico que incorpore todas as abordagens apresentadas neste guia é necessário para uma solução mais completa e duradoura para os transtornos de ansiedade. A recuperação da ansiedade depende da intervenção em todos os níveis da pessoa como um todo.

Um último ponto importante merece ser mencionado. Serão necessários um forte compromisso e uma motivação consistente de sua parte para utilizar com sucesso as habilidades apresentadas neste livro. Se você é automotivado e disciplinado, certamente é possível alcançar a recuperação por conta própria. Ao mesmo tempo, nem sempre é preferível ou mesmo mais eficaz seguir sozinho. Muitos leitores decidirão usar este guia com um terapeuta especializado no tratamento de transtornos de ansiedade. Um terapeuta pode fornecer estrutura e apoio e pode ajudá-lo a ajustar os conceitos e as estratégias encontrados neste guia à sua própria situação individual. Alguns de vocês também podem achar grupos de apoio ou grupos de tratamento (especialmente para agorafobia e fobia social) muito valiosos. Um formato de grupo pode motivá-lo e manter seu entusiasmo para aprender as habilidades necessárias para a recuperação.

Em última análise, você precisará escolher o melhor caminho para si mesmo. Se você decidir procurar ajuda externa para o seu problema, entre em contato com um especialista no tratamento de transtornos de ansiedade para ajudá-lo a decidir qual é o melhor formato de tratamento para você. Uma lista desses especialistas nos Estados Unidos e no Canadá é oferecida pela Anxiety and Depression Association of America (ADAA) (ver Apêndice 1 para obter mais informações).*

É bem possível superar seu problema com pânico, fobias ou ansiedade por conta própria por meio do uso das estratégias e dos exercícios apresentados neste livro. No entanto, é igualmente valioso e apropriado, se você se sentir inclinado, usar este livro como um complemento para trabalhar com um terapeuta ou um programa de tratamento em grupo. Seja qual for a abordagem escolhida, saiba que há muita ajuda disponível. Problemas com ansiedade podem melhorar ou ser amplamente resolvidos quando você faz um compromisso e segue consistentemente os tipos de abordagens descritos neste livro.

---

* N. de T. No Brasil, o leitor pode acessar o *site* da Federação Brasileira de Terapias Cognitivas (FBTC — www.fbtc.org.br) e clicar em "Encontre um terapeuta" para buscar um profissional.

1
Transtornos de ansiedade

Susan acorda de repente quase todas as noites, algumas horas depois de dormir, com um aperto na garganta, o coração acelerado, tontura e medo de morrer. Embora ela esteja tremendo por toda parte, ela não tem ideia do porquê. Depois de muitas noites se levantando e andando de um lado para o outro na sala de estar, na tentativa de se controlar, ela decide ir ao médico para descobrir se algo está errado com seu coração.

Cindy, uma secretária médica, tem sofrido ataques como os de Susan sempre que está em uma situação pública confinada. Ela não apenas teme perder o controle sobre si mesma, mas também teme o que os outros poderiam pensar dela se isso acontecesse. Recentemente, ela tem evitado entrar em qualquer tipo de loja que não seja a 7-Eleven local, a menos que seu namorado esteja com ela. Ela também precisou sair de restaurantes e cinemas durante encontros. Agora, ela está começando a se perguntar se consegue lidar com o seu trabalho. Ela tem se forçado a ir trabalhar, mas, depois de alguns minutos entre seus colegas de escritório, ela começa a temer que esteja perdendo o controle de si mesma. De repente, ela sente como se *tivesse* que sair.

Steve tem uma posição responsável como engenheiro de *software*, mas sente que é incapaz de avançar devido à sua incapacidade de contribuir em reuniões de grupo. É quase mais do que ele pode suportar apenas assistir às reuniões, muito menos oferecer suas opiniões. Ontem, seu chefe perguntou se ele estaria disponível para fazer uma apresentação em seu segmento de um grande projeto. Nesse ponto, Steve ficou extremamente nervoso e com a língua presa. Ele saiu da sala, gaguejando que avisaria seu chefe sobre a apresentação no dia seguinte. Em particular, ele pensou em renunciar.

Mike está tão envergonhado com um medo peculiar que teve nos últimos meses que não pode contar a ninguém, nem mesmo à esposa. Enquanto dirige, ele é frequentemente tomado pelo medo de ter atropelado alguém ou talvez um animal. Mesmo que não haja nenhum "baque" sugerindo que algo assim tenha acontecido, ele sente-se compelido a fazer uma inversão de marcha e refazer a rota que ele acabou de dirigir para ter certeza absoluta. Na verdade, recentemente, sua paranoia por ter atingido alguém se tornou tão forte que ele precisou refazer a rota três ou quatro vezes para se assegurar de que nada aconteceu. Mike é um profissional brilhante e bem-sucedido e se sente totalmente humilhado por sua compulsão em verificar. Ele está começando a se perguntar se está ficando louco.

Susan, Cindy, Steve e Mike são todos confrontados com a ansiedade. No entanto, não é uma ansiedade comum. Suas experiências diferem em dois aspectos fundamentais da ansiedade "normal" que as pessoas experimentam em resposta à vida cotidiana. Em primeiro lugar, a ansiedade deles ficou fora de controle. Em cada caso, o indivíduo sente-se impotente para direcionar o que está acontecendo. Essa sensação de impotência, por sua vez, cria ainda mais ansiedade. Em segundo lugar, a ansiedade está interferindo no funcionamento normal de suas vidas. O sono de Susan é interrompido. Cindy e Steve podem perder o emprego. Mike perdeu a capacidade de dirigir de maneira eficiente e oportuna.

Os exemplos de Susan, Cindy, Steve e Mike ilustram quatro tipos de transtorno de ansiedade: transtorno de pânico, agorafobia, fobia social e transtorno obsessivo-compulsivo. Mais adiante neste capítulo, você pode encontrar descrições detalhadas das características de cada transtorno relacionado à ansiedade. Mas, primeiro, vamos considerar o tema comum que percorre todos eles: qual é a natureza da ansiedade em si?

A natureza da ansiedade

Você pode entender melhor a natureza da ansiedade olhando para o que ela é e o que ela não é. Por exemplo, a ansiedade pode ser distinguida do medo de várias maneiras. Quando você está com medo, seu medo geralmente é direcionado para algum objeto ou situação externa concreta. O evento que você teme geralmente está dentro dos limites da possibilidade. Você pode temer não cumprir um prazo, falhar em um exame, ser incapaz de pagar suas contas ou ser rejeitado por alguém a quem deseja agradar. O medo pode estar associado a uma súbita onda de adrenalina, pensamentos de perigo imediato e necessidade de escapar. Quando você sente ansiedade, por outro lado, muitas vezes não consegue especificar com o que está ansioso. O foco da ansiedade é mais interno do que externo. Parece ser uma resposta a um perigo vago, distante ou mesmo não reconhecido. Você pode estar ansioso por "perder o controle" de si mesmo ou de alguma situação. Ou você pode sentir uma vaga ansiedade sobre "algo ruim acontecendo".

A ansiedade afeta todo o seu ser. É uma reação fisiológica, comportamental e psicológica de uma só vez. No nível fisiológico, a ansiedade pode incluir reações corporais, como batimentos cardíacos rápidos, tensão muscular, náuseas, boca seca ou sudorese. No nível comportamental, pode sabotar a sua capacidade de agir, expressar-se ou lidar com certas situações cotidianas.

No nível psicológico, a ansiedade é um estado subjetivo de apreensão e inquietação. Em sua forma mais extrema, ela pode fazer você se sentir desapegado de si mesmo e até mesmo com medo de morrer ou enlouquecer.

O fato de que a ansiedade pode afetá-lo nos níveis fisiológico, comportamental e psicológico tem implicações importantes para suas tentativas de recuperação. Um programa completo de recuperação de um transtorno de ansiedade deve intervir em todos os três níveis para:

1. Reduzir a reatividade fisiológica.
2. Eliminar o comportamento de esquiva.
3. Mudar interpretações subjetivas (ou "diálogo interno"), que perpetuam um estado de apreensão e preocupação.

A ansiedade pode aparecer de diferentes formas e em diferentes níveis de intensidade. Pode variar de uma mera pontada de desconforto a um ataque de pânico total, marcado por palpitações cardíacas, desorientação e terror. A ansiedade que não está ligada a nenhuma situação em particular, que surge "do nada", é chamada de ansiedade flutuante ou, em casos mais graves, um *ataque de pânico espontâneo*. A diferença entre um episódio de ansiedade flutuante e um ataque de pânico espontâneo se dá pela presença de quatro ou mais dos seguintes sintomas ao mesmo tempo (a ocorrência de quatro ou mais sintomas define um ataque de pânico):

- Falta de ar
- Palpitações cardíacas (batimentos cardíacos rápidos ou irregulares)
- Tremor ou agitação
- Sudorese
- Sufocamento
- Náuseas ou desconforto abdominal
- Dormência
- Tontura ou instabilidade
- Sentimento de desapego ou de estar fora de contato consigo mesmo
- Ondas de calor ou calafrios
- Medo de morrer
- Medo de enlouquecer ou perder o controle

Se a sua ansiedade surge *apenas* em resposta a uma situação específica, ela é chamada de *ansiedade situacional* ou *ansiedade fóbica*. A ansiedade situacional é diferente do medo cotidiano, pois tende a ser desproporcional ou irrealista. Se você tem uma apreensão desproporcional sobre dirigir em rodovias, ir ao médico ou confrontar seu cônjuge, isso pode se qualificar como ansiedade situacional. A ansiedade situacional se torna *fóbica* quando você realmente começa a *evitar* a situação: se você desistir de dirigir em rodovias, ir ao médico ou confrontar seu cônjuge completamente. Em outras palavras, a ansiedade fóbica é a ansiedade situacional que inclui a evitação persistente da situação.

Muitas vezes, a ansiedade pode ser causada apenas por pensar em uma situação específica. Quando você se sente angustiado com o que pode acontecer quando ou se tiver de enfrentar uma de suas situações fóbicas, você está experimentando o que é chamado de *ansiedade antecipatória*. Em suas formas mais leves, a ansiedade antecipatória é indistinguível da "preocupação" comum. Contudo, às vezes, a ansiedade antecipatória se torna intensa o suficiente para ser chamada de *pânico antecipatório*.

Há uma diferença importante entre ansiedade espontânea (ou pânico) e ansiedade antecipatória (ou pânico). A *ansiedade espontânea* tende a surgir do nada, atinge um nível alto muito rápido e, depois, diminui gradualmente. O pico é geralmente atingido dentro de 5 minutos, seguido de um período de redução gradual de 1 hora ou mais. A *ansiedade antecipatória*, por outro lado, tende a se acumular mais gradualmente em resposta a se encontrar – ou simplesmente pensar – em uma situação ameaçadora e geralmente diminui rapidamente. Você pode "entrar em um frenesi" de preocupação sobre algo por 1 hora ou mais e, em seguida, deixar de lado a preocupação enquanto encontra outra coisa para ocupar sua mente.

Ansiedade vs. transtornos de ansiedade

A ansiedade é uma parte inevitável da vida na sociedade contemporânea. É importante perceber que existem muitas situações que surgem na vida cotidiana em que é *apropriado* e *razoável* reagir com alguma ansiedade. Se você não sentisse *qualquer* ansiedade em resposta aos desafios cotidianos que envolvem perda ou fracasso em potencial, algo estaria errado. Este guia pode ser útil para qualquer pessoa que experimente reações normais e comuns de ansiedade (todos, em outras palavras). Também é destinado àqueles que estão lidando com transtornos de ansiedade específicos. Incorporar exercícios, habilidades respiratórias, relaxamento e bons hábitos nutricionais em sua vida diária – além de prestar atenção à sua voz interior, a crenças equivocadas, a sentimentos, à assertividade e à autoestima – pode contribuir para tornar a sua vida mais equilibrada e menos ansiosa, independentemente da natureza e da extensão da ansiedade com a qual você está lidando.

Os transtornos de ansiedade se distinguem da ansiedade cotidiana e normal, pois envolvem ansiedade que: 1) é mais intensa (p. ex., ataques de pânico); 2) *dura mais tempo* (ansiedade que pode persistir por meses ou mais, em vez de desaparecer após uma situação estressante); ou 3) *leva a fobias* que interferem em sua vida.

Os critérios para o diagnóstico de transtornos de ansiedade específicos foram estabelecidos pela American Psychiatric Association e estão listados em um conhecido manual de diagnóstico utilizado por profissionais de saúde mental. Esse manual é chamado de DSM-5 (*Manual diagnóstico e estatístico de transtornos mentais*, 5ª edição). As descrições apresentadas a seguir de vários transtornos de ansiedade são baseadas nos critérios do DSM-5, assim como o questionário de autodiagnóstico no final deste capítulo. Esse manual pode ajudá-lo mesmo que seu transtorno ou reação de ansiedade específica não se encaixe em nenhuma das categorias de diagnóstico do DSM-5. Por outro lado, não se preocupe indevidamente se a sua reação estiver perfeitamente descrita por uma das categorias de diagnóstico. Aproximadamente 15% dos adultos e 20% dos adolescentes nos Estados Unidos se encontrariam na mesma situação que você.

Este manual descreve transtornos de ansiedade pertinentes a adolescentes e adultos. Os leitores interessados em transtornos de ansiedade específicos para crianças, como transtorno de ansiedade de separação ou mutismo seletivo, devem explorar as descrições deles no DSM-5 e consultar livros especializados em transtornos de ansiedade de crianças. Ver seção "Leituras adicionais", no final deste capítulo, para uma pequena lista de livros sugeridos sobre transtornos de ansiedade infantil.

Transtorno de pânico

O *transtorno de pânico* é caracterizado por episódios súbitos de apreensão aguda ou medo intenso que ocorrem "do nada", sem qualquer causa aparente. O pânico intenso geralmente não dura mais do que alguns minutos, mas, em casos raros, pode retornar em "ondas" por um período de até 2 horas. Durante o pânico em si, qualquer um dos seguintes sintomas pode ocorrer:

- Falta de ar ou sensação de estar sufocando
- Palpitações cardíacas – batimento cardíaco acelerado
- Tontura, desequilíbrio ou desmaio
- Tremor ou agitação
- Sensação de asfixia
- Sudorese
- Náuseas ou desconforto abdominal
- Sentimento de irrealidade – como se você "não estivesse todo ali" (despersonalização)
- Dormência ou formigamento nas mãos e nos pés
- Ondas de calor e frio
- Dor ou desconforto no peito
- Medo de enlouquecer ou perder o controle
- Medo de morrer

Pelo menos quatro desses sintomas estão presentes em um ataque de pânico completo, ao passo que ter dois ou três deles é referido como um *ataque de sintoma limitado*.

Seus sintomas seriam diagnosticados como transtorno de pânico se: 1) você teve dois ou mais ataques de pânico; e 2) pelo menos um desses ataques foi seguido de *um mês (ou mais) de preocupação persistente sobre ter outro ataque* de pânico ou se preocupar com as possíveis implicações de ter outro ataque de pânico. É importante reconhecer que o transtorno de pânico, por si só, não envolve fobias. O pânico não ocorre porque você está pensando, aproximando-se ou realmente entrando em uma situação fóbica. No entanto, você pode desenvolver uma tendência a evitar lugares onde os ataques de pânico ocorreram no passado. Quando essa tendência persiste, você está entrando no reino do próximo transtorno descrito neste capítulo, a agorafobia.

Em muitos casos, o pânico ocorre espontaneamente, de modo inesperado e sem motivo aparente. Não há nenhuma sugestão ou gatilho óbvio para o ataque. Além disso, os ataques de pânico não se devem aos efeitos fisiológicos de uma droga (prescrita ou recreativa) ou de uma condição médica.

A frequência com que os ataques de pânico ocorrem varia nas pessoas. Você pode ter dois ou três ataques de pânico sem nunca ter outro novamente ou sem ter outro por anos. Ou você pode ter vários ataques de pânico seguidos por um período livre de pânico, apenas para que o pânico retorne um ou dois meses depois. Às vezes, um ataque de pânico inicial pode ser seguido por ataques recorrentes três ou mais vezes por semana, incessantemente, até que você procure tratamento. Em todos esses casos, há uma tendência a desenvolver *ansiedade antecipatória* ou apreensão entre ataques de pânico, com foco no medo de ter outro. A apreensão sobre ter outro ataque de pânico é uma das características do transtorno de pânico.

Se você sofre de transtorno de pânico, pode ficar muito assustado com seus sintomas e consultar um médico para encontrar uma causa médica. Palpitações cardíacas e batimentos cardíacos irregulares podem levar ao ecocardiograma (ECG) e a outros testes cardíacos, que, na maioria dos casos, resultam normais. (Às vezes, o prolapso da válvula mitral, uma arritmia benigna do coração, pode coexistir com o transtorno de pânico.) Felizmente, um número crescente de médicos tem algum conhecimento sobre o transtorno de pânico e é capaz de distingui-lo de queixas puramente físicas.

Um diagnóstico de transtorno de pânico é feito somente após possíveis causas médicas – incluindo hipoglicemia, hipertireoidismo, reação ao excesso de cafeína ou à abstinência de álcool, tranquilizantes ou sedativos – terem sido descartadas. As causas do transtorno de pânico envolvem uma combinação de hereditariedade, desequilíbrios químicos no cérebro e estresse pessoal recente. Perdas repentinas ou grandes mudanças na vida podem desencadear o início de ataques de pânico.

As pessoas tendem a desenvolver transtorno de pânico durante o final da adolescência ou na casa dos 20 anos. Cerca de metade das pessoas que têm transtorno de pânico o desenvolvem antes dos 24 anos. Em cerca de um terço dos casos, o pânico é complicado pelo desenvolvimento da agorafobia (conforme descrito na seção a seguir). Entre 2 e 3% da população tem transtorno de pânico "puro", ao passo que cerca de 5%, ou uma em cada 20 pessoas, sofre de ataques de pânico complicados pela agorafobia. Pouquíssimos indivíduos desenvolvem transtorno de pânico na infância ou após os 65 anos. As mulheres são cerca de duas vezes mais propensas do que os homens a desenvolver transtorno de pânico (3,8% vs. 1,6%). No entanto, essa diferença pode refletir, em grande parte, uma diferença de gênero entre mulheres e homens na tendência de divulgar e procurar ajuda para o transtorno de pânico. Os americanos brancos são mais propensos a serem diagnosticados com transtorno de pânico do que outros grupos étnicos.

O tabagismo aumenta o risco de transtorno de pânico (Isensee et al., 2003). Cerca de 30% das pessoas com transtorno de pânico usam álcool para se automedicar, o que muitas vezes piora seus sintomas quando os efeitos do álcool desaparecem. A *cannabis* (THC, em particular) muitas vezes precipita o pânico em algumas pessoas. Cerca de um quarto dos indivíduos que têm ataques de pânico terão um *ataque de pânico noturno* ocasional (pânico ao acordar do sono).

O transtorno de pânico é em parte influenciado pela atividade excessiva nas partes do cérebro conhecidas como amígdala e hipotálamo. Ver Capítulo 2 para obter informações mais detalhadas sobre a neurobiologia do transtorno de pânico.

Tratamento atual

Todas as estratégias a seguir são consideradas tratamentos de última geração para o transtorno de pânico.

Treinamento de relaxamento. Praticar respiração abdominal e alguma forma de relaxamento muscular profundo (como relaxamento muscular progressivo) diariamente.

Isso ajuda a reduzir os sintomas *físicos* de pânico, bem como a ansiedade antecipatória que você pode sentir ao ter um ataque de pânico. Um programa de exercícios físicos também pode ser recomendado para reduzir a ansiedade. (Ver Capítulos 4 e 5.)

Terapia de controle de pânico. Identificar e eliminar pensamentos catastróficos (p. ex., "Estou preso!", "Vou enlouquecer!", "Vou ter um ataque cardíaco!") que tendem a desencadear ataques de pânico. (Ver Capítulo 6.)

Exposição interoceptiva. Praticar a exposição voluntária aos *sintomas corporais* de pânico, como batimentos cardíacos acelerados, mãos suadas, falta de ar ou tontura. Tais sintomas são criados deliberadamente, em geral no consultório do terapeuta. Por exemplo, a tontura pode ser induzida por girar em uma cadeira ou por batimentos cardíacos rápidos ao subir e descer escadas. A exposição repetida a sintomas corporais desagradáveis promove um *processo de dessensibilização*, que basicamente significa "ficar menos sensível" ou se acostumar mais com os sintomas a ponto de eles não o assustarem mais. (Ver Capítulo 7.)

Medicamento. Os medicamentos antidepressivos conhecidos como inibidores seletivos da recaptação de serotonina (ISRSs), como sertralina, escitalopram e citalopram, ou inibidores seletivos da recaptação de serotonina-noradrenalina (IRSNs), venlafaxina e duloxetina, são medicamentos de primeira linha de escolha para o tratamento do transtorno de pânico. Com frequência, a classe de medicamentos benzodiazepínicos – como alprazolam, lorazepam, clonazepam e diazepam – pode ser usada para reduzir a gravidade dos sintomas de pânico, além dos medicamentos antidepressivos. Tais medicamentos são mais bem utilizados com as três primeiras estratégias apresentadas. (Ver Capítulo 18.) Uma desvantagem do tratamento medicamentoso para o transtorno de pânico é que mais de 50% das pessoas podem ter uma recaída se o medicamento for descontinuado de 6 meses a 1 ano após o início.

Mudanças de estilo de vida e de personalidade. Algumas das mudanças de estilo de vida que podem reduzir a sua tendência a ter ataques de pânico incluem controle do estresse, exercícios regulares, eliminação de estimulantes e açúcar de sua dieta, desaceleração e criação de "tempo de inatividade" e alteração de suas atitudes sobre o perfeccionismo, a necessidade excessiva de agradar e a necessidade excessiva de controlar. (Os Capítulos 4, 5, 10 e 15 abordam essas questões.)

Agorafobia

A palavra *agorafobia* significa "medo de espaços abertos"; no entanto, a essência da agorafobia é o medo de ataques de pânico. Se você sofre de agorafobia, tem medo de estar em situações das quais a fuga pode ser difícil – ou nas quais a ajuda pode não estar disponível – se, de repente, tiver um ataque de pânico. Você pode evitar supermercados ou rodovias, por exemplo, não tanto devido às suas características inerentes, mas porque essas são situações das quais escapar pode ser difícil ou embaraçoso em caso de pânico. O medo do constrangimento desempenha um papel fundamental. A maioria dos agorafóbicos teme não apenas ter ataques de pânico, mas *o que outras pessoas pensarão* se os virem tendo um ataque de pânico.

É comum que os agorafóbicos evitem uma variedade de situações. Algumas das mais comuns incluem:

- lugares públicos lotados, como mercearias, lojas de departamento ou restaurantes;
- lugares fechados ou confinados, como túneis, pontes, teatros ou a cadeira do cabeleireiro;
- transporte público, como trens, ônibus, metrôs ou aviões;
- ficar na fila ou estar no meio de uma multidão;
- estar em casa sozinho.

Talvez a característica mais comum da agorafobia seja a ansiedade de estar longe de casa ou longe de uma "pessoa segura" (geralmente seu cônjuge, seu parceiro, um dos seus pais ou qualquer pessoa com quem você tenha um apego principal). Você pode evitar completamente dirigir sozinho ou pode ter medo de dirigir sozinho além de uma certa distância de casa. Em casos mais graves, você pode suportar andar sozinho apenas a alguns metros de distância de sua casa ou pode ficar completamente isolado em casa. Às vezes, você pode se limitar a um único quarto em sua casa.

Para ser diagnosticado com agorafobia, você deve evitar pelo menos dois dos tipos de situações citados, se não mais. Em geral, você evita essas situações completamente, mas pode suportá-las com intensa ansiedade se acompanhado de um companheiro.

Se você tem agorafobia, você não é apenas fóbico sobre uma variedade de situações, mas também tende a ser ansioso a maior parte do tempo. Essa ansiedade surge da *antecipação* de que você *pode* ficar preso em uma situação em que entraria em pânico. O que aconteceria, por exemplo, se lhe pedissem para ir a algum lugar que você normalmente evita e tivesse de explicar a sua saída? O que aconteceria se de repente você fosse deixado sozinho? Em virtude das severas restrições em suas atividades e na sua vida, você também pode estar deprimido. A depressão surge do sentimento de estar nas garras de uma condição sobre a qual você não tem controle ou que é impotente para mudar.

A agorafobia, em muitos casos, parece ser influenciada pelo transtorno de pânico. No início, você simplesmente tem ataques de pânico que ocorrem sem motivo aparente (transtorno de pânico). Depois de um tempo, no entanto, você percebe que seus ataques ocorrem com mais frequência em situações confinadas longe de casa ou quando está sozinho. Você começa a ter medo dessas situações. No ponto em que realmente começa a evitar essas situações por medo de entrar em pânico, você começa a desenvolver agorafobia. A partir desse ponto, você pode desenvolver um problema leve, moderado ou grave. Em um caso leve, você pode sentir-se desconfortável em situações confinadas, mas não pode evitá-las. Você continua a trabalhar ou a fazer compras por conta própria, mas não quer ir para longe de casa de outra forma. Em um caso moderado, você pode começar a evitar algumas situações, como transporte público, elevadores, dirigir longe de casa ou estar em restaurantes. No entanto, sua restrição é apenas parcial, e há certas situações longe de casa ou de sua pessoa segura que você pode lidar por conta própria, mesmo com algum desconforto. A agorafobia grave é marcada por uma restrição total de atividades até o ponto em que você não consegue sair de casa sem ser acompanhado.

Ainda não se sabe o motivo pelo qual algumas pessoas com ataques de pânico desenvolvem agorafobia e outras não. (Existem algumas pessoas que desenvolvem apenas agorafobia, sem ataques de pânico.) Também não se entende por que algumas pessoas desenvolvem casos muito mais graves do que outras. O que se sabe é que a agorafobia é causada por uma combinação de hereditariedade e ambiente. Agorafóbicos podem ter um pai, irmão ou outro parente que também tem o problema. Quando um gêmeo idêntico é agorafóbico, o outro também tem uma alta probabilidade de o ser. No lado ambiental, existem certos tipos de circunstâncias da infância que predispõem uma criança à agorafobia. Isso inclui crescer com pais que são 1) perfeccionistas e supercríticos, 2) superprotetores e/ou 3) excessivamente ansiosos, a ponto de comunicar ao filho que o mundo é um "lugar perigoso". As origens hereditárias e ambientais da agorafobia e de outros transtornos de ansiedade serão exploradas em maior profundidade no próximo capítulo.

A agorafobia afeta as pessoas em todas as esferas da vida e em todos os níveis da escala socioeconômica. Cerca de 2% dos adultos e adolescentes nos Estados Unidos sofrem de agorafobia em algum momento. Aproximadamente 80% dos agorafóbicos são mulheres, embora esse percentual tenha caído recentemente. Especula-se que, à medida que se espera cada vez mais que as mulheres mantenham empregos em tempo integral (tornando um estilo de vida doméstico menos socialmente aceitável), a porcentagem de mulheres e homens com agorafobia pode tender a se igualar.

A agorafobia tem um risco maior de ocorrer no final da adolescência e na idade adulta jovem. O segundo período de maior risco ocorre mais tarde na vida, após os 40 anos. Infelizmente, a agorafobia tende a ser uma condição crônica e recorrente, a menos que seja tratada de modo adequado. A remissão completa sem tratamento é rara, de aproximadamente apenas 10%.

Tratamento atual

Treinamento de relaxamento, terapia de controle de pânico e exposição interoceptiva. Uma vez que a agorafobia é geralmente baseada no medo de ataques de pânico, os mesmos tratamentos descritos para o transtorno de pânico são utilizados. (Ver Capítulos 4 e 6.)

Exposição. Terapia de exposição significa que você enfrenta ou se expõe a uma situação temida. As situações que você evitou são gradualmente confrontadas por meio de um processo de pequenas etapas incrementais. Tais exposições são frequentemente conduzidas primeiro na imaginação e depois na vida real (ver Capítulo 7). Por exemplo, se tivesse medo de dirigir longe de casa, você aumentaria gradualmente a distância percorrida em pequenos incrementos. Uma pessoa de apoio pode acompanhá-lo no mesmo carro no início, depois dirigir em um segundo carro atrás de você e, finalmente, você praticaria dirigir sozinho. Ou, se você tivesse medo de ficar sozinho em casa, a pessoa que geralmente fica com você sairia por apenas alguns minutos no início e, depois, aumentaria gradualmente o tempo que estaria fora. Com o tempo, você aprende a confrontar e entrar em todas as situações que tem evitado.

Terapia cognitiva. O objetivo da terapia cognitiva é ajudá-lo a substituir o pensamento exagerado e temeroso sobre pânico e fobias por hábitos mentais mais realistas e solidários. Você aprende a identificar, desafiar e substituir pensamentos contraproducentes por pensamentos construtivos. (Ver Capítulos 8 e 9.)

Medicamento. O tratamento atual para agorafobia geralmente utiliza medicação. ISRSs, como sertralina, escitalopram e citalopram, ou IRSNs, como desvenlafaxina e duloxetina, são especialmente propensos a serem usados para casos mais graves, em que as pessoas estão presas em casa ou altamente restritas no que podem fazer. Baixas doses de tranquilizantes, como alprazolam e clonazepam, também podem ser usadas para ajudar as pessoas a lidarem com os estágios iniciais de exposição. Baixas doses de tranquilizantes (p. ex., 0,25 mg de alprazolam e lorazepam) podem ser úteis no *início* da exposição, para incentivar a disposição para realizá-la. No entanto, o uso desses medicamentos precisa ser reduzido e, eventualmente, descontinuado em estados mais avançados de exposição para garantir a recuperação completa da agorafobia (ver Capítulo 7).

Treinamento de assertividade. Como os agorafóbicos muitas vezes têm dificuldade em defender a si mesmos e os seus direitos, o treinamento de assertividade é frequentemente parte do tratamento. (Ver Capítulo 14.)

Terapia de grupo. O tratamento para agorafobia pode ser feito de forma muito eficaz em um ambiente de grupo. Há muito apoio disponível em um grupo, tanto para perceber que você não está sozinho quanto para concluir tarefas semanais de casa.

Transtorno de ansiedade social

O transtorno de ansiedade social (também conhecido como fobia social) é um dos transtornos de ansiedade mais comuns. Ele envolve medo de constrangimento ou humilhação em situações em que você está exposto ao escrutínio dos outros ou ao seu. Esse medo é muito mais forte do que a ansiedade normal que a maioria das pessoas não fóbicas experimenta em situações sociais ou de desempenho. Normalmente, é tão forte que faz você evitar a situação completamente, embora algumas pessoas com fobia social suportem situações sociais, ainda que com considerável ansiedade. Normalmente, sua preocupação é que você diga ou faça algo que faça os outros o julgarem como ansioso, fraco, "louco" ou estúpido. Isso inclui apenas mostrar sintomas físicos de ansiedade, como corar ou suar. Sua preocupação geralmente é desproporcional à situação, e você reconhece que é excessiva. (Crianças com fobia social, no entanto, não reconhecem o excesso de seu medo.) Para ser diagnosticado com transtorno de ansiedade social, o medo deve ter sido persistente por pelo menos 6 meses. O transtorno de ansiedade social está associado ao aumento da probabilidade de abandono escolar, à diminuição da satisfação e da produtividade no local de trabalho, a um menor nível socioeconômico e, geralmente, a uma pior qualidade de vida.

A fobia social mais comum é o medo de falar em público. Na verdade, essa é a mais comum de todas as fobias, afetando artistas, palestrantes, pessoas cujos trabalhos exigem que elas façam apresentações e alunos que precisam falar em aula.

A fobia de falar em público afeta uma grande porcentagem da população e é igualmente prevalente entre homens e mulheres.

Outras fobias sociais comuns incluem:

- Medo de participar de reuniões ou de qualquer ambiente de grupo
- Medo de ser julgado pelos outros
- Medo de corar ou tremer em situações públicas
- Medo de se engasgar ou derramar alimentos enquanto come em público
- Medo de ser observado no trabalho
- Medo de usar banheiros públicos
- Medo de escrever ou assinar documentos na presença de outras pessoas
- Medo de multidões
- Medo de fazer exames
- Medo de falar com estranhos
- Medo de ficar ansioso perto de grupos de pessoas ou de conversar com elas em geral (um exemplo de *transtorno de ansiedade social generalizada*, descrito a seguir)

Às vezes, a fobia social é menos específica e envolve um medo generalizado de *qualquer* situação social ou de grupo em que você sinta que pode ser observado ou avaliado. Quando seu medo é de uma ampla gama de situações sociais (p. ex., iniciar conversas, participar de pequenos grupos, falar com figuras de autoridade, namorar, participar de festas ou apenas estar perto de pessoas em geral), a condição é referida como *fobia social generalizada*.

Os sintomas comuns do transtorno de ansiedade social incluem rubor, sudorese, tremores, palpitações cardíacas e náuseas. Muitas pessoas que não sabem que são socialmente fóbicas usam álcool para reduzir esses sintomas, o que, em alguns casos, pode levar ao alcoolismo. Embora as ansiedades sociais sejam comuns, você só receberia um diagnóstico formal de fobia social se sua evitação interferisse no trabalho, nas atividades sociais ou nos relacionamentos importantes e/ou se isso lhe causasse um sofrimento considerável. Como ocorre na agorafobia, os ataques de pânico podem acompanhar a fobia social, embora esse pânico esteja relacionado mais com estar envergonhado ou humilhado do que com estar confinado ou preso. Além disso, o pânico surge apenas em conexão com um tipo específico de situação social.

As fobias sociais tendem a se desenvolver mais cedo do que a agorafobia e podem começar no final da infância ou da adolescência, muitas vezes entre os 8 e os 15 anos. Em geral, elas se desenvolvem em crianças tímidas quando se deparam com o aumento da pressão dos colegas na escola. Essas fobias normalmente persistem (sem tratamento) durante a adolescência e a idade adulta, mas tendem a diminuir de gravidade mais tarde na vida. A fobia social afeta aproximadamente 7% da população dos Estados Unidos, com incidência ligeiramente maior entre as mulheres (quase 8%) *versus* os homens (cerca de 7%). Novamente, a incidência ligeiramente maior entre as mulheres pode refletir uma tendência maior de expor e procurar tratamento para a fobia social. Historicamente, acreditava-se que a fobia social afetava mais os homens do que as mulheres, até que as mulheres atingiram a paridade com os homens na manutenção de empregos. Até 13% dos adultos experimentam fobia social em algum momento de sua vida.

Uma porcentagem significativa de pessoas com transtorno de ansiedade social está clinicamente deprimida, tem outro transtorno de ansiedade, como transtorno de pânico ou transtorno de ansiedade generalizada, ou está lidando com abuso de substâncias. Até 50% das pessoas com transtorno de ansiedade social podem experimentar remissão espontânea dentro de 2 a 3 anos; os outros 50% podem continuar a apresentar sintomas por muito mais tempo sem tratamento.

Assim como ocorre com outros transtornos de ansiedade, existem componentes genéticos e ambientais nas causas do transtorno de ansiedade social. Se um gêmeo idêntico tem o problema, o outro gêmeo tem de 30 a 50% mais chances de também ter o problema. A herdabilidade entre parentes de primeiro grau é 5 a 6 vezes maior do que entre pessoas não relacionadas. Ao mesmo tempo, a ansiedade social em pais adotivos está significativamente correlacionada com a ansiedade social em seus filhos (Kendler, Karkowski, & Prescott, 1999).

Tratamento atual

Todas as seguintes intervenções fazem parte do tratamento atual para a fobia social.

Treinamento de relaxamento. Técnicas de respiração abdominal e relaxamento profundo são praticadas regularmente para aliviar os sintomas físicos de ansiedade. (Ver Capítulo 4.)

Terapia cognitiva. Pensamentos temerosos que tendem a perpetuar fobias sociais são identificados, desafiados e substituídos por pensamentos mais realistas. (Ver Capítulo 8.) Por exemplo, o pensamento "Vou fazer papel de bobo se eu falar" seria substituído pela ideia "Tudo bem se eu for um pouco estranho no início quando falar – a maioria das pessoas não ficará incomodada". Os terapeutas cognitivos tendem a se concentrar em três tipos específicos de distorções cognitivas: foco excessivo nos sintomas de ansiedade e em como eles podem aparecer para os outros, distorções no autoconceito sobre a atratividade social e tendência a superestimar a probabilidade de uma avaliação negativa.

Exposição. A exposição envolve enfrentar gradualmente a situação ou situações sociais sobre as quais você tem fobia. Você pode fazer isso primeiro em exercícios de abstração e, posteriormente, na vida real. Por exemplo, se você tem fobia de falar em público, pode começar dando uma palestra de um minuto para um amigo e depois aumentar gradualmente, por meio de várias etapas, tanto a duração da sua palestra quanto o número de pessoas com quem fala. Ou, se você tiver dificuldade em se manifestar em grupos, pode aumentar gradualmente a duração e o grau de autorrevelação das observações feitas em um ambiente de grupo. (Ver Capítulo 7.) Após cada exposição, você pode revisar e desafiar qualquer pensamento irrealista que cause ansiedade. Embora o tratamento para a fobia social possa ser feito individualmente, a terapia de grupo é o formato de tratamento ideal. Isso permite a exposição direta à situação e aos estímulos que evocam ansiedade em primeiro lugar.

Permanecendo na tarefa. Pessoas com fobia social tendem a se concentrar muito em como estão se saindo ou tentam avaliar as reações de outras pessoas enquanto falam em uma situação social. O tratamento inclui treinar-se para se concentrar apenas na tarefa em questão, seja conversando com o chefe, falando em sala de aula ou apresentando informações a um grupo.

Medicamento. Medicamentos ISRSs, como sertralina, fluvoxamina, citalopram ou escitalopram, ou baixas doses de tranquilizantes benzodiazepínicos, como alprazolam ou clonazepam, podem ser usados como complementos dos tratamentos cognitivos baseados em exposição descritos anteriormente. Às vezes, medicamentos inibidores da monoaminoxidase (MAO), como fenelzina e tranilcipromina, são usados para tratar a fobia social com sucesso, embora isso seja menos comum na prática atual. (Ver Capítulo 18.)

Treinamento de habilidades sociais. Em alguns casos, aprender habilidades sociais básicas, como sorrir e fazer contato visual, manter uma conversa, autorrevelação e escuta ativa, fazem parte do tratamento para a fobia social.

Treinamento de assertividade. O treinamento de assertividade, a capacidade de pedir diretamente o que você quer ou dizer não ao que você não quer, é muitas vezes incluído no tratamento. (Ver Capítulo 14.)

Fobia específica

Uma fobia específica normalmente envolve um forte medo e a evitação de *um determinado* tipo de objeto ou situação. Não há ataques de pânico espontâneos e não há medo de ataques de pânico, como na agorafobia. Também não há medo de humilhação ou constrangimento em situações sociais, como na fobia social. No entanto, a exposição direta ao objeto ou à situação temida pode provocar uma reação de pânico. Com fobia específica, o medo é sempre desproporcional ao perigo realista representado pelo objeto ou pela situação. Normalmente, o medo e a evitação são fortes o suficiente para interferir em sua rotina normal, no trabalho ou nos relacionamentos e causar sofrimento significativo por um período de 6 meses ou mais. Mesmo que você reconheça suas irracionalidades, uma fobia específica pode causar uma ansiedade considerável.

Entre as fobias específicas mais comuns, estão as descritas a seguir. Observe que existem muitas listas dos tipos mais comuns de fobias, e elas variam em suas classificações. A lista a seguir é uma amostra representativa de fobias específicas comuns.

Fobias de animais. Isso pode incluir medo e evitação de cobras, morcegos, ratos, aranhas, abelhas, cães, ursos, entre outras criaturas. Muitas vezes, essas fobias começam na infância, quando são consideradas medos normais. Somente quando persistem na idade adulta e perturbam sua vida ou causam sofrimento significativo é que elas passam a ser classificadas como fobias específicas.

Acrofobia (medo de altura). Com acrofobia, você tende a ter medo de andares altos de edifícios ou de se encontrar no topo de montanhas, colinas ou pontes de alto nível. Em tais situações, você pode sentir 1) vertigem (tontura) ou, até mesmo, 2) um desejo de pular, geralmente experimentado como alguma força externa que o atrai para a borda.

Fobia de elevador. Essa fobia pode envolver o medo de que os cabos se quebrem e o elevador caia *ou* o medo de que o elevador fique preso e você fique preso dentro dele. Você pode ter reações de pânico, mas não tem histórico de transtorno de pânico ou agorafobia.

Fobia de avião. Isso geralmente envolve o medo de que o avião caia. De modo alternativo, pode envolver o medo de que a cabine se despressurize, fazendo você se asfixiar. Fobias sobre aviões sendo sequestrados ou bombardeados são relativamente comuns. É bastante comum que as pessoas temam o confinamento de estar em um avião, sem qualquer capacidade de sair, por um período fixo. Ao voar, você também pode ter medo de ter um ataque de pânico. Caso contrário, você provavelmente não tem histórico de transtorno de pânico ou agorafobia. O medo de voar é uma fobia muito comum. Aproximadamente 10% da população não voará, ao passo que outros 20% experimentam uma ansiedade considerável durante o voo.

Fobias de médico ou dentista. Isso pode começar como um medo de procedimentos dolorosos (injeções, preenchimento de dentes) realizados no consultório de um médico ou de um dentista. Mais tarde, pode generalizar-se para qualquer coisa que tenha a ver com médicos ou com dentistas. O perigo é que você pode evitar o tratamento médico necessário.

Fobias de trovões e/ou relâmpagos. Quase invariavelmente, as fobias de trovões e relâmpagos começam na infância. Quando persistem além da adolescência, são classificadas como fobias específicas.

Fobia por lesão sanguínea. Essa é uma fobia única, pois você tende a desmaiar (em vez de entrar em pânico) se exposto ao sangue ou à sua própria dor por meio de injeções ou ferimentos inadvertidos. Em resposta à situação fóbica, sua frequência cardíaca e sua pressão arterial aumentarão inicialmente e, depois, cairão de modo subsequente, o que é chamado de *resposta vasovagal*. Pessoas com fobia de lesões sanguíneas tendem a ser física e psicologicamente saudáveis em outros aspectos.

Fobia de doença (hipocondria). Normalmente, essa fobia envolve o medo de contrair e/ou sucumbir a uma doença específica, como um ataque cardíaco ou câncer. Com as fobias de doenças, você tende a buscar tranquilidade constante dos médicos e evitar qualquer situação que o lembre da temida doença.

Fobias específicas são comuns e afetam aproximadamente 10% da população (as taxas chegam a 16% entre os adolescentes). No entanto, como nem sempre resultam em comprometimento grave, apenas uma minoria de pessoas com fobias específicas realmente procura tratamento. A maioria dos tipos de fobias ocorre igualmente em homens e mulheres. As fobias de animais tendem a ser mais comuns em mulheres, ao passo que as fobias de doenças são mais comuns em homens. Em geral, as mulheres são duas vezes mais propensas a relatar fobias específicas do que os homens, mas isso pode refletir uma diferença em quem procura tratamento. Entre adultos com idade superior a 60 anos, a prevalência de fobias específicas tende a cair.

Como mencionado anteriormente, fobias específicas são frequentemente medos da infância que nunca foram superados. Em outros casos, elas podem se desenvolver após um evento traumático, como um acidente, um desastre natural, uma doença ou uma visita ao dentista – em outras palavras, como resultado do condicionamento. Uma causa final é a *modelagem* infantil. A observação repetida de um dos progenitores com uma fobia específica pode levar a criança a desenvolvê-la também.

Tratamento atual

Como as fobias específicas geralmente não envolvem ataques de pânico espontâneos, alguns dos tratamentos para o pânico, como terapia de controle de pânico, exposição interoceptiva e medicação, geralmente não estão incluídos.

Treinamento de relaxamento. A respiração abdominal e o relaxamento muscular profundo são praticados regularmente para reduzir os sintomas de ansiedade, que ocorrem tanto ao enfrentar a fobia específica quanto ao sentir preocupação (ansiedade antecipatória) sobre ter de lidar com a situação fóbica. (Ver Capítulo 4.)

Terapia cognitiva. Pensamentos de medo que tendem a perpetuar a fobia específica são desafiados e substituídos. Por exemplo, "E se eu entrar em pânico porque me sinto preso a bordo de um avião?" seria substituído por pensamentos mais realistas e de apoio, como "Embora eu possa não conseguir sair do avião por 2 horas, *posso* me movimentar, como sair do meu assento para ir ao banheiro várias vezes, se necessário. Se eu começar a sentir pânico, tenho muitas estratégias de enfrentamento que posso usar, incluindo respiração abdominal, conversar com meu companheiro, ouvir uma música relaxante ou tomar medicação, se necessário". Declarações de enfrentamento, como "Eu já lidei com isso antes e posso lidar com isso novamente" ou "Isso é apenas um pensamento; não tem validade", também são úteis. Essas declarações de enfrentamento de apoio são ensaiadas até serem internalizadas. (Ver Capítulo 8.)

Exposição. Isso envolve enfrentar gradualmente a situação fóbica por meio de uma série de etapas incrementais. Por exemplo, o medo de voar seria enfrentado primeiro apenas na imaginação (exposição de imagens), depois observando os aviões pousarem e decolarem, depois embarcando em um avião pousado, depois fazendo um voo curto e, finalmente, fazendo um voo mais longo. Uma pessoa de suporte pode acompanhá-lo primeiro em todas as etapas, então você as experimentaria por conta própria. Para algumas fobias, é difícil fazer exposição na vida real – por exemplo, se você tem medo de terremotos. O tratamento, então, enfatizaria a terapia cognitiva e, em seguida, a exposição a cenas imaginadas de terremotos (ou assistir a filmes sobre terremotos). As imagens e a exposição na vida real são descritas no Capítulo 7.

Terapia de exposição à realidade virtual. Em um pequeno número de ambientes com tecnologia apropriada, fobias específicas foram tratadas com *terapia de exposição à realidade virtual*. A terapia de exposição à realidade virtual (VRT, do inglês *virtual reality exposure therapy*) usa equipamentos especificamente programados com telas grandes para simular situações fóbicas, como ver aranhas, estar em lugares altos, voar, falar em público e até mesmo estar preso em espaços fechados. Assim como acontece com a exposição na vida real, o cliente é exposto a uma hierarquia altamente detalhada de cenas fóbicas que utilizam pistas visuais, auditivas e táteis para aumentar a sensação de presença e imersão na situação. O clínico pode ajustar a intensidade de cada situação, bem como identificar gatilhos que estão exclusivamente associados à fobia específica do cliente. O cliente também recebe controles, como um *joystick* (controle de *video game*), para permitir movimento e interação dentro do ambiente simulado. O progresso do cliente por meio de uma sucessão de cenas pode ser monitorado de perto. Cenas difíceis podem ser repetidas até que o cliente aprenda que a situação não é verdadeiramente prejudicial. Pesquisas iniciais com VRT realizadas na década de 1990 encontraram uma redução acentuada dos medos de altura, comparável com a exposição da acrofobia na vida real. Desde então, a gama de aplicações foi estendida para tratar veteranos para transtorno de estresse pós-traumático (TEPT), em que as cenas de combate são recriadas e permitem alcançar o domínio sobre condições adversas de combate. Mais recentemente, a VRT tem sido utilizada para tratar depressão em adolescentes. O cliente assume o papel de um personagem que viaja por um mundo de fantasia, combatendo seus pensamentos negativos virtuais. Como acontece com qualquer forma de terapia especializada, os clínicos que administram a VRT precisam ser devidamente treinados. Houve um problema com terapeutas não treinados que simplesmente compraram o equipamento e passaram a usá-lo sem treinamento especializado. Pesquisas indicam que a exposição virtual pode ser eficaz e se transferir bem para a situação fóbica da vida real. Um resumo detalhado da pesquisa sobre a eficácia da VRT em relação a alturas, medo de voar e TEPT pode ser encontrado em Rothbaum (2006). Para a referência, ver seção sobre fobia específica em "Leituras adicionais", no final deste capítulo.

Em suma, a fobia específica geralmente é um transtorno benigno, particularmente se começar como um medo comum da infância. Embora possa durar anos, raramente piora e muitas vezes diminui com o tempo. Normalmente, não está associada a outros transtornos psiquiátricos. Pessoas com fobias específicas com frequência funcionam em alto nível em todos os outros aspectos.

Transtorno de ansiedade generalizada

O transtorno de ansiedade generalizada (TAG) é caracterizado por ansiedade crônica que persiste por pelo menos 6 meses, *mas não é acompanhada por ataques de pânico, fobias ou obsessões*. Você simplesmente experimenta ansiedade e preocupação persistentes sem as características complicadoras de outros transtornos de ansiedade. Para receber um diagnóstico de TAG, sua ansiedade e preocupação devem se concentrar em duas ou mais circunstâncias estressantes da vida (como finanças, relacionamentos, saúde, problemas de trabalho ou desempenho escolar) na maioria dos dias, durante um período de 6 meses. Se você está lidando com TAG, é comum ter muitas preocupações e gastar muito do seu tempo se preocupando, mas você acha difícil exercer muito controle sobre sua preocupação. Além disso, a intensidade e a frequência da preocupação são sempre desproporcionais à probabilidade real de os eventos temidos acontecerem.

Além da preocupação frequente e difícil de controlar, o transtorno de ansiedade generalizada envolve ter pelo menos três dos seis sintomas a seguir (com alguns sintomas presentes na maior parte dos dias nos últimos 6 meses):

- Tensão – sentindo-se tenso
- Estar facilmente cansado
- Dificuldade de concentração
- Inquietação
- Irritabilidade
- Tensão muscular
- Dificuldades com o sono
- Dificuldade em controlar a preocupação

O TAG é frequentemente associado a sintomas físicos, como dores de cabeça tensionais, síndrome do intestino irritável, pressão alta, insônia e até mesmo osteoporose. No entanto, a presença de qualquer um ou de todos esses problemas físicos não implica necessariamente um diagnóstico de TAG, que se baseia principalmente na presença de preocupação contínua.

É provável que você receba um diagnóstico de TAG se sua preocupação e os sintomas associados lhe causarem sofrimento significativo e/ou interferirem em sua capacidade de funcionar ocupacional e socialmente ou em outras áreas importantes.

Se um médico lhe disser que você sofre de TAG, ele provavelmente descartou possíveis causas médicas de ansiedade crônica, como hiperventilação, problemas de tireoide ou ansiedade induzida por drogas (abstinência de álcool ou benzodiazepínicos). O TAG geralmente ocorre junto à depressão, uma condição às vezes referida como "transtorno misto de ansiedade e depressão". Nesses casos, uma história cuidadosa geralmente revela qual transtorno – a ansiedade generalizada ou a depressão – veio primeiro.

O TAG pode se desenvolver em qualquer idade. Em crianças e adolescentes, o foco da preocupação muitas vezes tende a ser o desempenho na escola ou em eventos esportivos. Em adultos, o foco pode variar, mas geralmente é um tema comum, como finanças, relacionamentos pessoais, saúde ou responsabilidades no trabalho. A qualquer momento, cerca de 4% dos adultos experimentam TAG; um total de 9% experimentam isso durante toda a sua vida. As mulheres são aproximadamente duas vezes mais propensas a experimentar o transtorno do que os homens (3,4% vs. 1,9%). A incidência é maior para pessoas com idade entre 30 e 60 anos e tende a diminuir mais tarde na vida. As pessoas de ascendência europeia são mais propensas a desenvolver TAG do que as de ascendência não europeia.

Embora não existam fobias específicas associadas ao TAG, uma visão proposta por Aaron Beck e Gary Emery (2005) sugere que o transtorno é sustentado por "medos básicos" de natureza mais ampla do que fobias específicas, como:

- Medo de perder o controle
- Medo de não ser capaz de lidar com a situação
- Medo do fracasso

- Medo de rejeição ou abandono
- Medo da morte e de doença

O TAG pode ser agravado por qualquer situação estressante que provoque esses medos, como aumento das demandas por desempenho, intensificação do conflito conjugal, doença física ou *qualquer situação que aumente sua percepção de perigo ou ameaça.*

As causas subjacentes do TAG são desconhecidas. É provável que envolva uma combinação de hereditariedade, neurobiologia e experiências infantis predisponentes, como expectativas parentais excessivas, abandono e rejeição dos pais ou progenitores modelando o comportamento de preocupação. O estresse cumulativo na adolescência ou na idade adulta desencadeia o aparecimento do TAG com base nessas causas predisponentes. Uma discussão mais completa sobre o TAG e seu tratamento pode ser encontrada no Capítulo 10, "Superando a preocupação".

Tratamento atual

Treinamento de relaxamento. Técnicas de respiração abdominal e relaxamento profundo são praticadas regularmente para reduzir diretamente a ansiedade. Um programa de exercício físico também pode ser incluído no tratamento. (Ver Capítulos 4 e 5.)

Terapia cognitiva. O diálogo interno temeroso subjacente a temas específicos de preocupação é identificado, desafiado e substituído por um pensamento mais realista. Quando você se preocupa, superestima as chances de algo negativo acontecer e subestima sua capacidade de lidar se algo ruim, de fato, acontecer. A terapia cognitiva visa a corrigir os dois tipos de pensamento distorcido. Você também trabalha na mudança de crenças negativas, ou "metacrenças", sobre a própria preocupação. Isso inclui crenças de que a preocupação o ajudará a evitar algo negativo, como "Se eu me preocupar com isso, não vai acontecer", e crenças temerosas sobre a própria preocupação, como "Minhas preocupações são incontroláveis" ou "Vou enlouquecer por me preocupar". Autodeclarações realistas e crenças construtivas são consistentemente praticadas e internalizadas ao longo do tempo.

Exposição à preocupação. Na exposição à preocupação, você faz uma exposição repetida e prolongada a imagens temerosas (seus piores cenários) daquilo que o preocupa. Nessas imagens, você inclui estratégias que usaria para reduzir a ansiedade e lidar com a situação.

Redução de comportamentos de preocupação. Você identifica "comportamentos de segurança" excessivamente cautelosos que tendem a reforçar a preocupação. Por exemplo, se você tende a ligar para seu cônjuge ou filho várias vezes ao dia para verificá-los, você reduziria a frequência desse comportamento.

Resolução de problemas. Isso significa tomar medidas sistemáticas para resolver o problema com o qual você está preocupado. Em suma, você se concentra em soluções para o problema que o preocupa, em vez de na preocupação em si. Se não houver uma solução prática, você trabalha para mudar sua atitude em relação à situação – isto é, aprende a aceitar o que não pode mudar.

Interrupção. Uma variedade de técnicas de interrupção pode ser útil para preocupações que não se prestam facilmente à terapia cognitiva ou à resolução de problemas. Atividades disruptivas comuns incluem conversar com um amigo, escrever um diário, praticar jardinagem, fazer exercícios, resolver um quebra-cabeça, fazer artesanato ou cozinhar. Observe que essas atividades são praticadas com a atitude de *interromper* proativamente a preocupação, em vez de fugir ou escapar dela por meio de distração.

Medicamento. Para casos moderados a graves de transtorno de ansiedade generalizada, podem ser usados medicamentos ISRSs, como sertralina, fluvoxamina, escitalopram ou citalopram. Os medicamentos IRSNs, como venlafaxina e desvenlafaxina, também foram considerados eficazes no tratamento do TAG. Outro medicamento, buspirona, é usado há muitos anos para tratar a preocupação e a ansiedade generalizada. Esse medicamento ainda é ocasionalmente utilizado como tratamento medicamentoso de primeira linha para o TAG. A buspirona pode, por vezes, ser combinada com um medicamento ISRS para aumentar a eficácia deste. Benzodiazepínicos, como alprazolam, lorazepam e clonazepam, são frequentemente usados para tratar o TAG, embora alguns psiquiatras sejam cautelosos devido ao seu potencial de tolerância, dependência e abuso. Gabapentina, um estabilizador de humor que tem um efeito de redução da ansiedade, também tem sido utilizada para tratar o TAG. (Mais informações sobre medicamentos podem ser encontradas no Capítulo 18.)

Prática de atenção plena. A atenção plena (*mindfulness*) é uma atitude que envolve simplesmente testemunhar o fluxo contínuo de seus pensamentos e sentimentos no momento presente sem julgamento. Originou-se da prática da meditação budista, mas agora está sendo utilizada como um tratamento comum para estresse, depressão e ansiedade generalizada. (Para obter mais informações sobre a prática de atenção plena, ver Capítulo 19.)

Mudanças de estilo de vida e de personalidade. Tais mudanças são basicamente semelhantes aos métodos descritos para o transtorno de pânico: controle do estresse, aumento do tempo de inatividade, exercícios regulares, eliminação de estimulantes e doces da dieta, resolução de conflitos interpessoais e mudança de atitudes em relação ao perfeccionismo, à necessidade excessiva de agradar aos outros ou à necessidade excessiva de controlar.

Observe que uma discussão detalhada de estratégias e técnicas para superar a preocupação pode ser encontrada no Capítulo 10, "Superando a preocupação".

Transtorno obsessivo-compulsivo

Na formulação do DSM-5 de transtornos psiquiátricos, o transtorno obsessivo-compulsivo (TOC) é descrito em um capítulo separado, além de outros transtornos de ansiedade. Ele está listado com outros *transtornos do espectro obsessivo-compulsivo*, como transtorno dismórfico corporal (percepção distorcida do corpo), tricotilomania (transtornos de arrancar o cabelo), transtorno de acumulação, escoriação (transtorno de arrancar a pele) e TOC induzido por substância/medicação. Mais detalhes sobre esses transtornos serão apresentados na próxima seção. A colocação do TOC (bem como dos transtornos do espectro do TOC) em um capítulo próprio é baseada em certas diferenças neurobiológicas nas causas do TOC em relação a outros transtornos de ansiedade.

Algumas pessoas naturalmente tendem a ser mais limpas, arrumadas e ordenadas do que outras. Essas características podem ser úteis em muitas situações, tanto no trabalho quanto em casa. No TOC, no entanto, elas são levadas a um grau extremo e perturbador. Pessoas obsessivo-compulsivas podem passar muitas horas limpando, arrumando, verificando ou ordenando, a ponto de essas atividades interferirem em outros aspectos de suas vidas.

As *obsessões* são ideias, pensamentos, imagens ou impulsos recorrentes que parecem sem sentido, mas que continuam a invadir sua mente. Exemplos comuns incluem imagens recorrentes de violência, pensamentos de cometer violência contra outra pessoa, medo de deixar as luzes acesas ou o fogão ligado ou talvez deixar a porta destrancada, ou medo de contaminação por germes ao tocar maçanetas, interruptores de luz, banheiros e muitas outras coisas. Você reconhece que esses pensamentos ou medos são irracionais e tenta suprimi-los, mas eles continuam a invadir sua mente por horas, dias, semanas ou mais. Esses pensamentos ou imagens não são preocupações excessivas sobre problemas da vida real e geralmente não estão relacionados a nenhum problema da vida real.

As *compulsões* são comportamentos ou rituais que você realiza para dissipar a ansiedade trazida pelas obsessões. Por exemplo, você pode lavar as mãos várias vezes para dissipar o medo de ser contaminado, verificar o fogão repetidamente para ver se ele está desligado, pedir e organizar as coisas de uma maneira definida ou olhar continuamente no espelho retrovisor enquanto dirige para aliviar a ansiedade por imaginar ter atingido alguém. Você percebe que esses rituais não são razoáveis, mas se sente compelido a realizá-los para afastar a ansiedade associada à sua obsessão em particular. O conflito entre o seu desejo de se libertar do ritual compulsivo e o desejo irresistível de realizá-lo é uma fonte de ansiedade, vergonha e até mesmo desespero. Eventualmente, você pode parar de lutar com suas compulsões e se entregar inteiramente a elas.

As obsessões podem ocorrer por si mesmas, sem necessariamente serem acompanhadas por compulsões. Na verdade, cerca de 20% das pessoas que sofrem de TOC só têm obsessões, e estas muitas vezes giram em torno de medos de causar danos a um ente querido ou ter pensamentos sexuais inquietantes.

As compulsões mais comuns incluem lavar, verificar e contar. Se você é um lavador, está constantemente preocupado em evitar a contaminação. Você evita tocar nas maçanetas das portas, apertar as mãos de alguém ou entrar em contato com qualquer objeto que associe a germes, sujeira ou uma substância tóxica. Você pode passar literalmente horas lavando as mãos ou tomando banho para reduzir a ansiedade por estar contaminado. As mulheres têm essa compulsão com mais frequência do que os homens. No entanto, os homens superam as mulheres como verificadores. As portas devem ser verificadas repetidamente para dissipar obsessões sobre ser roubado; fogões são verificados repetidamente para dissipar obsessões sobre iniciar um incêndio; ou estradas são verificadas repetidamente para dissipar obsessões sobre ter atingido alguém. Na contagem, você deve contar até um certo número ou repetir uma palavra um determinado número de vezes para dissipar a ansiedade sobre os danos que recaem sobre você ou outra pessoa.

O TOC é frequentemente acompanhado de depressão. A preocupação com as obsessões, na verdade, tende a aumentar e diminuir com a depressão. Esse transtorno também é normalmente acompanhado por evitação fóbica – como quando uma pessoa com obsessão por sujeira ou germes evita banheiros públicos ou tocar maçanetas. Às vezes, a evasão interfere no funcionamento social ou ocupacional da pessoa. A Organização Mundial da Saúde (OMS) classifica o TOC entre as 10 condições mais incapacitantes em todos os transtornos.

É muito importante perceber que, por mais bizarro que o comportamento obsessivo-compulsivo possa parecer, não tem nada a ver com "ser louco". Você geralmente reconhece a irracionalidade e a falta de sentido de seus pensamentos e comportamentos e fica muito frustrado (assim como deprimido) com a sua incapacidade de controlá-los.

O TOC é diferente dos transtornos comportamentais compulsivos, como jogar e comer excessivamente. Pessoas com transtornos comportamentais compulsivos obtêm algum prazer de suas atividades compulsivas, ao passo que pessoas com TOC não querem realizar suas compulsões (exceto para reduzir o medo) e não obtêm qualquer prazer em fazê-lo.

O TOC costumava ser considerado um transtorno comportamental raro. No entanto, estudos recentes mostraram que cerca de *2 a 3% da população em geral* pode sofrer, em graus variados, de TOC. Cerca de 1,5% realmente procura tratamento. A razão pela qual as taxas de prevalência foram subestimadas até agora é que a maioria dos pacientes tem sido muito relutante em contar a alguém sobre seu problema. As mulheres parecem ser afetadas um pouco mais do que os homens, mas os meninos são mais comumente afetados na infância do que as meninas. A idade média de início do TOC é de 19,5 anos. O início dos sintomas normalmente é gradual. Sem tratamento, a remissão do TOC na idade adulta é baixa, em geral inferior a 20%. Com um tratamento eficaz, a recuperação parcial a total é possível em até 60% dos casos.

As causas do TOC não são claras. Há algumas evidências de que uma deficiência de uma substância neurotransmissora no cérebro, conhecida como serotonina, ou uma perturbação no metabolismo da serotonina, está associada ao transtorno. Isso é corroborado pelo fato de que muitos pacientes melhoram quando tomam medicamentos que aumentam os níveis de serotonina no cérebro, como a clomipramina, ou antidepressivos específicos que aumentam a serotonina, como fluoxetina, fluvoxamina, sertralina ou escitalopram. Também parece que as pessoas com TOC têm atividade excessiva em certas partes do cérebro, como o córtex pré-frontal e o núcleo caudado. Ver Capítulo 2 para uma descrição mais detalhada das pesquisas mais recentes sobre a neurobiologia do TOC. O TOC tem um alto grau de hereditariedade, com 57% dos gêmeos idênticos apresentando sintomas do transtorno *versus* 22% dos gêmeos fraternos.

Tratamento atual

Treinamento de relaxamento. Assim como ocorre com todos os transtornos de ansiedade, a respiração abdominal e as habilidades de relaxamento profundo são praticadas diariamente para ajudar a reduzir os sintomas de ansiedade. (Ver Capítulo 4.)

Terapia cognitiva. Pensamentos medrosos, supersticiosos ou culpados associados a obsessões são identificados, desafiados e substituídos. Por exemplo, a ideia "Se eu tiver um pensamento de fazer mal ao meu filho, posso agir de acordo" é substituída por "O pensamento de fazer mal é apenas um ruído aleatório causado pelo TOC. Não tem significado. Apenas ter o pensamento não significa que eu vou fazer isso". (Ver Capítulo 8.)

Prevenção de exposição e resposta (PER). Essa técnica consiste na exposição a situações que agravam as obsessões, seguida da prevenção forçada da realização de rituais ou compulsões. Por exemplo, se você estiver lavando as mãos toda vez que tocar em uma maçaneta, você seria instruído a tocar as maçanetas e reduzir o número de vezes que você lava as mãos ou se abster de lavá-las. Da mesma forma, se você verificar a porta cinco vezes sempre que sair de casa, será necessário reduzir gradualmente o número de verificações para uma. Você e seu terapeuta elaboram uma variedade de situações, de preferência em seu ambiente doméstico; então você pratica continuamente, expondo-se a essas situações, e desiste de realizar as compulsões (prevenção de resposta). Normalmente, seu terapeuta ou uma pessoa de apoio o acompanha para monitorar sua conformidade em não realizar as compulsões. Quando seu problema envolve apenas obsessões, sem compulsões, quaisquer pensamentos neutralizantes ou rituais secretos que você usa para reduzir a ansiedade causada por suas obsessões precisam ser interrompidos. Você também trabalharia para aceitar suas obsessões sem tentar fazê-las desaparecer. (Para obter mais informações sobre exposição e prevenção de respostas no tratamento do TOC, consultar o livro *Stop Obsessing: How to Overcome Your Obsessions and Compulsion*, de Edna Foa e Reid Wilson, ou *The OCD Workbook*, de Bruce Hyman e Cherry Pedrick.)

Medicamento. Medicamentos como clomipramina e os medicamentos ISRSs, incluindo fluoxetina, fluvoxamina, escitalopram, citalopram e sertralina, ajudam cerca de 60 a 70% das pessoas com TOC. Os IRSNs, como venlafaxina e duloxetina, também podem ser usados. O uso prolongado de medicamentos é muito comum no TOC, embora, em alguns casos, as estratégias de prevenção cognitiva e de exposição/resposta descritas anteriormente possam ser suficientes. Doses eficazes de medicamentos ISRSs ou ISRNs são geralmente mais altas para o TOC do que para outros transtornos de ansiedade, e os benefícios desses medicamentos tendem a aparecer apenas após dois a três meses em doses mais altas. Verificou-se que baixas doses de medicamentos antipsicóticos, como olanzapina e risperidona, são adjuvantes úteis no tratamento do TOC para algumas pessoas, o que indica que parte dos mecanismos cerebrais subjacentes ao TOC envolvem o papel dos receptores de dopamina. O uso de medicamentos ISRSs ou ISRNs é frequentemente parte do protocolo de tratamento normal para o TOC. É necessário tomar a medicação em longo prazo, pois a descontinuação geralmente resulta no retorno dos sintomas originais do TOC.

Mudanças de estilo de vida e de personalidade. Essencialmente, as mesmas mudanças de estilo de vida e personalidade descritas para o transtorno de pânico e o transtorno de ansiedade generalizada se aplicam ao TOC.

As estratégias apresentadas neste guia serão úteis se você for afetado pelo TOC. Como o TOC com frequência é um problema grave e debilitante, é altamente recomendável que você consulte um profissional que seja bem versado no uso de métodos comportamentais, como exposição e prevenção de resposta, bem como no uso de medicamentos apropriados. Este guia pode complementar as abordagens de tratamento comportamental e farmacológico.

Transtornos do espectro obsessivo-compulsivo

Os transtornos do espectro OC compartilham semelhanças em sua base neurobiológica com o TOC. (Ver Capítulo 2 para obter detalhes sobre a neurobiologia do TOC.) Os transtornos do espectro OC variam em sua manifestação. Estes são os transtornos do espectro de OC mais comuns:

Transtorno dismórfico corporal: preocupação com falhas ou defeitos percebidos na aparência física.

Escoriação: descamação recorrente da pele (resultando em lesões), com repetidas tentativas de parar de descamar.

Transtorno de acumulação: dificuldade em descartar posses que resulta em desordem significativa na área de vida pessoal.

Tricotilomania: arrancamento recorrente do cabelo (resultando em perda de cabelo perceptível), com tentativas repetidas de diminuir ou parar de puxar.

Hipocondria: preocupação em ter uma doença grave, com atenção excessiva aos sintomas corporais que são tomados como evidência dessa doença.

Os transtornos do espectro OC tornaram-se uma área de especialidade própria e são normalmente tratados por terapeutas especializados em TOC que adotam técnicas de prevenção de exposição e resposta ao transtorno específico do espectro OC envolvido.

Vários outros transtornos relacionados ao TOC são mencionados no capítulo completo do DSM-5 sobre TOC. Estes incluem casos em que TOC ou transtornos do espectro OC podem ser diretamente atribuídos a uma condição médica, ou parecem ser manifestações de intoxicação induzida por substância ou sintomas de abstinência.

Transtornos relacionados ao trauma e ao estressor

Como é o caso do TOC, o DSM-5 apresenta o transtorno de estresse pós-traumático (TEPT) em um capítulo próprio. O capítulo, intitulado "Transtornos relacionados ao trauma e ao estressor", inclui vários outros problemas relacionados ao estresse.

Esse novo capítulo unifica todos os transtornos psiquiátricos que se acredita surgirem em resposta a um evento (ou eventos) traumático(s) ou altamente estressante(s). Além do TEPT, o *transtorno de estresse agudo* se refere à mesma constelação de sintomas que o TEPT (incluindo memórias intrusivas do trauma, sonhos ou pesadelos angustiantes, *flashbacks* e sintomas dissociativos, como despersonalização), exceto que esses sintomas são aparentes *de três dias a um mês* após o estressor inicial. Quando esses sintomas persistem *após* um mês, um diagnóstico de TEPT é considerado apropriado.

O capítulo do DSM-5 também inclui a categoria diagnóstica de *transtornos de adaptação*. A característica distintiva dos transtornos de adaptação é que eles consistem em um grupo de sintomas desadaptativos após 3 meses de um estressor significativo na vida. No entanto, os sintomas não estão na mesma faixa ou gravidade que os sintomas de TEPT, mas incluem sofrimento acentuado, desproporcional à gravidade do estressor instigante, e comprometimento do funcionamento social ou ocupacional. Os transtornos de adaptação não incluem sintomas dissociativos, como despersonalização e desrealização (ver a seguir), mas são especificados no DSM-5 conforme a presença de ansiedade, depressão ou misto de ansiedade e depressão.

Dois outros transtornos que afetam crianças com idade inferior a 5 anos são mencionados no capítulo. O *transtorno de apego reativo* constitui um padrão que mostra retraimento social grave e a aparente falta de capacidade da criança de buscar ou responder ao conforto quando angustiada. Em contrapartida, o *transtorno de interação social desinibida* reflete um padrão de comportamento em que a criança se aproxima de adultos desconhecidos e não mostra inibição ou reticência social normal ao fazê-lo.

Transtorno de estresse pós-traumático

A característica essencial do TEPT é o desenvolvimento de sintomas psicológicos incapacitantes após um evento traumático. Foi identificado pela primeira vez durante a Primeira Guerra Mundial, quando se observou que os soldados sofriam de ansiedade crônica, pesadelos e *flashbacks* após semanas, meses ou mesmo anos após o combate. Essa condição passou a ser conhecida como "neurose de guerra".

O TEPT pode ocorrer em qualquer pessoa após um trauma grave fora da faixa normal da experiência humana. São traumas que produziriam medo intenso, terror e sentimentos de desamparo em qualquer pessoa e incluem: desastres naturais, como incêndios, terremotos ou tornados; acidentes graves, como acidentes de carro, trem ou avião; e estupro, agressão ou outros crimes violentos contra você ou sua família imediata. Aparentemente os sintomas são mais intensos e duradouros quando o trauma é pessoal, como no estupro ou em outros crimes violentos, mas a *observação* de outra pessoa sofrendo um trauma grave pode ser suficiente para induzir o TEPT. Mesmo saber que um evento traumático ocorreu com um membro próximo da família ou outra pessoa significativa pode ser uma fonte de trauma.

Entre a variedade de sintomas que podem ocorrer com o TEPT, os nove a seguir são particularmente comuns:

- Pensamentos repetitivos e angustiantes sobre o evento, muitas vezes intrusivos e indesejados.
- Pesadelos relacionados ao evento.
- *Flashbacks* tão intensos que você sente ou age como se o trauma estivesse ocorrendo o tempo todo repetidamente.
- Tentativa de evitar pensamentos ou sentimentos associados ao trauma.
- Tentativa de evitar atividades ou situações externas associadas ao trauma – como desenvolver uma fobia de dirigir depois de ter sofrido um acidente de carro.
- Entorpecimento emocional – estar fora de contato com seus sentimentos.
- Perder o interesse em atividades que costumavam lhe dar prazer.
- Sintomas persistentes de aumento da ansiedade, como dificuldade em adormecer ou permanecer dormindo, ou ter dificuldade de concentração, assustar-se facilmente ou ter irritabilidade e explosões de raiva.
- Crenças negativas exageradas, como "Estou arruinado" ou "Ninguém é confiável".

Para que você receba um diagnóstico de TEPT, esses sintomas precisam ter persistido por pelo menos um mês (com menos de um mês de duração, o diagnóstico apropriado é transtorno de estresse agudo). Além disso, a perturbação deve estar causando sofrimento significativo, interferindo em áreas sociais, vocacionais ou outras áreas importantes de sua vida. No DSM-5, o TEPT pode ser diagnosticado com base no perfil de sintomas apresentados anteriormente ou com a adição de *sintomas dissociativos*, como despersonalização ou desrealização. A *despersonalização* é uma sensação de desapego de si mesmo, como se você fosse um observador externo de seus próprios processos mentais ou corporais. A *desrealização* é a percepção da irrealidade, com todo o seu entorno parecendo irreal, onírico ou distante.

Se você sofre de TEPT, tende a ficar ansioso e deprimido. Às vezes, você se verá agindo impulsivamente, mudando de modo repentino de residência ou fazendo uma viagem com quase nenhum plano. Se você passou por um trauma em que outras pessoas ao seu redor morreram, você pode sofrer de culpa por ter sobrevivido.

O TEPT pode ocorrer em qualquer idade e afeta cerca de 9% da população em algum momento de sua vida. As crianças com o transtorno tendem a não reviver o trauma de forma consciente, mas continuamente o reencenam em suas brincadeiras ou em sonhos angustiantes. As maiores taxas de TEPT são encontradas entre sobreviventes de estupro, combate militar ou confinamento e/ou perseguição por motivos étnicos. O início do TEPT de espectro total pode ser adiado por meses ou mesmo anos; no entanto, pelo menos alguns sintomas são geralmente evidentes de uma semana a três meses após o evento traumático.

Há boas evidências de que a suscetibilidade ao TEPT tem um componente hereditário. Um estudo recente que reuniu mais de 20 mil pessoas que participaram de 11 estudos multiétnicos em todo o mundo constrói um forte argumento para o papel da genética no TEPT (Duncan, Ratanatharathorn, et al., 2017). Além disso, para gêmeos idênticos expostos ao combate no Vietnã, se um gêmeo idêntico desenvolvesse o transtorno, as chances eram maiores de que o outro gêmeo idêntico também o desenvolvesse, em comparação com gêmeos fraternos.

Tratamento atual

O tratamento para o TEPT é complexo e multifacetado. Muitas das estratégias descritas anteriormente para outros transtornos de ansiedade são úteis, mas técnicas adicionais também podem ser utilizadas.

Treinamento de relaxamento. Técnicas de respiração abdominal e relaxamento muscular progressivo são praticadas para controlar melhor os sintomas de ansiedade. (Ver Capítulo 4.)

Terapia cognitiva. O pensamento medroso ou deprimido é identificado, desafiado e substituído por um pensamento mais produtivo. Por exemplo, a culpa por ter sido responsável pelo trauma – ou por ter sobrevivido quando alguém que você amava não sobreviveu – seria desafiada. Você se reforçaria com pensamentos construtivos e de apoio, como "O que aconteceu foi horrível e aceito que não há nada que eu poderia ter feito para evitar isso. Estou aprendendo agora que posso continuar". (Ver Capítulos 8 e 9.)

Terapia de exposição. Um terapeuta ou uma pessoa de apoio ajuda você a enfrentar situações de medo que deseja evitar porque elas desencadeiam uma forte ansiedade. Na exposição imagética, você voltaria repetidamente a memórias temerosas de eventos, objetos e pessoas associados ao trauma original. Na exposição da vida real, você retornaria à situação real em que o trauma ocorreu. Por exemplo, se você fosse agredido em um elevador, retornaria ao elevador várias vezes. A exposição repetida o ajuda a entender que a situação de medo não é mais perigosa. (Ver Capítulo 7.)

Reescrita de imagens. Na reescrita de imagens, o terapeuta pede a você que revise uma situação que foi traumática quando criança ou adolescente, mas do ponto de vista de ser um adulto empoderado e forte, capaz de lidar com a situação. Por exemplo, se foi abusado fisicamente quando criança, você se imaginaria voltando à situação original como adulto, não como criança, e depois confrontando o agressor e lidando com ele de uma maneira forte e empoderada. Uma fase adicional pode incluir voltar à situação como um adulto forte acompanhado pelo seu próprio filho, com o adulto confrontando o agressor em nome da criança. A reescrita de imagens é uma técnica comum usada com TEPT e tem sido usada com sucesso com fobias sociais baseadas em experiências sociais traumáticas na infância e na adolescência (Wild & Clark 2011).

Medicamento. Os medicamentos ISRSs, como sertralina, fluvoxamina, fluoxetina ou citalopram, costumam ser úteis para aliviar os sintomas do TEPT. Especialmente quando esses sintomas são graves e duradouros, um curso de medicação com duração de um ou dois anos pode ser utilizado. Tranquilizantes, como alprazolam ou clonazepam, podem ser usados por um período mais curto. (Ver Capítulo 18.)

Grupos de apoio. Os grupos de apoio são particularmente úteis para permitir que as vítimas de TEPT percebam que não estão sozinhas. Grupos de apoio a sobreviventes de estupro ou crime estão frequentemente disponíveis em áreas metropolitanas maiores. Pesquisas consideráveis indicam que o apoio social oferece efeitos protetores tanto para evitar quanto para se recuperar do transtorno.

EMDR. A dessensibilização e reprocessamento do movimento ocular (EMDR, do inglês *eye movement desensitization and reprocessing*) é frequentemente útil para permitir que as vítimas de TEPT recuperem e trabalhem por meio de memórias do incidente traumático original. Estudos mostram que a EMDR é igualmente eficaz como terapia cognitivo-comportamental (TCC) frente a vários transtornos de ansiedade, além de ser um tratamento de primeira linha para o TEPT. Acesse o *site* do EMDR Institute em emdr.com para obter mais informações.

Para um resumo abrangente do tratamento para TEPT, consulte *The PTSD workbook*, 3ª ed., de Mary Beth Williams e Soili Poijula.

É importante acrescentar que o tratamento para qualquer transtorno de ansiedade pode incluir terapia conjugal ou familiar. Problemas interpessoais com cônjuges e/ou familiares podem servir para perpetuar a ansiedade e prejudicar o sucesso do tratamento até que essas questões sejam abordadas. A terapia familiar também é útil para educar os membros da família sobre como entender, apoiar e, em alguns casos, estabelecer limites com o membro da família que sofre com o transtorno de ansiedade.

Transtornos de ansiedade adicionais no DSM-5

Dois transtornos de ansiedade adicionais, que foram originalmente adicionados ao DSM-4, foram mantidos no DSM-5.

Transtorno de ansiedade devido a outra condição médica

Essa categoria de diagnóstico é reservada para situações em que a ansiedade significativa (na forma de ataques de pânico ou ansiedade generalizada) é um efeito fisiológico direto de uma condição médica específica. Numerosos tipos de condições médicas podem causar ansiedade, incluindo condições endócrinas (hiper e hipotireoidismo, feocromocitoma, hipoglicemia), condições cardiovasculares (insuficiência cardíaca congestiva, embolia pulmonar), condições metabólicas (deficiência de vitamina B12, porfiria) e condições neurológicas (problemas vestibulares, encefalite). Para obter uma listagem mais completa, ver seção no Capítulo 2 intitulada "Condições médicas que podem causar ataques de pânico ou ansiedade".

Transtorno de ansiedade induzido por substância

Essa categoria é usada quando a ansiedade generalizada ou os ataques de pânico são determinados como o efeito fisiológico direto de uma substância, seja uma droga de abuso, um medicamento ou uma exposição a toxinas. A ansiedade pode ser resultado da exposição à substância ou da retirada dela. Por exemplo, se você não tivesse histórico anterior de um transtorno de ansiedade e, de repente, desenvolvesse ataques de pânico como resultado de parar de tomar muito rapidamente um medicamento, você receberia esse diagnóstico.

Questionário de autodiagnóstico

O questionário a seguir foi elaborado para ajudá-lo a identificar com qual transtorno de ansiedade específico você pode estar lidando. Baseia-se na classificação oficial de transtornos de ansiedade usada por profissionais de saúde mental e conhecida como DSM-5 (*Manual diagnóstico e estatístico de transtornos mentais*, 5ª edição).

1. Você tem ataques de ansiedade espontâneos que surgem do nada? (Só responda "sim" se você *não* tem nenhuma fobia.) Sim ___ Não ___

2. Você teve pelo menos um ataque desse tipo no último mês? Sim ___ Não ___

3. Se teve um ataque de ansiedade no último mês, você se preocupou em ter outro? Ou você se preocupou com as implicações de seu ataque para sua saúde física ou mental? Sim ___ Não ___

4. Na sua pior experiência com ansiedade, você teve quatro ou mais dos seguintes sintomas?
   - ☐ Falta de ar ou sensação de sufocamento
   - ☐ Tonturas, sensação de cabeça leve ou instável
   - ☐ Palpitações cardíacas ou batimentos cardíacos rápidos
   - ☐ Tremor ou agitação
   - ☐ Sudorese
   - ☐ Sufocamento
   - ☐ Náuseas ou desconforto abdominal
   - ☐ Sentimentos de estar desapegado ou fora de contato com seu corpo
   - ☐ Sensações de dormência ou formigamento
   - ☐ Rubores ou calafrios
   - ☐ Dor ou desconforto no peito
   - ☐ Medo de morrer
   - ☐ Medo de enlouquecer ou fazer algo fora de controle

Se suas respostas para 1, 2, 3 e 4 foram sim, pare. Você reuniu as condições para **transtorno de pânico**.

Se sua resposta à pergunta 1 foi sim, mas sua reação de ansiedade envolveu três ou menos dos sintomas listados abaixo de 4, você está experimentando o que é chamado de *ataques de sintomas limitados*, mas não tem transtorno de pânico completo.

Se você tem ataques de pânico *e* fobias, continue.

5. O medo de ter ataques de pânico faz você evitar entrar em certas situações?
   Sim ___ Não ___

Se a sua resposta para 5 foi sim, pare. É provável que você esteja lidando com **agorafobia**. Ver questão 6 para determinar a extensão da sua agorafobia.

6. Qual das seguintes situações você evita porque tem medo de entrar em pânico?
   - ☐ Ir para longe de casa
   - ☐ Fazer compras em uma mercearia
   - ☐ Esperar em uma fila de supermercado
   - ☐ Ir a lojas de departamento
   - ☐ Ir a *shoppings*
   - ☐ Dirigir em rodovias
   - ☐ Dirigir em estradas longe de casa
   - ☐ Dirigir para qualquer lugar sozinho
   - ☐ Usar transporte público (ônibus, trens, etc.)
   - ☐ Passar por pontes (como motorista ou passageiro)
   - ☐ Atravessar túneis (como motorista ou passageiro)
   - ☐ Voar em aviões
   - ☐ Andar em elevadores
   - ☐ Estar em lugares altos
   - ☐ Ir ao consultório de um dentista ou de um médico
   - ☐ Sentar-se em uma cadeira de barbeiro ou de esteticista
   - ☐ Comer em restaurantes
   - ☐ Ir ao trabalho
   - ☐ Estar muito longe de uma pessoa ou de um lugar seguro
   - ☐ Ficar sozinho
   - ☐ Sair de casa
   - ☐ Outras

   O número de situações que você marcou indica a extensão de sua agorafobia e o grau em que ela limita sua atividade.
   Se sua resposta para a questão 5 foi não, mas você tem fobias, continue.

7. Você *não* evita certas situações porque tem medo de entrar em pânico, e sim porque tem medo de ser envergonhado ou julgado negativamente por outras pessoas (o que poderia subsequentemente levá-lo ao pânico)? Sim ___ Não ___

   Se a sua resposta para a questão 7 foi sim, pare. É provável que você esteja lidando com **fobia social**. Ver questão 8 para determinar a extensão da sua fobia social.

8. Qual das seguintes situações você evita por medo de se envergonhar ou se humilhar?
   - ☐ Sentar-se em qualquer tipo de grupo (p. ex., no trabalho, em salas de aula, em organizações sociais ou em grupos de autoajuda)
   - ☐ Dar uma palestra ou apresentação diante de um pequeno grupo de pessoas

☐ Dar uma palestra ou apresentação diante de um grande grupo de pessoas
☐ Ir a festas e funções sociais
☐ Usar banheiros públicos
☐ Comer na frente dos outros
☐ Escrever ou assinar seu nome na presença de outras pessoas
☐ Ir a encontros
☐ Qualquer situação em que você possa dizer algo tolo
☐ Outras

O número de situações que você marcou indica até que ponto a fobia social limita suas atividades.

Se suas respostas às perguntas 5 e 7 foram não, mas você tem outras fobias, continue.

9. Você teme e evita qualquer um (ou mais de um) dos seguintes elementos?
    ☐ Insetos ou animais, como aranhas, abelhas, cobras, ratos, morcegos ou cães
    ☐ Alturas (andares altos em edifícios, topos de colinas ou montanhas, pontes altas)
    ☐ Dirigir
    ☐ Túneis
    ☐ Pontes
    ☐ Elevadores
    ☐ Aviões (voar)
    ☐ Médicos ou dentistas
    ☐ Trovão ou relâmpago
    ☐ Água
    ☐ Sangue
    ☐ Injeções ou procedimentos médicos
    ☐ Doenças como ataques cardíacos ou câncer
    ☐ Escuridão
    ☐ Outras

10. Você tem altos graus de ansiedade geralmente *apenas* quando precisa enfrentar uma dessas situações? Sim ___ Não ___

Se você marcou um ou mais itens na questão 9 e respondeu sim à questão 10, pare. É provável que você esteja lidando com uma **fobia específica**. Caso contrário, prossiga.

11. Você se sente muito ansioso a maior parte do tempo, mas *não* tem ataques de pânico distintos, *não* tem fobias e *não* tem obsessões ou compulsões específicas? Sim ___ Não ___

12. Você tem sido propenso a preocupações excessivas pelo menos nos últimos 6 meses? Sim ___ Não ___

13. Sua ansiedade e preocupação foram associadas a pelo menos três dos seis sintomas a seguir?
    ☐ Sensação de tensão intensificada
    ☐ Estar facilmente cansado
    ☐ Dificuldade de concentração ou mente em branco
    ☐ Irritabilidade
    ☐ Tensão muscular
    ☐ Distúrbio do sono (dificuldade em adormecer ou permanecer dormindo, ou sono inquieto e insatisfatório)

Se suas respostas para as questões 11, 12 e 13 foram sim, pare. É provável que você esteja lidando com **transtorno de ansiedade generalizada**. Se você respondeu sim à questão 11, mas não à questão 12 ou 13, está lidando com uma condição de ansiedade que não é grave o suficiente para se qualificar como transtorno de ansiedade generalizada.

14. Você tem pensamentos intrusivos recorrentes, como ferir ou prejudicar um parente próximo, estar contaminado com sujeira ou uma substância tóxica, temer que tenha esquecido de trancar a porta ou desligar um aparelho, ou uma fantasia desagradável de catástrofe? (Você reconhece que esses pensamentos são irracionais, mas não pode impedi-los de entrar em sua mente.) Sim ___ Não ___

15. Você realiza ações ritualísticas, como lavar as mãos, verificar ou contar para aliviar a ansiedade por medos irracionais que entram em sua mente? Sim ___ Não ___

Se você respondeu sim à questão 14, mas não à questão 15, você provavelmente está lidando com **transtorno obsessivo-compulsivo**, mas tem apenas obsessões.

Se você respondeu sim às questões 14 e 15, provavelmente está lidando com **transtorno obsessivo-compulsivo**, com obsessões e compulsões.

Se você respondeu não às questões 14 e 15 e à maioria ou a todas as perguntas anteriores, mas ainda tem ansiedade ou sintomas relacionados à ansiedade, pode estar lidando com transtorno de estresse pós-traumático ou uma condição de ansiedade inespecífica. Use a seção deste capítulo sobre transtorno de estresse pós-traumático para determinar se seus sintomas se encaixam nessa categoria.

Comorbidade de transtornos de ansiedade

Nos anos que se passaram desde que a primeira edição deste livro foi publicada, tornou-se cada vez mais evidente que muitas pessoas estão lidando com mais de um transtorno de ansiedade. Por exemplo, uma pesquisa com pessoas com transtorno de pânico descobriu que 15 a 30% também têm fobia social, 10 a 20% têm uma fobia específica, 25% têm transtorno de ansiedade generalizada e 8 a 10% têm TOC. Pessoas com agorafobia muitas vezes têm fobias sociais e/ou dificuldades obsessivo-compulsivas. Se achar que sua condição específica se encaixa na descrição de mais de um transtorno de ansiedade, você não está sozinho.

Leituras adicionais

Transtorno de pânico

Barlow, David, and Michelle Craske. *Mastery of Your Anxiety and Panic: Workbook*. 4th ed. New York: Oxford University Press, 2006.

Beckfield, Denise F. *Master Your Panic and Take Back Your Life*. 3rd ed. Atascadero, CA: Impact Publishers, 2004.

Isensee, B., H. U. Wittchen, M. Stein, M. Hofler, and R. Leib. 2003. "Smoking Increases the Risk of Panic: Findings from a Prospective Community Study." *Archives of General Psychiatry* 60(7): 692–700.

Weekes, Claire. *Hope and Help for Your Nerves*. New York: Signet, 1990.

Wilson, Reid. *Don't Panic: Taking Control of Anxiety Attacks*. 3rd ed. New York: Collins Living/HarperCollins, 2009.

Zuercher-White, Elke. *An End to Panic*. 2nd ed. Oakland, CA: New Harbinger Publications, 1998.

Agorafobia

Beckfield, Denise F. *Master Your Panic and Take Back Your Life*. 3rd ed. Atascadero, CA: Impact Publishers, 2004.

Feninger, Mani. *Journey from Anxiety to Freedom*. New York: Three Rivers Press, 1997.

Pollard, C. Alec, and Elke Zuercher-White. *The Agoraphobia Workbook*. Oakland, CA: New Harbinger Publications, 2003.

Fobia social

Antony, Martin, and Richard Swinson. *The Shyness & Social Anxiety Workbook*. 3rd ed. Oakland, CA: New Harbinger Publications, 2017.

Butler, Gillian. *Overcoming Social Anxiety and Shyness: A Self-Help Guide Using Cognitive Behavioral Techniques*. New York: Basic Books, 2008.

Kendler, K., L. Karkowski, and C. Prescott. 1999. "Fears and Phobias: Reliability and Heritability." *Psychological Medicine* 29(3): 539–53.

Rapee, Ronald. *Overcoming Shyness and Social Phobia*. Lanham, MD: Rowan & Littlefield Publishers, 1998.

Schneier, Franklin, and Lawrence Welkowitz. *The Hidden Face of Shyness: Understanding and Overcoming Social Anxiety*. New York: Avon Books, 1997.

Fobia específica

Bourne, Edmund J. *Overcoming Specific Phobia: Therapist Protocol and Client Manual* (two-book set). Oakland, CA: New Harbinger Publications, 1998.

Brown, Duane. *Flying Without Fear*. 2nd ed. Oakland, CA: New Harbinger Publications, 2009.

Rothbaum, Barbara Olson. "Virtual Reality Exposure Therapy," 227–44. In *Pathological Anxiety*, edited by Barbara Olson Rothbaum. New York: Guilford Press, 2006.

Transtorno de ansiedade generalizada

Beck, Aaron, and Gary Emery et al. *Anxiety Disorders and Phobias: A Cognitive Perspective*. New York: Basic Books, 2005.

Copeland, Mary Ellen. *The Worry Control Workbook*. Oakland, CA: New Harbinger Publications, 1998.

Orsillo, Susan M., and Lizabeth Roemer. *The Mindful Way Through Anxiety: Break Free from Chronic Worry and Reclaim Your Life*. New York: Guilford Press, 2011.

White, John. *Overcoming Generalized Anxiety Disorder: Therapist Protocol and Client Manual*. Oakland, CA: New Harbinger Publications, 1999.

Transtorno obsessivo-compulsivo

Foa, Edna, and Reid Wilson. *Stop Obsessing: How to Overcome Your Obsessions and Compulsions*. Rev. ed. New York: Bantam Books, 2001.

Frost, Randy, and Gail Steketee. *Stuff: Compulsive Hoarding and the Meaning of Things.* New York: Mariner Books/Houghton Mifflin Harcourt, 2011.

Hyman, Bruce, and Troy Dufrene. *Coping with OCD: Practical Strategies for Living Well with Obsessive-Compulsive Disorder.* Oakland, CA: New Harbinger Publications, 2008.

———, and Cherry Pedrick. *The OCD Workbook.* 3rd ed. Oakland, CA: New Harbinger Publications, 2010.

Schwartz, Jeffrey M. *Brain Lock: Free Yourself from Obsessive-Compulsive Behavior.* New York: ReganBooks, 1996.

Transtorno de estresse pós-traumático

Allen, Jon G. *Coping with Trauma: Hope Through Understanding.* 2nd ed. Washington, DC: American Psychiatric Association Publishing, 2005.

Duncan, Laramie E., Andrew Ratanatharathorn, et al. April 2017. "Largest GWAS (N=20,070) Yields Genetic Overlap with Schizophrenia and Sex Differences in Heritability." *Molecular Psychiatry*, 23: 666–73.

England, Diane. *The Post-Traumatic Stress Disorder Relationship.* Avon, MA: Adams Media, 2009.

Matsakis, Aphrodite. *Trust After Trauma: A Guide to Relationships for Survivors and Those Who Love Them.* Oakland, CA: New Harbinger Publications, 1998.

Schiraldi, Glenn. *The Post-Traumatic Stress Disorder Sourcebook: A Guide to Healing, Recovery, and Growth.* Revised and expanded 2nd ed. New York: McGraw-Hill, 2016.

Seidler, G. H., and F. E. Wagner. 2006. "Comparing the Efficacy of EMDR and Trauma-Focused Cognitive Behavioral Therapy in the Treatment of PTSD: A Meta-analytic Study." *Psychological Medicine* 36(11): 1515–22.

Wild, Jennifer, and David M. Clark. 2011. "Imagery Rescripting of Early Traumatic Memories in Social Phobia." *Cognitive Behavioral Practice* 18(4): 433–43.

Williams, Mary Beth, and Soili Poijula. *The PTSD Workbook: Simple, Effective Techniques for Overcoming Traumatic Stress Symptoms.* 3rd ed. Oakland, CA: New Harbinger Publications, 2016.

Transtornos de ansiedade infantil

Spencer, Elizabeth D., Robert Dupont, and Caroline Dupont. *The Anxiety Cure for Kids: A Guide for Parents and Children.* Hoboken, NJ: Wiley, 2003.

Wood, Jeffrey J., and Bryce McLeod. *Child Anxiety Disorders: A Family-Based Treatment Manual for Practitioners.* New York: Norton, 2008.

2
Principais causas dos transtornos de ansiedade

Se você está lidando com um dos transtornos de ansiedade, é provável que esteja preocupado com as causas do seu problema. Você provavelmente se pergunta: "Por que tenho ataques de pânico? É algo hereditário ou é a maneira como fui criado? O que faz as fobias se desenvolverem? Por que tenho medo de algo que sei que não é perigoso? O que causa obsessões e compulsões?".

Os sintomas dos transtornos de ansiedade muitas vezes parecem irracionais e inexplicáveis: é natural levantar a questão "Por quê?". Contudo, antes de considerar em detalhes as várias causas dos transtornos de ansiedade, há dois pontos gerais que você deve ter em mente. Em primeiro lugar, embora aprender sobre as causas dos transtornos de ansiedade possa lhe dar uma visão de como esses problemas se desenvolvem, esse conhecimento não é necessário para superar sua dificuldade específica. As várias estratégias para superar os transtornos de ansiedade apresentadas neste livro – como relaxamento, exercícios, exposição, mudança de diálogo interno e crenças equivocadas ou lidar com sentimentos – não dependem do conhecimento das causas subjacentes para serem eficazes. Por mais interessante que as informações neste capítulo possam ser, não é necessariamente o que "cura". Em segundo lugar, desconfie da noção de que existe uma causa primária, ou um tipo de causa, para qualquer um dos transtornos de ansiedade. Se você está lidando com ataques de pânico, fobia social, ansiedade generalizada ou transtorno obsessivo-compulsivo (TOC), reconheça que não há uma causa que, se removida, eliminaria o problema. Os problemas de ansiedade são provocados por uma variedade de causas que operam em vários níveis diferentes: hereditariedade, biologia, antecedentes familiares e educação, condicionamento, estressores recentes, seu sistema de diálogo interno e crença pessoal, sua capacidade de expressar sentimentos, e assim por diante. A variedade de capítulos deste livro indica os muitos níveis diferentes em que você pode entender as causas e os meios de se recuperar de transtornos de ansiedade.

Alguns especialistas no campo dos transtornos de ansiedade propõem teorias de "causa única". Tais teorias tendem a simplificar demais os transtornos de ansiedade e são suscetíveis a uma de duas linhas de raciocínio equivocadas: a *falácia biológica* e a *falácia psicológica*. A falácia biológica pressupõe que um tipo particular de transtorno de ansiedade é causado *apenas* por algum desequilíbrio biológico ou fisiológico no cérebro ou no corpo. Por exemplo, recentemente houve uma tendência a reduzir a causa do transtorno de pânico, bem como do TOC, a um nível estritamente biológico. O transtorno de pânico é visto como decorrente de uma disfunção em partes do cérebro, como a *amígdala* e o *lócus cerúleo*. Acredita-se que o TOC seja causado por uma deficiência em uma substância neurotransmissora específica no cérebro chamada *serotonina* – ou pela desregulação no sistema de serotonina dos neurônios no cérebro. (Um *neurotransmissor* é uma substância química que permite que os impulsos nervosos sejam transmitidos de uma célula nervosa para outra.)

É útil saber que pode haver disfunções fisiológicas envolvidas no transtorno de pânico e no TOC. Isso certamente tem implicações para o tratamento desses problemas. Mas isso não significa que os ataques de pânico e o TOC sejam apenas distúrbios físicos. A questão permanece: *o que causou o distúrbio fisiológico em si?* Talvez o estresse crônico devido ao conflito psicológico faça a amígdala e o lócus cerúleo funcionarem mal no transtorno de pânico. Ou talvez a raiva cronicamente suprimida estabeleça um distúrbio nos níveis de serotonina no cérebro que é uma causa contribuinte para o TOC. Conflitos psicológicos e raiva reprimida podem, por sua vez, ter sido causados pela educação de uma pessoa. Como qualquer distúrbio fisiológico específico pode ter sido originalmente criado por estresse ou outros fatores psicológicos, é uma falácia supor que os transtornos de ansiedade são exclusivamente (ou mesmo principalmente) causados por desequilíbrios fisiológicos.

A falácia psicológica comete o mesmo tipo de erro, mas na direção oposta. Ela assume que, digamos, a fobia social ou o transtorno de ansiedade generalizada é causado por ter crescido com pais que negligenciaram, abandonaram ou abusaram de você, resultando em um profundo sentimento de insegurança ou vergonha que causa a sua evitação fóbica atual e a ansiedade como adulto. Embora possa ser verdade que seu histórico familiar *tenha contribuído* de maneira importante para seus problemas atuais, é razoável supor que essa é a única causa? De novo, não. Fazer isso negligencia as possíveis contribuições de fatores hereditários e biológicos. Afinal, nem todas as crianças que crescem em famílias disfuncionais desenvolvem transtornos de ansiedade. É mais plausível supor que seu problema é resultado *tanto* de 1) uma predisposição hereditária para a ansiedade (e, possivelmente, a fobia) *quanto* de 2) condições da primeira infância que fomentaram um sentimento de vergonha e/ou insegurança.

Em suma, a ideia de que suas dificuldades particulares são *apenas* um distúrbio fisiológico ou *apenas* um transtorno psicológico negligencia o fato de que a natureza e a criação são interativas. Os distúrbios biológicos podem ser "configurados" por estresse ou fatores psicológicos; os problemas psicológicos, por sua vez, podem ser influenciados por distúrbios biológicos inatos. Simplesmente não há como dizer qual veio primeiro ou qual é a chamada causa "final". Da mesma forma, uma abordagem abrangente para a recuperação de pânico, fobias ou ansiedade não pode se restringir ao tratamento de causas fisiológicas ou psicológicas isoladamente. Uma variedade de estratégias que lidam com vários níveis diferentes, incluindo fatores biológicos, comportamentais, emocionais, mentais, interpessoais e até mesmo espirituais, é necessária para uma recuperação completa e duradoura. A abordagem multidimensional da recuperação é discutida no próximo capítulo e assumida ao longo deste livro.

As causas dos transtornos de ansiedade variam não apenas de acordo com o nível em que ocorrem, mas também de acordo com o período em que operam. Algumas são *causas predisponentes*, que o preparam desde o nascimento ou a infância para desenvolver pânico ou ansiedade mais tarde. Algumas são causas *recentes* ou de *curto prazo* – circunstâncias que *desencadeiam* o aparecimento de, digamos, ataques de pânico ou agorafobia. Outras estão *mantendo* causas – fatores em seu estilo de vida, atitudes e comportamento atuais que servem para manter os transtornos de ansiedade em andamento depois de se desenvolverem. O restante deste capítulo examina cada um desses tipos de causas com mais detalhes. Uma seção sobre causas biológicas está incluída para familiarizá-lo com algumas das hipóteses mais conhecidas sobre o papel do cérebro em causar ataques de pânico e ansiedade.

A seguir, é apresentado um esboço das causas dos transtornos de ansiedade.

Principais causas de transtornos de ansiedade

Causas predisponentes de longo prazo

1. Hereditariedade
2. Circunstâncias da infância
    - Seus pais comunicam uma visão excessivamente cautelosa do mundo.
    - Seus pais são excessivamente críticos e estabelecem padrões excessivamente altos.
    - Insegurança emocional e dependência.
    - Seus pais suprimem sua expressão de sentimentos e autoafirmação.
3. Estresse acumulado ao longo do tempo

Causas biológicas

1. A fisiologia do pânico
2. Ataques de pânico
3. Ansiedade generalizada
4. Transtorno obsessivo-compulsivo
5. Mais detalhes sobre como funcionam os medicamentos antidepressivos
6. Condições médicas que podem causar ataques de pânico ou ansiedade

Causas desencadeantes de curto prazo

1. Estressores que precipitam ataques de pânico
    - Perda pessoal significativa
    - Mudança significativa de vida
    - Estimulantes e drogas recreativas
2. Condicionamento e a origem das fobias
3. Trauma, fobias simples e transtorno de estresse pós-traumático

Causas para manutenção da ansiedade

1. Evitação de situações fóbicas
2. Dependência de comportamentos de segurança
3. Diálogo interno ansioso
4. Crenças equivocadas
5. Sentimentos reprimidos
6. Falta de assertividade
7. Falta de habilidades de autocuidado
8. Tensão muscular
9. Estimulantes e outros fatores dietéticos
10. Estilo de vida de alto estresse
11. Baixa autoestima
12. Falta de significado ou senso de propósito

Causas predisponentes de longo prazo

Hereditariedade

Os transtornos de ansiedade são herdados? A evidência limitada que existe até o momento argumentaria que eles são – pelo menos em parte. Por exemplo, estima-se que de 15 a 25% das crianças que crescem com pelo menos um dos pais agorafóbicos se tornam agorafóbicas, ao passo que a taxa de agorafobia na população em geral é de apenas 5%. No entanto, esse fato por si só não prova que a agorafobia é herdada, uma vez que se pode argumentar que as crianças *aprendem* com seus pais a ser agorafóbicas.

Evidências mais convincentes vêm de estudos de gêmeos idênticos que, é claro, têm exatamente a mesma composição genética. Se um gêmeo idêntico tiver um transtorno de ansiedade, a probabilidade de que o outro gêmeo idêntico tenha um transtorno de ansiedade varia de 31 a 88%, dependendo do estudo que você está analisando. Em comparação, quando os gêmeos fraternos (cujos genes não são mais semelhantes do que os de irmãos nascidos em momentos diferentes) são estudados, a probabilidade é muito menor. Se um gêmeo fraterno tiver um transtorno de ansiedade, as chances de o outro ter um transtorno de ansiedade variam de cerca de 0 a 38% – novamente, dependendo do estudo. Ter a mesma composição genética de outra pessoa com fobias ou ansiedade faz com que seja *duas vezes mais provável* que você tenha um problema semelhante. Curiosamente, as porcentagens de transtornos de ansiedade para gêmeos fraternos são geralmente mais altas do que a incidência na população (cerca de 8 a 10%). Isso leva a crer que crescer na mesma família – ter os mesmos pais – contribui pelo menos para o desenvolvimento de transtornos de ansiedade. Tanto a natureza quanto a criação parecem ter um impacto.

O que é herdado? Com base no que se sabe neste momento, parece que você não herda agorafobia, fobia social ou mesmo ataques de pânico especificamente de seus pais. O que é herdado parece ser um *tipo geral de personalidade* que predispõe você a ser excessivamente ansioso. Trata-se de uma personalidade volátil, excitável e reativa que é mais facilmente desencadeada por qualquer estímulo ligeiramente ameaçador do que a personalidade de indivíduos sem transtornos de ansiedade. Depois de nascer com essa personalidade altamente reativa, você pode desenvolver um ou outro transtorno de ansiedade, dependendo da sua educação e do meio ambiente específicos. Por exemplo, o fato de você desenvolver agorafobia ou fobia social pode depender de quanto você aprendeu a se sentir envergonhado em situações em que era esperado que você tivesse um bom desempenho. Se você vai desenvolver ataques de pânico pode depender da natureza e do grau de estresse a que está exposto durante a adolescência e o início da idade adulta. Em suma, embora a hereditariedade possa fazer você nascer com um sistema nervoso mais reativo e excitável, as experiências da infância, o condicionamento e o estresse servem para moldar o tipo específico de transtorno de ansiedade que você desenvolve posteriormente.

Pesquisas recentes no campo da genética comportamental começaram a se concentrar em genes específicos associados a transtornos de ansiedade. Por exemplo, o 17º cromossomo (todos nós temos 24) contém um gene conhecido como SERT (gene de transferência de serotonina), que funciona na fabricação do neurotransmissor cerebral serotonina. As pessoas com a forma "curta" do gene tendem a ser mais predispostas a desenvolver transtornos de ansiedade (bem como transtornos de humor, como depressão), ao passo que as pessoas com a forma "longa" do gene têm um grau de proteção, apesar do estresse infantil e adulto, contra o desenvolvimento de problemas com ansiedade.

Circunstâncias da infância

Quais experiências da infância ou ambientes familiares podem predispô-lo a desenvolver um transtorno de ansiedade específico? Infelizmente, pouquíssimas pesquisas sobre esse tema foram feitas. Os pesquisadores descobriram que os ataques de pânico e a agorafobia na idade adulta são frequentemente precedidos pelo transtorno de ansiedade de separação na infância. Essa é uma condição em que as crianças experimentam ansiedade, pânico ou sintomas somáticos quando separadas de seus pais, como quando vão à escola ou mesmo antes de dormir. Mais tarde, quando adultos, essas mesmas pessoas experimentam ansiedade quando separadas de uma pessoa ou um lugar "seguro". As condições que podem levar ao transtorno de ansiedade de separação em primeiro lugar são questões para especulação.

O que se segue é uma lista de circunstâncias da infância que podem predispô-lo a desenvolver transtornos de ansiedade. A lista é baseada na minha própria experiência com clientes ao longo de vários anos. Esses fatores são especialmente relevantes se você estiver lidando com agorafobia ou fobia social, mas também podem ser aplicáveis a outros transtornos de ansiedade.

- *Seus pais comunicam uma visão excessivamente cautelosa do mundo.* Os pais de pessoas com fobias tendem a ter fobias ou são mais medrosos e ansiosos do que a média. Muitas vezes, eles estão excessivamente preocupados com possíveis perigos para seus filhos. É provável que eles digam coisas como "Não saia na chuva. Você vai pegar um resfriado", "Não assista tanto à televisão. Você vai arruinar seus olhos", ou "Tenha muito cuidado", de novo e de novo. Quanto mais eles comunicam uma atitude temerosa e excessivamente cautelosa em relação ao filho, mais essa criança passa a ver o mundo como um lugar "perigoso". Quando descobre que o mundo exterior é ameaçador, você automaticamente restringe sua exploração e assume riscos. Você cresce com uma tendência a se preocupar excessivamente e a se preocupar demais com a segurança.

- *Seus pais são excessivamente críticos e estabelecem padrões excessivamente altos.* As crianças que crescem com pais críticos e perfeccionistas nunca têm certeza de sua própria aceitabilidade. Sempre há alguma dúvida sobre se você é "bom o suficiente" ou suficientemente digno. Como resultado, você está constantemente se esforçando para agradar seus pais e manter a aprovação deles. Como adulto, você pode estar excessivamente ansioso para agradar, "parecer bem" e "ser legal" à custa de seus verdadeiros sentimentos e sua capacidade de assertividade. Tendo crescido sempre se sentindo inseguro, você pode tornar-se muito dependente de uma pessoa ou de um lugar seguro e pode restringir-se a entrar em situações públicas ou sociais em que há o risco de "perder o prestígio". Você muitas vezes internaliza os valores de seus pais, tornando-se excepcionalmente perfeccionista e autocrítico (bem como crítico dos outros).

- *Insegurança emocional e dependência.* Até os 4 ou 5 anos, as crianças são totalmente dependentes de seus pais, especialmente de seu principal progenitor. Quaisquer condições que criem insegurança durante esse período podem levar à dependência excessiva e ao apego mais tarde. Críticas excessivas e padrões perfeccionistas por parte dos pais parecem ser uma fonte comum de insegurança para pessoas que posteriormente desenvolvem transtornos de ansiedade. *No entanto, experiências de negligência, rejeição, abandono por divórcio ou morte e abuso físico ou sexual também podem produzir o tipo de insegurança básica (bem como dependência emocional) que forma um pano de fundo para transtornos de ansiedade.*

Crescer em uma família em que um ou ambos os pais são alcoólatras também é um fator contribuinte comum em 20 a 25% dos clientes que vi. Conforme descrito em vários livros populares sobre o assunto, os filhos adultos de alcoólatras crescem com características como: 1) obsessão pelo controle, 2) evitação de sentimentos, 3) dificuldade em confiar nos outros, 4) responsabilidade excessiva, 5) pensamento de tudo ou nada e 6) ânsia excessiva de agradar, à custa de suas próprias necessidades. Embora nem todos os filhos adultos de alcoólatras desenvolvam transtornos de ansiedade, as características citadas são comumente vistas em muitas pessoas que têm problemas com pânico e/ou fobias.

Um denominador comum no contexto de filhos adultos de alcoólatras, sobreviventes adultos de outras formas de abuso e a maioria das pessoas que desenvolvem transtornos de ansiedade é um profundo sentimento de insegurança. Talvez o grau de insegurança e a maneira como as crianças respondem a ela determinem se elas mais tarde desenvolverão um tipo específico de transtorno de ansiedade – em oposição a, digamos, uma personalidade viciante ou algum outro transtorno comportamental. Quando as crianças respondem à insegurança com *dependência excessiva*, o cenário é de dependência excessiva de uma pessoa segura ou de um lugar seguro mais tarde na vida. Esse é um contexto comum para a agorafobia.

- *Seus pais suprimem sua expressão de sentimentos e autoafirmação.* Os pais não apenas podem promover a dependência, mas também podem suprimir sua capacidade inata de expressar seus sentimentos e se afirmar. Por exemplo, quando criança, você pode ter sido continuamente repreendido ou punido por falar, agir impulsivamente ou ficar com raiva. Posteriormente, você cresce exercendo uma atitude restritiva, até mesmo punitiva, em relação à sua própria expressão de impulsos e sentimentos. Se esses impulsos e sentimentos forem suprimidos por um longo período, sua recorrência repentina sob estresse pode produzir ansiedade ou até mesmo pânico. Com frequência, as pessoas que aprenderam a reprimir seus sentimentos e sua autoexpressão quando crianças são tensas, mais propensas a ficar ansiosas e incapazes de se expressar como adultos. É claro que essa forma de supressão na infância também pode levar à depressão e à passividade mais tarde. Em ambos os casos, aprender a expressar seus sentimentos e se tornar mais assertivo pode ter um efeito muito benéfico.

Ler sobre os quatro fatores que acabamos de discutir pode ter estimulado você a pensar sobre o que aconteceu em sua própria infância. Use o *Questionário de antecedentes familiares* na próxima página para explorar melhor quais circunstâncias em sua família podem ter contribuído para seus próprios problemas com ansiedade.

Estresse acumulado ao longo do tempo

Um terceiro fator que contribui para o desenvolvimento de transtornos de ansiedade é a influência do estresse *cumulativo* ao longo do tempo. Quando o estresse persiste sem trégua durante determinado período, como vários meses ou anos, ele tende a se acumular. Esse tipo de estresse é mais duradouro do que o estresse normal e temporário da mudança, da temporada de férias ou de um revés financeiro de curto prazo. O estresse cumulativo pode surgir de conflitos psicológicos não resolvidos que duram muitos anos. Ou pode ser devido a dificuldades em uma área de sua vida – como problemas com seu casamento ou sua saúde física – que persistem por um longo período. Finalmente, pode ser devido ao acréscimo de muitos *eventos da vida*. Os eventos da vida incluem mudanças no curso de sua vida que exigem ajuste e reorganização de suas prioridades, como ir para a faculdade, mudar de emprego, casar ou deixar um relacionamento íntimo, mudar para um novo local, ter um bebê ou ter seus filhos saindo de casa. Embora um ou dois eventos de vida a cada ano seja uma experiência comum e administrável, uma série de muitos deles que se estendem por 1 ou 2 anos pode levar a um estado de estresse crônico e exaustão.

O conceito de eventos de vida surgiu do trabalho do Dr. Richard Holmes e do Dr. Thomas Rahe, que desenvolveram um instrumento chamado *Life Events Survey* (também conhecido como *The Social Readjustment Scale*) para avaliar o número e a gravidade dos eventos de vida que ocorrem em um período de dois anos. Eles usaram a pesquisa especificamente para prever o risco de uma pessoa desenvolver doenças físicas. No entanto, a pesquisa também pode ser usada como uma medida geral do estresse cumulativo. Você pode obter uma estimativa de seu próprio nível de estresse cumulativo preenchendo o *Questionário de eventos da vida* apresentado na sequência.

Questionário de antecedentes familiares

Use o questionário a seguir para refletir sobre a sua infância. Você consegue identificar quais condições podem ter contribuído para o seu problema atual com ansiedade?

1. Algum de seus pais sofreu de ataques de pânico ou fobias?

2. Você teve um irmão, irmã, avô ou outro parente que teve ataques de pânico ou fobias?

3. Algum de seus pais parecia excessivamente propenso a se preocupar?

4. Algum de seus pais parecia excessivamente preocupado com os perigos potenciais que poderiam recair sobre você ou outros membros da família?

5. Seus pais incentivaram a exploração do mundo exterior ou cultivaram uma atitude de cautela, suspeita ou desconfiança?

6. Você acha que seus pais foram excessivamente críticos ou exigentes com você? Em caso afirmativo, como você se sentiu em resposta a essa crítica?
   ☐ Para baixo ou diminuído
   ☐ Envergonhado ou culpado
   ☐ Ferido ou rejeitado
   ☐ Irritado ou rebelde

7. Quando criança, você se sentia livre para expressar seus sentimentos e impulsos? Como os sentimentos eram tratados em sua família?
   ☐ Expressos abertamente
   ☐ Punidos
   ☐ Negados

8. Havia problema em chorar? Como seus pais reagiam quando você chorava?

9. Não havia problema em expressar raiva? Como seus pais reagiam quando você ficava com raiva?

10. Qual era o seu papel na família? Como você foi percebido em relação às outras crianças da família?

11. Você sente que cresceu se sentindo inseguro? Qual das seguintes opções pode ter contribuído para a sua insegurança?
    ☐ Críticas excessivas de seus pais
    ☐ Punição excessiva
    ☐ Seus pais fizeram você se sentir envergonhado
    ☐ Seus pais fizeram você se sentir culpado

- ☐ Seus pais negligenciaram você
- ☐ Um ou ambos os pais abandonaram você por morte ou divórcio
- ☐ Abuso físico
- ☐ Abuso sexual
- ☐ Alcoolismo parental

12. Se você cresceu inseguro, como respondeu aos seus sentimentos de insegurança?
    - ☐ Tornando-se muito dependente de sua família (Você teve dificuldade em sair de casa?)
    - ☐ Tornando-se muito independente da sua família (Você saiu de casa cedo?)
    - ☐ Tornando-se irritado ou rebelde

Questionário de eventos da vida

Evento da vida — **Pontuação média de estresse**

Morte do cônjuge   100
Divórcio   73
Separação conjugal   65
Condenação à prisão   63
Morte de familiar próximo   63
Danos pessoais ou doença   53
Casamento   50
Ser demitido do trabalho   47
Problemas conjugais   45
Aposentadoria   45
Mudança na saúde de um membro da família   44
Gravidez   40
Dificuldades sexuais   39
Entrada de um novo membro na família   39
Reajuste de negócios   39
Mudança nas finanças   38
Morte de um amigo próximo   37
Mudança para uma linha de trabalho diferente   36
Mudança no número de discussões com o cônjuge   35
Hipoteca ou empréstimo para uma grande compra (como uma casa)   31
Execução de hipoteca ou empréstimo   30
Mudança de responsabilidades no trabalho   29
Filho ou filha saindo de casa   29
Problemas com sogros   29
Realização pessoal excepcional   28
Cônjuge inicia ou interrompe o trabalho   26

Início ou conclusão da escola   26
Mudança nas condições de vida   25
Revisão de hábitos pessoais   24
Problemas com o chefe   23
Mudança no horário ou nas condições de trabalho   20
Mudança de residência   20
Mudança de escola   20
Mudança no lazer   19
Mudança nas atividades da igreja   19
Mudança nas atividades sociais   18
Hipoteca ou empréstimo para uma compra menor (como um carro ou uma TV)   17
Mudança nos hábitos de sono   16
Mudança no número de encontros familiares   15
Mudança nos hábitos alimentares   15
Férias   13
Época festiva   12
Pequenas violações da lei   11

Determine quais eventos ocorreram em sua vida nos últimos dois anos e some sua pontuação total de estresse. Por exemplo, se você se casou, mudou para uma linha de trabalho diferente, mudou de residência e tirou duas férias, sua pontuação total de estresse seria 50 + 36 + 20 + 13 + 13 = 132. Se sua pontuação total de estresse estiver perto de 150, é menos provável que você sofra os efeitos do estresse cumulativo. Se estiver entre 150 e 300, você pode estar sofrendo de estresse crônico, dependendo de como você percebeu e lidou com os eventos de vida específicos que ocorreram. Se sua pontuação for superior a 300, é provável que você esteja experimentando alguns efeitos prejudiciais do estresse cumulativo. Observe que as pontuações de estresse na pesquisa são calculadas em média para muitas pessoas. O grau em que qualquer evento em particular é estressante para você dependerá de como você o percebe.

Há anos, sabe-se que o estresse pode aumentar o risco de desenvolver distúrbios psicossomáticos, como pressão alta, dores de cabeça ou úlceras. Apenas recentemente foi reconhecido que os *transtornos psicológicos* também podem ser um resultado do estresse cumulativo. Com o tempo, o estresse pode afetar os sistemas reguladores neuroendócrinos do cérebro, que desempenham um papel importante nos transtornos do humor, como depressão e transtornos de ansiedade. O estresse é inespecífico em sua ação; ele simplesmente tem o maior impacto no ponto mais fraco do seu sistema. Se este for o seu sistema cardiovascular, você pode desenvolver pressão alta ou enxaqueca. Se forem os sistemas neuroendócrino e neurotransmissor do seu cérebro, você estará mais sujeito a desenvolver um transtorno comportamental, como alterações de humor, ansiedade generalizada ou transtorno de pânico. Em suma, o estresse cumulativo pode produzir dores de cabeça, fadiga ou ataques de pânico, dependendo do seu ponto particular de maior vulnerabilidade.

Esse ponto de vulnerabilidade pode, por sua vez, ser influenciado pela hereditariedade. É provável, então, que os genes, o estresse cumulativo e as circunstâncias da infância contribuam para a gênese de um transtorno de ansiedade específico, conforme sugerido neste diagrama:

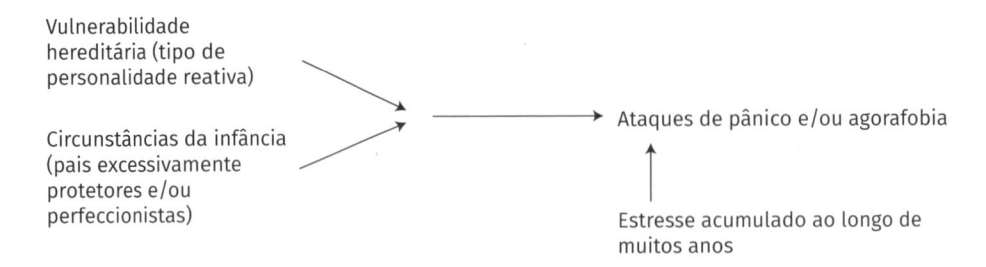

Vulnerabilidade hereditária (tipo de personalidade reativa)

Circunstâncias da infância (pais excessivamente protetores e/ou perfeccionistas)

→ Ataques de pânico e/ou agorafobia

Estresse acumulado ao longo de muitos anos

Quando você examina as causas de longo prazo, verifica-se que *nenhuma* delas pode ser suficiente, por si só, para produzir um transtorno de ansiedade específico. Você pode viver 20 anos com uma vulnerabilidade hereditária a ataques de pânico e nunca ter um. Então, os eventos da vida aos 20 anos podem produzir estresse cumulativo suficiente para ativar o que era apenas um potencial – e você tem seu primeiro ataque de pânico. Se cresceu se sentindo inseguro e foi ensinado que o mundo exterior é perigoso, você pode desenvolver agorafobia. Se você cresceu se sentindo envergonhado quando se apresentava, talvez seu tipo particular de esquiva fóbica seja menos territorial e mais social (em outras palavras, uma fobia social).

Causas biológicas

As *causas biológicas* se referem a desequilíbrios fisiológicos no corpo ou no cérebro que estão associados a transtornos de ansiedade. É importante reconhecer que tais desequilíbrios não são necessariamente as *causas definitivas* de transtornos de ansiedade e *podem* ser causados por:

- uma vulnerabilidade hereditária específica;
- estresse acumulado ao longo do tempo;
- uma vulnerabilidade hereditária que é trazida pelo estresse cumulativo.

Mais uma vez, é provável que os genes, a história de vida e o estresse trabalhem juntos para provocar distúrbios subjacentes aos transtornos de ansiedade.

Pesquisas recentes apontaram diferentes tipos de explicações biológicas para tipos distintos de transtornos de ansiedade. O tipo de mau funcionamento associado aos ataques de pânico espontâneos é provavelmente diferente do tipo associado ao transtorno de ansiedade generalizada. E ambos, por sua vez, são diferentes dos desequilíbrios fisiológicos associados ao transtorno obsessivo-compulsivo. Cada um deles é discutido separadamente a seguir.

Nosso estado de conhecimento sobre causas biológicas subjacentes aos transtornos de ansiedade ainda é muito provisório e incompleto. Os mecanismos cerebrais considerados neste capítulo, que são discutidos após uma seção inicial sobre a fisiologia do pânico, devem ser vistos como fatos hipotéticos – não comprovados.

Finalmente, é importante perceber que, embora possa haver um desequilíbrio fisiológico no cérebro subjacente ao seu transtorno de ansiedade específico, não há razão para supor que você não possa corrigi-lo. *Se você estiver disposto a fazer mudanças no estilo de vida para reduzir o estresse e melhorar seu nível de bem-estar físico, quaisquer desequilíbrios fisiológicos associados a pânico, fobias, ansiedade ou obsessões tenderão a diminuir e, talvez, desaparecer completamente.* Essas mudanças de estilo de vida incluem tempo para relaxamento diário, um programa de exercícios, boa nutrição, apoio social e atividades de autocuidado. (Ver capítulos relevantes neste guia.) Uma maneira alternativa de corrigir um desequilíbrio biológico é confiar em medicamentos prescritos que alteram especificamente o funcionamento do seu cérebro. Os medicamentos funcionam bem para superar as causas fisiológicas dos transtornos de ansiedade – embora, na minha opinião, devam ser vistos como última linha de defesa. Muitas vezes, é possível corrigir desequilíbrios físicos *simplesmente* melhorando seu nível de saúde e bem-estar.

Mais adiante nesta seção, você lerá sobre os mecanismos no cérebro que, com base em pesquisas recentes, são considerados subjacentes aos ataques de pânico, à ansiedade generalizada e ao transtorno obsessivo-compulsivo. Primeiro, no entanto, há uma descrição da fisiologia básica de um ataque de pânico – algo que é muito mais bem compreendido.

Fisiologia do pânico

O que acontece com seu corpo durante um ataque de pânico? O pânico é uma versão extrema de uma reação de alarme pela qual seu corpo passa *naturalmente* em resposta a qualquer tipo de ameaça. Anos atrás, Walter Cannon descreveu isso como a *resposta de luta ou fuga*. É um mecanismo embutido que permite que todos os animais superiores mobilizem uma grande quantidade de energia rapidamente para lidar com predadores ou outras ameaças imediatas à sua sobrevivência. Essa reação de alarme nos serve bem em situações que são realisticamente perigosas. Infelizmente, a maioria de nós também experimenta a reação de luta ou fuga em resposta a qualquer situação que seja vista como *psicologicamente* perigosa, ameaçadora ou avassaladora. Uma discussão com seu cônjuge ou ter de se levantar e ir trabalhar depois de uma má noite de sono pode causar uma resposta pronunciada ao estresse porque *você o percebe* como ameaçador ou avassalador, mesmo que não represente risco direto à sua sobrevivência.

No caso de um ataque de pânico, pode não haver nenhuma ameaça percebida – a reação pode surgir "do nada", sem qualquer provocação perceptível. De alguma forma, a resposta natural de luta ou fuga ficou fora de controle. O fato de essa resposta ocorrer fora do contexto e sem razão aparente sugere que os mecanismos cerebrais que a controlam não estão funcionando corretamente. A hipótese atual sobre a natureza dessa disfunção é descrita na próxima seção. A fisiologia do pânico em si, no entanto, é mais conhecida.

Seu sistema nervoso tem duas ações separadas: *voluntária* e *involuntária*. Existe um sistema nervoso voluntário que move os músculos e obedece ao seu comando direto. Seu sistema nervoso involuntário, por outro lado, regula funções automáticas que normalmente estão fora do controle voluntário, como batimentos cardíacos, respiração e digestão. O sistema involuntário é dividido em dois ramos: o sistema nervoso *simpático* e o *parassimpático*. O sistema nervoso simpático é responsável por mobilizar uma série de reações em todo o corpo sempre que você estiver emotivo ou animado. O sistema nervoso parassimpático tem uma função oposta. Ele mantém o funcionamento normal e suave de seus vários órgãos internos durante os momentos em que você está calmo e em repouso.

Em um ataque de pânico, seu sistema nervoso simpático desencadeia várias reações corporais diferentes de forma rápida e intensa. Primeiro, ele faz suas glândulas suprarrenais liberarem grandes quantidades de adrenalina. O que você sente é um "choque" repentino, muitas vezes acompanhado por uma sensação de medo ou terror. Em segundos, o excesso de adrenalina pode causar: 1) coração disparado, 2) respiração rápida e superficial, 3) sudorese profusa, 4) tremores e agitação e 5) mãos e pés frios. Seu sistema nervoso simpático também produz contrações musculares (o caso mais extremo disso é quando os animais "congelam" de medo), possivelmente levando-o a experimentar fortes contrações no peito ou na garganta, juntamente ao medo de não conseguir respirar. Outras reações causadas pelo sistema nervoso simpático incluem liberação excessiva de ácido estomacal, inibição da digestão, liberação de glóbulos vermelhos pelo baço, liberação de açúcar armazenado pelo fígado, aumento da taxa metabólica e dilatação das pupilas.

Todas essas reações ocorrem em menor grau quando você está emotivo ou animado. O problema no pânico é que essas reações atingem um nível tão extremo que você se sente oprimido e aterrorizado e tem um forte desejo de correr. É importante perceber que a adrenalina liberada durante o pânico tende a ser reabsorvida pelo fígado e pelos rins em poucos minutos. Se você puder "superar" os sintomas corporais de pânico sem combatê-los ou dizer a si mesmo o quão horríveis eles são, eles tenderão a diminuir em pouco tempo. O Capítulo 6 descreverá estratégias para aprender a observar os sintomas corporais de pânico, em vez de reagir a eles. Ao respirar corretamente e fazer declarações de apoio e calmantes para si mesmo, você pode aprender a administrar o pânico, em vez de se assustar e gerar uma reação muito mais intensa.

Embora a fisiologia do pânico seja bem compreendida, os mecanismos no cérebro que iniciam essas reações fisiológicas são menos compreendidos. A seção a seguir apresenta duas hipóteses recentes sobre desequilíbrios específicos no cérebro que se acredita serem responsáveis por ataques de pânico.

Ataques de pânico

Seu cérebro é de longe o sistema mais complexo do seu corpo, consistindo em mais de cem bilhões de células cerebrais ou neurônios. A todo momento, milhões de impulsos nervosos estão sendo transmitidos ao longo de várias vias que interconectam várias regiões do cérebro. Toda vez que um único impulso nervoso se move de uma célula nervosa para a próxima, ele deve atravessar um espaço. As células nervosas individuais não estão conectadas, mas separadas por pequenos espaços, chamados de *sinapses*. Sabe-se, há algum tempo, que o processo pelo qual um impulso nervoso se move através de uma sinapse é de natureza química. Quantidades microscópicas de substâncias químicas secretadas na sinapse permitem a transmissão de um impulso nervoso de um neurônio para o próximo. Essas substâncias químicas são chamadas de *neurotransmissores*; existem mais de 20 tipos diferentes deles no cérebro.

Existem diferentes sistemas no cérebro que são especialmente sensíveis a neurotransmissores particulares. Cada sistema consiste em uma vasta rede de células nervosas (*neurônios*) que são sensíveis a um neurotransmissor específico. Um sistema, chamado de *sistema noradrenérgico*, parece ser especialmente sensível a uma substância neurotransmissora chamada de *noradrenalina*. Outro sistema, o *sistema serotoninérgico*, contém neurônios especialmente sensíveis a uma substância neurotransmissora chamada de *serotonina*. Ainda outro sistema, o *sistema glutamatérgico*, é especialmente sensível ao neurotransmissor estimulante *glutamato*. Esses três sistemas têm muitos locais receptores (locais nas células nervosas que respondem aos neurotransmissores) em algumas das principais estruturas do cérebro que são ativadas durante um ataque de pânico. Especificamente, acredita-se que a *amígdala* – uma estrutura do cérebro – desempenha um papel fundamental na instigação ao pânico. Pesquisas descobriram que a amígdala não age sozinha, mas trabalha com uma variedade de outras estruturas que contribuem para estimular o pânico. Essas estruturas incluem centros cerebrais "superiores", como o córtex pré-frontal e a ínsula, que servem para modular a informação sensorial, interpretando-a como "perigosa" ou "segura". Essas informações são armazenadas na memória em uma parte do cérebro chamada de *hipocampo*. Os centros superiores do cérebro e o hipocampo interagem diretamente com a amígdala. A amígdala, por sua vez, instiga o pânico, estimulando uma variedade de outras estruturas cerebrais, incluindo 1) o *lócus cerúleo*, que contribui para a excitação comportamental e fisiológica geral, 2) o *hipotálamo*, que regula a liberação de adrenalina (por meio da glândula hipófise, estimulando as glândulas suprarrenais) e estimula o sistema nervoso simpático (ver seção anterior), 3) a *região cinzenta periaquedutal*, que estimula o comportamento defensivo e de evitação, e, finalmente, 4) o *núcleo parabraquial*, que estimula o aumento da respiração.

Dentro do cérebro, os ataques de pânico são mais prováveis de ocorrer quando todo esse sistema é *excessivamente sensibilizado*, talvez por ter sido ativado anteriormente com muita frequência, com muita intensidade, ou ambos. Assim, a base neurológica para o pânico não é exatamente um "desequilíbrio químico", como seu médico pode ter lhe dito, mas um "sistema de medo" excessivamente sensibilizado, incluindo todas as estruturas cerebrais descritas. Os pesquisadores acreditam que as deficiências dos neurotransmissores serotonina e noradrenalina podem contribuir para a *inibição insuficiente* da amígdala, do lócus cerúleo e das estruturas associadas que compõem esse sistema de medo. É por isso que os antidepressivos ISRSs e os antidepressivos IRNSs que afetam o metabolismo da serotonina e/ou noradrenalina disponíveis em todo o cérebro podem diminuir os ataques de pânico (bem como outros transtornos de ansiedade). Uma classe mais antiga de antidepressivos, os antidepressivos tricíclicos, também pode ser eficaz na redução dos sintomas de transtornos de ansiedade.

(Ver Capítulo 18 para obter mais informações sobre os vários tipos de medicamentos antidepressivos.) Durante um período de duas a quatro semanas, esses medicamentos parecem ser capazes de *estabilizar* e *dessensibilizar* uma amígdala excessivamente sensibilizada, o lócus cerúleo e o sistema de medo associado.

O que *causa* a hipersensibilização original do sistema de medo ainda não está claro no momento. Uma hipótese é que mudanças nesse sistema podem ocorrer como resultado de estresse agudo ou como resultado de longo prazo de múltiplos estressores ao longo do tempo. Embora essa hipótese permaneça não comprovada, parece provável que o *estresse cumulativo contribua de maneira importante para o início dos ataques de pânico* (como discutido anteriormente neste capítulo). Se for verdadeira essa hipótese de que o estresse altera a amígdala e o sistema de medo, uma implicação importante se segue: *o tratamento de longo prazo mais eficaz para disfunções cerebrais associadas ao transtorno de pânico é um programa consistente e abrangente para reduzir o estresse em sua vida*. Os medicamentos certamente podem ajudar a reestabilizar as estruturas do cérebro que contribuem para o pânico e a ansiedade em curto prazo. No entanto, sem mudanças em seu estilo de vida, como relaxamento e exercícios regulares, boa gestão do tempo, nutrição adequada, apoio pessoal e atitudes construtivas – mudanças que permitem que você viva de forma mais simples e pacífica –, o pânico e a ansiedade tenderão a retornar após a retirada dos medicamentos.

Uma hipótese adicional para a causa dos ataques de pânico tem a ver com o córtex pré-frontal. Esse centro cortical cerebral "superior" entra em jogo *depois* que a amígdala surge com medo repentino em resposta a uma ameaça potencial. O córtex pré-frontal ajuda você a avaliar seu ambiente para ver se uma ameaça legítima realmente existe ou não. Se nenhuma ameaça parece existir, o córtex pré-frontal exerce uma influência "de cima para baixo" na amígdala para que você possa descartar a ameaça potencial e não continuar em pânico. Acredita-se que essa ligação entre o córtex pré-frontal e a amígdala possa ser prejudicada em pessoas propensas ao transtorno de pânico. Ou seja, o córtex pré-frontal não consegue suavizar adequadamente a amígdala, permitindo que o medo continue a ganhar impulso até que ocorra um ataque de pânico completo.

Ansiedade generalizada

Tranquilizantes benzodiazepínicos, como alprazolam, lorazepam ou clonazepam, podem efetivamente reduzir a ansiedade no transtorno de ansiedade generalizada (TAG), bem como em outros transtornos de ansiedade (incluindo ansiedade antecipatória em fobias). Descobriu-se que um sistema receptor específico no cérebro, o sistema GABA, é exclusivamente sensível aos medicamentos benzodiazepínicos. Esse sistema consiste em neurônios que são sensíveis ao neurotransmissor ácido gama-aminobutírico (GABA). O GABA funciona naturalmente no cérebro como um neurotransmissor *inibitório* – tende a inibir, ou "atenuar", a atividade cerebral, particularmente no sistema límbico, que é o centro do cérebro para emoções. Assim, o GABA está associado à própria resposta calmante natural do cérebro. Quando você dá GABA diretamente às pessoas, ou lhes dá medicamentos que aumentam a atividade do sistema GABA, a ansiedade delas diminui.

Acredita-se que tranquilizantes benzodiazepínicos, como o alprazolam, estimulam o sistema GABA a ser mais ativo, assim como o próprio neurotransmissor GABA. É por isso que esses tranquilizantes diminuem a ansiedade, assim como qualquer outra forma de excitação emocional.

O que está acontecendo com o sistema GABA em pessoas cronicamente ansiosas? Várias hipóteses foram propostas. Pode haver uma deficiência do próprio GABA, resultando em menos atividade inibitória do sistema GABA. Ou pode haver uma deficiência de alguma substância benzodiazepínica natural no cérebro (ainda a ser identificada), o que leva à redução da atividade do sistema GABA. Talvez haja muitos receptores GABA em relação à quantidade de GABA disponível. A situação é muito complicada, uma vez que a ativação cerebral (daí a ansiedade) é controlada não apenas pelo sistema GABA, mas também pelos sistemas de serotonina e noradrenalina (e até mesmo outros sistemas de neurotransmissores). Além disso, pesquisas sobre o cérebro descobriram que todos esses sistemas interagem e se modulam mutuamente. Em suma, todos esses sistemas desempenham um papel na base neurobiológica do transtorno de ansiedade generalizada.

Transtorno obsessivo-compulsivo

O mesmo raciocínio aplicado ao TAG também se aplica ao transtorno obsessivo-compulsivo (TOC). A eficácia de medicamentos específicos, como a clomipramina, e dos antidepressivos ISRSs, como fluoxetina, sertralina, paroxetina e fluvoxamina, na redução dos sintomas obsessivo-compulsivos nos diz algo sobre os possíveis mecanismos biológicos para o TOC. Esses fármacos são conhecidas por aumentar a quantidade de uma substância neurotransmissora específica, a serotonina, no cérebro. Eles o fazem de forma mais eficaz do que outras classes de medicamentos antidepressivos. Portanto, sabemos que a serotonina (e o sistema de serotonina do cérebro) desempenha um papel importante na base neurobiológica do TOC.

Uma pesquisa identificou um "neurocircuito" do TOC no cérebro envolvendo três estruturas cerebrais: o *córtex orbitofrontal*, o *tálamo* e o *núcleo caudado*. Essas estruturas definem um circuito, ou *loop*, que estudos de imagem cerebral descobriram ser excessivamente ativo em pessoas com TOC. Quando você se preocupa, o córtex orbitofrontal envia um sinal de preocupação para o tálamo, que, por sua vez, envia o sinal de volta (por meio do núcleo caudado) para o córtex orbitofrontal para interpretação. Em pessoas sem esse transtorno, esse ciclo acontece apenas uma vez ou algumas vezes. Em pessoas com TOC, no entanto, em virtude de um problema no núcleo caudado, o sinal vai e volta em *loops* muitas e muitas vezes. Parece que os ISRSs funcionam atenuando o excesso de atividade desse circuito do TOC. Muitos neurônios de serotonina no cérebro são inibitórios em função, e parece haver uma abundância desses neurônios nas estruturas que compõem a alça do TOC, especialmente o núcleo caudado. Assim, o aumento da serotonina no cérebro aumenta a atividade dos neurônios inibitórios da serotonina, que, por sua vez, "freiam" o excesso de atividade no circuito do TOC.

Outra estrutura cerebral envolvida no TOC é o *giro cingulado anterior*. A função do cingulado é permitir que você mude de forma flexível a atenção de um tópico para outro. Quando o cingulado não está funcionando corretamente, você pode ficar mais facilmente "emperrado" ou preso a um tema específico, como é o caso de quando você está obcecado por algo. Parece que os medicamentos ISRSs ajudam o cingulado a funcionar melhor. A pesquisa de imagens cerebrais também descobriu que a terapia cognitivo-comportamental (TCC), especificamente a exposição e a prevenção de respostas, pode normalizar a função cerebral nas estruturas associadas ao TOC. É emocionante ver que uma intervenção estritamente psicológica pode resultar em mudanças duradouras na função cerebral, semelhantes ao que os medicamentos podem realizar.

Mais detalhes sobre como funcionam os medicamentos antidepressivos

A seção a seguir fornece uma explicação mais técnica de como funcionam as medicações antidepressivas. Esse tema pode ser de particular interesse para aqueles que desejam estudar medicina ou têm interesse em fisiologia cerebral. Se não for seu caso, sinta-se à vontade para avançar para a próxima seção, "Condições médicas que podem causar ataques de pânico ou ansiedade".

A compreensão científica de como os medicamentos antidepressivos funcionam para reduzir a ansiedade e a depressão evoluiu nas últimas duas décadas. Os medicamentos inibidores seletivos da recaptação de serotonina (ISRSs) funcionam bloqueando a recaptação da serotonina, um importante neurotransmissor cerebral, na *sinapse*, um pequeno espaço entre cada conexão nervosa no cérebro. Mais serotonina permanece na sinapse porque é impedida de ser reabsorvida pela célula nervosa, o que leva a uma determinada sinapse (a reabsorção na célula nervosa pré-sináptica normalmente acontece na ausência da medicação).

A transmissão nervosa no cérebro envolve a propagação de impulsos nervosos (sinais elétricos produzidos por trocas iônicas) ao longo da distância de células nervosas ou neurônios. Entre os muitos bilhões de neurônios em seu cérebro, há literalmente trilhões de pequenos espaços entre eles – as sinapses – que servem para separar os *neurônios que chegam* (especificamente, os *axônios* alongados) de numerosos *neurônios que saem* (cujos terminais receptores são chamados de *dendritos*).

Medicamentos antidepressivos (ISRSs e ISRNs – ver Capítulo 18, "Medicação para a ansiedade", para obter mais informações) *bloqueiam a recaptação da serotonina* na sinapse. Eles fazem isso bloqueando a reabsorção da serotonina nos locais dos axônios pré-sinápticos. O resultado é que esses medicamentos aumentam a quantidade de serotonina livre na sinapse.

Com mais serotonina (bem como noradrenalina, com os IRSNs) na sinapse, por que os medicamentos antidepressivos não têm um efeito *imediato* na diminuição da ansiedade ou da depressão? Pesquisas neurobiológicas determinaram que a eficácia desses medicamentos não é causada *diretamente pelo aumento da quantidade de serotonina* que eles produzem nas sinapses do cérebro. O que realmente acontece é que a serotonina adicionada *regula negativamente o* número *de locais receptores pós-sinápticos (dendríticos)*. Em outras palavras, o aumento da serotonina na sinapse reduz o número de locais receptores pós-sinápticos. Por quê? Porque não são necessários tantos locais receptores para processar a quantidade aumentada de serotonina sináptica. Esse processo de regulação negativa e redução de locais pós-sinápticos *leva tempo*, geralmente duas ou três semanas, no mínimo. *O fato de que a regulação negativa leva tempo é a razão pela qual os medicamentos antidepressivos não funcionam imediatamente, mas levam duas ou três semanas para começar a mostrar efeitos terapêuticos.* Na verdade, os ISRSs e IRSNs podem levar até 12 semanas para demonstrar seus efeitos terapêuticos máximos. O efeito total de regulação negativa pode levar esse tempo.

Um breve resumo do processo de regulação negativa também pode ser encontrado na seção "Medicamentos antidepressivos ISRSs", no Capítulo 18, "Medicação para a ansiedade".

Mais recentemente, evidências também mostraram que a depressão é acompanhada de níveis diminuídos de *fator neurotrófico derivado do cérebro* (BDNF, do inglês *brain-derived neurotrophic factor*), mais especificamente na região do hipocampo do cérebro (uma seção associada à formação de novas memórias e aprendizado). Isso às vezes é chamado de "hipótese neurotrófica" da depressão (e, em geral, da ansiedade). A hipótese neurotrófica propõe que o aumento da depressão/ansiedade está associado a níveis *reduzidos* de BDNF no hipocampo. Portanto, os medicamentos ISRSs também aliviam os sintomas depressivos ou de ansiedade, aumentando os níveis de BDNF. Uma discussão mais aprofundada da hipótese neurotrófica está além do escopo deste capítulo.

Uma ideia final que está sendo explorada recentemente é que os medicamentos antidepressivos, como resultado tanto da regulação negativa pós-sináptica quanto do aumento da atividade do BDNF, resultam no aumento da *plasticidade neuronal* do cérebro, especialmente em áreas-chave, como a amígdala, o hipocampo e o caudado. Vários estudos encontraram plasticidade neuronal muito prejudicada na depressão e, ainda mais crítico, em pessoas com comportamento suicida. Sabe-se, há algum tempo, que vários agentes podem aumentar a plasticidade cerebral (ou a capacidade de áreas não danificadas assumirem o controle de áreas cerebrais prejudicadas ou danificadas). A capacidade dos tratamentos antidepressivos de promover o aumento da plasticidade neuronal é mais uma indicação promissora de sua capacidade de reduzir tanto a depressão quanto o suicídio.

Condições médicas que podem causar ataques de pânico ou ansiedade

A fisiologia do pânico, descrita no início desta seção, está bem estabelecida. Contudo, as várias explicações propostas dos mecanismos biológicos que envolvem diferentes sistemas de neurotransmissores do cérebro estão, no momento, ainda sob investigação. É importante ter em mente que essas hipóteses biológicas se aplicam à maioria dos casos de ataques de pânico e ansiedade generalizada, *mas não a todos*. Às vezes, reações de pânico ou ansiedade podem surgir de condições médicas que são muito distintas dos transtornos de ansiedade reconhecidos. O hipertireoidismo e a hipoglicemia, por exemplo, podem causar ataques de pânico que são, aparentemente, idênticos aos observados no transtorno de pânico. Uma deficiência de cálcio ou magnésio ou uma alergia a certos aditivos alimentares também pode produzir pânico ou ansiedade, assim como a ingestão excessiva de cafeína. Quando essas condições são corrigidas, a ansiedade desaparece.

Qualquer uma das condições a seguir pode ser uma causa de ataques de pânico ou ansiedade generalizada. As seis primeiras são as mais comuns.

- *Síndrome de hiperventilação.*
  A respiração rápida e superficial ao nível do peito pode, por vezes, levar a uma redução excessiva de dióxido de carbono na corrente sanguínea. Isso resulta em sintomas muito semelhantes aos de um ataque de pânico, incluindo tonturas, sensação de irrealidade, falta de ar, tremores e/ou formigamento nas mãos, nos pés ou nos lábios. Esses sintomas, por sua vez, podem ser percebidos como prejudiciais e estimular um ataque de pânico genuíno. (Ver seção sobre respiração abdominal no Capítulo 4 para uma discussão mais aprofundada sobre hiperventilação.)

- *Hipoglicemia.*
  Para muitas pessoas, os níveis de açúcar no sangue podem cair muito como resultado de uma dieta inadequada ou simplesmente por estresse. Quando isso acontece, essas pessoas experimentam uma variedade de sintomas semelhantes a uma reação de pânico, incluindo ansiedade, tremores, tonturas, fraqueza e desorientação. A hipoglicemia pode causar ataques de pânico ou, mais frequentemente, agravar as reações de pânico causadas por outros fatores. (Ver Capítulo 16 para uma discussão detalhada.)

- *Hipertireoidismo.*
  A secreção excessiva de hormônio tireoidiano pode levar a palpitações cardíacas (batimentos cardíacos rápidos), sudorese e ansiedade generalizada. Outros sintomas do hipertireoidismo incluem perda de peso, temperatura corporal elevada, insônia e olhos esbugalhados. Se você tiver vários dos sintomas descritos, convém que seu médico faça um *checkup* da tireoide para ver se essa condição está contribuindo para seus sintomas de ansiedade ou pânico. (Ver Capítulo 17 para obter mais informações sobre como as condições da tireoide podem afetar a ansiedade.)

- *Prolapso da válvula mitral.*
  O prolapso da válvula mitral é uma condição inofensiva que causa palpitações cardíacas. É causado por um ligeiro defeito na válvula que separa as câmaras superior e inferior no lado esquerdo do coração. O sangue se move através da válvula mitral à medida que passa da câmara superior para a câmara inferior. Com o prolapso da válvula mitral, a válvula não se fecha completamente, e parte do sangue pode fluir de volta da câmara inferior para a câmara superior, fazendo o coração bater fora do ritmo. O distúrbio do ritmo resultante pode ser desconcertante o suficiente para causar pânico em algumas pessoas, mas *não* é perigoso. O prolapso da válvula mitral *não* é uma causa de ataques cardíacos.
  Por razões que não são claras, o prolapso da válvula mitral ocorre com mais frequência em pessoas com transtorno de pânico do que na população em geral. Em casos graves, pode ser tratado por meio do uso de fármacos betabloqueadoras, como o propanolol.

- *Síndrome pré-menstrual (TPM).*
  Se você é uma mulher, é importante observar se suas reações de pânico (ou ansiedade generalizada) pioram na época imediatamente anterior ao seu período. Nesse caso, tratar a TPM pode ser suficiente para aliviar seu problema com pânico ou ansiedade. O tratamento geralmente envolve melhorias na dieta e exercícios físicos, com o uso de suplementos, como a vitamina B_6, e, em alguns casos, o uso de progesterona natural. (Ver Capítulo 17 para uma discussão detalhada.)
- *Distúrbios da orelha interna.*
  Para uma pequena proporção da população, os ataques de pânico parecem estar associados a uma perturbação no equilíbrio, causada pelo inchaço da orelha interna (devido a infecção, alergia, doença de Ménière ou outros problemas). Se tonturas, desmaios e/ou instabilidade forem uma parte *proeminente* do seu problema com ansiedade ou pânico, você pode consultar um otorrinolaringologista para verificar o sistema labiríntico da sua orelha interna.

Outras condições médicas que podem causar pânico ou ansiedade são listadas a seguir:

- Reação aguda a cocaína, anfetaminas, cafeína, aspartame, inibidores de apetite, medicamentos para asma, esteroides ou outros estimulantes
- Abstinência de álcool, sedativos ou tranquilizantes
- Tirotoxicose
- Síndrome de Cushing
- Tumor suprarrenal
- Doença da paratireoide
- Crises parciais complexas (epilepsia do lobo temporal)
- Síndrome pós-concussão
- Deficiências de cálcio, magnésio, potássio, niacina, vitamina B_{12}
- Enfisema
- Embolia pulmonar
- Arritmias cardíacas
- Insuficiência cardíaca congestiva
- Hipertensão essencial
- Toxinas ambientais, como mercúrio, dióxido de carbono, hidrocarbonetos, aditivos alimentares, agrotóxicos

Para descartar adequadamente quaisquer condições médicas que possam estar causando ou agravando seu problema específico, peça ao seu médico que faça um exame físico completo, incluindo um exame de sangue, antes de adotar estratégias comportamentais e psicológicas para a recuperação. Tenha em mente, porém, que as condições médicas descritas anteriormente (com exceção da hiperventilação e da hipoglicemia) contribuem para o pânico ou a ansiedade em apenas uma minoria dos casos.

Causas desencadeantes de curto prazo

Causas de longo prazo, como hereditariedade, ambiente infantil e estresse cumulativo, criam uma *predisposição* para transtornos de ansiedade. No entanto, são necessárias condições mais específicas operando ao longo de um curto período para realmente desencadear ataques de pânico ou fazer uma fobia se desenvolver. Nesta seção, consideraremos brevemente:

- estressores específicos que muitas vezes precedem um primeiro ataque de pânico;
- processos de condicionamento que produzem fobias;
- o papel do trauma em certas fobias simples e no transtorno de estresse pós-traumático (TEPT).

Estressores que precipitam ataques de pânico

Um primeiro ataque de pânico é frequentemente precedido por um evento ou uma situação estressante. Na minha experiência com pessoas já vulneráveis ao transtorno de pânico como resultado dos fatores predisponentes descritos anteriormente, os três tipos de estressores descritos a seguir geralmente precederam seu primeiro ataque de pânico.

- *Perda pessoal significativa.*
  A perda de uma pessoa significativa por morte, divórcio ou separação parece muito frequentemente ser um gatilho de um primeiro ataque de pânico. Outras grandes perdas, como perda de emprego, perda de saúde devido a uma doença ou uma grande reversão financeira, também podem precipitar um primeiro ataque de pânico.

- *Mudança significativa de vida.*
  Um grande evento de vida que causa um período de adaptação que dura vários meses pode, às vezes, antecipar um primeiro ataque de pânico. Exemplos de tal evento podem incluir se casar, ter um bebê, ir para a faculdade, mudar de emprego, entrar para o exército, fazer uma mudança geográfica ou desenvolver uma doença física prolongada.
  Pode-se dizer que *qualquer fator estressante importante*, seja uma perda significativa, seja uma grande mudança de vida, pode desencadear um primeiro ataque de pânico em um indivíduo que já está vulnerável por outros motivos.

- *Estimulantes e drogas recreativas.*
  Não é incomum que um primeiro ataque de pânico ocorra após a ingestão excessiva de cafeína. Muitas vezes, as pessoas não sabem que o uso de cafeína é excessivo até que um ataque de pânico completo as chame a atenção.
  Ainda mais comum é a incidência de ataques de pânico em pessoas que usam cocaína ou drogas relacionadas a anfetaminas. A cocaína é um estimulante tão forte que pode causar ataques de pânico mesmo em pessoas que *não* estão predispostas ao transtorno de pânico pelos fatores de longo prazo descritos anteriormente. As anfetaminas, sobretudo as metanfetaminas recreativas, com frequência desencadeiam ataques de pânico. Além disso, altas doses de maconha, bem como a abstinência de narcóticos, barbitúricos ou tranquilizantes, também podem levar uma pessoa a ter um primeiro ataque de pânico.

Condicionamento e a origem das fobias

Fobia é o medo persistente e irracional de um objeto, uma atividade ou uma situação específica que resulta em um desejo convincente de evitar esse objeto, atividade ou situação temida. Há três características que distinguem uma fobia dos medos comuns e cotidianos. Em primeiro lugar, você tem medo *persistente* do objeto ou da situação por um longo período. Em segundo lugar, você sabe que seu medo não é *razoável*, mesmo que esse reconhecimento não o ajude a dissipá-lo. Finalmente, o que é mais característico de uma fobia é *evitar* a situação temida. Ter medo irracional de algo ainda não é uma fobia; a fobia começa quando você realmente começa a evitar o que teme.

O que é evitado tende a variar entre os diferentes tipos de fobias. Se você é agorafóbico, tende a evitar situações em que tem medo de não poder escapar facilmente se tiver um ataque de pânico – exemplos incluem filas de caixa em supermercados, rodovias, elevadores e pontes. Se você tem uma fobia social, tende a evitar situações em que teme se humilhar ou se envergonhar na frente dos outros – exemplos incluem falar em público, festas, banheiros públicos e entrevistas de emprego. Fobias simples levam você a temer uma possível morte ou lesão por causas como desastres naturais ou certos animais. Ou você pode ter um medo enorme de ficar preso.

Como essas fobias se desenvolvem? Existem dois tipos de processos que são mais comumente responsáveis: *condicionamento* e *trauma*. O trauma nem sempre está envolvido na criação de uma fobia, mas os processos de condicionamento estão sempre presentes. Existem dois tipos de condicionamento que contribuem para a formação de uma fobia: 1) *condicionamento por associação* e 2) *condicionamento por evitação*.

No *condicionamento por associação*, uma situação que era originalmente neutra começa a provocar uma forte ansiedade porque, em um determinado dia, você entrou em pânico ou teve uma forte reação de ansiedade nessa mesma situação. Por exemplo, você está dirigindo na rodovia e espontaneamente tem um ataque de pânico. O pânico é agravado por pensamentos de medo, como "Como faço para sair daqui?" ou "E se eu sofrer um acidente?". Sua mente forma uma forte associação entre estar na autoestrada e sentir ansiedade, de modo que, mais tarde, estar ligado, estar perto ou mesmo pensar em autoestradas provoca ansiedade. Em suma, você *aprendeu* uma associação entre rodovias e ansiedade. Da mesma forma, sentir uma forte ansiedade na primeira vez que você tenta falar em público pode levar a uma associação entre os dois. Posteriormente, toda vez que você tenta falar antes dos outros, ou mesmo pensa em fazê-lo, uma forte ansiedade é automaticamente desencadeada.

O condicionamento por associação pode fazê-lo desenvolver um medo em relação a uma situação ou um objeto em particular, mas, por si só, não cria uma fobia. Somente quando você começa a *evitar* essa situação ou esse objeto é que você "aprende" a ser fóbico. Um princípio consagrado na psicologia comportamental é que qualquer comportamento recompensado tende a ser repetido. Evitar uma situação com a qual você está ansioso é obviamente recompensado – a recompensa é a redução da ansiedade. Cada vez que você evita a situação, a recompensa de ser aliviado da ansiedade se segue, de modo que seu comportamento de evitação se fortalece e tende a ser repetido. Sua evitação funciona muito bem para salvá-lo da ansiedade.

Aprender a ficar longe de uma situação de medo porque é gratificante fazê-lo é o que constitui o *condicionamento por evitação*. O condicionamento por evitação é o processo mais crítico na formação de qualquer fobia. É diretamente revertido e superado pelos processos de exposição imagética e da vida real descritos no Capítulo 7.

Trauma, fobias simples e transtorno de estresse pós-traumático

A agorafobia e a fobia social tendem a se desenvolver principalmente como resultado dos processos de condicionamento que acabamos de descrever. Certas fobias simples, por outro lado, podem desenvolver-se na sequência de experiências traumáticas específicas. Quando criança, você pode desenvolver uma fobia de abelhas como resultado de, sem saber, pegar uma abelha e ser picado. Esse é realmente um exemplo de condicionamento por associação. O medo que sente no momento de ser picado faz você desenvolver uma associação automática entre abelhas e medo. O condicionamento de evasão pode, então, entrar em jogo se você subsequentemente começar a evitar ou fugir das abelhas sempre que as vir.

Da mesma forma, estar em um acidente de carro pode fazer uma pessoa ter medo de dirigir ou até mesmo de estar em um carro. Ou quase se afogar pode levar a uma fobia subsequente sobre a água. Muitas fobias simples podem ser rastreadas até algum tipo de incidente traumático na infância. Outras – especialmente aquelas que temos desde muito cedo, como o medo da escuridão ou o medo de insetos – podem fazer parte de nossa herança evolutiva. Tais medos podem ter sido biologicamente programados no sistema nervoso de todos os mamíferos para promover a sobrevivência da espécie. Esses medos inatos com os quais as pessoas muitas vezes crescem não podem ser considerados fobias, a menos que 1) levem à evitação persistente e 2) persistam até a idade adulta.

Um desfecho diferente do trauma é a ocorrência de transtorno de estresse pós--traumático, que foi descrito no Capítulo 1. Nenhuma fobia específica se desenvolve; em vez disso, você tende a desenvolver uma série de sintomas que "recriam" o trauma original. Lembranças e sonhos angustiantes sobre o que aconteceu são a tentativa da mente de obter o controle do evento original e neutralizar a carga emocional que ele carrega.

Causas mantenedoras da ansiedade

As causas mantenedoras dos transtornos de ansiedade tendem a mantê-los funcionando. Elas envolvem maneiras de pensar, sentir e lidar que servem para perpetuar a ansiedade, o pânico ou as fobias. Grande parte deste guia é dedicado a ajudá-lo a lidar com essas causas de manutenção. Dos quatro tipos de causas que estamos considerando, apenas as mantenedoras operam no aqui e agora e são, portanto, as mais fáceis de lidar. A lista a seguir de causas mantenedoras não é exaustiva e inclui apenas aquelas que são mais óbvias. As causas mantenedoras serão consideradas com mais detalhes ao longo do restante deste guia.

Evitar situações fóbicas

As fobias se desenvolvem porque é muito recompensador evitar enfrentar situações que lhe causam ansiedade. Enquanto você continuar a evitar lidar com uma situação, uma atividade ou um objeto fóbico, a fobia permanecerá firmemente no lugar. Tentar pensar ou raciocinar para sair de uma fobia simplesmente não funcionará se você continuar a evitar confrontá-la de forma direta. Contanto que você evite uma situação, estará propenso a se preocupar se conseguirá lidar com ela.

Superar uma fobia significa que você desaprende certas respostas enquanto reaprende outras. Quando você finalmente começa a enfrentar a situação, *desaprende* 1) o "medo antecipado", ou a ansiedade antecipatória sobre possivelmente entrar em pânico na situação, e 2) a evitação da própria situação. Ao mesmo tempo, você se dá a oportunidade de *aprender* que pode entrar – e permanecer – em uma situação fóbica sem ansiedade indevida. Você pode aprender a tolerar e, eventualmente, se sentir confortável em qualquer situação fóbica se abordá-la em passos suficientemente pequenos. As imagens e os processos de exposição da vida real discutidos no Capítulo 7 destinam-se a promover esse tipo de aprendizagem.

Dependência de comportamentos de segurança

Comportamentos de segurança são manobras de autoproteção que você realiza para evitar o medo. Normalmente, eles tendem a sair pela culatra e agravar o seu medo. Fugir do medo gera medo. Abandonar comportamentos de segurança significa tomar uma posição em que você aceita e suporta o medo. A recompensa é que, em última análise, você aprende que pode lidar com seu medo, muitas vezes mais facilmente do que esperava.

A seguir, são apresentados alguns tipos comuns de comportamentos de segurança.

Procrastinação. Por exemplo, você tem um recital de música ou um discurso diante de um grupo de pessoas. Em vez de se dar tempo suficiente para se preparar, você espera até o último minuto e depois se estressa tentando se preparar adequadamente em um tempo muito curto, levando a muito mais ansiedade.

Superpreparação. Você tem uma tarefa exigente chegando, como um exame final ou, como no exemplo anterior, uma apresentação musical ao vivo. Você gasta tempo excessivo se preparando demais para isso, levando à "ansiedade antecipatória" (ansiedade diante de uma situação um tanto exigente), que o deixa infeliz por vários dias antes do evento real. No momento em que chega ao desempenho real, você pode se sentir exausto ou ter perdido o sono devido à preparação excessiva e à ansiedade que a acompanha.

Busca de tranquilidade. Por exemplo, seu coração está batendo excepcionalmente forte ou rápido porque você esteve sob estresse excessivo nos últimos dois dias. Essa é uma ocorrência normal para muitas pessoas. Você tem medo de ter alguma doença cardíaca grave ou até mesmo de ser suscetível a um ataque cardíaco. Para se tranquilizar, você marca uma consulta com seu médico de cuidados primários ou até mesmo com um cardiologista e realiza testes, como um teste de estresse e um ecocardiograma.

Mesmo que os testes tenham bons resultados, você ainda pode ter dúvidas e pedir aos médicos que realizem testes adicionais. Se você tivesse esperado 3 ou 4 dias, os sintomas cardíacos poderiam ter diminuído naturalmente à medida que o estresse passava. O impulso de buscar tranquilidade só aumenta seu medo.

Verificação excessiva. Digamos que você tenha episódios ocasionais de batimentos cardíacos rápidos (nem mesmo taquicardia técnica, que é um período sustentado de mais de 100 batimentos por minuto). Como descrito anteriormente, sua condição pode ser decorrente de estresse excessivo, correr muito e em um ritmo muito rápido por alguns dias ou simplesmente beber muito café. Mesmo que seu coração seja projetado para bater a até 100 batimentos por minuto durante dias seguidos sem perigo real, você recorre à checagem constante do seu pulso para verificar sua frequência cardíaca. Talvez você verifique até 20 ou 30 vezes por dia, algumas vezes a cada hora. Eventualmente, se você não estiver convencido de que sua frequência cardíaca diminuiu, ligará para seu médico de cuidados primários ou até mesmo para um cardiologista para verificar se algo está realmente errado. Mesmo que metade ou mais de suas verificações de pulsação estejam na faixa totalmente normal (70 a 99 batimentos por minuto), você continua verificando para se certificar de que está bem. A verificação constante da sua frequência cardíaca só serve para agravar a sua ansiedade.

Ou digamos que seu marido está atrasado para chegar em casa (talvez devido a um horário de trabalho prolongado ou trânsito excessivo), e você fica preocupada e continua ligando para ele, apesar de ele fornecer uma explicação razoável para o atraso. Um único telefonema não é suficiente. Claro, a situação pode piorar muito se o seu marido decidir desligar o telefone para parar de receber chamadas insistentemente.

Perfeccionismo. Esforçar-se pela perfeição pode criar não apenas ansiedade potencial, mas também aumento da desilusão e até mesmo depressão. O perfeccionismo muitas vezes se manifesta antes de tarefas exigentes, como ir a uma entrevista de emprego ou de admissão na faculdade, fazer um exame final ou um exame laboral ou, talvez, fazer uma apresentação musical ao vivo. Esforçar-se pela perfeição completa antes ou durante tal situação tende a sair pela culatra. Suas expectativas exageradas levam você a se sentir excessivamente ansioso ou mesmo envergonhado até e durante a própria tarefa, interferindo às vezes no seu melhor desempenho. Para obter mais informações sobre o perfeccionismo e como lidar com ele, ver seção sobre perfeccionismo no Capítulo 11, "Estilos de personalidade que perpetuam a ansiedade".

Dependência excessiva de uma pessoa de apoio. Ao trabalhar para enfrentar uma fobia de longa data, muitas vezes ajuda, no início, ter uma pessoa de apoio com você. Por exemplo, se você está fazendo seu primeiro voo depois de muitos anos evitando voar, ter alguém o acompanhando pode fornecer distração e tranquilidade para ajudar a mitigar sua ansiedade. Ou talvez você tenha fobia de ir ao médico para um exame de rotina e tenha ficado longe dos médicos por alguns anos. Pode ser muito útil ter alguém para acompanhá-lo quando você faz sua primeira visita ao médico em muito tempo. Apenas ter a pessoa de apoio sentada na sala de espera enquanto você faz o *check-up* pode ser suficiente.

As pessoas de apoio são uma espécie de "muleta" que pode ajudá-lo quando você enfrenta *pela primeira vez* uma situação fóbica que evitou por anos. No entanto, se você continuar levando sua pessoa de apoio com você em todos os casos de enfrentar o medo, nunca aprenderá que pode se tornar capaz de lidar com o medo por conta própria. Para *completar* a exposição à maioria das fobias, é necessário abandonar o comportamento de segurança de ter uma pessoa de apoio. Então, você pode aprender a ter total confiança em sua capacidade de superar o medo. Isso é especialmente importante em situações em que você realmente precisa ser capaz de enfrentar uma situação sem ter sempre alguém ao seu lado, como ficar sozinho ou dirigir para longe de casa.

Rituais. Antes de enfrentar uma situação exigente, como voar ou ir ao dentista, você pode tentar aliviar sua ansiedade com um ritual, como fazer uma oração quatro vezes ou levar um objeto de segurança especial, como um ursinho de pelúcia ou determinada joia. O ritual serve para fomentar a falsa crença de que você só pode lidar com a situação realizando o ritual. Em última análise, porém, você só pode ganhar confiança em sua capacidade de lidar *totalmente* com a situação abandonando o ritual e aprendendo que nada de terrível acontece ao entrar na situação sem ele. Você pode querer fazer isso em etapas (como entrar na situação dizendo um número menor de orações ou pegando apenas uma bola de pelúcia, em vez de um ursinho de pelúcia) antes de tentar finalmente entrar na situação livre de qualquer ritual.

Para reduzir a dependência de comportamentos de segurança, utilize as três diretrizes a seguir.

1. **Observe** que você está envolvido em comportamentos de segurança para se proteger da ansiedade.
2. **Exponha, em vez de se opor.** Desista de lutar ou fugir de uma situação de exposição desconfortável (enfrentando o que você teme). A chave para superar os comportamentos de segurança é *aceitação total* da situação e sua capacidade de *tolerar o desconforto* (desde que o desconforto não aumente em um grau avassalador, o que geralmente é improvável).
3. **Lidar.** Confie em suas *estratégias de enfrentamento* mais úteis para passar pela exposição a uma situação instável e tolerar o desconforto. Muitas estratégias de enfrentamento estão disponíveis, então escolha as que você pessoalmente achar mais úteis.

    No Capítulo 6, "Lidando com ataques de pânico", você encontrará uma lista de estratégias de enfrentamento na seção "Estratégias de enfrentamento para neutralizar o pânico em um estágio inicial", como respiração abdominal, utilização de frases de enfrentamento, falar com uma pessoa de apoio ou ao telefone, ou praticar atividade física, para citar alguns. Todas essas estratégias podem ajudar a reduzir e, eventualmente, eliminar a ansiedade que interfere em seus objetivos. Ao usar estratégias de enfrentamento, certifique-se de usá-las *proativamente para interromper a tendência de evitar enfrentar seu medo.* Isso é crucial. Você não quer usar uma estratégia de enfrentamento como se fosse apenas mais um sinal de segurança, uma manobra que você usa para fugir do seu medo. As estratégias de enfrentamento são úteis no começo para enfrentar uma situação difícil, mas não se destinam a durar para sempre.

A realização *final* ao lidar proativamente com o medo, seja ele medo de uma situação externa, medo de sensações corporais internas ou simplesmente preocupação excessiva, é dispensar *até mesmo as estratégias de enfrentamento e apenas enfrentar o medo por completo*, sem quaisquer auxílios ou ajudas. Ver Capítulo 7, "Exposição a fobias", para obter mais explicações sobre a distinção entre o que pode ser chamado de "exposição de enfrentamento" *versus* "exposição de domínio".

Se você aprende a enfrentar seus medos com a ajuda de uma estratégia de enfrentamento, como a respiração abdominal, ou se enfrenta seu medo sem a ajuda de qualquer estratégia, você aprende duas lições muito importantes: 1) você é capaz de lidar bem com o medo sem toda a ansiedade antecipatória que você pode ter tido anteriormente sobre ele; e 2) mesmo que enfrentar totalmente seu medo não seja totalmente confortável, você descobre que exagerou o quão ruim ele pode ser e que ele não é tão ruim quanto você esperava.

Diálogo interno ansioso

Diálogo interno é o que você diz para si mesmo em sua própria mente. É o monólogo interno em que você se envolve na maior parte do tempo, embora possa ser tão automático e sutil que você não perceba a menos que dê um passo para trás e preste atenção. Grande parte da sua ansiedade é criada por declarações que você faz a si mesmo começando com as palavras "e se"; por exemplo, "E se eu tiver outro ataque de pânico?", "E se eu perder o controle de mim mesmo enquanto dirijo?", "O que as pessoas vão pensar se eu ficar ansioso enquanto estiver na fila?". Esse tipo de diálogo interno *antecipa* o pior antes mesmo de acontecer. O termo mais comum para isso é simplesmente *preocupação*.

O diálogo interno também pode contribuir para criar um ataque de pânico completo. Tal ataque pode começar com sintomas corporais, como aperto no peito e palpitações cardíacas. Se você conseguir aceitar e "seguir o fluxo" desses sintomas sem deixar que eles o assustem, eles logo atingirão o pico e, depois, diminuirão. No entanto, muitas vezes você diz a si mesmo coisas como "Oh, não, vou entrar em pânico!", "E se eu tiver um ataque cardíaco?", "Eu tenho que sair daqui, mas não posso!", "As pessoas vão pensar que sou estranho se tiver que descansar ou me apoiar em algo por um minuto porque minhas pernas estão fracas". Essa conversa assustadora só agrava os sintomas físicos, que, por sua vez, produzem uma conversa assustadora ainda mais extrema, levando a um círculo vicioso que produz um ataque de pânico completo.

A boa notícia é que você pode aprender a reconhecer o diálogo interno que provoca ansiedade, interrompê-lo e substituí-lo por declarações mais solidárias e calmantes para si mesmo. O assunto diálogo interno é tratado em detalhes no Capítulo 8.

Crenças equivocadas

Seu diálogo interno negativo vem de crenças equivocadas subjacentes sobre você, os outros e "a maneira como o mundo é". Por exemplo, se você acredita que não pode ficar sozinho em segurança, vai convencer a si mesmo e a todos os outros a assumir que sempre deve haver alguém com você. Se você realmente acredita que a vida é sempre uma luta, então você dirá a si mesmo que algo está errado quando começar a se sentir melhor ou quando os outros lhe oferecerem ajuda. A crença de que o mundo exterior é bom não promove uma atitude de confiança ou uma disposição para assumir os riscos necessários para superar uma condição como a agorafobia.

Renovar suas crenças básicas sobre si mesmo e sua vida leva mais tempo e trabalho do que simplesmente reverter o diálogo interno ansioso. No entanto, fazer isso terá efeitos de longo alcance em sua autoestima, sua disposição de aceitar imperfeições em si mesmo e nos outros e sua paz de espírito em longo prazo. O assunto das crenças equivocadas é tratado em detalhes no Capítulo 9.

Sentimentos reprimidos

Negar sentimentos de raiva, frustração, tristeza ou até mesmo excitação pode contribuir para um estado de *ansiedade flutuante*. Ansiedade flutuante é quando você se sente vagamente ansioso sem saber por quê. Você pode ter notado que, depois de deixar escapar seus sentimentos de raiva ou chorar, sente-se mais calmo e à vontade. Expressar sentimentos pode ter um efeito fisiológico distinto que resulta em um nível reduzido de ansiedade.

Como mencionado anteriormente, as pessoas propensas à ansiedade geralmente nascem com uma predisposição a serem mais emocionalmente reativas ou voláteis. No entanto, muitas vezes, elas crescem em famílias em que a obtenção da aprovação dos pais tem precedência sobre a expressão de suas necessidades e seus sentimentos. Como adultos, elas ainda sentem que é mais importante alcançar a perfeição ou sempre ser agradável do que expressar sentimentos fortes. Essa tendência de negar emoções profundas pode levar a um estado crônico de tensão e ansiedade. Alguns acreditam que o perigo *externo* evitado pelo fóbico é, na verdade, um substituto para um perigo *interno* mais profundo: o medo de que sentimentos reprimidos por muito tempo ressurjam. O pânico pode ocorrer quando tais sentimentos "ameaçam" surgir. Por exemplo, se você tem fobia de água, isso pode ser visto como um substituto para um medo mais profundo de sentimentos negados. Ou o medo de animais ferozes pode simbolizar um medo mais profundo de experimentar sua própria raiva e as necessidades não atendidas das quais ela flui. Na minha opinião, essa teoria das fobias baseada em emoções pode estar pelo menos parcialmente certa.

Felizmente, é possível *aprender* a reconhecer e a expressar seus sentimentos com mais facilidade e frequência. A ventilação excessiva de sentimentos, especialmente a raiva, pode nem sempre ser produtiva, mas é importante pelo menos saber *o que* você está sentindo e, em seguida, permitir que seus sentimentos tenham alguma forma de expressão. Fazer isso diminuirá substancialmente seu nível de ansiedade e reduzirá sua tendência para o pânico. Esse tópico é tratado no Capítulo 13.

Falta de assertividade

Para expressar sentimentos às outras pessoas, é importante que você desenvolva um estilo assertivo de comunicação que permita que se expresse de maneira direta e franca. A comunicação assertiva atinge o equilíbrio certo entre submissão, em que você tem medo de pedir o que quer, e agressividade, em que você exige o que quer por meio de coerção ou ameaça. Se você é propenso a ansiedade e fobias, tenderá a agir de forma submissa. Você evita pedir diretamente o que quer e tem medo de expressar sentimentos fortes, especialmente raiva. Muitas vezes, você tem medo de se impor aos outros; você não quer comprometer sua autoimagem como alguém que é agradável e legal. Ou você tem medo de que a comunicação assertiva aliene a única pessoa de quem você se sente dependente para ter uma sensação básica de segurança. O problema com a falta de assertividade é que ela gera sentimentos dentro de você de ressentimento e confinamento, que são notórios por agravar a ansiedade e as fobias.

É possível *aprender* a ser assertivo e expressar diretamente seus desejos e sentimentos. Uma introdução a esse tipo de comunicação é apresentada no Capítulo 14.

Falta de habilidades de autocuidado

Uma sensação generalizada de insegurança é comum nos antecedentes de muitas pessoas com transtornos de ansiedade. Isso é especialmente evidente na agorafobia, em que a necessidade de ficar próximo de um lugar seguro ou de uma pessoa segura pode ser muito forte. Essa insegurança surge de uma variedade de condições na infância, incluindo negligência parental, abandono, abuso, superproteção ou supercrítica, bem como alcoolismo ou dependência química na família. Como nunca receberam cuidados consistentes ou confiáveis quando crianças, os sobreviventes adultos dessas várias formas de privação muitas vezes não têm a capacidade de cuidar adequadamente de suas próprias necessidades. Sem saber como se amar e se nutrir, eles sofrem de baixa autoestima e podem se sentir ansiosos ou sobrecarregados diante das demandas e responsabilidades dos adultos. Essa falta de habilidades de autocuidado só serve para perpetuar a ansiedade.

A solução mais duradoura para o abuso e a privação dos pais é tornar-se um bom pai para si mesmo.

Tensão muscular

Quando seus músculos estão tensos, você se sente "tenso". A tensão muscular tende a restringir a respiração. Quando sua respiração é superficial e restrita, é mais provável que você sinta ansiedade. Os músculos tensos também ajudam a manter seus sentimentos suprimidos, o que, como discutido anteriormente, pode aumentar a ansiedade.

Você pode ter notado que, quando seu corpo está tenso, sua mente tem uma tendência maior a correr. À medida que você relaxa os músculos por todo o corpo, sua mente começa a desacelerar e se acalmar. Um dos fundadores de métodos sistemáticos de relaxamento, Edmund Jacobson, disse uma vez: "Uma mente ansiosa não pode existir em um corpo relaxado". Corpo e mente estão inextricavelmente relacionados na ansiedade. Você pode reduzir seu nível de tensão muscular de forma consistente, mantendo programas diários de relaxamento profundo, bem como exercícios vigorosos. Qualquer um deles sozinho pode reduzir a tensão muscular, mas a combinação tem um efeito ainda mais profundo. Diretrizes detalhadas para incorporar o relaxamento e o exercício em seu estilo de vida são apresentadas nos Capítulos 4 e 5.

Estimulantes e outros fatores dietéticos

Estimulantes como cafeína e nicotina podem agravar sua ansiedade e deixá-lo mais vulnerável a ataques de pânico. Você pode nem estar ciente do impacto deles até reduzi-los ou eliminá-los da sua vida. Para algumas pessoas, os ataques de pânico desaparecem completamente quando eliminam a cafeína de suas dietas (a cafeína não apenas do café, mas também do chá, de bebidas à base de cola e de medicamentos de venda livre). Para outras pessoas, fatores dietéticos adicionais, como açúcar e aditivos alimentares, podem agravar ou até mesmo causar reações de pânico.

A conexão entre nutrição e ansiedade foi pouco explorada em livros populares ou técnicos sobre transtornos de ansiedade. O Capítulo 16 deste livro analisa detalhadamente essa conexão.

Estilo de vida de alto estresse

O papel do estresse como agente predisponente e como causa de curto prazo de transtornos de ansiedade foi descrito anteriormente. Não é de surpreender que um estilo de vida estressante perpetue problemas de ansiedade. A frequência dos ataques de pânico e a gravidade das fobias tendem a aumentar e diminuir dependendo de quão bem você lida com o estresse diário da vida. Controlar todas as causas de manutenção da ansiedade discutidas nesta seção – diálogo interno, crenças equivocadas, sentimentos reprimidos, falta de assertividade, falta de apoio, tensão muscular e dieta – ajudará muito a reduzir o estresse em sua vida. Outros fatores associados ao estresse que não são tratados neste livro incluem gerenciamento de tempo, personalidade tipo A e comunicação. Estes foram discutidos em muitos excelentes livros populares sobre gerenciamento de estresse – por exemplo, *Guide to Stress Reduction*, edição revisada, de John Mason, e *The Relaxation & Stress Reduction Workbook*, 7ª edição, de Martha Davis, Elizabeth Eshelman e Matthew McKay. (Ver lista de leitura no final deste capítulo.)

Falta de significado ou senso de propósito

Tenho observado repetidamente que os clientes experimentam alívio da ansiedade e das fobias quando passam a sentir que sua vida tem significado, propósito e senso de direção. Até que você descubra algo maior do que a autogratificação – algo que dê à sua vida um senso de propósito –, pode estar propenso a ter sentimentos de tédio e uma vaga sensação de confinamento porque não está percebendo todo o seu potencial. Essa sensação de confinamento pode ser um terreno fértil potente para ansiedade, fobias e até mesmo ataques de pânico.

Questões de falta de sentido e propósito e sua relação com o bem-estar psicológico foram tratadas em profundidade por psicólogos existenciais, como Victor Frankl e Rollo May. Várias maneiras de confrontar e trabalhar essas questões em sua própria vida são apresentadas no Capítulo 21.

Investigando as causas da sua ansiedade

1. Quais dos seguintes fatores você acha que podem estar ajudando a manter sua dificuldade específica?

    ☐ Evitação de situações fóbicas

    ☐ Dependência de comportamentos de segurança

    ☐ Diálogo interno ansioso

    ☐ Crenças equivocadas

    ☐ Sentimentos reprimidos

    ☐ Falta de assertividade

    ☐ Falta de habilidades de autocuidado

    ☐ Tensão muscular

    ☐ Estimulantes e outros fatores dietéticos

    ☐ Estilo de vida de alto estresse

    ☐ Baixa autoestima

    ☐ Falta de significado ou senso de propósito

2. Você pode classificar essas causas de manutenção de acordo com o quanto você sente que elas influenciam sua condição? Quais você acha que são mais importantes para você trabalhar?

3. Especifique três causas de manutenção que você estaria seriamente disposto a trabalhar no próximo mês.

Leituras adicionais

Davis, Martha, Elizabeth Robbins Eshelman, and Matthew McKay. *The Relaxation & Stress Reduction Workbook*. 7th ed. Oakland, CA: New Harbinger Publications, 2019.

Holmes, Thomas, and Richard Rahe. 1967. "Social Readjustment Rating Scale." *Journal of Psychosomatic Research* 11: 213–18.

Mason, John. *Guide to Stress Reduction*. Rev. ed. Berkeley, CA: Celestial Arts, 2001.

McKay, Matthew, Michelle Skeen, and Patrick Fanning. *The CBT Anxiety Solution Workbook: A Breakthrough Treatment for Overcoming Fear, Worry, and Panic*. Oakland, CA: New Harbinger Publications, 2017.

Preston, John, John O'Neal, and Mary C. Talaga. *Handbook of Clinical Psychopharmacology for Therapists*. 8th ed. Oakland, CA: New Harbinger Publications, 2017.

True, W. R., J. Rice, and S. A. Eisen. 1993. "A Twin Study of Genetic and Environmental Contributions to Liability for Post-Traumatic Stress Symptoms." *Archives of General Psychiatry* 50(4): 257–64.

3

Recuperação:
uma abordagem abrangente

O Capítulo 2 demonstrou quantos tipos diferentes de fatores estão contribuindo para as causas dos transtornos de ansiedade. A hereditariedade, os desequilíbrios fisiológicos no cérebro, a privação infantil, a parentalidade ruim e o efeito cumulativo do estresse ao longo do tempo podem funcionar para provocar o aparecimento de ataques de pânico, agorafobia ou qualquer um dos outros transtornos de ansiedade. As causas de manutenção desses distúrbios – o que os mantêm ativos – também são muitas e variadas. Tais fatores podem operar no nível do seu corpo (p. ex., respiração superficial, tensão muscular ou má nutrição), das suas emoções (como sentimentos reprimidos), do seu comportamento (evitar situações fóbicas), da sua mente (diálogo interno ansioso e crenças equivocadas) e de "todo o *self*" (como baixa autoestima ou falta de habilidades de autocuidado).

Se as causas dos transtornos de ansiedade são tão variadas, então uma abordagem adequada para a recuperação também precisa ser. A filosofia básica deste livro é que a abordagem mais eficaz para o tratamento de pânico, fobias ou qualquer outro problema com ansiedade é aquela que aborda *toda a gama* de fatores que contribuem para essas condições. Esse tipo de abordagem pode ser chamada de "abrangente". Ela pressupõe que você não pode simplesmente dar a alguém a medicação "certa" e esperar que o pânico ou a ansiedade generalizada desapareçam. Tampouco você pode simplesmente lidar com a privação da infância, ter alguém trabalhando com as consequências emocionais da má parentalidade e esperar que os problemas desapareçam. Da mesma forma, você não pode simplesmente ensinar às pessoas novos comportamentos e novas maneiras de falar consigo mesmas e esperar que essas coisas sozinhas resolvam seus problemas. Alguns terapeutas ainda tratam os transtornos de ansiedade apenas como condições psiquiátricas que podem ser "curadas" por medicação, ou apenas como problemas de desenvolvimento infantil ou de comportamento, mas a tendência nos últimos anos tem se afastado de tais abordagens de medida única. Muitos praticantes descobriram que os problemas de ansiedade desaparecem apenas temporariamente quando somente uma ou duas causas contribuintes são tratadas. A recuperação duradoura é alcançada quando você está disposto a fazer mudanças básicas e abrangentes no hábito, na atitude e no estilo de vida.

Este capítulo descreve e ilustra uma abordagem abrangente para a recuperação que evoluiu nos últimos 20 anos. O que torna essa abordagem realmente abrangente é que ela oferece intervenções que abordam sete níveis diferentes de causas contribuintes. Esses níveis são os seguintes:

- Físico
- Emocional
- Comportamental
- Mental
- Interpessoal.
- *Self*
- Existencial e espiritual

Seguem algumas breves descrições desses níveis e uma prévia do restante dos capítulos deste livro.

Nível físico

As causas no nível físico incluem possíveis desequilíbrios fisiológicos no cérebro e no corpo (ver seção sobre causas biológicas no Capítulo 2). Tais causas também incluem: 1) respiração superficial, 2) tensão muscular, 3) efeitos corporais do estresse cumulativo e 4) fatores nutricionais e dietéticos (como excesso de cafeína ou açúcar em sua dieta). Estratégias para lidar com causas de nível físico podem ser encontradas em cinco capítulos diferentes neste guia. O Capítulo 4 oferece técnicas de respiração para ajudar a modificar seu padrão de respiração superficial e no nível do peito, que contribui para a ansiedade. Esse capítulo também fornece duas técnicas de relaxamento profundo projetadas para reduzir a tensão muscular e os efeitos do relaxamento muscular progressivo do estresse e do relaxamento muscular passivo. Quando praticadas regularmente, qualquer uma dessas técnicas pode ajudá-lo a se sentir mais calmo em geral, muitas vezes tornando desnecessário confiar em tranquilizantes.

O Capítulo 5, sobre exercícios, é um forte argumento para se envolver em um programa de exercícios aeróbicos regulares. Muitos dos meus clientes descobriram que o exercício regular é a estratégia *mais eficaz* para reduzir a tensão muscular, o estresse e, portanto, a ansiedade (crônica e aguda). O Capítulo 16 discute uma variedade de mudanças na dieta que podem ajudar a reduzir a ansiedade. Isso inclui eliminar estimulantes e substâncias que estressam o corpo e confiar mais em alimentos e suplementos que promovem uma disposição mais calma. O Capítulo 17 examina uma variedade de problemas de saúde que podem agravar a ansiedade – condições como exaustão adrenal, tensão pré-menstrual (TPM), transtorno afetivo sazonal e insônia. Todos precisam ser tratados em um programa abrangente para superar a ansiedade. Finalmente, o Capítulo 18 discute situações em que é *apropriado* tomar medicação, bem como os riscos e benefícios de cada um dos principais tipos de medicamentos utilizados para tratar transtornos de ansiedade.

Nível emocional

Os sentimentos reprimidos – especialmente a raiva retida – podem ser uma causa contribuinte muito importante para a ansiedade crônica e os ataques de pânico. Muitas vezes, os sentimentos de pânico são apenas uma fachada para sentimentos enterrados de raiva, frustração, tristeza ou desespero. Muitas pessoas com transtornos de ansiedade cresceram em famílias que desencorajavam a expressão de sentimentos. Como adulto, você pode ter dificuldade não só para identificar o que *está* sentindo, mas também para expressar esses sentimentos. O Capítulo 13 fornece diretrizes e estratégias específicas para:

- reconhecer sintomas de sentimentos reprimidos;
- identificar o que você está sentindo;
- aprender a expressar seus sentimentos;
- comunicar seus sentimentos a outra pessoa.

Nível comportamental

As fobias persistem em virtude de um único comportamento: evitar. Contanto que você evite dirigir livremente, atravessar pontes, falar em público ou ficar sozinho em sua casa, seu medo sobre essas situações persistirá. Sua fobia é mantida porque seu comportamento de esquiva é muito bem recompensado: você não precisa contar com a ansiedade que experimentaria se confrontasse o que teme. O Capítulo 7 descreve estratégias que foram consideradas muito eficazes para lidar com fobias. A exposição por meio de imagens permite que você primeiro confronte seu medo mentalmente, imaginando repetidamente que pode lidar bem com ele. A exposição na vida real envolve confrontar a sua fobia na realidade, mas com a ajuda de uma pessoa de apoio e em pequenos incrementos. Talvez a característica mais importante de ambos os tipos de exposição seja que eles dividem em pequenas etapas o processo de confrontar o que você teme.

Certos comportamentos tendem a encorajar ataques de pânico. Tentar lutar ou resistir ao pânico geralmente só vai agravá-lo. Na maioria das vezes, é impossível sair do pânico. O Capítulo 6 sugere estratégias que você pode usar para minimizar o pânico quando ele se desenvolve pela primeira vez. Aprender a observar e "seguir em frente", em vez de reagir aos sintomas corporais de pânico, é talvez a mudança comportamental mais importante que você pode fazer. Técnicas específicas, como conversar com outra pessoa, distrair sua mente, tornar-se fisicamente ativo, expressar necessidades e sentimentos, fazer respiração abdominal e repetir frases de enfrentamento, podem promover uma maior capacidade de *interromper ativamente os sintomas de pânico*, em vez de reagir passivamente a eles.

Nível mental

O que você diz para si mesmo internamente – o que é chamado de *diálogo interno* – tem um efeito importante em seu estado de ansiedade. Pessoas com todos os tipos de transtornos de ansiedade tendem a se envolver em pensamentos excessivos de "e se", imaginando o pior resultado possível antes de enfrentar o que temem. Assustar-se por meio de cenários hipotéticos é o que tradicionalmente tem sido chamado de "preocupação". O pensamento autocrítico e o diálogo interno perfeccionista (declarações para si mesmo que começam com "eu deveria", "eu tenho que" ou "eu preciso") também promovem a ansiedade.

O Capítulo 8 apresenta estratégias específicas para reconhecer e *combater* padrões de pensamento destrutivos. Ao reconstruir o diálogo interno negativo em declarações mais favoráveis e construtivas de confiança, você pode começar a desfazer os hábitos de longa data de preocupação, autocrítica e perfeccionismo que perpetuam a ansiedade.

Abaixo do diálogo interno provocador de ansiedade, estão *crenças equivocadas* sobre si mesmo, sobre os outros e sobre o mundo que produzem ansiedade de maneiras muito básicas. Por exemplo, se você se vê como inadequado em comparação com os outros – ou vê o mundo exterior como um lugar perigoso –, tenderá a permanecer ansioso até revisar essas atitudes básicas. O Capítulo 9 oferece estratégias para identificar e combater crenças equivocadas que contribuem para a ansiedade.

Nível interpessoal

Grande parte da ansiedade que as pessoas experimentam surge de dificuldades nas relações interpessoais. Quando você tem dificuldade em comunicar seus sentimentos e suas necessidades reais aos outros, pode acabar engolindo a frustração ao ponto de ficar cronicamente tenso e ansioso. O mesmo acontece quando você não consegue definir limites ou dizer não a demandas ou pedidos indesejados de outras pessoas. O Capítulo 14 oferece uma variedade de estratégias para aprender a defender seus direitos e expressar seus verdadeiros desejos e sentimentos. A comunicação assertiva fornece maneiras de expressar o que você quer ou não quer de uma maneira que preserva o respeito pelas outras pessoas. Aprender a ser assertivo é uma parte muito importante do processo de recuperação, especialmente se você está lidando com agorafobia ou fobia social.

Poder falar sobre sua condição com outras pessoas também é um passo importante no processo de recuperação. As maneiras de fazer isso são discutidas no final do Capítulo 6.

Nível de "completude do *self*" (autoestima)

De todas as causas que contribuem para os transtornos de ansiedade, a baixa autoestima está entre as mais profundas. Você pode ter crescido em uma família disfuncional que, por meio de várias formas de privação, abuso ou negligência, promoveu seu baixo senso de autoestima. Como resultado, você pode levar para o mundo adulto sentimentos profundos de insegurança, vergonha e inadequação, que tendem a aparecer, em um nível mais perceptível, como ataques de pânico, medo de confrontar o mundo exterior (agorafobia), medo de humilhação (fobia social) ou ansiedade generalizada. Com frequência, a baixa autoestima está ligada a todas as várias causas contribuintes descritas anteriormente – em particular, falta de assertividade, diálogo interno autocrítico ou perfeccionista e dificuldade em expressar sentimentos.

Há muitas maneiras de construir a autoestima. Desenvolver uma imagem corporal positiva, trabalhar e alcançar objetivos concretos e combater o diálogo interno negativo com afirmações validadoras são ações que podem ajudar. O Capítulo 15 fornece estratégias e exercícios específicos para fortalecer seus sentimentos de autoestima.

Níveis existencial e espiritual

Às vezes, as pessoas podem melhorar em todos os níveis descritos anteriormente e, ainda assim, permanecer ansiosas e inquietas. Elas parecem ter uma vaga sensação de insatisfação, vazio ou tédio sobre a vida, o que pode levar ao pânico ou à ansiedade crônica e generalizada. Alguns de meus clientes descobriram que a "solução" definitiva para seu problema com a ansiedade era encontrar um propósito ou uma direção ampla que desse à sua vida um significado maior. Com frequência, isso envolvia assumir uma vocação que cumprisse seus verdadeiros talentos e interesses. Em um caso, isso envolveu o desenvolvimento de um talento artístico que forneceu uma saída criativa. Os sintomas de ansiedade (assim como de depressão) podem ser a maneira da psique de empurrá-lo para explorar e realizar um potencial não realizado em sua vida, quer isso envolva desenvolvimento intelectual, desenvolvimento emocional ou até mesmo entrar em contato com seu corpo. Em vez de considerar seu pânico ou suas fobias *apenas* como uma reação a fatores físicos, emocionais ou mentais negativos, você pode se surpreender ao descobrir que eles representam um chamado para realizar todo o seu potencial.

Para muitos indivíduos, um profundo compromisso e envolvimento espiritual fornece um caminho significativo para a recuperação de problemas de ansiedade. Programas de 12 passos demonstraram a potência do despertar espiritual na área de vícios – e o mesmo vale para a recuperação de transtornos de ansiedade. Desenvolver uma conexão com um poder superior (chame-o de Deus, espírito ou o que quiser) pode fornecer um meio profundo para alcançar segurança interior, força, paz de espírito e uma atitude de que o mundo exterior é um lugar benevolente. Um nível existencial espiritual de recuperação é considerado no Capítulo 21.

Quatro exemplos de um programa de recuperação abrangente

A seção anterior pode ter ajudado a ampliar sua compreensão dos vários níveis que entram em jogo em uma abordagem abrangente para a recuperação de transtornos de ansiedade. Para tornar isso mais concreto, quero que você considere como seria essa abordagem em quatro casos específicos. Esses quatro exemplos são os mesmos apresentados no início do Capítulo 1 e refletem os quatro tipos mais comuns de transtornos de ansiedade observados pelos terapeutas: ataques de pânico, agorafobia, fobia social e transtorno obsessivo-compulsivo. Ao ler cada um dos exemplos, você pode começar a formular quais estratégias deseja incluir em seu próprio programa de recuperação. O *Gráfico de eficácia do problema* e o *Registro de prática semanal* que seguem esses exemplos permitirão que você elabore seu próprio programa exclusivo com mais detalhes.

Susan: transtorno de pânico

Você pode se lembrar, do Capítulo 1, que Susan era acordada todas as noites por ataques de pânico, marcados por palpitações cardíacas, tonturas e medo de morrer. Ela se levantava e tentava fazer esses sintomas desaparecerem, ficando cada vez mais ansiosa quando não desapareciam, a ponto de passar 1 hora ou mais andando pela casa. Aterrorizada e confusa, ela se preocupou se iria ter um ataque cardíaco. Depois de uma semana de episódios de pânico recorrentes, ela marcou uma consulta com um cardiologista.

Vamos supor que esse cardiologista fosse esclarecido sobre transtornos de ansiedade. Depois de descartar qualquer problema cardíaco, o cardiologista diagnosticou o transtorno de pânico e a enviou a um terapeuta especializado no tratamento de fobias e pânico. Esse terapeuta utilizou uma abordagem de tratamento abrangente, com uma série de componentes projetados para diminuir o problema de Susan nos níveis físico, emocional e mental.

Primeiro, o terapeuta a encaminhou de volta a um médico, um internista, para descartar quaisquer outras bases físicas possíveis para seu problema, como hipertireoidismo, hipoglicemia, prolapso da válvula mitral ou deficiência de cálcio-magnésio. Uma vez que essas possíveis condições médicas foram descartadas, Susan começou seu programa de recuperação, aprendendo técnicas de respiração abdominal (ver Capítulo 4) que a ajudaram a retardar a resposta fisiológica de excitação que acompanha um ataque de pânico. Ela também foi convidada a praticar relaxamento muscular progressivo diariamente (Capítulo 4) para treinar seu corpo para entrar em um estado relaxado facilmente. A prática regular de relaxamento muscular progressivo teve um efeito cumulativo (o que também é verdade para a prática regular de qualquer outra técnica de relaxamento profundo, como visualização ou meditação). Depois de várias semanas, Susan percebeu que estava se sentindo mais relaxada *o tempo todo*. Além de técnicas de respiração e relaxamento profundo, ela foi solicitada a manter um programa de exercícios regulares e vigorosos (ver Capítulo 5). Ela tinha liberdade para escolher o tipo de exercício a ser feito, mas de preferência deveria ser um exercício aeróbico com duração de meia hora, de quatro a cinco vezes por semana. O exercício regular trabalhou com as técnicas de respiração e relaxamento profundo para ajudar a aliviar o excesso de tensão muscular, metabolizar o excesso de adrenalina, reduzir a vulnerabilidade a surtos repentinos de ansiedade e aumentar a sensação geral de bem-estar de Susan. Essa combinação de relaxamento e exercício por si só ajudou muito a reduzir significativamente a intensidade e a frequência de seus ataques de pânico.

A terapeuta de Susan também descobriu que ela bebia de três a quatro xícaras de café por dia. Embora para algumas pessoas isso possa ser uma quantidade administrável, a maioria dos indivíduos que lida com o transtorno de pânico descobre que sua condição é agravada mesmo por pequenas quantidades de cafeína. Susan foi solicitada a reduzir gradualmente seu consumo de cafeína e substituir o café normal por café descafeinado. O terapeuta também recomendou uma dieta equilibrada, consistindo, em grande parte, em alimentos integrais e não processados com o mínimo de açúcar e sal. Ela também foi aconselhada a tomar suplementos de vitamina B de alta potência, vitamina C e cálcio-magnésio (ver Capítulo 16).

Susan aprendeu técnicas específicas para interromper o início do pânico ao começar a perceber a aproximação dos sintomas (ver Capítulo 6). Essas técnicas incluíam ligar para um amigo, esforçar-se fisicamente fazendo tarefas domésticas ou escrever seus sentimentos em um diário se ela estivesse se sentindo com raiva ou frustrada. Foi dada ênfase especial ao seu diálogo interno – o que ela dizia para si mesma no início dos sintomas de pânico. O terapeuta descobriu que Susan tinha uma tendência a se assustar e entrar em um estado de pânico elevado, dizendo internamente coisas como "E se eu tiver um ataque cardíaco?", "Eu não aguento isso!" ou "Eu tenho que sair daqui!". Ela foi ensinada a substituir essa "conversa assustadora" por declarações mais positivas e de autossuporte, como "Eu posso lidar com essas sensações", "Eu posso lidar com isso e esperar que minha ansiedade diminua" ou "Eu posso deixar meu corpo fazer seu trabalho, e isso vai passar". Depois de praticar essas "frases de enfrentamento" repetidamente (ver seção "Frases de enfrentamento", no Capítulo 6, "Lidando com ataques de pânico"), Susan descobriu que poderia controlar mais facilmente os primeiros sintomas corporais de pânico, em vez de reagir a eles. Depois de um tempo, ela conseguiu minimizar completamente as reações graves de pânico. O terapeuta também ajudou Susan a identificar algumas das crenças equivocadas fundamentais subjacentes a grande parte de seu comportamento (ver Capítulo 9). Ela começou a abandonar suposições básicas sobre si mesma, como "Eu tenho que ser completamente bem-sucedida em tudo o que faço", "A vida é uma luta" e "Tudo deve ser totalmente previsível e estar no controle". Ela passou a encarar a vida com um pouco mais de leveza e ver seus inevitáveis desafios com mais perspectiva. O resultado líquido foi uma redução significativa em seu nível geral de ansiedade.

Uma questão final associada às reações de pânico de Susan foi sua tendência a suprimir completamente a raiva e a frustração. Logo no início, o terapeuta notou que Susan era mais vulnerável ao pânico nos dias em que havia encontrado inúmeras situações frustrantes no trabalho. Ela havia crescido em uma família em que todos deveriam sempre fazer o seu melhor sem nunca reclamar. A expressão direta de sentimentos e necessidades era desencorajada – ela aprendera a manter uma fachada agradável tanto para estranhos quanto para amigos, não importava como estivesse se sentindo por dentro. Embora Susan não pudesse acreditar no início, ela finalmente concluiu que suas reações de pânico às vezes não passavam de intensos sentimentos de frustração e raiva disfarçados. O programa de exercícios a ajudou a descarregar alguns desses sentimentos. Ela também achou útil escrever seus sentimentos em um diário sempre que percebesse que estava começando a se sentir no limite (ver Capítulo 13).

O programa de recuperação de Susan consistia em uma variedade de intervenções nos níveis físico, comportamental, emocional e mental, conforme resumido a seguir.

Físico	Exercícios de respiração Prática regular de relaxamento profundo Exercícios aeróbicos regulares Eliminação da cafeína Melhorias nutricionais, incluindo suplementos vitamínicos
Comportamental	Técnicas de enfrentamento para abortar reações de pânico em seu início, como respiração abdominal e técnicas de distração
Emocional	Identificar algumas reações de pânico como raiva disfarçada Aprender a expressar frustrações verbalmente e por escrito
Mental	Substituir a conversa assustadora no início do pânico pelo diálogo interno de apoio e calmante Praticar afirmações de enfrentamento Reavaliar crenças equivocadas subjacentes e adotar uma perspectiva mais relaxada e descontraída da vida

Foi por meio de uma combinação de todas essas intervenções que Susan foi capaz de encontrar alívio duradouro de seus ataques de pânico. Seis meses após o início do programa, ela ainda estava ocasionalmente ansiosa, mas raramente apresentava sintomas de pânico. Nas ocasiões em que o fez, ela tinha uma variedade de ferramentas que lhe permitiam dissipar a reação antes que ela ganhasse impulso.

Para Susan, foi possível alcançar uma recuperação duradoura de pânico sem o uso de medicamentos prescritos. Contudo, nem sempre é assim. Quando o pânico é tão frequente ou grave que interfere em seu trabalho, seus relacionamentos ou sua capacidade geral de funcionar (ou quando ele não responde a abordagens como as discutidas anteriormente), pode ser apropriado tomar medicação. Um medicamento antidepressivo como sertralina, tomado durante um período de 6 meses a 1 ano, pode muitas vezes ser útil nesses casos (ver Capítulo 18).

Cindy: agorafobia

Você deve se lembrar do caso de Cindy, no exemplo do primeiro capítulo. Ela não apenas teve ataques de pânico, mas também estava começando a evitar situações como supermercados, restaurantes e cinemas, em que tinha medo de ter um ataque. Ela também estava muito preocupada com a possibilidade de ter de parar de trabalhar. Essa evitação de situações por medo de pânico é a marca registrada da agorafobia. Como seria um programa de recuperação abrangente para Cindy?

Quase todas as intervenções descritas no exemplo de Susan também foram usadas no caso de Cindy, pois ela também estava passando por ataques de pânico. Técnicas de respiração, prática regular de relaxamento muscular progressivo, exercícios regulares (se possível, aeróbicos) e melhorias nutricionais foram necessárias para ajudá-la a reduzir o componente fisiológico de pânico (ver capítulos correspondentes neste livro). Ela também aprendeu as mesmas técnicas de enfrentamento para o pânico, de modo que foi capaz de *agir*, em vez de *reagir*, quando sentiu os primeiros sintomas corporais de pânico surgindo (ver Capítulo 6). Cindy também trabalhou na mudança do diálogo interno contraproducente (ver Capítulo 8). No seu caso, isso era especialmente importante – não apenas para lidar com o pânico em si, mas também para conter sua tendência excessiva de se preocupar em entrar em pânico quando ia trabalhar. Por fim, Cindy, assim como Susan, precisava reexaminar algumas de suas crenças equivocadas básicas sobre si mesma, como "Não posso cometer erros", "Devo sempre agradar a todos" e "O sucesso é tudo". Ela desenvolveu afirmações para combater essas crenças e fez uma gravação de áudio delas que ouvia todas as noites enquanto dormia (ver Capítulo 9).

Era importante para Cindy trabalhar não apenas em suas reações de pânico, mas também em seu comportamento de evitação. No início, ela estava evitando situações públicas lotadas, como supermercados, restaurantes e cinemas, e quase chegou ao ponto de ter medo de ir trabalhar. Em apenas algumas semanas, ela limitou severamente para onde iria. Foi por meio dos processos de imagem e exposição na vida real que ela aprendeu a reentrar em todas essas situações e se sentir confortável com elas (ver Capítulo 7). Houve três fases nesse processo. Primeiro, ela dividiu o objetivo de reentrar em cada situação específica em uma série de etapas. Por exemplo, no caso do supermercado, ela tinha oito etapas:

1. Passar 1 minuto perto da entrada da loja.
2. Passar 1 minuto dentro da loja depois da porta.
3. Ir até a metade do caminho para os fundos da loja, passar 1 minuto lá e depois sair.
4. Ir para os fundos da loja, passar 1 minuto lá e depois sair.
5. Passar 3 minutos na loja sem comprar nada.
6. Comprar um item e passar pela fila do caixa.
7. Comprar três itens e passar pela linha do caixa.
8. Comprar três itens e passar pela fila do caixa.

A segunda fase envolveu a prática da exposição de imagens – passando por cada uma dessas etapas em sua *imaginação* até que ela pudesse visualizar o passo final em detalhes sem sentir nenhuma ansiedade. Em terceiro lugar, Cindy praticou a exposição na vida real, passando por cada uma das oito etapas da vida real.

Ela praticou cada passo várias vezes, no início com a ajuda de uma pessoa de apoio – geralmente seu namorado –, e depois tentou sozinha. Por exemplo, depois de dominar a etapa 3 sozinha, ela começou a praticar a etapa 4 com sua pessoa de apoio. Ela descobriu que o processo funcionava melhor se ela parasse temporariamente, tentando não sair da situação sempre que sentisse a ansiedade surgindo com tanta força a ponto de ficar fora de controle. No entanto, era mais fácil avançar de um passo para o seguinte se ela não se "expusesse demais" ou se ressensibilizasse, forçando-se ao ponto de sentir uma intensa ansiedade. Se sua ansiedade começasse a parecer que estava ficando fora de controle, Cindy sairia temporariamente da situação e voltaria a ela o mais rápido possível.

Cindy realizou esse processo de três fases – 1) dividir o objetivo em etapas, 2) exposição a imagens e 3) exposição na vida real – com cada uma de suas fobias específicas. Ao praticar a exposição regularmente, ela conseguiu, após três meses, reentrar em todas as situações que havia evitado anteriormente e se sentir confortável com elas.

Cindy tinha um alto grau de automotivação. O encorajamento e o reforço consistentes que ela recebeu de seu namorado, que sempre a acompanhava em sua primeira tentativa de entrar em uma situação fóbica, aceleraram consideravelmente seu progresso.

A maneira mais direta e eficiente de superar qualquer medo é simplesmente enfrentá-lo. Se você é agorafóbico, no entanto, a perspectiva de enfrentar medos de longa data pode parecer esmagadora no início. Cindy aprendeu que esse processo de confronto pode ser gerenciável se for dividido em etapas suficientemente pequenas que são negociadas primeiro na imaginação.

Além de superar suas fobias, outra parte importante da recuperação de Cindy foi aprender a ser assertiva (ver Capítulo 14). Uma grande parte do estresse que contribuiu para seu primeiro ataque de pânico veio de sua incapacidade de dizer não às exigências irracionais impostas a ela por seu chefe. Os amigos de Cindy também notaram que ela não podia defender seus direitos ou dizer não ao namorado por medo de que ele a deixasse. Ela havia crescido em uma família em que o pai havia partido quando ela tinha 8 anos. Além disso, sua mãe era muito exigente e crítica. Em consequência, Cindy nunca teve certeza de que era amada e tinha uma profunda insegurança sobre ser abandonada. Quando criança, ela temia que, ao se defender, ela colocaria em risco o amor tênue e condicional que recebia de sua mãe. Cindy carregou esse padrão de dependência e medo do abandono até a idade adulta e o repetiu em seu relacionamento com o namorado. De maneiras sutis, isso realmente serviu para reforçar sua agorafobia. Em um nível inconsciente, ela sentiu que, se dependesse do namorado para cuidar dela, ele nunca a deixaria.

Durante sua recuperação, Cindy percebeu que queria refazer seu "roteiro de vida". Ela estava se sentindo cada vez mais frustrada por sempre agradar todos os outros e começou a reconhecer a necessidade de desenvolver um senso mais forte de si mesma e de seus próprios direitos. Ao aprender a ser assertiva, ela descobriu que poderia pedir o que queria, dizer não ao que não queria e ainda obter o amor e o apoio de que precisava do namorado e de outras pessoas. Na verdade, ela ficou surpresa ao descobrir que todos, incluindo seu namorado, a respeitavam mais por ser capaz de se defender. A independência que Cindy ganhou ao aprender a enfrentar situações que ela havia evitado anteriormente andava de mãos dadas com a independência que ela ganhou ao desenvolver um estilo interpessoal mais assertivo. Não havia mais necessidade de sua agorafobia porque não havia mais necessidade da dependência que a mantinha.

Em virtude da insegurança e do medo do abandono que restaram de sua infância, também foi fundamental para Cindy trabalhar sua autoestima (ver Capítulo 15). Ela descobriu que o único remédio para a criação inadequada que recebera era se tornar uma boa mãe para si mesma. Ela fez isso, em parte, melhorando sua imagem corporal e contrariando seu *crítico interno* (diálogo interno autocrítico) com afirmações de autoaceitação e autoestima.

Em suma, o programa de recuperação de Cindy para agorafobia continha todos os elementos do programa de Susan para ataques de pânico, *além* de imagens e exposição na vida real para superar suas evitações específicas. Também foi necessário que Cindy abordasse questões de assertividade e autoestima. Ela precisava superar os sentimentos de insegurança e medo de abandono que havia herdado da infância – uma insegurança e um medo que tendiam a reforçar sua agorafobia. Seu programa total envolveu intervenções em seis níveis diferentes:

Físico	Exercícios de respiração
	Prática regular de relaxamento profundo
	Exercícios aeróbicos regulares
	Melhorias nutricionais, incluindo suplementos vitamínicos
Comportamental	Técnicas de enfrentamento para abortar reações de pânico no início
	Imagens e exposição na vida real para superar fobias específicas
Emocional	Aprendizagem para identificar e expressar sentimentos
Mental	Contrabalançar o diálogo interno negativo que contribuiu para os ataques de pânico, bem como a preocupação com o pânico
	Combater crenças equivocadas subjacentes com afirmações autossustentáveis
Interpessoal	Desenvolver um estilo interpessoal mais assertivo
Self	Desenvolver a autoestima
	• Trabalhar em sua imagem corporal
	• Superar a sua crítica interior

Cindy levou cerca de um ano para implementar totalmente essas intervenções. Ao final de um ano, ela estava perto de estar livre de sua agorafobia, bem como de ataques de pânico. Ela decidiu voltar a estudar em tempo parcial para treinar para se tornar uma enfermeira enquanto continuava seu trabalho como secretária médica.

Steve: fobia social

Você pode se lembrar, do Capítulo 1, que Steve teve dificuldade em participar de reuniões no trabalho. Ele se calava nas sessões em grupo e temia que seus colegas de trabalho o olhassem criticamente por não contribuir. Seu maior medo era ser convidado a fazer uma apresentação diante de um grupo. Quando isso finalmente aconteceu, ele ficou tão aterrorizado que sentiu que poderia ter de largar o emprego.

O problema de Steve se encaixa muito bem na imagem de uma fobia social. Ele temia constrangimento e humilhação como resultado de ser incapaz de se apresentar em uma situação de grupo. Seu programa de recuperação dependia muito dos processos de imagem e exposição na vida real.

Como Susan e Cindy, Steve precisava de uma abordagem de tratamento abrangente. Como ele tendia a ser ansioso na maior parte do tempo, eram necessárias as mesmas estratégias utilizadas para reduzir o componente físico da ansiedade para Susan e Cindy. Steve aprendeu pela primeira vez técnicas de respiração abdominal para reduzir a ansiedade em curto prazo. Ele achou isso muito útil para reduzir a apreensão que surgiu quando ele foi convidado a participar de reuniões no trabalho. Ele também praticava uma técnica de relaxamento profundo duas vezes por dia. No caso de Steve, a meditação parecia funcionar melhor do que o relaxamento muscular progressivo para acalmar sua mente ativa (ver Capítulo 19). Ele também descobriu que correr quatro vezes por semana melhorou substancialmente seu nível de tensão e ansiedade (ver Capítulo 5). Por fim, ele aprendeu que, quando reduzia o consumo de açúcar refinado, suas mudanças de humor diminuíam, e ele era menos propenso a ter crises de depressão (ver Capítulo 16). Ao melhorar sua saúde e seu bem-estar geral, Steve ficou mais confiante em lidar com sua fobia social.

A fobia de estar em reuniões no trabalho foi tratada primeiro por meio da visualização da participação em reuniões em imagens. Como no caso de Cindy, Steve dividiu o objetivo de ser capaz de lidar com reuniões em etapas:

1. Sentar-se em um pequeno grupo (menos de cinco pessoas) por 15 minutos.
2. Sentar-se em um pequeno grupo por 45 minutos a 1 hora.
3. Sentar-se em um grupo maior por 15 minutos.
4. Sentar-se em um pequeno grupo por 45 minutos a 1 hora.
5. Repetir as etapas 1 a 4, mas fazendo pelo menos um comentário durante o curso da reunião.
6. Repetir as etapas 1 a 4, mas fazendo pelo menos dois comentários durante a reunião.
7. Fazer uma apresentação de 1 minuto diante de um pequeno grupo.
8. Fazer uma apresentação de 3 minutos diante de um pequeno grupo.
9. Fazer uma apresentação de 5 a 10 minutos diante de um pequeno grupo.
10. Repetir as etapas 7 a 9 com um grupo maior.

Depois de praticar com sucesso a exposição em sua imaginação, Steve assumiu a missão de conquistar seu medo de grupos na vida real (ver Capítulo 7). Primeiro, ele se sentou com seu chefe e discutiu seu problema. Ele explicou que queria poder participar das reuniões e estava trabalhando em um programa passo a passo específico para superar sua fobia. Ele fez um acordo com o chefe para participar apenas de reuniões pequenas e curtas; ele tinha permissão para sair temporariamente se seu nível de ansiedade ficasse muito alto. Depois de dominar reuniões pequenas e breves, ele seria capaz de progredir para reuniões maiores e mais longas. Sabendo que ele sempre estaria livre para recuar se precisasse, ele se sentiu mais disposto a se expor na vida real. Depois de trabalhar até um ponto em que ele poderia participar verbalmente de grandes reuniões, ele começou a trabalhar em seu medo de fazer uma apresentação. Em vez de começar a tentar fazer isso no trabalho, Steve decidiu fazer um curso de falar em público em uma faculdade local. As demandas por desempenho em um ambiente de sala de aula, em que todos estavam aprendendo, pareciam menos intensas do que as expectativas no trabalho. Depois de concluir a aula de falar em público, ele organizou uma breve apresentação no trabalho para um pequeno grupo de colegas que conhecia bem. A partir daí, ele progrediu para grupos maiores, para apresentações mais longas e, finalmente, para falar diante de grupos de estranhos.

Steve continuou a se sentir ansioso quando se levantava diante de um grupo, mas agora ele era capaz de *lidar* com sua ansiedade por meio de uma combinação de técnicas de respiração abdominal e frases de enfrentamento: "Eu posso superar essa ansiedade e ficar bem"; "Assim que eu começar, ficarei bem"; "O que eu tenho a dizer vale a pena – todos estarão interessados". Com o tempo e a prática, ele chegou ao ponto em que não temia mais fazer apresentações e, de fato, ansiava por elas como uma oportunidade de contribuir com seus próprios *insights* e ideias.

Além de praticar a exposição, Steve, assim como Cindy, trabalhou a assertividade e a autoestima (ver Capítulos 14 e 15). Ele cresceu em uma família em que era o mais novo de três irmãos. Sempre sendo mandado por seus irmãos mais velhos, ele aprendeu a suprimir seus próprios sentimentos e ideias. Ao longo de sua vida, ele teve medo de se defender. Esse medo desempenhou um papel importante em sua dificuldade em falar ou fazer apresentações diante de um grupo. Por meio da prática de habilidades de assertividade, Steve aprendeu a expressar seus sentimentos e desejos diretamente aos outros. Ele ficou agradavelmente surpreso ao descobrir que os outros geralmente apreciavam e estavam interessados no que ele tinha a dizer.

Como o filho mais novo de sua família, Steve também foi "mimado" durante a infância. Ele cresceu com um medo latente de se defender e assumir total responsabilidade como adulto. Ele teve de trabalhar a autoestima para perceber que era tão valioso, importante e capaz de contribuir quanto qualquer outra pessoa. O programa de recuperação da fobia social de Steve continha muitos dos mesmos componentes que o programa de recuperação da agorafobia de Cindy. A única diferença significativa era que Steve não precisava lidar com o pânico; sua fobia girava em torno de medos de constrangimento e humilhação, em vez de medos de perder o controle durante um ataque de pânico. Todas as estratégias a seguir contribuíram para sua recuperação, sendo a exposição na vida real talvez a mais crucial:

Físico   Exercícios de respiração
               Prática regular de relaxamento profundo
               Exercícios aeróbicos regulares
               Melhorias nutricionais (especificamente, reduzir a
                    ingestão de açúcar e, consequentemente, as mudanças
                    de humor hipoglicêmicas)

Comportamental	Exposição de imagens Exposição na vida real, incluindo fazer uma aula de oratória antes de fazer apresentações no trabalho
Emocional	Aprendizagem para identificar e expressar sentimentos
Mental	Contra-atacar o diálogo interno negativo Combater crenças equivocadas
Interpessoal	Desenvolver um estilo interpessoal mais assertivo
Self	Trabalhar para reduzir a preocupação sobre como ele pode parecer para os outros em situações de grupo Superar a voz de seu crítico interior

Mike: transtorno obsessivo-compulsivo

Mike, você deve se lembrar, era um homem de negócios bem-sucedido que tinha um medo recorrente e irracional enquanto dirigia de ter atropelado uma pessoa ou um animal. Esse medo era tão forte e insistente que ele continuamente tinha de refazer a rota que acabara de dirigir para se assegurar de que ninguém estava deitado na rua. Quando procurou tratamento, sua compulsão por checar era tão forte que ele precisava refazer sua rota três ou quatro vezes antes que pudesse continuar. Porque se sentiu envergonhado e impotente para controlar seu comportamento, ele também estava significativamente deprimido – uma queixa comum de pessoas com transtorno obsessivo-compulsivo (TOC). O problema de Mike foi um exemplo do tipo "checagem" do TOC. Contudo, o programa abrangente de recuperação que ele empreendeu poderia se aplicar igualmente bem a outras formas de TOC, incluindo lavagem, contagem ou outras compulsões.

Em muitos aspectos, o caminho de Mike para a recuperação foi semelhante ao de Susan, Cindy e Steve nos exemplos anteriores. O terapeuta pediu a ele que praticasse exercícios de respiração, relaxamento muscular progressivo e exercícios aeróbicos diariamente para reduzir o componente fisiológico de sua ansiedade. Mike também reduziu a quantidade de cafeína e açúcar em sua dieta e começou a tomar suplementos de complexo B e vitamina C de alta potência com o café da manhã e com o jantar. Mike se sentiu muito melhor apenas com essas práticas, e houve certos dias em que ele não precisou refazer sua rota de direção. No entanto, seu problema não desapareceu completamente.

Mike trabalhou para mudar seu diálogo interno enquanto dirigia. Em vez de sempre se perguntar "E se eu bater em alguém?", ele aprendeu a contra-atacar com a afirmação "Se eu acertasse qualquer coisa, certamente ouviria ou sentiria. Mas isso não aconteceu, então estou bem". Repetir essa afirmação reconfortante repetidamente o ajudou a reduzir o número de vezes que ele precisava refazer sua rota de três ou quatro para uma ou duas, embora isso não dissipasse completamente sua obsessão.

Outra intervenção útil foi aprender a identificar e expressar seus sentimentos de raiva. Mike descobriu que, ao ficar com raiva de sua compulsão de verificar e gritar "Não!" muito alto em seu carro, às vezes ele conseguia dissipar sua ansiedade o suficiente para que não precisasse checar. Entrar em contato e reconhecer suas frustrações também o ajudou a reduzir o estresse em outras áreas de sua vida, além de seu problema específico com a verificação. No entanto, expressar necessidades e sentimentos não era suficiente, assim como as estratégias físicas e mentais que ele tentara, para resolver completamente seu problema obsessivo-compulsivo.

A partir de sua leitura sobre o assunto, Mike aprendeu que o TOC responde melhor à combinação de duas intervenções específicas:

- Exposição e prevenção de resposta, uma intervenção comportamental
- Medicação – especificamente, medicamentos antidepressivos, como clomipramina e fluoxetina

Sob a supervisão de seu terapeuta, Mike praticou exposição e prevenção de resposta em duas etapas. Primeiro, ele foi instruído a reduzir para um o número de vezes que refez sua rota. Ele já havia reduzido a frequência de quatro ou cinco repetições para duas ou três e, ao longo de um mês, conseguiu reduzir ainda mais o número, para um. Nesse ponto, o terapeuta o acompanhou no carro e o instruiu a, sempre que ele sentisse vontade de recuar, encostar o carro na beira da estrada e parar. Mike, então, esperou vários minutos para que a ansiedade que sentia por não refazer sua rota diminuísse. Então, ele retomou a direção. Após duas semanas de prática de prevenção de resposta com seu terapeuta, Mike finalmente conseguiu fazer isso sozinho. Foi muito libertador para Mike não ter de gastar tanto tempo e energia refazendo sua rota de direção.

Um problema que permaneceu, contudo, era que ele não conseguia conter a obsessão de ter atropelado alguém completamente – mesmo que o diálogo interno positivo tivesse ajudado um pouco. Ele continuou vigilante enquanto dirigia e estava deprimido por ter tão pouco controle sobre seus pensamentos.

O terapeuta de Mike o encaminhou a um psiquiatra, que o instruiu sobre o medicamento fluvoxamina (ver seção "Medicamentos antidepressivos ISRSs" no Capítulo 18), um medicamento que tem sido eficaz na eliminação ou redução dos sintomas do TOC em cerca de 50% dos casos em que foi usado. Três semanas após o início da medicação, Mike observou que suas obsessões haviam diminuído e que sua depressão havia melhorado significativamente. Ele começou a relaxar e gostar de dirigir novamente, livre de qualquer preocupação de ter batido em alguém. O médico de Mike lhe disse que ele precisaria tomar a medicação por um ano, momento em que ele reduziria a dose para uma dose de manutenção que continuaria em longo prazo.

Embora o TOC de Mike tenha respondido muito bem à combinação das intervenções descritas, ele continuou a se sentir deprimido de tempos em tempos. Tornou-se aparente para seu terapeuta que Mike estava se sentindo um pouco entediado com seu trabalho e com sua vida em geral. A fase final de seu programa de recuperação envolveu fazer dois grandes ajustes que acrescentaram significado e direção à sua vida. Primeiro, ele decidiu fazer uma mudança de carreira. No decorrer de um ano, ele saiu de uma posição corporativa em *marketing* para iniciar um pequeno negócio de varejo próprio. Toda a sua vida, Mike teve um forte interesse pela música, mas nunca fez nada para realizá-lo. Então, como segundo passo, ele começou a ter aulas de piano. Depois de um ano, ele levou essa busca um passo adiante, comprando um sintetizador e começando a compor suas próprias melodias com o piano. Essa saída criativa adicionou uma nova dimensão à vida de Mike e permitiu que ele expressasse um potencial anteriormente não realizado. Foi depois disso que sua depressão se dissipou completamente.

O componente mais crítico da recuperação de Mike do TOC foi a combinação de prevenção de resposta e medicação. O ponto crucial de sua recuperação da depressão foi a combinação de superar seu TOC *e* desenvolver uma saída criativa que deu à sua vida uma nova dimensão de significado. O programa total de recuperação de Mike pode ser resumido da seguinte forma:

Físico	Exercícios de respiração
	Prática regular de relaxamento profundo
	Exercícios aeróbicos regulares
	Melhorias nutricionais e suplementos vitamínicos
Comportamental	Exposição e prevenção de respostas para eliminar a verificação
Emocional	Aprendizagem para identificar e expressar raiva e frustração
Mental	Diálogo interno para combater o medo de ter atropelado alguém
Medicação	Tomar fluvoxamina por um ano em uma dose mais alta e, em seguida, continuar com uma dose de manutenção
Existencial/espiritual	Perseguir um interesse criativo em tocar piano e compor músicas

Desenvolvendo seu próprio programa de recuperação

A essa altura, você provavelmente já teve uma ideia melhor sobre três coisas: 1) a ampla gama de estratégias usadas em um programa de recuperação abrangente, 2) os tipos específicos de estratégias empregadas e 3) como essas estratégias são realmente implementadas em casos específicos.

Agora, você pode começar a desenvolver seu próprio programa de recuperação. Os dois gráficos a seguir foram projetados para ajudá-lo com isso. O primeiro é o *Gráfico de eficácia do problema*, que correlaciona diferentes tipos de transtornos de ansiedade com capítulos específicos deste guia. Os capítulos que são particularmente relevantes para *todos* com o transtorno são marcados com um "X". Os capítulos que são frequentemente relevantes são marcados com um "x" minúsculo. Sua escolha de estratégias dependerá, é claro, da natureza e das causas de sua dificuldade específica. Depois de ler os três primeiros capítulos deste livro, você deve ter alguma ideia de quais estratégias enfatizar.

O segundo gráfico, chamado de *Registro de prática semanal*, permite que você descreva em detalhes seu próprio programa pessoal para recuperação. O gráfico lista todas as estratégias e habilidades específicas oferecidas neste guia. Após cada habilidade, entre parênteses, está a frequência recomendada para a prática no período de uma semana. Esse gráfico permite que você marque, para cada dia da semana, quais exercícios você praticou.

Como é um gráfico semanal, você pode querer *fazer 52 cópias* dele para levá-lo por pelo menos um período de um ano. (Claro, sua recuperação real pode levar significativamente menos de um ano.) Uma versão para *download* do formulário está disponível *on-line*; ver a página do livro em loja.grupoa.com.br.

Gráfico de eficácia do problema

Ansiedade "comum"	Transtorno de estresse pós-traumático	Transtorno obsessivo-compulsivo	Transtorno de ansiedade generalizada	Fobia específica	Fobia social	Agorafobia	Ataques de pânico	
X	X	X	X	X	X	X	X	Relaxamento
X	X	X	X	X	X	X	X	Exercício
					X	X	X	Técnicas de enfrentamento de pânico
				X	X	X	X	Exposição
X	X	X	X	X	X	X	X	Diálogo interno
X	X	X	X	X	X	X	X	Crenças equivocadas
X	X	X	X		X	X	X	Expressão de sentimentos
X	X	X	X		X	X		Assertividade
X	X	X	X	X	X	X	X	Autoestima
X	X	X	X	X	X	X	X	Nutrição
	X	X	X		X	X	X	Medicamentos
X	X	X	X		X	X	X	Significado/espiritualidade

No topo do gráfico, certifique-se de indicar as datas da semana específica, bem como seus objetivos para essa semana. Na parte inferior do gráfico, você pode estimar, em uma escala de 0 a 100%, o quanto acredita ter se recuperado até o momento daquela semana em particular. (Nota: esteja preparado para que seu nível de recuperação seja marcado por progressões e regressões de semana para semana.) É óbvio que você não implementará *todas* as estratégias recomendadas neste guia *todas* as semanas. Ao passar por cada capítulo, você provavelmente enfatizará as habilidades ensinadas em cada um deles. Existem quatro habilidades específicas, no entanto, que valem a pena praticar de *cinco a sete vezes por semana* durante 52 semanas por ano, independentemente do tipo de transtorno de ansiedade com o qual você esteja lidando:

1. Uma técnica de relaxamento profundo, como relaxamento muscular, visualização ou meditação.
2. Meia hora de exercício vigoroso.
3. Bons hábitos nutricionais.
4. Combater o diálogo interno negativo ou usar afirmações para combater crenças equivocadas.

Se acontecer de você ter fobias, há uma estratégia adicional recomendada para a prática de três a cinco vezes por semana até que você esteja livre da fobia:

5. Exposição incremental na vida real.

Além dessas diretrizes, você trabalhará por si mesmo quanto tempo precisa gastar com as várias outras estratégias que constituem seu programa de recuperação específico.

Um *compromisso consistente ao longo do tempo* com a prática de estratégias que são úteis para você é o que fará a diferença entre uma recuperação parcial e uma recuperação completa. O *Registro de prática semanal* foi projetado para ajudar a mantê-lo no caminho certo com o seu programa pessoal de recuperação em longo prazo.

Ingredientes necessários para empreender seu próprio programa de recuperação

Até agora, você pode ter alguma ideia das estratégias que deseja utilizar para sua própria recuperação. O *Registro de prática semanal* permitirá que você especifique, semanalmente, as estratégias e habilidades específicas que você incorpora em seu programa pessoal. No entanto, você já deve ter adivinhado que a recuperação envolve muito mais do que apenas uma série de estratégias. Sua capacidade de *implementar* as estratégias recomendadas neste livro depende inteiramente de sua atitude, seu compromisso e sua motivação para realmente *fazer* algo sobre o seu problema. Sua recuperação depende de se você pode adotar e incorporar os cinco ingredientes necessários descritos a seguir.

Registro de prática semanal

Metas para a semana _____ Data: ___/___/_____

1.
2.
3.

	Segunda	Terça	Quarta	Quinta	Sexta	Sábado	Domingo
Utilizou técnica de respiração profunda (6-7)							
Utilizou técnica de relaxamento profundo* (5-7)							
Fez um exercício vigoroso de meia hora (5-7)							
Utilizou técnicas de enfrentamento para gerenciar o pânico**							
Praticou o combate ao diálogo interno negativo (5-7)							
Utilizou afirmações para combater crenças equivocadas (5-7)							
Praticou exposição de imagens (3-5)							
Praticou exposição na vida real (3-5)							
Identificou/expressou sentimentos**							
Praticou comunicação assertiva com outras pessoas**							
Praticou comunicação assertiva para evitar manipulação**							
Autoestima: trabalhou na melhoria da imagem corporal**							
Autoestima: tomou medidas para atingir metas**							
Autoestima: trabalhou para combater o crítico interno**							
Nutrição: eliminou cafeína/açúcar/estimulantes (7)							
Nutrição: comeu apenas alimentos integrais e não processados (5-7)							
Nutrição: utilizou suplementos antiestresse (5-7)							
Medicação: utilizou medicamentos apropriados, conforme prescrito pelo médico (7)							

(Continua)

(Continuação)

	Segunda	Terça	Quarta	Quinta	Sexta	Sábado	Domingo
Significado: trabalhou na descoberta/realização do propósito de vida**							
Espiritualidade: utilizou crenças e práticas espirituais para reduzir a ansiedade**							

Recuperação percentual estimada (0 a 100%): _____

*Por exemplo, relaxamento muscular progressivo, visualização ou meditação.
**A frequência recomendada varia dependendo do foco.

1. Assumindo a responsabilidade – em um contexto de suporte

Você se sente responsável pelo seu problema? Ou você atribui isso a alguma peculiaridade de hereditariedade, pais abusivos ou pessoas estressantes em sua vida? Mesmo que você sinta que não é o único responsável por ter criado seu transtorno, você é o único responsável por mantê-lo ou por fazer algo a respeito. Inicialmente, pode ser difícil aceitar a ideia de que a decisão é sua de manter ou superar o problema. No entanto, aceitar a responsabilidade total é o passo mais empoderador que você pode dar. Se é você quem mantém sua condição, também é você quem tem o poder de mudá-la e superá-la.

Assumir a responsabilidade significa que você não culpa ninguém por suas dificuldades. Isso também significa que você não culpa a *si mesmo*. Existe realmente alguma justificativa para se culpar por ter ataques de pânico, fobias ou obsessões e compulsões? É realmente sua culpa que você desenvolveu esses problemas? Não é mais correto dizer que você fez o melhor que podia em sua vida até agora com o conhecimento e os recursos à sua disposição? Embora dependa de você mudar sua condição, simplesmente não há base para se julgar ou se culpar por tê-la.

Assumir a responsabilidade de superar sua condição *não* significa que você tenha que fazer tudo sozinho. Na verdade, o oposto é verdadeiro: é mais provável que você esteja disposto a mudar e assumir riscos quando se sentir adequadamente apoiado. Um pré-requisito mais importante para realizar seu próprio programa de recuperação é ter um sistema de suporte adequado. Isso pode incluir seu cônjuge ou parceiro, um ou dois amigos próximos e/ou um grupo de apoio ou classe especificamente criado para ajudar pessoas com transtornos de ansiedade.

2. Motivação – superando ganhos secundários

Depois de decidir reconhecer sua parcela de responsabilidade por seu problema, sua capacidade de realmente fazer algo a respeito dependerá da sua motivação. Você se sente realmente motivado a mudar? O suficiente para que você esteja disposto a aprender e incorporar vários novos hábitos de pensamento e comportamento em sua rotina diária? O suficiente para que você esteja disposto a fazer algumas mudanças básicas em seu estilo de vida?

O psicólogo David Bakan certa vez fez a observação de que "o sofrimento é o grande motivador do crescimento". Se você estiver passando por um sofrimento considerável devido ao seu problema em particular, é provável que esteja fortemente motivado a fazer algo a respeito. Uma crença básica em sua autoestima também pode ser uma forte motivação para a mudança. Se você se ama o suficiente para sentir que sinceramente merece ter uma vida gratificante e produtiva, simplesmente não se contentará em ser impedido por pânico, fobias ou outros sintomas de ansiedade. Você vai exigir mais da vida do que isso.

Isso traz à tona a questão do que interfere na motivação. Qualquer pessoa, situação ou fator que consciente ou inconscientemente o *recompense por manter sua condição* tenderá a minar sua motivação. Por exemplo, você pode querer superar seu problema de estar em casa. No entanto, se, consciente ou inconscientemente, você não quiser lidar com o mundo exterior, conseguir um emprego e ganhar uma renda, tenderá a se manter confinado. De forma consciente, você quer superar a agorafobia, mas sua motivação não é forte o suficiente para superar as "recompensas" inconscientes por não se recuperar.

Há muitos anos, Sigmund Freud se referiu à ideia de recompensas inconscientes como "ganhos secundários". Onde quer que haja uma forte resistência à recuperação de qualquer condição crônica e incapacitante – seja transtorno de ansiedade, depressão, dependência ou obesidade –, os ganhos secundários são frequentemente operacionais. Se você achar que tem dificuldade em desenvolver ou *manter* a motivação para fazer algo sobre sua condição, é importante se perguntar: "Que recompensas estou recebendo por permanecer assim?". A lista a seguir enumera alguns dos ganhos secundários mais comuns que podem mantê-lo preso:

- Uma crença profunda de que você "não merece" se recuperar e levar uma vida normal – de que você é indigno de ser razoavelmente feliz. Quando a autopunição é um ganho secundário, muitas vezes é o caso de você estar se punindo para se vingar de outra pessoa. A autopunição também pode ocorrer porque você se sente culpado por sua condição. A maneira de sair da culpa e da tendência de se conter é trabalhar em sua autoestima (ver Capítulo 15).
- Uma crença profunda de que "é muito trabalho" para realmente mudar. Afinal, você já pode estar se sentindo estressado e sobrecarregado. Agora, você está sendo solicitado a assumir consideravelmente mais responsabilidade e trabalhar para se recuperar. De modo inconsciente, pode parecer muito trabalhoso, deixando você desanimado sobre sair de sua condição. A solução para esse dilema é substituir sua suposição de "muito trabalho" por crenças mais positivas, como "Não preciso estar completamente bem amanhã – posso dar pequenos passos em direção à recuperação no meu próprio ritmo", ou "Qualquer objetivo pode ser alcançado se dividido em passos suficientemente pequenos". (Os programas de recuperação de 12 etapas abreviaram essas atitudes construtivas com o *slogan* "Um dia de cada vez".)

- Se você é agorafóbico e relativamente doméstico, pode estar apegado aos pagamentos que recebe de seu cônjuge ou parceiro. Isso inclui atenção, cuidados e apoio financeiro ou, em geral, não ter de lidar com responsabilidades de adultos.
- Seu cônjuge ou parceiro pode estar recebendo recompensas por você depender dele ou dela, o inverso da última situação. Isso pode incluir a oportunidade de cuidar, controlar e até mesmo assumir a responsabilidade por sua vida (esse é um caso de *codependência* – ver Capítulo 15). A recompensa também pode ser a garantia de que você nunca sairá. Ou seja, seu parceiro pode temer que, se você se recuperar totalmente e se tornar mais independente, vá embora. Você precisa perceber que não será retido pelos ganhos secundários de seu parceiro, a menos que esteja inconscientemente em conluio com ele ou ela para mantê-los.

O texto anterior é apenas uma lista parcial de ganhos secundários. Eles podem ou não se aplicar ao seu caso. Se você sentir que está tendo dificuldades com a motivação em algum momento de sua recuperação, é importante levantar a questão "Qual é a recompensa por evitar a mudança?".

3. Assumindo um compromisso consigo mesmo para seguir adiante

A motivação inicial e o entusiasmo que você tem quando decide fazer algo sobre o seu problema geralmente são suficientes para você começar. O verdadeiro teste está em seguir adiante. Você está disposto a se comprometer a praticar *consistentemente* habilidades e estratégias que funcionem para você ao longo dos muitos meses e, às vezes, anos necessários para alcançar uma recuperação completa e duradoura? Na minha experiência, é difícil manter um alto nível de motivação durante esse tempo, a menos que você tenha um *compromisso* profundo e sincero de persistir com seu programa de recuperação até que esteja totalmente satisfeito com os resultados. Em um nível prático, isso significa sair e se exercitar, praticar a exposição ou trabalhar sua autoestima, mesmo naqueles dias em que você não sente vontade. Isso significa que você se levanta e continua mesmo depois de ter tido um contratempo que o faz se perguntar se *algum dia* se sentirá melhor. Embora sua motivação possa aumentar e diminuir, o compromisso pessoal de seguir com seu programa é o que fará a diferença entre uma recuperação parcial e uma completa.

4. Disposição para assumir riscos

Simplesmente não é possível mudar ou crescer em qualquer área de sua vida, a menos que você esteja disposto a assumir alguns riscos. Recuperar significa estar disposto a experimentar novas formas de pensar, sentir e agir que podem não lhe ser familiares no início. Isso também significa desistir de alguns dos pagamentos por não mudar, como foi descrito na seção sobre motivação. Se você está lidando com fobias, a maneira de superá-las é simplesmente enfrentar as situações que você tem evitado – gradualmente e em sua imaginação, no início. Se você está lidando com ataques de pânico, pode ser necessário correr o risco de abrir mão de algum controle e aprender a lidar com sensações corporais desagradáveis, em vez de resistir e combatê-las. Se você está lidando com obsessões e compulsões, pode ser necessário correr o risco de sentir ansiedade quando você resiste a se envolver em algum comportamento compulsivo. Ou pode ser necessário arriscar tomar um medicamento prescrito.

Um programa eficaz de recuperação se baseia na sua disposição de arriscar experimentar novos comportamentos que podem lhe causar *mais* ansiedade no início, mas que, a longo prazo, podem ser bastante úteis. No caso de assumir a responsabilidade, ter a ajuda de outras pessoas que acreditam em você e o apoiam tornará a tomada de riscos consideravelmente mais fácil.

5. Definindo e visualizando seus objetivos para recuperação

É difícil resolver e, depois, superar um problema, a menos que você tenha uma ideia clara e concreta do objetivo que está buscando. Antes de embarcar em seu próprio programa de recuperação, é importante que você responda às seguintes perguntas:

- "Quais são as mudanças positivas mais importantes que quero fazer na minha vida?"
- "Como seria uma recuperação completa da minha condição atual?"
- "Especificamente, como vou pensar, sentir e agir no meu trabalho, nos meus relacionamentos com os outros e no meu relacionamento comigo mesmo depois de me recuperar totalmente?"
- "Que novas oportunidades vou aproveitar quando estiver totalmente recuperado?"

Depois de definir como pode ser sua própria recuperação, pode ser muito útil praticar a *visualização*. Durante o tempo que você aloca para praticar o relaxamento profundo, dedique alguns minutos para imaginar como seria sua vida se você estivesse totalmente livre de seus problemas. Visualize em detalhes quaisquer mudanças no seu trabalho, nas suas atividades recreativas e nos seus relacionamentos, e a imagem corporal e aparência que você gostaria de alcançar. Para ajudá-lo a desenvolver esse cenário positivo, use o espaço a seguir ou, de preferência, uma folha de papel separada para escrever um "roteiro" de como sua vida seria *idealmente* quando você estivesse totalmente recuperado. Certifique-se de cobrir o maior número possível de áreas diferentes da sua vida.

Cenário ideal para a minha vida depois de me recuperar

Praticar a visualização de seus objetivos de recuperação diariamente (de preferência, em um estado relaxado) aumentará sua confiança em ter sucesso. Essa prática realmente tornará mais provável uma recuperação completa. Há evidências filosóficas abundantes – tanto antigas quanto modernas – de que o que você acredita de todo o coração e vê com toda a sua mente tem uma forte tendência a se tornar realidade.

Resumo de coisas para fazer

1. Revise os históricos de casos neste capítulo e examine o *Gráfico de eficácia do problema* para determinar quais capítulos deste guia são relevantes para o seu problema específico.
2. Decida em que ordem você vai trabalhar com os vários capítulos que são relevantes para você. Os capítulos mais críticos do livro, que você pode considerar ler primeiro, são os Capítulos 4 a 8.
3. Faça 52 cópias do *Registro de prática semanal* para monitorar seu programa de recuperação pessoal por um ano. (Sua recuperação, é claro, pode levar menos de um ano, ou talvez mais.)
4. Releia a seção final, "Ingredientes necessários para empreender seu próprio programa de recuperação", para reforçar em sua mente as cinco chaves para uma recuperação bem-sucedida e completa: *assumir responsabilidade, motivação* (incluindo superar ganhos secundários), *compromisso, vontade de assumir riscos* e *definição e visualização de metas.*

4
Relaxamento

A capacidade de relaxar está na base de qualquer programa realizado para superar ansiedade, fobias ou ataques de pânico. Muitas das outras habilidades descritas neste livro, como exposição, mudança de diálogo interno negativo ou tornar-se assertivo, baseiam-se na capacidade de alcançar um relaxamento profundo.

Relaxar é mais do que relaxar em frente à TV ou na banheira no final do dia – embora, sem dúvida, essas práticas possam ser relaxantes. O tipo de relaxamento que realmente faz a diferença para lidar com a ansiedade é a prática *regular* e *diária* de alguma forma de *relaxamento profundo*. O relaxamento profundo se refere a um estado fisiológico distinto que é exatamente o oposto da maneira como seu corpo reage sob estresse ou durante um ataque de pânico. Esse estado foi originalmente descrito por Herbert Benson, em 1975, como a *resposta de relaxamento*. Essa resposta envolve uma série de mudanças fisiológicas, incluindo:

- Diminuição da frequência cardíaca
- Diminuição da frequência respiratória
- Diminuição da pressão arterial
- Diminuição da tensão muscular esquelética
- Diminuição da taxa metabólica e do consumo de oxigênio
- Diminuição do pensamento analítico
- Aumento da resistência da pele
- Aumento da atividade das ondas alfa no cérebro

A prática regular de relaxamento profundo por 20 a 30 minutos diariamente pode produzir, ao longo do tempo, uma generalização do relaxamento para o restante de sua vida. Ou seja, depois de várias semanas praticando relaxamento profundo uma vez por dia, você tenderá a se sentir mais relaxado o tempo todo.

Numerosos outros benefícios do relaxamento profundo foram documentados nos últimos 40 anos. Entre eles, estão inclusos os benefícios descritos a seguir:

- Redução da ansiedade generalizada. Muitas pessoas descobriram que a prática regular também reduz a frequência e a gravidade dos ataques de pânico.
- Evitar que o estresse se torne cumulativo. O estresse inabalável tende a acumular ao longo do tempo. Entrar em um estado de quiescência fisiológica uma

vez por dia dá ao seu corpo a oportunidade de se recuperar dos efeitos do estresse. Mesmo o sono pode falhar em quebrar o ciclo de estresse cumulativo, a menos que você tenha se dado permissão para relaxar profundamente enquanto acordado.
- Aumento do nível de energia e produtividade. (Quando sob estresse, você pode trabalhar contra si mesmo e se tornar menos eficiente.)
- Melhora da concentração e da memória. A prática regular de relaxamento profundo tende a aumentar sua capacidade de se concentrar e mantém sua mente longe de "corridas".
- Redução da insônia e da fadiga. Aprender a relaxar leva a um sono mais profundo.
- Prevenção e/ou redução de distúrbios psicossomáticos, como hipertensão, enxaquecas, dores de cabeça, asma e úlceras.
- Aumento da autoconfiança e redução da autoculpa. Para muitas pessoas, o estresse e a autocrítica excessiva ou sentimentos de inadequação andam de mãos dadas. Você pode ter um desempenho melhor, bem como se sentir melhor, quando estiver relaxado.
- Maior disponibilidade de sentimentos. A tensão muscular é um dos principais impedimentos para a consciência sobre os seus sentimentos.

Como você pode alcançar um estado de relaxamento profundo? Alguns dos métodos mais comuns incluem:

1. Respiração abdominal
2. Relaxamento muscular progressivo
3. Relaxamento muscular passivo
4. Visualização de uma cena pacífica
5. Visualizações guiadas
6. Meditação
7. Ioga
8. Música suave

Para o propósito deste capítulo, vamos nos concentrar em alguns detalhes dos quatro primeiros métodos, que são muito utilizados para ajudar as pessoas a aprenderem a relaxar. Os últimos quatro métodos são abordados mais brevemente neste capítulo (ver "Visualizações guiadas", "Meditação", "Ioga" e "Música relaxante"). O Capítulo 19 deste livro discute o tópico da meditação, outra abordagem de relaxamento útil, em detalhes.

Respiração abdominal

Sua respiração reflete diretamente o nível de tensão que você carrega em seu corpo. Sob tensão, sua respiração geralmente se torna superficial e rápida, e sua respiração ocorre no alto do peito. Quando relaxado, você respira mais plenamente, mais profundamente e vindo do seu abdome. É difícil ficar tenso e respirar pelo abdome ao mesmo tempo.

Alguns dos benefícios da respiração abdominal incluem:

- Aumento do suprimento de oxigênio para o cérebro e a musculatura.
- Estimulação do sistema nervoso parassimpático. Esse ramo do seu sistema nervoso autônomo promove um estado de calma e quietude. Ele funciona de maneira exatamente oposta ao ramo simpático do seu sistema nervoso, que estimula um estado de excitação emocional e as várias reações fisiológicas subjacentes a um ataque de pânico.
- Maiores sentimentos de conexão entre mente e corpo. A ansiedade e a preocupação tendem a mantê-lo "na sua cabeça". Alguns minutos de respiração abdominal profunda ajudarão você a entrar em todo o seu corpo.
- Excreção mais eficiente de toxinas corporais. Muitas substâncias tóxicas no corpo são excretadas pelos pulmões.
- Concentração melhorada. Se sua mente está acelerada, é difícil concentrar sua atenção. A respiração abdominal ajudará a acalmar sua mente.
- A respiração abdominal por si só pode desencadear uma resposta de relaxamento.

Se você sofre de fobias, pânico ou outros transtornos de ansiedade, tenderá a ter um ou ambos os tipos de problemas respiratórios a seguir:

1. Você respira muito alto no peito, e sua respiração é superficial.
2. Você tende a hiperventilar, expirando muito dióxido de carbono em relação à quantidade de oxigênio transportada em sua corrente sanguínea. A respiração superficial no nível do peito, quando rápida, pode levar à hiperventilação. A hiperventilação, por sua vez, pode causar sintomas físicos muito semelhantes aos associados aos ataques de pânico.

Esses dois tipos de respiração são discutidos em mais detalhes a seguir.

Respiração rasa no nível do peito

Estudos descobriram diferenças nos padrões respiratórios de pessoas ansiosas e tímidas, em oposição àquelas que são mais relaxadas e extrovertidas. As pessoas que são medrosas e tímidas tendem a respirar de forma superficial a partir do peito, ao passo que aquelas que são mais extrovertidas e relaxadas respiram mais devagar, profundamente e a partir do abdome.

Antes de continuar lendo, reserve um momento para observar como você está respirando agora. Sua respiração é lenta ou rápida? Profunda ou superficial? Concentra-se em torno de um ponto alto em seu peito ou para baixo em seu abdome? Você também pode notar mudanças em seu padrão respiratório sob estresse em comparação com quando está mais relaxado.

Se você achar que sua respiração é superficial e alta no peito, não se desespere. É possível treinar-se para respirar mais profundamente e a partir do abdome. Praticar a respiração abdominal (descrita a seguir) em uma base regular vai gradualmente ajudá-lo a deslocar o centro de sua respiração para baixo do seu peito. A prática regular de respiração abdominal completa também aumentará a sua capacidade pulmonar, ajudando-o a respirar mais profundamente. Um programa de exercícios aeróbicos também pode ser útil.

Síndrome de hiperventilação

Se você respirar pelo peito, pode tender a respirar demais, exalando excesso de dióxido de carbono em relação à quantidade de oxigênio na corrente sanguínea. Você também pode respirar pela boca. O resultado é um conjunto de sintomas, incluindo batimentos cardíacos rápidos, tonturas e sensações de formigamento que podem ser tão semelhantes aos sintomas de pânico que podem ser indistinguíveis. Algumas das mudanças fisiológicas provocadas pela hiperventilação incluem:

- Aumento da alcalinidade das células nervosas, o que as torna mais excitáveis. O resultado é que você se sente nervoso e ansioso.
- Diminuição do dióxido de carbono no sangue, o que pode fazer o seu coração bombear com mais força e mais rápido, além de fazer as luzes parecerem mais brilhantes, e os sons, mais altos.
- Aumento da constrição dos vasos sanguíneos no cérebro, o que pode causar sentimentos de tontura, desorientação e até mesmo uma sensação de irrealidade ou separação do corpo.

Todos esses sintomas *podem* ser interpretados como um ataque de pânico em desenvolvimento. Assim que você começar a responder a essas mudanças corporais com declarações mentais evocadoras de pânico para si mesmo, como "Estou perdendo o controle!" ou "O que está acontecendo comigo?", *você pode começar a entrar em pânico*. Os sintomas que inicialmente apenas imitavam o pânico desencadeiam uma reação que leva a um pânico genuíno. A hiperventilação pode: 1) causar sensações físicas que o levam ao pânico *ou* 2) contribuir para um ataque de pânico contínuo, agravando os sintomas físicos desagradáveis.

Se você suspeitar que está sujeito à hiperventilação, poderá perceber se respira superficialmente pelo peito e pela boca. Observe, também, quando você está com medo, se tende a prender a respiração ou a respirar muito superficial e rapidamente. A experiência de formigamento ou as sensações de dormência, particularmente em suas mãos ou seus pés, também são um sinal de hiperventilação. Se alguma dessas características parece se aplicar a você, a hiperventilação pode desempenhar um papel em instigar ou agravar suas reações de pânico ou ansiedade.

A cura tradicional para os sintomas agudos de hiperventilação é respirar em um saco de papel. Essa técnica faz você respirar dióxido de carbono, restaurando o equilíbrio normal de oxigênio para dióxido de carbono em sua corrente sanguínea. É um método que funciona. Igualmente eficazes na redução dos sintomas de hiperventilação são os exercícios de respiração abdominal e respiração calmante descritos a seguir. Ambos ajudam a desacelerar a respiração, o que reduz efetivamente a ingestão de oxigênio e traz a proporção de oxigênio para dióxido de carbono de volta ao equilíbrio.

Se você puder reconhecer os sintomas da hiperventilação pelo que eles são, aprenderá a reduzi-los, retardando deliberadamente sua respiração, de modo que não precisará reagir a eles com pânico.

Os dois exercícios descritos a seguir podem ajudá-lo a mudar seu padrão respiratório. Ao praticá-los, você pode alcançar um estado de relaxamento em um curto período. Apenas 3 minutos de prática de respiração abdominal ou exercício de respiração calmante geralmente induzem um estado de relaxamento. Muitas pessoas usaram com sucesso uma ou outra técnica para abortar um ataque de pânico quando sentiram os primeiros sinais de ansiedade surgindo. As técnicas também são muito úteis para diminuir a ansiedade antecipatória que você pode experimentar antes de enfrentar uma situação fóbica. Embora as técnicas de relaxamento muscular progressivo e meditação descritas mais adiante neste capítulo levem até 20 minutos para alcançar seus efeitos, os dois métodos a seguir podem produzir um nível moderado a profundo de relaxamento em apenas 3 a 5 minutos.

Exercício de respiração abdominal

1. Observe o nível de tensão que você está sentindo. Em seguida, coloque uma mão em seu abdome logo abaixo da sua caixa torácica.
2. Inspire lenta e profundamente pelo nariz até o "fundo" dos pulmões – em outras palavras, envie o ar o mais baixo possível. Se você está respirando com o abdome, sua mão deve realmente *subir*. Seu peito deve se mover apenas ligeiramente enquanto seu abdome se expande. (Na respiração abdominal, o *diafragma* – o músculo que separa a cavidade torácica da cavidade abdominal – move-se para baixo. Ao fazer isso, ele faz os músculos ao redor da cavidade abdominal empurrarem para fora.)
3. Quando você respirar fundo, faça uma pausa por um momento e expire lentamente pelo nariz ou pela boca, dependendo da sua preferência. Certifique-se de expirar completamente. *Ao expirar, permita que todo o seu corpo simplesmente se solte* (você pode visualizar seus braços e suas pernas soltos e moles como uma boneca de pano).
4. Faça 10 respirações abdominais lentas e completas. Tente manter a respiração *suave* e *regular*, sem engolir em seco ou expirar de uma só vez. Ajudará a desacelerar sua respiração se você contar lentamente até quatro na inspiração (um-dois--três-quatro) e depois contar lentamente até quatro na expiração. Lembre-se de fazer uma breve pausa no final de cada inalação.
5. Conte de 10 até 1, contando para trás um número a cada *expiração*. O processo deve ser assim:

    Inspire devagar... Pausa... Expire devagar ("Dez.")
    Inspire devagar... Pausa... Expire devagar ("Nove.")
    Inspire devagar... Pausa... Expire devagar ("Oito.")

    E assim por diante até 1. Se você começar a se sentir tonto enquanto pratica a respiração abdominal, pare por 15 a 20 segundos e comece novamente.
6. Estenda o exercício, se desejar, fazendo duas ou três "séries" de respirações abdominais, lembrando-se de contar para trás de 10 a 1 para cada série (cada expiração conta como um número). *Cinco minutos completos* de respiração abdominal terão um efeito pronunciado na redução da ansiedade ou dos primeiros sintomas de pânico. Algumas pessoas preferem contar de 1 a 10. Sinta-se à vontade para fazer isso, se preferir.

Exercício de respiração calmante

O *exercício de respiração calmante* foi adaptado da antiga disciplina do ioga. É uma técnica muito eficiente para alcançar um estado profundo de relaxamento rapidamente.

1. Respirando pelo abdome, inspire pelo nariz lentamente até uma contagem de cinco (conte lentamente "um... dois... três... quatro... cinco" enquanto inspira).
2. Faça uma pausa e prenda a respiração até uma contagem de cinco.
3. Expire lentamente, pelo nariz ou pela boca, até uma contagem de cinco (ou mais, se demorar mais). Certifique-se de expirar completamente.
4. Depois de expirar completamente, respire duas vezes no seu ritmo normal e repita os passos 1 a 3.
5. Continue o exercício por pelo menos 3 a 5 minutos. Isso deve envolver passar por *pelo menos* 10 ciclos de começar com cinco, segurar cinco e soltar em cinco. Ao continuar o exercício, você pode notar que pode contar mais quando expira do que quando inspira. Permita que essas variações em sua contagem ocorram, se ocorrerem, naturalmente, e continue com o exercício por até 5 minutos. Lembre-se de fazer duas respirações normais entre cada ciclo. Se você começar a se sentir tonto enquanto pratica esse exercício, pare por 30 segundos e comece de novo.
6. Durante todo o exercício, mantenha a respiração *suave* e *regular*, sem engolir em seco ou expirar de repente.
7. *Opcional*: cada vez que expirar, você pode dizer "Relaxe", "Calma", "Solte" ou qualquer outra palavra ou frase relaxante silenciosamente para si mesmo. Permita que todo o seu corpo se solte enquanto você faz isso. Se você continuar assim cada vez que praticar, eventualmente apenas dizer sua palavra relaxante por si só trará um leve estado de relaxamento.

O *exercício de respiração calmante* pode ser uma técnica potente para interromper o impulso de uma reação de pânico quando surgem os primeiros sinais de ansiedade. Também é útil para reduzir os sintomas de hiperventilação.

Exercício prático

Pratique o *exercício de respiração abdominal* ou o *exercício de respiração calmante* por pelo menos 5 *minutos todos os dias por pelo menos duas semanas*. Se possível, encontre um horário regular todos os dias para fazer isso, para que seu exercício respiratório se torne um hábito. Com a prática, você pode aprender em um curto período a atenuar as reações fisiológicas subjacentes à ansiedade e ao pânico.

Depois de sentir que ganhou algum domínio no uso de qualquer uma das técnicas, aplique-as quando se sentir estressado ou ansioso, ou quando sentir o início dos sintomas de pânico. Ao estender sua prática de qualquer exercício para 1 mês ou mais, você começará a se treinar para respirar com seu abdome. Quanto mais você puder mudar o centro de sua respiração do peito para o abdome, mais consistentemente você se sentirá relaxado de modo contínuo.

Relaxamento muscular progressivo

O relaxamento muscular progressivo é uma técnica sistemática para alcançar um estado profundo de relaxamento, desenvolvida pelo Dr. Edmund Jacobson há mais de 80 anos. O Dr. Jacobson revelou que um músculo poderia ser relaxado inicialmente tencionando-o por alguns segundos e, depois, liberando-o. Tensionar e liberar vários grupos musculares em todo o corpo em sequência produz um estado profundo de relaxamento, que o Dr. Jacobson descobriu ser capaz de aliviar uma variedade de condições, desde pressão alta até colite ulcerativa.

Em seu livro original, *Progressive Relaxation*, o Dr. Jacobson desenvolveu uma série de duzentos exercícios diferentes de relaxamento muscular e um programa de treinamento que levou meses para ser concluído. Mais recentemente, o sistema foi abreviado para 15 a 20 exercícios básicos, que foram considerados tão eficazes, se praticados regularmente, quanto o sistema original mais elaborado.

O relaxamento muscular progressivo é especialmente útil para pessoas cuja ansiedade está fortemente associada à tensão muscular. Isso é o que muitas vezes leva você a dizer que está "tenso" ou "nervoso". Você pode sentir um aperto crônico nos ombros e no pescoço, que pode ser efetivamente aliviado praticando o relaxamento muscular progressivo. Outros sintomas que respondem bem ao relaxamento muscular progressivo incluem dores de cabeça tensionais, dores nas costas, aperto na mandíbula, aperto ao redor dos olhos, espasmos musculares, pressão alta e insônia. Se você está preocupado com pensamentos acelerados, pode achar que relaxar sistematicamente os músculos tende a ajudar a desacelerar sua mente. O próprio Dr. Jacobson disse uma vez: "Uma mente ansiosa não pode existir em um corpo relaxado".

Os efeitos imediatos do relaxamento muscular progressivo incluem todos os benefícios da resposta de relaxamento descrita no início deste capítulo. Os efeitos em longo prazo da prática *regular* de relaxamento muscular progressivo incluem:

- Diminuição da ansiedade generalizada
- Diminuição da ansiedade antecipatória relacionada a fobias
- Redução da frequência e da duração dos ataques de pânico
- Melhor capacidade de enfrentar situações fóbicas por meio da exposição
- Concentração melhorada
- Maior senso de controle sobre o humor
- Aumento da autoestima
- Aumento da espontaneidade e da criatividade

Esses benefícios de longo prazo às vezes são chamados de *efeitos de generalização*: o relaxamento experimentado durante as sessões diárias tende, após um ou dois meses, a *generalizar* para o restante do dia. A prática *regular* de relaxamento muscular progressivo pode ajudar muito a gerenciar melhor sua ansiedade, enfrentar seus medos, superar o pânico e se sentir melhor.

Não há contraindicações para o relaxamento muscular progressivo, a menos que os grupos musculares a serem tensionados e relaxados tenham sido lesionados. Se você toma tranquilizantes, poderá descobrir que a prática regular de relaxamento muscular progressivo permitirá que você diminua sua dosagem.

Diretrizes para praticar relaxamento muscular progressivo (ou qualquer forma de relaxamento profundo)

As diretrizes a seguir o ajudarão a aproveitar ao máximo o relaxamento muscular progressivo. Elas também são aplicáveis a *qualquer* forma de relaxamento profundo que você pratica regularmente, incluindo auto-hipnose, visualização guiada e meditação.

1. Pratique pelo menos *20 minutos por dia*. Dois períodos de 20 minutos são ideais. Uma vez por dia é obrigatório para a obtenção de efeitos de generalização. (Você pode querer começar sua prática com períodos de 30 minutos. À medida que você ganhar habilidade na técnica de relaxamento, descobrirá que a quantidade de tempo necessária para experimentar a resposta de relaxamento diminuirá.)
2. Encontre um *local tranquilo* para praticar, onde você não se distraia. Não permita que seu telefone toque enquanto você está praticando. Use um ventilador ou um ar-condicionado para eliminar o ruído de fundo, se necessário.
3. Pratique em *horários regulares*. Ao acordar, antes de repousar ou antes de uma refeição são geralmente os melhores momentos. Uma rotina diária consistente de relaxamento aumentará a probabilidade de efeitos de generalização.
4. Pratique com o *estômago vazio*. A digestão dos alimentos após as refeições tenderá a perturbar profundamente o relaxamento.
5. Assuma uma *posição confortável*. Todo o seu corpo, incluindo a cabeça, deve ser apoiado. Deitar-se em um sofá ou em uma cama ou sentar-se em uma cadeira reclinável são duas maneiras de apoiar seu corpo mais completamente. (Ao se deitar, pode ajudar colocar um travesseiro sob os joelhos para obter mais apoio.) Sentar-se é melhor do que se deitar se você estiver se sentindo cansado e sonolento. É vantajoso experimentar toda a profundidade da resposta de relaxamento conscientemente, sem dormir.
6. *Afrouxe qualquer peça de roupa apertada* e tire sapatos, relógios, óculos, lentes de contato, joias e assim por diante.
7. *Tome a decisão de não se preocupar com nada*. Dê a si mesmo permissão para deixar de lado as preocupações do dia. Permita que cuidar de si mesmo e ter paz de espírito sejam prioridades frente a qualquer outra preocupação. (O sucesso com o relaxamento depende de dar alta prioridade à paz de espírito em seu esquema geral de valores.)
8. Assuma uma *atitude passiva e desapegada*. Esse é provavelmente o elemento mais importante. Você quer adotar uma atitude de "deixar acontecer" e estar livre de qualquer preocupação sobre o quão bem você está realizando a técnica. Não *tente*

relaxar. Não *tente* controlar seu corpo. Não julgue seu desempenho. O ponto é deixar para lá.

Técnica de relaxamento muscular progressivo

O relaxamento muscular progressivo envolve tensionar e relaxar, em sucessão, em 16 diferentes grupos musculares do corpo. A ideia é tensionar cada grupo muscular com força (não tanto a ponto de forçar, no entanto) por cerca de 10 segundos e, depois, soltá-los de repente. Você então usa o tempo de 15 a 20 segundos para relaxar, percebendo como o grupo muscular se sente quando relaxado, em contraste com como se sentiu quando tenso, antes de passar para o próximo grupo de músculos. Você também pode dizer a si mesmo "Relaxe", "Deixe ir", "Deixe a tensão fluir", ou qualquer outra frase relaxante, durante cada período de relaxamento entre grupos musculares sucessivos. Durante todo o exercício, mantenha o foco nos músculos. Quando sua atenção divagar, traga-a de volta para o grupo muscular específico em que você está trabalhando. As diretrizes a seguir descrevem detalhadamente o relaxamento muscular progressivo:

- Certifique-se de que está num ambiente tranquilo e confortável. Observe as diretrizes para praticar o relaxamento que foram descritas anteriormente.
- Quando você tensionar um determinado grupo muscular, faça isso com força, sem se esforçar, por 7 a 10 segundos. Você pode querer contar "1.001", "1.002", e assim por diante, como uma forma de marcar segundos.
- Concentre-se no que está acontecendo. Sinta o acúmulo de tensão em cada grupo muscular em particular. Muitas vezes, é útil visualizar o grupo muscular específico que está sendo tensionado.
- Quando você soltar os músculos, faça isso abruptamente e depois relaxe, desfrutando da súbita sensação de flacidez. Deixe o relaxamento se desenvolver por pelo menos 15 segundos antes de passar para o próximo grupo de músculos.
- Permita que todos os outros músculos do seu corpo permaneçam relaxados, na medida do possível, enquanto trabalha em um grupo muscular específico.
- Contraia e relaxe cada grupo muscular uma vez. Contudo, se uma área específica parecer especialmente apertada, você pode tensioná-la e relaxá-la duas ou três vezes, esperando cerca de 10 a 15 segundos entre cada ciclo.

Assim que estiver confortavelmente apoiado em um local tranquilo, siga as instruções detalhadas a seguir:

1. Para começar, faça duas ou três respirações abdominais profundas, expirando lentamente a cada vez. Ao expirar, imagine que a tensão em todo o seu corpo começa a fluir.
2. Cerre seus punhos. Segure por 7 a 10 segundos e, depois, solte por 15 a 20 segundos. *Use esses mesmos intervalos de tempo para todos os outros grupos musculares.*
3. Contraia os bíceps, puxando os antebraços em direção aos ombros e "fazendo um músculo" com os dois braços. Segure... e então relaxe.
4. Aperte o *tríceps* – os músculos na parte inferior dos braços –, estendendo os braços para fora e travando os cotovelos. Segure... e então relaxe.

5. Contraia os músculos da testa, levantando as sobrancelhas o máximo que puder. Solte... e então relaxe. Imagine os músculos da testa ficando lisos e flácidos enquanto relaxam.
6. Contraia os músculos ao redor dos olhos, fechando-os com força. Segure... e então relaxe. Imagine sensações de relaxamento profundo se espalhando por toda a área dos seus olhos.
7. Aperte a mandíbula, abrindo a boca tão amplamente que você estica os músculos ao redor das dobradiças da mandíbula. Segure... e então relaxe. Deixe os lábios se separarem e deixe a mandíbula solta.
8. Contraia os músculos da parte de trás do pescoço, puxando a cabeça para trás, como se fosse tocá-la nas costas. (Seja gentil com esse grupo muscular para evitar lesões.) Concentre-se apenas em tensionar os músculos do pescoço. Segure... e então relaxe. (Como essa área costuma ser especialmente apertada, é bom fazer o ciclo de relaxamento tenso duas vezes.)
9. Respire fundo algumas vezes e sintonize o peso da sua cabeça afundando em qualquer superfície em que está apoiada.
10. Aperte os ombros, levantando-os como se fosse tocar suas orelhas. Segure... e então relaxe.
11. Contraia os músculos ao redor das omoplatas, empurrando as omoplatas para trás como se fosse tocá-las juntas. Mantenha a tensão em suas omoplatas... e depois relaxe. (Como essa área geralmente é especialmente tensa, você pode repetir a sequência de relaxamento tensa duas vezes.)
12. Aperte os músculos do peito, respirando fundo. Segure por até 10 segundos... e depois solte lentamente. Imagine qualquer excesso de tensão no peito fluindo com a expiração.
13. Contraia os músculos do estômago, sugando-o. Segure... e depois solte. Imagine uma onda de relaxamento se espalhando pelo seu abdome.
14. Aperte a região lombar, arqueando-a. (Você pode omitir essa parte do exercício se tiver dor lombar.) Segure... e então relaxe.
15. Aperte as nádegas, puxando-as juntas. Segure... e então relaxe. Imagine os músculos dos quadris se soltando e mancando.
16. Contraia os músculos das coxas até os joelhos. Você provavelmente terá de apertar os quadris junto às coxas, já que os músculos da coxa se fixam na pelve. Segure... e então relaxe. Sinta os músculos da coxa se suavizando e relaxando completamente.
17. Contraia os músculos da panturrilha, puxando os dedos dos pés em sua direção. (Flexione cuidadosamente, para evitar cãibras.) Segure... e então relaxe.
18. Aperte os pés, enrolando os dedos dos pés para baixo. Segure... e então relaxe.
19. Examine mentalmente seu corpo em busca de qualquer tensão residual. Se uma área específica permanecer tensa, repita um ou dois ciclos de relaxamento tenso para esse grupo de músculos.
20. Agora, imagine uma onda de relaxamento se espalhando lentamente por todo o seu corpo, começando na cabeça e penetrando gradualmente em todos os grupos musculares até os dedos dos pés.

Toda a sequência de relaxamento muscular progressivo deve levar de 20 a 30 minutos na primeira vez. Com a prática, você pode diminuir o tempo necessário para 15 a 20 minutos. Você pode desejar fazer uma gravação de áudio do exercício para agilizar suas sessões iniciais de prática ou obter outra gravação feita profissionalmente do exercício. (Ver Apêndice 2.) Algumas pessoas preferem usar uma gravação de áudio, ao passo que outras aprendem tão bem os exercícios após uma ou duas semanas de prática que preferem fazê-los de memória.

Lembre-se: a prática regular de relaxamento muscular progressivo uma vez por dia pode produzir uma redução significativa do seu nível geral de ansiedade. Também pode reduzir a frequência e a intensidade dos ataques de pânico. Por fim, a prática regular reduzirá a ansiedade antecipatória que pode surgir ao se expor sistematicamente a situações fóbicas (ver Capítulo 7).

Relaxamento muscular passivo

O relaxamento muscular progressivo é uma excelente técnica para relaxar os músculos tensos. O relaxamento muscular passivo, uma técnica alternativa, pode induzir um estado geral de relaxamento em toda a sua mente e o seu corpo. Algumas pessoas preferem o relaxamento progressivo porque é mais fácil. Não há tensionamento ativo e relaxamento dos grupos musculares, apenas foco em cada grupo muscular em sequência – dos pés à cabeça –, imaginando-se cada um desses grupos relaxando. Geralmente, é melhor deitar-se com os olhos fechados durante a prática.

O roteiro a seguir leva você a um exercício de relaxamento muscular passivo. Você pode criar sua própria gravação de áudio em seu *smartphone* usando o *script* a seguir. Se você fizer uma gravação, é importante ler o roteiro lentamente, com pausas entre as frases.

Comece fazendo duas ou três respirações abdominais profundas e deixe-se acomodar na cadeira, na cama ou onde quer que esteja agora. Fique totalmente confortável. Deixe que este seja um momento apenas para você, deixando de lado todas as preocupações e aflições do dia e tornando este um momento apenas seu. (Pausa.)

Deixe cada parte do seu corpo começar a relaxar, começando com os pés. Imagine seus pés soltando e relaxando agora. Deixe de lado qualquer excesso de tensão em seus pés. Imagine a tensão se esvaindo. (Pausa.)

Enquanto seus pés estão relaxando, imagine o relaxamento subindo para as panturrilhas. Deixe os músculos das panturrilhas relaxarem e se soltarem. Permita que qualquer tensão que você esteja sentindo nas panturrilhas desapareça com facilidade e rapidez. (Pausa.)

Agora, enquanto suas panturrilhas estão relaxando, permita que o relaxamento suba para as suas coxas. Deixe os músculos das coxas relaxarem, suavizarem e se soltarem completamente. Você pode começar a sentir as pernas, da cintura até os pés, ficando cada vez mais relaxadas. Você pode notar suas pernas ficando pesadas à medida que relaxam mais e mais. (Pausa.)

Siga em frente e deixe o relaxamento chegar em seus quadris. Sinta qualquer tensão excessiva nos quadris se dissolver e fluir para longe. (Pausa.)

Agora permita que o relaxamento se mova para a área do estômago. Apenas deixe de lado qualquer estresse na área do estômago – deixe tudo ir agora, imaginando sensações profundas de relaxamento se espalhando por todo o seu abdome. (Pausa.)

À medida que seu estômago relaxa, permita que o relaxamento suba para o seu peito. Todos os músculos do seu peito podem relaxar e se soltar. Cada vez que expirar, imagine expirar qualquer tensão remanescente em seu peito até que ele fique completamente relaxado. Deixe o relaxamento se aprofundar e se desenvolver em todo o tórax, na região do estômago e nas pernas. (Pausa.)

Agora permita que o relaxamento se mova para seus ombros – apenas deixe que sensações profundas de calma e relaxamento se espalhem por todos os músculos dos ombros. Deixe seus ombros caírem, permitindo que eles fiquem completamente relaxados. Agora permita que o relaxamento em seus ombros se mova para baixo, espalhando-se por seus braços, descendo por seus cotovelos e antebraços e, finalmente, por todo o caminho até os seus pulsos e as suas mãos. Deixe seus braços relaxarem e desfrute da boa sensação de relaxamento neles. (Pausa.)

Deixe de lado quaisquer preocupações, quaisquer pensamentos desconfortáveis e desagradáveis agora. Deixe-se estar totalmente no momento presente enquanto se permite relaxar cada vez mais. (Pausa.)

Você pode sentir o relaxamento se movendo em seu pescoço agora. Todos os músculos do pescoço apenas se descontraem, suavizam e relaxam completamente. Imagine os músculos do pescoço se soltando como um cordão amarrado se desenrolando. (Pausa.)

Agora o relaxamento pode se mover para o queixo e a mandíbula. Permita que sua mandíbula relaxe, deixando-a se soltar. Conforme ela relaxa, imagine o relaxamento se movendo para a área ao redor dos seus olhos. Qualquer tensão ao redor dos olhos pode simplesmente se dissipar e fluir para longe enquanto você permite que seus olhos relaxem completamente. Qualquer fadiga ocular se dissolve agora, e seus olhos podem relaxar completamente. Agora, deixe sua testa relaxar também – deixe os músculos da testa suavizarem e relaxarem completamente, percebendo o peso da sua cabeça contra o que quer que esteja apoiando-a, enquanto permite que toda a sua cabeça relaxe completamente. (Pausa.)

Apenas aproveite a boa sensação de relaxamento por toda parte agora – deixando-se levar cada vez mais profundamente para a quietude e a paz –, entrando cada vez mais em contato com esse lugar profundo de perfeita paz e serenidade.

A cena de paz

Depois de completar o relaxamento muscular progressivo ou passivo, é útil visualizar-se no meio de uma cena pacífica. Imaginar-se em um ambiente muito tranquilo pode lhe dar uma sensação global de relaxamento que o liberta de pensamentos ansiosos. O ambiente tranquilo pode ser uma praia tranquila, um riacho nas montanhas ou um lago calmo. Ou pode ser o seu quarto ou uma lareira aconchegante em uma noite fria de inverno. Não se restrinja à realidade; você pode se imaginar, se quiser, flutuando em uma nuvem ou voando em um tapete mágico. O importante é visualizar a cena de forma suficientemente detalhada para que absorva completamente a sua atenção. Permitir-se ser absorvido em uma cena pacífica aprofundará seu estado de relaxamento, dando-lhe resultados fisiológicos reais. Sua tensão muscular diminui, sua frequência cardíaca diminui, sua respiração se aprofunda, seus capilares se abrem e aquecem suas mãos e seus pés, e assim por diante. Uma visualização relaxante constitui uma forma leve de auto-hipnose.

A seguir, são apresentados três exemplos de cenas pacíficas.

A praia

Você está caminhando por uma bela praia deserta. Você está descalço e pode sentir a areia branca e firme sob seus pés enquanto caminha ao longo da margem do mar. Você pode ouvir o som das ondas enquanto elas fluem e refluem. O som é hipnótico, relaxando-o cada vez mais. A água assume um belo azul turquesa salpicado de cristas brancas onde as ondas atingem seu pico. Próximo do horizonte, você pode ver um pequeno veleiro deslizando suavemente. O som das ondas quebrando na costa o acalma, e você está cada vez mais em relaxamento. Você sente o cheiro fresco e salgado do ar a cada respiração. Sua pele brilha com o calor do sol. Você pode sentir uma brisa suave contra sua bochecha e bagunçando seu cabelo. Contemplando toda a cena, você se sente muito calmo e à vontade.

A floresta

Você está aconchegado em seu saco de dormir. A luz do dia está surgindo na floresta. Você pode sentir os raios de sol começando a aquecer seu rosto. O céu do amanhecer se estende acima de você em tons pastéis de rosa e laranja. Você pode sentir a fragrância fresca e pinhal dos bosques ao redor. Perto dali, você pode ouvir as águas correntes de um riacho da montanha. O ar fresco e puro da manhã é refrescante e revigorante. Você está se sentindo muito aconchegado, confortável e seguro.

Em casa

Imagine-se relaxando confortavelmente em um sofá ou em sua cama em casa. Enquanto você se deita, respire fundo e deixe de lado todas as preocupações do dia. A sala é silenciosa e livre de distrações. O telefone está desligado, e você está livre de qualquer obrigação de fazer qualquer coisa. Embora as pessoas possam estar em outro lugar da casa, elas sabem lhe deixar em paz. É bom poder relaxar, descansar e deixar seu corpo e sua mente começarem a desacelerar. Você pode sentir todo o seu corpo começando a relaxar. À medida que você continua a descansar e relaxar, você se torna mais profundamente confortável e à vontade. Neste lugar tranquilo, você está se sentindo muito seguro, protegido e em paz.

Observe que essas cenas são descritas em linguagem que apela aos sentidos de visão, audição, tato e olfato. Usar palavras multissensoriais aumenta o poder da cena de afetá-lo, permitindo que você a experimente como se estivesse realmente lá. O objetivo de imaginar uma cena pacífica é transportá-lo de seu estado normal de pensamento inquieto para um estado alterado de relaxamento profundo.

Exercício: cena de paz

Use uma folha de papel avulsa para projetar a sua própria cena pacífica. Certifique-se de descrevê-la em detalhes vívidos, apelando para o maior número possível de seus sentidos. Pode ser útil responder às seguintes perguntas:

- Como é a cena?
- Quais cores são proeminentes?
- Quais sons estão presentes?
- Que horas são?
- Qual é a temperatura?
- Com o que você está em contato físico na cena?
- Qual é o cheiro do ar?
- Você está sozinho ou com outra pessoa?

Assim como com o relaxamento muscular progressivo, você pode querer gravar sua cena pacífica para que possa evocá-la sem esforço. Pode ser útil registrar as instruções para o relaxamento muscular progressivo antes de descrever sua cena pacífica. Você pode usar o roteiro a seguir para apresentar sua cena pacífica ao fazer sua própria gravação:

Concentre-se em relaxar todos os músculos do corpo, do topo da cabeça às pontas dos dedos dos pés. (Pausa.)

Ao expirar, imagine liberar qualquer tensão restante de seu corpo, sua mente ou seus pensamentos... apenas deixe esse estresse ir. (Pausa.)

Sinta seu corpo mergulhando mais fundo... mais fundo no relaxamento total. (Pausa.)

Agora, imagine ir para a sua cena pacífica... Imagine seu lugar especial tão vividamente quanto possível, como se você estivesse realmente lá. (Insira sua cena pacífica.)

Você está muito confortável em seu lindo lugar, e não há ninguém para perturbá-lo... Este é o lugar mais pacífico do mundo para você... Imagine-se lá, sentindo uma sensação de paz fluir através de você e uma sensação de bem-estar. Aproveite esses sentimentos positivos. Permita que eles fiquem cada vez mais fortes. (Pausa.)

Lembre-se de que, sempre que desejar, você pode voltar a este lugar especial apenas reservando um tempo para relaxar. (Pausa.)

Esses sentimentos pacíficos e positivos de relaxamento podem ficar cada vez mais fortes cada vez que você escolher relaxar.

Depois de imaginar sua própria cena pacífica ideal, pratique retornar a ela toda vez que fizer relaxamento muscular progressivo, relaxamento muscular passivo, um exercício de respiração abdominal ou qualquer outra técnica de relaxamento. Isso ajudará a reforçar a cena em sua mente. Depois de um tempo, ela estará tão solidamente estabelecida que você poderá retornar a ela no impulso do momento – sempre que desejar se acalmar e desligar o pensamento ansioso. Essa técnica é uma das ferramentas mais rápidas e eficazes que você pode usar para combater a ansiedade ou o estresse durante o dia. Fantasiar uma cena pacífica também é uma parte importante da *exposição por meio da imaginação*, um processo de visualização para superar as fobias descrito no Capítulo 7.

Visualizações guiadas

Muitas pessoas gostam de ouvir visualizações guiadas para relaxar. Assim como no relaxamento muscular passivo, nenhum esforço é necessário. Você simplesmente se deita, fecha os olhos e ouve uma gravação ou faz o *download* no seu dispositivo preferido, de preferência à mesma hora todos os dias. Siga as diretrizes para praticar qualquer forma de relaxamento profundo fornecidas anteriormente neste capítulo. Ver "Diretrizes para praticar relaxamento muscular progressivo (ou qualquer forma de relaxamento profundo)".

Há muitos lugares na *web* em que você pode obter visualizações relaxantes. É uma boa ideia ter pelo menos dois ou três programas de relaxamento diferentes para ver o que funciona melhor para você. Ver também Apêndice 2 para obter mais recursos.

Meditação

Desde o momento em que acordamos até irmos para a cama, a maioria de nós está envolvida quase continuamente em atividades externas. Tendemos a estar apenas minimamente em contato com nossos sentimentos internos e nossa consciência. Mesmo quando retiramos nossos sentidos e estamos adormecendo à noite, geralmente experimentamos uma mistura de memórias, fantasias, pensamentos e sentimentos relacionados ao dia anterior ou ao seguinte. Raramente vamos além de tudo isso e nos sentimos "apenas estando" no momento presente. Para muitas pessoas na sociedade ocidental, de fato, a ideia de não fazer nada, ou "apenas estar", é difícil de compreender.

A meditação pode levá-lo a esse lugar de apenas estar. É um processo que permite que você pare completamente, deixe de lado pensamentos sobre o passado ou o futuro imediato e simplesmente se concentre em estar no aqui e agora. Pode ser uma disciplina útil para praticar quando você achar que sua mente está acelerada ou excessivamente ocupada. Para uma discussão detalhada da meditação, tanto como uma técnica de relaxamento quanto como uma estratégia geral para lidar com a ansiedade, ver Capítulo 19, "Meditação".

Ioga

A palavra *ioga* significa "jugo" ou "unificar". Por definição, o ioga está envolvido na promoção da unidade da mente, do corpo e do espírito. Embora no Ocidente o ioga seja geralmente considerado uma série de exercícios de alongamento, ele na verdade abrange uma ampla filosofia de vida e um elaborado sistema de transformação pessoal. Esse sistema inclui preceitos éticos, dieta vegetariana, alongamentos ou posturas familiares, exercícios respiratórios específicos, práticas de concentração e meditação profunda. Foi originalmente estabelecido pelo filósofo Patanjali, no século II a.C., e é praticado em todo o mundo até hoje.

As posturas de ioga, por si só, fornecem um meio muito eficaz para aumentar a aptidão, a flexibilidade e o relaxamento. Elas podem ser praticadas individualmente ou em grupo. Muitas pessoas acham que o ioga aumenta a energia e a vitalidade, ao mesmo tempo que acalma a mente. O ioga pode ser comparado com o relaxamento muscular progressivo, na medida em que envolve manter o corpo em certas posições flexionadas por alguns momentos e depois relaxar. Tanto o ioga quanto o relaxamento muscular progressivo levam ao relaxamento. No entanto, algumas pessoas acham que o ioga é mais eficaz do que o relaxamento muscular progressivo para liberar a energia bloqueada. Parece que a energia sobe e desce pela espinha e por todo o corpo de uma maneira que não acontece tão facilmente com o relaxamento muscular progressivo. Como o exercício vigoroso, o ioga promove diretamente a integração mente-corpo. No entanto, em muitos aspectos, ele é mais específico. Cada posição de ioga reflete uma atitude mental, seja essa atitude de entrega, como em certas posições de flexão para a frente, seja de fortalecimento da vontade, como em uma posição de flexão para trás. Ao enfatizar certas posturas e movimentos de ioga, você pode ser capaz de cultivar certas qualidades positivas ou passar por outros padrões de personalidade negativos e restritivos.

Se você estiver interessado em aprender ioga, o melhor lugar para começar é com uma aula em um clube de saúde local ou uma faculdade comunitária. Se essas aulas não estiverem disponíveis na sua área, tente trabalhar com um vídeo de ioga em casa. A popular revista *Yoga Journal* oferece muitos vídeos excelentes de ioga.

Música relaxante

A música tem sido frequentemente chamada de linguagem da alma. Ela parece tocar algo profundo dentro de nós. Ela pode movê-lo para um espaço interior além de sua ansiedade e suas preocupações. A música relaxante pode ajudá-lo a se estabelecer em um lugar de serenidade que é impermeável ao estresse e aos problemas da vida diária. Também pode tirar você de um humor deprimido. Se você usar a música para aliviar a ansiedade, certifique-se de selecionar músicas que sejam genuinamente relaxantes, em vez de estimulantes ou emocionalmente evocativas. Se a música relaxante se destina a ajudá-lo a dormir, é melhor não a ouvir enquanto dirige. Como regra geral, evite tocar sons de relaxamento enquanto dirige seu carro.

Seu dispositivo de áudio portátil com fones de ouvido pode ser particularmente útil à noite se você não quiser incomodar os outros ao seu redor. A música pode ser um pano de fundo útil para técnicas de relaxamento, como relaxamento muscular progressivo ou visualizações guiadas. Ver Apêndice 2 para obter uma lista de seleções de músicas relaxantes. Fazer uma pesquisa no Google por "música relaxante" trará uma variedade de vídeos do YouTube destinados ao relaxamento.

Alguns obstáculos comuns a um programa diário de relaxamento profundo

Existem muitas dificuldades que você pode encontrar ao tentar praticar qualquer forma de relaxamento profundo regularmente. Você pode começar com entusiasmo, reservando um tempo para praticar todos os dias. No entanto, depois de uma semana ou mais, você pode se "esquecer" de praticar. Em uma sociedade acelerada que nos recompensa pela velocidade, pela eficiência e pela produtividade, é difícil parar tudo e simplesmente relaxar por 20 a 30 minutos. Estamos tão acostumados a "fazer" que pode parecer uma tarefa árdua apenas "ser".

Se você acha que quebrou seu compromisso pessoal de praticar o relaxamento profundo diariamente, reserve um tempo para examinar com muito cuidado o que está *dizendo a si mesmo* – quais desculpas você dá – naqueles dias em que não relaxa. Se você simplesmente "não sente vontade", geralmente há alguma razão mais específica para se sentir assim, que pode ser encontrada examinando o que você está dizendo a si mesmo.

Algumas desculpas comuns para não praticar incluem:

- "Não tenho tempo para relaxar."

O que isso geralmente significa é que você não deu prioridade suficiente ao relaxamento entre todas as outras atividades que você colocou em sua agenda.

- "Eu não tenho nenhum lugar para relaxar."

Tente criar um. Você pode deixar as crianças assistirem ao seu programa de TV favorito ou brincarem com seus brinquedos favoritos enquanto você entra em outra sala, com instruções para não o interromperem. Se você e as crianças têm apenas um quarto, ou se elas são muito jovens para respeitar sua privacidade, então você precisa praticar em um momento em que elas estão fora de casa ou dormindo. Isso também vale para um cônjuge exigente.

- "Exercícios de relaxamento parecem muito lentos ou chatos."

Se você está dizendo isso a si mesmo, é uma boa indicação de que você está muito acelerado, empurrando-se freneticamente pela vida. Ir devagar é bom para você.

Em alguns indivíduos, o relaxamento profundo pode trazer sentimentos reprimidos, que muitas vezes são acompanhados por sensações de ansiedade. Se isso acontecer com você, certifique-se de começar com períodos relativamente curtos de relaxamento, trabalhando gradualmente em períodos mais longos. Quando você começar a sentir qualquer ansiedade, simplesmente abra os olhos e pare qualquer procedimento que esteja praticando até se sentir melhor. Com tempo e paciência, esse problema em particular deve diminuir. Caso contrário, será útil consultar um terapeuta profissional especializado no tratamento de transtornos de ansiedade para ajudá-lo a se expor ao relaxamento.

- "Eu simplesmente não tenho disciplina."

Muitas vezes, isso significa que você não persistiu em praticar o relaxamento por tempo suficiente para internalizá-lo como um hábito. Você pode ter feito declarações semelhantes a si mesmo no passado, quando estava tentando adquirir um novo comportamento. Escovar os dentes não aconteceu naturalmente quando você começou. Foi preciso algum tempo e esforço para chegar ao ponto em que se tornou um hábito respeitado. Se você se esforçar para praticar o relaxamento profundo de cinco a sete dias por semana por pelo menos um mês, ele provavelmente ficará tão arraigado que você não precisará mais pensar em fazê-lo – você apenas fará isso automaticamente.

Praticar o relaxamento profundo é mais do que aprender uma técnica: envolve fazer uma mudança básica em sua atitude e seu estilo de vida. Requer uma vontade de dar prioridade à sua saúde e à sua paz de espírito interna sobre as outras reivindicações urgentes de produtividade, realização, dinheiro ou *status*.

Tempo de inatividade e gerenciamento de tempo

Este capítulo sobre relaxamento não estaria completo sem uma discussão sobre os conceitos de tempo de inatividade e gerenciamento de tempo. Na verdade, apreciar e implementar totalmente essas ideias em sua vida provavelmente será *a coisa mais importante que você pode fazer se quiser alcançar um estilo de vida mais relaxado*.

Você pode praticar relaxamento muscular profundo ou meditação todos os dias e ter uma pausa agradável por 20 a 30 minutos. Essas práticas podem definitivamente melhorar sua sensação geral de relaxamento se você as praticar regularmente. No entanto, se você estiver sobrecarregado o restante do tempo, com muito o que fazer e sem interrupções em sua agenda, é provável que permaneça sob estresse, propenso à ansiedade crônica ou a ataques de pânico e, sobretudo, em direção ao esgotamento.

Tempo de inatividade

O *tempo de inatividade* é exatamente o que parece – *tempo fora* do trabalho ou de outras responsabilidades para se dar a oportunidade de descansar e reabastecer sua energia. Sem períodos de inatividade, qualquer estresse que você experimente ao lidar com o trabalho ou outras responsabilidades tende a se *tornar* cumulativo. Ele continua sendo construído sem qualquer remissão. Você pode continuar se esforçando até que finalmente caia de exaustão ou experimente um agravamento de sua ansiedade ou suas fobias. Dormir à noite realmente não conta como tempo de inatividade. Se você for para a cama se sentindo estressado, pode dormir por 8 horas e ainda acordar se sentindo tenso, cansado e estressado. O tempo de inatividade precisa ser agendado durante o dia, para além do sono. Seu objetivo principal é simplesmente permitir uma pausa no ciclo de estresse – para evitar que o estresse que você está enfrentando se torne cumulativo. Recomenda-se que você se dê os seguintes períodos de inatividade:

Uma hora por dia
Um dia por semana
Uma semana a cada 12 a 16 semanas

Se você não tiver quatro semanas de férias pagas por ano (o que é muito comum nos Estados Unidos), esteja disposto a tirar uma folga sem remuneração. Durante esses períodos de inatividade, você se desliga de qualquer tarefa que considere trabalho, deixa de lado todas as responsabilidades e não atende o telefone, a menos que seja alguém com quem você queira falar.

Existem três tipos de tempo de inatividade, cada um dos quais tem um lugar importante no desenvolvimento de um estilo de vida mais relaxado: 1) tempo de descanso, 2) tempo de recreação e 3) tempo de relacionamento. É importante que você forneça a si mesmo tempo de inatividade suficiente para que você tenha tempo para os três. Muitas vezes, os tempos de recreação e relacionamento podem ser combinados. No entanto, é importante usar o tempo de descanso apenas para isso, e nada mais.

O *tempo de descanso* é o tempo em que você deixa de lado todas as atividades e apenas se permite *ser*. Você para de agir e se deixa descansar completamente. O tempo de descanso pode envolver deitar-se no sofá e não fazer nada, meditar silenciosamente, sentar-se em uma poltrona reclinável e ouvir uma música tranquila, mergulhar em uma banheira de hidromassagem ou cochilar no meio do dia de trabalho. Tempo de descanso não significa verificar seu *e-mail*, mas pode significar ler uma revista leve que não se concentra no ciclo de notícias. A chave para o tempo de descanso é que ele é fundamentalmente passivo – você se permite parar de fazer e realizar e apenas *ser*. A sociedade contemporânea incentiva cada um de nós a ser produtivo e sempre realizar mais e mais a cada momento do dia. O tempo de descanso é um contraponto necessário. Quando você está sob estresse, uma hora de descanso por dia, separada do tempo que você dorme, é o ideal.

Já o *tempo de recreação* envolve o envolvimento em atividades que ajudam a "recriar" você – ou seja, servem para reabastecer sua energia. O tempo de recreação ilumina e eleva seu ânimo. Em essência, é fazer qualquer coisa que você experimente como diversão ou brincadeira. Exemplos de tais atividades podem incluir arrumar o jardim, ler um romance, assistir a um filme especial, fazer uma caminhada, jogar futebol, fazer uma curta viagem, assar um pedaço de pão ou pescar. O tempo de lazer pode ser experienciado durante a semana de trabalho, mas é mais importante tê-lo nos seus dias de folga do trabalho. Esse tempo pode ser gasto sozinho ou com outra pessoa, caso em que se sobrepõe ao terceiro tipo de tempo de inatividade.

Por fim, o *tempo de relacionamento* é quando você deixa de lado seus objetivos e suas responsabilidades particulares para gostar de estar com outra pessoa – ou, em alguns casos, com várias pessoas. O foco do tempo de relacionamento é honrar seu relacionamento com seu cônjuge ou parceiro, filhos, membros da família, amigos, animais de estimação e assim por diante e esquecer suas atividades individuais por um tempo. Se você tem uma família, o tempo de relacionamento precisa ser organizado de forma equitativa entre o tempo a sós com seu cônjuge, o tempo a sós com seus filhos e o tempo em que toda a família se reúne. Se você é solteiro, mas tem um parceiro, o tempo precisa ser criteriosamente alocado entre o tempo com seu parceiro e o tempo com os amigos.

Quando você desacelera e arranja tempo para estar com os outros, é menos provável que negligencie suas necessidades básicas de intimidade, toque, afeto, validação, apoio e assim por diante (ver seção "Suas necessidades básicas", no Capítulo 15, "Autoestima"). Atender a essas necessidades básicas é vital para o seu bem-estar. Sem tempo suficiente dedicado a relacionamentos importantes, você certamente sofrerá, e as pessoas com quem você mais se importa também serão afetadas.

Como você pode permitir mais tempo de inatividade (todos os três tipos) em sua vida? Um pré-requisito importante é superar o vício em trabalho. O *workaholism* é um transtorno viciante em que o trabalho é a única coisa que lhe dá uma sensação de realização interior e autoestima. Você dedica todo o seu tempo e energia ao trabalho, negligenciando suas necessidades físicas e emocionais. O *workaholism* descreve um modo de vida desequilibrado, que muitas vezes leva primeiro ao estresse crônico, depois ao esgotamento e, finalmente, a doenças graves.

Se você é viciado em trabalho, é possível *aprender* a desfrutar de aspectos de sua vida não relacionados ao trabalho, como discutido anteriormente, e alcançar uma abordagem mais equilibrada em geral. Arranjar tempo deliberadamente para descanso, recreação e relacionamentos pode ser difícil no início, mas tende a ficar mais fácil e a se tornar autorrecompensador com o passar do tempo.

Outro passo importante é simplesmente *estar disposto a fazer menos*. Ou seja, você literalmente reduz o número de tarefas e responsabilidades com que lida em um determinado dia. Em alguns casos, isso pode envolver a mudança de emprego; em outros, pode envolver apenas a reestruturação de como você aloca tempo para o trabalho *versus* descanso e relaxamento. Para alguns indivíduos, isso se traduz em uma decisão fundamental de tornar o ganho de dinheiro menos importante, e um estilo de vida mais simples e equilibrado mais importante. Antes de pensar em deixar seu emprego atual, no entanto, considere como você pode mudar seus valores no sentido de colocar mais ênfase no *processo* da vida ("como" você vive) em oposição a realizações e produtividade ("o que" você realmente faz) dentro de sua situação de vida atual.

Exercício: encontrando mais tempo de inatividade

Reserve algum tempo para refletir sobre como você pode alocar mais tempo para cada um dos três tipos de tempo de inatividade discutidos. Escreva suas respostas no espaço fornecido a seguir.

Tempo de descanso:

Tempo de recreação:

Tempo de relacionamento:

Gerenciamento de tempo

Uma habilidade muito importante a ter se você quiser mais tempo longe do trabalho e das responsabilidades é um bom gerenciamento de tempo. A gestão do tempo descreve a maneira como você organiza ou estrutura suas atividades diárias ao longo do tempo. A gestão ineficaz do tempo pode levar a estresse, ansiedade, esgotamento e, eventualmente, doença. O gerenciamento eficaz do tempo, por outro lado, permitirá que você tenha mais tempo para os três tipos de tempo de inatividade descritos: descanso, recreação e relacionamentos.

Desenvolver boas habilidades de gerenciamento de tempo pode exigir a desistência de alguns hábitos queridos. Alguma das seguintes tendências é verdadeira para você? Marque qualquer afirmação a seguir que se aplique:

- ☐ "Eu tendo a subestimar a quantidade de tempo que leva para concluir uma atividade ou uma tarefa. Quando termino, já tomei o tempo que precisava para outra coisa."
- ☐ "Eu costumo fazer muitas coisas em pouco tempo. Como resultado, acabo correndo."
- ☐ "Acho difícil deixar de lado algo em que estou envolvido, então acabo não tendo tempo suficiente para chegar (ou concluir) à próxima atividade que preciso fazer."
- ☐ "Tenho dificuldade em priorizar as atividades – fazer as mais essenciais antes de atender às menos importantes."
- ☐ "Tenho dificuldade em delegar tarefas não essenciais a outras pessoas, mesmo quando é possível fazê-lo."

Se você marcou qualquer uma das afirmações como verdadeira, você pode se beneficiar de aprender a cultivar habilidades eficazes de gerenciamento de tempo.

As habilidades descritas a seguir – priorizar, delegar, permitir tempo extra, abandonar o perfeccionismo, superar a procrastinação e dizer não – podem ajudá-lo a trabalhar com, e não contra, o tempo.

Priorizar

Priorizar significa aprender a discriminar entre tarefas ou atividades que são essenciais e aquelas que não são essenciais. Você presta atenção ao que é mais importante e coloca todo o resto em espera (ou delega tarefas a outras pessoas – ver a seguir).

Você pode achar útil dividir suas tarefas e responsabilidades diárias em três categorias: *essenciais, importantes* e *menos importantes* ou *triviais*. Tarefas ou atividades *essenciais* incluem aquelas que exigem atenção imediata: são absolutamente necessárias, como levar as crianças para a escola. De modo alternativo, podem ser atividades muito importantes para você, como exercícios físicos, se você estiver trabalhando para reduzir a sua ansiedade. Tarefas e atividades *importantes* são aquelas que têm valor significativo, mas podem ser atrasadas por um tempo limitado, como passar tempo de qualidade a sós com seu cônjuge ou parceiro. Tarefas importantes não podem ser atrasadas por muito tempo, no entanto. Tarefas *menos importantes* ou *triviais* podem ser adiadas por muito tempo sem risco grave ou podem ser delegadas a outras pessoas (tarefas como levar a pilha de jornais da garagem para o centro de reciclagem ou excluir fotos que você não deseja manter no seu computador).

Você pode achar útil, talvez quando se levantar pela manhã, categorizar as tarefas que enfrenta como *essenciais, importantes* ou *menos importantes*. Na verdade, divida um pedaço de papel em três colunas e anote tudo. Em seguida, comece com as tarefas nas colunas *essencial* e *importante*. Apenas avance para as tarefas na categoria *menos importante* quando terminar todas as tarefas nas duas primeiras colunas. Em geral, considere adiar todas as tarefas na coluna *menos importante* em favor de se dar mais tempo de inatividade.

Se você está comprometido em alcançar um estilo de vida mais relaxado, precisará colocar o tempo de inatividade – tempo para descanso, recreação e relacionamentos – na categoria *essencial*. Quando o tempo de inatividade se tornar um item regular e de alta prioridade em sua agenda – algo que se recusa a adiar –, você começará a levar a vida de forma mais lenta e fácil. Como resultado, você se sentirá menos estressado, mais capaz de dormir e mais capaz de se divertir em geral. Tornar o tempo de inatividade essencial requer abandonar os vícios em trabalho, realização exterior e sucesso, bem como deixar de lado o perfeccionismo.

Você também pode incluir na coluna essencial as atividades que contribuem para a realização de seus ideais de longo prazo e objetivos de vida. Ideais de longo prazo e objetivos de vida tendem a permanecer exatamente isso para a maioria das pessoas – adiados até o futuro distante –, a *menos* que você tenha tempo para fazer algo para alcançá-los passo a passo no presente.

Delegar

A habilidade de delegar significa estar disposto a deixar outra pessoa cuidar de uma tarefa ou atividade que tem menor prioridade para você ou uma tarefa importante que *você* não precisa fazer pessoalmente. Ao delegar, você libera mais tempo para as tarefas que são essenciais e exigem sua atenção pessoal. Muitas vezes, delegar significa pagar a outra pessoa para fazer o que você poderia fazer se tivesse tempo ilimitado: limpar a casa, lavar o carro, cozinhar, cuidar das crianças, fazer reparos básicos, e assim por diante. Em outros momentos, delegar significa simplesmente distribuir tarefas de forma equitativa entre os membros da família: ajudar seus filhos a fazerem a parte deles nas tarefas domésticas. Uma chave para a delegação é a vontade de confiar e contar com a capacidade dos outros. Desista da ideia de que só você pode fazer um trabalho adequado e esteja disposto a confiar a responsabilidade por uma tarefa a outra pessoa.

Permitir tempo extra

Um problema comum no gerenciamento de tempo é subestimar a quantidade de tempo necessária para concluir uma tarefa. O resultado é que você acaba correndo para tentar fazer algo, ou então se depara com horas extras e invade o tempo necessário para a próxima atividade em sua agenda. Como regra geral, ajuda reservar um pouco mais de tempo do que você esperaria para cada atividade durante o dia. É melhor errar ao superestimar o tempo necessário para uma tarefa, deixando mais tempo para prosseguir de maneira tranquila para a próxima atividade.

Um pré-requisito importante para permitir tempo extra é estar *disposto a fazer menos coisas* – não colocar tantas tarefas ou atividades em um determinado período. Isso pode ser muito difícil para pessoas viciadas em sua própria adrenalina, que parecem ter uma certa alegria e satisfação por correrem ou se sentirem ocupadas. No entanto, permitir tempo extra tem enormes recompensas em termos de permitir que você continue seu dia em um ritmo mais relaxado e fácil. Fazer isso economizará muito estresse.

Abandonar o perfeccionismo

Perfeccionismo significa essencialmente definir padrões e expectativas muito altos: não há permissão para os inevitáveis erros, frustrações, atrasos e limitações que surgem no processo de trabalhar em direção a qualquer objetivo. O perfeccionismo pode mantê-lo em uma esteira de excesso de trabalho ou excesso de dedicação, a ponto de você não permitir tempo para suas próprias necessidades. Abandonar o perfeccionismo requer uma mudança de atitude fundamental. Torna-se certo simplesmente fazer o seu melhor, cometer alguns erros ao longo do caminho e aceitar os resultados que você obtém, mesmo que seus melhores esforços sejam insuficientes. Também envolve aprender a rir de vez em quando, em vez de se desesperar com as limitações inerentes à existência humana. (Para uma discussão mais aprofundada sobre o abandono do perfeccionismo, ver Capítulo 11, "Estilos de personalidade que perpetuam a ansiedade".)

Superar a procrastinação

A procrastinação é sempre autodestrutiva quando você se dá pouquíssimo tempo. Seja se preparando para um exame, seja para ir para o trabalho, adiar o inevitável deixa você atormentado e estressado no final.

Uma razão para procrastinar pode ser que você realmente não quer fazer o que precisa ser feito em primeiro lugar. Se esse é o seu motivo para protelar, a solução está na delegação ou na priorização. Se você puder delegar uma tarefa indesejável a outra pessoa, faça isso. Se você não puder, faça a tarefa indesejável *primeiro* – em outras palavras, priorize-a sobre as outras coisas que você precisa fazer. Prometer a si mesmo fazer algo divertido ou interessante depois como recompensa por realizar a tarefa indesejável geralmente funciona bem. Para superar a procrastinação, a recompensa geralmente funciona muito melhor do que a punição.

Outro motivo para procrastinar é o perfeccionismo. Se você sente que algo tem de ser feito perfeitamente, pode continuar adiando o início porque teme que não possa fazê-lo "na medida". A solução aqui é mergulhar e começar, quer você sinta ou não que está pronto para fazer isso direito. Um princípio importante a ser lembrado é de que a *motivação geralmente segue o comportamento*. Simplesmente começar a tarefa muitas vezes gerará a motivação para continuá-la e concluí-la. Então, você pode ter tempo suficiente para voltar e retrabalhar ou refinar o que fez durante a primeira rodada. Se você continuar enrolando, no entanto, poderá esgotar todo o tempo necessário para fazer o tipo de trabalho que gostaria de fazer. O pior resultado é quando você não tenta fazer a tarefa devido aos seus padrões impossivelmente altos.

Dizer não

Há muitas razões pelas quais as pessoas têm dificuldade em dizer não. Você sempre pode querer ser agradável e receptivo à família e aos amigos, não importa o que eles exijam de você, então tem dificuldade em estabelecer limites, mesmo quando suas demandas ou necessidades se tornam mais do que você pode lidar. Ou você pode estar tão ligado ao seu trabalho que ele se torna a sua principal fonte de identidade e significado. Não importa o quão exigentes e demoradas as responsabilidades de trabalho se tornem, você continua assumindo-as, porque não fazer isso deixaria você se sentindo vazio.

Em suma, a dificuldade em dizer não geralmente está ligada à sua autoimagem. Se sua imagem de si mesmo exige que você seja gentil o tempo todo e esteja sempre disponível para todos, provavelmente não há limite para o que os outros pedirão de você. Se o seu trabalho é quem você é, então será difícil para você dizer não às demandas de trabalho, a fim de ter tempo para suas necessidades pessoais.

Aprender a dizer não requer uma disposição para renunciar a crenças acalentadas sobre si mesmo – o que pode ser uma das coisas mais difíceis para qualquer um fazer. Isso pode envolver expandir sua identidade para além de cuidar dos outros, ou cuidar dos negócios, e aprender a dedicar tempo para nutrir e atender às suas próprias necessidades. Significa aceitar a realidade de que cuidar de si mesmo – mesmo à custa do que você faz pelos outros – não é egoísta. Você pode realmente oferecer o seu melhor aos outros ou ao seu trabalho se estiver cansado, estressado ou esgotado?

Uma incapacidade sustentada de dizer não pode, em última análise, levar ao esgotamento ou mesmo à doença. Em muitos casos, a doença – seja na forma de ataques de pânico, depressão ou algum outro problema persistente – pode forçá-lo a reavaliar a maneira como você vive sua vida. A doença pode ser o catalisador que o obriga a desacelerar, prestar atenção e aprender a viver de uma forma mais simples e equilibrada.

Resumo de coisas para fazer

1. Releia a seção sobre respiração abdominal e decida com qual exercício de respiração você deseja trabalhar. Pratique o exercício que preferir 5 minutos por dia durante pelo menos duas semanas. Pratique por um mês ou mais se desejar mudar seu padrão de respiração do peito para baixo em direção ao abdome.

    Use a respiração abdominal ou o exercício de respiração calmante sempre que sentir os sintomas de ansiedade começando a aparecer.

2. Pratique o relaxamento muscular progressivo 20 a 30 minutos por dia (dois períodos de prática por dia é ainda melhor) por pelo menos duas semanas. Nas primeiras vezes, use as gravações associadas a este livro, peça a alguém que leia as instruções ou grave-as você mesmo, para que você possa segui-las sem esforço. Eventualmente, você memorizará as instruções e poderá dispensar a gravação.

3. Visualize ir a uma cena pacífica após o relaxamento muscular progressivo. Pode ajudar gravar uma descrição detalhada de tal cena, seguindo suas instruções gravadas para relaxamento muscular progressivo ou passivo. Tente ir à sua cena pacífica (junto à respiração abdominal) nos momentos durante o dia em que a ansiedade aparece.

4. Depois de praticar o relaxamento muscular progressivo por pelo menos duas semanas, você pode aproveitar tanto seus benefícios que decide adotá-lo como sua técnica de relaxamento profundo preferida. De modo alternativo, você pode querer aprender a meditar. (Ver Capítulo 19.) *O tipo de técnica de relaxamento que você usa é menos importante do que sua disposição e seu compromisso de praticar algum método de relaxamento profundo diariamente.*

5. Se você encontrar dificuldades em manter seu compromisso de praticar o relaxamento profundo em longo prazo, releia a seção "Alguns obstáculos comuns a um programa diário de relaxamento profundo".

6. Passe algum tempo analisando a seção "Tempo de inatividade e gerenciamento de tempo". Você precisa alocar mais tempo em sua vida para descanso, relaxamento e relacionamentos pessoais? Quais mudanças você precisaria fazer em sua programação diária para conseguir isso? Pense em pelo menos uma mudança que você poderia fazer a partir desta semana. Você está disposto a se comprometer com isso?

Leituras adicionais

Benson, Herbert. *The Relaxation Response*. Updated and expanded. New York: HarperCollins, 2000.

Davis, Martha, Elizabeth Robbins Eshelman, and Matthew McKay. *The Relaxation & Stress Reduction Workbook*. 7th ed. Oakland, CA: New Harbinger Publications, 2019.

Kabat-Zinn, Jon. *Wherever You Go, There You Are*. Tenth anniversary edition. New York: Hyperion, 2005.

Lakein, Alan. *How to Get Control of Your Time and Your Life*. New York: Signet, 1989.

Mason, John. *Guide to Stress Reduction*. 2nd ed. Berkeley, CA: Celestial Arts, 2001. (Este livro é particularmente recomendado como um bom recurso para roteiros de relaxamento que você mesmo pode gravar.)

5
Exercício físico

Um dos métodos mais poderosos e eficazes para reduzir a ansiedade generalizada e superar a predisposição para ataques de pânico é um programa de exercícios regulares e vigorosos. Os ataques de pânico ocorrem quando a reação natural de luta ou fuga do corpo – o aumento repentino de adrenalina experimentado em resposta a uma ameaça realista – se torna excessiva ou ocorre fora de contexto. O exercício é uma saída natural para o corpo quando está no modo de alerta de luta ou fuga. A maioria dos meus clientes que realizaram um programa regular de exercícios se tornou menos vulnerável a ataques de pânico e, quando os tem, acredita que são menos graves. O exercício regular também diminui a tendência de experimentar ansiedade antecipatória em relação a situações fóbicas, acelerando a recuperação de todos os tipos de fobias, desde o medo de falar em público até o medo de ficar sozinho.

O exercício físico regular tem um impacto direto em vários fatores fisiológicos subjacentes à ansiedade. Ele promove:

- *a redução da tensão muscular esquelética*, que é, em grande parte, responsável por seus sentimentos de tensão ou "nervosismo";
- *a aceleração do metabolismo do excesso de adrenalina e de tiroxina* na corrente sanguínea, que, quando presentes, tendem a perpetuar os estados de alerta e vigilância temerosas;
- *uma descarga de frustração reprimida*, que pode agravar reações fóbicas ou de pânico.

Alguns dos benefícios *fisiológicos* gerais do exercício incluem:

- maior oxigenação do sangue e do cérebro, o que aumenta o estado de alerta e a concentração;
- estimulação da produção de endorfinas, substâncias naturais que se assemelham à morfina tanto quimicamente quanto em seus efeitos – as endorfinas aumentam a sensação de bem-estar;
- diminuição do pH (aumento da acidez) do sangue, o que aumenta o nível de energia;
- melhora da circulação;
- melhora da digestão e da utilização dos alimentos;

- melhora da eliminação (pela pele, pelos pulmões e pelos intestinos);
- diminuição dos níveis de colesterol;
- diminuição da pressão arterial;
- perda de peso, bem como supressão do apetite, em muitos casos;
- melhora da regulação do açúcar no sangue (no caso de hipoglicemia).

Vários benefícios *psicológicos* acompanham essas melhoras físicas, incluindo:

- aumento das sensações subjetivas de bem-estar;
- redução da dependência de álcool e outras drogas;
- redução da insônia;
- melhora da concentração e da memória;
- redução da depressão;
- aumento da autoestima;
- maior senso de controle sobre a ansiedade.

Sintomas de estar fora de forma

Como você sabe que está fora de forma e precisa de exercícios? Aqui estão alguns sintomas comuns:

- Ficar sem fôlego depois de subir um lance de escadas.
- Precisar de um longo tempo de recuperação depois de subir um lance de escadas.
- Sentir-se exausto após curtos períodos de esforço.
- Experimentar tensão muscular crônica.
- Apresentar tônus muscular fraco.
- Sofrer de obesidade.
- Ficar com os músculos contraídos e doloridos por dias depois de praticar um esporte.
- Sentir cansaço geral, letargia e tédio.

Seu nível de condicionamento físico

A planilha a seguir pode ajudá-lo a avaliar a extensão de seu condicionamento. Pense na atividade física mais extenuante que você pratica em uma *semana normal*. Depois de concluir as perguntas a seguir, determine sua pontuação e avalie seu nível de condicionamento físico.

Uma maneira alternativa de avaliar seu nível de condicionamento físico é medir sua *frequência cardíaca em repouso* – a média de batimentos cardíacos por minuto quando você está em repouso. Como regra geral, um pulso de repouso de 80 ou mais sugere que você definitivamente poderia melhorar sua forma física. Se você estiver em um programa de condicionamento físico e tiver um pulso médio de repouso inferior a 70, é provável que esteja em boa forma. Para medir o seu pulso, permita-se relaxar e, em seguida, conte o número de batimentos do pulso em 20 segundos e multiplique-o por três.

Intensidade	Frequência	Duração
Quão extenuante é o seu exercício por semana?	Quantas vezes você se exercita por semana?	Por quanto tempo você se exercita?
Intenso = 5 pontos (ciclismo rápido, corrida, dança aeróbica)	3 ou mais vezes = 5 pontos	21 minutos a 1 hora = 5 pontos
Moderado = 3 pontos (corrida, ciclismo, caminhada muito rápida)	1 a 2 vezes = 2 pontos	11 a 20 minutos = 3 pontos
Leve = 1 ponto (golfe, caminhada, tarefas domésticas)	Nunca = 0 pontos	10 minutos ou menos = 1 ponto
Insira sua pontuação: _____	+_____	+_____ = Total _____

Pontuação total	Nível de condicionamento físico	Ação recomendada
13 a 15	Muito bom	Parabéns! Mantenha seu nível de atividade atual.
8 a 12	Médio	Você é moderadamente sedentário e pode aumentar seu nível de atividade.
7 ou menos	Ruim	Comece a planejar um programa de exercícios agora!

Preparando-se para um programa de condicionamento físico

Se você decidiu que gostaria de fazer mais exercícios, precisa se perguntar se está totalmente pronto para isso. Existem certas condições físicas que limitam a quantidade e a intensidade do exercício que você deve realizar. Se a sua resposta a qualquer uma das perguntas a seguir for sim, consulte seu médico antes de iniciar qualquer programa de exercícios. Esse profissional pode recomendar um programa de exercício restrito ou supervisionado adequado às suas necessidades.

Sim	Não	Duração
		Seu médico já disse que você tem problemas cardíacos?
		Você costuma sentir dores no coração ou no peito?
		Você costuma desmaiar ou ter tonturas?

(Continua)

(Continuação)

Sim	Não	Duração
		Seu médico já disse que você tem um problema ósseo ou articular (como artrite) que foi ou pode ser agravado pelo exercício?
		Algum médico já disse que sua pressão arterial estava muito alta?
		Você tem diabetes?
		Você tem mais de 40 anos e não está acostumado a fazer exercícios vigorosos?
		Existe uma razão física, não mencionada aqui, pela qual você não deve realizar um programa de exercícios?

Se você respondeu não a todas as perguntas anteriores, pode estar razoavelmente certo de que está pronto para iniciar um programa de exercícios. Comece devagar e aumente sua atividade gradualmente ao longo de um período de semanas. Se você tem mais de 40 anos e não está acostumado a se exercitar, planeje consultar seu médico para um exame físico antes de realizar um programa de exercícios.

Alguns indivíduos relutam em se exercitar porque o estado de excitação fisiológica que acompanha o exercício vigoroso os lembra muito dos sintomas de pânico. Se isso se aplica a você, é interessante começar fazendo 45 minutos de caminhada diariamente.

Ou você pode, *muito gradualmente*, aumentar para um nível mais vigoroso de exercício. Você pode tentar apenas 2 ou 3 minutos de corrida ou ciclismo e, em seguida, aumentar gradualmente a duração do exercício diário 1 minuto de cada vez, lembrando de parar sempre que sentir qualquer associação com o pânico (ver descrições da exposição passo a passo nos Capítulos 3 e 7). Também pode ser útil ter alguém que faça exercícios com você inicialmente como companhia e apoio. Se você sentir fobia em relação ao exercício, um programa de exposição gradual vai ajudá-lo da mesma forma que ajudaria com qualquer outra fobia.

Escolhendo um programa de exercícios

Existem muitos tipos de exercícios para escolher. Decidir que forma de exercício fazer depende dos seus objetivos. Para reduzir a ansiedade generalizada e/ou a propensão ao pânico, *exercícios aeróbicos*, como corrida, caminhada rápida, ciclismo ao ar livre ou em uma bicicleta ergométrica, natação, dança aeróbica ou salto de trampolim, podem ser eficazes para muitos indivíduos. O exercício aeróbico requer atividade sustentada de seus músculos maiores. Ele reduz a tensão musculoesquelética e aumenta o *condicionamento cardiovascular* – a capacidade do seu sistema circulatório de fornecer oxigênio aos tecidos e às células com maior eficiência. O exercício aeróbico regular reduzirá o estresse e aumentará a sua resistência. Um treino aeróbico deve durar ao menos 20 a 30 minutos.

Além da aptidão aeróbica, você pode ter outros objetivos ao se exercitar. Se o aumento da *força* muscular for importante, você pode incluir levantamento de peso ou exercícios isométricos em seu programa de exercícios. Comece com calma, usando máquinas de exercício ou pesos individuais, e aumente gradualmente a carga até atingir o objetivo almejado. Um treinador pode ser útil ao trabalhar com musculação. (Se você tem algum problema cardíaco ou angina, provavelmente *não* deve se envolver com levantamento de peso ou musculação, a menos que tenha a aprovação de um médico.)

Se *socializar* é importante, tênis, golfe ou esportes coletivos, como beisebol, basquete ou vôlei, podem ser o que você está procurando. Exercícios que envolvem alongamento, como ioga, são ideais para desenvolver a *flexibilidade* muscular. Se você quer *perder peso*, correr ou andar de bicicleta provavelmente será um exercício mais eficiente. Se *descarregar agressividade e frustração* é importante, você pode tentar esportes competitivos. Por fim, se você quer apenas ficar ao ar livre, caminhadas ou jardinagem seriam apropriadas. Trilhas rigorosas podem aumentar a força e a resistência.

Muitas pessoas acham útil *variar* o tipo de exercício que fazem. Combinações populares envolvem fazer um tipo de exercício aeróbico, como correr ou andar de bicicleta três a quatro vezes por semana, e um exercício de socialização (como tênis) ou um exercício de musculação duas vezes por semana. Manter um programa com dois tipos distintos de exercício evita que qualquer um deles se torne muito monótono. A seguir, são apresentadas breves descrições de alguns dos tipos mais comuns de exercícios aeróbicos. Cada tipo tem suas vantagens e possíveis desvantagens.

Corrida

Por muitos anos, correr tem sido a forma mais popular de exercício aeróbico, talvez devido à sua conveniência. O único equipamento necessário é um tênis de corrida, e, em muitos casos, você só precisa sair pela porta para começar. Correr é uma das melhores formas de exercício para perder peso, uma vez que queima calorias rapidamente. Numerosos estudos mostraram os benefícios da corrida para a depressão, pois ela aumenta os níveis de endorfina e serotonina no cérebro. Como já mencionado, correr diminui a ansiedade, metabolizando o excesso de adrenalina e liberando a tensão musculoesquelética. Uma corrida de 3 a 5 km (aproximadamente 30 minutos) quatro ou cinco vezes por semana pode ajudar muito a diminuir sua vulnerabilidade à ansiedade.

A desvantagem de correr é que, ao longo de um período, aumenta o risco de lesões. Em particular, se você correr em superfícies duras, o choque constante nas articulações pode levar a problemas nos pés, nos joelhos ou nas costas. Você pode minimizar o risco de lesões seguindo as orientações a seguir:

- Obtenha sapatos adequados – aqueles que minimizam o choque nas articulações.
- Corra em superfícies macias – de preferência, grama, terra, uma pista ou uma praia com areia endurecida. Evite o concreto, se possível; o asfalto é bom se você tiver calçados adequados e não correr todos os dias.
- Aqueça-se para correr antes de começar. Tente fazer 1 ou 2 minutos de corrida bem lenta.
- Evite correr todos os dias – alterne com outras formas de exercício.

Se correr ao ar livre for um problema devido ao clima, à falta de uma superfície macia, à poluição atmosférica ou ao tráfego, pode ser interessante investir em uma esteira. Para tornar seu uso menos monótono, coloque-a em frente à sua televisão ou ao seu reprodutor de mídia.

Natação

A natação é uma forma popular de exercício. É um exercício especialmente bom porque usa muitos músculos diferentes em todo o corpo. Os médicos costumam recomendar a natação para pessoas com problemas musculoesqueléticos, lesões ou artrite, pois ela minimiza o choque nas articulações. Nadar não promove perda de peso no mesmo grau que a corrida, mas ajuda a firmar seu corpo.

Para o condicionamento de nível aeróbico, é melhor nadar em estilo livre por 20 a 30 minutos, preferencialmente quatro ou cinco vezes por semana. Para exercícios moderados e relaxantes, o nado peito é uma alternativa agradável. Como regra geral, é melhor exercitar-se em uma piscina aquecida, em que a temperatura da água é de 24 a 26 °C.

A principal desvantagem da natação é que muitas piscinas são fortemente cloradas. Isso pode ser muito irritante para olhos, pele e cabelo, bem como para as membranas das vias respiratórias superiores. Você pode combater parte disso usando óculos de proteção e/ou tampões para o nariz. Se você tiver sorte, talvez consiga encontrar uma piscina que utilize peróxido de hidrogênio, ozônio insuflado ou até mesmo solução salina. Qualquer uma dessas opções é preferível ao cloro. Ao usar uma piscina clorada, certifique-se de tomar banho com água quente e sabonete depois.

Ciclismo

Nos últimos anos, o ciclismo se tornou uma forma muito popular de exercício aeróbico. Embora tenha muitos dos mesmos benefícios da corrida, causa menos impacto nas articulações. Para alcançar o condicionamento aeróbico, o ciclismo precisa ser feito vigorosamente – a uma taxa de aproximadamente 25 km/h ou mais em uma superfície plana. Quando o tempo está bom, andar de bicicleta pode ser muito agradável – especialmente se você viver em um bairro bonito e com pouco tráfego ou uma ciclovia designada. Se o clima impedir o ciclismo, você pode usar uma bicicleta ergométrica dentro de casa.

Se você quiser praticar ciclismo ao ar livre, precisará fazer um investimento inicial em uma boa bicicleta. Você pode pedir emprestada a bicicleta de outra pessoa até se sentir pronto para gastar algumas centenas do seu orçamento. Ao comprar uma bicicleta, evite as de corrida, a menos que decida que quer correr. Provavelmente, você achará mais agradável e menos estressante pedalar sentado ereto, em vez de encurvado. Certifique-se de que a bicicleta que você comprou foi projetada e dimensionada corretamente para o seu corpo – ou ela pode lhe causar problemas. Um assento bem acolchoado é um bom investimento.

Ao andar de bicicleta, dê a si mesmo alguns meses para trabalhar até uma velocidade de cruzeiro de 25 km/h – 1,5 km a cada 4 minutos. Cerca de 30 a 60 minutos de ciclismo três ou quatro vezes por semana é suficiente. Certifique-se de usar um capacete e tente evitar andar à noite. Use ciclovias em vias que, de preferência, não estejam muito ocupadas com o trânsito.

Aulas de aeróbica

A maioria das aulas de aeróbica consiste em alongamentos de aquecimento e exercícios aeróbicos liderados por um instrutor. Isso geralmente é feito com música. As aulas costumam ser oferecidas por academias de ginástica, com vários níveis para participantes iniciantes, intermediários e avançados. Como alguns dos exercícios podem ser traumáticos para as articulações, tente encontrar uma aula de aeróbica de "baixo impacto". O formato estruturado de uma aula de aeróbica pode ser uma excelente maneira de motivá-lo a se exercitar. Se você é automotivado e prefere ficar em casa, há muitos bons vídeos de aeróbica disponíveis.

Se você decidir fazer exercícios aeróbicos, certifique-se de obter bons calçados que estabilizem seus pés, absorvam o choque e minimizem a torção. É melhor fazer esses exercícios em uma superfície de madeira e evitar tapetes, se possível. Cerca de 30 a 60 minutos de exercício (incluindo aquecimento) três a cinco vezes por semana é suficiente.

Caminhada

A caminhada tem vantagens sobre todas as outras formas de exercício. Primeiro, o ato de caminhar não requer treinamento – você já sabe como fazê-lo. Em segundo lugar, não requer nenhum equipamento, além de um par de calçados, e pode ser feito praticamente em qualquer lugar – mesmo em um *shopping center*, se necessário. A chance de lesão é menor do que em qualquer outro tipo de exercício. Por fim, é a atividade física mais natural. Todos nós somos propensos a caminhar. Até que a sociedade se tornasse sedentária, caminhar era uma parte regular da vida.

Caminhar para relaxamento e distração é uma coisa; fazer isso para condicionamento aeróbico é outra. Para fazer caminhadas *aeróbicas*, tente caminhar por cerca de 45 a 60 minutos em um ritmo rápido o suficiente para cobrir 5 km. Uma caminhada de 20 minutos geralmente não é suficiente para obter condicionamento de nível aeróbico, mas é bom se o seu objetivo é apenas fazer exercícios moderados. Se você faz da caminhada sua forma regular de exercício, faça-a quatro ou cinco vezes por semana, de preferência ao ar livre. Se você sentir que 1 hora de caminhada rápida não é suficiente para se exercitar, tente adicionar pesos para as mãos ou encontrar uma área com colinas.

Para obter o máximo benefício da caminhada, uma boa postura é importante. Se parecer natural permitir que seus braços balancem opostos à passada das pernas, você alcançará uma "condição lateral cruzada", que ajuda a integrar os hemisférios esquerdo e direito do cérebro. Bons calçados de caminhada também são importantes. Busque por palmilhas acolchoadas, um bom arco e um apoio firme do calcanhar.

Depois de caminhar confortavelmente 5 ou 6 km sem parar, considere fazer caminhadas em grupo – durante o dia ou à noite – em parques municipais, estaduais ou nacionais. Caminhar ao ar livre pode revitalizar sua alma tanto quanto seu corpo.

Primeiros passos

Se você não estiver se exercitando, é importante não começar muito rapidamente ou com muita força. Fazer isso com frequência resulta em esgotamento prematuro da ideia de manter um programa regular de exercícios. As seguintes diretrizes para começar são recomendadas:

- Aproxime-se do exercício gradualmente. Defina metas limitadas no início, como se exercitar por apenas 10 minutos (ou a ponto de ficar sem fôlego) a cada dois dias durante a primeira semana. Adicione 5 minutos ao seu tempo de treino a cada semana de maneira sucessiva até chegar a 30 minutos.
- Dê a si mesmo um período de teste de um mês. Comprometa-se a permanecer com seu programa por um mês, apesar das dores, da inércia ou de outra resistência ao exercício. No final do primeiro mês, você pode estar começando a experimentar benefícios suficientes para tornar o exercício automotivador. Esteja ciente de que alcançar um alto nível de condicionamento físico depois de estar fora de forma pode levar de três a quatro meses.
- *Opcional:* mantenha um registro da sua prática diária de exercícios. Use o *Registro diário de exercícios* mostrado a seguir para monitorar a data, a hora, a duração e o tipo de exercício em que você se envolve diariamente. (Você pode fazer cópias do *Registro diário* para acompanhar seu programa de exercícios além do primeiro mês. Para obter uma versão para *download* do *Registro*, acesse a página do livro em loja.grupoa.com.br.) Se você estiver fazendo exercícios aeróbicos, registre sua frequência cardíaca imediatamente após concluir seu treino e insira-a na coluna denominada "Frequência cardíaca". Certifique-se também de avaliar seu nível de satisfação utilizando uma escala de 1 a 10, em que 1 significa nenhuma satisfação e 10 significa satisfação total com a sua experiência de exercício. À medida que você começa a entrar em forma, sua satisfação deve aumentar. Por fim, se você não se exercitar quando pretendia, indique seu motivo para não o fazer. Mais tarde, pode ser útil reavaliar essas razões para verificar se elas são realmente válidas ou "meras desculpas". (Ver seção final deste capítulo para lidar com a resistência ao exercício.)
- *Espere* algum desconforto inicial. Dores ao começar são normais se você estiver fora de forma. Você pode esperar que o desconforto passe à medida que evolui em força e resistência.
- Tente se concentrar no *processo* de exercício, e não no produto. Tente se envolver com os aspectos inerentemente prazerosos do próprio exercício. Se você gosta de correr ou pedalar, é útil ter um ambiente cênico. Concentrar-se na competição com os outros ou consigo mesmo pode tender a aumentar, em vez de reduzir, a ansiedade e o estresse.
- Recompense-se por manter o compromisso com o seu programa de exercícios. Dê a si mesmo um jantar fora, uma viagem de fim de semana ou roupas ou equipamentos esportivos novos em troca de manter seu programa durante as primeiras semanas e meses.

Registro diário de exercícios* para _____
(mês)

Data	Hora	Tipo de exercício	Duração	Frequência cardíaca	Nível de satisfação	Motivo para não se exercitar

*Com base em uma frequência máxima de 6 dias de exercício por semana.

- Faça um aquecimento. Assim como o seu carro precisa aquecer antes de começar a rodar, o seu corpo precisa de um aquecimento gradual antes de se envolver em exercícios vigorosos. Isso é especialmente importante se você tiver mais de 40 anos. Cinco minutos de corrida leve ou exercícios de alongamento geralmente serão suficientes.
- Dê a si mesmo alguns minutos para se refrescar, o que é importante após um exercício vigoroso. Caminhar por 2 a 3 minutos ajudará a trazer seu sangue de volta dos músculos periféricos para o restante do corpo.
- Evite se exercitar dentro de 1 hora após uma refeição e não coma até 1 hora depois de se exercitar.
- Evite fazer exercícios quando se sentir doente ou sobrecarregado. (Tente uma técnica de relaxamento profundo.)
- Interrompa o exercício se você sentir qualquer sintoma corporal súbito e inexplicável.
- Se você se sentir entediado ao fazer exercícios sozinho, encontre alguém para acompanhá-lo ou uma forma de exercício que exija um parceiro.

Otimizando os efeitos redutores de ansiedade do exercício

O exercício precisa ser suficientemente regular, intenso e duradouro para ter um impacto significativo na ansiedade. Os seguintes padrões podem ser vistos como metas a serem alcançadas:

- Idealmente, o exercício deve ser aeróbico.
- A frequência ideal é de quatro a cinco vezes por semana.
- A duração ideal é de 20 a 30 minutos ou mais por sessão.
- A intensidade ideal para o exercício aeróbico é uma frequência cardíaca de (220 − sua idade) × 0,75, por ao menos 10 minutos.

A tabela a seguir indica as faixas de frequência cardíaca do exercício para várias idades. A extremidade inferior de cada faixa representa uma meta de frequência cardíaca desejável para exercícios *moderados*. A extremidade superior representa a frequência cardíaca máxima ideal para exercícios *aeróbicos* para cada faixa etária:

Idade	Frequência cardíaca
20-29	145-164
30-39	138-156
40-49	130-148
50-59	122-140
60-69	116-132
70-79	108-120

Evite se exercitar apenas uma vez por semana. Envolver-se em esforços infrequentes de exercício é estressante para o seu corpo e geralmente faz mais mal do que bem (caminhar é uma exceção).

Desculpas comuns para não se exercitar

Se você tiver dificuldade em iniciar ou manter um programa de exercícios, pergunte a si mesmo que desculpas ou racionalizações você está dando para isso. O que você está dizendo para si mesmo que tende a fazê-lo procrastinar? Se desejar, você pode manter um registro escrito das desculpas que dá a si mesmo para evitar o exercício.

A seguir, está uma lista de desculpas comuns que as pessoas dão para evitar exercícios.

- "Não tenho tempo suficiente."

O que você está realmente dizendo é que não está disposto a arrumar tempo. Você nao está atribuindo importância suficiente ao aumento da aptidão física e do bem-estar e ao melhor controle sobre a ansiedade que poderia ganhar com o exercício. O problema não é uma questão de tempo, mas sim de prioridades.

- "Sinto-me cansado demais para me exercitar."

Uma solução é se exercitar antes de ir trabalhar – ou no intervalo de almoço –, em vez de no final do dia. Se isso for simplesmente impossível, não desista. O que muitos não praticantes não conseguem perceber é que o exercício moderado pode realmente *superar* a fadiga. Muitas pessoas se exercitam *apesar* de se sentirem cansadas e descobrem que se sentem rejuvenescidas e reenergizadas depois. O exercício ficará mais fácil quando você superar a inércia inicial de começar a se exercitar.

- "Exercitar-se é tedioso, não é divertido."

É realmente verdade que *todas* as atividades listadas anteriormente são tediosas para você? Você já experimentou todas elas? Pode ser que você precise encontrar alguém com quem se exercitar para se divertir mais. Talvez você precise alternar entre dois tipos diferentes de exercício para estimular o seu interesse. Exercitar-se pode começar a parecer maravilhoso após alguns meses, quando se torna intrinsecamente recompensador, mesmo que no início tenha sido tedioso.

- "É muito inconveniente sair para algum lugar para fazer exercícios."

Isso não é problema, pois existem várias maneiras de realizar exercícios vigorosos no conforto da sua casa. Vinte minutos por dia em uma bicicleta ergométrica ou em uma escada darão a você um bom treino. Se isso parecer chato, tente ouvir um dispositivo de áudio portátil com fones de ouvido ou coloque sua bicicleta ergométrica na frente do aparelho de TV. O exercício aeróbico em casa é conveniente e divertido se você tiver uma *Smart* TV. Existem muitos programas de aeróbica de baixo impacto disponíveis em DVD, além de *podcasts* e vídeos do YouTube. Outras atividades em casa incluem pular em um minitrampolim, fazer ginástica calistênica, usar uma máquina de remo e/ou usar uma academia com pesos ajustáveis. Você também pode encontrar programas de exercícios matinais na TV. Se você não pode comprar equipamentos de ginástica, basta colocar um pouco de música e dançar por 20 minutos. Em suma, é bem possível manter um programa de exercícios adequado sem sair de casa.

- "Tenho medo de ter um ataque de pânico."

Caminhar rapidamente todos os dias por 45 minutos é uma excelente forma de exercício que é muito improvável de produzir sintomas que você possa associar ao pânico. Se você preferir fazer algo mais vigoroso, comece com um período muito curto de 2 a 3 minutos de exercício e adicione gradualmente 1 minuto de cada vez. Sempre que você começar a se sentir desconfortável, simplesmente pare, espere até se recuperar totalmente e, em seguida, tente completar o período de exercício designado para esse dia. Os princípios de exposição descritos no Capítulo 7 podem ser aplicados de forma eficaz a uma fobia de exercício.

- "Exercitar-se provoca acúmulo de ácido láctico – isso não causa ataques de pânico?"

É verdade que o exercício aumenta a produção de ácido láctico, que pode promover ataques de pânico em algumas pessoas que já são propensas a eles. No entanto, o exercício regular também aumenta a *rotatividade de oxigênio* em seu corpo – ou seja, a capacidade de seu corpo de oxidar substâncias das quais não precisa, incluindo o ácido láctico. Qualquer aumento do ácido láctico produzido pelo exercício será compensado pelo aumento da capacidade do seu corpo de removê-lo. O efeito líquido do exercício regular é uma *redução* geral na tendência do seu corpo de acumular ácido láctico.

- "Tenho mais de 50 anos – estou muito velho para começar a me exercitar."

Se você tem mais de 50 anos e sente que "é tarde demais" para se exercitar, não se dê essa desculpa. Há corredores de maratona que *começaram* a correr aos 50 ou 60 anos depois de uma vida inteira sem exercícios. A menos que seu médico lhe dê uma razão clínica clara para não se exercitar, a idade não é realmente uma desculpa válida. Com paciência e persistência, é possível entrar em excelente forma física em quase qualquer idade.

- "Estou muito acima do peso e fora de forma" ou "Tenho medo de ter um ataque cardíaco ao estressar meu corpo fazendo exercícios vigorosos."

Se você tiver motivos físicos para se preocupar em estressar seu coração, certifique-se de projetar seu programa de exercícios com a ajuda de seu médico. A caminhada rápida é um exercício seguro para praticamente todos e é considerada por alguns médicos como o exercício ideal, pois raramente causa lesões musculares ou ósseas. A natação também é uma aposta segura se você estiver fora de forma ou acima do peso. Seja sensato e realista no programa de exercícios que você escolher. O importante é ser consistente e comprometido, quer o seu programa envolva caminhar por meia hora todos os dias, quer envolva treinar para uma maratona.

- "Tentei me exercitar uma vez e não funcionou."

A pergunta a ser feita aqui é: *por que* não funcionou? Você começou com muita força e rápido demais? Você ficou entediado? Você vacilou diante das dores e dos desconfortos iniciais? Você se sentiu solitário se exercitando sozinho? Talvez seja hora de você se dar outra chance de descobrir todos os benefícios físicos e psicológicos de um programa regular de exercícios.

O exercício regular é um componente essencial de um programa total para superar a ansiedade, o pânico e as fobias apresentadas neste guia. Se você combinar exercícios regulares com um programa regular de relaxamento profundo, sem dúvida experimentará alguma redução na ansiedade generalizada e provavelmente aumentará sua resistência aos ataques de pânico. O exercício e o relaxamento profundo são os dois métodos *mais* eficazes para alterar uma predisposição hereditária e bioquímica à ansiedade. As técnicas descritas nos capítulos restantes deste guia dependem, para sua eficácia, do seu compromisso inicial, do seu domínio do relaxamento profundo e de um programa de exercícios regulares.

Resumo de coisas para fazer

1. Avalie seu nível de condicionamento físico usando a planilha na seção "Seu nível de condicionamento físico".
2. Determine se você está pronto para iniciar um programa de condicionamento físico respondendo às perguntas da seção "Preparando-se para um programa de condicionamento físico".
3. Escolha um ou mais tipos de exercícios que você preferiria fazer. Se você estiver fora de forma, comece caminhando por períodos de pelo menos 30 minutos ou fazendo uma forma mais vigorosa de exercício por 10 a 15 minutos. Aumente a duração e a intensidade do seu exercício gradualmente. Exercite-se ao menos quatro vezes por semana.
4. Monitore seu programa de exercícios usando o *Registro diário de exercícios* por ao menos um mês.
5. Observe todas as diretrizes para manter um programa regular de exercícios listadas na seção "Primeiros passos". É particularmente importante dar-se tempo para aquecer e esfriar antes e depois de se envolver em exercícios vigorosos.
6. Se você encontrar resistência ao exercício – ou perder a motivação para continuar se exercitando após a primeira semana –, leia a seção "Desculpas comuns para não se exercitar". Tente identificar o que você está dizendo a si mesmo sobre o exercício que cria sua resistência ou sua falta de motivação. Trabalhe para combater seu diálogo interno negativo, dando a si mesmo razões positivas para se exercitar na próxima vez que tiver uma oportunidade.

Leituras adicionais

Bailey, Covert. *The Ultimate Fit or Fat.* New York: Houghton Mifflin Harcourt, 2000.

Cooper, Robert K. *Health and Fitness Excellence: The Scientific Action Plan.* Boston: Houghton Mifflin, 1990.

Manocchia, Pat. *Anatomy of Exercise: A Trainer's Inside Guide to Your Workout.* Richmond Hill, ON, Canada: Firefly Books, 2009.

Simon, Harvey. *The No Sweat Exercise Plan.* New York: McGraw-Hill, 2006.

6

Lidando com ataques de pânico

Um ataque de pânico é uma onda súbita de excitação fisiológica crescente que pode ocorrer "do nada" ou em resposta a se encontrar (ou simplesmente pensar) em uma situação fóbica. Os *sintomas corporais* que ocorrem com o início do pânico podem incluir palpitações cardíacas, aperto no peito ou falta de ar, sensação de asfixia, tontura, desmaio, sudorese, agitação, tremores e/ou formigamento nas mãos e nos pés. As *reações psicológicas* que muitas vezes acompanham essas mudanças corporais incluem sentimentos de irrealidade, um intenso desejo de fugir e medo de enlouquecer, morrer ou fazer algo incontrolável.

Qualquer pessoa que tenha tido um ataque de pânico completo sabe que é um dos estados mais intensamente desconfortáveis que os seres humanos são capazes de experimentar. Seu primeiro ataque de pânico pode ter um impacto traumático, deixando-o se sentindo aterrorizado e impotente, com uma forte ansiedade antecipatória sobre a possível recorrência dos seus sintomas de pânico. Infelizmente, em alguns casos, o pânico retorna e ocorre repetidamente. Ainda não é compreendido pelos pesquisadores da área por que algumas pessoas têm um ataque de pânico apenas uma vez ou, talvez, uma vez a cada poucos anos, ao passo que outras desenvolvem uma condição crônica, com vários ataques por semana.

A *boa* notícia é que você pode aprender a lidar com ataques de pânico tão bem que eles não terão mais o poder de assustá-lo. Com o tempo, você pode realmente diminuir a intensidade e a frequência dos ataques de pânico *se* estiver disposto a fazer algumas mudanças em seu estilo de vida. As mudanças no estilo de vida que são mais propícias a reduzir a gravidade das reações de pânico são descritas em outros capítulos deste guia. Elas incluem:

- Prática regular de relaxamento profundo (ver Capítulo 4)
- Programa regular de exercícios (ver Capítulo 5)
- Eliminação de estimulantes (especialmente cafeína, açúcar e nicotina) da sua dieta (ver Capítulo 16)
- Aprendizagem para reconhecer e expressar seus sentimentos, especialmente raiva e tristeza (ver Capítulo 13)
- Adoção de diálogo interno e "crenças centrais" que promovam uma atitude mais tranquila e de aceitação em relação à vida (ver Capítulos 8 e 9)

Essas cinco mudanças de estilo de vida variam em importância para diferentes pessoas. No entanto, quando conseguir cultivar todas as cinco, você perceberá que, com o tempo, seu problema com reações de pânico diminuirá.

A abordagem neste guia não é fortemente orientada para a medicação. No entanto, *há* algumas pessoas que sofrem de ataques de pânico para as quais é apropriado tomar medicação. Se você está tendo ataques de pânico com intensidade e frequência suficientes para interferir em sua capacidade de trabalhar, em seus relacionamentos pessoais próximos ou em seu sono, ou se tais ataques persistentemente lhe dão a sensação de que você está perdendo o controle, então a medicação pode ser uma intervenção apropriada.

Os dois tipos de medicamentos mais frequentemente prescritos para ataques de pânico são antidepressivos (como sertralina, duloxetina e escitalopram) e ansiolíticos leves (p. ex., alprazolam ou lorazepam). Para obter mais informações sobre o uso de medicamentos prescritos no tratamento de ataques de pânico, ver Capítulo 18.

O restante deste capítulo apresentará algumas diretrizes específicas para lidar com ataques de pânico de forma imediata. Essas são estratégias práticas para lidar com ataques de pânico *no momento em que ocorrem*.

Diminua o perigo

Um ataque de pânico pode ser uma experiência muito assustadora e desconfortável, mas definitivamente não é perigosa. Você pode se surpreender ao saber que o pânico é uma *reação corporal totalmente natural que apenas ocorre fora de contexto*. Ele está relacionado à reação de luta ou fuga – uma resposta instintiva em todos os mamíferos (não apenas em seres humanos) com o objetivo de se preparar fisiologicamente para lutar ou fugir quando a sua sobrevivência está ameaçada. Essa reação instantânea é necessária para garantir a sobrevivência da espécie em situações de risco à vida. O pânico serve para proteger a vida dos animais na natureza quando eles são confrontados por seus predadores. Também serve para proteger sua vida, informando e mobilizando seu impulso de fugir do perigo.

Suponha, por exemplo, que seu carro pare nos trilhos de uma ferrovia enquanto um trem se aproxima a cerca de 200 metros de distância. Você experimentaria uma súbita onda de adrenalina, acompanhada por sentimentos de pânico e um desejo muito forte e sensato de fugir dessa situação. Na verdade, seu corpo passaria por uma série de reações, incluindo:

- Aumento da sua frequência cardíaca
- Aumento da sua frequência respiratória
- Tensionamento dos seus músculos
- Constrição das artérias e redução do fluxo sanguíneo para as mãos e os pés
- Aumento do fluxo sanguíneo para os músculos
- Liberação de açúcar armazenado do fígado para a corrente sanguínea
- Aumento da produção de suor

A intensidade dessa reação e o forte desejo de fugir são precisamente o que garantiria a sua sobrevivência. A liberação de adrenalina e o fluxo de sangue para os músculos aumentam sua vigilância e sua força física. Sua energia é mobilizada e direcionada para a fuga. Se essas reações fossem menos intensas ou menos rápidas, talvez você nunca saísse do caminho a tempo. Talvez você consiga se lembrar de momentos em sua vida em que a resposta de fuga funcionou adequadamente e o serviu bem.

Em um ataque de pânico espontâneo, o seu corpo passa *exatamente pela mesma* reação fisiológica de luta ou fuga que ele passaria em uma situação verdadeiramente ameaçadora para a vida. O ataque de pânico que acorda você durante a noite ou ocorre sem motivo aparente é *fisiologicamente indistinguível* da sua resposta a experiências como o carro enguiçando nos trilhos do trem, ou como acordar ouvindo um invasor vasculhando sua casa.

O que torna um ataque de pânico único e difícil de gerenciar é que essas intensas reações corporais ocorrem *na ausência de qualquer perigo imediato ou aparente*. Ou, no caso da agorafobia, ocorrem em resposta a situações que não têm aparente potencial de ameaça à vida (como esperar na fila do supermercado ou estar em casa sozinho). Em ambos os casos, você não sabe por que a reação está acontecendo. Não saber por que (i.e., não conseguir entender o fato de que seu corpo está passando por uma resposta tão intensa) só torna a experiência ainda mais assustadora. Sua tendência é reagir a sensações intensas e *inexplicáveis* com ainda mais medo e um aumento do senso de perigo.

Ninguém sabe completamente todos os detalhes de por que ocorrem ataques de pânico espontâneos – por que o mecanismo natural de luta ou fuga do corpo pode entrar em ação sem motivo aparente ou fora de contexto. Algumas pessoas acreditam que há sempre *algum estímulo* para um ataque de pânico, mesmo que isso não seja aparente. Outras acreditam que os ataques súbitos surgem de um desequilíbrio fisiológico temporário. *Sabe-se* que há uma maior tendência para os ataques de pânico ocorrerem quando uma pessoa tem passado por estresse prolongado ou sofreu recentemente uma perda significativa. No entanto, apenas algumas pessoas que passaram por estresse ou perda desenvolvem ataques de pânico, ao passo que outras podem desenvolver dores de cabeça, úlceras ou depressão reativa. Também se sabe que uma perturbação na parte do cérebro chamada *locus coeruleus* está implicada em ataques de pânico, mas parece que essa perturbação é apenas um evento em uma longa cadeia de causas, e não a causa primária. Uma compreensão completa de todas as causas dos ataques de pânico ainda precisa de mais pesquisas para ser atingida. (Para uma explicação mais detalhada do que é conhecido fisiologicamente, ver Capítulo 2.)

Devido à falta de perigo externo imediato ou aparente em um ataque de pânico, você pode tender a *inventar* ou *atribuir perigo* às intensas sensações corporais pelas quais está passando. Na ausência de qualquer situação real de ameaça à vida, sua mente pode interpretar de modo errôneo o que está acontecendo *internamente* como sendo uma ameaça à vida. Sua mente pode passar muito rápido pelo seguinte processo: "Se estou me sentindo tão mal, devo estar em algum perigo. Se não há perigo externo aparente, o perigo deve estar dentro de mim". Portanto, é muito comum, ao passar por um ataque de pânico, inventar qualquer um (ou todos) dos seguintes "perigos":

- *Em resposta a palpitações cardíacas*: "Vou ter um ataque cardíaco" ou "Vou morrer"
- *Em resposta a sensações de asfixia*: "Vou parar de respirar e sufocar"
- *Em resposta a sensações de tontura*: "Vou desmaiar"
- *Em resposta a sensações de desorientação ou de se sentir "fora de si"*: "Estou ficando louco"
- *Em resposta a "pernas bambas"*: "Não vou conseguir andar" ou "Vou cair"
- *Em resposta à intensidade geral das reações do seu corpo*: "Vou perder o completo controle sobre mim mesmo"

Assim que diz a si mesmo que está sentindo qualquer um dos perigos mencionados, você multiplica a intensidade do seu medo. Esse medo intenso faz as suas reações corporais ficarem ainda piores, o que, por sua vez, cria ainda mais medo, e você fica preso em uma espiral ascendente de pânico crescente.

Essa espiral pode ser evitada se você entender que o que seu corpo está passando *não é perigoso*. Todos os perigos citados são ilusórios, um produto da sua imaginação quando você está passando pelas reações intensas que constituem o início do pânico. *Simplesmente não há base para nenhum deles na realidade*. Vamos examiná-los um por um.

Um ataque de pânico não pode causar insuficiência cardíaca ou parada cardíaca. Batimentos cardíacos rápidos e palpitações durante um ataque de pânico podem ser sensações assustadoras, mas não são perigosas. Seu coração é composto de fibras musculares muito fortes e densas e pode suportar muito mais do que você imagina. De acordo com Claire Weekes (1991), um coração saudável pode ter cem batimentos por minuto durante dias sem sofrer nenhum dano. Portanto, se o seu coração começar a acelerar, permita que isso aconteça, confiando que nenhum dano virá disso e que seu coração eventualmente se acalmará.

Há uma diferença substancial entre o que acontece com seu coração durante um ataque de pânico e o que acontece em um ataque cardíaco. Durante um ataque de pânico, seu coração pode acelerar, bater forte e, às vezes, falhar ou ter batimentos extras. Algumas pessoas relatam até mesmo dores no peito, que passam relativamente rápido, em geral na parte superior esquerda do peito. Nenhum desses sintomas é agravado pelo movimento ou pelo aumento da atividade física. Durante um verdadeiro ataque cardíaco, o sintoma mais comum é uma dor contínua e uma sensação de pressão, até mesmo de esmagamento, no centro do peito. O coração acelerado ou batendo forte pode ocorrer, mas isso é secundário à dor. Além disso, a dor e a pressão pioram com o esforço e podem tender a diminuir com o repouso. Isso é muito diferente de um ataque de pânico, em que o ritmo acelerado e os batimentos podem piorar se você ficar parado e diminuir se você se mover.

No caso de uma doença cardíaca, anormalidades distintas no ritmo cardíaco aparecem em uma leitura de eletrocardiograma (ECG). Foi demonstrado que, durante um ataque de pânico, não há anormalidades no ECG – apenas um batimento cardíaco acelerado. (Se você deseja ter mais tranquilidade, pode desejar que seu médico realize um ECG.)

Em suma, simplesmente não há base para a conexão entre ataques cardíacos e de pânico. Ataques de pânico não são perigosos para o seu coração.

Um ataque de pânico não fará você parar de respirar ou sufocar. É comum, durante o pânico, sentir o peito fechar e a respiração ficar restrita. Isso pode levá-lo a temer subitamente que vai sufocar. Sob estresse, os músculos do pescoço e do peito se contraem e reduzem sua capacidade respiratória. Tenha a certeza de que não há nada de errado com suas vias respiratórias ou seus pulmões e que as sensações de aperto passarão. Seu cérebro tem um mecanismo reflexo embutido que eventualmente o *forçará* a respirar mais se você não estiver recebendo oxigênio suficiente. Se você não acredita nisso, tente prender a respiração por até 1 minuto e observe o que acontece. Em um certo ponto, você sentirá um forte reflexo para absorver mais ar. A mesma coisa acontecerá em um ataque de pânico se você não estiver recebendo oxigênio suficiente. Você vai ofegar automaticamente e respirar fundo muito antes de chegar ao ponto em que pode desmaiar por falta de oxigênio. (Mesmo que você desmaiasse, começaria imediatamente a respirar!) Em resumo, o sufocamento e as sensações de constrição durante o pânico, embora desagradáveis, não são perigosos.

Um ataque de pânico não pode fazer você desmaiar. A sensação de tontura que você pode sentir com o início do pânico pode evocar o medo de desmaiar. O que está acontecendo é que a circulação sanguínea para o seu cérebro está ligeiramente reduzida, provavelmente porque você está respirando mais rápido (ver seção sobre hiperventilação no Capítulo 4). Isso *não é* perigoso e pode ser aliviado respirando lenta e regularmente a partir do abdome, de preferência pelo nariz. Também pode ser útil aproveitar a primeira oportunidade que você tiver para dar uma pequena caminhada. Deixe os sentimentos de tontura aumentarem e diminuírem sem lutar contra eles. Uma vez que seu coração está batendo mais forte e aumentando sua circulação, é muito improvável que você desmaie (exceto em casos raros, se você tiver uma fobia de sangue e acontecer de estar exposto a tal visão).

Um ataque de pânico não pode fazer você perder o equilíbrio. Às vezes, você pode sentir muita tontura quando o pânico aparece. Pode ser que a tensão esteja afetando o sistema dos canais semicirculares em seu ouvido interno, que regulam o seu equilíbrio. Por alguns momentos, você pode se sentir tonto ou pode até parecer que as coisas ao seu redor estão girando. De modo invariável, essa sensação passará. Não é perigosa e é muito improvável que seja tão forte a ponto de você realmente perder o equilíbrio. Se sensações de tontura acentuada persistirem por mais do que alguns segundos, é recomendável consultar um médico (preferencialmente um otorrinolaringologista) para verificar se infecções, alergias ou outras perturbações podem estar afetando seu ouvido interno.

Você não vai cair ou parar de andar quando sentir "fraqueza nos joelhos" durante um ataque de pânico. A adrenalina liberada durante um ataque de pânico pode dilatar os vasos sanguíneos nas pernas, fazendo o sangue se acumular nos músculos das pernas e não circular completamente. Isso pode causar uma sensação de fraqueza ou de "pernas bambas", à qual você pode responder com o medo de não conseguir andar. Tenha a certeza de que essa sensação é apenas isso – uma sensação – e que suas pernas estão tão fortes e capazes de carregar você como sempre estiveram. Elas não vão ceder! Apenas permita que essas sensações de tremor e fraqueza passem e dê às suas pernas a chance de levá-lo para onde você precisa ir.

Você não pode "enlouquecer" durante uma crise de pânico. A redução do fluxo sanguíneo para o seu cérebro durante um ataque de pânico se deve à constrição arterial, uma consequência *normal* da respiração rápida. Isso pode resultar em sensações de desorientação e de irrealidade que podem ser assustadoras. Se essa sensação surgir, lembre-se de que ela é simplesmente decorrente de uma leve e temporária redução da circulação arterial no seu cérebro e não tem nada a ver com "ficar louco", não importando o quão estranha ou assustadora possa parecer. Ninguém jamais ficou louco devido a um ataque de pânico, embora esse medo seja comum. Por pior que pareçam, as sensações de irrealidade eventualmente passarão e são completamente inofensivas.

Pode ser útil saber que as pessoas não "enlouquecem" de forma repentina ou espontânea. Transtornos mentais envolvendo comportamentos rotulados como "loucura" (como esquizofrenia ou psicose maníaco-depressiva) se desenvolvem muito gradualmente ao longo de vários anos e não resultam de ataques de pânico. Ninguém jamais começou a alucinar ou a ouvir vozes durante um ataque de pânico (exceto em casos raros em que o pânico foi induzido por uma *overdose* de drogas recreativas, como LSD ou cocaína). Em resumo, um ataque de pânico não pode fazer você "ficar louco", não importa quão perturbadores ou desagradáveis sejam seus sintomas.

Um ataque de pânico não pode fazer você perder o controle de si mesmo. Devido às intensas reações que seu corpo experimenta durante o pânico, é fácil imaginar que você poderia "perder completamente o controle". Mas o que isso significa? Ficar completamente paralisado? Agir de forma incontrolável ou ficar descontrolado? Não há relatos de que isso tenha acontecido. Na verdade, durante o pânico, seus sentidos e sua percepção se tornam mais aguçados em relação a um único objetivo: escapar. Fugir ou tentar fugir são as únicas formas de "agir" que você provavelmente escolheria durante um ataque de pânico. A perda completa de controle durante ataques de pânico é simplesmente um mito.

O primeiro passo para aprender a lidar com as reações de pânico é reconhecer que elas não são perigosas. Como as reações corporais que acompanham o pânico são tão intensas, é fácil imaginá-las como perigosas. No entanto, na realidade, não existe perigo. As reações fisiológicas subjacentes ao pânico são *naturais* e *protetoras*. Na verdade, *seu corpo é projetado para entrar em pânico*, de modo que você possa se mobilizar rapidamente para fugir de situações que realmente ameaçam sua sobrevivência. O problema ocorre quando essa resposta natural e preservadora da vida ocorre fora do contexto de qualquer perigo imediato ou aparente. Quando isso acontece, você pode progredir no domínio sobre o pânico aprendendo a não imaginar o perigo onde ele não existe.

Rompendo a conexão entre sintomas corporais e pensamentos catastróficos

Há uma diferença importante entre as pessoas que têm ataques de pânico e aquelas que não têm. *Indivíduos propensos ao pânico têm uma tendência crônica a interpretar sensações corporais um pouco incomuns ou desconfortáveis de maneira catastrófica.* Por exemplo, palpitações cardíacas são interpretadas como sinais de um iminente ataque cardíaco; as sensações de aperto no peito e falta de ar são consideradas indícios de sufocação iminente; e a tontura é vista como um prenúncio de desmaio ou de colapso. Pessoas que não têm ataques de pânico podem perceber (e não gostar particularmente de experimentar) esses sintomas corporais, *mas não os interpretam como catastróficos ou perigosos.*

Se você tem a tendência de interpretar sensações corporais desagradáveis como presságios de algo perigoso ou catastrófico, também tenderá a monitorar constantemente seu corpo para ver se está tendo essas sensações. Você provavelmente está muito sintonizado com seus estados corporais internos e reage de forma exagerada se algo começa a parecer ligeiramente "estranho" ou incomum. Essa maior *internalização* agrava o problema, uma vez que você é mais propenso a notar e ampliar qualquer mudança súbita no estado interno do seu corpo que seja ligeiramente incomum ou desagradável.

A variedade de circunstâncias que podem causar uma súbita alteração no estado fisiológico interno do seu corpo é ampla. Às vezes, a causa está fora do seu corpo. Por exemplo, uma discussão com seu cônjuge, algo desagradável na TV, o toque do despertador ou a pressa para chegar a algum lugar poderiam desencadear aumento da frequência cardíaca, sensação de aperto no peito, enjoos ou qualquer opção de uma ampla gama de sintomas corporais associados à ansiedade. Em outros momentos, a causa reside em alguma sutil mudança fisiológica dentro do seu corpo, como a privação de oxigênio devido à respiração insuficiente, uma mudança espontânea nos sistemas neuroendócrinos do seu cérebro, o aumento da tensão muscular no pescoço e nos ombros, ou uma queda dos níveis de açúcar no sangue. Independentemente de a causa inicial ser externa ou interna ao seu corpo, em geral você não fica ciente dessas mudanças fisiológicas até realmente sentir os sintomas resultantes. Os exemplos anteriores ilustram apenas algumas das muitas possibilidades que podem constituir o evento desencadeante para o aumento da ansiedade. Se você realmente desenvolverá ou não um ataque de pânico completo depende de *como você percebe e responde* aos sintomas corporais específicos que ocorrem.

Em suma, as pessoas que entram em pânico provavelmente experimentam: 1) maior internalização ou preocupação com mudanças sutis nos sintomas ou nas sensações corporais; e 2) maior tendência a interpretar ligeiras mudanças ou alterações incrementais nos sintomas corporais como perigosas ou catastróficas. O diagrama a seguir ilustra essa tendência:

Desenvolvimento de um ataque de pânico

Fase 1   Circunstâncias iniciais (internas ou externas)
↓

Fase 2   Ligeiro aumento de sintomas corporais incomuns ou desagradáveis (i.e., palpitações cardíacas, falta de ar, desmaio ou tontura, sudorese, etc.)
↓

Fase 3   Internalização (o aumento do foco nos sintomas torna-os mais perceptíveis e facilmente amplificados)
↓

Fase 4   Interpretação catastrófica (dizer a si mesmo que os sintomas são perigosos – p. ex., "Vou ter um ataque cardíaco", "Vou sufocar", "Vou perder completamente o controle", "Preciso sair imediatamente")
↓

Fase 5   Pânico

A boa notícia é que é possível intervir em qualquer ponto dessa sequência. Na fase 1, pode ser o *estresse generalizado* que leva às sensações corporais desagradáveis iniciais – palpitações cardíacas, constrição no peito, tonturas, entre outros. Incorporar em seu estilo de vida de forma regular o relaxamento, os exercícios, os hábitos nutricionais de baixo estresse e outras técnicas de gerenciamento de estresse (ver Capítulos 4, 5 e 16, respectivamente) pode contribuir de maneira significativa para reduzir a propensão a aumentos repentinos no estado de ativação do sistema nervoso simpático em seu corpo. Além do estresse generalizado, você pode ser capaz de identificar as circunstâncias específicas que desencadeiam seus ataques de pânico, observando cuidadosamente o que estava acontecendo logo antes ou nas várias horas antes de um ataque de pânico ocorrer. Você pode usar o *Registro de ataques de pânico* apresentado posteriormente neste capítulo para ajudá-lo a determinar quais circunstâncias iniciais podem ter levado a um ataque de pânico específico. (O *Registro de ataques de pânico*, assim como a maioria das outras planilhas deste capítulo, está disponível para *download* na página do livro em loja.grupoa.com.br.) Você pode, então, tentar evitar ou eliminar essas circunstâncias para que elas não causem problemas no futuro. As intervenções que reduzem a propensão a ter sensações corporais desagradáveis (fases 1 e 2 no diagrama anterior) exigem mudanças em seu estilo de vida e em suas atitudes.

A fase 3 do ciclo de pânico consiste na internalização – estar muito focado em seu estado corporal interno. Quando você realmente sentir o pânico se aproximando, pode reduzir a internalização usando qualquer uma das técnicas de enfrentamento ativo descritas posteriormente neste capítulo, na seção "Estratégias de enfrentamento para neutralizar o pânico em um estágio inicial". Essas técnicas servem para desviar sua atenção de sintomas corporais internos e podem ter um efeito relaxante direto.

Talvez a mudança mais importante que você possa fazer para desarmar ataques de pânico, no entanto, seja intervir na fase 4. Ou seja, você pode aprender a não interpretar sensações corporais desagradáveis como sendo perigosas ou potencialmente catastróficas. Na verdade, pesquisas nos Estados Unidos e na Inglaterra determinaram que eliminar interpretações catastróficas de sintomas corporais pode, *por si só*, ser suficiente para aliviar ataques de pânico. Se você puder aprender a tolerar sensações de tontura, aperto no peito, batimentos cardíacos rápidos, e assim por diante, como sintomas corporais inofensivos – em vez de interpretá-los como sinais de perigo iminente–, é muito provável que tenha menos ou sequer tenha ataques de pânico. Isso não significa que as técnicas de gerenciamento de estresse e as estratégias de enfrentamento do pânico sejam irrelevantes; no entanto, implica que eliminar interpretações catastróficas por si só pode ser muito eficaz para aliviar o pânico.

Para ajudá-lo a romper a conexão entre os sintomas corporais e as interpretações catastróficas, consulte as três planilhas apresentadas nas próximas páginas. A primeira planilha é uma lista de sintomas corporais que podem desencadear ataques de pânico. Avalie cada sintoma corporal em uma escala de 0 a 5, de acordo com o quanto ele afeta você quando entra em pânico. A segunda planilha é uma lista de autoafirmações catastróficas comuns que as pessoas que têm ataques de pânico fazem em resposta a sintomas corporais desagradáveis. Classifique cada uma dessas frases catastróficas em uma escala de 1 a 4, de acordo com o quanto você sente que elas contribuem para seus ataques de pânico.

Finalmente, usando a planilha *Conectando sintomas corporais e pensamentos catastróficos*, tente conectar as duas listas da *Planilha de ataque de pânico 1* e da *Planilha de ataque de pânico 2* – isto é, veja se consegue relacionar sintomas corporais específicos com pensamentos catastróficos específicos que ocorrem para você durante um ataque de pânico. Para cada sintoma corporal problemático que você avaliou com 4 ou 5, liste os pensamentos catastróficos específicos que provavelmente são desencadeados pelo respectivo sintoma. Por exemplo, você pode relacionar palpitações cardíacas com "Estou tendo um ataque cardíaco" e "Vou morrer", ou tontura com "Vou desmaiar" ou "Vou perder o controle".

Quando terminar, você deverá ter uma ideia melhor de quais sintomas corporais específicos e interpretações catastróficas associadas desencadeiam seus ataques de pânico. Esse conhecimento provavelmente vai ajudá-lo a quebrar a falsa conexão que fez entre os seus sintomas corporais desagradáveis e as interpretações equivocadas. Tenha em mente, ao longo desse exercício, que *nenhum dos sintomas corporais que você listou é realmente perigoso. Por mais desagradáveis que possam parecer, eles são completamente inofensivos.* Igualmente importante, tenha em mente que *nenhum dos pensamentos catastróficos que você marcou é verdadeiro ou válido, mesmo que você possa ter se convencido do contrário. Todos esses pensamentos catastróficos são simplesmente falsos – crenças equivocadas das quais você pode aprender a se libertar.*

O que mais você pode fazer para quebrar a conexão automática entre sensações corporais desagradáveis e pensamentos catastróficos falsos? Os três processos a seguir podem ajudar:

- Reconhecimento

- Registro de explicações alternativas dos sintomas
- Exposição interoceptiva

Reconhecimento

Simplesmente reconhecer a sua tendência de acreditar que sintomas corporais inofensivos são sinais de perigo iminente é o primeiro passo. A conscientização sobre as conexões específicas entre sintomas particulares e pensamentos catastróficos, que você pode obter na planilha *Conexão entre sintomas corporais e pensamentos catastróficos*, ajudará você a começar a desarmar o perigo quando esses sintomas surgirem na vida cotidiana.

Registro de explicações alternativas dos sintomas corporais

Os pensamentos catastróficos (autoafirmações) que você faz na tentativa de dar sentido a sensações corporais desagradáveis durante um ataque de pânico são simplesmente falsos. Não é verdade, por exemplo, que batimentos cardíacos rápidos ou palpitações ocorram porque você está tendo um ataque cardíaco. A sensação de aperto no peito e a falta de ar não estão ocorrendo porque você está prestes a sufocar. A tontura e a sensação de estar leve não estão acontecendo porque você está prestes a desmaiar ou "ficar louco". Em cada um desses casos, há uma explicação alternativa baseada em fatos que não é catastrófica. Explicações lógicas alternativas podem ser mais ou menos assim:

- O aumento da frequência cardíaca e/ou das palpitações é muito provavelmente causado pelo aumento da liberação de adrenalina e da atividade do sistema nervoso simpático que acompanha a fase inicial de uma reação de ansiedade. Tais reações fazem parte dos meios normais do corpo para lidar com qualquer *ameaça percebida* – elas fazem parte da "resposta de luta ou fuga". Elas não são, de forma alguma, perigosas, mesmo se continuarem por algum tempo. Por exemplo, um coração saudável pode bater rapidamente por muitas horas sem colocar você em risco algum.
- O aumento da sensação de aperto no peito e de falta de ar pode ser explicado em termos da contração dos músculos ao redor da cavidade torácica, também devido à maior atividade do sistema nervoso simpático. Tais sintomas não têm nada a ver com o processo de sufocamento. Seus músculos peitorais não podem se contrair a ponto de colocá-lo em risco de sufocamento, não importa o quão desagradável possa parecer a sensação de aperto em seu peito.
- Ficar tonto e sentir-se leve, sintomas comuns que podem ocorrer quando você fica ansioso, não são causados pelo fato de você estar prestes a desmaiar. Eles são causados por pequenas constrições nas artérias do seu cérebro, o que leva a uma ligeira redução na circulação sanguínea. É extremamente improvável que você desmaie, mesmo que se sinta muito tonto. O desmaio geralmente ocorre durante uma queda na pressão arterial. Quando você começa a se sentir ansioso, geralmente experimenta um *aumento* da pressão sanguínea devido ao aumento da

adrenalina e da atividade do sistema nervoso simpático. Ainda menos plausível é a ideia de que tonturas e vertigens são causadas pelo fato de você estar prestes a enlouquecer. O desenvolvimento de transtornos mentais graves não tem nada a ver com ataques de pânico e ocorre ao longo de um período muito mais longo do que a duração de qualquer ataque de pânico.

Esses exemplos podem servir como diretrizes para desenvolver suas próprias explicações alternativas *não catastróficas* para sintomas corporais incômodos. Você provavelmente achará útil consultar a primeira seção deste capítulo, "Diminua o perigo", para criar suas próprias explicações alternativas. O processo de registrar essas explicações ajudará a fortalecer sua convicção de que os sintomas corporais desconfortáveis são realmente inofensivos, em vez de sinais de perigo iminente.

Você pode querer colocar suas explicações alternativas para os sintomas corporais em cartões – uma explicação para um sintoma específico em cada cartão. Mantenha os cartões em sua bolsa ou mochila e leia-os se sentir que os sintomas estão surgindo.

Exposição interoceptiva

Um tratamento muito eficaz para ataques envolve induzir voluntariamente os sintomas corporais que podem desencadear o pânico. Muitos terapeutas se referem a essa técnica como *exposição interoceptiva*: um processo de *exposição a sintomas corporais internos associados ao pânico* (como os listados na *Planilha de ataque de pânico 1*) para ajudá-lo a aprender que eles não são prejudiciais. A exposição interoceptiva costuma ser feita em uma sessão de terapia. Por exemplo, se tontura e falta de ar forem sintomas problemáticos, o terapeuta pode fazer você hiperventilar por 2 minutos para, então, levantar-se repentinamente e de fato provocar esses sintomas. Isso pode parecer um procedimento terapêutico incomum e extremo, mas, na verdade, é inofensivo e muitas vezes bastante útil. A menos que você tenha um distúrbio respiratório, hiperventilar por 2 minutos é inofensivo. A hiperventilação deliberada dá a você a oportunidade de *realmente experimentar sintomas corporais desconfortáveis sem que nada de negativo ou perigoso aconteça*. A chave aqui é que você aprende, em um nível "instintivo" ou experiencial, que nada terrível segue as sensações corporais que costumava interpretar como perigosas. Dessa forma, induções repetidas de tontura ajudam uma pessoa propensa ao pânico a desenvolver uma forte convicção de que a tontura não é perigosa.

Observe que a exposição interoceptiva pode ser uma técnica útil para controlar as sensações internas de ansiedade que surgem durante a terapia de exposição (ver Capítulo 7, Exposição a fobias) ou quando você está excessivamente preocupado (ver Capítulo 10, Superando a preocupação). A terapia cognitivo-comportamental, que pode incluir a mudança do seu diálogo interno catastrófico para um diálogo interno construtivo, pode ser muito útil no tratamento de todos os tipos de transtornos de ansiedade. Da mesma forma, a exposição interoceptiva pode ajudá-lo a normalizar quaisquer sensações internas intensas do corpo (batimento cardíaco rápido, sudorese e até mesmo a sensação de "não estar totalmente presente") que podem surgir não apenas durante ataques de pânico, mas também durante a exposição a fobias ou a preocupações excessivas.

Planilha de ataque de pânico 1
Sintomas corporais

Qualquer um dos seguintes sintomas corporais pode ocorrer durante um ataque de pânico. Por favor, avalie cada um deles de acordo com seu efeito quando você está tendo um ataque e indique suas respostas na escala de 0 a 5 na coluna à direita.

0 = Sem efeito   3 = Efeito forte
1 = Efeito leve   4 = Efeito grave
2 = Efeito médio   5 = Efeito muito grave

1. Sensação de frio na barriga	0 1 2 3 4 5
2. Palmas das mãos suadas	0 1 2 3 4 5
3. Calor por toda parte	0 1 2 3 4 5
4. Batimento cardíaco rápido ou pesado	0 1 2 3 4 5
5. Tremor nas mãos	0 1 2 3 4 5
6. Pernas fracas ou bambas	0 1 2 3 4 5
7. Agitação interna e/ou externa	0 1 2 3 4 5
8. Boca seca	0 1 2 3 4 5
9. Nó na garganta	0 1 2 3 4 5
10. Aperto no peito	0 1 2 3 4 5
11. Hiperventilação	0 1 2 3 4 5
12. Náuseas ou diarreia	0 1 2 3 4 5
13. Tonturas ou vertigens	0 1 2 3 4 5
14. Sensação de irrealidade – como se estivesse "em um sonho"	0 1 2 3 4 5
15. Incapacidade de pensar com clareza	0 1 2 3 4 5
16. Visão turva	0 1 2 3 4 5
17. Sensação de estar parcialmente paralisado	0 1 2 3 4 5
18. Sensação de distanciamento ou flutuação	0 1 2 3 4 5
19. Palpitações ou batimentos cardíacos irregulares	0 1 2 3 4 5
20. Dor torácica	0 1 2 3 4 5
21. Formigamento nas mãos, nos pés ou no rosto	0 1 2 3 4 5
22. Sensação de desmaio	0 1 2 3 4 5
23. Sensação de borboletas no estômago	0 1 2 3 4 5
24. Mãos frias e úmidas	0 1 2 3 4 5

Planilha de ataque de pânico 2
Pensamentos catastróficos*

Os pensamentos catastróficos desempenham um papel importante em agravar os ataques de pânico. Usando a escala a seguir, avalie os seguintes pensamentos de acordo com o grau em que você acredita que cada um deles contribui para seus ataques de pânico.

1 = Nem um pouco   3 = Bastante
2 = Um pouco   4 = Muito

1. Vou morrer.	0	1	2	3	4
2. Estou enlouquecendo.	0	1	2	3	4
3. Estou perdendo o controle.	0	1	2	3	4
4. Isso nunca vai acabar.	0	1	2	3	4
5. Estou com muito medo.	0	1	2	3	4
6. Estou tendo um ataque cardíaco.	0	1	2	3	4
7. Vou desmaiar.	0	1	2	3	4
8. Não sei o que as pessoas vão pensar.	0	1	2	3	4
9. Eu não serei capaz de sair daqui.	0	1	2	3	4
10. Não entendo o que está acontecendo comigo.	0	1	2	3	4
11. As pessoas vão pensar que sou louco.	0	1	2	3	4
12. Eu sempre serei assim.	0	1	2	3	4
13. Eu vou vomitar.	0	1	2	3	4
14. Devo ter um tumor cerebral.	0	1	2	3	4
15. Vou sufocar até a morte.	0	1	2	3	4
16. Vou agir como um tolo.	0	1	2	3	4
17. Estou ficando cego.	0	1	2	3	4
18. Vou machucar alguém.	0	1	2	3	4
19. Vou ter um derrame.	0	1	2	3	4
20. Vou gritar.	0	1	2	3	4
21. Vou ficar balbuciando ou falando de maneira estranha.	0	1	2	3	4
22. Ficarei paralisado de medo.	0	1	2	3	4
23. Algo de fato está fisicamente errado comigo.	0	1	2	3	4
24. Não vou conseguir respirar.	0	1	2	3	4
25. Algo terrível vai acontecer.	0	1	2	3	4
26. Vou fazer uma cena.	0	1	2	3	4

* Adaptada de "Panic Attack Cognitions Questionnaire" em *Coping With Panic: A Drug-Free Approach To Dealing With Anxiety Attacks*, de G. A. Clum. Copyright 1990 por Brooks/Cole Publishing Company, uma divisão da International Thomson Publishing Inc., Pacific Grove, CA 93950. Reimpresso com permissão da editora.

Conectando sintomas corporais e pensamentos catastróficos

Na coluna à esquerda da tabela a seguir, liste os sintomas corporais que você classificou como 5 ou 4 na primeira *Planilha de ataque de pânico*. Descreva seus sintomas corporais mais problemáticos, um de cada vez. Em seguida, liste frases catastróficas da segunda planilha que você classificou como 4 ou 3. Liste as afirmações catastróficas que você provavelmente faria em resposta a cada sintoma corporal específico. Por exemplo, "batimento cardíaco acelerado" é um sintoma corporal que pode provocar afirmações catastróficas como "estou tendo um ataque cardíaco" e "vou morrer".

Sintoma corporal:	Pensamentos catastróficos:
Sintoma corporal:	Pensamentos catastróficos:
Sintoma corporal:	Pensamentos catastróficos:
Sintoma corporal:	Pensamentos catastróficos:

Você pode tentar técnicas de indução de sintomas com um terapeuta profissional que tenha experiência em usá-las. Por outro lado, algumas pessoas tentaram essas técnicas por conta própria e as acharam muito úteis. Se você decidir que deseja incluir essas técnicas em seu programa de autoajuda, observe as seguintes diretrizes:

- *Se você tem mais de 40 anos ou suspeita de que possa ter qualquer condição física que impeça o uso de procedimentos de indução de sintomas, primeiro verifique com seu médico.* Por exemplo, você não deve tentar 3 minutos de hiperventilação se tiver um problema respiratório crônico, como asma ou enfisema. Você também não deve subir e descer escadas se tiver qualquer tipo de condição cardíaca que restrinja o exercício físico. Tampouco deve fazer procedimentos de indução se estiver grávida ou tiver epilepsia.
- Embora as técnicas sejam inofensivas, é uma boa ideia ter um amigo ou um membro da família presente quando você as fizer pela primeira vez, para fornecer apoio e incentivo. Tente conseguir que sua pessoa de apoio faça o procedimento com você.
- Você precisa persistir em fazer cada procedimento de indução por tempo suficiente para que as sensações produzidas sejam desagradáveis e/ou causem o aumento da ansiedade. Normalmente, esse tempo é de 30 segundos a 2 minutos. Você *deve* simular, se possível, as sensações reais que experimenta durante um ataque de pânico. O objetivo é se expor a sensações corporais desagradáveis e aprender que elas não são prejudiciais. Como regra geral, continue fazendo o procedimento por cerca de 30 segundos *após* notar que ele começa a produzir sensações desagradáveis e/ou ansiedade. Se você parar quando começar a sentir sintomas desagradáveis, tenderá a reforçar seu medo deles.
- Revise a *Planilha de ataque de pânico 1* e identifique os sintomas corporais que são mais problemáticos para você. Em seguida, pratique qualquer uma das técnicas de indução a seguir que possa produzir esses sintomas. Pratique cada técnica de indução três ou quatro vezes seguidas, depois repita a prática todos os dias por vários dias até que ela perca a capacidade de deixá-lo ansioso. Com a prática, os sintomas que você experimenta nos procedimentos de indução perderão a capacidade de causar ansiedade. É exatamente isso que você quer.

Técnicas de indução

Depois de obter a autorização do seu médico, tente praticar as seis técnicas a seguir de indução de sintomas:

1. Hiperventile continuamente por 2 minutos. Isso envolve respirar profunda e rapidamente com a boca aberta. Ao final de 2 minutos, levante-se. (Sintomas: tontura, desorientação, sensação de cabeça leve.)
2. Respire por um canudo enquanto prende o nariz por 1 minuto – não permita que nenhum ar passe pelo nariz. (Sintomas: falta de ar, sensação de sufocamento.)
3. Suba e desça escadas rapidamente por cerca de 90 segundos ou até que sua frequência cardíaca aumente perceptivelmente. Pare se você sentir tontura ou se sua frequência cardíaca ultrapassar 140 batimentos por minuto. De modo alternativo,

você pode usar uma bicicleta ergométrica ou um simulador de escada para aumentar sua frequência cardíaca. (Sintomas: batimento cardíaco acelerado, palpitações.)
4. Gire, preferencialmente em uma cadeira de escritório ou enquanto estiver de pé, por 30 segundos a 1 minuto. Não é necessário completar 1 minuto se você perceber que está ficando significativamente tonto. Esteja perto de uma cadeira ou de um sofá onde possa se sentar facilmente. (Sintomas: tontura, desorientação.)
5. Tensione cada parte do seu corpo e mantenha-se tenso por 1 minuto antes de relaxar. (Sintoma: tensão muscular.)
6. Vista roupas quentes e aumente a temperatura ambiente ou sente-se em uma sauna. (Sintoma: sudorese.)

Lembre-se de persistir em cada um desses procedimentos tempo suficiente para produzir sensações desagradáveis. É ideal permitir-se sentir essas sensações desagradáveis por ao menos 30 segundos, embora você possa começar com um período mais curto ao tentar a indução pela primeira vez. Você obterá o máximo desse exercício se o procedimento realmente deixá-lo um pouco desconfortável ou ansioso. Novamente, a ideia é ensinar a si mesmo que você pode ter sintomas corporais desagradáveis sem que algo terrível ou perigoso aconteça. Até certo ponto, essa aprendizagem se estende aos sintomas de pânico na vida real, e provavelmente você conseguirá superar os ataques de pânico completos – ou seja, será capaz de suportar as sensações corporais desagradáveis durante a fase inicial do pânico sem reagir a elas como a uma ameaça. Lembre-se de que pode ser necessário praticar os procedimentos de indução de sintomas muitas vezes antes de chegar ao ponto em que os sintomas não causam mais ansiedade.

Depois de ter produzido sintomas desagradáveis e ansiedade por 30 segundos, você pode praticar algumas habilidades de enfrentamento, que aprenderá mais adiante neste capítulo. Essas habilidades incluem respirar com o abdome, repetir frases de enfrentamento, movimentar-se ou conversar com alguém. É interessante que você vivencie completamente os sintomas desagradáveis e a ansiedade para se acostumar com eles, mas também pode praticar essas habilidades de enfrentamento para reduzir a ansiedade. As induções de sintomas oferecem uma excelente oportunidade para ganhar confiança em sua habilidade de dominar técnicas de enfrentamento.

E se as induções não produzirem ansiedade alguma desde o início? Isso pode acontecer por ao menos dois motivos. Pode ser que você se sinta seguro fazendo o procedimento no conforto da sua própria casa ou com a sua pessoa de apoio. Possivelmente, o processo de induzir *voluntariamente* sintomas corporais pode dar a você uma sensação de controle sobre o que está acontecendo que não está presente quando ocorre uma situação real de pânico. Para dar aos procedimentos de indução de sintomas um pouco mais de "carga", você pode modificar as condições nas quais os realiza, da seguinte forma:

- Faça os procedimentos sozinho.
- Faça os procedimentos longe da sua casa ou de um local seguro.
- Faça isso enquanto se *visualiza* tendo um ataque de pânico completo.

Como mencionado, as técnicas de indução também funcionam para neutralizar sensações corporais internas ansiosas que podem surgir ao enfrentar uma fobia. Se quiser dominar completamente sua fobia, você pode deliberadamente tentar induzir sintomas desconfortáveis em uma situação fóbica (a menos que isso possa ser potencialmente perigoso, como dirigir em uma estrada movimentada).

Para uma discussão mais detalhada sobre como usar e se beneficiar das induções de sintomas, consulte os livros de David Barlow e Michelle Craske, bem como o de Denise Beckfield, listados no final deste capítulo.

Não combata o pânico

Resistir ou lutar contra os sintomas iniciais do pânico tende a piorá-los. É importante evitar ficar tenso em reação aos sintomas de pânico ou tentar fazê-los desaparecer suprimindo-os ou cerrando os dentes. Embora seja importante agir, em vez de ser passivo (como discutido a seguir), você não deve lutar contra o pânico. Claire Weekes, em seus icônicos e populares livros *Hope And Help For Your Nerves* e *Peace From Nervous Suffering*, descreve uma abordagem de quatro etapas para lidar com o pânico:

1. *Enfrente os sintomas, não fuja deles.* Tentar fugir dos primeiros sintomas de pânico ou tentar suprimi-los é uma forma de dizer a si mesmo que não consegue lidar com uma situação específica. Na maioria dos casos, isso só criará mais pânico. Uma atitude mais construtiva a ser cultivada é aquela que diz: "Está bem, é ele de novo. Posso permitir que meu corpo passe por essas reações, pois consigo lidar com isso. Já fiz isso antes".
2. *Aceite o que seu corpo está fazendo, não lute contra isso.* Quando tenta lutar contra o pânico, você apenas fica tenso, o que só o deixa mais ansioso. Adotar uma atitude completamente oposta, envolvendo *soltar* e *permitir* que seu corpo tenha reações (como palpitações, constrição no peito, palmas suadas, tontura, etc.), permitirá que você supere o pânico de maneira muito mais rápida e fácil. A chave está em ser capaz de *observar* o estado de excitação fisiológica do seu corpo – não importa o quão incomum ou desconfortável pareça – sem reagir a ele com mais medo ou ansiedade.
3. *Flutue com a onda de um ataque de pânico, em vez de tentar forçar seu caminho através dela.* Claire Weekes faz uma distinção entre *primeiro medo* e *segundo medo*. O primeiro medo consiste nas reações fisiológicas subjacentes ao pânico; o segundo medo é quando você mesmo se assusta com essas reações dizendo coisas assustadoras a si mesmo, como "Não consigo lidar com isso!", "Tenho que sair daqui agora!" ou "E se outras pessoas virem isso acontecendo comigo?". Embora você não possa fazer muito a respeito do primeiro medo, você pode eliminar o segundo aprendendo a fluir com o aumento e a diminuição do estado de alerta do seu corpo, em vez de lutar ou reagir a ele com medo. Em vez de assustar a si mesmo sobre as reações do seu corpo, você pode acompanhá-las e fazer afirmações tranquilizadoras a si mesmo, como "Isso também vai passar", "Deixarei meu corpo fazer o que precisa e passarei por isso" ou "Já enfrentei isso antes e posso enfrentar agora". Uma lista de tais afirmações positivas de enfrentamento é apresentada na próxima seção.

4. *Permita que o tempo passe.* O pânico é causado por uma súbita onda de adrenalina. Se você puder permitir e fluir com as reações corporais causadas por essa onda, grande parte dessa adrenalina será metabolizada e reabsorvida em 3 a 5 minutos. Assim que isso acontecer, você começará a se sentir melhor. *Os ataques de pânico* têm tempo limitado. Na maioria dos casos, o pânico atingirá o pico e começará a diminuir após alguns minutos. É mais provável que passe rapidamente se você não o agravar lutando contra ele ou reagindo a ele com ainda mais medo (causando o "segundo medo") ao dizer coisas assustadoras para si mesmo.

Frases de enfrentamento

Use uma ou várias das seguintes frases positivas para ajudar a cultivar atitudes de aceitação, "flutuação" e permissão para que o tempo passe durante um ataque de pânico. Você pode achar útil repetir uma única frase, ou duas ou três frases, várias vezes durante os dois primeiros minutos quando sentir os sintomas de pânico se aproximando. Também pode ser interessante fazer uma respiração abdominal profunda em conjunto com a repetição de uma frase de enfrentamento. Se uma afirmação se tornar cansativa ou parecer não funcionar mais, experimente outra.

- Essa sensação não é confortável nem agradável, mas posso aceitá-la.
- Posso ficar ansioso e ainda lidar com essa situação.
- Eu posso lidar com esses sintomas ou com essas sensações.
- Isso não é uma emergência. Não há problema em pensar devagar sobre o que preciso fazer.
- Essa não é a pior coisa que poderia acontecer.
- Vou seguir em frente e esperar minha ansiedade diminuir.
- Essa é uma oportunidade para eu aprender a lidar com meus medos.
- Vou deixar meu corpo fazer o que precisa. Vai passar.
- Vou passar por isso – não preciso deixar que isso me afete.
- Eu mereço me sentir bem agora.
- Posso levar todo o tempo que precisar para aceitar e relaxar.
- Não há necessidade de me pressionar. Posso dar um passo tão pequeno quanto eu quiser.
- Eu sobrevivi a isso antes e vou sobreviver dessa vez também.
- Posso usar minhas estratégias de enfrentamento e permitir que isso passe.
- Essa ansiedade não vai me prejudicar, mesmo que não seja agradável.
- Isso é apenas ansiedade, não vou deixar que isso me afete.
- Nada sério vai acontecer comigo.
- Lutar e resistir a isso não vai ajudar, então vou deixar passar.
- São apenas pensamentos, não a realidade.
- Não preciso desses pensamentos, posso escolher pensar de forma diferente.
- Isso não é perigoso.
- E daí?
- Não se preocupe, seja feliz. (*Use esta para injetar um elemento de leveza ou humor.*)

Maneiras de trabalhar com frases de enfrentamento

Selecione suas frases de enfrentamento favoritas da lista anterior e tente trabalhar com elas de qualquer uma das maneiras a seguir. Isso o ajudará a reforçá-las em sua mente.

1. *Escreva* até cinco das suas frases favoritas de enfrentamento em letras grandes e em negrito em um grande cartão ou em uma folha de papel tamanho A4. Se disponível, use uma caneta com ponta de feltro para destacar a impressão de cada frase. Faça cópias dessa lista e coloque-as em alguns lugares de destaque em sua casa. Se tiver ansiedade associada a dirigir, coloque a lista no painel do seu carro. Leve sua lista com você no bolso ou na bolsa quando sentir o início dos sintomas de pânico ou quando enfrentar uma situação fóbica. Revise-a conforme necessário.
2. *Recite* suas frases de enfrentamento em voz alta. Diga cada uma lentamente, com ênfase, preservando algum tempo entre cada frase consecutiva.
3. *Ouça* suas frases de enfrentamento favoritas em uma gravação de áudio em sua própria voz (ou na voz de um amigo). Instruções detalhadas para fazer uma gravação da sua voz em um *laptop* ou em um *smartphone* podem ser encontradas fazendo uma pesquisa no Google por "como gravar a sua voz". As instruções são fáceis e simples para a maioria dos computadores e dispositivos portáteis. Grave suas frases de enfrentamento lentamente, deixando um intervalo entre cada frase consecutiva. Em seguida, reproduza a gravação das suas frases de enfrentamento duas vezes por dia, primeiro enquanto relaxa e, eventualmente, ao entrar em uma situação que provoca ansiedade.

Explore os desencadeadores dos seus ataques de pânico

Você pode aumentar seu domínio sobre os ataques de pânico investigando os tipos de circunstâncias que tendem a precedê-los. Se você é agorafóbico, está muito familiarizado com essas circunstâncias. Você sabe que é mais provável entrar em pânico, por exemplo, se estiver longe de casa, dirigindo sobre uma ponte ou sentado em um restaurante; assim, evita sistematicamente essas situações específicas. Se você tem ataques de pânico espontâneos que surgem "do nada", pode ser útil monitorar sua ocorrência por duas semanas e tomar nota do que estava acontecendo imediatamente ou algumas horas antes de cada um ocorrer. Você pode observar se alguma das seguintes condições faz diferença na probabilidade de você ter uma reação de pânico:

- Você estava sob estresse?
- Você estava sozinho ou com alguém?
- Se com alguém, era um membro da família, um amigo ou um estranho?
- Com que tipo de humor você estava algumas horas antes do pânico começar? Ansioso? Deprimido? Empolgado? Triste? Irritado? Outra sensação?
- Você estava envolvido em pensamentos negativos ou de medo pouco antes de entrar em pânico?

- Você se sentiu cansado ou relaxado?
- Você estava passando por algum tipo de perda?
- Você estava sentindo calor ou frio?
- Você estava se sentindo inquieto ou calmo?
- Você consumiu cafeína ou açúcar antes de sentir pânico?
- Existem outras circunstâncias que parecem correlacionadas às suas reações de pânico?

Você pode usar o *Registro de ataque de pânico* a seguir para monitorar cada ataque que experimenta durante um período de duas semanas. Faça cópias do formulário e preencha um para cada ataque de pânico separado. Responda a todas as perguntas referentes ao dia inteiro, desde o momento em que acordou até o momento em que entrou em pânico. Se o ataque acontecer à noite, responda sobre o dia anterior àquela noite.

Ao fazer esse esforço para registrar seus ataques de pânico e observar de forma cuidadosa quaisquer circunstâncias que consistentemente os precedem, você dará um passo importante. Você aprenderá que não precisa ser uma vítima passiva de um evento que parece totalmente fora de seu controle. Em vez disso, você pode começar a alterar as circunstâncias de sua vida diária em uma direção que reduza significativamente as chances de ter ataques de pânico.

Aprenda a identificar os primeiros sintomas de pânico

Com a prática, você pode aprender a identificar os sinais preliminares de que um ataque de pânico pode ser iminente. Para alguns indivíduos, isso pode ser uma aceleração repentina dos batimentos cardíacos. Para outros, pode ser aperto no peito, mãos suadas ou náuseas. Outros, ainda, podem sentir uma leve tontura ou desorientação. A maioria das pessoas experimenta alguns sintomas de alerta preliminares antes de chegar ao "ponto de não retorno", quando um ataque de pânico completo é inevitável.

É possível distinguir entre diferentes níveis ou graus de ansiedade que levam ao pânico usando a *Escala de ansiedade* de 10 pontos, apresentada a seguir.

Estratégias de enfrentamento para neutralizar o pânico em um estágio inicial

Primeiro, você deve aprender a identificar os seus próprios sinais preliminares de um possível ataque de pânico. Quais são os seus próprios sintomas de nível 4? Uma vez que você aprenda os sinais, é hora de *fazer algo* a respeito. *Lutar contra* o pânico não é uma boa ideia, mas não fazer nada e apenas permanecer passivo pode ser ainda menos útil. A melhor solução é utilizar várias estratégias de enfrentamento testadas e comprovadas.

Se você conseguiu detectar os primeiros sintomas de pânico antes que eles saíssem do controle (antes de ultrapassarem o nível 4 da *Escala de ansiedade*), qualquer uma das estratégias de enfrentamento a seguir pode ser usada para evitar uma reação completa de pânico.

Registro de ataque de pânico

Preencha um formulário para cada ataque de pânico separadamente durante um período de duas semanas.

Data: ___/___/___

Hora: _____

Duração (minutos): _____

Intensidade do pânico (avalie de 5 a 10 usando a *Escala de ansiedade* a seguir): _____

Antecedentes

1. Nível de estresse durante o dia anterior (avalie em uma escala de 1 a 10, em que 1 é o nível de estresse mais baixo, e 10, o mais alto): _____

2. Sozinho ou com alguém? _____

3. Se com alguém, era um membro da família, um amigo ou um estranho? _____

4. Seu humor 3 horas antes do ataque de pânico:
   Ansioso ( ) Deprimido ( ) Empolgado ( ) Irritado ( )
   Triste ( ) Outro (especifique) _____

5. Você estava enfrentando um desafio ( ) ou pegando leve ( )?

6. Você estava envolvido em pensamentos negativos ou de medo pouco antes de entrar em pânico?
   Sim ( ) Não ( ) Se sim, que pensamentos? _____

7. Você estava cansado ( ) ou relaxado ( )?

8. Você estava passando por algum tipo de abalo ou perda emocional?
   Sim ( ) Não ( )

9. Você estava sentindo calor ( ), frio ( ) ou nenhum dos dois ( )?

10. Você estava se sentindo inquieto e impaciente?
    Sim ( ) Não ( )

11. Você estava dormindo antes de entrar em pânico?
    Sim ( ) Não ( )

12. Você consumiu cafeína ou açúcar cerca de 8 horas antes de entrar em pânico?
    Sim ( ) Não ( ) Se sim, quanto? _____

13. Você notou outras circunstâncias correlacionadas às suas reações de pânico? (especifique)

_____

_____

Escala de ansiedade

7–10	Ataque de pânico grave	Todos os sintomas no nível 6 exagerados; terror; medo de enlouquecer ou de morrer; compulsão para escapar
6	Ataque de pânico moderado	Palpitações; dificuldade em respirar; sensação de desorientação ou despersonalização (sensação de irrealidade); pânico em resposta à percepção de perda de controle
5	Pânico inicial	Batimento cardíaco acelerado ou irregular; respiração constrita; desorientação ou tontura; medo definitivo de perder o controle; compulsão para escapar
4	Ansiedade acentuada	Sensação de desconforto ou "atordoamento"; batimentos cardíacos rápidos; músculos tensos; início da preocupação em manter o controle
3	Ansiedade moderada	Sensação desconfortável, mas ainda sob controle; coração começando a bater mais rápido; respiração mais rápida; palmas das mãos suadas
2	Ansiedade leve	Borboletas no estômago; tensão muscular; definitivamente nervoso
1	Ligeira ansiedade	Lampejo passageiro de ansiedade; sensação de leve nervosismo
0	Relaxamento	Calma; sensação de estar tranquilo e em paz

Os sintomas em vários níveis dessa escala são típicos, embora possam não corresponder exatamente aos seus sintomas específicos. O importante é identificar o que constitui um nível 4 para *você*. Esse é o ponto em que, independentemente dos sintomas que está experimentando, *você sente que seu controle sobre sua reação está começando a diminuir*. Até o nível 3 e durante ele, você pode estar se sentindo muito ansioso e desconfortável, mas ainda sente que está lidando com a situação. A partir do nível 4, você começa a se perguntar se consegue lidar com o que está acontecendo, o que pode levar a mais pânico. Com a prática, você pode aprender a "se perceber" e interromper uma reação de pânico *antes* que ela ultrapasse esse ponto de não retorno. Quanto mais hábil você se tornar em reconhecer os primeiros sinais de alerta de pânico até o nível 4 na escala, mais controle ganhará sobre suas reações de pânico. Marque esta página de alguma forma, pois a *Escala de ansiedade* será frequentemente referenciada aqui e nos capítulos subsequentes.

Pratique a respiração abdominal

Respirar lentamente pelo abdome pode ajudar a reduzir os sintomas corporais de pânico de duas maneiras:

- Ao diminuir a velocidade da respiração e respirar pelo abdome, você pode reverter duas das reações associadas à resposta de luta ou fuga – aumento da frequência respiratória e aumento da constrição dos músculos do tórax. Após 3 a 4 minutos de respiração abdominal lenta e regular, é provável que você sinta que conseguiu controlar uma "reação descontrolada" que estava ameaçando sair do controle.
- A respiração abdominal lenta, especialmente quando feita pelo nariz, pode reduzir os sintomas da hiperventilação que podem causar ou agravar um ataque de pânico. A tontura, a desorientação e as sensações de formigamento associadas à hiperventilação são produzidas pela respiração rápida e superficial no nível do tórax. Três ou quatro minutos de respiração abdominal lenta revertem esse processo e eliminam os sintomas da hiperventilação.

Revise a seção sobre respiração abdominal no Capítulo 4 juntamente aos exercícios de *Respiração abdominal* e *Respiração calmante*. Escolha o exercício que você preferir e pratique-o por 5 minutos todos os dias até sentir que dominou a técnica. (Praticar a respiração abdominal todos os dias também o ajudará a se reeducar para naturalmente respirar a partir de uma área mais baixa dos pulmões.) Assim que se sentir confortável e confiante com uma técnica específica, tente usá-la sempre que sentir os primeiros sintomas de pânico se aproximando. Lembre-se de continuar a respiração abdominal lenta por 3 a 5 minutos ou mais, até perceber que os sintomas de pânico estão começando a diminuir. Se o próprio exercício de respiração causar tontura, interrompa-o por 30 segundos e depois recomece.

Uma prática alternativa que ajuda algumas pessoas a neutralizarem o pânico é simplesmente fazer uma respiração profunda e segurá-la pelo maior tempo possível quando sentir os sintomas de pânico se aproximando. Se ainda se sentir ansioso após isso, repita o procedimento duas ou três vezes.

Repita as frases positivas de enfrentamento

Um dos pontos centrais deste capítulo tem sido enfatizar o papel do diálogo interno negativo e dos pensamentos catastróficos em agravar um ataque de pânico. Embora as reações físicas e corporais associadas ao pânico (primeiro medo) possam surgir sem aviso prévio, sua interpretação desses sintomas corporais (segundo medo), não. Ela se baseia *no que você diz a si mesmo* sobre esses sintomas. Se você disser a si mesmo que seus sintomas fisiológicos são terríveis e muito ameaçadores, que não os suporta mais, que vai perder o controle ou que pode morrer, é provável que você se assuste e entre em um estado elevado de ansiedade. Por outro lado, se puder aceitar o que está acontecendo e fazer afirmações tranquilizadoras e reconfortantes para si mesmo, como "É apenas ansiedade, não vou me deixar abalar", "Já passei por isso antes e não é perigoso" ou "Consigo lidar com isso até passar", você pode minimizar ou eliminar a escalada de seus sintomas.

Utilize qualquer uma das frases positivas de enfrentamento listadas anteriormente neste capítulo quando sentir os primeiros sintomas de pânico se aproximando. Isso ajudará a desviar sua mente *tanto* dos sintomas corporais de pânico *quanto* do diálogo interno que só pode piorar as coisas. Escolha qualquer uma das estratégias listadas na seção "Maneiras de trabalhar com frases de enfrentamento" para praticar suas frases de enfrentamento duas ou mais vezes por dia, quando não estiver sentindo pânico ou ansiedade. Continue praticando até que elas se tornem quase automáticas. Em seguida, use-as quando ocorrer um episódio de pânico (ou ao enfrentar uma situação fóbica). Continue a prática por 1 ou 2 minutos até sentir a intensidade fisiológica da sua ansiedade começar a diminuir.

Aprender a usar frases de enfrentamento de forma eficaz para superar o pânico exigirá prática e perseverança. Você precisa ensaiar suas frases de enfrentamento preferidas muitas vezes para internalizá-las completamente. Se você se esforçar, ficará surpreso com o quão bem as frases de enfrentamento podem funcionar para reduzir a probabilidade de seus sintomas de ansiedade ultrapassarem o nível 4 da *Escala de ansiedade*. O diálogo interno construtivo também pode ajudar a limitar um ataque de pânico que já *ultrapassou* o nível 4 (ver seção posterior deste capítulo, "O que fazer quando o pânico ultrapassa o nível 4").

Em resumo, a forma como você responde aos primeiros sintomas físicos de pânico será determinada em grande parte pelo que você diz a si mesmo, como ilustrado a seguir.

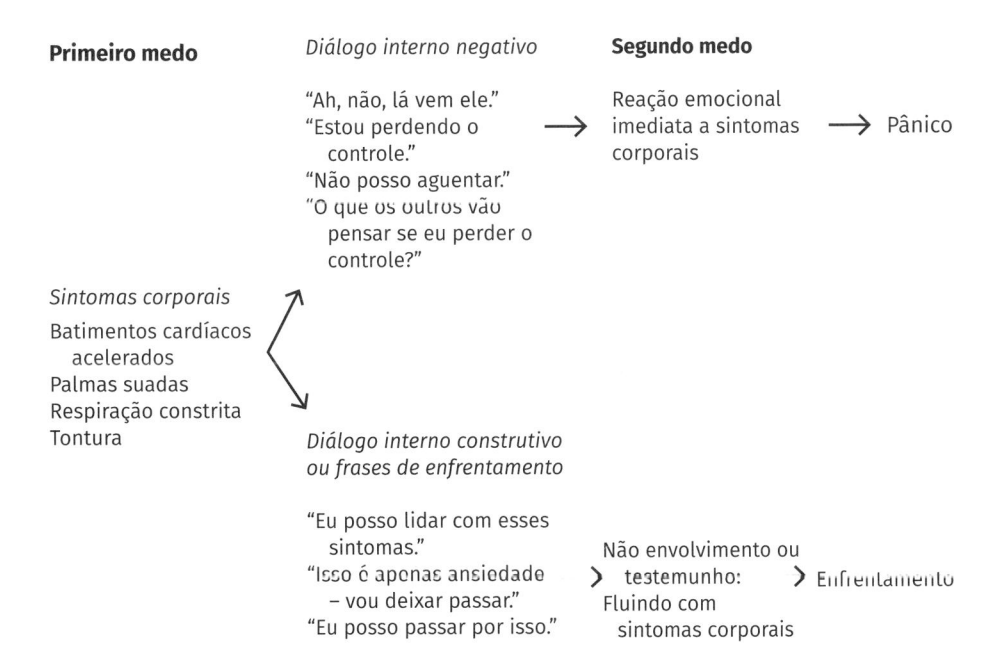

Primeiro medo	*Diálogo interno negativo*	**Segundo medo**	
	"Ah, não, lá vem ele." "Estou perdendo o controle." "Não posso aguentar." "O que os outros vão pensar se eu perder o controle?" →	Reação emocional imediata a sintomas corporais →	Pânico
Sintomas corporais Batimentos cardíacos acelerados Palmas suadas Respiração constrita Tontura	*Diálogo interno construtivo ou frases de enfrentamento* "Eu posso lidar com esses sintomas." "Isso é apenas ansiedade – vou deixar passar." "Eu posso passar por isso."	Não envolvimento ou testemunho: Fluindo com sintomas corporais →	Enfrentamento

A escolha é sua.

Use a respiração abdominal em combinação com frases de enfrentamento

Você pode descobrir que uma *combinação* de respiração abdominal e repetição de frases positivas de enfrentamento funciona melhor para limitar o seu pânico. Em geral, é melhor lidar primeiro com as sensações físicas de pânico com um exercício de respiração abdominal e, em seguida, seguir imediatamente com a repetição metódica de frases de enfrentamento. Você pode preferir sobrepor completamente as duas técnicas ou, de modo alternativo, pode querer trabalhar exclusivamente na redução do seu estado de excitação fisiológica por 1 a 2 minutos e, em seguida, começar a trabalhar com frases construtivas. Experimente para ver o que funciona melhor para você. De início, é melhor se você adquirir alguma habilidade e familiaridade com cada tipo de estratégia separadamente antes de tentar combiná-las.

Converse com uma pessoa de apoio pessoalmente ou pelo telefone

Conversar com alguém pode ajudar a desviar a sua mente dos seus pensamentos e sintomas corporais ansiosos. Se você estiver dirigindo um carro, esperando na fila do supermercado, parado em um elevador ou voando em um avião, isso pode funcionar muito bem. Se estiver dirigindo, converse com um passageiro ou encoste e pare para usar o seu celular. Em uma situação de fala em público, compartilhar com a sua audiência que está se sentindo um pouco nervoso muitas vezes pode ajudar a dissipar a ansiedade inicial. Conversar com alguém é uma maneira de *interromper* o início precoce de um ataque de pânico. Isso não deve ser usado como uma maneira de *escapar e evitar* os sintomas de pânico em busca de tranquilização. Essa é uma distinção sutil, mas importante, se você utilizar a conversa com alguém como uma estratégia de enfrentamento.

Mova-se ou engaje-se em alguma atividade física

Mover-se e realizar alguma atividade física ajuda a dissipar a energia extra ou a adrenalina criada pela reação de luta ou fuga que ocorre durante a ansiedade aguda. Em vez de resistir à excitação fisiológica normal que acompanha a ansiedade, você se move com ela. No trabalho, você pode caminhar até o banheiro e voltar ou caminhar ao ar livre por 10 minutos. Em casa, você pode realizar tarefas domésticas que exijam atividade física ou fazer exercícios em sua bicicleta ergométrica ou seu trampolim. Jardinagem é uma excelente maneira de canalizar a energia física de uma reação de ansiedade.

Permaneça no presente

Concentre-se em objetos concretos ao seu redor em seu ambiente imediato. Em um supermercado, por exemplo, você pode observar as pessoas ao seu redor ou as várias revistas ao lado do caixa. Ao dirigir, você pode se concentrar nos carros à sua frente ou em outros detalhes do ambiente circundante (desde que não tire os olhos da estrada, é claro). Permanecer no presente e focar em objetos externos ajudará a minimizar a atenção que você dá aos incômodos sintomas físicos ou aos pensamentos catastróficos do tipo "e se". Se possível, você pode tentar realmente tocar em objetos próximos para reforçar a sensação de estar no presente imediato. Outra maneira eficaz de se ancorar é se concentrar em suas pernas e em seus pés. Enquanto estiver em pé ou caminhando, preste atenção às suas pernas e aos seus pés e imagine que você está conectado ao chão.

Utilize técnicas simples de interrupção

Existem muitas técnicas simples de interrupção que podem ajudar a desviar parte da sua atenção da ansiedade. A atitude que você adota ao empregar essas técnicas é importante. Você está interrompendo o início de um ataque de pânico, *não tentando escapar dele*. Aqui estão alguns exemplos:

- Desembrulhe e mastigue um pedaço de chiclete.
- Conte de trás para a frente a partir de 100 de três em três: 100, 97, 94, e assim por diante.
- Conte o número de pessoas na fila (ou em todas as filas) do supermercado.
- Conte o dinheiro em sua carteira.
- Enquanto estiver dirigindo, conte os solavancos no volante.
- Tome um banho frio.
- Cante.

Observação: técnicas de interrupção são úteis para ajudá-lo a lidar com o início súbito de ansiedade ou preocupação. No entanto, não permita que a interrupção se torne uma forma de evitar ou fugir da sua ansiedade. Em última análise, você precisa experimentar diretamente a ansiedade e deixá-la passar para aprender que ela não é prejudicial ou potencialmente perigosa. Toda vez que sentir o aumento da ansiedade e permitir que ela passe sem tentar fugir dela, você aprende que pode superar o que quer que seu sistema nervoso apresente. Ao fazer isso, você constrói confiança em sua capacidade de controlar a ansiedade em todas as situações.

Abandone comportamentos de segurança

Comportamentos de segurança são manobras de autoproteção que você realiza para evitar o medo. Em geral, eles tendem a fracassar e aumentam o seu medo. Fugir do medo gera mais medo. Abandonar comportamentos de segurança significa adotar uma postura em que você aceita e suporta as sensações de pânico. O benefício é que, no fim das contas, você aprende que pode lidar com as suas sensações desagradáveis.

Aqui estão alguns tipos comuns de comportamentos de segurança:

Busca de tranquilidade. Por exemplo, seu coração está batendo forte ou rapidamente porque você esteve sob estresse excessivo nas últimas horas ou durante todo o dia. Isso é uma ocorrência normal para muitas pessoas. Você teme que possa ter alguma afecção cardíaca grave ou até mesmo estar suscetível a um ataque cardíaco. Para se tranquilizar, você liga para um amigo ou até mesmo tenta entrar em contato com o seu clínico geral.

Verificação excessiva. Suponha que você esteja tendo um episódio de batimentos cardíacos acelerados ou até mesmo taquicardia (seus batimentos cardíacos excedem 100 batimentos por minuto). Mesmo que o músculo cardíaco esteja projetado para bater até 100 batimentos por minuto por um ou dois dias sem nenhum perigo real, você recorre à verificação do seu pulso para conferir sua frequência cardíaca. Cada vez que verifica, você adiciona ansiedade quando nota que seus batimentos cardíacos não diminuíram. Quanto mais verificações você fizer, mais ansiedade terá. Durante um ataque de pânico, seu coração pode bater mais de 100 vezes por minuto por até 15 a 20 minutos, mas, com o tempo, começará gradualmente a desacelerar. Ao verificar repetidamente seu pulso, você pode aumentar a ansiedade e adiar a tendência natural do seu coração de eventualmente desacelerar. Você pode até mesmo recorrer a ligar para um amigo ou tentar entrar em contato com um médico por telefone, o que aumenta ainda mais a ansiedade ao criar mais incerteza.

Dependência excessiva de uma pessoa de apoio. Quando a ansiedade surge, por exemplo, ao enfrentar uma fobia de longa data, muitas vezes é útil ter uma pessoa de apoio ao seu lado. Se você está fazendo seu primeiro voo após muitos anos evitando voar, ter alguém o acompanhando no seu primeiro voo pode proporcionar tanto distração quanto tranquilidade para ajudar a mitigar a ansiedade. Ou talvez você tenha uma fobia de ir ao médico para um exame de rotina e tenha se afastado dos profissionais de saúde por alguns anos. Pode ser bastante útil ter alguém ao seu lado quando você fizer sua primeira consulta médica em muito tempo. Apenas ter a pessoa de apoio esperando na sala de espera enquanto você faz o *check-up* pode ser suficiente.

As pessoas de apoio são uma espécie de "muleta" que pode ajudá-lo a lidar com a ansiedade ou até mesmo com o pânico quando você enfrenta *pela primeira vez* uma situação fóbica que evitou por muito tempo. No entanto, se continuar levando sua pessoa de apoio com você em cada situação de enfrentamento do medo, nunca aprenderá que é capaz de lidar com o medo por conta própria. Para *completar* a exposição à maioria das fobias, torna-se necessário renunciar ao comportamento de segurança de trazer uma pessoa de apoio. Apenas assim você pode aprender a ter plena confiança em sua capacidade de superar o medo.

Rituais. Quando uma ansiedade forte ou pânico surgir, você pode tentar aliviá-la com um ritual, como repetir uma oração quatro vezes ou ficar continuamente estalando uma borracha contra o pulso. O ritual serve para fomentar a falsa crença de que *só* é possível lidar com a situação realizando o ritual. No fim das contas, você só pode ganhar confiança em sua capacidade de lidar *completamente* com as sensações e os pensamentos de medo ao renunciar ao ritual e aprender que nada terrível acontece se você o deixar de lado.

Para reduzir a dependência em relação a comportamentos de segurança, siga as três diretrizes a seguir:

1. *Perceba* que você está envolvido em comportamentos de segurança para se proteger da ansiedade.
2. *Encare (ou aceite), em vez de resistir*. Abstenha-se de lutar ou fugir de sensações desconfortáveis no corpo ou de pensamentos de medo. A chave para superar os comportamentos de segurança é a *plena aceitação* da situação e a capacidade de *tolerar o desconforto* (desde que o desconforto não atinja um nível avassalador, o que geralmente é improvável).
3. *Lide com a situação*. Conte com suas *estratégias de enfrentamento* mais úteis, descritas nesta seção, para atravessar a experiência de pânico e tolerar o desconforto.

Fique com raiva da ansiedade

A raiva e a ansiedade são respostas incompatíveis. É impossível experimentar ambas ao mesmo tempo. Em alguns casos, verifica-se que os sintomas de ansiedade são uma substituição de sentimentos mais profundos de raiva, frustração ou fúria. Se você conseguir ficar com raiva da sua ansiedade no momento em que ela surgir, poderá impedi-la de se intensificar. Isso pode ser feito verbal ou fisicamente. Você pode dizer coisas para seus sintomas, como "Saiam do meu caminho. Tenho coisas a fazer!", "Que se dane isso – não me importo com o que os outros pensam!" ou "Essa reação é ridícula – vou enfrentar essa situação de qualquer maneira!". Essa abordagem pode ser eficaz para algumas pessoas.

Técnicas tradicionais para expressar fisicamente a raiva incluem:

- Bater em um travesseiro na sua cama com ambos os punhos.
- Gritar em um travesseiro – ou sozinho no seu carro, com os vidros fechados.
- Bater em uma cama ou em um sofá com um taco de beisebol de plástico.
- Atirar ovos na banheira (se os restos puderem ser lavados).
- Cortar lenha.

Lembre-se de que é muito importante, ao expressar a raiva, direcioná-la para o espaço vazio ou em direção a um objeto, *não contra outra pessoa*. Se você se sentir muito irritado com alguém, descarregue a carga física da sua raiva primeiro de uma das maneiras descritas antes de tentar se comunicar com essa pessoa. Supere as expressões físicas e verbais de raiva em relação a outros seres humanos.

Experimente algo imediatamente prazeroso

A sensação de prazer é incompatível com o estado de ansiedade. Qualquer uma das seguintes atividades pode ajudar a aliviar a ansiedade, a preocupação ou até mesmo o pânico:

- Peça ao seu parceiro ou cônjuge para abraçá-lo (ou fazer-lhe uma massagem nas costas).
- Tome um banho quente ou relaxe em uma banheira.
- Faça um lanche ou uma refeição prazerosa.
- Envolva-se em atividade sexual.
- Leia livros humorísticos ou assista a um filme engraçado.

Aprenda a observar em vez de reagir às sensações corporais de ansiedade

Você pode dar um grande passo à frente ao aprender a se desvincular emocionalmente dos primeiros sintomas físicos de pânico: simplesmente *observe-os*. Se você for capaz de *testemunhar* as intensas reações pelas quais seu corpo passa quando está ansioso, sem interpretá-las como uma ameaça, poderá poupar-se de uma considerável angústia. Várias das estratégias descritas na seção anterior podem ajudá-lo a adotar essa postura de distanciamento. Ao praticar a respiração profunda abdominal, você pode desacelerar os mecanismos fisiológicos responsáveis pelo pânico, dando a si mesmo *tempo* para ganhar algum distanciamento. Ao utilizar o diálogo interno construtivo, você substitui o discurso amedrontador, que pode agravar sua ansiedade, por frases de enfrentamento especificamente projetadas para promover uma atitude de observar e "fluir com" a experiência.

Você descobrirá que é preciso alguma prática para aprender a usar técnicas de respiração ou frases construtivas de enfrentamento. Trabalhar consistentemente com elas, com o tempo, permitirá que você chegue a um ponto em que, em vez de apenas reagir, pode observar e acompanhar as reações corporais associadas ao pânico. Essa espécie de distanciamento é a chave para conseguir dominar o seu pânico.

O que fazer quando o pânico ultrapassa o nível 4

Se você não conseguir deter uma reação de pânico antes que ela ultrapasse seu ponto pessoal de não retorno (nível 5 ou superior da *Escala de ansiedade*), observe as seguintes diretrizes:

- Saia da situação que está provocando o pânico, se possível.
- Não tente controlar ou combater seus sintomas – aceite-os e deixe que eles passem da melhor maneira possível; lembre-se de que o pânico não é perigoso e vai passar.
- Ligue para alguém – expresse seus sentimentos para essa pessoa.
- Mova-se ou envolva-se em alguma atividade física.
- Concentre-se em objetos simples ao seu redor.
- Toque o chão, os objetos físicos à sua volta ou "ancore-se" de alguma outra forma. Sinta-se à vontade para sentar-se no chão, se isso ajudar.
- Libere a tensão batendo com os punhos, chorando ou gritando em um travesseiro, se estiver em um lugar onde possa fazer isso.
- Respire lenta e regularmente pelo nariz para reduzir possíveis sintomas de hiperventilação.
- Use o diálogo interno positivo (frases de enfrentamento) com a respiração lenta.
- Como último recurso, tome uma dose extra de um tranquilizante leve (com a aprovação do seu médico).

Durante um ataque de pânico intenso, você pode se sentir muito confuso e desorientado. Tente fazer a si mesmo as seguintes perguntas para aumentar sua objetividade (é recomendável escrevê-las em um cartão para carregar consigo o tempo todo):

- *Os sintomas que estou sentindo são realmente perigosos?* (Resposta: "Não.")
- *Qual é a pior coisa que poderia acontecer?* (Resposta comum: "Eu posso precisar sair dessa situação rapidamente ou posso precisar de ajuda.")
- *Estou dizendo a mim mesmo algo que está piorando isso?*
- *Qual é a coisa mais solidária que posso fazer por mim mesmo agora?*

Reunindo tudo

Em geral, quando os sintomas de ansiedade começam a aparecer, utilize a seguinte técnica de três passos para gerenciá-los:

1. *Aceite seus sintomas.* Não os combata ou resista a eles. Resistir ou fugir dos sintomas de ansiedade tende a piorá-los. Quanto mais você puder adotar uma atitude de aceitação, não importa quão desagradáveis sejam os sintomas, melhor será sua capacidade de lidar com eles. A aceitação o prepara para fazer algo proativo em relação à sua ansiedade, em vez de se envolver em reações a ela.
2. *Pratique a respiração abdominal.* Quando a ansiedade surgir pela primeira vez, sempre recorra à respiração abdominal em primeiro lugar. Se você tem praticado a respiração abdominal regularmente, simplesmente iniciá-la fornece um sinal ao seu corpo para relaxar e se desvincular de uma potencial resposta de luta ou fuga.
3. *Use uma estratégia de enfrentamento.* Após começar a se sentir mais centrado na respiração abdominal, utilize uma estratégia de enfrentamento ou uma técnica de interrupção (p. ex., falar com outra pessoa ou repetir frases de enfrentamento) para continuar a gerenciar seus sentimentos. Qualquer estratégia de enfrentamento reforçará a postura básica de não dar atenção ou energia a pensamentos negativos e/ou sensações corporais desconfortáveis. Ao praticar regularmente técnicas de enfrentamento, você reforça uma atitude de domínio, em vez de submissão passiva e vitimização, diante da sua ansiedade. Esteja ciente de que a respiração abdominal é, em si, uma estratégia de enfrentamento e, às vezes, ela sozinha será suficiente.

Compartilhe a sua condição

Uma boa maneira de minimizar a probabilidade de ataques de pânico em situações sociais ou públicas é simplesmente informar alguém responsável que você tem um problema com ataques de pânico e/ou agorafobia.

Isso é especialmente crítico se você tem medo de que os ataques de pânico interfiram em sua capacidade de desempenhar seu trabalho. Se você tentar trabalhar sem que ninguém saiba do seu problema, pode acabar se sentindo cada vez mais encurralado na situação – encurralado pelo medo do que as outras pessoas podem pensar de você se "perder o controle". Isso provavelmente aumentará, em vez de diminuir, a probabilidade de você realmente entrar em pânico.

Se você falar um pouco sobre o seu problema com seu chefe ou com um colega de trabalho, transformará seu local de trabalho em um lugar mais "seguro". Você se preocupará menos com o que os outros podem pensar se entrar em pânico, porque alguém importante já sabe. Mais importante ainda, você terá dado a si mesmo permissão para sair temporariamente do trabalho no caso de experimentar um ataque de pânico. Com essa permissão, é muito menos provável que você se sinta encurralado, e qualquer medo que você possa ter desenvolvido em relação ao trabalho provavelmente se dissipará.

Isso se aplica a qualquer outra situação em que você tenha medo de entrar em pânico e ainda haja alguém responsável com quem você possa conversar. Isso inclui salas de aula, consultórios médicos e odontológicos, festas (converse com o anfitrião ou com a anfitriã) ou reuniões de grupos (converse com o facilitador).

Resumo de coisas para fazer

1. Releia a seção "Diminua o perigo" neste capítulo uma ou mais vezes para reforçar a ideia de que os vários sintomas de um ataque de pânico não são perigosos.
2. Complete as duas primeiras planilhas de ataques de pânico neste capítulo. Em seguida, use a terceira planilha para estabelecer conexões entre as sensações físicas ou os sintomas que acompanham suas reações de pânico e quaisquer interpretações catastróficas que você tenda a fazer dessas sensações. Lembre-se de que são principalmente seus pensamentos catastróficos que desencadeiam ataques de pânico.
3. Releia a seção "Não combata o pânico" sobre a abordagem de quatro etapas de Claire Weekes para lidar com ataques de pânico. Isso pode ajudá-lo a cultivar atitudes de aceitação, e não de resistência, em relação aos sintomas de pânico. Aprenda a fluir com o pânico, em vez de lutar contra ele.
4. Monitore seus ataques de pânico por duas semanas, usando o *Registro de ataques de pânico* para procurar condições e estímulos que precedem suas reações de pânico.
5. Trabalhe na aprendizagem de reconhecer seus próprios sintomas iniciais de pânico. Identifique quais sintomas constituem um nível 4 para você na *Escala de ansiedade* (o ponto em que você sente que está começando a perder o controle).
6. Experimente diferentes estratégias de enfrentamento quando sentir os sintomas de pânico se aproximando. Quais estratégias funcionam melhor para você?
7. Dê atenção especial às seguintes estratégias de enfrentamento:
    - *Pratique a respiração abdominal* (usando o exercício de *Respiração abdominal* ou o exercício de *Respiração calmante* do Capítulo 4) por 5 minutos por dia até dominar a técnica. Em seguida, use-a para reduzir as sensações corporais de ansiedade quando sentir os primeiros sintomas físicos de pânico surgindo.
    - *Escolha uma ou mais frases de enfrentamento e pratique seu uso* quando perceber que está assustando a si mesmo com o diálogo interno negativo. Ensaie suas frases de enfrentamento até que você seja capaz de superar qualquer diálogo interno de medo que esteja acontecendo em sua mente.

- *Após dominar o uso da respiração abdominal e das frases de enfrentamento, tente combiná-los.* Comece com a respiração abdominal e siga com a repetição de uma ou mais frases de enfrentamento. A combinação certa dessas técnicas pode ser ainda mais eficaz do que uma delas sozinha.

8. Experimente estratégias de enfrentamento para reações de pânico *acima* do nível 4 na *Escala de ansiedade* para descobrir quais funcionam melhor para você.
9. Se sentir vontade, experimente os procedimentos de indução de sintomas. Esses procedimentos vão expô-lo a sensações físicas que você associa ao pânico. Se estiver trabalhando com um terapeuta, poderá pedir a ele que o auxilie na realização das induções de sintomas.
10. Converse sobre sua condição com um parente, um amigo ou com seu supervisor no trabalho.

Leituras adicionais

Barlow, David, and Michelle Craske. *Mastery of Your Anxiety and Panic: Workbook.* 4th ed. New York: Oxford University Press, 2007. (Apresentação detalhada da abordagem cognitivo-comportamental para tratar o pânico.)

Beckfield, Denise F. *Master Your Panic and Take Back Your Life.* 3rd ed. Atascadero, CA: Impact Publishers, 2004. (Guia completo e útil de autoajuda.)

Weekes, Claire. *Hope and Help for Your Nerves.* New York: Signet, 1990.

———. *Peace from Nervous Suffering.* New York: Signet, 1990. (Um excelente recurso para aprender a lidar com o pânico e com outras formas de ansiedade.)

Wilson, Reid. *Don't Panic: Taking Control of Anxiety Attacks.* 3rd ed. New York: Harper Perennial, 2009.

Zuercher-White, Elke. *An End to Panic.* 2nd ed. Oakland, CA: New Harbinger Publications, 1998.

7

Exposição a fobias

A maneira mais eficaz de superar uma fobia é simplesmente enfrentá-la. Continuar evitando uma situação que assusta você é, mais do que qualquer outra coisa, o que mantém a fobia viva.

Ter de encarar uma situação específica que você tem evitado por anos pode, à primeira vista, parecer uma tarefa impossível. No entanto, essa tarefa pode se tornar gerenciável ao dividi-la em etapas suficientemente pequenas. Em vez de entrar em uma situação de uma vez, você pode fazê-lo muito gradualmente em pequenos incrementos.

Uma teoria de como as fobias se desenvolvem sustenta que elas resultam da *sensibilização*, um processo de se tornar sensível a um estímulo específico. Em essência, você aprende a associar a ansiedade a uma situação particular. Talvez você tenha entrado em pânico uma vez enquanto estava em um restaurante ou sozinho em casa. Se o seu nível de ansiedade estava alto, é bem possível que você tenha adquirido uma forte associação entre estar nessa situação específica e estar ansioso. A partir desse momento, estar naquela situação, estar perto dela ou talvez apenas pensar nela automaticamente desencadeava a sua ansiedade: uma conexão entre a situação e uma forte resposta de ansiedade foi estabelecida. Como essa conexão foi automática e aparentemente fora do seu controle, você provavelmente fez de tudo para evitar se colocar naquela situação novamente. A evitação foi recompensada, pois poupou você de reviver a sua ansiedade. Quando começou a evitar *sempre* a situação, você desenvolveu uma fobia completa.

A *exposição* é o processo de *desaprender* a conexão entre a ansiedade e uma situação específica. Ao longo dos anos, houve uma evolução no entendimento de como a exposição funciona. Para que ela ocorra, geralmente é necessário entrar gradualmente em uma situação fóbica por meio de uma série de etapas. Com a exposição *na vida real*, você enfrenta diretamente uma situação fóbica, permitindo que sua ansiedade aumente e suportando-a por um período para aprender que realmente consegue *lidar* com a ansiedade em uma situação que estava acostumado a evitar. O ponto é 1) *desaprender a conexão* entre uma situação fóbica (como dirigir em uma autoestrada) e uma resposta de ansiedade e 2) *ganhar confiança* em sua capacidade de lidar com a situação, independentemente do surgimento da ansiedade. Entrar repetidamente na situação eventualmente permitirá que você supere a evitação anterior.

A exposição é o tratamento mais eficaz disponível para fobias. Em muitos estudos controlados, a exposição direta a situações fóbicas mostrou-se consistentemente mais eficaz do que outros tratamentos não comportamentais, como terapia de *insight*, terapia cognitiva por si só ou medicamentos. Nada funciona melhor para superar um medo do que enfrentá-lo, sobretudo quando isso é feito sistematicamente por meio de uma série de etapas. Além disso, a melhora resultante da exposição na vida real não costuma desaparecer semanas ou meses depois. Uma vez que você tenha completado totalmente a exposição a uma situação fóbica na vida real, tende a permanecer livre do medo. Em alguns casos, no entanto, você pode precisar realizar sessões periódicas de "reforço" da exposição para manter os resultados de sua exposição original, especialmente se a situação for algo com o qual você não lida com frequência (p. ex., ver cobras no zoológico).

A exposição é o tratamento de escolha para agorafobia, fobias sociais e muitas fobias específicas. É útil para superar as *fobias territoriais* comuns na agorafobia, como o medo de entrar em supermercados ou *shoppings*, dirigir em pontes ou estradas, andar de ônibus, trens ou aviões, escalar alturas e ficar sozinho.

Fobias sociais que respondem à exposição direta incluem medo de falar em público, fazer apresentações, estar em grupos, participar de eventos sociais, namorar, usar banheiros públicos e fazer exames.

Fobias específicas podem variar desde o medo de aranhas até o medo de água ou de dentistas. Todas essas fobias podem ser superadas por meio da exposição direta. Ver Capítulo 12 deste livro, "Dez fobias específicas comuns", para obter mais informações sobre fobias específicas e seu tratamento.

A *exposição à preocupação* envolve enfrentar repetidamente situações sobre as quais você tem propensão a se preocupar, primeiro por meio de imaginação detalhada e depois, se possível, na vida real. Ao enfrentar a ansiedade durante as sessões de exposição à preocupação e eliminar as técnicas de evitação sutis, conhecidas como "comportamentos de segurança", você gradualmente aprende que pode reduzir ou eliminar a preocupação sobre quase qualquer tópico sobre o qual você costumava se preocupar ou até mesmo ficar obcecado. Para obter mais informações sobre a exposição à preocupação, ver Capítulo 10 deste livro, "Superando a preocupação".

Se a exposição é um tratamento tão eficaz, por que ainda existem tantas pessoas com fobias? Por que nem todo mundo recorreu a um tratamento tão poderoso? A resposta é simples. Apesar de toda a sua eficácia, a exposição não é um processo particularmente fácil ou confortável de atravessar. Nem todos estão dispostos a tolerar o desconforto de enfrentar situações fóbicas ou a persistir em fazê-lo regularmente. *A terapia de exposição exige um forte compromisso de sua parte*. Se você está realmente comprometido com sua recuperação, então estará disposto a:

- correr o risco de começar a enfrentar situações que pode ter evitado por muitos anos;
- *tolerar o desconforto inicial* que entrar em situações fóbicas, mesmo em etapas, frequentemente envolve;
- *persistir na prática da exposição* de forma consistente, apesar de possíveis contratempos, por tempo suficiente para permitir sua recuperação completa (em geral,

isso pode levar de semanas a até um ano ou mais, dependendo do ritmo que você preferir e do número de fobias que precisa enfrentar).

Se estiver pronto para assumir um compromisso consistente com a exposição pelo tempo que for necessário, você *se recuperará* de suas fobias.

Exposição de enfrentamento *versus* exposição completa

O processo de exposição pode ser dividido em duas etapas: a exposição de enfrentamento e a exposição completa. A etapa de enfrentamento envolve a utilização de várias estratégias de gerenciamento da ansiedade para ajudá-lo a começar com a exposição e negociar os primeiros passos no processo. Tais estratégias podem incluir uma pessoa para acompanhá-lo (referida como "pessoa de apoio"), uma baixa dose de tranquilizante, prática de respiração abdominal profunda ou ensaiar *frases positivas de enfrentamento*. (Ver lista de frases de enfrentamento na seção "Frases de enfrentamento" do Capítulo 6.) À medida que avança além dos primeiros passos de sua *hierarquia* (uma série incremental de abordagens para sua situação fóbica), você precisa gradualmente se desvencilhar dessas estratégias de gerenciamento da ansiedade – ou seja, das estratégias de "enfrentamento". Segue-se com a segunda etapa, a "exposição completa". Exposição completa significa que você entra em sua situação fóbica sem depender de apoios ou estratégias de enfrentamento. Ela é necessária *porque ensina que você pode lidar com uma situação que anteriormente evitava sob quaisquer circunstâncias*. Em vez de aprender que "Eu só consigo lidar com a condução em rodovias se tomar medicamentos", você aprende que "Eu posso lidar com a condução em rodovias independentemente da minha ansiedade ou de qualquer coisa que eu possa usar para mitigá-la". A exposição completa leva à completa *maestria* de uma situação anteriormente fóbica.

A exposição completa, sem depender de estratégias de enfrentamento, como uma pessoa de apoio ou um *smartphone* com o qual você pode ligar para um amigo durante a exposição, é a maneira mais rápida e eficiente de superar uma fobia. Muitas pessoas corajosamente se submetem à exposição completa de uma fobia, como ficar em casa sozinhas, viajar para lugares altos ou dirigir até o supermercado local, *sem usar estratégias de enfrentamento de apoio*. Outras pessoas preferem a abordagem mais suave de utilizar estratégias de enfrentamento para ajudá-las a começar com a exposição e negociar suas primeiras etapas. Gradualmente, à medida que avançam, elas se desvinculam dessas estratégias de enfrentamento para dominar totalmente a situação.

Ao longo das últimas décadas do século XX, acreditava-se que o mecanismo por trás da exposição era um processo de dessensibilização ou de habituação. A ideia era que, se você enfrentasse repetidamente uma situação fóbica, gradualmente se habituaria a ela e desaprenderia qualquer conexão entre a situação e a ansiedade. Basicamente, a exposição repetida permitiria que você se acostumasse com a situação a ponto de sentir tédio, em vez de ansiedade.

Nos últimos 15 anos, as pesquisas mostraram que o mecanismo mais importante por trás da exposição eficaz é a *nova aprendizagem*. O que supera a fobia é a nova aprendizagem de que entrar em uma situação difícil é menos ameaçador ou catastrófico do que você pensava anteriormente. Em resumo, com as fobias, você tende a *superestimar o risco de ameaça ou de perigo* e *a subestimar sua capacidade de lidar com a situação fóbica* (seja voar, falar em público, encontrar aranhas, ir ao dentista, ou qualquer uma de uma longa lista de possíveis fobias). Essa nova compreensão de como a exposição funciona por meio da nova aprendizagem (tecnicamente chamada de "aprendizagem inibitória") é baseada sobretudo na pesquisa de Michelle Craske na UCLA (Craske, 2008).

Abordagem de enfrentamento *versus* abordagem de domínio da exposição

A distinção feita entre "exposição de enfrentamento" e "exposição completa" implica que existem, de fato, duas abordagens para lidar com fobias: apenas enfrentar *versus* dominar completamente. Dominar completamente uma fobia, como voar, andar de elevador ou dirigir em rodovias, é sem dúvida desejável. Na prática, no entanto, algumas pessoas optam por apenas *enfrentar* – ser capazes de negociar sua situação fóbica com o uso de quaisquer recursos que sintam que precisam. Seu objetivo é apenas enfrentar a situação, não a dominar completamente.

Em resumo, para muitas pessoas com fobias, a capacidade de negociar plenamente uma situação desafiadora sem uma pessoa de apoio, sem respiração abdominal profunda ou sem medicação é uma realização significativa. No entanto, na prática, as pessoas variam muito em sua disposição para abrir mão desse tipo de ajuda. Com frequência, como seria de esperar, a variável crítica é a *frequência* com que uma situação precisa ser enfrentada. Se você precisa lidar com uma situação de maneira frequente, como dirigir todos os dias em uma rodovia para economizar bastante tempo em seu trajeto para o trabalho (em vez de usar vias urbanas), é provável que busque dominar completamente a situação. Se você deseja manter seu emprego, o domínio da rota mais direta para chegar até lá se torna uma necessidade. Realizar a exposição repetidamente todos os dias, durante semanas a fio, tornará o domínio completo (sem a necessidade de estratégias de enfrentamento de apoio) mais alcançável.

Situações fóbicas que você encontra raramente, talvez apenas uma ou duas vezes por ano, são diferentes. Se voar ou fazer uma apresentação for um evento relativamente raro, a dependência de qualquer recurso necessário apenas para enfrentar a situação pode ser suficiente para algumas pessoas. Para essas pessoas, a exposição de enfrentamento é o mais longe que desejam ir.

Como praticar a exposição

Você pode utilizar as diretrizes a seguir para elaborar sua terapia de exposição.

Estabeleça metas

Comece definindo claramente suas metas. Quais situações você mais gostaria de parar de evitar? Você deseja ser capaz de dirigir sozinho na estrada? Comprar os mantimentos da semana sozinho? Fazer uma apresentação no trabalho? Voar de avião?

Certifique-se de garantir que suas metas sejam específicas. Em vez de mirar em algo tão amplo quanto ficar confortável com todos os tipos de compras, defina uma meta específica, como "comprar os mantimentos da semana na mercearia local sozinho" ou "fazer um voo de 1 hora". Eventualmente, você vai querer eliminar todas as restrições, ou seja, ficar à vontade em qualquer loja ou em qualquer voo. Depois de definir as metas, estabeleça prazos. Até que data você gostaria de ser capaz de fazer um discurso, dirigir na rodovia ou fazer um voo? Daqui a dois meses? Um ano? Dê a si mesmo um período para trabalhar e, em seguida, comprometa-se a cumpri-lo. Muitas vezes, é útil diferenciar entre metas de curto e longo prazos. Use o espaço a seguir para definir onde você gostaria de estar no processo de recuperação em vários momentos no futuro. Faça uma cópia dessa declaração de suas metas e afixe-a em um local visível para se lembrar do seu plano para superar seus medos.

Metas

Em três meses:

Em seis meses:

Em um ano:

Crie uma hierarquia para cada meta

Para cada meta que definiu, você precisa criar uma hierarquia de exposições. Uma *hierarquia* é uma série incremental de abordagens à sua situação fóbica. Você começa com uma exposição muito limitada à situação e, gradualmente, em pequenos incrementos, aumenta o grau de exposição. Por exemplo, se você tem medo de andar de elevador, pode começar simplesmente se aproximando de um elevador sem entrar. O próximo passo pode ser entrar e sair do elevador sem subir. Em seguida, o próximo passo seria subir um andar e voltar. Depois disso, você continuaria subindo dois andares, e assim por diante. Você pode usar as seguintes diretrizes, bem como hierarquias de amostra que aparecem mais adiante no capítulo, para desenvolver sua própria hierarquia de exposição.

1. Escolha uma situação fóbica específica na qual você deseja trabalhar, seja ir ao supermercado, dirigir na rodovia, fazer uma coleta de sangue ou dar uma palestra para um grupo.
2. Imagine ter de lidar com essa situação de uma maneira muito limitada – uma que mal o incomoda. No caso de ir ao supermercado, pode ser dirigir até o estacionamento em frente à loja e depois voltar para casa. No caso de dar uma palestra, pode ser dar uma palestra de 1 minuto para um amigo na tranquilidade de sua casa. Em uma escala de 1 a 10, tais exposições teriam uma intensidade de 1 ou 2.
3. Agora, imagine qual seria a exposição mais forte ou desafiadora relacionada à sua fobia e coloque-a no extremo oposto, como o degrau mais alto em sua hierarquia. Por exemplo, se você tem fobia de supermercados, seu degrau mais alto pode ser esperar em uma longa fila no caixa sozinho. Para voar, tal etapa poderia envolver decolar em um voo transcontinental e enfrentar uma turbulência intensa no trajeto. Para falar em público, você pode imaginar se apresentar para uma grande multidão, fazer uma apresentação longa ou falar sobre um tópico muito exigente. Em uma escala de 1 a 10, tais exposições teriam uma intensidade de 9 ou 10.
4. Agora, reserve um tempo para imaginar seis ou mais exposições de intensidade graduada relacionadas à sua fobia e classifique-as, em uma escala de 1 a 10, de acordo com seu potencial de provocar ansiedade. Coloque essas situações em ordem ascendente entre os dois extremos que você já definiu. Use as hierarquias de amostra apresentadas a seguir para ajudá-lo. Em seguida, escreva sua lista de situações na *Planilha de hierarquia* apresentada mais adiante neste capítulo.

Determine cenários de intensidade variável

Tente identificar quais parâmetros específicos de sua fobia deixam você mais ou menos ansioso e use-os para desenvolver situações de intensidade variável. No caso de dirigir, tais variáveis podem incluir a distância de casa, se está dirigindo sozinho ou com alguém, o congestionamento do trânsito, o número de semáforos ou a facilidade de entrada e saída da rodovia. No caso de falar em público, as variáveis podem incluir a duração do discurso, o número de pessoas para quem você está apresentando ou o quanto você conhece as pessoas para quem está apresentando.

Para cada fobia, geralmente existem alguns parâmetros que você pode usar para variar a intensidade de sua exposição. Variáveis comuns incluem:

- distância da situação temida;
- duração da exposição;
- proximidade de uma saída da situação;
- complexidade geral da situação (como o número de carros ou de pessoas);
- hora do dia.

Tomar consciência dos elementos específicos de qualquer situação fóbica que o deixam ansioso aumentará seu senso de controle sobre essa situação e acelerará a aprendizagem de uma resposta nova e adaptativa à situação.

Observação: Se estiver enfrentando dificuldades ao avançar de um passo para o próximo em sua hierarquia, você sempre pode incluir um passo adicional. Por exemplo, suponha que você esteja se expondo à compra de mantimentos. Você chegou ao ponto em que pode permanecer na loja por vários minutos, mas não consegue se convencer a comprar um item e passar pelo caixa rápido. Um passo intermediário que você poderia adicionar seria levar um item em sua cesta até a fila do caixa, esperar na fila enquanto seu nível de ansiedade permanecer leve e, em seguida, devolver o item ao local onde o encontrou. Você poderia repetir esse passo sem comprar nada até que a ação se torne monótona. O próximo passo intermediário seria comprar apenas um item na loja e passar pelo caixa rápido. Após uma ou duas repetições disso, você compraria dois ou três itens e passaria pelo caixa rápido, ou, se se sentir pronto, por uma fila de caixa regular. Após se acostumar com isso, você estaria pronto para comprar um número maior de itens e passar por uma fila de caixa regular.

Se você tiver dificuldade em começar a terapia de exposição – ou seja, se sua primeira tentativa de exposição levar a uma ansiedade muito intensa ou até mesmo a um ataque de pânico, talvez possa começar com um passo ainda menos desafiador do que seu primeiro passo original. Por exemplo, você pode ter uma fobia de voar e não se sentir pronto para dirigir até o aeroporto. Como etapa preliminar, assista a um vídeo que mostre aviões decolando e voando ou se acostume a olhar fotos de aviões em uma revista. Se ainda não conseguir chegar ao aeroporto, dirija-se a ele repetidamente até se sentir capaz de dirigir até o estacionamento do aeroporto, dar meia-volta e voltar para casa.

O lado oposto disso é você achar que suas primeiras exposições são muito fáceis. Se você não sentir ansiedade em relação às primeiras exposições em sua hierarquia, pode dispensá-las. Você pode preferir começar com uma exposição que o faça sentir alguma ansiedade (especificamente, sensações como aumento dos batimentos cardíacos, tontura ou tensão muscular). A aprendizagem de que uma situação fóbica não é tão ameaçadora quanto você pensava só ocorre quando você está experimentando alguma ansiedade durante a exposição.

Exposição incremental *versus* exposição aleatória

Uma maneira alternativa de realizar a exposição é *não* trabalhar por meio de uma série de etapas *incrementais*, do início ao topo de sua hierarquia. Em vez disso, você escolhe exposições *aleatoriamente* em vários níveis de sua hierarquia e as realiza em ordem aleatória. Portanto, você pode começar com uma exposição de dificuldade intermediária primeiro, fazer uma exposição mais fácil e, em seguida, fazer uma exposição difícil. É bem possível que você se surpreenda ao desconfirmar muito mais cedo sua expectativa de que coisas ruins acontecerão quando você enfrentar sua fobia. Isso pode acelerar todo o processo de dominação de sua fobia (em oposição a trabalhar com etapas incrementais de sua hierarquia de baixo para cima). Você pode fazer exposições aleatórias com a ajuda de estratégias de gerenciamento de ansiedade ou pode "se jogar de cabeça", fazendo exposições aleatórias sem a assistência de nenhuma estratégia de enfrentamento. Pesquisas mostraram que algumas pessoas podem adotar essa abordagem de "via rápida" começando com exposições mais difíceis, sem usar técnicas de enfrentamento. Se você é uma dessas pessoas, a exposição pode levar muito menos tempo.

Em resumo, existem basicamente quatro maneiras de realizar a exposição: 1) etapas incrementais por meio de sua hierarquia com a assistência de estratégias de enfrentamento, gradualmente abandonando as estratégias de enfrentamento até que você domine completamente a fobia; 2) etapas incrementais por meio de sua hierarquia, sem usar estratégias de gerenciamento de ansiedade; 3) etapas aleatórias em vários níveis de sua hierarquia, com a assistência de estratégias de enfrentamento primeiro, depois abandonando-as; 4) abordagem do tipo "se jogar de cabeça", realizando exposições em ordem aleatória de dificuldade, sem usar nenhuma estratégia de enfrentamento.

Cada pessoa é diferente. Se estiver trabalhando com um terapeuta, você e seu terapeuta precisarão decidir qual abordagem de exposição é a melhor para você. Se você estiver trabalhando nas hierarquias de exposição por conta própria, aprenderá com a experiência se prefere uma abordagem mais gradual ou se está suficientemente motivado para usar uma abordagem rápida (i.e., ordem aleatória de exposição, sem nenhuma estratégia de gerenciamento de ansiedade).

Opcional: experimente primeiro a exposição por meio da imaginação

Algumas pessoas praticam uma técnica chamada de exposição por meio de imaginação antes de enfrentar uma situação fóbica na vida real. Isso envolve visualizar as experiências delineadas em sua hierarquia, em vez de enfrentá-las na vida real. Se você desejar usar isso como um precursor para a exposição na vida real, consulte a seção "Exposição por meio da imaginação", no final deste capítulo. Para algumas pessoas, realizar primeiro a exposição por meio da imaginação aprimora a capacidade de realizar a exposição na vida real.

Exemplos de hierarquias

A seguir, há três exemplos de hierarquias desenvolvidas para exposição na vida real. Observe que essas são apenas hierarquias de exemplo; sua própria hierarquia de situações fóbicas envolvendo elevadores, supermercados ou aviões pode ser diferente, dependendo de quais aspectos das situações despertam sua maior ansiedade. Note que os dois primeiros exemplos, elevadores e supermercados, ilustram *tanto a fase de enfrentamento quanto a exposição completa do processo*. A hierarquia inclui a dependência em relação a uma pessoa de apoio durante a fase de enfrentamento da exposição, enquanto as estratégias de enfrentamento são abandonadas durante a exposição completa.

O terceiro exemplo, uma hierarquia para voar, ilustra a realização da exposição sozinho, sem uma pessoa de apoio, mas utilizando algumas estratégias de enfrentamento nas primeiras etapas.

De acordo com a minha maneira preferida de conduzir a exposição, todas as três hierarquias ilustram a possibilidade de realizar uma fase de exposição de enfrentamento *antes* de prosseguir para a exposição completa. Muitos dos meus clientes parecem preferir essa abordagem, pois tiveram ataques de pânico durante tentativas de exposição no passado. No entanto, *a fase de enfrentamento é opcional, ou seja,* não é necessária ou essencial para concluir a exposição. Alguns terapeutas utilizam apenas a exposição completa com seus clientes, com a expectativa de que até mesmo a ansiedade prolongada na situação fóbica não seja prejudicial, mas, na verdade, seja propícia para aprender que enfrentar um medo não é tão avassalador ou ameaçador como se pensava. Os clientes aprendem que podem lidar com a situação sem estratégias de apoio e apesar dos níveis desconfortáveis de ansiedade. Se você e/ou seu terapeuta se sentirem inclinados a fazer isso, então trabalhem apenas com as porções de exposição completa das hierarquias listadas a seguir.

Observação: todos os exemplos a seguir utilizam uma abordagem *incremental* para a exposição. Como mencionado, para algumas pessoas, a sequência de progresso por meio de uma hierarquia pode ser *aleatória*, começando com etapas intermediárias primeiro. É uma questão de preferência sua, ou sua e de seu terapeuta. O uso de uma sequência aleatória de exposições geralmente encurta o tempo necessário para completar a exposição.

Elevadores

Exposição de enfrentamento

1. Observe os elevadores, vendo-os subir e descer.
2. Fique em um elevador parado com a sua pessoa de apoio.
3. Desloque-se para cima e para baixo primeiro um andar e depois dois andares com a sua pessoa de apoio. Você também pode adicionar a respiração abdominal como uma estratégia de enfrentamento, além de ter sua pessoa de apoio acompanhando você.
4. Fique em um elevador parado sozinho.

5. Desloque-se um andar para cima ou para baixo sozinho, com a sua pessoa de apoio esperando do lado de fora do elevador no andar em que você vai chegar. Sinta-se à vontade para usar a respiração abdominal para gerenciar sua ansiedade, se desejar.
6. Desloque-se dois ou três andares para cima e para baixo, primeiro com a sua pessoa de apoio e depois sem ela. Nessa fase, você não precisa sair do elevador quando chegar ao andar pretendido. Você pode usar a respiração abdominal (ou outra estratégia de enfrentamento, como frases de enfrentamento) na ausência da pessoa de apoio. Você pode pedir à sua pessoa de apoio para esperar por você do lado de fora do elevador no térreo, se desejar.
7. Agora, desloque-se de cinco a dez andares para cima e para baixo, seja com a sua pessoa de apoio acompanhando você, seja com ela esperando do lado de fora do elevador no térreo. Use a respiração abdominal ou as frases de enfrentamento para auxiliar a sua exposição no início e, em seguida, tente fazer as exposições sem essas técnicas de enfrentamento.

Exposição completa

1. Suba ou desça um andar sozinho, com a sua pessoa de apoio esperando em um carro do lado de fora do prédio.
2. Suba e desça um andar sozinho sem a presença da sua pessoa de apoio (i.e., você visitou o prédio por conta própria).
3. Suba e desça dois ou três andares sozinho, sem a presença da sua pessoa de apoio.
4. Continue a aumentar gradualmente o número de andares que você sobe no elevador sem a presença da sua pessoa de apoio ou de qualquer outro auxílio, como respiração abdominal ou frases de enfrentamento, até conseguir chegar ao topo de um prédio de cinco a dez andares.
5. Continue a aumentar gradualmente o número de andares que você sobe sem uma pessoa de apoio ou quaisquer outras estratégias de gerenciamento da ansiedade até conseguir chegar ao topo de um prédio de 20 andares ou do prédio mais alto da sua cidade com um elevador. Praticar todos os dias aumentará a velocidade do seu progresso.
6. Ande em dois elevadores diferentes em dois prédios diferentes de alturas variadas por conta própria.
7. Ande em uma variedade de elevadores diferentes em uma variedade de prédios diferentes na sua cidade (ou na cidade mais próxima) por conta própria.

Supermercados

Exposição de enfrentamento

1. Dirija-se ao supermercado com a sua pessoa de apoio e passe 1 minuto no estacionamento.
2. Dirija-se ao supermercado com a sua pessoa de apoio e passe de 5 a 10 minutos no estacionamento.

3. Caminhe até a entrada do supermercado e ande ao redor do lado de fora por 2 minutos com a sua pessoa de apoio.
4. Entre no supermercado por 15 a 30 segundos com a sua pessoa de apoio e depois saia.
5. Entre no supermercado por 1 a 2 minutos com a sua pessoa de apoio e depois saia.
6. Caminhe até o fundo da loja com a sua pessoa de apoio e passe até 5 minutos na loja.
7. Entre na loja com a sua pessoa de apoio e acompanhe enquanto ele ou ela compra um ou dois itens.
8. Entre na loja com a sua pessoa de apoio e compre um ou dois itens você mesmo.
9. Entre na loja com a sua pessoa de apoio estacionada do lado de fora; use outras estratégias de gerenciamento da ansiedade, como respiração abdominal e/ou frases de enfrentamento, se desejar.
10. Entre na loja *sem* a sua pessoa de apoio esperando do lado de fora, mas ainda tenha acesso às suas estratégias preferidas de gerenciamento da ansiedade.

Exposição completa

1. Vá ao supermercado e estacione por 5 minutos próximo da entrada principal, sem a sua pessoa de apoio nem o uso de quaisquer estratégias de gerenciamento da ansiedade. Repita essa abordagem para todos os passos subsequentes.
2. Vá ao supermercado e entre na loja por 10 a 30 segundos sem a sua pessoa de apoio.
3. Vá ao supermercado e fique lá por até 1 minuto, andando por um dos corredores.
4. Vá ao supermercado, caminhe até o fundo da loja e permaneça na loja por 2 a 5 minutos por conta própria (divida isso em subpassos, se necessário).
5. Vá ao supermercado e permaneça lá por 5 minutos, caminhando por toda a loja, de cima a baixo nos corredores (divida em subpassos, se necessário).
6. Vá ao supermercado, fique lá por 5 a 10 minutos e compre um item usando o caixa rápido.
7. Vá ao supermercado, fique lá por 5 a 10 minutos e compre dois ou três itens usando o caixa rápido.
8. Vá ao supermercado, fique por 15 minutos, compre vários itens e use uma das filas regulares.
9. Vá ao supermercado, fique na loja por no mínimo 15 a 20 minutos, compre uma dúzia ou mais de itens usando um carrinho de compras e espere em uma das filas regulares.
10. Faça compras em dois ou três supermercados diferentes em sua cidade, comprando uma dúzia ou mais de itens, e use uma das filas regulares.

Voar

Exposição de enfrentamento

1. Aproxime-se do aeroporto e dirija ao redor de carro.
2. Estacione no aeroporto por 5 a 10 minutos.

3. Entre no terminal e ande por 5 minutos, utilizando estratégias de enfrentamento, como uma pessoa de apoio, respiração abdominal e/ou frases de enfrentamento. Continue a depender de quaisquer estratégias de enfrentamento que você considere úteis para passar pelos passos 4 a 7.
4. Vá até o posto de controle de segurança e espere na fila por 5 minutos.
5. Compre uma *passagem reembolsável* (em geral, mais cara do que uma não reembolsável) para um voo, preferencialmente uma noite ou duas antes de ir para o aeroporto. Obtenha seu cartão de embarque para o seu voo específico. Você pode baixar o cartão para um *smartphone* ou obtê-lo em um dos quiosques na área de *check-in* do aeroporto. Passe pelo posto de controle de segurança com seu cartão de embarque e vá até o portão do aeroporto para o seu voo escolhido. Em seguida, assumindo que planeja adiar realmente o voo até uma exposição posterior, volte ao balcão para obter um reembolso pela passagem que você comprou anteriormente. Se alguém perguntar por que você está solicitando um reembolso, você pode dizer que teve uma mudança súbita de planos. Observe que provavelmente precisará passar pelo controle de segurança sem a sua pessoa de apoio, a menos que ela também esteja disposta a comprar uma passagem reembolsável para o mesmo voo que o seu.
6. Quando se sentir pronto, depois de ter chegado a um portão de embarque uma ou duas vezes, faça um voo curto (não mais do que 30 minutos a 1 hora, se possível). Utilize estratégias de enfrentamento no seu primeiro voo, como respiração abdominal, frases de enfrentamento e/ou uma dose baixa de tranquilizante.
7. Faça um voo mais longo (1 hora ou mais) utilizando estratégias de enfrentamento, como aquelas do passo anterior. Tente usar menos estratégias de enfrentamento, mesmo que o voo seja mais longo.

Exposição completa

1. Se você sentir que precisa de exposição adicional a ambientes de aeroporto, aproxime-se e entre no maior aeroporto local até se sentir confortável esperando na fila, comprando uma passagem reembolsável um ou dois dias antes do voo e finalmente passando pelo controle de segurança (como nos passos 1 a 5 da exposição de enfrentamento anterior, mas sem utilizar técnicas de enfrentamento de gerenciamento de ansiedade).
2. Faça um voo curto, se possível, não mais do que 30 minutos a 1 hora, sem depender de nenhuma estratégia de enfrentamento, como uma pessoa de apoio ou medicamentos.
3. Faça um voo mais longo, se possível, de 1 a 2 horas, sem depender de nenhuma estratégia de enfrentamento. Você pode ler uma revista ou olhar pela janela para evitar o tédio, mas é importante que você não use tais atividades como uma forma de escapar ou evitar sua experiência de exposição à situação. Dessa forma, você acelera o processo de superação da sua fobia. Se sentir a ansiedade aumentando para um nível próximo ao pânico, levante-se e caminhe pela cabine ou vá ao banheiro e depois volte para o seu assento.
4. Agende um voo longo (5 horas ou mais ou transcontinental). Abstenha-se de usar estratégias de enfrentamento.

5. Agende voos longos com escalas e dois ou mais "trechos" separados para a viagem total. Abstenha-se de usar estratégias de enfrentamento.
6. Voe para um destino novo em que você nunca tenha estado sem utilizar estratégias de enfrentamento.

Elaborando suas próprias hierarquias

Você pode criar sua própria hierarquia de etapas para uma fobia específica usando a *Planilha de hierarquia* que segue. Faça várias cópias dessa página e anote hierarquias para as fobias específicas que deseja trabalhar. (Você também pode baixar uma versão em PDF *on-line*; veja a página do livro em loja.grupoa.com.br.) Para cada fobia, você pode usar uma hierarquia para a fase de enfrentamento e uma segunda para a fase de exposição completa. Talvez você não precise criar 20 etapas para cada hierarquia, mas tente criar um mínimo de sete ou oito etapas diferentes, avançando da menos para a mais desafiadora. Para cada fobia em particular, suas hierarquias de exposição de enfrentamento e de exposição completa devem ter aproximadamente o mesmo número de etapas.

Lembre-se, mais uma vez, de que algumas pessoas se saem bem com a exposição total sem passar por uma fase preliminar de exposição de enfrentamento. Você apenas faz várias exposições sem o auxílio de técnicas de gerenciamento de ansiedade, como respiração abdominal, ligação para uma pessoa de apoio ou dependência de uma dose baixa de tranquilizante. Uma vez que a base fundamental da exposição é aprender que uma situação temida é menos difícil ou desafiadora do que antecipava, você pode acelerar a exposição mergulhando de cabeça na fase de domínio completo.

Tenha em mente também que, se você se sentir motivado e pronto para suportar qualquer ansiedade que possa surgir, pode realizar as etapas de sua hierarquia de forma aleatória, em vez de incremental. Dessa forma, é provável que você conclua a exposição mais rapidamente. Se você se sentir mais à vontade progredindo de etapas de baixa ansiedade na hierarquia para as de alta ansiedade, execute as etapas em uma ordem incremental de dificuldade.

Planilha de hierarquia

Hierarquia para _____
(especificar fobia)

Instruções: comece com uma forma relativamente fácil ou leve de enfrentar sua fobia. Desenvolva ao menos sete ou oito etapas que envolvam exposições progressivamente mais desafiadoras. A etapa final deve ser seu objetivo ou até mesmo um passo além do que você designou como meta. Para cada fobia, crie uma hierarquia separada para a fase de exposição de enfrentamento e para a fase de exposição completa. Se você se sentir pronto para prosseguir com a exposição completa sem passar pela fase de exposição de enfrentamento, apenas escreva uma única hierarquia envolvendo etapas incrementais de enfrentar seu medo sem o auxílio de técnicas de gerenciamento de ansiedade. Faça várias cópias da *Planilha de hierarquia* a partir desta página, ou você pode baixá-la da página do livro em loja.grupoa.com.br. Use planilhas separadas para as fases de enfrentamento e exposição completa para cada uma de suas fobias.

Etapa *Data de conclusão* _____

1. _____
2. _____
3. _____
4. _____
5. _____
6. _____
7. _____
8. _____
9. _____
10. _____
11. _____
12. _____
13. _____
14. _____
15. _____
16. _____
17. _____
18. _____
19. _____
20. _____

Observação: Lembre-se de fazer pelo menos duas cópias da *Planilha de hierarquia* para *cada uma* de suas fobias (uma para a exposição de enfrentamento e outra para a exposição completa) antes de preencher a que está no livro.

Procedimento básico para a exposição

Exposição incremental

1. *Aproxime-se e, eventualmente, entre na sua situação fóbica.* Prossiga na sua situação fóbica, começando com o primeiro passo na sua hierarquia ou aquele em que você parou da última vez. Continue a avançar na situação, permanecendo nela, mesmo que sua ansiedade comece a se tornar um pouco desconfortável. Se sua ansiedade estiver desconfortável, mas controlável, ótimo. É necessário sentir alguma ansiedade durante a exposição para que ocorra uma aprendizagem nova. *Apenas permaneça na situação temida e suporte sua ansiedade, dando a ela tempo para passar.* Mesmo que você se sinta desconfortável na situação, permaneça nela – a não ser que seu nível de ansiedade atinja um ponto de pânico ou pareça fora de controle. *Dê tempo ao tempo.* Durante a fase inicial da exposição de enfrentamento, pode ser útil contar com uma pessoa de apoio ou praticar uma das técnicas de respiração abdominal descritas no Capítulo 4. Respirar pelo abdome pode ajudar a dissipar parte da ansiedade que possa surgir. Ou você pode praticar as frases de enfrentamento da lista no Capítulo 6 para ajudar a manter sua confiança para continuar.

    Mais tarde, durante a exposição completa, você deve se abster de utilizar estratégias de enfrentamento para não ficar excessivamente dependente delas. Durante a segunda fase de "exposição completa" para dominar sua fobia, faça o melhor possível para permanecer na situação de exposição sem recuar. Pesquisas de Michelle Craske e colaboradores (2008 e 2014) descobriram que a disposição para suportar a ansiedade durante a exposição, mesmo em níveis elevados e desconfortáveis, na verdade melhora e acelera um bom resultado. Você aprende que pode permanecer em uma situação que temia anteriormente, ao mesmo tempo que tolera a ansiedade. Isso rapidamente aumenta sua confiança para continuar progredindo em sua hierarquia.

2. *Continue avançando.* Avance na sua hierarquia passo a passo. Se você tiver de recuar e voltar a um passo específico, tudo bem; apenas continue a avançar nos passos da sua hierarquia durante a sessão de exposição do dia. Aceite os sintomas de ansiedade se eles surgirem e faça o possível para suportá-los à medida que surgem e passam. Não se repreenda se seu desempenho em um dia for menos espetacular do que inicialmente. Isso é uma experiência comum. Em um ou dois dias, você descobrirá que será capaz de continuar progredindo em sua hierarquia. Continue progredindo por quantos passos você se sentir capaz. Isso constitui uma sessão de prática e normalmente leva de 30 minutos a 1 hora.

De maneira geral, sessões de exposição mais longas alcançam resultados mais rápidos do que sessões curtas, mas siga no seu próprio ritmo. Para a maioria das pessoas, uma sessão de prática por dia, de três a cinco vezes por semana, é suficiente. Esteja ciente de que seu progresso pelos passos na sua hierarquia provavelmente será irregular. Em alguns dias, você fará um excelente progresso, talvez passando por vários passos. Em outros dias, você precisará repetir o mesmo passo várias vezes. Em alguns dias, você pode não progredir quase nada e, em outros, não avançará tanto quanto nos dias anteriores. Em uma segunda-feira específica, você pode passar 5 minutos sozinho no supermercado pela primeira vez em anos. Na terça-feira, você pode suportar mais 5 minutos, mas não mais que isso. Então, na quarta-feira, você pode ser incapaz de entrar na loja. No entanto, na quinta ou na sexta-feira, você pode descobrir que consegue ficar 10 minutos na loja. Esse fenômeno de altos e baixos, de avançar dois passos e recuar um, é típico da terapia de exposição. Não deixe que isso o desanime!

Exposição aleatória

Para acelerar o processo de exposição, você pode realizar sua hierarquia de forma aleatória. Comece com uma exposição que esteja no meio da sua hierarquia e, em seguida, prossiga fazendo diferentes etapas em ordem aleatória, às vezes fazendo etapas em um nível de ansiedade mais baixo e, às vezes, em níveis mais altos. Dessa forma, você desmente sua expectativa de que enfrentar sua fobia será ameaçador ou avassalador muito mais rapidamente. Com a exposição aleatória, você pode optar por fazer uma hierarquia de exposição de enfrentamento primeiro, confiando em técnicas de gerenciamento de ansiedade, seguida por uma hierarquia de exposição completa. Ou, se estiver motivado, você pode escolher a estratégia de "ir com tudo", realizando uma exposição de nível avançado, sem a ajuda de técnicas de enfrentamento, enquanto completa diferentes exposições em ordem aleatória.

O que fazer se você começar a entrar em pânico durante a exposição de enfrentamento

Alguns especialistas em ansiedade defendem continuar a exposição a uma situação fóbica, não importa o quão alta a ansiedade fique, até o ponto de pânico. O problema com isso é que, na experiência do autor, se você realmente progredir para um ataque de pânico durante a exposição, pode correr o risco de reforçar seu medo da fobia. Um ataque de pânico grave, em alguns casos, pode reduzir sua confiança em enfrentar sua(s) fobia(s). Isso é especialmente verdadeiro durante as fases iniciais da prática da exposição. Embora seja sempre melhor tentar suportar o desconforto que você sente com a exposição, também é útil ter uma "estratégia de fuga" se um ataque de pânico completo acontecer. Se você de repente sentir que está prestes a ter um ataque de pânico completo, considere temporariamente se afastar da situação *e então retornar o mais rápido possível* assim que sua ansiedade recuar para níveis gerenciáveis.

Esse recuo é uma "estratégia de retirada" a ser usada apenas se você sentir que sua ansiedade está realmente saindo do controle. É sempre melhor tentar permanecer na situação, aceitar e suportar o desconforto que você sente e esperar que a ansiedade passe. (Lembre-se do processo de quatro etapas de Claire Weekes para lidar com ansiedade intensa no Capítulo 6: enfrentar os sintomas, aceitar o que seu corpo está fazendo, flutuar com a onda de ansiedade e permitir que o tempo passe.) No entanto, se você sentir que simplesmente não consegue suportar sua ansiedade e que um ataque de pânico completo está começando, pode se afastar temporariamente e depois retornar à situação o mais rápido possível. Em muitas situações, isso é fácil de fazer. Se você estiver dirigindo na estrada, pode parar no acostamento ou pegar a saída mais próxima. Se você estiver sentado em um restaurante, pode se retirar para o banheiro e depois retornar. Se você estiver voando, não pode sair do avião, mas pode se afastar para um lugar seguro em sua mente (usando uma visualização – ver Capítulo 4) ou se levantar e ir até o banheiro do avião. Lembre-se de que o recuo não é o mesmo que escapar – *com o recuo, a ideia é sair temporariamente da situação e depois retornar.*

Durante a fase de exposição completa, na maioria das vezes, você está suficientemente habituado à situação, sendo improvável que ocorra um ataque de pânico completo. No caso improvável de entrar em pânico durante a exposição completa, você pode optar por interromper temporariamente a exposição. Dê a si mesmo alguns minutos para se recuperar, mas não vá para casa. Uma vez que esteja mais calmo, termine a sessão de exposição. Além disso, é ideal que você possa repetir uma exposição à mesma situação dentro de um ou dois dias.

Aproveitando ao máximo a exposição

Estas instruções têm o objetivo de ajudá-lo a aproveitar ao máximo a exposição na vida real:

1. *Esteja disposto a correr riscos.*

   Entrar em uma situação fóbica que você vem evitando por muito tempo vai parecer arriscado. Simplesmente não há outra maneira de enfrentar seus medos e se recuperar sem sentir que está assumindo um risco. No entanto, é mais fácil assumir riscos quando você começa com metas pequenas e limitadas e avança de forma incremental. Estabelecer uma hierarquia de situações fóbicas permite que você adote essa abordagem gradual para dominar suas fobias.

2. *Lide com a resistência.*

   Participar da exposição a uma situação que você vem evitando pode despertar resistência. Observe se você atrasa o início de suas sessões de exposição ou encontra razões para procrastinar. A simples ideia de entrar efetivamente em uma situação fóbica pode provocar uma forte ansiedade, medo de ficar preso ou frases derrotistas como "Nunca conseguirei fazer isso" ou "Isso é impossível". Em vez de ficar preso na resistência, tente encarar o processo de exposição como uma grande oportunidade terapêutica. Ao se lançar nisso, você aprenderá sobre si mesmo e superará padrões de evitação de longa data que têm atrapalhado sua vida. Dê a si mesmo incentivos sobre o quanto sua vida e seus relacionamentos podem melhorar quando você não é mais atormentado por suas fobias. Você também pode querer rever a seção sobre motivação em "Ingredientes necessários para iniciar seu próprio programa de recuperação", no Capítulo 3. Considere se existem quaisquer ganhos secundários (i.e., recompensas sutis) que possam estar contribuindo para sua resistência. Uma vez superada qualquer resistência inicial à exposição na vida real, fica mais fácil prosseguir. Se você acha que está tendo problemas com a resistência em algum momento, pode ser útil consultar um terapeuta familiarizado com a terapia de exposição.

3. *Esteja disposto a tolerar algum desconforto.*

   Enfrentar situações que você vem evitando por muito tempo não é particularmente confortável ou agradável. É inevitável que você experimente alguma ansiedade no decorrer da prática da exposição. Na verdade, é comum se sentir *pior inicialmente*, ao começar a terapia de exposição, antes de se sentir melhor. Reconheça que se sentir pior *não é* um sinal de regressão, mas sim de que a exposição está *funcionando* de verdade. Sentir-se pior significa que você está estabelecendo a base para se sentir melhor. À medida que adquire mais habilidade para lidar com os sintomas de ansiedade quando eles surgem durante a exposição, suas sessões de prática se tornarão mais fáceis, e você ganhará mais confiança.

4. *Evite o excesso de exposição – esteja disposto a recuar, se necessário.*

   Durante a fase inicial da exposição de enfrentamento, você pode recorrer à opção de recuar e depois voltar à sua situação fóbica se sua ansiedade de repente se tornar incontrolável e você estiver caminhando para o pânico. Embora suportar a ansiedade desconfortável durante a exposição possa acelerar seu progresso, ter um ataque de pânico completo *pode* prejudicar seu avanço. Portanto, se necessário, considere *um recuo, seguido de um retorno à situação* assim que sentir que está caminhando para um ataque de pânico completo. Isso é mais importante durante a fase inicial da exposição de enfrentamento de sua hierarquia. Durante a fase posterior de exposição completa, você deve fazer o melhor esforço para permanecer na situação de exposição sem recuar. Claro, recuar e retornar é sempre uma opção em uma "situação de emergência" (p. ex., se estiver dirigindo no trânsito intenso e começar a sentir tontura e despersonalização que afetem sua capacidade de dirigir). Ainda assim, é preferível recorrer ao recuo principalmente no início do seu processo de exposição e minimizá-lo durante a fase de exposição completa. Estar disposto a suportar a ansiedade durante a exposição completa garante que você vai dominar totalmente a fobia.

5. *Utilize estratégias de enfrentamento durante a fase inicial de exposição para começar.*

   Se você puder iniciar a exposição sem usar nenhuma estratégia de enfrentamento (incluindo a companhia de uma pessoa de apoio), isso pode acelerar seu progresso. Caso contrário, existem várias estratégias de enfrentamento que podem ajudá-lo a começar a exposição e a atravessar as primeiras etapas de sua hierarquia. Essas estratégias ajudarão a lhe dar a confiança necessária para realizar a exposição e enfrentar as etapas iniciais de sua hierarquia:
   - *Pratique a respiração abdominal profunda* (ver Capítulo 4).
   - *Utilize frases de enfrentamento* para se preparar e enfrentar sua fobia pela primeira vez (ver Capítulo 6 para exemplos de frases de enfrentamento).
   - *Tenha uma pessoa de apoio acompanhando você.* Ter uma pessoa de apoio, geralmente um bom amigo ou um parente, acompanhando você à medida que co-

meça a enfrentar uma fobia pode fornecer tranquilidade e segurança, conforto (por meio de conversas), incentivo para persistir e elogios por seus sucessos incrementais. É importante educar sua pessoa de apoio sobre a melhor maneira de trabalhar com você. (Ver seção "Exposição de enfrentamento: o que a pessoa de apoio precisa saber", a seguir.)

6. *Fique com raiva da sua ansiedade.*

   Conforme descrito no Capítulo 6, raiva e medo são respostas incompatíveis. Se você conseguir ficar com raiva da sua ansiedade, ela tenderá a diminuir. Você pode expressar sua raiva verbalmente, fazendo frases fortes como "Saia daqui!" ou "Isso é ridículo – vou entrar nessa situação de qualquer maneira!" ou "OK, a ansiedade está aqui; siga em frente mesmo assim (entre na situação fóbica)!".

7. *Use uma dose baixa de tranquilizante (p. ex., no máximo 0,25 mg de alprazolam, lorazepam ou clonazepam).*

   É preferível *não* usar um tranquilizante durante a exposição; no entanto, uma dose baixa pode ser útil para começar a enfrentar uma situação que você evitou por muito tempo. Lembre-se de que a exposição não será bem-sucedida se a medicação *mascarar* sua ansiedade. É necessário sentir ansiedade durante a exposição, mesmo que seja em um grau desconfortável, para que a exposição seja totalmente eficaz.

8. *Planeje contingências ao iniciar a exposição.*

   Suponha que você esteja praticando em um elevador e o pior aconteça – ele pare entre os andares. Ou suponha que você esteja começando a dirigir na estrada e comece a entrar em pânico por estar longe de uma saída. Especialmente no início, durante a fase da exposição de enfrentamento, é bom ter um plano de ação para esses cenários ruins. No primeiro exemplo, dê a si mesmo alguma segurança praticando em um elevador que tenha um telefone de emergência funcionando. Ou, no caso da estrada, diga a si mesmo antecipadamente que estará tudo bem recuar até o acostamento ou pelo menos dirigir devagar com o pisca-alerta ligado até encontrar uma saída. Durante a fase da exposição de enfrentamento para a fobia de voar, você pode manter um conjunto de "estratégias de emergência" (como conversar com um comissário de bordo, levantar-se e ir ao banheiro, ouvir um *player* de mídia portátil com fones de ouvido ou usar medicamentos). Novamente, durante a fase de exposição completa, é interessante reduzir tais estratégias.

9. *Planeje suas exposições antecipadamente.*

   Quando você começa a praticar a exposição pela primeira vez, pode estar inclinado a fazê-lo de forma espontânea, apenas quando se sente mais inclinado. Praticar apenas quando você quer – em seus "dias bons" – certamente pode ajudá-lo a começar a enfrentar situações que evitou por muito tempo. No entanto, uma vez que você tenha feito um começo, é melhor planejar antecipadamente suas práticas de exposição. Faça o esforço para fazê-las tanto em seus "bons" quanto em seus "maus" dias. Se você esperar apenas por dias bons para praticar, tende a adiar até se sentir melhor, o que vai retardar seu progresso. Embora possa ter mais ansiedade antecipatória ao enfrentar exposições planejadas, essa ansiedade diminuirá à medida que você começar a ter sucesso com sua prática.

10. *Confie no seu próprio ritmo.*

É importante não considerar a exposição na vida real como uma espécie de corrida. O objetivo não é ver o quão rápido você pode superar o problema: pressionar-se para fazer grandes avanços rapidamente não costuma ser uma boa ideia. Decida o ritmo que deseja adotar ao se expor a uma situação difícil, percebendo que pequenos ganhos contam muito nesse tipo de trabalho.

11. *Abandone a necessidade de controle completo.*

Trabalhe na aceitação do fato de que algumas coisas estão sob seu controle, ao passo que outras não estão. Você pode controlar um carro quando é o motorista, mas precisa abrir mão do controle quando é um passageiro em um ônibus ou em um avião. Você pode controlar o quão longe escolhe dirigir de casa, mas não pode controlar o tráfego, as filas na loja ou como um elevador funciona. Durante a fase da exposição de enfrentamento, você pode usar estratégias como a respiração abdominal ou as frases de enfrentamento, como "Relaxe e confie", "Farei o melhor que posso" ou até mesmo "Deus está comigo", para ajudar a aceitar as situações externas e/ou os sintomas físicos que você não pode controlar completamente. Como mencionado ao longo deste capítulo, no entanto, a exposição completa envolve, em última análise, abandonar tais estratégias.

12. *Recompense-se por pequenos sucessos.*

É comum as pessoas que passam por exposições na vida real se castigarem por não fazerem progresso suficientemente rápido. Tenha em mente que é importante recompensar consistentemente a si mesmo por pequenos sucessos. Por exemplo, ser capaz de entrar em uma situação fóbica indo um pouco mais longe do que no dia anterior merece uma recompensa, como uma ida à sorveteria, uma nova planta para o seu jardim ou um jantar fora. O mesmo acontece ao conseguir permanecer na situação por alguns momentos a mais – ou ao conseguir tolerar sentimentos ansiosos por alguns momentos a mais. Recompensar-se por pequenos sucessos ajudará a manter sua motivação para continuar praticando.

13. *Pratique regularmente.*

Praticar de maneira metódica e regular, em vez de se apressar ou se pressionar, fará o máximo para acelerar sua recuperação. Idealmente, é bom praticar exposição na vida real de *três a cinco por semana*, se possível. Sessões de prática mais longas (1 hora ou mais), com várias tentativas de exposição à sua situação fóbica, tendem a produzir resultados mais rápidos do que sessões mais curtas. Contanto que você suporte sua ansiedade na situação, é impossível se expor demais em uma única sessão de prática. O pior que pode acontecer é você se sentir cansado ou esgotado no final de sua exposição do dia. A *regularidade* de sua prática determinará a velocidade de sua recuperação. Se você não está praticando regularmente, observe quais desculpas está dando a si mesmo e sente-se com alguém para avaliá-las. Em seguida, encontre argumentos para refutar essas desculpas na próxima vez que elas surgirem. A prática regular de exposição é *a chave* para uma recuperação completa e duradoura.

14. ***Espere e saiba como lidar com contratempos.***

    Para algumas pessoas, progredir nos degraus de sua hierarquia nem sempre é um processo suave e linear. É possível que você tenha "bons" e "maus" dias. Um contratempo simplesmente significa que um dia você pode não conseguir progredir tanto nos degraus de sua hierarquia quanto no dia anterior, apesar de seus melhores esforços e de passar mais tempo nisso. Não fique desanimado com um contratempo, se isso acontecer. Encare-o como algo temporário. Continue trabalhando nos degraus de sua hierarquia no dia seguinte.

    Por exemplo, um dia você pode conseguir dirigir até uma loja a 3 km de sua casa, mas, no dia seguinte, não importa o quanto você se esforce e quanto tempo você gaste, pode só conseguir dirigir até uma loja a 2 km de distância.

    Da mesma forma, um dia você pode ser capaz de ficar em casa sozinho por 6 horas sem seu apoio. No dia seguinte, começa a entrar em pânico após 3 horas, então você chama sua pessoa de apoio ou pede a ela para voltar para casa. Talvez mesmo assim você continue ansioso por um tempo. Você parece não conseguir superar a ansiedade, não importa o que faça.

    Durante as fases iniciais da exposição, aprenda a aceitar pequenos contratempos quando eles ocorrerem. Não se permita ficar desanimado e desencorajado. Apenas retome o trabalho com sua hierarquia – de forma incremental ou aleatória – no dia seguinte. Se os contratempos começarem a ocorrer com frequência, é uma boa ideia falar com um terapeuta que tenha experiência em trabalhar com ansiedade e fobias.

    Durante a fase de domínio da exposição, o objetivo é esforçar-se ao máximo em cada prática de exposição – dentro dos limites de fadiga e exaustão. Se ocorrer um contratempo inevitável durante a fase de domínio, fale novamente com um terapeuta que seja especializado em tratar fobias e que compreenda a exposição.

15. ***Preste plena atenção às emoções e sensações que surgem durante a exposição.***

    Durante a exposição, observe todas as sensações e os sentimentos que surgem. Você pode até tentar nomear cada emoção ou sensação que experimenta para aumentar sua consciência sobre ela. À medida que você continua com a exposição, evite qualquer "comportamento de segurança" em que tente evitar ou se anestesiar de seus sentimentos e suas sensações. Exemplos de comportamentos de segurança incluem buscar tranquilidade ligando para alguém, realizar um ritual como uma oração, levar um animal de pelúcia ou distrair-se verificando seu pulso ou ouvindo música no *smartphone*. Ao prestar plena atenção às sensações e aos sentimentos que surgem durante a exposição, você acelera o processo. Há uma distinção sutil entre estratégias de enfrentamento e comportamentos de segurança. Estratégias de enfrentamento são técnicas proativas que você usa para ajudá-lo a negociar a fase da exposição de enfrentamento. Elas ajudam você a avançar. Os comportamentos de segurança, por outro lado, são táticas de fuga que você usa para evitar ou se distrair das sensações físicas ou dos pensamentos de medo que surgem durante a exposição.

16. *Esteja preparado para experimentar emoções mais intensas.*

Enfrentar situações fóbicas que você tem evitado por muito tempo muitas vezes traz à tona sentimentos reprimidos – não apenas de ansiedade, mas também de raiva e tristeza. Reconheça que isso é uma parte normal e esperada do processo de recuperação. *Permita* que esses sentimentos venham à tona e permita-se expressá-los. Deixe-se saber que está tudo bem ter esses sentimentos, mesmo que você possa se sentir desconfortável com eles. Uma parte importante da recuperação de uma condição fóbica é aprender a aceitar, expressar e comunicar seus sentimentos (ver Capítulo 13).

17. *Siga até o fim.*

Concluir a terapia de exposição significa que você alcança um ponto em que não tem mais medo de ataques de pânico em *qualquer* situação que antes era um problema (obviamente, isso não inclui situações extremas em que qualquer pessoa teria medo). O processo de recuperação pode levar apenas um mês ou até um ano ou mais para ser concluído, dependendo de quantas fobias você deseja enfrentar. Ficar confortável com a maioria das situações, mas ainda ter uma ou duas em que você sente medo, geralmente não é suficiente. Para obter uma liberdade duradoura de suas fobias, é importante continuar trabalhando até chegar ao ponto em que 1) você pode entrar em qualquer situação que pessoas não fóbicas considerariam segura e 2) você considera as reações de pânico como algo gerenciável e não perigoso.

18. *Faça um plano para o pior cenário.*

No livro *The CBT Anxiety Solution Workbook,* os autores Matthew McKay, Michelle Skeen e Patrick Fanning sugerem que você imagine o que faria se o pior cenário associado a enfrentar uma fobia se concretizasse. O objetivo de fazer isso é superar pensamentos catastróficos que interferem na exposição, como "Eu não aguentaria se eu desmoronasse completamente" ou "E se eu entrasse em colapso de medo durante a exposição?". Essas ideias são claramente falsas, pois a noção de desmoronar completamente ou de entrar em colapso são apenas ideias assustadoras, e não a realidade. Você pode entrar em colapso se for repentinamente submetido a um trauma físico grave, mas não por enfrentar um medo.

Então, você pode elaborar um "plano para o pior cenário" com ênfase em como *lidaria* com a situação caso encontrasse dificuldades com a exposição. O plano deve enfatizar o enfrentamento comportamental, emocional e cognitivo. Como exemplo de enfrentamento comportamental, digamos que você esteja dirigindo em uma rodovia e comece a entrar em pânico enquanto dirige. O que você poderia fazer? Estratégias práticas de enfrentamento comportamental podem incluir parar na beira da estrada, se houver uma faixa disponível. Caso contrário, você pode se mover para a faixa mais à direita, diminuir a velocidade, para que se sinta capaz de controlar o carro mesmo com alta ansiedade, e ligar o alerta para avisar aos outros motoristas que está dirigindo mais devagar do que o normal. Para o enfrentamento emocional, imagine como você persistiria diante de sentimentos desconfortáveis, esforçando-se para suportá-los, em vez de fugir deles. Na improvável ocorrência de um ataque de pânico completo, você poderia temporariamente se retirar da situação, dar-se 15 a 20 minutos para se acalmar e, em seguida, fazer o melhor para voltar a ela. Revise a diretriz 16, "Esteja preparado para experimentar emoções mais intensas", o que basicamente significa se permitir saber que é aceitável ter emoções desafiadoras e sensações corporais, mesmo que sejam desconfortáveis. O enfrentamento cognitivo já foi abordado na diretriz sobre a utilização de estratégias de enfrentamento. Em resposta a pensamentos de medo e catastróficos que podem ter a tendência de surgir durante a exposição, você os contrapõe com frases de enfrentamento, como aquelas listadas no Capítulo 6 deste livro ou de sua própria lista de frases construtivas personalizadas. Também do Capítulo 6, a lista de diretrizes sobre o que fazer quando o pânico ultrapassa o "nível 4" da *Escala de ansiedade*, ou seja, ultrapassa a sensação de gerenciabilidade, pode complementar seu "plano para o pior cenário".

19. *Combine as exposições.*

Quando você se sentir mais confiante em realizar a exposição, tente combinar exposições a mais de uma situação em uma única sessão ou em um único dia. Por exemplo, você pode combinar tanto dirigir em rodovias quanto dirigir longe de casa na mesma sessão. Ou você pode combinar ir a um *shopping* lotado e fazer uma visita ao dentista no mesmo dia. Prosseguir com várias exposições diferentes em sucessão próxima aumenta *a tendência de substituir sua antecipação de dano ou ameaça por uma compreensão de que enfrentar o que você teme é gerenciável e realizável.*

Exposição de enfrentamento: o que a pessoa de apoio precisa saber

Como mencionado, ter uma pessoa de apoio para acompanhá-lo pode ser útil quando você começa a realizar a exposição, bem como durante toda a fase inicial de adaptação da exposição. As pessoas de apoio vêm em muitas formas, incluindo cônjuges, parceiros, parentes, amigos, outras pessoas com fobias, pessoas que se recuperaram de fobias e terapeutas. As características mais importantes de uma pessoa de apoio eficaz incluem uma atitude de cuidado e apoio, a capacidade de ser imparcial e paciente e uma disposição para encorajá-lo a enfrentar seus medos com persistência. Você precisa educar sua pessoa de apoio sobre como trabalhar com você, caso ela esteja disposta a ajudá-lo a enfrentar uma fobia:

- Incentive sua pessoa de apoio a ler o Capítulo 6 e, especialmente, o Capítulo 7 deste livro para que esteja familiarizada com a natureza da exposição a fobias, bem como com a natureza e as soluções para ataques de pânico. Também pode ser interessante para ela ler o livro *How to Help Your Loved One Recover from Agoraphobia*, de Karen Williams (1993).
- Informe como você deseja ser auxiliado durante a exposição. Por exemplo, você quer que ela fique com você o tempo todo, siga-o de perto, espere do lado de fora de uma loja enquanto você entra ou aguarde no andar superior ou inferior de um

prédio alto quando você estiver trabalhando na exposição a elevadores, e assim por diante.
- Encoraje-a a não pressioná-lo para concluir uma exposição. O que você realiza durante uma sessão de exposição é inteiramente com você. Se você ficar aquém do que esperava, isso faz parte do processo, não é motivo para que nenhum de vocês fiquem desapontados. *Contratempos durante a exposição são normais e esperados.*
- Deixe claro que você gostaria que ela permanecesse calma se você ficar muito ansioso ou até entrar em pânico. Ela está lá para ser uma presença de apoio, não para espelhar suas reações específicas. Se a pessoa de apoio tem a tendência de se abalar ao vê-lo ficar ansioso ou entrar em pânico, isso não ajudará no seu sucesso com a exposição. Converse com ela com antecedência sobre como se sentiria se você tivesse subitamente um ataque de pânico completo. Se ela não tem experiência com ataques de pânico, encaminhe-a para o Capítulo 6 deste livro.
- Solicite confiabilidade. Sua pessoa de apoio precisa chegar no horário, e é particularmente importante que ela esteja onde você espera que ela esteja. Se você se separar temporariamente de sua pessoa de apoio como parte da exposição, certifique-se de que ambos tenham um horário e um local pré-acordados para se encontrarem novamente. Ambos devem ter um relógio ou *smartphone* para que saibam exatamente que horas são.
- Certifique-se de que sua pessoa de apoio esteja comprometida com o envolvimento em ajudá-lo. A exposição de enfrentamento pode envolver muitas sessões durante um longo período. Sua pessoa de apoio está disposta a acompanhar você durante todo o processo, que pode durar potencialmente alguns dias por semana por alguns meses?
- A perfeição não é esperada. Se sua pessoa de apoio tiver limites quanto ao tempo ou à energia que tem disponíveis para ajudá-lo, é importante que ambos se comuniquem completa e claramente sobre isso de forma antecipada.

Manter a atitude certa

Abordar situações de medo com a *atitude correta* é tão importante quanto (se não mais importante do que) aprender estratégias específicas para a exposição. Se você começar com a atitude certa, a utilização de técnicas apropriadas se torna muito mais fácil. As cinco atitudes a seguir são particularmente importantes para aumentar sua capacidade de enfrentar efetivamente e superar seus medos.

Aceite os sintomas corporais da ansiedade

Lembre-se dos quatro pontos de Claire Weekes mencionados no Capítulo 6: 1) *encare* seus sintomas, 2) *aceite* a reação do seu corpo, 3) *flutue* com a onda de ansiedade e 4) *permita que o tempo passe*. Lutar contra os sintomas corporais da ansiedade que surgem ao enfrentar algo difícil os tornará piores. Tentar negá-los ou fugir deles também os tornará piores. A *aceitação* dos sintomas corporais da ansiedade é a primeira coisa que você precisa fazer quando a ansiedade surge, seja espontaneamente, seja em uma situação fóbica. É uma atitude que você pode aprender e cultivar.

Mantenha o foco no presente

A ansiedade começa como uma reação física e é ainda mais agravada por pensamentos "e se" ou catastróficos. Quanto mais você puder permanecer conectado ao seu corpo no momento presente, menos será arrastado por tais pensamentos.

Durante a fase de enfrentamento da exposição, a respiração abdominal é uma excelente maneira de se manter conectado ao seu corpo. A respiração é um processo centrado no seu corpo, em vez de na sua mente. Outra estratégia útil é focar nos seus braços e nas suas pernas enquanto respira. Quanto mais atenção você puder direcionar para seus braços e suas pernas, menos envolvido estará em seus pensamentos.

Mais uma vez, recorra à respiração abdominal, se precisar, durante a fase inicial de enfrentamento da exposição. Abandone-a junto às outras estratégias de enfrentamento até chegar à fase de domínio completo.

Saiba que o medo sempre passa

Nenhum estado de ansiedade é permanente; ele sempre passa. O corpo geralmente metaboliza o excesso de adrenalina em 5 a 10 minutos, portanto o pior grau de pânico que você possa experimentar não deve durar mais do que isso. Graus menores de ansiedade elevada podem persistir por mais do que alguns minutos, mas também acabarão passando. *Mais cedo ou mais tarde, tudo o que você construiu em sua mente como ameaçador desaparece porque sua mente deixa de se concentrar nisso e segue para outra coisa.*

Se você está ansioso com algo, já está começando a exposição

Quando você enfrenta algo que teme, quase inevitavelmente experimenta alguma ansiedade. Em vez de ampliar a ansiedade com mais pensamentos ansiosos, reenquadre-a com a atitude "Essa ansiedade é um bom sinal: significa que já estou vivenciando a exposição". Ou você pode dizer: "Eu preciso dessa ansiedade – não posso concluir a exposição à situação sem senti-la". É verdade – você não pode superar a ansiedade em relação a uma situação fóbica sem primeiro senti-la na situação, em certa medida. O caminho para superar a ansiedade começa com a experiência direta dela. Sabendo disso, enfrentar o que você teme se torna mais fácil. Toda vez que sua ansiedade retorna, você pode se lembrar com confiança de que está um passo mais perto de superá-la.

A exposição sempre funciona – com prática

Não há medo que não possa ser superado por meio da exposição repetida. A exposição sempre vence o medo, se você estiver disposto a perseverar enfrentando aquilo que teme vez após vez. A ansiedade se baseia na projeção de resultados assustadores diante de algo que não é completamente conhecido. Uma vez que esse "algo" se torne totalmente conhecido e familiar, invariavelmente perde a capacidade de evocar o medo. A exposição sempre funciona – com prática. Saber realmente disso lhe dará coragem para persistir em enfrentar seu medo, não importa o quão desafiador possa parecer no início.

Fatores que podem promover ou dificultar o seu sucesso

Inúmeros estudos têm examinado as condições que afetam o sucesso da terapia de exposição. Esta seção resume as descobertas dessas pesquisas. Para uma discussão mais detalhada, consulte o livro de David Barlow, *Anxiety and Its Disorders: The Nature and Treatment of Anxiety and Panic* (especialmente o Capítulo 11).

O que promove o sucesso

- *Cooperação de um parceiro ou cônjuge.* Quando seu parceiro ou cônjuge apoia sua recuperação e está disposto a ajudá-lo no próprio processo de exposição, os resultados costumam ser excelentes. Em contrapartida, se seu parceiro for indiferente, não cooperar ou se opuser consciente ou inconscientemente à sua recuperação, pode ser difícil de alcançar o sucesso com a exposição. Se você sentir que seu parceiro está interferindo em seu progresso na superação de suas fobias, ambos podem querer consultar um terapeuta de casais competente que tenha conhecimento sobre o tratamento de fobias.
- *Disposição para tolerar o desconforto.* Como discutido na seção anterior, é inevitável que você sinta mais ansiedade quando começa a enfrentar situações fóbicas na vida real. Praticar a terapia de exposição é um trabalho árduo e requer disposição para tolerar o desconforto. Pode ser tentador não começar ou não dar continuidade à exposição porque você teme o desprazer envolvido. É por isso que é tão importante se recompensar pelos seus esforços. Como mencionado anteriormente, em alguns casos, doses *baixas* de um tranquilizante leve podem ser um complemento útil nas primeiras etapas de enfrentamento da terapia de exposição. As doses de medicamentos sempre devem ser baixas o suficiente para aliviar, mas não para amortecer ou mascarar a experiência de ansiedade durante a exposição.
- *Capacidade de lidar com os sintomas iniciais de pânico.* O medo de ter um ataque de pânico é talvez o maior impedimento para iniciar um curso de exposição. Se você aprendeu a lidar com os sintomas de pânico por meio da exposição interoceptiva (conforme detalhado no Capítulo 6, em "Exposição interoceptiva"), pode abordar a exposição com mais confiança. Hoje, muitos programas de tratamento de fobias treinam os clientes a lidar com os sintomas físicos associados ao pânico *antes* de iniciar um programa de exposição gradual.
- *Capacidade de lidar com contratempos.* Algumas pessoas interrompem o programa de exposição depois de enfrentar um ou dois contratempos, deixando de reconhecer que eles são uma parte normal e previsível do processo. Sua capacidade de tolerar contratempos e persistir em suas sessões diárias de prática será um determinante crucial do seu sucesso.
- *Disposição para praticar regularmente.* A prática regular e consistente – ou seja, de três a cinco dias por semana – é inquestionavelmente o fator *mais forte* para prever o sucesso com a exposição. Simplesmente não há substituto para a prática

regular. Minha experiência ao longo dos anos mostrou que os clientes que praticam regularmente são aqueles que se recuperam. Não há fobia que não possa ser superada com um comprometimento constante e persistente com a prática da exposição. Essa é definitivamente uma área da experiência humana em que "a persistência ganha a corrida".

- *Realização de exposições de acompanhamento e variação do contexto da exposição.* De acordo com Michelle Craske e colaboradores (2008), o sucesso da exposição pode ser ainda mais fortalecido por duas condições: 1) a realização de *exposições de acompanhamento* em intervalos periódicos após o tratamento inicial de terapia de exposição (o que reforça o que você aprendeu durante a exposição inicial) e 2) *a variação do contexto* da exposição (i.e., os atributos da própria situação de exposição). Por exemplo, se você tem fobia de rodovias, dirigiria em várias rodovias, em vez de apenas aumentar a distância que dirige em uma única rodovia. Ou, se você tem medo de cobras, você enfrentaria várias cobras diferentes, em vez de apenas se aproximar de uma única cobra mais de perto. Ou, finalmente, no caso do medo de altura, você olharia por janelas altas e faria passeios a altas elevações, além de subir cada vez mais lances de uma escada interna (bem como externa) de um único edifício, e assim por diante.

O que interfere no sucesso

O oposto de qualquer uma das condições mencionadas tende a dificultar o seu sucesso com a exposição: falta de cooperação do seu parceiro, sua própria incapacidade de tolerar algum desconforto, falta de habilidades para lidar com o pânico, incapacidade de lidar com contratempos e/ou falta de vontade de praticar de modo consistente. Além disso, pesquisas clínicas mostraram que estes dois fatores podem dificultar o sucesso com a terapia de exposição:

1. *Depressão.* Pessoas que sofrem de depressão clínica associada à agorafobia ou à fobia social geralmente têm menos motivação para praticar a exposição. Elas também têm a tendência de desconsiderar os sucessos e o progresso quando praticam. Estes são sintomas comuns de depressão clínica:
    - *Fadiga e falta de energia*
    - *Autoacusação e sentimentos de desvalorização*
    - *Perda de interesse ou de prazer em atividades habituais*
    - *Dificuldade de concentração*
    - *Redução do apetite*
    - *Dificuldade para dormir*
    - *Pensamentos suicidas*

    Se você sentir que está experimentando três ou mais dos sintomas apresentados, é aconselhável fazer uma consulta clínica antes de empreender um programa autoguiado de exposição. A terapia cognitivo-comportamental é um tratamento extremamente eficaz para a depressão. Em casos mais graves, a medicação antidepressiva, tomada sob supervisão médica, pode ajudar a melhorar seu humor o suficiente para permitir que você pratique a exposição na vida real.

2. *Álcool e tranquilizantes.* O álcool ou doses padrão de tranquilizantes leves tendem a interferir na exposição. É necessário experimentar *alguma* ansiedade durante a exposição a uma situação fóbica se você pretende aprender respostas novas e mais adaptativas a ela. Pessoas que passam por terapia de exposição enquanto tomam altas doses de tranquilizantes leves muitas vezes têm recaídas quando param de tomar a medicação. Se você puder realizar a exposição sem o uso de medicamentos, isso é o ideal. No entanto, se você e seu médico decidirem contar com um tranquilizante apenas para permitir que você esteja disposto a iniciar a exposição, certifique-se de utilizar uma dose baixa (p. ex., 0,25 mg de lorazepam ou clonazepam), como mencionado anteriormente. Os tranquilizantes são uma "muleta" temporária nas fases iniciais da exposição, mas eventualmente precisam ser abandonados.

Utilizando medicamentos

Até agora, o foco deste capítulo tem sido oferecer estratégias práticas que você pode utilizar para ajudar a enfrentar e superar suas fobias na vida real. Se praticadas regularmente e de forma consciente, essas estratégias podem ser muito eficazes. A exposição direta provou repetidamente ser o método mais útil para superar fobias.

No entanto, em alguns casos, pode ser difícil para algumas pessoas começarem com a exposição. Se o nível de ansiedade for muito alto, se enfrentar sua fobia no passado desencadeou ataques de pânico ou se você tem evitado situações específicas por muito tempo, sua resistência inicial para começar as primeiras sessões de exposição pode ser forte. Você pode, literalmente, ter dificuldade em "sair pela porta". É nessa situação que a medicação às vezes pode ser útil. Embora não forneça uma solução de longo prazo, a medicação pode ajudar a superar bloqueios iniciais e barreiras para começar. Também pode lhe ajudar a lidar com a fase inicial da exposição de enfrentamento – movendo-se inicialmente pelos degraus de sua hierarquia. Uma vez que você tenha ganhado mais confiança em ser capaz de lidar com uma situação anteriormente evitada, sua medicação pode e deve ser gradualmente reduzida.

Dois tipos de medicamentos podem ser úteis para facilitar a exposição inicial. Ambos os tipos podem reduzir a frequência e a intensidade de ataques de pânico o suficiente para ajudá-lo a superar sua resistência inicial. Ao fazer isso, eles também tendem a reduzir a ansiedade antecipatória.

- Os medicamentos antidepressivos inibidores seletivos da recaptação de serotonina (ISRSs), como escitalopram, citalopram ou sertralina (ver seção "Medicamentos antidepressivos ISRS", no Capítulo 18), geralmente ajudam a reduzir tanto a ansiedade quanto a depressão. Isso certamente pode aumentar a motivação para iniciar a exposição. Normalmente, é necessário tomar esses medicamentos por três a quatro semanas antes que os benefícios terapêuticos ocorram. Comece com uma dose baixa do medicamento ISRS e aumente-a gradualmente.
- Uma dose *baixa* de um tranquilizante benzodiazepínico, como 0,25 a 0,5 mg de clonazepam ou 0,25 mg de alprazolam, pode ser tomada cerca de meia hora antes

de sua sessão de prática. Com os benzodiazepínicos, duas condições precisam ser observadas. Primeiro, é importante que a dose seja baixa, pois, se tomar uma dose alta o suficiente para mascarar sua ansiedade, você não experimentará a exposição. Sempre é necessário sentir alguma ansiedade para que a exposição seja eficaz. Segundo, se possível, use o medicamento *apenas* antes de sair para praticar. Tomar o medicamento várias vezes por dia e/ou diariamente por várias semanas, embora essa seja frequentemente a maneira como os benzodiazepínicos são prescritos, tem maior probabilidade de levar à dependência e a um eventual vício.

Ver Capítulo 18 para obter diretrizes adicionais sobre como usar medicamentos antidepressivos ou tranquilizantes.

Exposição por meio da imaginação

O procedimento original para tratar fobias, desenvolvido por Joseph Wolpe na década de 1950, envolvia a visualização de exposições graduais a uma fobia usando a imaginação. Wolpe, um psiquiatra da África do Sul, chamou esse processo de "dessensibilização por imagens" e obteve algum sucesso com ele. A abordagem na área da ansiedade mudou da imaginação para a dessensibilização "na vida real" (enfrentando a fobia na vida real), geralmente referida simplesmente como "exposição", na década de 1970. Existem certos tipos de fobias que são difíceis de enfrentar na realidade, devido às oportunidades infrequentes de exposição direta, como tempestades elétricas ou voos transcontinentais. Em tais casos, em vez de usar a dessensibilização por imagens tradicional, são usadas exposições em vídeo (p. ex., assistir a vídeos de relâmpagos e de tempestades elétricas) ou recriações de alta tecnologia da situação, chamadas de "exposições virtuais" (ver seção sobre o tratamento de fobias específicas no Capítulo 1).

Em alguns casos, você pode achar útil visualizar a entrada em sua situação fóbica por meio da imaginação antes de enfrentá-la na exposição na vida real. Isso proporciona uma maneira mais suave de lidar com a situação inicialmente antes de enfrentá-la de forma direta.

Como funciona a exposição por meio da imaginação

Para trabalhar com a exposição por meio da imaginação, escolha uma situação fóbica específica na qual deseja trabalhar, como voar. Em seguida, crie uma hierarquia de exposições. Imagine ter de lidar com essa situação de uma maneira muito limitada, uma que quase não o incomode. Você pode criar esse cenário imaginando-se um tanto afastado no espaço ou no tempo da exposição total à situação, como estacionar em frente ao aeroporto sem entrar ou imaginar seus sentimentos um mês antes de fazer um voo. Ou você pode diminuir a dificuldade da situação visualizando-se com uma pessoa que o apoia ao seu lado. Tente usar essas soluções para criar uma instância muito branda de sua fobia e designá-la como o primeiro passo em sua hierarquia. É útil escrever uma cena detalhada para esse primeiro passo.

Em seguida, imagine qual seria a cena mais forte ou desafiadora relacionada à sua fobia e coloque-a no extremo oposto, como o degrau mais alto de sua hierarquia. Para o medo de voar, um passo desse tipo poderia envolver decolar em um voo transcontinental e/ou passar por uma turbulência severa durante o voo. Novamente, desenvolva sua cena mais desafiadora, escrevendo-a em detalhes.

Agora, reserve algum tempo para imaginar oito ou mais cenas de intensidade graduada relacionadas à sua fobia e classifique-as de acordo com seu potencial de provocar ansiedade. As cenas para o medo de voar podem incluir qualquer uma das seguintes, sendo as primeiras cenas "mais baixas" na hierarquia (i.e., menos provocadoras de ansiedade) e as cenas posteriores geralmente "mais altas" na hierarquia:

1. Chegar ao aeroporto no dia do seu voo.
2. Fazer o *check-in* de suas bagagens.
3. Passar pela segurança.
4. Esperar no portão para o seu voo.
5. Embarcar no avião.
6. Encontrar o seu assento no avião.
7. Prender o cinto de segurança no seu assento.
8. Ouvir o comissário de bordo trancar a porta do avião antes da decolagem (isso pode ser a exposição mais desafiadora para muitas pessoas).
9. Taxiar na pista.
10. Acelerar na pista para a decolagem.
11. Sentir o avião se levantar do chão.
12. Subir para a altitude de cruzeiro enquanto está com o cinto afivelado no seu assento.

(As etapas a seguir são necessárias apenas se você perceber que o pouso é mais difícil do que a decolagem.)

13. Ouvir o comissário de bordo anunciar a preparação para o pouso.
14. Ouvir o trem de pouso sendo acionado à medida que o avião se aproxima da pista para o pouso.
15. Sentir o impacto no solo quando o avião toca a pista durante o pouso.

Se você planeja enfrentar o medo na vida real, é desejável descrever as cenas da forma mais próxima possível de seus equivalentes na vida real. Coloque suas cenas em ordem crescente entre os dois extremos que você já definiu. Novamente, desenvolva cada cena escrevendo-a com o máximo de detalhes possível.

Escrever as cenas com detalhes é, na verdade, uma forma suave de exposição. Para realizar a exposição por meio da imaginação, comece relaxando por cerca de 10 minutos. Você pode usar o relaxamento muscular progressivo ou uma visualização guiada para esse fim (ver Capítulo 4 para detalhes). Em seguida, visualize cada cena sucessiva em sua hierarquia em detalhes, dedicando cerca de 1 minuto a cada cena. Se sentir a ansiedade surgindo, tudo bem. Fique com ela e permita que ela passe. Na improvável circunstância de sentir que está caminhando para um ataque de pânico, pare de visualizar a cena, faça uma pausa e retome quando se sentir melhor. Em seguida, continue progredindo em sua hierarquia passo a passo, visualizando cada cena uma ou mais vezes até se sentir confortável ou minimamente ansioso em relação a ela. Dedique 15 a 20 minutos por dia a esse processo de imaginar suas cenas fóbicas em sucessão até concluir o degrau mais alto da sua hierarquia.

Resumo de coisas para fazer

1. Decida quais fobias você está pronto para enfrentar por meio da exposição.
2. Estabeleça uma hierarquia com pelo menos oito etapas para cada fobia que deseja trabalhar. Se você ainda não criou hierarquias para suas fobias, utilize os exemplos deste capítulo como modelos. Se estiver realizando uma exposição de enfrentamento seguida de exposição completa, crie uma hierarquia separada de etapas incrementais para cada uma delas.
3. Reveja a seção "Procedimento básico para a exposição" para que você esteja completamente familiarizado com o procedimento correto.
4. Pratique a exposição de três a cinco dias por semana. A prática regular é a melhor maneira de garantir o seu sucesso.
5. Considere se você se sente confiante e pronto para simplesmente realizar a *exposição completa* (sem o auxílio de técnicas de gerenciamento da ansiedade) à sua fobia, seja dirigir em rodovias, ficar sozinho em casa ou enfrentar cobras. Com a exposição completa, você ainda enfrenta sua fobia em uma série de etapas progressivas ou aleatórias de sua hierarquia de exposição. No entanto, você dispensa o uso de estratégias de enfrentamento, como ter uma pessoa de apoio, repetir frases ou tomar uma dose baixa de tranquilizante.
6. Se decidir iniciar sua exposição com a ajuda de estratégias de enfrentamento antes de prosseguir para a exposição completa, escolha se deseja utilizar uma pessoa de apoio (seu cônjuge, seu parceiro, um amigo próximo, uma pessoa que superou uma fobia ou um terapeuta) para acompanhá-lo. Ter uma pessoa de apoio com você pode facilitar as primeiras etapas da exposição, a menos que você tenha uma forte preferência por fazer a exposição sozinho. Esteja disposto a abrir mão da dependência de sua pessoa de apoio quando avançar para a fase de domínio da exposição.
7. Reveja a seção "Aproveitando ao máximo a exposição" para que você compreenda completamente todos os elementos que contribuem para o sucesso com a exposição. Sua disposição para lidar com a resistência inicial, tolerar o desconforto, aprender a recuar e voltar à situação no caso improvável de um ataque de pânico, praticar regularmente e lidar com contratempos é especialmente importante.
8. Você pode desejar visualizar sua situação fóbica primeiro antes de realmente enfrentá-la na vida real. Se for o caso, utilize as orientações apresentadas na seção "Exposição por meio da imaginação".
9. Se você já utilizou tudo neste livro até este capítulo e ainda está tendo dificuldades para começar com a exposição, consulte seu médico ou um psiquiatra bem versado no tratamento de transtornos de ansiedade sobre a possibilidade de usar *baixas doses de medicamentos* para ajudá-lo a avançar.

Leituras adicionais

Barlow, David. *Anxiety and Its Disorders: The Nature and Treatment of Anxiety and Panic*. 2nd ed. New York: Guilford Press, 2004.

Beckfield, Denise F. *Master Your Panic and Take Back Your Life*. 3rd ed. Atascadero, CA: Impact Publishers, 2004.

Bourne, Edmund J. *Overcoming Specific Phobia: Therapist Protocol and Client Manual* (two-book set). Oakland, CA: New Harbinger Publications, 1998.

Craske, Michelle G., Katharina Kircanski, Moriel Zelikowsky, Jayson Mystkowski, N. Chowdhury, and Aaron Baker. 2008. "Optimizing Inhibitory Learning During Exposure Therapy." *Behaviour Research and Therapy* 46: 5–27.

———, Michael Treanor, Chris Conway, Tomislav Zbozinek, and Brian Vervliof. 2014. "Maximizing Exposure: An Inhibitory Learning Approach." *Behaviour Research and Therapy* 55: 10–23.

Feninger, Mani. *Journey from Anxiety to Freedom*. New York: Three Rivers Press, 1997.

McKay, Matthew, Michelle Skeen, and Patrick Fanning. *The CBT Anxiety Solution Workbook*. Oakland, CA: New Harbinger Publications, 2017.

McNally, Richard J. 2007. "Mechanisms of Exposure Therapy: How Neuroscience Can Improve Psychological Treatments for Anxiety Disorders." *Clinical Psychology Review* 27: 750–59.

Ross, Jerilyn. *Triumph over Fear*. New York: Bantam Books, 1994.

Williams, Karen. *How to Help Your Loved One Recover from Agoraphobia*. Far Hills, NJ: New Horizon Press, 1993.

Zuercher-White, Elke. *An End to Panic*. 2nd ed. Oakland, CA: New Harbinger Publications, 1998.

8

Diálogo interno

Imagine duas pessoas paradas no trânsito durante o horário de pico. Uma delas se sente presa e diz a si mesma coisas como "Não aguento mais isso", "Preciso sair daqui" e "Por que me meti nesse trajeto?". O que ela sente é ansiedade, raiva e frustração. A outra pessoa percebe a situação como uma oportunidade para relaxar, ouvir música e diz "Posso relaxar e me ajustar ao ritmo do trânsito" ou "Posso me acalmar fazendo respiração profunda". O que ela sente é calma e aceitação. Em ambos os casos, a situação é exatamente a mesma, mas os sentimentos em resposta são muito diferentes devido ao *diálogo interno* de cada indivíduo.

A verdade é que é *o que dizemos a nós mesmos* em resposta a qualquer situação específica que determina, em grande parte, nosso humor e nossos sentimentos. Muitas vezes, dizemos isso tão rápida e automaticamente que nem percebemos, de modo que temos a impressão de que a situação externa "nos faz" sentir como nos sentimos. Na verdade, são nossas interpretações e nossos pensamentos sobre o que está acontecendo que formam a base de nossos sentimentos. Essa sequência pode ser representada como uma linha do tempo:

Eventos externos ⟶ Interpretação dos eventos e diálogo interno ⟶ Sentimentos e reações

Em suma, você é em grande parte responsável pelo que sente (exceto por determinantes fisiológicos, como doenças). Essa é uma verdade profunda e muito importante – uma que às vezes leva muito tempo para ser completamente compreendida. Muitas vezes, é muito mais fácil atribuir a forma como você se sente a algo ou alguém fora de si mesmo do que assumir a responsabilidade por suas reações. No entanto, é por meio da sua disposição em aceitar essa responsabilidade que você começa a assumir o controle e a ter domínio sobre sua vida. A epifania de que você é o principal responsável pelo que sente é empoderadora quando você a aceita plenamente. Essa é uma das chaves mais importantes para viver uma vida mais feliz, mais eficaz e livre de ansiedade.

Ansiedade e diálogo interno

Pessoas que sofrem de fobias, ataques de pânico e ansiedade geral são especialmente propensas a se envolver em diálogo interno negativo. A ansiedade pode ser gerada no calor do momento, ao fazer repetidas afirmações para si mesmo que começam com as palavras "e se". Qualquer ansiedade que você experimenta ao antecipar a confrontação de uma situação difícil é fabricada a partir de seus próprios "e se". Quando você decide evitar completamente uma situação, provavelmente é devido às perguntas assustadoras que fez a si mesmo: "E se eu entrar em pânico?", "E se eu não conseguir lidar com isso?", "O que as outras pessoas vão pensar se me virem ansioso?". Perceber quando você cai no pensamento "e se" é o primeiro passo para ganhar controle sobre o diálogo interno negativo. A verdadeira mudança ocorre quando você começa a *contrariar* e *substituir* as frases negativas de "e se" por frases positivas e de apoio a si mesmo que reforcem sua capacidade de lidar com a situação. Por exemplo, você pode dizer "E daí", "São apenas pensamentos", "Isso é apenas conversa alarmista", "Eu consigo lidar com isso" ou "Eu posso respirar, deixar acontecer e relaxar".

Considere alguns fatos básicos sobre o diálogo interno apresentados a seguir. Após esses fatos, há uma discussão sobre os diferentes tipos de diálogos internos autodestrutivos.

Alguns pontos básicos sobre o diálogo interno

O diálogo interno geralmente é tão automático e sutil que você não o percebe, tampouco o efeito que ele tem em seu humor e em seus sentimentos. Você reage sem notar o que disse a si mesmo imediatamente antes de reagir. Muitas vezes, quando você relaxa, dá um passo para trás e realmente examina o que disse a si mesmo, consegue ver a conexão entre o diálogo interno e seus sentimentos. O importante é que *você pode aprender a desacelerar e tomar consciência do seu diálogo interno negativo.*

O diálogo interno muitas vezes aparece de forma telegráfica. Uma palavra ou imagem curta contém uma série inteira de pensamentos, memórias ou associações. Por exemplo, você sente seu coração começando a bater mais rápido e diz a si mesmo: "Ah não!". Implícito naquele breve "Ah não!" está uma série inteira de associações relativas a medos sobre o pânico, memórias de ataques de pânico anteriores e pensamentos sobre como escapar da situação atual. Identificar o diálogo interno pode exigir desemaranhar vários pensamentos distintos de uma única palavra ou imagem.

O diálogo interno ansioso costuma ser irracional, mas quase sempre soa como verdade. O pensamento "e se" pode levá-lo a esperar o pior resultado possível em uma determinada situação, o que é altamente improvável de ocorrer. No entanto, como a associação acontece tão rapidamente, ela passa sem desafios ou questionamentos. É difícil avaliar a validade de uma crença da qual você mal está consciente – você simplesmente a aceita como é.

O diálogo interno negativo perpetua a evitação. Você diz a si mesmo que uma situação, como a autoestrada, é perigosa, de modo que a evita. Continuando a evitá-la, você reforça o pensamento de que ela é perigosa. Você pode até projetar imagens de catástrofe em relação à perspectiva de enfrentar a situação. Em resumo, o diálogo interno ansioso leva à evitação, a evitação gera mais diálogo interno ansioso, e o ciclo continua.

$$\text{Evitação} \rightleftarrows \text{Diálogo interno}$$

O diálogo interno pode iniciar ou agravar um ataque de pânico. Um ataque de pânico com frequência começa com sintomas de aumento da excitação fisiológica, como batimento cardíaco mais rápido, aperto no peito ou mãos suadas. Do ponto de vista biológico, essa é a resposta *natural* do corpo ao estresse – a resposta de luta ou fuga que todos os mamíferos, incluindo os seres humanos, normalmente experimentam quando percebem uma ameaça. Não há nada inerentemente anormal ou perigoso nisso. No entanto, esses sintomas podem fazê-lo se lembrar de ataques de pânico anteriores. Em vez de simplesmente permitir que a reação fisiológica do seu corpo aumente, atinja o pico e diminua no seu próprio tempo, você se assusta ainda mais, em um ataque de pânico consideravelmente mais intenso, com um diálogo interno assustador: "Ah não, está acontecendo de novo", "E se eu perder o controle?", "Eu *tenho que* sair daqui agora" ou "Eu vou lutar contra isso e fazer desaparecer". Esse diálogo interno assustador agrava os sintomas físicos iniciais, o que, por sua vez, elicita mais diálogo interno assustador. Um ataque de pânico grave poderia ter sido abortado ou tornado muito menos intenso se você tivesse feito frases tranquilizadoras a si mesmo no início dos seus primeiros sintomas: "Posso aceitar o que está acontecendo, mesmo que seja desconfortável", "Deixarei meu corpo fazer o que precisa", "Isso vai passar", "Já passei por isso antes e vou passar de novo" ou "Isso é apenas um surto de adrenalina que pode ser metabolizado e passar em alguns minutos". Consulte a seção "Frases de enfrentamento" no Capítulo 6 para mais exemplos desse tipo de frases tranquilizadoras e construtivas.

O diálogo interno negativo é uma série de maus hábitos. Você não nasce com uma predisposição para o diálogo interno de medo: você *aprende* a pensar dessa maneira. Assim como você pode substituir hábitos *comportamentais* não saudáveis, como fumar ou beber café em excesso, por comportamentos mais positivos que promovam a saúde, também pode substituir o pensamento não saudável por hábitos *mentais* mais positivos e de apoio. Lembre-se de que adquirir hábitos mentais positivos requer a mesma persistência e prática necessárias para aprender outros comportamentos.

Tipos de diálogo interno negativo

Nem todo diálogo interno negativo é igual. Os seres humanos são não apenas diversos, mas também complexos, com personalidades multifacetadas. Essas facetas são às vezes chamadas de "subpersonalidades". Nossas diferentes subpersonalidades desempenham cada uma seu próprio papel distinto e têm sua própria voz no complexo funcionamento da consciência, da memória e dos sonhos. A seguir, você encontrará quatro dos tipos mais comuns de subpersonalidades que tendem a ser proeminentes em pessoas propensas à ansiedade: o preocupado, o crítico, a vítima e o perfeccionista.[1] Uma vez que a força dessas vozes interiores varia de pessoa para pessoa, você pode achar útil classificá-las da mais forte para a mais fraca para você.

O preocupado (promove a ansiedade)

Características. Em geral, é a subpersonalidade mais forte em pessoas propensas à ansiedade. O preocupado cria ansiedade ao imaginar o pior cenário possível. Ele o assusta com fantasias de desastre ou catástrofe quando você imagina confrontar algo que teme. Também agrava o pânico reagindo aos primeiros sintomas físicos de um ataque de pânico. O preocupado promove seus medos de que o que está acontecendo seja perigoso ou embaraçoso ("E se eu tiver um ataque cardíaco?!", "O que eles vão pensar se me virem?!").

Em suma, as tendências dominantes do preocupado incluem: 1) antecipar o pior, 2) superestimar as chances de que algo ruim ou embaraçoso aconteça e 3) criar imagens grandiosas de falha ou catástrofe potencial. O preocupado está sempre vigilante, observando com apreensão inquieta qualquer pequeno sintoma ou sinal de problema.

Expressão favorita. De longe, a expressão favorita do diálogo interno do preocupado é "E se...?".

Exemplos. Alguns diálogos típicos do preocupado podem ser: "Ah não, meu coração está começando a bater mais rápido! E se eu entrar em pânico e perder completamente o controle de mim mesmo?", "E se eu começar a gaguejar no meio do meu discurso?", "E se eles me virem tremendo?", "E se eu estiver sozinho e não tiver ninguém para chamar?", "E se eu simplesmente não conseguir superar essa fobia?" ou "E se eu for impedido de trabalhar pelo resto da minha vida?".

O crítico (promove a baixa autoestima)

Características. O crítico é aquela parte de você que está constantemente julgando e avaliando seu comportamento (e, nesse sentido, pode parecer mais "distante" de você do que as outras subpersonalidades). Ele tende a apontar suas falhas e suas limitações sempre que possível. Ele se aproveita de qualquer erro que você cometa para lembrar de que você é um fracasso. O crítico gera ansiedade ao rebaixá-lo por não conseguir lidar com seus sintomas de pânico, por não conseguir ir a lugares que costumava frequentar, por não conseguir se apresentar no seu melhor desempenho ou por ter de depender de outra pessoa. Ele também gosta de compará-lo com os outros, e geralmente os vê favoravelmente. Ele tende a ignorar suas qualidades positivas e enfatizar suas fraquezas e inadequações. O crítico pode ser personificado em seu próprio diálogo como a voz de sua mãe ou seu pai, um professor temido ou qualquer pessoa que o tenha ferido no passado com suas críticas.

Expressões favoritas. "Que decepção você é!", "Isso foi estúpido!".

---

[1] Essas subpersonalidades são baseadas nas descrições de Reid Wilson sobre o preocupado, o crítico e o observador desesperançoso em seu livro *Don't Panic: Taking Control of Anxiety Attacks*.

Exemplos. Os seguintes exemplos são típicos do diálogo interno do crítico: "Você é tão _____!" (o crítico aprecia rótulos negativos), "Você nunca consegue fazer as coisas direito?", "Por que você é sempre assim?", "Olhe como _____ é capaz." ou "Você poderia ter feito melhor." O crítico mantém crenças negativas sobre si mesmo, como "Sou inferior aos outros", "Não tenho muito valor", "Há algo intrinsecamente errado comigo" ou "Sou fraco – deveria ser mais forte".

A vítima (promove a depressão)

Características. A vítima é aquela parte de você que se sente impotente ou desesperada. Ela gera ansiedade ao dizer que você não está progredindo, que sua condição é incurável ou que o caminho é muito longo e íngreme para você ter uma chance real de se recuperar. A vítima também desempenha um papel importante na criação da depressão. Ela acredita que há algo intrinsecamente errado com você: de alguma forma, você é incapaz, defeituoso ou indigno. A vítima sempre percebe obstáculos intransponíveis entre você e seus objetivos. Caracteristicamente, ela lamenta, reclama e se arrepende das coisas como estão no presente. Ela acredita que nada jamais mudará.

Expressões favoritas. "Eu não posso", "Eu nunca serei capaz".

Exemplos. A vítima dirá coisas como "Nunca serei capaz de fazer isso, então qual é o sentido de sequer tentar?", "Hoje estou me sentindo fisicamente esgotado – por que me incomodar em fazer alguma coisa?", "Talvez eu pudesse ter feito isso se tivesse tido mais iniciativa há 10 anos – mas agora é tarde demais". A vítima mantém crenças negativas sobre si mesma, como "Não tenho mais jeito", "Tenho esse problema há muito tempo – nunca vai melhorar" ou "Já tentei de tudo – nada nunca vai funcionar".

O perfeccionista (promove o estresse crônico e o esgotamento)

Características. O perfeccionista é um parente próximo do crítico, mas sua preocupação é menos rebaixar você do que pressioná-lo e instigá-lo a fazer melhor. Ele gera ansiedade ao dizer constantemente que seus esforços não são bons o suficiente, que você *deveria* estar trabalhando mais, que você sempre *deveria* ter tudo sob controle, que você sempre *deveria* ser competente, sempre *deveria* agradar, sempre *deveria* ser _____ (preencha com o que você continua dizendo a si mesmo que "deveria" fazer ou ser). O perfeccionista é a parte obstinada de você que quer ser o melhor e é intolerante com erros ou contratempos. Ele tende a tentar convencê-lo de que seu valor próprio depende de elementos *externos*, como ter conquistas profissionais, dinheiro e *status*, ser aceito pelos outros, ser amado ou ter capacidade de agradar e ser agradável para os outros, independentemente do que façam. O perfeccionista não se convence por noções de seu valor próprio inerente, mas o impulsiona ao estresse, à exaustão e, em última análise, ao esgotamento na busca de seus objetivos. Ele gosta de ignorar os sinais de alerta do seu corpo.

Expressões favoritas. "Eu deveria", "Eu tenho que", "Eu devo".

Exemplos. O perfeccionista pode fornecer instruções como "Eu sempre deveria ser o melhor em tudo", "Eu sempre deveria ser atencioso e altruísta", "Eu sempre deveria ser agradável e simpático" ou "Eu *tenho* que (conseguir esse emprego, ganhar essa quantia de dinheiro, receber a aprovação de _____)" ou "Eu não valho muito". (Ver discussão das "frases de dever" no final da próxima seção.)

Exercício: o que suas subpersonalidades estão dizendo a você?

Dedique algum tempo para refletir sobre como cada uma das subpersonalidades descritas desempenha um papel em seu pensamento, seus sentimentos e seu comportamento. Primeiro, estime o quanto cada uma afeta você, classificando seu grau de influência em uma escala de seis pontos, indo de "nada" a "muito" (consulte as planilhas nas próximas páginas). Qual subpersonalidade é mais forte e qual é mais fraca para você? Em seguida, pense sobre o que cada subpersonalidade está dizendo a você para criar ou agravar a ansiedade em cada uma das quatro situações a seguir.

1. *Trabalho* (no seu emprego, na escola ou em outras situações de desempenho)
2. *Relações pessoais* (com seu cônjuge ou parceiro, pais, filhos e/ou amigos)
3. *Sintomas de ansiedade* (em ocasiões em que você experimenta sintomas de pânico, ansiedade ou obsessivo-compulsivos)
4. *Situações fóbicas* (seja *antecipando* o enfrentamento de uma fobia, seja enquanto estiver realmente *confrontando* a situação fóbica)

Aqui estão alguns exemplos para o preocupado:

O preocupado

Trabalho:	"E se meu chefe descobrir que tenho agorafobia? Serei demitido?"
Relacionamentos:	"Meu marido está ficando cansado de ter que me levar aos lugares. E se ele recusar? E se ele for embora?"
Sintomas de ansiedade:	"E se me virem em pânico? E se acharem que sou estranho?"
Situação fóbica:	"E se eu sofrer um acidente na primeira vez que tentar dirigir na rodovia?"

Você pode perceber que o diálogo interno do preocupado nas duas últimas situações é, de longe, a fonte mais comum de sua ansiedade. Se você sofre de ataques de pânico, o preocupado tem a tendência de gerar ansiedade sobre quando e onde seu próximo ataque pode ocorrer. Se os sintomas corporais de pânico realmente começarem a surgir, o preocupado pode ampliá-los para algo perigoso, o que só cria mais pânico. Muitas das estratégias de enfrentamento descritas no Capítulo 6 (em particular, o uso de frases positivas de enfrentamento) são projetadas para ajudá-lo a lidar com o preocupado durante um ataque de pânico.

Se você tem fobias, o preocupado geralmente está ocupado lhe contando sobre todas as coisas que poderiam acontecer se você realmente enfrentasse seu medo. Como resultado, muitas vezes você experimenta "ansiedade antecipatória" (ansiedade ao antecipar o enfrentamento de uma fobia) e tenta evitar lidar com seja lá qual for a sua fobia. Você achará útil fazer uma análise separada do que o seu preocupado está lhe dizendo (i.e., seus "e se...") para *cada uma* de suas fobias específicas. Pergunte a si mesmo do que você tem medo de que possa acontecer se enfrentar cada uma de suas fobias.

Aqui estão alguns exemplos de como as outras subpersonalidades operam:

O crítico

Trabalho: "Sou incompetente por causa da minha condição."

Relacionamentos: "Eu sou um fardo para o meu cônjuge."

Sintomas de ansiedade: "Eu sou fraco – desmorono quando entro em pânico."

Situação fóbica: "Todo mundo pode dirigir – eu me sinto um perdedor."

A vítima

Trabalho: "Minha situação no trabalho é desesperadora – mais cedo ou mais tarde serei demitido."

Relacionamentos: "Meus pais realmente me estragaram" ou "Não consigo fazer isso sem meu parceiro".

Sintomas de ansiedade: "Eu *nunca* vou superar esses ataques de pânico – deve haver algo muito errado comigo."

Situação fóbica: "É inútil ir a mais entrevistas de emprego. Ninguém vai me contratar quando perceber que estou tão ansioso.

O perfeccionista

Trabalho: "Eu deveria ser capaz de fazer vendas como costumava fazer, não importa o quão ansioso eu me sinta."

Relacionamentos: "Eu não deveria precisar depender do meu cônjuge ou de qualquer outra pessoa para me levar a lugares."

Sintomas de ansiedade: "Eu *tenho que ser capaz* de impedir que esses pensamentos passem pela minha mente."

Situação fóbica: "Eu *tenho que aprender* a dirigir como qualquer outra pessoa."

Utilize as planilhas que seguem para registrar as frases que provocam ansiedade e que cada uma de suas subpersonalidades está usando em cada tipo de situação. (Você também pode acessar a página do livro em loja.grupoa.com.br para baixar e imprimir esse material.) Você não precisa fazer isso para todas as quatro subpersonalidades ou para todos os quatro tipos de situações em cada caso. Inclua apenas aquelas subpersonalidades e situações que suspeita que sejam o maior problema para você.

Monitore o que suas subpersonalidades estão dizendo a você por ao menos 1 semana. Complete apenas as colunas à esquerda por enquanto. (Você preencherá as colunas à direita das planilhas posteriormente. Use folhas de papel adicionais se precisar de mais espaço.) Preste atenção especialmente às ocasiões em que você está se sentindo ansioso (em pânico), deprimido, autocrítico e envergonhado ou perturbado de alguma outra forma. Procure pelos pensamentos que passaram pela sua mente e que o levaram a se sentir da maneira como se sentiu. "Eu me senti assustado" não é um exemplo claro de diálogo interno, pois não indica o que você estava pensando (dizendo a si mesmo) que o fez se sentir assustado. Por outro lado, a frase interna "E se eu tiver um ataque de pânico no trabalho hoje?" é um exemplo de um pensamento que poderia tê-lo feito se sentir assustado.

Consulte o passo 4 na seção posterior deste capítulo, intitulada "Resumo: diretrizes para identificar e contrapor o diálogo interno negativo", para mais sugestões sobre separar os pensamentos dos sentimentos.

Contrapondo o diálogo interno negativo

A maneira mais eficaz de lidar com o diálogo interno negativo do seu preocupado e de outras subpersonalidades é *contrapô-lo* com frases positivas e de apoio. A contraposição envolve *escrever* e *ensaiar* frases positivas que contradizem diretamente ou invalidam o seu diálogo interno negativo. Se você estiver gerando ansiedade e outros estados emocionais perturbadores por meio da programação mental negativa, pode começar a mudar a maneira como se sente substituindo-a por uma programação positiva. Fazer isso exigirá *prática*. Você teve anos para praticar o seu diálogo interno negativo e, naturalmente, desenvolveu hábitos muito fortes. Seu preocupado e outras subpersonalidades provavelmente estão muito enraizadas. Ao começar a perceber quando está se envolvendo em negatividade e depois contrapô-la com frases positivas e de apoio a si mesmo, você começará a mudar sua forma de pensar. Com prática e esforço consistentes, você mudará tanto a maneira de pensar quanto *a maneira de se sentir* de maneira contínua.

Às vezes, a contraposição ocorre de forma natural e fácil. Você está pronto e disposto a substituir frases positivas e razoáveis por aquelas que têm causado ansiedade e aflição. Você está mais do que disposto a abandonar hábitos mentais negativos que não estão lhe servindo. Por outro lado, você pode se opor à ideia de se contrapor e dizer: "Mas e se o que o meu preocupado (crítico, vítima ou perfeccionista) diz for verdade? É difícil para mim acreditar em algo diferente". Ou você pode dizer: "Como posso substituir frases positivas por negativas se, na verdade, não acredito nelas?".

Planilha de subpersonalidade: o preocupado

Afeta-me: nada _____ muito
              1 2 3 4 5 6

Diálogo interno negativo	Contradições positivas
Situação	
Trabalho/escola	
Relacionamentos	
Sintomas de ansiedade	
Fobias (Determine o diálogo interno do preocupado para cada uma de suas fobias – use uma folha separada, se necessário.)	

Planilha de subpersonalidade: o crítico

Afeta-me: nada _____ muito
               1 2 3 4 5 6

Diálogo interno negativo	Contradições positivas
Situação	
Trabalho/escola	
Relacionamentos	
Sintomas de ansiedade	
Fobias (Identifique o diálogo interno crítico para cada uma de suas fobias – use uma planilha separada, se necessário.)	

Planilha de subpersonalidade: a vítima

Afeta-me: nada _____ muito
           1 2 3 4 5 6

Diálogo interno negativo	Contradições positivas
Situação	
Trabalho/escola	
Relacionamentos	
Sintomas de ansiedade	
Fobias (Identifique o diálogo interno da vítima para cada uma de suas fobias em uma planilha separada.)	

Planilha de subpersonalidade: o perfeccionista

Afeta-me: nada _____ muito
              1 2 3 4 5 6

Diálogo interno negativo	Contradições positivas
Situação	
Trabalho/escola	
Relacionamentos	
Sintomas de ansiedade	
Fobias (Identifique o diálogo interno do perfeccionista para cada uma de suas fobias em uma planilha separada.)	

Talvez você esteja fortemente ligado a alguns de seus diálogos internos negativos. Você está se dizendo essas coisas há anos e é difícil abandonar tanto o hábito quanto as crenças. Você não é alguém facilmente persuadido. Se for o caso e você quiser fazer algo sobre o seu diálogo interno negativo, é importante que o submeta a um exame racional. Você pode enfraquecer o domínio das suas frases negativas submetendo-as a qualquer uma das seguintes perguntas socráticas ou investigações racionais.

- Qual é a evidência disso?
- Isso é *sempre* verdade?
- Isso foi verdade no passado?
- Quais são as chances de isso realmente acontecer (ou ser verdade)?
- O que de pior poderia acontecer? O que há de tão ruim nisso? O que você faria se o pior acontecesse?
- Você está considerando o quadro completo?
- Você está sendo totalmente objetivo?

A validade das suas frases negativas internas não tem nada a ver com o quanto você está apegado a elas ou o quanto elas estão enraizadas. Em vez disso, está relacionada a se elas resistem a um escrutínio cuidadoso e objetivo. Considere os seguintes exemplos:

Preocupado: "E se eu tiver um ataque cardíaco da próxima vez que entrar em pânico?"

Questionamento: "Quais são as evidências de que os ataques de pânico causam ataques cardíacos?" (Resposta: nenhuma – ver seção "Diminua o perigo" no início do Capítulo 6.)

Contradição: "Um ataque de pânico, por mais desconfortável que seja, não é perigoso para o meu coração. Posso permitir que o pânico surja, diminua e passe, e meu coração ficará bem."

Crítico: "Você é fraco e neurótico por causa das suas fobias estúpidas."

Questionamento: "Qual é a evidência disso?" (Resposta: as fobias são causadas por um processo de condicionamento que ocorre em um estado de alta ansiedade – ver Capítulo 2. "Fraco" e "neurótico" são rótulos pejorativos que não explicam nada.)

Contradição: "Minhas fobias se desenvolveram por causa de um processo de condicionamento que me sensibilizou a certas situações. Estou aprendendo a superar minhas fobias por meio de um processo de exposição gradual."

Vítima:	"Eu nunca vou superar esse problema. Ficarei limitado em minha mobilidade pelo resto da minha vida."
Questionamento:	"Quais são as evidências de que a agorafobia é uma condição vitalícia? Que outros resultados são possíveis?" (Resposta: a grande maioria dos agorafóbicos se recupera com tratamento eficaz.)
Contradição:	"Minha condição não é desesperadora. Posso superá-la estabelecendo e me comprometendo com um programa de recuperação."
Perfeccionista:	"Tenho que receber a aceitação e a aprovação dos meus pais ou ficarei arrasado."
Questionamento:	"Estou sendo totalmente objetivo? É realmente verdade que a aprovação dos meus pais é absolutamente necessária para o meu bem-estar? O que de pior pode acontecer? (Resposta: eu ainda poderia sobreviver e ter pessoas que cuidam de mim e me apoiam mesmo sem a aprovação dos meus pais.)
Contradição:	"Estou disposto a seguir em frente com minha vida e tentar melhorar a mim mesmo, independentemente do que meus pais pensem."

Se você se sente ligado ao seu diálogo interno negativo, utilize qualquer uma das perguntas socráticas anteriores para avaliar a validade do que está dizendo a si mesmo. Na maioria dos casos, você descobrirá que as frases negativas do seu preocupado, do seu crítico, da sua vítima e do seu perfeccionista têm pouco fundamento na realidade. No pior dos casos, elas serão apenas parcial ou ocasionalmente verdadeiras. Uma vez que você tenha desacreditado as visões de uma determinada subpersonalidade, estará pronto para contrapô-las com frases positivas e de apoio.

Regras para escrever frases positivas de contradição

- *Evite negativas* ao redigir suas frases de contradição. Em vez de dizer "Não vou entrar em pânico quando embarcar no avião", experimente dizer "Estou confiante e tranquilo ao embarcar no avião". Dizer a si mesmo que algo *não* acontecerá é mais propenso a criar ansiedade do que dar a si mesmo uma frase direta.
- Mantenha as frases de contradição no *tempo presente* ("Posso praticar uma técnica de relaxamento e deixar esses sentimentos passarem" é preferível a "Vou me sentir melhor em alguns minutos"). Visto que grande parte do seu diálogo interno negativo está no aqui e agora, ele precisa ser contraposto por frases também no tempo presente. Se você não estiver pronto para afirmar algo *diretamente*, experimente iniciar sua frase positiva com "Estou disposto a..." ou "Estou aprendendo a..." ou "Eu posso...".

- Sempre que possível, mantenha suas frases na *primeira pessoa*. Comece com "Eu" ou mencione a si mesmo em algum lugar da frase. Está tudo bem escrever uma ou duas frases explicando a base de sua frase de contradição (ver exemplos anteriores para o preocupado e o crítico), mas tente terminar com uma frase que começa com "Eu".
- É importante que você *acredite* em algum grau em seu diálogo interno positivo. Não escreva algo apenas porque é positivo se você realmente não acredita nisso. Se apropriado, use perguntas socráticas para desafiar primeiro seu diálogo interno negativo e, em seguida, siga com uma frase de contradição positiva que tenha alguma credibilidade pessoal para você.

Para ajudar você a começar, a seguir estão mais alguns exemplos de frases de contradição positivas que você pode usar com cada uma das subpersonalidades.

O preocupado

Em vez de "E se...", você pode dizer "E daí", "Eu posso lidar com isso", "Eu posso estar ansioso e ainda fazer isso", "Isso pode ser assustador, mas eu posso tolerar um pouco de ansiedade, sabendo que ela vai passar" ou "Eu vou me acostumar com isso com a prática".

O crítico

Em vez de se menosprezar, você pode dizer "Eu estou bem do jeito que sou", "Eu sou amável e capaz", "Eu sou uma pessoa única e criativa", "Eu mereço as coisas boas da vida tanto quanto qualquer outra pessoa", "Eu me aceito e acredito em mim mesmo" ou "Eu sou digno do respeito dos outros".

A vítima

Em vez de se sentir sem esperança, você pode dizer "Eu não preciso estar totalmente melhor amanhã", "Eu posso continuar progredindo um passo de cada vez", "Eu reconheço o progresso que fiz e vou continuar melhorando", "Nunca é tarde demais para mudar" ou "Estou disposto a ver o copo meio cheio, em vez de meio vazio".

O perfeccionista

Em vez de exigir perfeição, você pode dizer "Está tudo bem cometer erros", "A vida é muito curta para ser levada muito a sério", "Contratempos fazem parte do processo e são uma importante experiência de aprendizagem", "Eu não preciso sempre ser..." ou "Minhas necessidades e meus sentimentos são tão importantes quanto os de qualquer outra pessoa".

Utilizando frases de contradição

Agora, você está pronto para voltar e contradizer todas as frases negativas que registrou nas planilhas para suas diversas subpersonalidades. Escreva as frases de contradição na coluna à direita correspondente a cada frase negativa. Use folhas de papel extras, se necessário.

Depois de completar a escrita do diálogo interno positivo para cada subpersonalidade em cada situação, existem várias maneiras de trabalhar com suas frases de contradição positivas:

- Leia sua lista de frases de contradição positivas lentamente e com cuidado por alguns minutos todos os dias por pelo menos duas semanas. Veja se você consegue sentir alguma convicção sobre a veracidade delas enquanto as lê. Isso o ajudará a integrá-las mais profundamente em sua consciência.
- Faça cópias das suas planilhas preenchidas e coloque-as em um lugar visível. Reserve um tempo todos os dias para ler cuidadosamente suas frases de contradição positivas.
- Grave suas frases de contradição, deixando cerca de 5 segundos entre cada frase positiva para que tenham tempo de ser absorvidas. Você pode melhorar significativamente o efeito de tal gravação dando a si mesmo 5 a 10 minutos para ficar muito relaxado antes de ouvir suas frases de contradição. Você estará mais receptivo a elas em um estado de relaxamento. Você pode querer gravar as instruções para relaxamento muscular progressivo ou uma das visualizações relaxantes descritas no Capítulo 4 nos primeiros 10 a 15 minutos da gravação.
- Se você está tendo problemas com uma fobia específica, pode querer trabalhar com frases de contradição positivas *específicas apenas para essa fobia.* Por exemplo, se você tem medo de falar diante de grupos, faça uma lista de todos os seus medos sobre o que poderia acontecer e desenvolva frases positivas para contradizer cada medo. Em seguida, leia cuidadosamente sua lista de frases de contradição todos os dias por duas semanas ou faça uma gravação curta, conforme descrito no item anterior.

Alterando o diálogo interno que perpetua medos e fobias específicos

Três fatores tendem a perpetuar medos e fobias: sensibilização, evitação e diálogo interno negativo e distorcido. O Capítulo 7 focou nos dois primeiros aspectos. Uma fobia se desenvolve quando você se torna sensibilizado a uma situação, um objeto ou um evento específico – em outras palavras, quando a ansiedade se condiciona ou se associa a essa situação, esse objeto ou esse evento. Se o pânico surgir repentinamente enquanto estiver dirigindo na estrada ou enquanto estiver sozinho em casa, você pode começar a sentir ansiedade sempre que estiver em qualquer uma dessas situações. A *sensibilização* significa que a mera presença de – ou até mesmo pensamentos sobre – uma situação pode ser suficiente para desencadear automaticamente a ansiedade. Após a sensibilização ocorrer, você pode começar a *evitar* a situação.

A evitação repetitiva é muito recompensadora, pois evita que você tenha de sentir qualquer ansiedade. A evitação é a maneira mais poderosa de manter uma fobia, uma vez que impede que você aprenda que pode lidar com a situação.

O terceiro fator que perpetua medos e fobias é o diálogo interno distorcido. Quanto mais *preocupação* e *ansiedade antecipatória* você experimentar sobre algo que teme, mais provável é que esteja envolvido em um diálogo interno não construtivo relacionado a esse medo. Você também pode ter *imagens* negativas sobre o que poderia acontecer se tivesse de enfrentar o que teme ou sobre seus piores medos se tornando realidade. Tanto o diálogo interno negativo quanto as imagens negativas servem para perpetuar seus medos, garantindo que você continue com medo. Eles também minam sua confiança de que pode superar seu medo. Sem o diálogo interno negativo e as imagens negativas, você seria muito mais propenso a superar sua evitação e enfrentar seu medo.

Os medos assumem muitas formas, mas a natureza do diálogo interno de medo é sempre a mesma. Quer você tenha medo de atravessar pontes, de falar em situações sociais, de sentir o coração batendo rapidamente, da possibilidade de doença grave ou de seus filhos se metendo em encrenca, os tipos de pensamentos distorcidos que perpetuam esses medos são os mesmos. *Existem três distorções básicas.*

Observação: embora essa discussão se aplique principalmente ao diálogo interno que perpetua fobias, ela também pode ser aplicada ao diálogo interno que mantém preocupações excessivas. Ver Capítulo 10, "Superando a preocupação", para obter mais orientações sobre como lidar com o diálogo interno não construtivo que perpetua a preocupação.

1. *Superestimando um resultado negativo.* Superestimar as chances de algo ruim acontecer é um tipo de distorção. Na maioria das vezes, suas preocupações consistem em frases do tipo "e se" que superestimam um resultado negativo específico. Por exemplo, "E se eu entrar em pânico e perder completamente o controle de mim mesmo?", "E se me virem em pânico e acharem que sou estranho?", "E se eu reprovar no exame e tiver que desistir da escola?".
2. *Catastrofização.* A segunda distorção é pensar que, se um resultado negativo ocorresse, seria catastrófico, avassalador e incontrolável. Pensamentos catastróficos contêm frases como "Eu não conseguiria lidar com isso", "Eu ficaria sobrecarregado", "Eu nunca me livraria disso" ou "Eles nunca me perdoariam".
3. *Subestimando sua capacidade de lidar com a situação.* A terceira distorção é não reconhecer ou identificar sua capacidade de lidar com a situação se um resultado negativo de fato ocorresse. Essa subestimação de sua capacidade de lidar com algo geralmente está implícita em seus pensamentos catastróficos.

Se você pegar qualquer medo e examinar o pensamento negativo que contribui para mantê-lo, provavelmente encontrará essas três distorções. À medida que você superá-las com um pensamento mais baseado na realidade, o medo tenderá a desaparecer. Em essência, você pode definir o medo como *a superestimação irracional de alguma ameaça, combinada com uma subestimação de sua capacidade de lidar com a situação.*

A seguir, estão alguns exemplos de como os diferentes tipos de distorções operam com vários medos. Em cada exemplo, os três tipos de pensamentos distorcidos são identificados. As distorções são então desafiadas em cada caso e modificadas com frases de contradição mais apropriadas e baseadas na realidade.

Exemplo 1: Medo de ter um ataque de pânico ao dirigir em uma rodovia

Pensamentos de superestimação

"E se eu não conseguir controlar o carro? E se minha atenção se dispersar e eu perder o controle do carro? E se eu causar um acidente e matar alguém?"

Pensamentos catastróficos

"Eu não conseguiria lidar se perdesse o controle do carro. Seria uma situação totalmente incontrolável, o fim do mundo, se eu causasse um acidente." (Observação: uma imagem de um acidente horrendo pode acompanhar e amplificar a intensidade de um pensamento catastrófico.)

Subestimando sua capacidade de lidar com a situação

"Eu não conseguiria lidar com a situação se perdesse o controle do carro, especialmente se me envolvesse em um acidente. Vou morrer de vergonha se outros motoristas notarem o quão assustado estou", "O que eu diria a um policial – que sou fóbico?", "Eu não conseguiria voltar a dirigir se fosse parado para receber uma multa", "Eu não conseguiria conviver comigo mesmo se causasse ferimentos físicos a outra pessoa – e sei que não conseguiria encarar a vida em uma cadeira de rodas".

Refutando o pensamento distorcido

É possível refutar cada um desses tipos de pensamento distorcido com perguntas e frases de contradição. A seguir, estão exemplos:

Pensamentos de superestimação

Com pensamentos de superestimação, a pergunta apropriada é *"Ao analisar a situação objetivamente, qual é a probabilidade real de que o resultado negativo realmente aconteça?"*.

No caso do exemplo anterior, a pergunta é "Se eu tivesse um ataque de pânico enquanto dirigia, qual é a verdadeira probabilidade de eu perder o controle do carro?".

Você pode usar esta frase de contradição: "É improvável que ter um ataque de pânico me faça perder completamente o controle. Quando sentisse minha ansiedade aumentando, eu poderia parar no acostamento à beira da estrada. Se não houvesse acostamentos, eu poderia diminuir muito a velocidade na faixa da direita, talvez a 40 km/h, ligar o pisca-alerta e me controlar até chegar à saída mais próxima. Assim que saísse da rodovia, meu pânico começaria a diminuir".

Pensamentos catastróficos

Com o catastrofismo, a pergunta relevante a ser feita é *"Se o pior acontecesse, é realmente verdade que eu não conseguiria lidar com isso?"*. A ideia é seguir em frente e imaginar o pior que poderia acontecer e depois perguntar a si mesmo se, *na realidade*, você poderia lidar com as consequências ou não.

No exemplo anterior, você levantaria a questão: "Se o pior acontecesse – se eu me envolvesse em um acidente, um que até causasse ferimentos –, eu seria totalmente incapaz de lidar com isso?".

Você poderia, então, usar uma frase de contradição, como "Por pior que seja ter um acidente, na maioria dos casos eu seria capaz de lidar com isso se não estivesse ferido. É comum as pessoas funcionarem em situações de emergência e depois lidarem com sua ansiedade. Portanto, é muito provável que eu continue funcionando em caso de um acidente, desde que eu não esteja ferido".

"Mesmo que eu estivesse ferido e incapaz de lidar com a situação, a polícia e os paramédicos logo chegariam ao local e assumiriam o controle. Simplesmente não há como a situação se tornar completamente incontrolável."

Subestimando sua capacidade de lidar com a situação

Contrariar a ideia de que você não poderia lidar com a situação frequentemente ocorre no processo de responder ao pensamento catastrófico com uma avaliação mais objetiva. No entanto, o processo não está completo até você *identificar e listar especificamente as maneiras pelas quais você poderia lidar com a situação*. No exemplo anterior, algumas estratégias de enfrentamento possíveis podem incluir o seguinte:

- "Se eu tivesse um ataque de pânico, eu poderia lidar com isso saindo da rodovia imediatamente ou dirigindo lentamente até a saída mais próxima."
- "No caso muito improvável de eu realmente causar um acidente, eu ainda conseguiria lidar com isso. Eu trocaria nomes e endereços com as outras partes envolvidas. Se meu carro estivesse inutilizável, a polícia provavelmente me levaria a um local onde eu poderia ligar para rebocar o carro. Seria uma experiência muito desagradável, para dizer o mínimo. Mas, realisticamente, eu continuaria funcionando. Já funcionei em emergências no passado e eu poderia funcionar nesse caso, se não estivesse ferido."
- "Mesmo dada a possibilidade remota de eu estar ferido, eu não 'ficaria louco' ou 'perderia completamente o controle'. Eu simplesmente esperaria até que os paramédicos chegassem e assumissem a situação."

Exemplo 2: Medo de ter um ataque de pânico ao falar em uma aula ou em uma reunião

Pensamentos de superestimação

"E se eu tiver um ataque de pânico enquanto estiver falando? As outras pessoas não achariam que eu sou realmente estranho ou louco?"

Questionamento: "Realisticamente, qual é a probabilidade de eu ter um ataque de pânico ao falar? Quais são as chances de que, se eu tiver um ataque de pânico, as pessoas percebam o que estou pensando ou façam algum julgamento sobre mim?"

Frases de contradição: "É possível que eu possa começar a ter um ataque de pânico ao falar. Se isso acontecesse, eu poderia simplesmente resumir o que eu queria dizer e me sentar novamente. Como as pessoas tendem a estar envolvidas em seus próprios pensamentos e medos, ninguém provavelmente notaria minha dificuldade ou julgaria que eu cortei meus comentários."

"Mesmo que as pessoas me vissem tendo um ataque de pânico – se vissem meu rosto ficar vermelho ou ouvissem minha voz tremendo –, as chances de que elas achassem que eu sou estranho ou louco são muito pequenas. É muito mais provável que elas expressem preocupação."

Pensamentos catastróficos

"Se eu tiver um ataque de pânico enquanto falo e as pessoas acharem que sou estranho, isso seria terrível. *Eu nunca esqueceria.*"

Questionamento: "Suponha que o improvável acontecesse e as pessoas realmente achassem que sou estranho porque tive um ataque de pânico. O quanto isso seria terrível?"

Frases de contradição: "Não será o fim do mundo se algumas pessoas acharem que sou estranho ou que há algo errado comigo porque tive um ataque de pânico. Elas não têm como saber como é ter ataques de pânico, então elas não poderiam realmente entender. Mesmo que as pessoas não entendam, ou se elas me interpretarem erroneamente, isso não diminui em nada o meu valor ou minha dignidade como ser humano. Se eu acreditar em mim mesmo, então realmente não importa o que os outros pensam. Certamente, se os outros soubessem como é ter um ataque de pânico, provavelmente seriam simpáticos."

Subestimando sua capacidade de lidar com a situação

"Eu não conseguiria lidar com a situação se as pessoas achassem que sou estranho."

Questionamento: "É realista supor que eu não conseguiria lidar com a situação? É realista supor que eu nunca esqueceria?"

Frases de contradição: "Mesmo que as pessoas achem que sou estranho ou diferente por ter um ataque de pânico, eu poderia explicar a elas que às vezes tenho ataques de pânico em situações sociais. Com toda a divulgação sobre transtornos de ansiedade nos dias de hoje, elas provavelmente entenderiam. Ser totalmente honesto é uma maneira de eu lidar com a situação. E, não importa o que acontecesse, eu esqueceria depois de um tempo. Simplesmente não é verdade que eu nunca esqueceria."

Exemplo 3: Medo de uma doença grave

Pensamentos de superestimação

"Eu não tenho energia e me sinto cansado o tempo todo. Talvez eu tenha câncer e não saiba!"

Questionamento: "Quais são as chances de que os sintomas de baixa energia e fadiga signifiquem que eu tenho câncer?"

Frases de contradição: "Sintomas de fadiga e baixa energia podem ser indicativos de todos os tipos de condições físicas e psicológicas, incluindo um vírus de baixa intensidade, anemia, exaustão adrenal ou hipotireoidismo, depressão e alergias alimentares, para citar alguns. Existem muitas explicações possíveis para a minha condição, e eu não tenho nenhum sintoma específico que indicaria câncer. Portanto, as chances de que minha fadiga e baixa energia indiquem câncer são muito baixas."

Pensamentos catastróficos

"Se eu fosse diagnosticado com câncer, seria o fim. Eu não aguentaria. Seria melhor acabar com as coisas rapidamente e me matar."

Questionamento: "Se o improvável acontecesse e eu realmente fosse diagnosticado com câncer, o quão terrível isso poderia ser? Eu realmente desmoronaria e só desejaria morrer?"

Frases de contradição: "Por pior que seja um diagnóstico de câncer, é improvável que eu desmorone completamente. Após uma difícil adaptação inicial à situação – que poderia levar dias ou semanas –, é muito provável que eu comece a pensar no que preciso fazer para lidar com a situação. Certamente seria difícil, mas não seria uma situação com a qual eu estivesse menos capacitado para lidar do que qualquer outra pessoa."

Subestimando sua capacidade de lidar com a situação

"Se eu recebesse um diagnóstico de câncer, simplesmente não conseguiria lidar com a situação."

Questionamento: "Realisticamente, é verdade que eu não teria como lidar com a situação?"

Frases de contradição: "Claro que eu lidaria com a situação. Após um período inicial de adaptação à situação, meu médico e eu planejaríamos as estratégias de tratamento mais eficazes possíveis. Eu me juntaria a um grupo de apoio local ao câncer e receberia muito apoio de meus amigos e de familiares próximos. Eu tentaria métodos alternativos, como visualização e mudanças na dieta, que poderiam ajudar. Em suma, eu tentaria todo o possível para tentar curar essa condição."

Resumo: contrapondo o diálogo interno negativo

Os três exemplos apresentados ilustram como os pensamentos de superestimação e catastrofização podem ser desafiados e, depois, contrapostos por meio de pensamentos mais realistas e menos provocadores de ansiedade. Agora é a sua vez. Durante as próximas duas semanas, acompanhe os momentos em que se sentir ansioso ou em pânico. Cada vez que isso acontecer, siga os cinco passos a seguir para lidar com o diálogo interno negativo:

Passo 1: se você estiver se sentindo ansioso ou perturbado, faça algo para relaxar, como respiração abdominal, relaxamento muscular progressivo ou meditação. É mais fácil notar o seu diálogo interno quando você tira um tempo para desacelerar e relaxar.

Passo 2: depois de ficar um pouco mais relaxado, pergunte a si mesmo: "O que eu estava dizendo a mim mesmo que me deixou ansioso?" ou "O que estava passando pela minha mente?". Lembre-se de separar os pensamentos dos sentimentos. Por exemplo, "Eu me senti aterrorizado" descreve um sentimento, ao passo que "Esse pânico nunca vai acabar" é um pensamento de superestimação que pode tê-lo levado a se sentir aterrorizado.

Passo 3: identifique os três tipos básicos de distorções entre seu diálogo interno ansioso. Separe pensamentos de *superestimação, pensamentos catastróficos e pensamentos que subestimam sua capacidade de lidar com as situações.*

Passo 4: quando você identificar seus pensamentos ansiosos e distorcidos, questione-os com perguntas apropriadas.

- *Para pensamentos de superestimação:* "Qual é a probabilidade real de que esse resultado temido aconteça de fato?".
- *Para pensamentos catastróficos:* "Se o resultado temido realmente acontecesse, quão terrível seria? É realmente verdade que eu iria desmoronar e perder minha capacidade de lidar com a situação?".
- *Para pensamentos que subestimam sua capacidade de lidar com a situação:* "Se o resultado temido ocorresse, o que eu realmente poderia fazer para lidar com isso?".

Passo 5: escreva frases de contradição para cada uma das suas frases ansiosas. Essas frases devem conter linguagem e lógica que reflitam um pensamento mais equilibrado e realista.

Utilize a *Planilha de contraposição do diálogo interno* a seguir para anotar seus pensamentos ansiosos e as frases de contradição correspondentes para qualquer medo ou fobia específica com a qual você escolha trabalhar. Na seção inferior, liste maneiras pelas quais você poderia lidar com a situação se o resultado negativo (mas improvável) que você teme realmente ocorresse.

Seria uma boa ideia fazer cópias da planilha antes de começar, ou baixar cópias da versão eletrônica disponível na página do livro em loja.grupoa.com.br, para que você possa preencher uma folha separada para cada medo ou fobia específica que tenha.

Planilha de contraposição do diálogo interno

Medo ou fobia específica _____

Diálogo interno ansioso	Frases de contradição
Pensamentos (ou imagens) de superestimação "E se...?"	
Pensamentos (ou imagens) catastróficos "Se o pior acontecesse, então..."	

Estratégias de enfrentamento: liste as maneiras pelas quais você lidaria com a situação se um resultado negativo (mas improvável) realmente ocorresse. Use o outro lado da folha, se necessário. Substitua "E se" por "O que eu faria se (uma das previsões negativas) realmente acontecesse".

Outros tipos de pensamentos distorcidos (distorções cognitivas)

Superestimar, catastrofizar e subestimar sua capacidade de lidar com as situações são três dos tipos mais comuns de distorções do pensamento que contribuem para a maioria das fobias e dos medos. No entanto, existem outros tipos de distorções que podem distorcer a maneira como você percebe e avalia a si mesmo e inúmeras situações na vida cotidiana. Uma escola ilustre de terapia, conhecida como terapia cognitiva (Beck, 1979; Burns, 1980, 2008), enumera dez tipos de formas distorcidas de pensar encontradas em pessoas com tendência a ter depressão e/ou ansiedade. Essas distorções contribuem não apenas para a depressão e a ansiedade, mas também para a culpa, a vergonha, a autocrítica e/ou o cinismo que você pode sentir. Aprender a identificar e, em seguida, contrapor esses modos não úteis de pensar com um diálogo interno mais realista e construtivo pode ser muito útil para ajudá-lo a lidar com os estresses cotidianos da vida de maneira mais equilibrada e objetiva. Isso, por sua vez, reduzirá significativamente a quantidade de ansiedade, depressão e outros estados emocionais desagradáveis que você experimenta. À medida que muda seu pensamento, você muda a maneira como o seu mundo se parece.

Observação: as dez principais distorções cognitivas estão listadas na mesma ordem que David Burns as apresenta em seu renomado livro *Feeling Good*.

Pensamento do tipo tudo ou nada. Tendência a enxergar uma situação como "ou isso ou aquilo" – tudo bom ou tudo ruim – sem permitir nuances ou um meio-termo.

Supergeneralização. Similar à tendência de superestimar algo indesejável: se algo ruim acontece uma vez, você tende a supergeneralizar e acreditar que acontecerá de novo e de novo.

Filtragem (filtro mental). Focar seletivamente em detalhes negativos de uma situação enquanto ignora todos os aspectos positivos. Você acha que o comentário de alguém foi cruel ou insensível e rapidamente conclui que as pessoas em geral são cruéis e/ou insensíveis.

Desqualificação do positivo. Mais extremo do que a filtragem, desqualificar o positivo significa que você descarta completamente algo positivo e rapidamente o converte em algo negativo. Você considera um acontecimento positivo e diz a si mesmo: "Foi uma coincidência. Não conta". Ou, quando alguém lhe dá um elogio legítimo, você o desconsidera, dizendo a si mesmo "Eles estavam apenas sendo gentis", ou dizendo à outra pessoa "Ah, não foi nada, de verdade".

Tirar conclusões precipitadas. Supor o que outra pessoa está pensando ou sentindo – ou exatamente por que ela age da maneira que age – antes de realmente verificar com a pessoa o que ela está realmente pensando ou sentindo, ou qual é a base de suas ações. David Burns, em seu livro *Feeling Good* (2008), muitas vezes se refere a essa distorção cognitiva como o "erro de adivinhação do futuro", como se você tivesse a capacidade de ler a mente de alguém antes mesmo de perguntar a ela o que está pensando ou sentindo.

Ampliação. Tendência a "aumentar" (ampliar) as suas limitações ou as de outra pessoa, ou, inversamente, minimizar as suas qualidades ou as de alguém. Por exemplo, você comete um erro pequeno no trabalho e conclui: "Isso é horrível" e "Posso perder meu emprego". Ou você recebe uma avaliação de trabalho positiva e a minimiza, dizendo a si mesmo: "Isso não significa nada" e "O gerente provavelmente dá esse tipo de avaliação para todo mundo".

Raciocínio emocional. Falácia de que se algo parece de certa maneira, então deve realmente ser verdade. Você confunde sentimentos com a realidade. Por exemplo, se você se sente estúpido ou entediante em alguma situação, conclui que deve realmente *ser* estúpido ou entediante.

Pensamento de obrigação. Diálogo interno que inclui termos como "deveria", "tenho que" ou "preciso", frequentemente associado a uma tendência para o perfeccionismo. Não há espaço para erros. Para mais informações sobre o "pensamento de obrigação", ver seção "Perfeccionismo", no Capítulo 11, "Estilos de personalidade que perpetuam a ansiedade".

Rotulação. Forma mais extrema de supergeneralização. Se você cometer um erro simples, atribui um rótulo a si mesmo, como "sou um fracassado". Por outro lado, se você se incomodar com o comportamento de outra pessoa, aplica um rótulo a ela, como "fracassada", "idiota" ou até mesmo algum rótulo obsceno.

Personalização. Tendência excessiva de levar as palavras ou as ações de outra pessoa de forma muito pessoal. Ou você conclui arbitrariamente que algo de errado foi inteiramente sua culpa, quando, objetivamente, não há base para concluir se você ou a outra pessoa foi culpada.

Em seus trabalhos posteriores, Burns também menciona os dois tipos a seguir de distorções cognitivas, elevando o total para 12:

Falácia do controle. Noção equivocada de que você deveria ter controle completo sobre uma situação que não permite controle total.

Culpabilização. Culpar outra pessoa por sua própria dor emocional autoinduzida. De modo alternativo, você pode se culpar por algo, mesmo quando a situação está claramente fora de seu controle.

Como mencionado, essa lista de distorções cognitivas é altamente resumida. Para informações muito mais detalhadas sobre identificação, compreensão e trabalho com distorções cognitivas, consulte o livro *Cognitive Therapy and the Emotional Disorders,* de Aaron Beck, ou *Feeling Good*, de David Burns (ver "Leitura Adicional", no final deste capítulo). Para referência rápida, faça uma pesquisa no Google pelo termo "distorções cognitivas". Você encontrará vários *sites* que descrevem as dez distorções cognitivas originais de Beck e Burns (a utilização das quais veio a ser chamada de "terapia cognitiva") e outros *sites* que propõem ainda outros tipos de pensamento distorcido.

Resumo: diretrizes para identificar e contrapor o diálogo interno negativo

O diálogo interno negativo não passa de um acúmulo de hábitos mentais limitantes. Você pode começar a quebrar esses hábitos ao notar quando se envolve em diálogos não construtivos consigo mesmo e, em seguida, contra-atacá-los, preferencialmente por escrito, com frases mais positivas e racionais. Você levou anos de repetição para internalizar seus hábitos de diálogo interno negativo; da mesma forma, levará tempo de repetição e prática para aprender formas mais construtivas e úteis de pensar.

Siga os passos a seguir:

1. *Observação.* "Perceba-se no ato" de se envolver em diálogo interno negativo. Esteja ciente de situações que provavelmente serão precipitadas ou agravadas pelo diálogo interno negativo:

    - *Em qualquer ocasião em que você esteja se sentindo ansioso, incluindo o início de um ataque de pânico* (esteja atento ao preocupado e à sua tendência de superestimar e catastrofizar).
    - *Quando você antecipar ter de enfrentar uma tarefa difícil ou uma situação fóbica* (novamente, o preocupado, a superestimação e a catastrofização podem desempenhar um grande papel).
    - *Ocasiões em que você cometeu algum tipo de erro e se sente crítico consigo mesmo* (esteja atento ao crítico e ao uso excessivo de "frases de dever").
    - *Ocasiões em que você está se sentindo deprimido ou desencorajado* (esteja atento à vítima, à superestimação, à catastrofização e à subestimação de sua capacidade de lidar).
    - *Situações em que você está zangado consigo mesmo ou com os outros* (esteja atento ao crítico, ao perfeccionista e às palavras "deveria" ou "preciso").
    - *Situações em que você se sente culpado, envergonhado ou constrangido* (esteja especialmente atento ao perfeccionista e às palavras "deveria" ou "preciso").

2. *Pare.* Faça a si mesmo uma das ou todas as seguintes perguntas:

    "O que estou dizendo a mim mesmo que está me fazendo sentir assim?"
    "Será que realmente quero fazer isso comigo mesmo?"
    "Será que realmente quero continuar chateado?"

    Se a resposta para as duas últimas perguntas for "não", siga para o passo 3.
    Observe que, às vezes, suas respostas podem ser realmente "sim". Você pode realmente desejar continuar chateado, em vez de mudar seu diálogo interno subjacente. Muitas vezes, isso acontece porque você está sentindo emoções intensas que não permitiu que fossem totalmente expressas. É comum permanecer ansioso, irritado ou deprimido por um período quando há emoções intensas que você não reconheceu totalmente, muito menos expressou.
    Se você estiver se sentindo muito chateado para empreender facilmente a tarefa de identificar e contrapor o diálogo interno, dê a si mesmo a oportunidade de reconhecer e expressar suas emoções. Se não houver ninguém disponível com

quem compartilhá-las, tente escrevê-las em um diário. Quando você se acalmar e estiver pronto para relaxar, siga os passos a seguir. (Ver Capítulo 13 para mais orientações e estratégias sobre suas emoções.)

Outra razão pela qual você pode manter sua ansiedade é porque percebe uma forte necessidade de "manter tudo sob controle". Muitas vezes, você está superestimando algum perigo ou se preparando para uma catástrofe imaginária – portanto, permanecer tenso e vigilante é a maneira como você se dá uma sensação de controle. Sua vigilância é validada pela sensação de controle que lhe proporciona. Infelizmente, no processo, você pode se tornar cada vez mais tenso, até atingir um ponto em que sua mente parece se descontrolar e você se concentra em perigos e catástrofes quase exclusivamente, em detrimento de qualquer outra coisa. Isso, por sua vez, leva a mais ansiedade e tensão. A única maneira de sair desse círculo vicioso é relaxar e deixar acontecer. O próximo passo, relaxamento, é crucial para que você consiga desacelerar sua mente e identificar padrões de diálogo interno negativo.

3. **Relaxe.** Interrompa o fluxo de pensamentos negativos fazendo algumas respirações abdominais profundas ou usando visualizações relaxantes. O ponto é permitir-se *deixar acontecer, desacelerar* e *relaxar*. O diálogo interno negativo é tão rápido, automático e sutil que pode escapar à detecção se você estiver se sentindo tenso, acelerado e incapaz de se acalmar. Você achará difícil reconhecer e desfazer esse diálogo apenas pensando nele: é muito útil relaxar fisicamente primeiro. Em casos extremos, pode levar até 15 a 20 minutos de relaxamento, usando respiração, relaxamento muscular progressivo ou meditação, para desacelerar o suficiente e identificar o que você vem dizendo a si mesmo. Se você não estiver excessivamente tenso, provavelmente poderá fazer essa etapa em 1 ou 2 minutos.

4. **Registre** o diálogo interno negativo ou os pensamentos internos que o levaram a se sentir ansioso, chateado ou deprimido. Com frequência, é difícil decifrar o que você está dizendo a si mesmo apenas refletindo sobre isso. O ato de escrever as coisas ajudará a esclarecer quais frases específicas você realmente fez a si mesmo. Use a(s) *Planilha(s) de subpersonalidade* ou a *Planilha de contraposição do diálogo interno* para anotar seu diálogo interno não útil.

Essa etapa pode exigir algum treinamento para ser aprendida. *Na identificação do diálogo interno, é importante ser capaz de separar os pensamentos dos sentimentos.* Uma maneira de fazer isso é escrever apenas os sentimentos primeiro e depois descobrir os pensamentos que levaram a eles. Como regra geral, as frases de sentimentos contêm palavras que expressam emoções, como "assustado", "machucado" e "triste", ao passo que as frases do diálogo interno não contêm tais palavras. Por exemplo, a frase "Sinto-me burro e irresponsável" é uma na qual pensamentos e sentimentos estão entrelaçados. Ela pode ser decomposta em um sentimento específico ("Sinto-me chateado" ou "Sinto-me desapontado") e nos pensamentos (ou diálogo interno) que logicamente produzem tais sentimentos ("Sou burro" ou "Sou irresponsável").

Para dar outro exemplo, a frase "Estou com muito medo de fazer isso" mistura um sentimento de medo com um ou mais pensamentos. Ela pode ser decomposta no sentimento ("Estou com medo") que surge do autoquestionamento negativo ("Isso é incontrolável" ou "Não consigo fazer isso"). Você pode se perguntar primeiro "O que eu estava sentindo?", para depois perguntar "Quais pensamentos estavam passando pela minha mente para me fazer sentir dessa maneira?".

Lembre-se sempre de que o *diálogo interno consiste em pensamentos, não em sentimentos*. Na maioria das vezes, esses pensamentos são julgamentos ou avaliações de uma situação ou de você mesmo. Os sentimentos são reações emocionais que *resultam* desses julgamentos e avaliações.

5. ***Identifique o tipo*** de diálogo interno negativo com o qual você se envolveu. (É do preocupado, do crítico, da vítima ou do perfeccionista?) De que maneira isso inclui a superestimação, a catastrofização ou a subestimação de sua capacidade de lidar com as situações? Além disso, depois de se familiarizar com eles, você pode querer procurar por quaisquer *distorções cognitivas* que estavam presentes. As distorções cognitivas são a base do que originalmente foi chamado de "terapia cognitiva" (que precedeu a terapia cognitivo-comportamental mais moderna). Você pode fazer uma pesquisa no Google pelo termo "distorções cognitivas" para aprender mais sobre distorções no pensamento, como a supergeneralização, o pensamento do tipo tudo ou nada ou o raciocínio emocional (apenas uma lista dessas distorções foi fornecida neste capítulo por questões de espaço). Após fazer isso por um tempo, você se tornará consciente dos tipos particulares de diálogo interno negativo (bem como dos tipos específicos de distorções cognitivas) que você está realmente propenso a usar. Com a prática, você os identificará mais rapidamente quando surgirem.

6. ***Contraponha*** – isto é, responda ou conteste – seu diálogo interno negativo com frases positivas, racionais e de apoio a si mesmo. Responda a cada frase negativa que você escreveu, *escrevendo* uma frase positiva oposta. Essas contraposições devem ser formuladas de modo a evitar negativas e estar no presente e na primeira pessoa. Elas também devem ser plausíveis e *fazer* você *se sentir bem* (i.e., você deve se sentir confortável com elas).

Em muitos casos, você descobrirá que é útil questionar e refutar suas frases negativas com as perguntas socráticas enumeradas anteriormente neste capítulo.

Em outras situações, você pode imaginar imediatamente uma contraposição positiva, sem passar por um processo de questionamento racional. Isso é aceitável, desde que você tenha algum grau de crença em sua contraposição.

Interrupção do diálogo interno negativo: formato resumido

O uso de planilhas, como a *Planilha de subpersonalidade* e a *Planilha de contraposição do diálogo interno*, contribuirá significativamente para ajudá-lo a superar hábitos mentais estabelecidos há muito tempo que geram ansiedade, depressão e baixa autoestima. No entanto, em muitas situações, você pode não ter tempo ou oportunidade para escrever o diálogo interno negativo e as frases de contradição positivas. Siga as três etapas a seguir sempre que desejar *interromper* rapidamente um pensamento negativo "na hora".

1. ***Observe que você está envolvido em um diálogo interno negativo.*** O melhor momento para perceber que está envolvido em um diálogo interno negativo é quando você está se sentindo ansioso, deprimido, autocrítico ou chateado de forma geral.

2. ***Pare.*** Faça a si mesmo qualquer uma ou todas as seguintes perguntas:

    "O que estou dizendo a mim mesmo que está me fazendo sentir assim?"
    "Eu realmente quero fazer isso comigo mesmo?"
    "Eu realmente quero continuar chateado?"

3. ***Relaxe e envolva-se em alguma outra atividade.*** Para interromper um diálogo interno negativo, você precisa mudar de rumo. Isso pode ser feito desacelerando com a respiração profunda abdominal *ou* encontrando alguma outra atividade na qual você possa se envolver. Fazer algo *físico* (como exercícios, dança ou tarefas domésticas) muitas vezes tem maior poder para substituir o pensamento negativo, pois o tira da sua mente e o leva para o seu corpo. Outras táticas de enfrentamento incluem envolver-se em conversas, leitura, *hobbies* e jogos, gravações de relaxamento e música. O objetivo desta seção é sugerir um método rápido e conveniente para interromper o diálogo interno negativo "na hora". *Não* se destina a substituir o trabalho de escrever frases de contradição que desafiem o diálogo interno negativo específico que você identificou. Apenas ao usar a abordagem anterior e praticar ao longo de algumas semanas você poderá começar a mudar efetivamente seus hábitos de pensamento negativo ao longo da vida, que surgem das subpersonalidades e dos erros cognitivos descritos neste capítulo.

Resumo de coisas para fazer

1. Releia a seção "Alguns pontos básicos sobre o diálogo interno" para reforçar seu entendimento sobre a natureza automática do diálogo interno e seu papel na manutenção tanto das fobias quanto dos ataques de pânico.

2. Familiarize-se com as quatro subpersonalidades que contribuem significativamente para o seu diálogo interno negativo: o preocupado, o crítico, a vítima e o perfeccionista. Determine o papel delas em sua vida cotidiana, completando a planilha para cada subpersonalidade. Em seguida, dedique um tempo para contrapor o diálogo interno negativo de cada subpersonalidade (nas áreas relevantes de sua vida, como trabalho, relacionamentos ou fobias específicas) com *frases positivas de contradição*. Registre e releia suas listas de frases positivas de contraposição regularmente, por pelo menos uma semana, se não várias. Ou você pode gravá-las em seu *smartphone* para ouvir logo de manhã ou ao se deitar à noite. É melhor ouvi-las quando estiver relaxado, mas não sonolento.

3. Faça uma lista de todas as suas fobias e de outros medos específicos e, em seguida, classifique-os do mais ao menos incômodo. Complete a *Planilha de contraposição do diálogo interno* para cada uma das suas fobias, dos seus medos ou das suas preocupações mais difíceis. Para cada um deles, escreva quais pensamentos de superestimação ou catastrofização mantêm o medo presente. Em seguida, refute esses pensamentos negativos com frases de contradição mais razoáveis e positivas. Por

fim, escreva maneiras pelas quais você lidaria se aquilo que teme realmente acontecesse. (Lembre-se de duplicar a planilha para que você tenha cópias suficientes para abordar todas as suas fobias.)

4. Use a "forma resumida" para interromper rapidamente o diálogo interno negativo quando quiser se desviar de um padrão de pensamento negativo. Lembre-se de que isso não substitui a realização dos exercícios nas etapas 2 e 3.

Leituras adicionais

Barlow, David, and Michelle Craske. *Mastery of Your Anxiety and Panic: Workbook*. 4th ed. New York: Oxford University Press, 2006.

Beck, Aaron T. *Cognitive Therapy and the Emotional Disorders*. New York: Meridian, 1979.

_____ and Gary Emery. *Anxiety disorders and phobias: A cognitive perspective*. 20th anniversary ed. New York: Basic Books, 2005. (Este livro destina-se principalmente a ajudar profissionais.)

Burns, David. *Feeling Good*. New York: Harper Collins, 1980. (O livro popular clássico sobre distorções cognitivas.)

_____. *Feeling Good*. New York: HarperCollins, 2008. (Uma versão revisada e atualizada do livro clássico.)

Helmstetter, Shad. *What to Say When You Talk to Yourself*. Updated ed. New York: Gallery Books, 2017. (Este livro é oportuno e fácil de ler.)

McKay, Matthew, Martha Davis, and Patrick Fanning. *Thoughts & Feelings: Taking Control of Your Moods & Your Life*. 4th ed. Oakland, CA: New Harbinger Publications, 2011.

_____ and Patrick Fanning. *Self-Esteem*. 4th ed. Oakland, CA: New Harbinger Publications, 2016.

Wilson, Reid. *Don't Panic: Taking Control of Anxiety Attacks*. 3rd ed. New York: HarperPerennial, 2009.

9

Crenças equivocadas

A esta altura, você já deve ter se perguntado: "de onde vem o diálogo interno negativo?". Na maioria dos casos, é possível rastrear o pensamento negativo até crenças ou suposições mais profundas sobre nós mesmos, sobre os outros e sobre a vida em geral. Essas suposições básicas foram chamadas de "*scripts*", "crenças centrais", "decisões de vida", "crenças falaciosas" ou "crenças equivocadas". Enquanto crescíamos, aprendemos com nossos pais, nossos professores, nossos colegas e com a sociedade em geral ao nosso redor. Essas crenças costumam ser tão básicas para o nosso pensamento que não as reconhecemos como *crenças* – apenas as tomamos como certas e as consideramos como refletindo a realidade. Exemplos de crenças equivocadas que você pode ter são "Eu sou impotente", "A vida é uma luta" ou "Eu devo sempre parecer bem e agir de forma simpática, não importa como eu me sinta". Não há nada de novo na ideia de crenças equivocadas – elas fazem parte do que as pessoas têm em mente quando se referem à sua "atitude" ou à sua "perspectiva".

As crenças equivocadas estão na raiz de grande parte da ansiedade que você experimenta. Conforme discutido no capítulo anterior, você se deixa levar pela maior parte da sua ansiedade ao antecipar o pior (pensamento hipotético), colocar-se para baixo (pensamento autocrítico) e esforçar-se para atender a demandas e expectativas irracionais (pensamento perfeccionista). Subjacentes a esses padrões destrutivos de diálogo interno, estão algumas suposições falsas básicas sobre si mesmo e sobre "a maneira como a vida é".

Você poderia evitar um pouco de preocupação, por exemplo, se deixasse de lado a suposição básica "Devo me preocupar com um problema antes que haja alguma chance de ele desaparecer". Da mesma forma, você se sentiria mais confiante e seguro se descartasse a crença equivocada de "Sou um fracassado, a menos que tenha sucesso" ou "Não sou ninguém, a menos que os outros me amem e me aprovem". Mais uma vez, a vida seria menos estressante e tensa se você deixasse de lado a crença de "Devo fazer isso perfeitamente ou não vale a pena me preocupar em tentar". Você pode percorrer um longo caminho para criar um modo de vida menos ansioso, trabalhando na mudança das suposições básicas que tendem a perpetuar a ansiedade.

Crenças equivocadas muitas vezes impedem você de alcançar seus objetivos mais importantes na vida. Você pode se perguntar agora: "O que eu realmente quero da vida? O que eu tentaria fazer se soubesse que não falharia?". Reserve alguns minutos para refletir seriamente sobre isso e escreva sua resposta no espaço a seguir. (Use outra folha de papel se precisar de mais espaço.)

Agora, se você ainda não tem o que quer, faça a si mesmo a simples pergunta: "Por que não?". Liste os motivos que você pode apresentar no espaço a seguir ou escreva-os em outra folha de papel.

No processo de fazer o exercício anterior, você pode ter descoberto certas crenças ou suposições que o impedem. Essas suposições são realmente válidas? Exemplos de pressupostos com os quais as pessoas se limitam podem incluir "Não posso pagar o que desejo", "Não tenho tempo para voltar a estudar o assunto que me interessa" ou "Não tenho talento para ter sucesso". Em um nível mais inconsciente, você pode até sentir que "Eu não mereço ter o que realmente quero". Nenhuma dessas ideias reflete necessariamente a verdadeira natureza da realidade – todas envolvem suposições que podem muito bem ser falsas se realmente testadas. Muitas vezes, você não percebe como essas suposições estão afetando seu comportamento até que outra pessoa mostre isso para você.

Crenças equivocadas muitas vezes estabelecem limites para sua autoestima e sua autovalorização. Muitas dessas crenças envolvem a ideia de que sua autovalorização depende de algo externo, como *status* social, riqueza, bens materiais, amor de outra pessoa ou aprovação social em geral. Na ausência dessas coisas, de alguma forma você acredita que não vale muito. A crença de que "Sucesso é tudo" ou "Meu valor depende do que eu realizo" coloca a base de sua autoestima fora de você. O mesmo acontece com a crença "Eu não sou nada, a menos que eu seja amado (ou aprovado)".

A verdade que algumas pessoas levam muito tempo para perceber é que a autovalorização é *inerente*. Você tem valor e dignidade essenciais apenas em virtude do fato de ser humano. Você tem muitas qualidades e diversos talentos, independentemente de suas realizações externas ou da aprovação dos outros. Sem pensar, respeitamos o valor inerente de cães e gatos como animais. Do mesmo modo, os seres humanos têm um valor inato, *exatamente como são*, independentemente do que realizam, do que possuem ou de quem aprova suas ações. À medida que você desenvolve a autoestima, pode *aprender* a se respeitar e a acreditar em si mesmo, independentemente do que tenha realizado e sem depender dos outros para suas emoções positivas (ou tornar os outros dependentes de você).

Exemplos de crenças equivocadas

Existem inúmeras crenças equivocadas. Você tem sua própria coleção como resultado do que aprendeu com seus pais, seus professores e seus colegas durante a infância e a adolescência. Às vezes, você adquire uma crença falsa diretamente de seus pais, como quando lhe diziam "Meninos não choram" ou "Meninas boazinhas não ficam com raiva". Em outros momentos, você desenvolve uma atitude em relação a si mesmo como resultado de ser frequentemente criticado (portanto, "Não tenho valor"), ignorado (portanto, "Minhas necessidades não importam") ou rejeitado (portanto, "Não sou amável") ao longo de muitos anos. O lamentável é que você pode viver essas atitudes equivocadas a ponto de agir de maneiras – e fazer com que os outros o tratem de maneiras – que as confirmam. Como os computadores, as pessoas podem ser "pré-programadas", e as crenças equivocadas da infância podem se tornar profecias autorrealizáveis.

A seguir, estão alguns exemplos de crenças equivocadas comuns que tendem a influenciar muitas pessoas. Após cada um deles, existem declarações contrárias que substituem a crença negativa por uma positiva, de maneira semelhante à forma como o diálogo interno negativo foi contraposto por declarações positivas no capítulo anterior. Declarações positivas que podem ser usadas para combater crenças equivocadas são muitas vezes conhecidas como *afirmações*.

- Sou impotente. Sou vítima de circunstâncias externas.
  Sou responsável e estou no controle da minha vida. As circunstâncias são o que são, mas posso determinar minha atitude em relação a elas.

- A vida é uma luta. Algo deve estar errado se a vida parece muito fácil, prazerosa ou divertida.
  A vida é plena e prazerosa. Tudo bem eu relaxar e me divertir. A vida é uma aventura, e estou aprendendo a aceitar os altos e os baixos.

- Se eu me arriscar, vou falhar. Se eu falhar, os outros me rejeitarão.
  Não há problema em correr riscos. Não há problema em falhar – posso aprender muito com cada erro. Tudo bem eu ser um sucesso.

- Eu não sou importante. Meus sentimentos e minhas necessidades não são importantes.
  Sou uma pessoa valiosa e única. Eu mereço ter meus sentimentos e minhas necessidades atendidas tanto quanto qualquer outra pessoa.

- Eu sempre devo parecer bem e agir de forma simpática, não importa como eu me sinta.
  Tudo bem simplesmente ser eu mesmo.

- Se eu me preocupar o suficiente, esse problema deve melhorar ou desaparecer.
  Preocupar-se não tem efeito na resolução de problemas; agir, sim.

- Não consigo lidar com situações difíceis ou assustadoras.
  Posso aprender a lidar com qualquer situação assustadora se me aproximar devagar, em passos pequenos o suficiente.

- O mundo exterior é perigoso. Há segurança apenas no que é conhecido e familiar.
  Posso aprender a me sentir mais confortável com o mundo lá fora. Estou ansioso por novas oportunidades de aprendizagem e crescimento que o mundo exterior pode oferecer.

Apenas *reconhecer* suas próprias crenças equivocadas específicas é o primeiro e mais importante passo para se libertar delas. O segundo passo é desenvolver uma declaração positiva para combater cada crença equivocada e continuar a imprimi-la em sua mente até que você seja "desprogramado".

O que se segue é um questionário que o ajudará a identificar algumas de suas próprias crenças equivocadas. Classifique cada declaração em uma escala de 1 a 4, de acordo com o quanto você acha que isso influencia seus sentimentos e seu comportamento. Em seguida, volte e marque as crenças que você classificou como 3 ou 4.

Questionário de crenças equivocadas

O quanto cada uma destas crenças não construtivas influencia seus sentimentos e seu comportamento? Reserve um tempo para refletir sobre cada crença.

1 = Nem um pouco
2 = Um pouco/às vezes
3 = Fortemente/frequentemente
4 = Muito fortemente

Coloque o número apropriado após cada declaração:

1. Eu me sinto impotente ou desamparado.
2. Muitas vezes, sinto-me vítima de circunstâncias externas.
3. Não tenho dinheiro para fazer o que realmente quero.
4. Raramente há tempo suficiente para fazer o que quero.
5. A vida é muito difícil – é uma luta.
6. Se as coisas estão indo bem, cuidado!
7. Eu me sinto indigno. Sinto que não sou bom o suficiente.
8. Muitas vezes, sinto que não mereço ser bem-sucedido ou feliz.
9. Muitas vezes, sinto uma sensação de derrota e resignação, uma sensação de "por que se preocupar?".
10. Minha condição parece desesperadora.
11. Há algo de errado comigo.
12. Sinto vergonha da minha condição.
13. Se eu correr riscos para melhorar, tenho medo de falhar.
14. Se eu correr riscos para melhorar, tenho medo de ter sucesso.
15. Se eu me recuperar totalmente, talvez tenha de lidar com realidades que prefiro não enfrentar.
16. Eu sinto como se eu fosse nada (ou fosse incapaz) a menos que seja amado.
17. Não suporto ser separado dos outros.
18. Se uma pessoa que eu amo não me ama de volta, sinto que a culpa é minha.
19. É muito difícil ficar sozinho.
20. O que os outros pensam sobre mim é muito importante.
21. Eu me sinto pessoalmente ameaçado quando criticado.
22. É importante agradar aos outros.

23. As pessoas não vão gostar de mim se virem quem eu realmente sou.
24. Preciso manter uma fachada, ou os outros verão minhas fraquezas.
25. Eu tenho de alcançar ou produzir algo significativo para me sentir bem comigo mesmo.
26. Minhas realizações no trabalho/na escola são extremamente importantes.
27. O sucesso é tudo.
28. Eu tenho de ser o melhor no que faço.
29. Eu tenho de ser alguém – alguém excepcional.
30. Falhar é terrível.
31. Não posso contar com a ajuda de outras pessoas.
32. Não posso receber dos outros.
33. Se deixo alguém se aproximar demais, tenho medo de ser controlado.
34. Não posso tolerar ficar fora de controle.
35. Eu sou o único que pode resolver meus problemas.
36. Eu deveria ser sempre muito generoso e altruísta.
37. Eu deveria ser um _____ perfeito. (Classifique cada uma das opções a seguir.)
    - empregado
    - profissional
    - cônjuge
    - pai
    - amante
    - amigo
    - estudante
    - filho/filha
38. Eu deveria ser capaz de suportar qualquer dificuldade.
39. Eu deveria ser capaz de encontrar uma solução rápida para cada problema.
40. Eu nunca deveria estar cansado ou fatigado.
41. Eu deveria ser sempre eficiente.
42. Eu deveria ser sempre competente.
43. Eu deveria ser sempre capaz de prever tudo.
44. Eu nunca deveria estar com raiva ou irritado. Ou: eu não gosto (ou tenho medo) da raiva.
45. Eu sempre devo ser agradável ou simpático, não importa como eu me sinta.
46. Muitas vezes eu me sinto... (Classifique cada uma das opções a seguir.)
    - feio
    - inferior ou defeituoso
    - pouco inteligente
    - culpado ou envergonhado
47. Eu sou apenas do jeito que sou – eu realmente não posso mudar.
48. O mundo lá fora é um lugar perigoso.
49. A menos que você se preocupe com um problema, ele só piorará.
50. É arriscado confiar nas pessoas.
51. Meus problemas desaparecerão por conta própria com o tempo.
52. Eu me sinto ansioso por cometer erros.
53. Exijo perfeição de mim mesmo.
54. Se eu não tivesse minha pessoa segura (ou lugar seguro), receio que não conseguiria lidar com as situações.

55. Se eu parar de me preocupar, tenho medo de que algo ruim aconteça.
56. Tenho medo de enfrentar o mundo lá fora sozinho.
57. Meu valor próprio não é automático – ele precisa ser conquistado.

Você pode ter notado que algumas das crenças no questionário se enquadram em grupos específicos, cada um dos quais reflete uma crença ou uma atitude muito básica em relação à vida.[1] Volte às suas respostas e veja como você pontuou em relação a cada um dos grupos de crenças listados a seguir.

Some suas pontuações para cada um dos seguintes subgrupos de crenças. Se sua pontuação total nos itens de um subgrupo específico exceder o valor do critério, é provável que essa seja uma área problemática para você. É importante que você dê atenção especial a esse subgrupo quando começar a trabalhar com afirmações para começar a mudar suas crenças equivocadas.

Se a sua pontuação total para as questões 1, 2, 7, 9, 10 e 11 for superior a 15	Você provavelmente acredita que é impotente, tem pouco ou nenhum controle sobre circunstâncias externas ou é incapaz de fazer algo que poderia ajudar na sua situação. Em suma, "Sou impotente" ou "Não posso fazer muito sobre minha vida".
Se a sua pontuação total para as questões 16, 17, 18, 19, 54 e 56 for superior a 15	Você provavelmente acredita que sua autoestima depende do amor de outra pessoa. Você sente que precisa do amor de outra pessoa (ou de outras pessoas) para se sentir bem consigo mesmo e lidar com isso. Em suma, "Meu valor e minha segurança dependem de ser amado".
Se a sua pontuação total para as questões 20, 21, 22, 23, 24 e 45 for superior a 15	Você provavelmente acredita que sua autoestima depende da aprovação dos outros. Ser agradável e receber a aceitação dos outros é muito importante para a sua sensação de segurança e a sua percepção de quem você é. Em suma, "Meu valor e minha segurança dependem da aprovação dos outros".
Se a sua pontuação total para as questões 25, 26, 27, 28, 29, 30, 41 e 42 for superior a 20	Você provavelmente acredita que sua autoestima depende de realizações externas, como desempenho escolar ou profissional, *status* ou riqueza. Em suma, "Meu valor depende do meu desempenho ou das minhas realizações".
Se a sua pontuação total para as questões 31, 32, 33, 34, 35 e 50 for superior a 15	Você provavelmente acredita que não pode confiar, depender ou receber ajuda de outras pessoas. Você pode ter uma tendência a manter distância das pessoas e evitar a intimidade por medo de perder o controle. Em suma: "Se eu confiar ou me aproximar demais, perderei o controle".
Se a sua pontuação total para as questões 37, 38, 39, 40, 52 e 53 for superior a 25	Você provavelmente acredita que precisa ser perfeito em algumas ou em muitas áreas da vida. Você faz exigências excessivas a si mesmo. Não há espaço para erros. Em suma, "Eu tenho que ser perfeito" ou "Não é bom cometer erros".

---

[1] A ideia de definir subgrupos de crenças foi adaptada da obra *Feeling Good*, de David Burns, MD. Consulte o livro para mais detalhes sobre como combater e trabalhar com crenças equivocadas.

Combate a crenças equivocadas

Agora que você tem uma ideia das crenças equivocadas que têm o maior impacto sobre você, como pode mudá-las? O primeiro passo é fazer a si mesmo esta pergunta: *até que ponto acredito nelas?* Existem três maneiras possíveis de ver uma crença equivocada:

- Você realmente não acredita nisso. A crença é simplesmente um hábito condicionado que você está pronto para abandonar. Você reconhece a inutilidade da crença *e* percebe que ela não tem um forte controle emocional sobre você. Se esse for o caso, você está pronto para desenvolver uma declaração positiva para contrariar a crença. Você pode prosseguir diretamente para a seção "Diretrizes para a construção de declarações" e seguir as etapas sugeridas para o desenvolvimento de declarações para combater uma crença particular. Você também pode querer ver a seção "Exemplos de declarações" no final do capítulo para obter ideias de alternativas específicas para qualquer uma das crenças do *Questionário de crenças equivocadas*.
- Você realmente não concorda com a crença em um nível intelectual, mas ela ainda tem um controle emocional sobre você e influencia a maneira como age. Você *não quer acreditar* que "é sempre importante agradar aos outros", por exemplo, mas descobre que continua a sentir e agir como se isso fosse verdade. É difícil "tirar a crença do seu sistema". Se esse for o caso, é importante submeter a crença às perguntas 5 e 6 da seção "Seis perguntas para desafiar crenças equivocadas". Identifique qualquer crença que você classificou como 3 ou 4 que ainda o afete, apesar de suas dúvidas intelectuais. Em seguida, use as perguntas 5 e 6 para examinar se a crença é benéfica para o seu bem-estar e se ela se desenvolveu a partir de sua própria escolha ou de seu histórico familiar.
- Você pode realmente ter fé em uma crença específica. Você pode não estar convencido de que ela é imprecisa; assim, você precisará de alguma persuasão antes de considerar desistir dela. A ideia de substituir uma declaração positiva por uma atitude em que você acredita há muito tempo parece superficial ou ingenuamente otimista. Se esse for o caso, é importante submeter a crença às perguntas 1, 2 e 3 da seção "Seis perguntas para desafiar crenças equivocadas" a seguir. Essas três primeiras perguntas são retiradas das questões socráticas descritas no Capítulo 8 e são especialmente úteis para desafiar uma crença equivocada em um nível estritamente lógico. Se você desacreditar sua crença por motivos puramente racionais, prossiga para as perguntas 4, 5 e 6. Essas perguntas permitirão que você veja como a crença afeta seu bem-estar pessoal e que determine se ela é sua própria crença ou se foi adquirida – talvez de seus pais ou de alguma outra forma.

Seis perguntas para desafiar crenças equivocadas

1. Qual é a evidência para essa crença? Olhando objetivamente para toda a sua experiência de vida, quais são as evidências de que isso é verdade?
2. Essa crença é *invariável* ou *sempre* é verdadeira para você?

3. Essa crença contempla o quadro completo? Leva em consideração as ramificações positivas e negativas?
4. Essa crença é consistente com seus valores pessoais? Para explorar seus valores, consulte o *Inventário de valores pessoais* no Capítulo 21, "Significado pessoal".
5. Essa crença promove seu bem-estar e/ou sua paz de espírito?
6. Você escolheu essa crença por conta própria ou ela se desenvolveu a partir de sua experiência de crescer em sua família?

Algumas palavras precisam ser ditas sobre essa última pergunta. Muitas de suas crenças equivocadas provavelmente foram adquiridas de sua família enquanto você estava crescendo. Há pelo menos duas maneiras de isso acontecer. Primeiro, um ou ambos os seus pais podem ter mantido a crença, e você simplesmente aprendeu com eles. Por exemplo, crenças como "O mundo lá fora é um lugar perigoso" ou "É arriscado confiar nas pessoas" podem ter sido atitudes de seus pais que você adotou, pois nenhuma visão alternativa foi apresentada a você quando criança.

A outra maneira pela qual você pode ter adquirido uma crença equivocada é como uma *reação ao que aconteceu* e/ou à maneira como você foi tratado quando criança. Por exemplo, se seu pai morreu e sua mãe foi trabalhar quando você tinha 5 anos, você pode ter se sentido abandonado e desenvolvido a crença de que "Estar sozinho significa ser abandonado e não amado". Ou se seus pais tivessem altas expectativas e criticassem seus erros e seu desempenho na escola, sua reação provavelmente envolveria o desenvolvimento de crenças como "Minhas realizações são extremamente importantes" e "Não é bom cometer erros".

Muitas vezes, no processo de avaliação de crenças equivocadas, é útil ver como elas surgiram de circunstâncias infelizes ou disfuncionais durante a infância. Embora tais crenças possam ter ajudado você a sobreviver quando criança, *elas há muito perderam sua utilidade e só servem para criar ansiedade ou estresse para você agora.* Para investigar as conexões entre a sua infância e as crenças equivocadas, consulte a seção "Circunstâncias da infância", no Capítulo 2, e preencha o *Questionário de antecedentes familiares*, se você ainda não o fez. Você também pode achar útil consultar a seção "Algumas causas da baixa autoestima", no Capítulo 15, para ter uma ideia mais clara dos vários tipos de situações disfuncionais da infância que podem fornecer a base para o desenvolvimento de crenças equivocadas.

Exemplos

Os exemplos a seguir ilustram a aplicação das questões apresentadas anteriormente para desafiar crenças equivocadas.

Crença equivocada: "Sou impotente ou desamparado." (Nota: ao desafiar as crenças do *Questionário de crenças equivocadas*, reformule qualquer crença que comece com as palavras "Eu sinto..." para "Eu sou...". Isso fornece uma declaração mais direta da crença.)

Questionamento:
1. "Qual é a evidência disso?"
2. "Isso é *sempre* verdade para mim?"
5. "Essa crença promove meu bem-estar?"

Contra-argumentos:
1. "Qual é a evidência disso?"
"Embora muitas vezes eu me *sinta* impotente ou desamparado, isso não significa necessariamente que *sou* impotente ou desamparado." Reconheça que a crença equivocada é um exemplo de uma atitude geralmente mantida pela subpersonalidade da vítima, descrita no Capítulo 8. É também um exemplo da distorção cognitiva "raciocínio emocional", descrita na seção "Outros tipos de pensamento distorcido (distorções cognitivas)", no Capítulo 8. "Afinal, posso trabalhar no domínio das estratégias deste guia e posso consultar um terapeuta especializado em transtornos de ansiedade para me ajudar a superar minha condição. Além disso, tenho o apoio da minha família e dos meus amigos, que estão me apoiando totalmente. Assim, não há fortes evidências de que eu seja impotente ou indefeso."

2. "Isso é *sempre* verdade para mim?"
"Alguns dias eu certamente me *sinto* impotente ou desamparado, mas outros dias me sinto mais capaz e otimista. Só não é verdade que eu *sempre* me sinto assim."

5. "Essa crença promove meu bem-estar?"
"Acreditar que sou impotente e desamparado é destrutivo para desenvolver confiança em mim mesmo e esperança de recuperação. Tal crença definitivamente não promove meu bem-estar ou minha paz de espírito."

Declarações:
Eu acredito em mim.
Confio que tenho a capacidade de superar meu problema com a ansiedade.

Crença equivocada: "É muito importante agradar aos outros."

Questionamento:
2. "Isso é *sempre* verdade para mim?"
5. "Essa crença promove meu bem-estar?"
6. "Eu escolhi essa crença por conta própria ou ela se desenvolveu desde a minha infância?"

Contra-argumentos:	2. "Isso é *sempre* verdade para mim?"

"Certamente, existem algumas situações em que é útil parecer agradável. Se estou fazendo uma entrevista para um emprego, saindo para um primeiro encontro, confortando meu amigo ou organizando uma festa, geralmente *quero* ser agradável. Por outro lado, se estou me sentindo exausto ou chateado e preciso de apoio do meu parceiro ou dos meus amigos, é melhor pedir a eles que estejam lá para mim do que ter que negar minhas necessidades e manter uma fachada agradável. Em suma, às vezes é *mais* importante atender aos meus próprios sentimentos."

5. "Essa crença promove meu bem-estar?"
"Em algumas situações, provavelmente sim. Eu me sinto bem comigo mesmo se puder ser agradável em situações em que isso possa ser apropriado. No entanto, não me serve tentar ser agradável quando estou realmente me sentindo chateado ou indisposto. Serei mais honesto e em sintonia comigo mesmo para que as pessoas saibam o que estou sentindo e possa pedir seu apoio."

6. "Eu escolhi essa crença por conta própria ou ela se desenvolveu desde a minha infância?"
"Minha mãe estava doente e frequentemente reclamava durante grande parte da minha infância. Senti que sempre tinha que estar em guarda para protegê-la dos meus próprios problemas. Parecia que eu tinha que ser agradável para manter a aprovação dela. Não é de admirar que eu tenha crescido para agradar tanto as pessoas! Acho que não escolhi livremente essa crença, mas foi imposta a mim pelas circunstâncias da minha infância."

Declarações:	*Não há problema em nem sempre ser agradável.* *Posso gostar de ser agradável naqueles momentos em que realmente sinto vontade.*
Crença equivocada:	"Minhas realizações no trabalho/na escola são muito importantes."
Questionamento:	2. "Essa crença é *sempre* verdadeira?" 3. "Essa crença contempla o quadro completo?" 5. "Essa crença promove meu bem-estar?" 6. "Eu escolhi essa crença por conta própria ou ela se desenvolveu desde a minha infância?"

Contra-argumentos: 2. "Essa crença é *sempre* verdadeira?"
"Não, já que outras áreas da minha vida (saúde, relacionamentos, lazer, atividades criativas) também são importantes. Realizar coisas na escola ou no trabalho é certamente importante, mas *nem sempre é importante 24 horas por dia, sete dias por semana.*"

3. "Essa crença contempla o quadro completo?"
"É verdade que o que eu realizo na escola ou no trabalho é importante. Preciso manter um certo nível de competência na escola para obter o diploma, que me ajudará a encontrar um emprego." (Ou "eu preciso manter um certo nível de desempenho no trabalho para manter meu emprego".) "Mas, ao olhar para todo o quadro, será que devo considerar minhas realizações como *extremamente* importantes? Se esse fosse o caso, elas seriam mais importantes do que minha saúde, minha paz de espírito, minha família e tudo o mais que eu valorizo. Tal atitude levaria a um estilo de vida desequilibrado e, em última análise, insalubre – um estilo de vida em que nada mais importa, exceto meu sucesso e minhas realizações. Portanto, não é razoável acreditar que minhas realizações são extremamente importantes."

5. "Essa crença promove meu bem-estar?"
"Por razões já mencionadas, reconheço que um foco *exclusivo* em realizações não é saudável."

6. "Eu escolhi essa crença por conta própria ou ela se desenvolveu desde a minha infância?"
"Meus pais eram profissionais bem-sucedidos em suas carreiras e esperavam que eu seguisse o exemplo deles. Eu sempre tive que me sair bem na escola para receber a aprovação deles, e fui criticado por qualquer nota abaixo de 9. Minha atitude de que a conquista é tão importante veio em grande parte de viver com eles – eu não a escolhi livremente."

Declarações: *Minhas realizações são importantes, assim como outras coisas na minha vida.*
Estou aprendendo a equilibrar trabalho e diversão na minha vida.

Os exemplos apresentados podem servir como diretrizes para desafiar suas próprias crenças equivocadas. Se há pouca evidência para uma crença em particular, se nem sempre é verdade, ou se não promove o seu bem-estar pessoal, então provavelmente é equivocada. Se a crença foi adquirida a partir de circunstâncias familiares disfuncionais, em vez de ser livremente escolhida por você quando adulto, é igualmente provável que seja equivocada. É importante passar por esse processo de questionamento se você se sentir apegado a alguma crença em particular.

Depois de concluir o processo de desafiar todas as crenças equivocadas que classificou como 3 ou 4, você está pronto para desenvolver afirmações positivas para combater cada uma delas. A próxima seção explica como construir declarações. Embora seja preferível desenvolver suas próprias declarações, você pode consultar os exemplos no final do capítulo se precisar de ajuda para criar uma declaração para uma determinada crença equivocada.

Depois de desenvolver suas afirmações, volte ao *Questionário de crenças equivocadas* e escreva cada declaração em letras maiúsculas ao lado ou sob a crença equivocada específica a que se destina a combater. (Consulte os exemplos de crenças equivocadas e declarações anteriormente neste capítulo.)

O processo de combater crenças equivocadas com declarações é muito semelhante ao de contrapor o diálogo interno negativo com declarações positivas, que foi descrito no Capítulo 8. A diferença é que as declarações são sentenças muito compactas que você pode facilmente ensaiar (não muito diferente das declarações de enfrentamento para ataques de pânico listadas no Capítulo 6). Escrever declarações repetidamente no papel ou ouvi-las repetidamente em uma gravação pode, com persistência, realmente resultar na suplantação de crenças equivocadas indesejadas em sua mente. No capítulo sobre o diálogo interno, o processo importante a ser dominado era "contrariar" o diálogo. Ao escrever continuamente declarações contrárias ao diálogo interno negativo, você eventualmente desenvolve o *hábito* de perceber e combater seus pensamentos que provocam ansiedade. Neste capítulo, o processo importante é trabalhar com declarações. Isso realmente mudará as crenças centrais que fundamentam seu diálogo interno negativo.

Diretrizes para a construção de declarações

- Uma declaração deve ser *curta, simples, direta* e geralmente na *primeira pessoa*. "Eu acredito em mim mesmo" é preferível a "Há muitas qualidades boas em mim nas quais acredito".
- Mantenha as declarações no *tempo presente* ("Eu sou próspero") ou no *tempo presente progressivo* ("Estou me tornando próspero"). Dizer a si mesmo que alguma mudança que você deseja acontecerá no futuro sempre a mantém a um passo de distância.
- Tente *evitar negativas*. Em vez de dizer: "Não tenho mais medo de falar em público", tente dizer "Estou livre do medo de falar em público" ou "Estou ficando sem medo de falar em público". Da mesma forma, em vez da declaração negativa "Não sou perfeito", tente dizer "Não há problema em ser menos do que perfeito" ou "Não há problema em cometer erros". Seu inconsciente é incapaz de fazer a distinção entre uma declaração positiva e uma negativa. Ele pode transformar uma declaração negativa, como "Não tenho medo", em uma positiva que você não quer afirmar – ou seja, "Tenho medo".

- Comece com uma *declaração* direta de uma mudança positiva que você deseja fazer em sua vida ("Estou reservando mais tempo para mim todos os dias"). Se isso ainda parecer um pouco forte demais para você, tente mudar para "Estou disposto a ter mais tempo para mim". A *disposição* para mudar é o primeiro passo que você precisa dar para realmente fazer qualquer mudança substancial em sua vida. Uma segunda alternativa a uma declaração direta é afirmar que você está se *tornando* algo ou *aprendendo* a fazer algo. Se você ainda não está pronto para uma declaração direta, como "Sou forte, confiante e seguro", pode afirmar: "Estou me tornando forte, confiante e seguro". Novamente, se você não está pronto para "Enfrento meus medos de bom grado", tente dizer "Estou aprendendo a enfrentar meus medos".
- É importante que você tenha *alguma* crença – ou pelo menos uma vontade de acreditar – em suas declarações. No entanto, não é necessário acreditar 100% em uma declaração quando você começa. O objetivo é mudar suas crenças e atitudes em favor da declaração.

Maneiras de trabalhar com declarações

Depois de fazer uma lista de declarações, decida algumas com as quais você gostaria de trabalhar. Em geral, é uma boa ideia trabalhar em apenas duas ou três de cada vez, a menos que você opte por fazer uma gravação contendo todas elas. Algumas das maneiras mais úteis de utilizar declarações estão listadas a seguir:

- *Escreva uma declaração repetidamente*, cerca de cinco ou dez vezes por dia, por uma ou duas semanas. Cada vez que você duvidar de sua crença na declaração, anote sua dúvida no verso do papel. À medida que você continua a escrever uma declaração repetidamente, dando a si mesmo a oportunidade de expressar quaisquer dúvidas, descobrirá que sua disposição para acreditar nela aumenta. Aqui está um exemplo:

Declaração	Dúvida
"Estou aprendendo a ficar bem sozinha."	"Sim, por algumas horas, mas como vou aguentar um dia inteiro?"
"Estou aprendendo a ficar bem sozinha."	"E se eu entrar em pânico e ninguém estiver por perto?"
"Estou aprendendo a ficar bem sozinha."	"Não tenho certeza se serei capaz de fazer isso."
"Estou aprendendo a ficar bem sozinha."	

Mais tarde, volte e conteste suas dúvidas, uma por uma, com declarações positivas. No exemplo anterior, as três dúvidas podem ser combatidas pelas três declarações a seguir:

"Aos poucos, posso aprender a estender o tempo em que estou bem sozinha para um dia inteiro."

"Se eu entrar em pânico enquanto estou sozinha, posso fazer respiração abdominal, deixar a sensação fluir ou ligar para _____."

"Se eu dividir isso em etapas pequenas o suficiente, sei que posso fazer isso."

- *Escreva sua declaração em letras gigantes* com um marcador de texto em uma folha de papel em branco (as palavras devem estar visíveis a pelo menos 6 metros de distância). Em seguida, coloque a folha no espelho do banheiro, na geladeira ou em algum outro lugar visível da sua casa. Ver constantemente a declaração dia após dia, quer você preste atenção ativamente ou não, ajudará a reforçá-la em sua mente.
- *Registre uma série de declarações.* Se você desenvolver 20 ou mais declarações para contrariar aquelas no *Questionário de crenças equivocadas*, talvez queira colocar todas elas em uma gravação. Você pode usar sua própria voz ou pedir a outra pessoa que faça a gravação. As declarações são mais bem-feitas na primeira pessoa, pois são sentenças diretas sobre suas crenças, suas atitudes ou as ações pessoais que pretende realizar. Além disso, ao praticar sua lista, aguarde de 5 a 10 segundos entre cada declaração sucessiva para que ela tenha tempo de ser absorvida. Ouvir a gravação uma vez por dia durante duas ou três semanas pode levar a uma grande mudança em seu pensamento e na maneira como você se sente sobre si mesmo. Não há problema em reproduzir a gravação a qualquer momento, mesmo enquanto limpa a casa ou toma um banho. No entanto, você pode acelerar o processo dando à gravação toda a sua atenção em um estado muito relaxado, quando você tiver desacelerado o suficiente para sentir profundamente cada declaração.
- *Leve uma única declaração com você para a meditação.* Repetir uma declaração lentamente e com convicção enquanto estiver em um estado meditativo profundo é uma maneira muito poderosa de incorporá-la à sua consciência. A meditação é um estado em que você pode se experimentar como um "ser inteiro". O que quer que você afirme ou declare com todo o seu ser terá uma tendência mais forte de se tornar realidade.

Aumentando o poder de uma declaração

Existem duas maneiras fundamentais de reforçar uma declaração ou qualquer novo hábito de pensar: *repetição* e *sentimento*.

Repetição Foi preciso repetir para "programar" crenças equivocadas em sua mente originalmente. Ouvir inúmeras vezes seus pais falando para você "calar a boca" ou "comportar-se" reforçou a crença falaciosa de "Eu sou indigno" ou "Eu não sou importante". Da mesma forma, a exposição repetida a uma declaração positiva pode ajudar a incuti-la em sua mente até que ela substitua a crença falsa original.

Sentimento Dizer declarações com profunda convicção e sentimento é o método *mais* poderoso, na minha opinião, para fortalecê-las. Colocar uma nova crença *em seu coração*, bem como em sua mente, lhe dará maior poder e eficácia. Uma boa maneira de fazer isso é atingir primeiro um estado de relaxamento (por meio do relaxamento muscular progressivo ou da meditação) e, depois, dizer a declaração lentamente, com sentimento e convicção. Já foi dito que aquilo em que você acredita de todo o coração se torna parte de você.

Integração ativa

Você também pode aumentar sua convicção sobre uma declaração acompanhando as confirmações dela na vida real. Selecione uma em que deseja trabalhar e anote-a em um cartão. Ao longo do dia, anote no outro lado do cartão qualquer evento ou situação, por menor que seja, que apoie a declaração. Continue assim por duas ou mais semanas e veja se consegue compilar uma lista de confirmações. Por exemplo, se você está trabalhando com a declaração "Eu posso me recuperar assumindo pequenos riscos no meu próprio ritmo", pode listar todos os seus sucessos em reduzir sua ansiedade e/ou enfrentar situações fóbicas. Ou, se você estiver trabalhando com a declaração "Estou aprendendo que a vida é mais do que sucesso na minha carreira (ou na escola)", pode listar todas as ocasiões em que obteve prazer em outras atividades para demonstrar a veracidade de sua nova crença.

Reforçar uma declaração observando eventos da vida real que a confirmem contribuirá muito para fortalecer a convicção de sua veracidade.

Exemplos de declarações

A seguir, estão exemplos de declarações que você pode usar para contrariar aquelas do *Questionário de crenças equivocadas*. Cada declaração numerada nesta lista corresponde à mesma crença equivocada numerada no *Questionário de crenças equivocadas*. Use a que achar melhor para você ou use-as como diretrizes para criar a sua própria declaração.

1. Sou responsável e estou no controle da minha vida.
2. As circunstâncias são o que são, mas posso escolher minha atitude em relação a elas.
3. Estou me tornando próspero. Estou criando os recursos financeiros de que preciso.
4. Estou definindo prioridades e reservando tempo para o que é importante.
5. A vida tem seus desafios e suas satisfações – eu gosto da aventura da vida. Cada desafio que surge é uma oportunidade de aprender e crescer.
6. Aceito os altos e baixos naturais da vida.
7. Eu me amo e me aceito exatamente do jeito que sou.
8. Eu mereço as coisas boas da vida tanto quanto qualquer outra pessoa.
9. Estou aberto a descobrir um novo significado na minha vida.
10. Nunca é tarde para mudar. Estou melhorando um passo de cada vez.

11. Sou naturalmente saudável, forte e capaz de me recuperar totalmente. Estou melhorando a cada dia.
12. Estou comprometido em superar minha condição. Estou trabalhando para me recuperar da minha condição.
13. Posso me recuperar assumindo pequenos riscos no meu próprio ritmo.
14. Estou ansioso pela nova liberdade e pelas oportunidades que terei quando tiver me recuperado.
15. Igual ao exemplo 14.
16. Estou aprendendo a me amar.
17. Estou aprendendo a me sentir confortável sozinho.
18. Se alguém não retribui meu amor, eu o deixo ir e sigo em frente.
19. Estou aprendendo a estar em paz comigo mesmo quando estou sozinho. Estou aprendendo a me divertir quando estou sozinho.
20. Eu respeito e acredito em mim mesmo independentemente das opiniões dos outros.
21. Posso aceitar e aprender com críticas construtivas.
22. Estou aprendendo a ser eu mesmo perto dos outros. É importante cuidar das minhas próprias necessidades.
23. Não há problema em ser eu mesmo perto dos outros. Estou disposto a ser eu mesmo perto dos outros.
24. Igual ao exemplo 23.
25. Eu aprecio minhas conquistas e sou muito mais do que todas elas juntas.
26. Estou aprendendo a equilibrar trabalho e diversão na minha vida.
27. Estou aprendendo que há mais na vida do que sucesso. O maior sucesso é viver bem.
28. Sou uma pessoa única e capaz assim como sou. Estou satisfeito fazendo o melhor que posso.
29. Igual ao exemplo 28.
30. Não há problema em cometer erros. Estou disposto a aceitar meus erros e aprender com eles.
31. Estou disposto a permitir que outros me ajudem. Reconheço minha necessidade de outras pessoas.
32. Estou aberto a receber apoio de outras pessoas.
33. Estou disposto a correr o risco de me aproximar de alguém.
34. Estou aprendendo a relaxar e deixar ir. Estou aprendendo a aceitar as coisas que não posso controlar.
35. Estou disposto a deixar que os outros me ajudem a resolver meus problemas.
36. Quando me amo e cuido de mim mesmo, sou mais capaz de ser generoso com os outros.

37. Estou fazendo o melhor que posso como um _____. (*Opcional*: Estou aprendendo novas maneiras de melhorar.)
38. Está tudo bem ficar chateado quando as coisas dão errado.
39. Fico bem se nem sempre tenho uma resposta rápida para todos os problemas.
40. Tudo bem ter tempo para descansar e relaxar.
41. Estou fazendo o melhor que posso e estou satisfeito com isso.
42. Igual ao exemplo 41.
43. Tudo bem se eu não conseguir sempre prever tudo.
44. Tudo bem ficar com raiva às vezes. Estou aprendendo a aceitar e expressar meus sentimentos de raiva adequadamente.
45. Estou aprendendo a ser honesto com os outros, mesmo quando não estou me sentindo agradável ou legal.
46. Acredito que sou uma pessoa atraente, inteligente e valiosa. Estou aprendendo a me livrar da culpa.
47. Acredito que posso mudar. Estou disposto a mudar (ou crescer).
48. O mundo lá fora é um lugar para crescer e se divertir.
49. Preocupar-se com um problema é o verdadeiro problema. Fazer algo a respeito fará a diferença para melhor.
50. Estou aprendendo (ou disposto) a confiar em outras pessoas.
51. Estou me comprometendo comigo mesmo a fazer o que puder para superar meu problema com _____.
52. Estou aprendendo que não há problema em cometer erros.
53. Ninguém é perfeito – e estou aprendendo (ou disposto) a facilitar as coisas para mim.
54. Estou disposto a me tornar (ou aprender a me tornar) autossuficiente.
55. Estou aprendendo a deixar de me preocupar. Posso substituir a preocupação por uma ação construtiva.
56. Estou aprendendo, um passo de cada vez, que posso lidar com o mundo exterior.
57. Sou inerentemente digno como pessoa. Eu me aceito do jeito que sou.

O objetivo deste capítulo foi aumentar sua consciência sobre crenças equivocadas e ajudá-lo a identificar algumas de suas próprias crenças. Combater o diálogo interno negativo e as crenças equivocadas com pensamentos e declarações positivas pode ajudá-lo muito a levar uma vida mais calma, equilibrada e livre de ansiedade. Embora os capítulos anteriores sobre relaxamento e exercício tenham sido projetados para ajudá-lo a superar as bases fisiológicas da ansiedade, a intenção dos dois últimos capítulos foi dar-lhe ferramentas para lidar com a parte da ansiedade que está em sua mente – o que você diz a si mesmo e o que você acredita. O Capítulo 13 examinará a importante relação entre ansiedade e sentimentos.

Resumo de coisas para fazer

1. Preencha o *Questionário de crenças equivocadas*, marcando as crenças que você classificou como 3 ou 4. Observe quaisquer subgrupos de crenças em que sua pontuação total exceda o valor do critério para esse grupo. O tema desse subgrupo merece sua atenção especial.
2. Releia a seção "Combate a crenças equivocadas" até que você esteja completamente familiarizado com várias maneiras de desafiá-las. Use as "Seis perguntas para desafiar crenças equivocadas" para questionar qualquer crença que tenha um controle emocional sobre você ou que pareça intelectualmente plausível.
3. Depois de desafiar suas crenças equivocadas, desenvolva declarações para combater cada uma delas. Use as "Diretrizes para construir declarações" para ajudá-lo e consulte a seção "Exemplos de declarações" no final do capítulo para obter uma lista de exemplos. No questionário, escreva cada uma de suas declarações em letras maiúsculas abaixo da crença equivocada que você está contrariando.
4. Releia a seção "Maneiras de trabalhar com declarações" e decida qual método de ensaiar declarações você deseja usar – por exemplo, escrevê-las repetidamente, ouvi-las em uma gravação, trabalhar com um parceiro ou levar uma ou duas de suas declarações para a meditação. Trabalhe com esse método por duas semanas a um mês diariamente e depois sempre que sentir necessidade.

Leituras adicionais

Bloch, Douglas. *Words That Heal: Affirmations and Meditations for Daily Living*. Portland, OR: Pallas Communications, 1998.

Burns, David. *Feeling Good: The New Mood Therapy*. Nova York: Harper, 2008.

Handly, Robert, and Pauline Neff. *Anxiety and Panic Attacks: Their Cause and Cure*. New York: Random House, 1987. (Livro popular para fóbicos sobre como utilizar declarações e visualização.)

McKay, Matthew, and Patrick Fanning. *Prisoners of Belief*. Oakland, CA: New Harbinger Publications, 1991.

10

Superando a preocupação

A preocupação muitas vezes pode se tornar uma espiral negativa que aumenta. Quando está preso em uma espiral de preocupação, você tende a ruminar sobre todas as facetas de um perigo percebido até que sua preocupação eclipsa todos os outros pensamentos e você se sente preso. Algumas indicações de que você está preso em um ciclo de preocupação incluem:

- Fazer repetidas previsões negativas sobre o futuro.
- Superestimar as chances de algo ameaçador ou perigoso acontecer.
- Subestimar as chances de você ser capaz de lidar com o evento improvável de que a fonte de sua preocupação realmente se tornou realidade.
- Tentar parar de se preocupar, suprimindo a preocupação ou distraindo-se para fugir dela.

Em um nível fisiológico, os sintomas desagradáveis do corpo relacionados à ansiedade (como suor, tremores, músculos contraídos, batimentos cardíacos acelerados, sensação de leveza ou tontura, etc.) são a resposta natural do corpo à experiência de que sua mente está saindo de controle.

Como a preocupação crescente tende a dominar sua atenção, é preciso um ato deliberado de vontade para se afastar dela. Isso envolve não tanto uma tentativa de escapar por meio da distração, mas um esforço deliberado em *interromper* o ciclo de pensamentos preocupados. Embora interromper deliberadamente seu ciclo de preocupação possa ser difícil no início, com a prática, fica mais fácil.

Consulte a seção "Interrompendo a preocupação" para conferir uma variedade de métodos que podem capacitá-lo a sair da preocupação excessiva. Contudo, primeiro é importante evitar crenças e ações que apenas aumentam sua preocupação.

O que pode aumentar sua preocupação

Aqui estão algumas coisas que você pode fazer, provavelmente inconscientemente, para piorar sua preocupação:

- Você repetidamente tenta se convencer a deixar de se preocupar.

- Você pensa demais em sua preocupação e discute consigo mesmo sobre por que não deveria estar se preocupando. O resultado simplesmente direciona mais atenção ao seu processo de preocupação.
- Você tenta suprimir a preocupação. Tentar suprimir sua preocupação quase sempre resulta em aumentá-la. A velha máxima "o que você resiste persiste" se aplica nesse caso.
- Você tenta obter certeza absoluta em uma situação que é inerentemente incerta ou ambígua. Por exemplo, você se preocupa em entrar em pânico quando pega um voo ou vai ao consultório do dentista para um procedimento. Simplesmente *não há como garantir completamente* que você não terá um surto de ansiedade durante uma dessas experiências. Quanto mais busca *certeza sobre como evitar a ansiedade* em tal situação, mais você tende a se preocupar com isso com antecedência, um processo conhecido como *ansiedade antecipatória*.

O mais útil é montar um "repertório" de estratégias de enfrentamento, como usar a respiração abdominal, utilizar frases de enfrentamento preferidas ou até mesmo contar com uma pessoa de apoio (na vida real ou por telefone) para ajudar a manejar melhor a situação. Então, você aborda a situação com graus relativos de *aceitação*, em vez de se preocupar que possa ter ansiedade excessiva.

Reconhecendo e abandonando as crenças metacognitivas sobre a preocupação

Muitas pessoas têm crenças subjacentes e ocultas – ou o que às vezes são chamadas de *crenças metacognitivas* – sobre a natureza da própria preocupação que podem agravar ainda mais seus problemas com o excesso de preocupação. Aqui estão algumas das mais importantes "metacrenças" sobre a preocupação:

- *Seus pensamentos devem estar completamente sob seu controle.* Na verdade, é impossível controlar completamente o fluxo de pensamentos que vêm à sua mente.
- *Preocupar-se o suficiente com algo tornará menos provável que se torne realidade.* Na verdade, há uma quantidade "ideal" de preocupação para qualquer situação em particular. Se você tiver um exame ou uma entrevista de emprego, não se preocupar com isso pode levá-lo a se preparar mal e ter menos sucesso. No entanto, se você se preocupar demais com isso, sua ansiedade resultante pode não apenas causar maior sofrimento, mas realmente interferir em seu melhor desempenho. Um pouco de preocupação pode ser uma coisa boa; o excesso – a ideia de que apenas se preocupando o suficiente você evitará um problema – pode na verdade agravar o problema.
- *Preocupar-se demais com algo pode realmente fazer com que isso aconteça.* Essa é uma crença comum, mas irracional. Olhando para as coisas objetivamente, não há correlação entre a quantidade de tempo que você gasta se preocupando com algo e as chances de que sua preocupação se torne realidade. Você pode se preocupar um pouco com a ameaça de um terremoto ou tornado, mas são as condições sísmicas ou o clima que afetam as probabilidades, não o quanto você se preocupa.
- *A sua preocupação excessiva é uma indicação de que algo deve estar seriamente errado com você.* Essa é mais uma crença equivocada. Preocupar-se muito não implica

que você tenha alguma doença física (embora ter uma doença grave possa levar a se preocupar com isso). A preocupação excessiva também não implica que você tenha um transtorno psiquiátrico grave. Uma das marcas de transtornos psiquiátricos graves (como esquizofrenia ou transtorno bipolar) é que você está fora de contato com a realidade. Ao se preocupar demais, você pode exagerar a realidade, mas não a está distorcendo.

Sim, existe um nome psiquiátrico para uma tendência excessiva à preocupação: *transtorno de ansiedade generalizada* (TAG). No entanto, o TAG é de longe um dos problemas mais comuns que as pessoas podem ter; afeta quase 5% da população a qualquer momento. O TAG não é uma doença psiquiátrica grave. Consulte a seção "Transtorno de ansiedade generalizada", no Capítulo 1 deste guia, para obter mais informações.

- *Se um pensamento continua se repetindo em sua mente, deve ser importante.* Na verdade, ter um pensamento repetitivo em sua mente não é muito diferente de ter uma música repetitiva passando por ela. Não é nada mais do que um aspecto comum da preocupação, que tende a levá-lo a pensamentos repetitivos. A frequência com que um determinado pensamento – ou música – se repete não tem nada a ver com sua importância ou seu significado.

Interrompendo a preocupação

Como mencionado anteriormente, é preciso um ato deliberado de vontade para interromper um ciclo repetitivo de preocupação. Seguir o caminho de menor resistência provavelmente manterá sua mente em espiral até que os sintomas de ansiedade corporal comecem a se firmar (e, por sua vez, esses sintomas retornam à sua mente e agravam o aspecto mental repetitivo da preocupação). Sair "da sua cabeça e entrar na sua vida", fazendo ou concentrando-se em algo fora de si mesmo, é uma excelente maneira de interromper a espiral de preocupação.

Em suma, você precisa redirecionar seu foco do cerebral para o prático. Essa *não* é uma distração automática ou um escape reflexivo da preocupação que pode acabar aumentando-a. Em vez disso, você precisa se envolver em um projeto ou uma atividade para que sua concentração se afaste de suas preocupações sobre um possível perigo futuro. Isso pode envolver 1) uma atividade prática que seja inerentemente agradável ou 2) uma estratégia prática para concluir alguma tarefa imediata (p. ex., dirigir para longe de casa ou fazer um discurso).

A postura que você toma em relação à atividade que escolhe para interromper sua preocupação é fundamental. Você está buscando uma postura de *aceitação*, apesar de qualquer preocupação que possa estar acontecendo. Como você não pode forçar a preocupação a ir embora, não há problema em se preocupar. Você pode responder à recorrência da preocupação com uma declaração de aceitação como "Certo, há a preocupação – ela pode simplesmente estar aqui e seguir seu curso enquanto eu continuo com meus negócios". Seu foco é direcionado para a atividade prática, em vez de lutar com qualquer preocupação que possa estar surgindo. Considere as atividades a seguir como formas de interromper sua preocupação.

Faça exercício físico

Pode ser o seu exercício ou esporte favorito ou apenas uma tarefa doméstica. Se você não quiser fazer uma sessão de exercícios, dê uma olhada na casa ou no escritório. O que é preciso fazer? Você tem um projeto que está adiando há algum tempo? Pode ser tão mundano quanto trocar forro de prateleiras ou encerar o chão. A maioria das pessoas tem uma "lista de tarefas" não escrita e de longo prazo de projetos em casa. Escreva sua própria lista e decida o que você gostaria de fazer primeiro.

Fale com alguém

O mundo moderno reduziu drasticamente a quantidade de tempo que passamos conversando. A tecnologia, o ritmo acelerado da vida contemporânea e uma tendência geral ao isolamento limitaram o tempo que dedicamos não apenas a conversas profundas e significativas, mas até mesmo a conversas simples e cotidianas. A conversa é uma ótima maneira de desviar o foco das preocupações. Em geral, você quer falar sobre algo diferente de suas preocupações, a menos que queira expressar seus sentimentos sobre elas.

Faça 20 minutos de relaxamento profundo

Seu corpo geralmente fica tenso quando você está preocupado. Se você reservar um tempo da sua agenda para praticar uma técnica de relaxamento, muitas vezes descobrirá que sua mente tenderá a se livrar de tudo o que estava preso. Períodos mais longos de relaxamento (15 a 20 minutos) funcionam melhor do que períodos curtos. Você pode usar respiração abdominal, relaxamento muscular progressivo, visualização guiada ou meditação, conforme descrito nos Capítulos 4 e 19, para induzir um estado de relaxamento profundo.

Ouça música evocativa

Sentimentos como tristeza e raiva podem estar subjacentes e levar à preocupação obsessiva. A música tem uma capacidade poderosa de liberar esses sentimentos. Dê uma olhada na sua coleção de músicas e encontre uma música ou um álbum inteiro que desbloqueie emoções para você. Ou você pode escutar suas músicas favoritas *on-line*. Muitas pessoas descobrem que, sem intenção consciente, montaram uma seleção eclética de músicas que podem escolher de acordo com seu humor. Se isso valer para você, aproveite para encurtar uma espiral de preocupação.

Experimente algo imediatamente satisfatório

Você não pode se preocupar e se sentir confortável e agradável ao mesmo tempo. Medo e prazer são experiências incompatíveis. Qualquer coisa que você ache prazerosa – seja uma boa refeição, um banho quente, um filme engraçado, uma massagem nas costas, abraços, atividade sexual ou simplesmente caminhar em uma bela paisagem – pode ajudar a afastá-lo da preocupação e do pensamento medroso.

Use distrações visuais

Basta olhar para algo que absorva sua atenção. Pode ser televisão, filmes, *videogames*, seu computador ou atividades fora da tela, como leitura, artes e ofícios, ou trabalhar com um livro de colorir.

Expresse sua criatividade

É difícil se preocupar quando você está sendo criativo. Experimente engajar-se em projetos de artesanato, tocar um instrumento, pintar ou desenhar, praticar jardinagem ou apenas reorganizar a sua sala de estar. Se você tem um *hobby*, passe algum tempo trabalhando nele. Há algo que você sempre quis experimentar, como fazer joias ou pintar aquarela? Esse é um momento oportuno para começar atividades novas e gratificantes.

Encontre uma obsessão positiva alternativa

Você pode trocar sua obsessão negativa por uma positiva, trabalhando em algo que requer concentração focada e constante. Por exemplo, faça palavras cruzadas ou monte quebra-cabeças. Ou se concentre em um livro de enigmas.

Repita uma declaração positiva

Um ritual saudável para se afastar da preocupação pode ser sentar-se em silêncio e praticar a repetição de uma declaração positiva que tenha significado pessoal. Repita a declaração lenta e intencionalmente. Quando sua mente se distrair, traga-a de volta à declaração. Continue assim por 5 a 10 minutos, ou até que esteja totalmente relaxado. Se você tem inclinação espiritual, aqui estão algumas declarações possíveis:

- Deixe nas mãos de Deus.
- Eu permaneço no Espírito (Deus).
- Eu libero (ou entrego) essa negatividade a Deus.

Se você preferir uma abordagem não espiritual, experimente estas:

- Deixe ir.
- São apenas pensamentos – eles estão desaparecendo.
- Estou inteiro, relaxado e livre de preocupações.

Duas listas de declarações positivas neste livro podem ajudá-lo a criar sua própria lista. Uma lista pode ser encontrada na seção "Exemplos de declarações", no Capítulo 9, "Crenças equivocadas". A outra lista pode ser encontrada no Apêndice 4, "Declarações para superar a ansiedade".

Desfusão

A *desfusão* é uma série de técnicas derivadas de uma forma de terapia chamada de terapia de aceitação e compromisso (ACT; Hayes, Strosahl, & Wilson, 1999; Harris, 2019; Eifert & Forsyth, 2005).

Essas técnicas oferecem um método para *se desembaraçar do fluxo contínuo de seus pensamentos*. As técnicas de desfusão ajudam a introduzir alguma distância ou "espaço" entre pensamentos condicionados e automáticos e sua consciência desses pensamentos. Elas aumentam sua capacidade de observar, em vez de ficar enredado nos pensamentos. Essas técnicas são especialmente úteis para lidar com a preocupação.

Quando está "fundido" com seus pensamentos, você tende a acreditar neles como se fossem uma verdade absoluta, mesmo que eles se refiram a algum perigo futuro que nem sequer aconteceu (e provavelmente não acontecerá). Por exemplo, se o seu coração dispara quando você está ansioso, você pode estar fundido com a ideia de que vai ter um ataque cardíaco. Você pode acreditar absolutamente nisso, mesmo que a probabilidade de isso acontecer seja remota.

Outro tipo de fusão inclui a adesão a regras rígidas sobre o que você deve ou não sentir ou fazer. Tal pensamento inclui as palavras "deveria", "devo" ou "tenho que". Exemplos comuns incluem "Eu não deveria estar me sentindo assim" e "Eu tenho que fazer isso direito, ou não vale a pena tentar".

Outro tipo de fusão está intimamente identificada com os julgamentos negativos de seu "crítico interior" – a voz interior que tende a colocá-lo para baixo. Nesse caso, você realmente acredita em autojulgamentos negativos, como "Sou inútil", "Sou fraco", "Sou um fracasso" ou "Não consigo lidar". A fusão com tais declarações autocríticas pode levar à depressão e a sentimentos de desesperança.

O problema com a fusão é que o que você considera absolutamente verdadeiro e real *são simplesmente sequências de palavras e imagens em sua mente*. Essas sequências de palavras e imagens que sua mente cria podem não ter nada a ver com a realidade, mas, ainda assim, você pode acreditar sinceramente nelas como se fossem totalmente verdadeiras. Estar enredado ou "emaranhado" nesses pensamentos pode levar a muito sofrimento. A saída é *parar de acreditar em tudo o que você pensa*.

Ao se preocupar, os pensamentos de medo tendem a estar ligados em uma longa sequência. Cada preocupação temerosa tende a estar ligada a outra, e, à medida que a cadeia continua, sua ansiedade tende a aumentar. A desfusão o ajuda a dar um passo para trás dessa corrente. Todas as técnicas de desfusão são baseadas no princípio básico de *aprender a observar* seus pensamentos.

A própria desfusão começa simplesmente pedindo a si mesmo para dar um passo atrás e observar cuidadosamente o que você está pensando. Como fazer isso? Você pode dizer para si mesmo:

- "Certo, então o que minha mente está me dizendo agora?"
- "Que pensamentos estão passando pela minha mente agora?"
- "Posso apenas observar o que minha mente está dizendo?"
- "Que julgamentos estou fazendo agora?"

Depois de identificar vários de seus pensamentos específicos – talvez até mesmo escrevê-los –, a próxima pergunta importante a ser feita é *se eles são úteis ou não – se eles funcionam para você ou não*. Em contraste com a terapia cognitivo-comportamental (TCC), a desfusão está menos preocupada com a verdade ou falsidade de um determinado pensamento do que se ele é *viável* – se é útil e leva a uma vida mais valiosa, mais completa ou mais significativa (em vez de levar a mais estresse e sofrimento). Se você está fundido com o pensamento "Eu sou gordo", a desfusão não está preocupada se esse pensamento é verdadeiro ou não; em vez disso, está preocupada se o pensamento é útil. Em resumo, a desfusão está preocupada em soltar pensamentos impraticáveis, sejam eles verdadeiros ou não. O ponto principal é segurar pensamentos dolorosos/críticos/medrosos com menos força, para que eles fiquem menos propensos a controlar sua vida.

Técnicas comuns de desfusão

Aqui estão algumas técnicas comuns de desfusão que você pode usar:

Observe o que sua mente lhe diz. Apenas observe o que sua mente está lhe dizendo agora. Lembre-se desta pergunta: "Certo, o que minha mente está me dizendo agora?".

Anote o máximo possível de pensamentos. Especialmente quando você se sentir chateado, faça algumas respirações abdominais profundas até se sentir relaxado, sente-se ou deite-se, observe seus pensamentos e, em seguida, anote-os separadamente em cartões ou escreva todos eles em um pedaço de papel.

Coloque um pensamento entre parênteses. Pegue um pensamento que você percebeu e comece com a frase "Estou pensando que...". Por exemplo, você pode pegar o pensamento autodestrutivo "Eu sou um perdedor" e desarmá-lo, ou ganhar alguma distância dele, dizendo a si mesmo: "Estou tendo o pensamento de que 'eu sou um perdedor'".

Imagine folhas em um riacho. Imagine que você está sentado na margem de um riacho calmo. Algumas folhas caíram no riacho e estão flutuando ao seu lado. Agora, pelos próximos minutos, pegue cada pensamento que surgir em sua cabeça, coloque-o em uma folha e deixe-o fluir. Quer você goste do pensamento ou não, coloque-o em uma folha e deixe-o fluir. Não tente fazer o fluxo se mover mais rápido ou mais devagar, apenas imagine-o fluindo em seu próprio ritmo. Se uma folha ficar presa, deixe-a pendurada. Não a force a flutuar para longe. Se você começar a se sentir entediado ou impaciente, reconheça *esse* pensamento: "Aqui está um sentimento de tédio" ou "Aqui está um sentimento de impaciência". Em seguida, coloque esse pensamento em uma folha e deixe a folha flutuar.

Cuidado com o que pensa. Relaxe, apoie a cabeça, concentre-se em seu corpo e faça respiração abdominal por 1 ou 2 minutos. Agora, mude sua atenção para seus pensamentos. Pergunte a si mesmo: *Onde* eles estão? Onde eles parecem estar localizados? Eles estão dentro da minha cabeça? Eles estão flutuando no "espaço mental" em minha mente? Eles estão em outro lugar?

Observe a *forma* que seus pensamentos tomam. Eles são como palavras, imagens ou sons? Observe se seus pensamentos estão se movendo rapidamente, desacelerando ou estão praticamente parados. Se eles estão se movendo, em que velocidade e em que direção eles estão se movendo? Observe o que está acima e abaixo de seus pensamentos. Existem lacunas entre eles? Qual é o tamanho dessas lacunas? De vez em quando, você pode se ver preso em seus pensamentos. Isso é perfeitamente normal e natural. Quando isso acontecer, apenas reconheça gentilmente e volte a observar seus pensamentos.

Imagine uma tela de computador. Imagine que seus pensamentos estão se movendo pela tela do computador da esquerda para a direita. Veja-os no meio da tela ou como legendas na parte inferior. Observe-os conforme eles aparecem à esquerda da tela e se movem continuamente pela tela, da esquerda para a direita. Se os pensamentos estiverem se movendo muito rápido para ler todos eles, basta usar frases ou palavras curtas, em vez de pensamentos completos. Se os pensamentos pararem, apenas permita que isso aconteça; seja paciente e veja o que acontece. Apenas continue observando os pensamentos passando até que você possa ter uma noção de como um pensamento leva ao próximo, e assim por diante. Se desejar, tente alterar a fonte, a cor ou até mesmo o formato das palavras à medida que elas passam. Você pode até tentar animar os pensamentos com imagens.

Explore a "história natural" de um pensamento. Pergunte a si mesmo se você consegue se lembrar de quando teve um determinado pensamento (ou preocupação) pela primeira vez. O que estava acontecendo em sua vida quando você percebeu o pensamento pela primeira vez? *Por que* você acha que sua mente continua trazendo esse pensamento ou essa preocupação em particular? O que sua mente está tentando realizar ou proteger ao ter essa preocupação? Como esse pensamento funcionou para você? Isso o ajudou a se sentir mais feliz, seguro ou protegido? Esse pensamento o levou a evitar alguma coisa que, em outro momento, poderia ter sido prazerosa? Por alguns minutos, continue a explorar um determinado pensamento ou se preocupe com essas questões.

Cante o pensamento. Por exemplo, pegue o pensamento "Eu sou um perdedor" e cante ao som de "parabéns pra você". (Essa é uma das técnicas de desfusão mais malucas, que pode ou não o agradar, mas que funciona para muitas pessoas.)

Considere a viabilidade do pensamento. Faça a si mesmo estas perguntas: "Se eu concordar com um pensamento em particular, acreditar nele e deixá-lo me controlar, onde isso pode me levar?", "O que eu ganho por acreditar nele?", "Crer nesse pensamento me leva a uma vida melhor e mais significativa?".

Técnicas de desfusão como as apresentadas podem ser usadas a qualquer momento para se desvencilhar de pensamentos de preocupação. Como mencionado anteriormente, a desfusão é um aspecto da ACT. Se você estiver interessado em aprender mais sobre a ACT, um bom lugar para começar é a obra *ACT Made Simple*, de Russ Harris.

Exposição à preocupação

A *exposição à preocupação* é uma forma de exposição de imagens (ver Capítulo 7) em que você imagina em detalhes o pior cenário em relação a uma preocupação específica, como falhar em um exame ou fracassar em uma entrevista de emprego ou apresentação. O objetivo é imaginar repetidamente a situação preocupante até que você fique entediado e, eventualmente, a neutralize. Isso significa se acostumar a algo enfrentando-o repetidamente até o ponto em que "perde a carga" e não tem mais poder para provocar ansiedade.

Praticando a exposição à preocupação para todas as suas preocupações

Você pode ter uma preocupação específica que mais o incomoda ou pode ter uma variedade de preocupações que considera problemáticas.

Para executar corretamente a exposição à preocupação, prossiga com as seguintes etapas:

1. Em uma folha de papel, faça uma lista de todas as suas preocupações. Elas podem se referir a desempenho na escola ou no trabalho, relacionamentos pessoais com amigos ou outras pessoas importantes, erros, saúde, perigo físico, e assim por diante.

2. Pegue sua lista de preocupações e escreva uma segunda lista que as classifique em ordem de gravidade (i.e., o quanto elas o incomodam), da menos grave à mais grave. Então, digamos que você tem 10 preocupações: a menos grave será classificada como #1, e a mais grave, como #10.

3. Escolha a preocupação em que deseja trabalhar primeiro, de preferência uma das menos incômodas, e escreva um *roteiro detalhado* de tudo incluído na preocupação, com ênfase em torná-la o *pior cenário possível*. Escreva seu roteiro não apenas com palavras, mas também com imagens, incluindo paisagens, sons, sensações físicas e até cheiros. Liste todos os aspectos da situação do início ao fim. Esforce-se para incluir tudo no roteiro *como se estivesse realmente ocorrendo*, como se estivesse realmente acontecendo com você. Por exemplo, se sua preocupação é com uma próxima entrevista de emprego, escreva um roteiro que inclua a noite anterior à entrevista e, em seguida, o dia da entrevista em si – dirigindo-se à entrevista, esperando que a entrevista comece, recebendo perguntas difíceis de responder, imaginando que você tropeça na tentativa de responder, vendo seu entrevistador parecer impaciente ou mesmo desdenhoso, imaginando o entrevistador interrompendo repentinamente a entrevista e pedindo em voz alta que você saia e, em seguida, recebendo uma carta de rejeição de duas frases pelo correio. Ou, no caso de fazer um exame, escreva um cenário detalhado em que você estuda para o exame, senta-se e espera a entrega, recebe o exame e percebe com crescente apreensão que só consegue responder a algumas das perguntas. Você se sente chateado por ter de deixar muitas questões em branco, então você se levanta e sai mais cedo enquanto todos os outros ainda estão fazendo o exame.

Outras pessoas fazendo o exame olham para você enquanto você sai. Você espera para receber os resultados do exame e os recebe pelo correio, mas obtém uma nota baixa, o que, por sua vez, afeta sua média de notas a tal ponto que você é reprovado no curso.

4. Agora, leia seu roteiro completo lentamente, sentindo palavra por palavra.

    Importante: depois de ler seu roteiro, feche os olhos e *visualize a cena* por cerca de 5 a 10 minutos. Usar um cronômetro pode ajudar.

    Se sentir ansiedade ao visualizar seu cenário de preocupação, você fez um bom trabalho ao escrevê-lo. Repetindo, para neutralizar totalmente um cenário de preocupação, você precisa sentir pelo menos *alguma ansiedade* quando se expõe inicialmente a ele. Então, você precisa repetir sua exposição ao cenário várias vezes até que ele se torne tão rotineiro que não tenha mais poder de evocar ansiedade.

    Tente não deixar sua atenção ser atraída para outros cenários. Fique com o seu pior cenário por 5 a 10 minutos sem se distrair. Esteja disposto a assumir esse compromisso de tempo. Quando sua mente começar a divagar, concentre-se novamente em seu cenário detalhado de preocupação. Continue passando pela cena *até que qualquer ansiedade que você sinta comece a diminuir, ou até mesmo ao ponto de ficar entediado.*

5. Repita a etapa 4 pelo menos *duas ou três vezes* seguidas para uma preocupação específica em um determinado dia. Se sua ansiedade diminuir após a segunda exposição, você pode pular para a terceira exposição no seu pior cenário para aquele dia. O tempo total de exposição à preocupação pode levar de 10 a 30 minutos se você passar um tempo significativo com uma exposição específica. Se você estiver ansioso durante todo o período na primeira vez, tudo bem. Em uma escala de 1 a 10, se você sentir ansiedade na faixa de 4 a 7 quando fizer sua primeira exposição, estará indo bem. Sentir sensações de ansiedade é necessário para que você seja capaz de eventualmente neutralizar a situação de preocupação e aprender que, na verdade, ela normalmente é inofensiva. Se você sentir pouca ou nenhuma ansiedade e classificar sua ansiedade em não mais do que 1 ou 2 em uma escala de 10 pontos, passe para uma preocupação mais difícil em sua lista. Em contrapartida, se você sentir uma *ansiedade muito alta ou mesmo esmagadora* na faixa de 8 a 10 na escala, adie a exposição a essa preocupação específica e encontre uma preocupação mais fácil em sua lista, com a qual você poderá começar a exposição. Depois de superar com sucesso a ansiedade para preocupações menos desafiadoras em sua lista, você achará mais fácil assumir as preocupações mais difíceis.

6. Depois de terminar sua sessão de exposição a preocupações do dia, permita-se imaginar um *resultado positivo alternativo* que seja mais fácil ou funcione melhor do que o pior cenário possível. Certifique-se de ter visualizado seu pior cenário de preocupação pelo menos duas ou três vezes – ou gasto de 10 a 20 minutos com ele – antes de imaginar um resultado alternativo que seja mais fácil. É particularmente útil utilizar estratégias de enfrentamento, como respiração abdominal ou frases de enfrentamento, em seu cenário alternativo e positivo.

Por exemplo, no caso de visualizar uma entrevista de emprego, pratique a respiração abdominal (ver Capítulo 4) antes do seu cenário positivo de entrevista e/ou ensaie declarações de enfrentamento que criem confiança (ver a seção "Frases de enfrentamento" no Capítulo 6). Em seguida, imagine a entrevista indo bem, com o entrevistador sorrindo, fazendo perguntas simples que você pode responder facilmente e mencionando no final da entrevista que ele acha que a empresa pode encontrar um lugar para você. No caso do cenário de exame, pratique a respiração abdominal antes do cenário positivo de exame para acalmar sua ansiedade. Em seguida, imagine que você acha as perguntas do exame fáceis de responder, passa por todas elas e até sai mais cedo, sentindo-se confiante de que se saiu bem no exame.

Seja qual for o nível de ansiedade que você possa ter sentido inicialmente ao visualizar seu pior cenário de preocupação, essa ansiedade deve ser significativamente reduzida quando você faz o acompanhamento com "cenários de sucesso" alternativos.

7. Pratique a exposição à preocupação com duas ou três exposições ao seu pior cenário em um determinado dia e, se ainda sentir alguma ansiedade após o primeiro dia, por até três dias por semana. Eventualmente, mais cedo ou mais tarde, você descobrirá que a preocupação perde seu poder de evocar ansiedade. Certifique-se de começar com uma preocupação que leve apenas à ansiedade "média" (em vez de ansiedade muito baixa ou muito alta). Depois de praticar a exposição à preocupação com uma preocupação específica o suficiente *para que ela não cause mais ansiedade (ou apenas ansiedade nominal)*, você termina a exposição a essa preocupação. Parabéns! Você aprendeu a superar essa preocupação, embora possa desejar ocasionalmente voltar a percorrer seu cenário de preocupação como uma espécie de "sessão de reforço" para desenvolver seu sucesso.

8. Vá para a próxima preocupação mais difícil da sua lista. Repita as etapas 3 a 7 para essa preocupação específica, criando um cenário detalhado e, em seguida, expondo-se a ele em sua imaginação.

Nota: a diferença em relação à exposição a fobias reais, conforme descrito no Capítulo 7, é que ela envolve exposições feitas na *vida real*. A exposição à preocupação é um processo de normalização de suas preocupações mais desafiadoras, cujo lócus está em sua mente, com o objetivo de longo prazo de ser capaz de lidar com toda e qualquer preocupação sem ansiedade.

O objetivo da exposição à preocupação é chegar ao ponto em que uma preocupação não cause mais ansiedade ou tenha um impacto angustiante em você. Depois de fazer a exposição à preocupação, quando uma preocupação surge de modo espontâneo, você naturalmente sente que já passou pela preocupação tantas vezes no processo de exposição que ela perdeu sua potência. Com prática de exposição suficiente, você pode aprender que quase todas as preocupações (além daquelas que têm alguma base realista, como passar no exame da Ordem ou ter uma entrevista de alto nível) são inofensivas ou altamente improváveis.

Adie sua preocupação

Em vez de tentar parar completamente a preocupação ou os pensamentos obsessivos, você pode optar por tentar adiá-los um pouco. Essa estratégia pode ser especialmente útil quando sua tentativa de parar de se preocupar abruptamente – como nas técnicas de interrupção mencionadas no início do capítulo – parece difícil de alcançar.

De certa forma, você dá algum crédito às suas preocupações ou pensamentos obsessivos, dizendo-lhes *que só os ignorará por alguns minutos, mas voltará a eles mais tarde*. Desse modo, você evita uma briga com a parte da sua mente que parece compelida a continuar se preocupando.

Quando você tentar essa técnica pela primeira vez, tente adiar a preocupação apenas por um curto período, talvez 1 ou 2 minutos. Então, no final do tempo previsto, tente adiar a preocupação novamente por um curto período, talvez de 3 a 5 minutos. Quando esse período terminar, defina outro tempo específico para adiar ainda mais seus pensamentos preocupantes. O truque é continuar adiando a preocupação o máximo que puder. Muitas vezes, você será capaz de adiar uma preocupação específica por tempo suficiente para que sua mente se mova para outra coisa – porque você a adiou por tanto tempo que a preocupação simplesmente perde sua força. Por exemplo, suponha que você está tentando trabalhar e uma preocupação sobre como você vai pagar todas as suas despesas continua entrando em sua mente. Não tente afastar a preocupação. Aceite-a sem tentar lutar contra ela, mas diga a si mesmo que vai adiar pensar sobre isso por 5 minutos. Após os 5 minutos, diga a si mesmo que vai adiar pensar na sua preocupação por mais 5 minutos. Continue tentando adiar até que sua mente se concentre em outra coisa.

Quando você experimentar essa técnica pela primeira vez, trabalhe com curtos períodos de adiamento, como alguns minutos. Depois de ganhar proficiência com ela, tente adiar por períodos mais longos – por até uma hora ou até algumas horas durante o dia. Se, depois de adiar a preocupação duas ou três vezes, você sentir que simplesmente não pode adiá-la por mais tempo, dê a si mesmo 5 ou 10 minutos de *tempo de preocupação* – isto é, concentre-se deliberadamente em sua preocupação, revisando os pensamentos preocupantes e quaisquer imagens que os acompanham em sua mente por um curto período pré-designado, como 5 a 10 minutos. No final do tempo, tente adiar a preocupação novamente. Se você estiver tendo dificuldade em retomar o adiamento, utilize as técnicas de interrupção ou desfusão descritas anteriormente neste capítulo.

Adiar a preocupação é uma habilidade que você pode melhorar com a prática. Assim como acontece com as outras técnicas de interrupção da preocupação, ganhar habilidade com o adiamento da preocupação aumentará a confiança em sua capacidade de lidar com todos os tipos de preocupações, bem como com pensamentos obsessivos recorrentes.

Planeje ações eficazes para lidar com suas preocupações

Preocupar-se em passar por uma entrevista de emprego, fazer um discurso ou fazer um longo voo pode ser mais estressante do que a experiência real. Isso porque o sistema de luta ou fuga do seu corpo não faz distinção entre suas fantasias sobre a situação e a situação em si. Preocupar-se com uma ameaça imaginária faz seus músculos se contraírem e seu estômago se agitar tanto quanto quando você se depara com uma ameaça real. Quando você se sente preso a uma preocupação específica, uma estratégia útil é desenvolver um plano de ação para lidar com a preocupação. O simples processo de desenvolver esse plano ajudará a redirecionar sua mente para longe da preocupação. Também ajudará a substituir qualquer sentimento de vitimização que você possa estar sentindo por uma atitude mais otimista e esperançosa.

Exercício: faça um plano para lidar com sua preocupação

Pense no que mais lhe preocupa. É o dinheiro? Um relacionamento específico? Seus filhos? Sua saúde? Seu problema com a ansiedade em si? Uma situação que está por vir de falar em público? Entre suas preocupações, qual delas tem maior prioridade para você agir agora? Se você estiver pronto e disposto a agir, siga a sequência de etapas a seguir, adaptada com permissão da obra *The Worry Control Workbook*, de Mary Ellen Copeland.

Anote a situação específica que está preocupando você a seguir:

1. Faça uma lista de possíveis coisas que você pode fazer para lidar com e melhorar a situação. Anote-as, mesmo que pareçam opressoras ou impossíveis para você agora. Peça ideias também à família e aos amigos. Não julgue nenhuma opção possível neste momento – simplesmente anote-as.
2. Considere cada ideia. Quais não são possíveis? Quais são factíveis, mas difíceis de implementar? Coloque um ponto de interrogação depois dessas. Quais você poderia fazer na próxima semana ou talvez no próximo mês? Marque um verificado depois dessas.
3. Faça um contrato consigo mesmo para fazer todas as coisas que você marcou. Defina datas específicas para concluí-las. Depois de concluir os itens marcados, prossiga para as coisas mais difíceis. Faça um contrato semelhante consigo mesmo para fazê-las e conclua-as em datas específicas.
4. Existem outros itens que originalmente pareciam impossíveis que agora você pode ser capaz de fazer? Em caso afirmativo, faça um contrato consigo mesmo para fazer isso também, definindo datas específicas.
5. Depois de cumprir todos os seus contratos, pergunte-se como a situação mudou. Sua preocupação foi satisfatoriamente resolvida? Caso a situação não tenha sido resolvida, passe por esse processo novamente.

Se você continuar a ter problemas com uma preocupação específica, talvez tenha alguns padrões de pensamento ou crenças autolimitantes que estão atrapalhando seu caminho. Para entender e modificar seus padrões de pensamento ou sistema de crenças pessoais, veja o Capítulo 8, "Diálogo interno", e o Capítulo 9, "Crenças equivocadas".

Resumo de coisas para fazer

1. Observe como sua mente cria preocupação fazendo repetidamente previsões negativas sobre o futuro, superestimando as chances de uma ameaça, subestimando as chances de sua capacidade de lidar no caso improvável de a ameaça realmente acontecer ou tentando lutar ou suprimir a preocupação.

2. Esteja ciente das maneiras pelas quais você pode realmente aumentar sua preocupação, como tentar se convencer disso, esforçar-se para obter certeza em uma situação que é inerentemente incerta ou manter "crenças metacognitivas" sobre a preocupação, como: quanto mais você se preocupa, menor a probabilidade de o objeto de sua preocupação acontecer; preocupar-se demais trará a mesma coisa com a qual você se preocupa; ou a preocupação excessiva é uma indicação de que algo está seriamente errado com você.

3. Use técnicas de interrupção para redirecionar sua mente para longe da preocupação. Interrupção não é o mesmo que distração, que é uma tentativa de escapar da sua preocupação. As técnicas de interrupção o ajudam proativamente a "sair da sua mente e entrar em sua vida", envolvendo-se em atividades práticas, como exercícios físicos, respiração abdominal, conversar com alguém ou participar de alguma atividade criativa.

4. Use técnicas de desfusão para "desarmar" seus pensamentos. A desfusão fornece uma série de estratégias para aumentar sua capacidade de recuar e *testemunhar suas imagens e seus pensamentos preocupados*, em vez de ficar tão enredado neles. Todas as técnicas comuns de desfusão são variações sobre o mesmo tema: elas o capacitam para *observar* seu fluxo consciente de experiência interior.

5. Use a exposição à preocupação para neutralizar mentalmente suas preocupações mais desafiadoras. Na exposição de preocupações, você escreve um roteiro contendo pensamentos e imagens detalhadas para criar um "pior cenário" de uma preocupação específica (como se preocupar com um exame futuro ou uma entrevista de emprego). Em seguida, leia seu roteiro detalhado várias vezes, bem como o imagina em sua mente. Se a ansiedade moderada surgir durante a execução do roteiro, isso significa que a exposição à preocupação está funcionando. Continue ensaiando o roteiro em sua mente até que sua ansiedade acabe. Isso pode ocorrer em um dia, fazendo várias exposições a um determinado cenário de preocupação, ou pode levar até alguns dias de exposições repetitivas. Ao fazer isso, você aprende que a preocupação original é superestimada ou altamente improvável. Nesse ponto, a preocupação perdeu seu poder de evocar ansiedade.

6. Adiar sua preocupação é outro truque rápido para interromper uma preocupação. No momento em que a preocupação surgir, adie pensar nisso por 1 minuto. Se a preocupação voltar novamente, aumente ligeiramente o tempo de adiamento para 2 ou 3 minutos. A ideia é continuar adiando o início da preocupação quantas vezes forem suficientes para que você finalmente se afaste dela e se envolva em uma atividade mais produtiva.
7. Planeje ações eficazes para lidar com a sua preocupação. Quando você está preocupado com algo que tem uma solução prática, faça um *brainstorming* de medidas eficazes que você pode tomar para lidar com a situação e, em seguida, execute sistematicamente essas etapas. A seção final deste capítulo fornece um processo com um passo a passo para agir sobre as preocupações que podem ser resolvidas por meio de ações da vida real.

Leituras adicionais

Bourne, Edmund. *Coping with Anxiety*. Rev. 2nd ed. Oakland, CA: New Harbinger Publications, 2016. (Veja principalmente o Capítulo 9.)

Copeland, Mary Ellen. *The Worry Control Workbook*. Oakland, CA: New Harbinger Publications, 2000.

Eifert, G., and J. P. Forsyth. *Acceptance and Commitment Therapy for Anxiety Disorders*. Oakland, CA: New Harbinger Publications, 2005.

Harris, Russ. *ACT Made Simple*. 2nd ed. Oakland, CA: New Harbinger Publications, 2019.

Hayes, Steven, K. D. Strosahl, and K. G. Wilson. *Acceptance and Commitment Therapy: An Experiential Approach to Behavior Therapy*. New York: Guilford Press, 1999.

McKay, Matthew, Michelle Skeen, and Patrick Fanning. *The CBT Anxiety Solution Workbook: A Breakthrough Treatment for Overcoming Fear, Worry, and Panic*. Oakland, CA: New Harbinger Publications, 2017. (Veja principalmente o Capítulo 8.)

11

Estilos de personalidade que perpetuam a ansiedade

As pessoas propensas a transtornos de ansiedade tendem a compartilhar certos traços de personalidade. Alguns desses traços são positivos, como criatividade, capacidade intuitiva, sensibilidade emocional, empatia e amabilidade. Traços como esses tornam as pessoas propensas à ansiedade queridas por seus amigos e parentes. Outras características comuns tendem a agravar a ansiedade e interferir na autoconfiança das pessoas com transtornos de ansiedade. Este capítulo se concentra em quatro dessas características, todas as quais precisam ser abordadas em algum momento do processo de recuperação:

- Perfeccionismo
- Necessidade excessiva de aprovação
- Tendência a ignorar sinais físicos e psicológicos de estresse
- Necessidade excessiva de controle

Você pode não ter todas essas quatro características. Contudo, se pânico, fobias ou ansiedade generalizada fazem parte de sua vida há algum tempo, você pode se identificar com pelo menos uma ou mais delas.

Origens dos traços que provocam ansiedade

Qual é a origem dos traços que perpetuam a ansiedade? Características como criatividade e sensibilidade emocional podem muito bem fazer parte do componente hereditário dos transtornos de ansiedade. Em contrapartida, o perfeccionismo e a necessidade excessiva de aprovação ou controle *muitas vezes* têm sua origem em experiências infantis. Existem várias maneiras pelas quais você pode adquirir essas características. Se seus pais têm essas características, você pode aprendê-las diretamente seguindo o exemplo deles. Se sua mãe e seu pai são grandes realizadores e exigem perfeição de si mesmos, você pode ter internalizado os valores deles e se comportar de maneira semelhante. De modo alternativo, tais traços podem se desenvolver a partir de sua *resposta* às maneiras pelas quais você foi tratado por um ou ambos os seus pais. Se, por exemplo, você foi frequentemente criticado ou repreendido, pode ter decidido desde o início que nada que pudesse fazer era bom o suficiente. Como resultado, você se esforça para fazer tudo perfeitamente. Ou você pode constantemente buscar reafirmação e aprovação. No processo, você também pode ter aprendido a reprimir seus sentimentos e ignorar sinais de estresse.

Se você quiser obter mais informações sobre como desenvolveu qualquer um dos traços considerados neste capítulo, pode começar consultando o Capítulo 2, "Principais causas dos transtornos de ansiedade", e o *Questionário de antecedentes familiares*, também no Capítulo 2. Refletir sobre suas respostas às perguntas o ajudará a entender melhor seu passado.

A seguir, você encontrará diretrizes para ajudá-lo a identificar, trabalhar e mudar cada um dos quatro traços que perpetuam a ansiedade: perfeccionismo, necessidade excessiva de aprovação, tendência a ignorar sinais físicos e psicológicos de estresse e necessidade excessiva de controle.[1]

Perfeccionismo

O perfeccionismo tem dois aspectos. Primeiro, você tem uma tendência a ter expectativas irrealisticamente altas sobre si mesmo, os outros e a vida. Quando algo fica aquém, você fica desapontado e/ou crítico. Em segundo lugar, você tende a se preocupar demais com pequenas falhas e erros em si mesmo ou em suas realizações. Ao se concentrar no que está errado, você tende a descontar e ignorar o que está certo.

O perfeccionismo é uma causa comum de baixa autoestima. Critica todos os esforços e o convence de que nada é bom o suficiente. Também pode fazê-lo se conduzir ao ponto de estresse crônico, exaustão e esgotamento. Toda vez que o perfeccionismo aconselha que você "deveria", "tem que" ou "precisa", você tende a se empurrar para a frente por ansiedade, e não por desejo e inclinação naturais. Quanto mais perfeccionista você for, maior a probabilidade de se sentir ansioso.

Superar o perfeccionismo requer uma mudança fundamental em sua atitude em relação a si mesmo e a como você aborda a vida em geral. As sete diretrizes a seguir destinam-se a ser um ponto de partida para fazer tal mudança.

Deixe de lado a ideia de que seu valor é determinado por suas conquistas ou realizações

A realização externa pode ser como a sociedade mede o "valor" ou o *status* social de uma pessoa. No entanto, você vai permitir que a sociedade tenha a última palavra sobre o seu valor como pessoa? Trabalhe para reforçar a ideia de que seu valor é um dado adquirido. As pessoas atribuem valor inerente a animais de estimação e plantas apenas em virtude de sua existência. Você, como ser humano, tem o mesmo valor inerente só porque está aqui. Esteja disposto a reconhecer e afirmar que você é amável e aceitável como é, além de suas realizações externas. Quando as pessoas autor-

---

[1] Os esboços das seções sobre perfeccionismo e necessidade excessiva de aprovação neste capítulo foram adaptados com permissão dos Capítulos 6 e 8 de *Anxiety, Phobias, and Panic: A Step-by-Step Program for Regaining Control of Your Life*, de Reneau Z. Peurifoy, MA, MFCC. Consulte esse livro para discussões mais detalhadas sobre essas questões.

reflexivas estão perto da morte, *muitas vezes* há apenas duas coisas que parecem ter sido importantes para elas em suas vidas: aprender a amar os outros e crescer em sabedoria. Se você precisar se medir em relação a qualquer padrão, experimente esses, em vez das definições de valor da sociedade.

Reconheça e supere estilos de pensamento perfeccionistas

O perfeccionismo é expresso na maneira como você fala consigo mesmo. "Pensamentos deveria/devo", "pensamentos tudo ou nada" e "generalização excessiva" caracterizam uma atitude perfeccionista. A seguir, estão exemplos de autodeclarações associadas a cada estilo de pensamento e declarações contrárias correspondentes e mais realistas.

Estilo de pensamento	**Declarações contrárias**
Pensamento deveria/devo	
"Eu deveria ser capaz de fazer isso direito."	"Farei o melhor que puder."
"Não devo cometer erros."	"Não há problema em cometer erros."
Pensamento tudo ou nada	
"Isso está tudo errado."	"Isso não está *totalmente* errado. Há algumas partes que estão boas e outras que precisam de atenção."
"Eu simplesmente não consigo fazer isso."	"Se eu dividir isso em etapas pequenas o suficiente, sei que posso fazer."
Generalização excessiva	
"Eu *sempre* estrago as coisas."	"Não é verdade que eu *sempre* estrague as coisas. Neste caso em particular, voltarei e farei as correções necessárias."
"*Nunca* serei capaz de fazer isso."	"Se eu der pequenos passos e continuar me esforçando, com o tempo vou realizar o que me propus a fazer."

Passe pelo menos uma semana observando todas as instâncias em que você se envolve em pensamentos deveria/devo, pensamentos tudo ou nada ou supergeneralização. Mantenha com você um caderno para que possa anotar os pensamentos à medida que eles lhe ocorrem. Examine o que você está dizendo a si mesmo quando se sente particularmente ansioso ou estressado. Preste atenção especial ao uso das palavras "deveria", "devo", "tenho que", "sempre", "nunca", "todos" ou "nenhum". Depois de passar uma semana escrevendo suas autodeclarações perfeccionistas, escreva declarações contrárias para cada uma. Nas semanas seguintes, leia sua lista de declarações contrárias com frequência para se encorajar a desenvolver uma abordagem menos perfeccionista da vida. Consulte o Capítulo 8 para obter mais informações sobre como desenvolver e trabalhar com declarações de contradição.

Pare de ampliar a importância de pequenos erros

Um dos aspectos mais problemáticos do perfeccionismo é sua função de se concentrar em pequenas falhas ou erros. Os perfeccionistas tendem a ser muito duros consigo mesmos por um único erro minucioso que tem poucas ou nenhuma consequência imediata, muito menos quaisquer efeitos em longo prazo. Quando você realmente pensa sobre isso, qual será a importância de um erro que você cometer hoje daqui a um mês? Ou daqui a um ano? Na maioria dos casos, o erro será esquecido dentro de um curto período. Não há aprendizado real sem erros ou contratempos. Nenhum grande sucesso foi alcançado sem muitos fracassos e erros ao longo do caminho.

Foque nos aspectos positivos

Ao insistir em pequenos erros ou equívocos, os perfeccionistas tendem a desconsiderar suas realizações positivas. Eles ignoram seletivamente qualquer coisa positiva que tenham feito. Uma maneira de combater essa tendência é fazer um inventário próximo do final de cada dia ou semana das coisas positivas que você realizou. Pense nas maneiras, pequenas ou grandes, pelas quais você foi útil ou agradável com as pessoas durante o dia. Pense em todos os pequenos passos que você deu para alcançar seus objetivos. Que outras coisas foram feitas? Que *insights* você teve?

Preste atenção se você desqualifica algo positivo com um "mas", como "eu tive uma boa sessão de prática, mas fiquei ansioso perto do final". Aprenda a deixar de lado o "mas" nas avaliações de suas atitudes e seu comportamento.

Trabalhe em metas que sejam realistas

Seus objetivos são realisticamente atingíveis ou você os definiu muito altos? Você esperaria de mais alguém as metas que definiu para si mesmo? Às vezes, é difícil reconhecer a natureza excessivamente elevada de certos objetivos. Pode ser útil fazer uma "verificação da realidade" com um amigo ou conselheiro para determinar se qualquer objetivo é realisticamente atingível ou mesmo razoável de se buscar. Você está esperando muito de si mesmo e do mundo? Você pode precisar ajustar um pouco alguns de seus objetivos para estar de acordo com os fatores limitantes de tempo, energia e recursos. Se a sua determinação de autovalorização realmente vier de dentro e não do que você alcança, você será capaz de fazer isso. A aceitação das limitações pessoais é um ato supremo de amor-próprio.

Cultive mais prazer e lazer em sua vida

O perfeccionismo tende a tornar as pessoas rígidas e abnegadas. Suas próprias necessidades humanas são sacrificadas em favor da busca de objetivos externos. Em última análise, essa tendência pode levar à sufocação da vitalidade e da criatividade. Encontrar prazer na vida inverte essa tendência.

Há um ditado sábio atribuído a um cacique nativo norte-americano: "a primeira coisa que as pessoas dizem após a morte é: por que eu estava tão sério?". Você está se levando muito a sério e não se permitindo ter tempo para diversão, lazer, brincadeiras e descanso? Como você pode reservar mais tempo para lazer e prazer? Você pode mudar reservando um tempo todos os dias para fazer pelo menos uma coisa de que você gosta.

Desenvolva uma orientação para o processo

Se você pratica esportes, você joga para ganhar ou apenas para desfrutar da atividade de jogar? Em sua vida em geral, você está "jogando para vencer" – canalizando suas energias para se destacar a todo custo – ou está desfrutando do processo de viver dia a dia à medida que avança?

A maioria das pessoas, especialmente à medida que envelhecem, acha que, para obter o máximo de prazer da vida, é melhor valorizar o *processo* de fazer as coisas, não apenas o produto ou a realização. Expressões populares dessa ideia incluem "A jornada é mais importante do que o destino" e "Pare e cheire as rosas".

Necessidade excessiva de aprovação

Todos os seres humanos precisam de aprovação. No entanto, para muitas pessoas que lutam contra a ansiedade e as fobias, a necessidade de aprovação pode ser excessiva. Estar excessivamente preocupado com a aprovação muitas vezes surge de uma sensação interior de ser falho ou indigno. Isso leva à crença equivocada de que você é inaceitável do jeito que é ("Se as pessoas realmente vissem quem eu sou, elas não me aceitariam"). Indivíduos com uma necessidade excessiva de aprovação estão sempre à procura de validação de outras pessoas. Ao tentar ser geralmente agradável, eles podem se adequar tão bem às expectativas dos outros que muitas vezes ignoram suas próprias necessidades e sentimentos. Com frequência, eles têm dificuldade em estabelecer limites ou dizer não.

A consequência a longo prazo de sempre acomodar e agradar os outros à custa de si mesmo é que você acaba com muita frustração e ressentimento retidos por não ter cuidado de suas próprias necessidades básicas. Frustração e ressentimento retidos podem formar a base inconsciente para muita ansiedade e tensão crônicas.

Há muitas maneiras de superar a *sensação* de necessidade excessiva de aprovação. As orientações a seguir podem ajudá-lo a começar.

Desenvolva uma visão realista da aprovação de outras pessoas

Quando as pessoas não expressam aprovação em relação a você – ou até mesmo agem de forma rude ou crítica –, como você reage? Você tende a levar para o lado pessoal, a ver isso como mais uma evidência de sua própria inépcia ou falta de valor? A seguir, estão algumas atitudes comuns características de pessoas que colocam ênfase excessiva em sempre serem amadas. Isso pode ser chamado de atitudes para "agradar às pessoas". Após cada uma delas, há uma visão alternativa que representa, na maioria dos casos, uma perspectiva mais realista.

Atitude comum: "Se alguém não é amigável comigo, é porque fiz algo errado."

Visão alternativa: "As pessoas podem ser incapazes de expressar cordialidade ou aceitação em relação a mim por razões que não têm nada a ver comigo. Por exemplo, seus próprios problemas, frustrações ou fadiga podem atrapalhar sua amizade e aceitação."

Atitude comum: "As críticas dos outros só servem para ressaltar o fato de que eu realmente sou indigno."

Visão alternativa: "As pessoas que me criticam podem estar projetando em mim seus próprios defeitos, que não podem admitir ter. É uma tendência humana inconsciente projetar falhas nos outros."

Atitude comum: "Acho que sou uma boa pessoa. Não deveriam todos gostar de mim?"

Visão alternativa: "Sempre haverá algumas pessoas que simplesmente não gostarão de mim, não importa o que eu faça. O processo pelo qual as pessoas são atraídas ou repelidas pelos outros é muitas vezes irracional."

Atitude comum: "A aprovação e a aceitação dos outros são muito importantes."

Visão alternativa: "Não é necessário receber a aprovação de todos que conheço para viver uma vida feliz e significativa, especialmente se eu acredito em mim e me respeito."

Da próxima vez que você se sentir desanimado ou rejeitado, reserve um momento para se acalmar e pensar se a pessoa que está agindo negativamente está reagindo a algo que você fez ou pode simplesmente ficar chateada com algo que tem pouco ou nada a ver com você. Pergunte a si mesmo se você pode estar levando os comentários ou comportamentos imprudentes da outra pessoa para o lado pessoal.

Lide com as críticas de forma objetiva

A necessidade excessiva de aprovação é muitas vezes acompanhada por uma incapacidade de lidar com críticas. Você pode aprender a mudar sua atitude em relação às críticas, ignorando as observações críticas que são infundadas e aceitando críticas construtivas como uma experiência de aprendizado positiva.

As três diretrizes a seguir podem ser úteis.

Avalie a fonte da crítica. Se você for criticado, é importante perguntar *quem* está fazendo a crítica. Essa pessoa está qualificada para criticá-lo? Ele ou ela sabe o suficiente sobre você, suas habilidades ou o assunto envolvido para fazer uma avaliação razoável? Essa pessoa tem um viés que tornaria impossível para ela ser objetiva? (Quanto mais emocionalmente carregado for o relacionamento, maior será a probabilidade de isso ser verdade.) Essa pessoa está falando emocional ou racionalmente? Muitas vezes, você pode aliviar a dor das críticas explorando as respostas a essas perguntas.

Peça mais detalhes. Isso é especialmente importante se você receber uma crítica geral, como "Esse foi um péssimo trabalho" ou "Acho que você não sabe o que está fazendo". Não aceite um julgamento global. Peça à pessoa que oferece uma crítica que indique comportamentos ou problemas específicos que parecem ficar aquém. Você pode perguntar o ponto de vista dessa pessoa sobre quais ações você pode tomar para melhorar seu desempenho ou corrigir a situação.

Decida se a crítica tem alguma validade. Você avaliou a fonte das críticas e, no caso de uma crítica global, pediu detalhes. A próxima pergunta a ser feita é se a crítica tem algum mérito. Normalmente, quando uma crítica tem alguma verdade, ela causa um pouco mais de dor – você pode se sentir um pouco magoado ou perturbado por ela. Se uma crítica não tem validade, é provável que você tenha pouca reação emocional a ela: você pode descartá-la como irrelevante, absurda ou desinformada.

A melhor maneira de lidar com as críticas que soam verdadeiras é vê-las como um *feedback* importante que pode ajudá-lo a aprender algo sobre si mesmo. Além disso, lembre-se de que a crítica é – ou deve ser – direcionada a apenas um aspecto do seu comportamento, e não a você como pessoa total.

Aqui estão algumas boas declarações para ajudar a cultivar uma resposta positiva:

- Essa crítica é uma boa oportunidade para aprender algo.
- Essa crítica diz respeito apenas a algumas das minhas ações, não a todo o meu ser.
- Embora essa crítica pareça desconfortável, isso não significa que eu seja totalmente rejeitado ou desaprovado.

Reconheça e deixe de lado a codependência

Marque qualquer uma das seguintes afirmações que geralmente refletem suas crenças:

- ☐ Se alguém importante para mim espera que eu faça algo, eu deveria fazê-lo.
- ☐ Eu não deveria ficar irritado ou ser desagradável.
- ☐ Eu não deveria fazer nada para deixar os outros com raiva de mim.
- ☐ Eu deveria manter as pessoas que amo felizes.
- ☐ Geralmente é minha culpa se alguém com quem me importo está chateado comigo.
- ☐ Minha autoestima vem de ajudar os outros a resolver seus problemas.
- ☐ Eu tendo a me esforçar demais para cuidar dos outros.

☐ Se necessário, deixarei de lado meus próprios valores ou necessidades para preservar meu relacionamento com meu parceiro.

☐ Doar é a maneira mais importante de me sentir bem comigo mesmo.

☐ O medo da raiva de outra pessoa tem muita influência no que digo ou faço.

Se você marcou três ou mais afirmações, a codependência pode ser um dos problemas com o qual você precisa lidar.

A *codependência* pode ser definida como a tendência de colocar as necessidades dos outros antes das suas. Você acomoda os outros a tal ponto que tende a desconsiderar ou ignorar seus próprios sentimentos, desejos e necessidades básicas. Sua autoestima depende em grande parte de quão bem você agrada, cuida e/ou resolve problemas para outra pessoa (ou muitas outras).

As consequências de manter uma abordagem codependente da vida são muito ressentimento, frustração e necessidades pessoais não atendidas. Quando esses sentimentos e necessidades permanecem inconscientes, muitas vezes ressurgem como ansiedade, especialmente *ansiedade crônica e generalizada*. Os efeitos a longo prazo da codependência são estresse, fadiga, esgotamento e, possivelmente, doenças físicas graves.

Recuperar-se da codependência, em essência, envolve aprender a amar e cuidar de si mesmo. Significa dedicar pelo menos o mesmo tempo às suas próprias necessidades, juntamente às necessidades dos outros. Significa estabelecer limites sobre o quanto você fará ou tolerará e aprender a dizer não quando apropriado. A lista de declarações a seguir o incentivará a desenvolver uma atitude de mais autocuidado que possa levá-lo além da codependência (ver Capítulo 9, "Crenças equivocadas", para obter sugestões sobre como trabalhar com declarações):

- Estou aprendendo a cuidar melhor de mim.
- Reconheço que minhas próprias necessidades são importantes.
- É bom que eu reserve um tempo para mim.
- Estou encontrando um equilíbrio entre minhas próprias necessidades e minha preocupação com os outros.
- Se eu cuidar bem de mim, terei mais a oferecer aos outros.
- Não há problema em pedir o que quero dos outros.
- Estou aprendendo a me aceitar do jeito que sou.
- Não há problema em dizer não às demandas dos outros quando preciso.
- Não preciso ser perfeito para ser aceito e amado.
- Posso mudar a mim mesmo, mas aceito que não posso fazer outra pessoa mudar.
- Estou deixando de assumir a responsabilidade pelos problemas de outras pessoas.
- Respeito os outros o suficiente para saber que eles podem assumir a responsabilidade por si mesmos.
- Estou deixando de lado a culpa quando não consigo atender às expectativas dos outros.
- A compaixão pelos outros é amor; sentir-se culpado por seus sentimentos ou reações não leva a nada.
- Estou aprendendo a me amar mais a cada dia.

Para trabalhar com seus próprios problemas de codependência, você pode ler alguns dos livros clássicos sobre o assunto, como *Codependência nunca mais*, de Melody Beattie, *Enfrentando a codependência afetiva*, de Pia Mellody, e *Mulheres que amam demais*, de Robin Norwood. Considere também participar de uma reunião local de Codependentes Anônimos, que oferece uma abordagem de 12 etapas para superar atitudes codependentes.

As três diretrizes citadas anteriormente nesta seção são apenas um começo na direção de aprender a se preocupar menos com a aprovação dos outros. Os capítulos sobre assertividade e autoestima deste livro também o ajudarão a aprender a confiar em si mesmo, e não nos outros, para ter uma noção de seu valor e sua aceitabilidade inerentes.

Tendência a ignorar sinais físicos e psicológicos de estresse

Pessoas com transtornos de ansiedade muitas vezes perdem o contato com seus corpos. Se você está ansioso ou preocupado, pode, como diz a expressão, estar "vivendo em sua mente" – não se sentindo fortemente conectado com o restante do seu corpo, abaixo do pescoço. Tente conectar-se consigo mesmo em vários momentos durante o dia, especialmente nos momentos em que você não está olhando para uma tela ou focado em uma tarefa mental. Você sente que a maior parte de sua energia – seu "centro de gravidade" – está situada do pescoço para cima? Ou você se sente mais solidamente conectado com o restante do seu corpo, em contato com tórax, estômago, braços e pernas? Para aumentar a sensação de conexão com todo o seu corpo, quase qualquer forma de exercício ajudará. Consulte o Capítulo 5, "Exercício físico", para obter mais informações sobre exercícios.

Na medida em que você está fora de contato com seu corpo, você pode ignorar, muitas vezes inconscientemente, toda uma gama de sintomas físicos que surgem quando você está sob estresse. Exemplos de sintomas físicos que podem significar estresse são fadiga, dores de cabeça, estômago nervoso, músculos tensos, mãos frias e diarreia, para mencionar alguns. Infelizmente, quando você não sabe que está sob estresse, é provável que continue se esforçando, sem tirar um tempo ou desacelerar. Você pode continuar até atingir um estado de exaustão ou doença.

Muitos indivíduos com transtornos de ansiedade têm uma longa história de se esforçar muito e se sobrecarregar continuamente, tentando encaixar muito em pouco tempo. Impulsionados por padrões perfeccionistas, eles continuam se esforçando para fazer mais e ser mais para todos. Muitas vezes, eles podem passar meses – até anos – sem perceber, ou simplesmente ignorar, que estão sob altos níveis de estresse.

Um possível resultado do estresse crônico e cumulativo é que os sistemas reguladores neuroendócrinos no cérebro começam a funcionar mal e você desenvolve ataques de pânico, ansiedade generalizada, depressão, mudanças de humor ou alguma combinação desses três (ver Capítulo 2). Você também pode desenvolver úlceras, hipertensão, dores de cabeça ou outras doenças psicossomáticas sob condições de estresse prolongado ou crônico. Se são seus sistemas de neurotransmissores que são vulneráveis, os efeitos do estresse crônico provavelmente aparecerão na forma de um transtorno de ansiedade ou humor. Embora esses transtornos causem sofrimento significativo por si só, *eles são, na verdade, sinais de alerta*. O corpo tem mecanismos integrados para prevenir sua autodestruição. O desenvolvimento de transtorno de pânico ou depressão pode ser visto como uma maneira pela qual seu corpo o força a desacelerar e alterar seu estilo de vida antes de entrar em uma doença grave.

Um dos temas deste livro de exercícios é que sua recuperação de transtornos de ansiedade depende, em grande parte, de sua capacidade de gerenciar e lidar com o estresse. Isso, por sua vez, requer que você aprenda a *reconhecer* seus próprios sintomas de estresse e, em seguida, *fazer* algo sobre eles – aliviar seus sintomas por meio de relaxamento profundo, exercícios, tempo de inatividade, interação social de apoio, recreação, e assim por diante – para que o estresse não se torne cumulativo.

O estresse pode se manifestar não apenas na forma de sintomas físicos, mas também como sintomas emocionais e psicológicos. Os sintomas psicológicos são uma indicação *direta* de que seu sistema nervoso (e, possivelmente, o sistema endócrino) está sendo sobrecarregado. Não apenas ansiedade e depressão, mas também esquecimento, sensação de "sobrecarga", alterações de humor, dificuldade de concentração, tédio, preocupação extrema e crises de culpa excessiva são exemplos de sintomas psicológicos de estresse.

A *Checklist para sintomas de estresse* a seguir foi projetada para ajudá-lo a aumentar sua consciência dos sintomas físicos e psicológicos do estresse. Pode ser útil fazer várias cópias da *checklist* ou baixar a versão digital disponível *on-line* (ver a página do livro em loja.grupoa.com.br) e preenchê-la periodicamente para obter uma leitura do seu próprio nível de estresse.

O *Questionário de eventos da vida*, no Capítulo 2, mediu seu nível de estresse cumulativo durante um período de 1 ou 2 anos. A *Checklist para sintomas de estresse* (a seguir) permitirá que você determine a carga de estresse em seu corpo e na sua psique nas últimas semanas ou meses. Agora, reserve algum tempo para concluir a *checklist*.

O manuseio do estresse envolve duas etapas. A primeira é *reconhecer e identificar* seus próprios sintomas de estresse. A segunda é *decidir não os ignorar*. Se você realmente gostaria de encontrar alívio para os transtornos de ansiedade, precisa *fazer* algo para reduzir e gerenciar melhor seu estresse. Algumas das estratégias de gerenciamento de estresse descritas neste livro incluem relaxamento profundo, exercícios regulares, tempo de inatividade e gerenciamento de tempo, cultivo de conversas e atitudes construtivas, expressão de sentimentos, aprendizagem assertiva, habilidades de autocuidado e boa nutrição.

Muitas outras estratégias para lidar com o estresse estão disponíveis. Você as encontrará descritas em livros sobre gerenciamento de estresse, como *Guide to Stress Reduction*, 2ª edição, de John Mason, e *The Relaxation & Stress Reduction Workbook*, 7ª edição, de Martha Davis, Elizabeth Eshelman e Matthew McKay. Uma lista de 24 habilidades positivas de enfrentamento para lidar com o estresse acompanha a *Checklist para sintomas de estresse*.

Necessidade excessiva de controle

A necessidade excessiva de controle faz com que você queira que tudo na vida seja previsível. É um tipo de vigilância que exige que todas as bases sejam cobertas – o oposto de deixar ir e confiar no processo da vida.

Checklist para sintomas de estresse

Instruções: marque cada item que descreve um sintoma que você experimentou em qualquer grau significativo durante o último mês e, em seguida, some o número de itens marcados.

Sintomas físicos

- ☐ Dores de cabeça (enxaqueca ou tensão)
- ☐ Dores nas costas
- ☐ Músculos tensos
- ☐ Dor no pescoço e nos ombros
- ☐ Tensão na mandíbula
- ☐ Caibras musculares e espasmos
- ☐ Estômago nervoso
- ☐ Outra dor
- ☐ Náuseas
- ☐ Insônia (dormir mal)
- ☐ Fadiga e falta de energia
- ☐ Mãos e/ou pés frios
- ☐ Aperto ou pressão na cabeça
- ☐ Hipertensão
- ☐ Diarreia
- ☐ Condição de pele (p. ex., erupção cutânea)
- ☐ Alergias
- ☐ Ranger os dentes
- ☐ Distúrbios digestivos (cólicas, inchaço)
- ☐ Dor de estômago ou úlcera
- ☐ Constipação
- ☐ Hipoglicemia
- ☐ Mudança no apetite
- ☐ Resfriados
- ☐ Transpiração profusa
- ☐ Coração batendo rapidamente ou forte, mesmo em repouso

Sintomas psicológicos

- ☐ Ansiedade
- ☐ Depressão
- ☐ Confusão ou "desrealização"
- ☐ Medos irracionais
- ☐ Comportamento compulsivo
- ☐ Esquecimento
- ☐ Sentir-se sobrecarregado
- ☐ Hiperatividade – sensação de que você não pode desacelerar
- ☐ Oscilação de humor
- ☐ Solidão
- ☐ Problemas com relacionamentos
- ☐ Insatisfação/infelicidade com o trabalho
- ☐ Dificuldade de concentração
- ☐ Irritabilidade frequente
- ☐ Inquietação
- ☐ Tédio recorrente
- ☐ Preocupação ou obsessão frequente
- ☐ Culpa constante
- ☐ Surtos de temperamento
- ☐ Crises de choro
- ☐ Pesadelos
- ☐ Apatia
- ☐ Problemas sexuais
- ☐ Mudança de peso
- ☐ Comer em excesso
- ☐ Quando nervoso, uso de álcool, cigarros, ou drogas recreativas

Avalie seu nível de estresse da seguinte forma:

Número de itens marcados	Nível de estresse
0-7	*Baixo*
8-14	*Moderado*
15-21	*Alto*
22+	*Muito alto*

24 estratégias de enfrentamento positivas para o estresse

Estratégias físicas e de estilo de vida
(Ver Capítulos 4 e 5)

1. Respiração abdominal e relaxamento
2. Dieta de baixo estresse
3. Exercícios regulares
4. Tempo de inatividade (incluindo "dias de saúde mental")
5. Minipausas (períodos de 5 a 10 minutos para relaxar durante o dia)
6. Gerenciamento de tempo (ritmo apropriado)
7. Diretrizes práticas para melhorar o sono (ver Capítulo 17)
8. Escolhendo um ambiente não tóxico
9. Segurança material

Estratégias emocionais
(ver Capítulos 13, 14 e 15)

10. Apoio social e relacionamento
11. Autocuidado
12. Boa habilidade de comunicação
13. Ser mais assertivo
14. Atividades recreativas (lazer)
15. Liberação emocional
16. Senso de humor – capacidade de ver as coisas em perspectiva

Estratégias cognitivas
(ver Capítulos 8 e 9)

17. Pensamento construtivo – capacidade de contra-atacar o pensamento negativo
18. Táticas de desvio úteis – capacidade de interromper e ir além das preocupações negativas (ver Apêndices 2, 3 e 4)
19. Abordagem orientada (*versus* reativa) para problemas
20. Aceitação (capacidade de aceitar/lidar com contratempos)
21. Tolerância à ambiguidade – capacidade de "permanecer na questão", em vez de buscar o fechamento imediato

Estratégias filosóficas/espirituais
(ver Capítulo 21)

22. Objetivos ou propósitos consistentes pelos quais trabalhar
23. Filosofia de vida positiva
24. Religião/compromisso espiritual

Muitas vezes, a necessidade excessiva de controle tem suas origens em uma história pessoal traumática. Depois de viver experiências em que você se sentiu assustado, vulnerável ou violado e impotente, é fácil crescer sentindo-se na defensiva e vigilante. Você pode passar pela vida dessa maneira, pronto para colocar suas defesas em resposta a qualquer situação que pareça desafiar seu senso de segurança (quer isso realmente aconteça ou não). Os sobreviventes de traumas graves geralmente desenvolvem personalidades altamente controladas e/ou controladoras, ou então podem ter ficado tão angustiados que decidiram desistir, sentindo-se deprimidos e desencorajados a manter qualquer controle de suas vidas (o último resultado foi referido como "desamparo aprendido").

Superar a necessidade excessiva de controle leva tempo e exige persistência. As principais estratégias que foram úteis para muitas pessoas são descritas nas seções a seguir.

Aceitação

A aceitação implica aprender a viver mais confortavelmente com a imprevisibilidade da vida – com as mudanças inesperadas que ocorrem diariamente em pequena escala e, menos frequentemente, em grande escala. É inevitável que você encontre mudanças em seu ambiente, na maneira como os outros escolhem se comportar e em sua própria saúde física que você simplesmente não consegue prever ou controlar. Você pode ter recursos para lidar com essas mudanças, mas nem sempre estará preparado para elas. Haverá momentos em que sua situação de vida pessoal pode parecer relativamente caótica, desordenada ou fora de controle. Desenvolver a aceitação significa adquirir a vontade de levar a vida como ela se apresenta. Em vez de temer e lutar com as ocasiões em que as circunstâncias não obedecem às suas expectativas, você pode aprender a aceitar a mudança. Expressões populares para isso são "siga o fluxo" e "leve as coisas com calma". Aceitação implica *não resistência*.

Existem inúmeras maneiras de cultivar uma maior aceitação. Certamente, deixar de lado o perfeccionismo, conforme descrito anteriormente neste capítulo, será um bom começo. A disposição de deixar de lado as expectativas irrealistas pode poupar muita decepção. O relaxamento também é uma chave importante. Quanto mais relaxado você permanecer, menor a probabilidade de ficar com medo e na defensiva quando as circunstâncias mudarem repentinamente e não seguirem seu caminho. Quando está relaxado, você desacelera, e é mais fácil seguir, em vez de recusar o inesperado.

Por fim, o senso de humor em relação à vida pode ser muito útil. O humor permite que você se afaste daqueles momentos em que tudo parece estar em desordem e tenha alguma perspectiva. Se você puder permanecer relaxado e rir um pouco de situações que parecem fora de controle, sua resposta começa a mudar de "Oh, meu Deus!" para "Tudo bem, é assim que acontece". A aceitação garante que você será capaz de lidar mais cedo e melhor. É provável que você diga "O que eu preciso fazer agora?" muito mais cedo depois de "Tudo bem..." do que depois de "Oh, meu Deus!".

As declarações que podem ajudá-lo a desenvolver a aceitação incluem:

- "Estou aprendendo a encarar a vida como ela é."

- "Não há problema em deixar ir e confiar que as coisas vão dar certo."
- "Posso relaxar e tolerar um pouco de desordem e ambiguidade."
- "Estou aprendendo a não levar a mim mesmo ou a vida tão a sério."

Cultivando a paciência

As pessoas que têm uma abordagem supercontrolada dos problemas da vida querem que todos eles sejam resolvidos até amanhã. No entanto, muitas vezes é verdade que situações difíceis não podem ser resolvidas imediatamente. Todas as peças que contribuem para uma solução se juntam gradualmente ao longo de um período. Desenvolver a paciência significa permitir-se tolerar confusões e ambiguidades temporárias enquanto espera que todas as etapas necessárias da solução se desdobrem. À medida que você desenvolve paciência, aprende a deixar ir e esperar que uma resolução ou uma resposta surja.

Confiando que a maioria dos problemas eventualmente se resolvem

Desenvolver confiança acompanha o cultivo da paciência. Você pode não ver a solução para uma dificuldade específica com facilidade ou rapidez. Contudo, se você sempre precisa ver com antecedência como algo vai dar certo, pode acabar ficando muito ansioso. Há um velho ditado: "a vida é um rio – você nem sempre pode ver o que está por vir". Desenvolver confiança significa acreditar que quase tudo *acaba dando certo*. Ou você encontra uma solução ou, se o problema não pode ser alterado externamente, aprende a alterar sua atitude em relação a ele para que o enfrentamento se torne mais fácil. Quando você olha para trás, para os problemas que encontrou em sua vida, descobrirá que, na maioria, se não em todos os casos, o problema acabou se resolvendo.

Desenvolvendo uma abordagem espiritual para a vida

Desenvolver uma abordagem espiritual da vida pode significar muitas coisas (para uma discussão mais aprofundada desse tópico, ver Capítulo 21, "Significado pessoal"). Em essência, significa acreditar em um poder, uma força ou uma inteligência superior que transcende o mundo como você normalmente o percebe e conhece. Muitas vezes, também implica ter um relacionamento pessoal – em sua experiência interior – com esse poder, essa força ou essa inteligência.

Desenvolver sua espiritualidade oferece pelo menos duas maneiras de reduzir a necessidade excessiva de controle. Primeiro, ela lhe dá a opção de "entregar" ou "deixar ir" qualquer problema que pareça insolúvel, esmagador ou simplesmente preocupante aos cuidados de seu poder superior. Essa possibilidade é expressa na terceira etapa de todos os programas de 12 etapas: "[Nós] tomamos a decisão de entregar nossa vontade e nossa vida aos cuidados de um poder superior, conforme entendemos esse poder". Isso *não* significa que você renuncia à responsabilidade de lidar com os problemas que surgem na vida. Isso significa que você tem confiança em um recurso superior ("superior" no sentido de estar além de suas próprias capacidades) que pode ser de apoio e assistência quando você chega ao ponto em que um problema parece insolúvel, apesar de seus melhores esforços. A fé em tal recurso permite que você deixe de lado a ideia de que precisa controlar tudo totalmente. Alguns dos meus clientes acham que podem abordar uma situação fóbica mais facilmente "entregando" sua preocupação e ansiedade a um poder superior.

A segunda maneira pela qual o desenvolvimento de sua espiritualidade pode reduzir a necessidade de controle é nutrir uma crença de que *há um propósito maior na vida além da aparência evidente do que acontece no dia a dia*. Se você acredita que não há fundamento espiritual para a realidade, então os eventos imprevisíveis e imprevistos da vida podem parecer aleatórios e caprichosos. Você pode se sentir angustiado porque não há explicação para o motivo pelo qual esse acontecimento ruim aconteceu ou aquela situação aparentemente injusta ocorreu. A maioria das formas de espiritualidade oferece a visão alternativa de que o universo não é aleatório. Eventos que podem parecer sem sentido e brutais de uma perspectiva humana têm algum significado ou propósito em um esquema mais amplo das coisas.

Uma frase popular que expressa essa ideia é "tudo acontece por algum propósito". Muitas vezes, a retrospectiva nos fornece uma visão mais clara. Quando você reflete profundamente sobre alguns dos imprevistos em sua vida, pode ver em retrospecto como eles o serviram – de maneira óbvia ou simplesmente promovendo seu crescimento e seu desenvolvimento como ser humano.

Os quatro traços descritos neste capítulo – perfeccionismo, necessidade excessiva de aprovação, tendência a ignorar sinais físicos e psicológicos de estresse e necessidade excessiva de controle – são compartilhados por muitas pessoas que lidam com a ansiedade no dia a dia. A essa altura, você já deve ter se tornado mais consciente de quais dessas características podem ser um problema para você. Na verdade, mudar traços como o perfeccionismo ou a necessidade excessiva de controle levará tempo e comprometimento de sua parte. Parte do processo envolve a mudança de crenças equivocadas específicas que você pode ter, como foi descrito no Capítulo 9, "Crenças equivocadas". Em última análise, no entanto, você pode precisar reavaliar e mudar certos valores e prioridades básicas em sua vida.

Resumo de coisas para fazer

1. O que você está disposto a fazer hoje – e todos os dias – para relaxar sua busca pela perfeição? Você pode deixar de lado algumas das demandas que impõe a si mesmo para ter tempo para o seu programa de recuperação da ansiedade – ou simplesmente para descansar e relaxar? Todos os dias, encontre algo que você normalmente faria que não *precisa* ser feito (como trabalho ou tarefas domésticas) e adie para outro dia.

2. Se a necessidade excessiva de aprovação for uma questão importante, certifique-se de passar mais tempo nos capítulos sobre assertividade e autoestima deste

livro. É importante trabalhar no desenvolvimento de 1) maior respeito próprio, 2) capacidade de cuidar de si mesmo, 3) conhecimento dos seus direitos básicos e 4) disposição para pedir o que deseja. Se você suspeitar que a codependência é um problema para você, consulte as referências sobre esse assunto a seguir ou participe de uma reunião de Codependentes Anônimos, se disponível em sua área.

3. Preencha a *Checklist para sintomas de estresse* para ter uma ideia do seu nível de estresse no último mês. Se o estresse for um problema real, concentre-se nos capítulos sobre relaxamento, exercício e nutrição deste guia para começar com um programa de controle do estresse. Trabalhar crenças equivocadas (Capítulo 9) e perfeccionismo (este capítulo) também é importante. Consulte as referências sobre o assunto de redução de estresse a seguir.

4. Aprender a deixar de lado a necessidade excessiva de controle pode ser um desafio para as pessoas propensas à ansiedade. Cultivar um senso de humor e a capacidade de rir das limitações da vida é uma maneira de começar. Você tende a relaxar à medida que aprende a rir e a se divertir mais com sua vida. Outra maneira de proceder, se você se sentir inclinado, é desenvolver sua espiritualidade e sua confiança em um poder superior (ver Capítulo 21).

5. Finalmente, o livro *Beyond Anxiety & Phobia*, deste autor, contém um capítulo inteiro sobre estratégias para abandonar o controle. Esse livro também discute como lidar com outros traços de personalidade prevalentes em pessoas que lutam contra a ansiedade (e a depressão), como insegurança e dependência excessiva, medo do abandono, excesso de cautela e medo de doenças ou lesões. *Beyond Anxiety & Phobia* tem seu próprio capítulo sobre traços de personalidade que podem promover ansiedade, intitulado "Address your personality issues".

Leituras adicionais

Beattie, Melody. *Codependent No More*. 25th anniversary ed. Center City, MN: Hazelden, 1992.

Bourne, Edmund. *Beyond Anxiety & Phobia*. Oakland, CA: New Harbinger Publications, 2001.

Davis, Martha, Elizabeth Robbins Eshelman, and Matthew McKay. *The Relaxation & Stress Reduction Workbook*. 7th ed. Oakland, CA: New Harbinger Publications, 2019.

Mason, John. *Guide to Stress Reduction*. Rev. ed. Berkeley, CA: Celestial Arts, 2001. Mellody, Pia. *Facing Codependence*. San Francisco: Harper SanFrancisco, 2003.

Norwood, Robin. *Women Who Love Too Much*. New York: Pocket Books, 2008.

Peurifoy, Reneau. *Anxiety, Phobias, and Panic: A Step-by-Step Program for Regaining Control of Your Life*. Rev. ed. New York: Warner Books, 2005.

12

Dez fobias específicas comuns

Uma *fobia específica* envolve o *medo de um determinado tipo de objeto ou situação* – por exemplo, voar, um tipo de animal ou ir ao dentista. Você tende a evitar a situação completamente ou então a suporta com pavor. O medo é da situação em si, não de ter um ataque de pânico. Se você evitar uma situação principalmente por medo de ter um ataque de pânico, é mais provável que esteja lidando com agorafobia (ver Capítulo 1). No entanto, o pânico pode ocorrer se você inesperadamente se deparar com uma situação fóbica específica que você evitou rotineiramente.

Fobias específicas afetam muitas pessoas. Mais da metade da população dos Estados Unidos tem algum grau de ansiedade de desempenho, e o medo de voar afeta aproximadamente 20% da população. No entanto, ao ser diagnosticado com uma fobia específica, não só você tem um forte medo e evita uma situação específica, mas sua fobia também interfere significativamente no seu funcionamento ocupacional e/ou social. Usando esse critério mais forte, cerca de 10% da população tem uma fobia específica diagnosticável que causa comprometimento em algum momento da vida.

Existem muitos tipos de fobias específicas, e as listas de fobias enumeram mais de cem tipos com nomes exóticos. Este capítulo fornece descrições de 10 tipos comuns de fobias específicas, juntamente às causas propostas e às abordagens comuns para o seu tratamento. Recursos como livros e programas de áudio relevantes para um tipo específico de fobia são mencionados, quando disponíveis. Embora a lista de fobias comuns descritas aqui não seja completa, os princípios comportamentais cognitivos e as estratégias de tratamento descritos podem ser aplicados a qualquer tipo de fobia.

As fobias aqui descritas incluem:

- Ansiedade de desempenho
- Medo de voar
- Claustrofobia
- Medo de doenças (hipocondria)
- Medo de ir ao dentista
- Fobia de sangue/injeção
- Medo de vomitar (emetofobia)
- Medo de altura (acrofobia)

- Fobias de animais e insetos
- Medo da morte

Mesmo que você não esteja lidando com nenhuma das fobias específicas descritas, a leitura do capítulo fornecerá algumas informações sobre a variedade de causas, bem como os tratamentos eficazes mais comuns para fobias de todos os tipos. Para uma descrição aprofundada dos detalhes e da mecânica de enfrentamento das fobias em geral, ver Capítulo 7.

Ansiedade de desempenho

O medo de se apresentar ou falar na frente de uma audiência é a fobia mais comum, afetando até 60% da população mundial em algum momento da vida. No contexto do medo de falar em público, às vezes é chamado de *glossofobia*. A ansiedade de desempenho em geral pode envolver qualquer um ou todos os seguintes componentes:

- Medo de ser julgado como estranho ou inadequado ao falar na frente dos outros.
- Medo de ter um desempenho ruim ou cometer um erro, como em um recital musical ou uma *performance* esportiva.
- Medo de ter sua ansiedade visível para os outros, como suar, gaguejar ou corar.
- Medo de fracasso e/ou rejeição, como em uma entrevista de emprego ou um exame oral.
- Ansiedade relacionada à incerteza sobre como você se sairá quando tiver de executar algo.

A ansiedade de desempenho muitas vezes tem um forte aspecto antecipatório, com considerável preocupação antes da apresentação ou palestra. A ansiedade geralmente aumenta à medida que o momento da apresentação se aproxima. Para muitos, a ansiedade desaparece assim que eles realmente começam a falar, cantar ou se apresentar. Outros, no entanto, continuam a ter sintomas de distração durante a apresentação, como coração batendo forte, tremores nas mãos, sudorese, náuseas ou boca seca. Na pior das hipóteses, a ansiedade se torna grave o suficiente para interferir no desempenho e/ou interromper a fala.

A ansiedade de desempenho afeta todos os tipos de pessoas, sejam elas novatas ou profissionais. A cantora Barbra Streisand, por exemplo, passou 27 anos evitando qualquer *performance* diante de um público ao vivo.

Causas

A causa a longo prazo da ansiedade de desempenho pode ser uma única experiência traumática ao falar diante de um grupo ou fazer um recital musical quando criança. Ou você pode simplesmente ser propenso à ansiedade social e à timidez desde a primeira infância. Você sempre evita falar ou se apresentar na frente dos outros. Uma tendência mais geral de evitar grupos e situações sociais não é ansiedade de desempenho, mas sim *fobia social* ou *transtorno de ansiedade social* (ver Capítulo 1 para obter mais informações). A ansiedade de desempenho é um problema distinto da fobia social; no entanto, afeta muitas pessoas que, de outra forma, não evitam ou temem participar de grupos.

A causa imediata da ansiedade de desempenho muitas vezes reside em crenças e imagens centrais profundamente arraigadas, nas quais você pode se imaginar perdendo o controle ou sendo incompetente na frente dos outros. Você pode imaginar que vai cometer erros terríveis, acreditar que seu desempenho tem de ser perfeito para ser aceitável ou exagerar a importância ou o *status* das pessoas com quem você falará. Esses pensamentos autodestrutivos podem ser muito teimosos e persistentes, levando-o a evitar a longo prazo qualquer situação em que você possa ter a oportunidade de atuar ou falar diante de outras pessoas.

Tratamento

O tratamento comportamental cognitivo da ansiedade de desempenho consiste em identificar crenças (e imagens) centrais autodestrutivas e internalizar gradualmente crenças mais construtivas, como:

- Você realmente tem a capacidade de ter um bom desempenho na frente dos outros.
- É possível abraçar ou "fluir" com a ansiedade quando ela surge, em vez de resistir a ela.
- É humano e não há problema em cometer erros.
- Os outros aprovarão se você for "apenas você mesmo".
- Você provavelmente não parecerá ansioso para os outros, mesmo que se sinta ansioso por dentro.
- As pessoas não o estão examinando para ver se você falha no discurso ou no desempenho.
- Ao se concentrar na mensagem que deseja transmitir, você pode desviar a atenção da ansiedade.
- Com prática e ensaio adequados, você pode garantir um bom desempenho.

A substituição de crenças disfuncionais é seguida por uma hierarquia de exposições a oportunidades de desempenho progressivamente mais desafiadoras. Por exemplo, no caso de falar em público, você pode começar falando com um ou dois amigos, depois falar com um grupo maior de amigos, falar diante de um pequeno grupo de estranhos e, finalmente, diante de um grande grupo de estranhos. Além disso, o número e talvez o *status* das pessoas com quem você fala podem aumentar gradualmente. Algumas pessoas preferem fazer exposições à ansiedade de desempenho sem prosseguir em uma ordem incremental de dificuldade. Elas optam por fazer as exposições em uma ordem aleatória de diferentes dificuldades. Para elas, o tempo total para completar a exposição à ansiedade de desempenho pode ser muito menor. O risco de ter de suportar altos níveis de ansiedade, por outro lado, pode ser maior.

Uma faceta importante do tratamento inclui aprender a se afastar da preocupação excessiva consigo mesmo e com sua aparência e, em vez disso, pensar em como o que você faz pode beneficiar, ajudar ou entreter as pessoas em seu público. Focar em como você pode ajudar ou beneficiar as pessoas pode fazer uma grande diferença.

Quanto mais você puder pensar em como pode contribuir para o seu público, menos se concentrará em seus próprios pensamentos e sentimentos.

Outras dicas práticas frequentemente mencionadas em programas sobre falar em público incluem:

- Passe bastante tempo ensaiando seu discurso ou *performance* com antecedência (idealmente, na frente de um amigo) para aumentar a confiança.
- Faça uma caminhada para liberar a energia nervosa 1 ou 2 horas antes da sua apresentação e certifique-se de não se apresentar com o estômago vazio. (Mantenha seu nível de açúcar no sangue alto.)
- Tenha um copo de água disponível ao lado do palco para que você tenha algo a fazer caso sua mente se distraia com pensamentos ansiosos ou sintomas corporais.
- Se você tem medo do público, imagine-o como bebês com toucas ou pessoas usando apenas roupa íntima, para se lembrar de que são apenas pessoas.
- Se faz parte da sua filosofia, faça uma oração e entregue o seu desempenho ao seu poder superior ou divindade.

Medicação

Muitos artistas usam medicamentos betabloqueadores, como *propranolol* ou *metoprolol*, antes da apresentação para reduzir os sintomas do corpo, como sudorese, mãos trêmulas ou coração batendo forte. Esses medicamentos podem ser muito eficazes. Menos comuns, mas às vezes úteis, são os tranquilizantes antes da apresentação ou sedativos na noite anterior (para garantir o sono). Embora esses últimos possam ser úteis para reduzir a ansiedade ou ajudar a dormir, eles têm a desvantagem de, às vezes, enfraquecer o acesso aos seus sentimentos e à espontaneidade interior. Uma dose muito alta também pode interferir na clareza mental.

Recursos

Os livros e áudios de Janet Esposito são altamente recomendados para lidar com a ansiedade de desempenho. Seu primeiro livro, *In the Spotlight*, fornece uma excelente introdução geral, ao passo que seu livro posterior, *Getting Over Stage Fright*, fornece afirmações e práticas específicas para ajudar a reformular sua abordagem e sua atitude em relação ao desempenho na frente dos outros. Você pode fazer uma pesquisa no Google sobre ansiedade de desempenho para ver muitos *sites* diferentes sobre o assunto.

Medo de voar

O medo de voar é a segunda fobia mais comum (depois do medo de falar em público). Cerca de 8% da população dos Estados Unidos evita completamente voar ou o faz com dificuldade. Uma maior porcentagem da população não gosta de voar e está inclinada a fazê-lo apenas quando necessário, como para negócios ou para participar de um evento familiar importante. Às vezes, o medo de voar pode interferir na vida de uma pessoa de maneiras importantes – ela pode evitar empregos desejáveis que exijam voar ou sair de férias para visitar familiares e amigos.

Com frequência, o medo de voar se sobrepõe a outras fobias, particularmente à *claustrofobia* – o medo de ficar fechado em um ambiente sem capacidade de sair por um determinado período. O medo de altura (*acrofobia*) também pode desempenhar um papel. Para alguns, o principal medo é de um acidente de avião, apesar de as chances realistas de um acidente serem inferiores a uma em 10 milhões. Outros medos podem incluir medo de turbulência aérea, medo de sequestradores ou apenas um medo geral de abandonar o controle, colocando a vida nas mãos dos pilotos.

A fobia de voar pode envolver evitar completamente voos ou voar apenas com a ajuda de sedação por álcool e/ou tranquilizantes prescritos. Passageiros medrosos geralmente têm medo de ter um ataque de pânico enquanto voam, e isso pode ser baseado em uma experiência anterior ruim.

Causas

A causa mais frequente da fobia de voar é uma experiência traumática de voar, seja relacionada a outra fobia (como altura ou sensação de enclausuramento), seja como resultado de enfrentar forte turbulência aérea, ficar doente (vomitar) durante o voo e/ou ter um forte ataque de pânico. Uma vez que você começa a evitar voar, quanto mais você evita, mais assombrosa a ideia de voar novamente parece se tornar.

Às vezes, assistir a cenas de um acidente aéreo na TV será suficiente para iniciar uma fobia em certos indivíduos. Além disso, ter uma experiência negativa *após* o voo, como voar para uma reunião apenas para ser informado de que você foi demitido, pode ser traumático o suficiente para instigar uma forte associação negativa com o voo.

Tratamento

A educação e a terapia cognitivo-comportamental são os pilares do tratamento eficaz para a fobia de voar. A educação inclui informações sobre como os aviões voam e todas as múltiplas precauções que são tomadas para garantir a segurança. O fato de os aviões serem projetados para suportar várias vezes a quantidade de turbulência do ar que eles poderiam encontrar é útil para diminuir os receios que surgem em torno da perspectiva de uma viagem acidentada devido à turbulência. Entender que certos ruídos abruptos, como abaixar o trem de pouso, são apenas uma parte rotineira do voo pode ajudar aqueles que se assustam com qualquer som inesperado. Finalmente, o simples fato de saber que as probabilidades estatísticas de um único avião comercial cair são inferiores a uma em 10 milhões – probabilidades muito mais favoráveis do que morrer ou ficar gravemente ferido em um acidente de automóvel – ajuda muitas pessoas.

A terapia cognitivo-comportamental consiste em ensinar às pessoas estratégias de controle do pânico (ver Capítulo 6) e, em seguida, trabalhar para mudar pensamentos catastróficos com base nos medos específicos do indivíduo. Uma hierarquia de exposições progressivas ao voo é configurada, começando com uma ida ao aeroporto e culminando com um voo real, geralmente com 1 hora de duração, no máximo. Às vezes, os terapeutas especializados em fobia de voar têm um acordo com uma companhia aérea para permitir que seus clientes entrem e se sentem em um avião aterrado alguns dias antes de fazer um voo real – uma importante exposição intermediária. No dia do primeiro voo, o cliente pode ser acompanhado pelo terapeuta ou por uma pessoa de apoio.

Muitas vezes, é útil criar maneiras construtivas de desviar sua atenção para facilitar um voo inicial menos ansioso. Um terapeuta ou uma pessoa de apoio pode conversar continuamente com você antes e durante o voo para desviar sua atenção de sintomas corporais e pensamentos de medo. Você também pode levar um "*kit* de ferramentas" a bordo do voo, com formas favoritas de diversão, como revistas, uma *playlist* de visualizações guiadas ou livros de enigmas. Muitas transportadoras aéreas oferecem filmes para ajudar a desviar a atenção do próprio voo.

A medicação pode ser uma intervenção de tratamento adicional em alguns casos. Tranquilizantes, como alprazolam ou lorazepam, ou betabloqueadores, como propranolol ou metoprolol, podem ser utilizados para ajudar tanto a experiência subjetiva de ansiedade quanto os sintomas físicos do corpo antes e durante o voo. Muitas pessoas que têm medo de voar se automedicam com álcool antes e durante o voo. O problema disso é que o álcool tem um efeito mais forte em uma cabine pressurizada (devido à diminuição dos níveis de oxigênio), então uma ou duas bebidas podem produzir altos níveis de intoxicação para algumas pessoas.

A seguir, são apresentadas algumas orientações adicionais para passageiros medrosos:

- Eduque-se sobre como os aviões operam. Por exemplo, ajuda saber que, mesmo que um motor falhe, o avião pode continuar a voar. O programa SOAR, mencionado na seção "Recursos", a seguir, fornece informações detalhadas sobre como voar.
- Se for um problema sentir-se confinado, certifique-se de escolher um assento no corredor (também aconselhável se a altura acima do solo for um problema).
- Reserve bastante tempo no dia em que fizer seu voo inicial – não tenha pressa.
- Peça a uma pessoa de apoio que o acompanhe e converse com você durante o voo.
- Se possível, faça o seu voo inicial com 1 hora de duração no máximo em cada trecho.
- Tenha um "*kit* de ferramentas" com coisas que podem desviar sua atenção enquanto estiver a bordo do avião.
- Use medicamentos prescritos apenas se achar que precisa de uma margem extra de segurança contra a ansiedade. Evite a cafeína no dia em que voar.

Recursos

Existem vários programas e *sites* especializados que contêm muitas informações (bem como programas pagos) sobre a fobia de voar. O capitão Tom Bunn oferece o conhecido *Programa SOAR* para medo de voar (ver *fearofflying.com*). Reid Wilson, PhD, oferece um programa popular chamado *Achieving Comfortable Flight* (ver *anxieties.com*). Muitos livros sobre o medo de voar estão disponíveis na *amazon.com*.

Claustrofobia

A maioria das pessoas sabe que a *claustrofobia* se refere ao medo de se sentir preso e não ter como escapar. Ela pode assumir uma variedade de formas, incluindo medo de salas pequenas e/ou lotadas, como restaurantes ou cinemas, medo de ficar preso no trânsito, medo de túneis, medo de metrôs, medo de ficar preso na fila ou medo de sentar-se em uma cadeira enquanto passa por um procedimento. Além disso, ela pode se sobrepor a outras fobias. Muitas pessoas que temem voar têm realmente medo do confinamento forçado de estar a bordo do avião por um determinado período. O medo de elevadores também pode ter um forte componente claustrofóbico. Uma das formas mais conhecidas de claustrofobia ocorre durante o confinamento na pequena câmara semelhante a um túnel de um *scanner* de ressonância magnética. Isso pode ser um problema significativo se você precisar de tal procedimento.

Para uma certa proporção de claustrofóbicos, há um segundo estágio do problema. O medo do confinamento, se não aliviado, leva ao medo de sufocamento, de não receber ar suficiente. O medo do confinamento, ou o confinamento combinado com o medo de sufocamento, pode levar ao ataque de pânico. Os ataques de pânico incluem a variedade usual de sintomas, como sudorese, tremores e palpitações cardíacas. Com claustrofobia, você também pode sentir que as paredes estão se fechando e um desejo desesperado de escapar.

A claustrofobia pode se generalizar para toda uma gama de situações. Você pode evitar multidões em geral, ou sempre sentar-se próximo da porta de qualquer sala que contenha outras pessoas, a fim de ter fácil acesso para fora. Viajar pode ser muito difícil para alguns claustrofóbicos, uma vez que qualquer forma de viajar, seja de avião, trem ou carro, requer um período prolongado de confinamento.

Causas

Não há um consenso claro sobre o que causa a claustrofobia. A explicação mais comum é uma experiência traumática na infância, em que você ficou assustado enquanto estava confinado de alguma forma. No entanto, há muitas pessoas com claustrofobia que não conseguem se lembrar de tal experiência. Algum grau de resistência ao confinamento é comum a todos os seres humanos e animais, mas a claustrofobia parece ser uma forma muito exagerada dessa reação.

Tratamento

Assim como acontece com outras fobias, a terapia cognitivo-comportamental é usada de forma eficaz para tratar a claustrofobia. No componente cognitivo, o terapeuta o ajudaria a identificar e desafiar crenças catastróficas, como a falsa ideia de que estar confinado a uma sala lotada ou a um avião lotado é potencialmente ameaçador ou perigoso. Você trabalharia para fortalecer a crença de que há muitas vantagens em poder viajar, em vez de evitar viajar simplesmente devido ao seu medo de confinamento. Depois de trabalhar para mudar suas crenças de medo, você passaria por uma hierarquia personalizada de exposições que progride de tipos simples para mais difíceis de situações de confinamento que o incomodam. Por exemplo, no caso de túneis, você passaria de túneis curtos para túneis mais longos, provavelmente tendo uma pessoa de apoio com você no início. No caso do transporte público (ônibus ou trens), você passaria de viagens curtas com uma pessoa de apoio, eventualmente, para viagens mais longas sozinho. Uma *hierarquia* de exposição normalmente envolve confrontar uma progressão de situações cada vez mais difíceis relacionadas à fobia específica, mas, em alguns casos, certas pessoas parecem se dar bem com uma ordem aleatória de dificuldade entre várias exposições ao confinamento (ver Capítulo 7 para obter mais informações).

A *realidade virtual* também tem sido usada de forma eficaz para tratar a claustrofobia. Os pesquisadores descobriram que a realidade virtual – recriar uma experiência de vídeo tridimensional de um procedimento de ressonância magnética – reduziu a ansiedade quando os sujeitos passaram posteriormente pelo procedimento real (Garcia-Palacios et al., 2007).

Medicamentos, incluindo tranquilizantes e betabloqueadores, às vezes são usados para tratar a claustrofobia nos casos em que a situação de que você tem medo ocorre com pouca frequência, como fazer uma viagem.

Recursos

Livros especializados no tema da claustrofobia estão disponíveis na *amazon.com*.

Medo de doenças (hipocondria)

A *hipocondria* é definida como uma preocupação excessiva em ter uma doença grave, mesmo após garantia médica. Muitas vezes, um sintoma corporal específico, como desconforto gástrico, dores de cabeça intermitentes ou palpitações cardíacas, é considerado evidência de uma doença com risco de vida. Ter uma forte dor de cabeça pode ser considerado evidência de tumor cerebral, ou uma tosse crônica como evidência de câncer. Esquecer onde você coloca algo pode ser tomado como uma indicação de doença de Alzheimer.

Algumas pessoas procuram continuamente vários médicos e fazem exames repetidamente para confirmar se têm a temida doença, ao passo que outras evitam os médicos por medo de que o pior cenário seja verdadeiro.

A hipocondria é frequentemente considerada um *transtorno do espectro OC* (obsessivo-compulsivo), uma vez que envolve medos intrusivos seguidos de verificação compulsiva, como sentir nódulos ou conferir continuamente a pressão arterial. (Ver Capítulo 1 deste guia para obter mais informações sobre os transtornos do espectro OC.) Em outros casos, é mais como uma fobia, que consiste em sensibilidade excessiva e evitação de qualquer coisa que lembre, por exemplo, câncer. Uma diferença entre transtorno obsessivo-compulsivo (TOC) e hipocondria é que os portadores de TOC tendem a temer e ficar obcecados em contrair uma doença, ao passo que os hipocondríacos temem que já tenham uma doença e interpretam sintomas menores como evidência disso.

Cerca de 4 a 6% da população que já tem um problema médico demonstram hipocondria em algum momento de sua vida. A porcentagem é menor para pessoas que não têm histórico de problemas médicos significativos. Homens e mulheres são igualmente afetados pela hipocondria.

Causas

Muitos fatores de diferentes naturezas podem levar à hipocondria. Ela pode se desenvolver por meio de uma identificação inconsciente após uma doença grave ou a morte de um membro da família. De repente, você começa a temer que tenha desenvolvido a mesma doença ou uma semelhante. Até mesmo se aproximar da idade em que ocorreu a morte prematura de um ente querido pode ser suficiente para desencadear preocupação consigo mesmo. Pandemias previstas, como um surto mundial de gripe, levam algumas pessoas a ficarem obcecadas em ficar doentes. Mesmo ver um especial na TV sobre uma doença específica pode ser suficiente para desencadear uma preocupação séria com essa doença.

Estudos familiares de hipocondria encontraram pouca evidência de uma predisposição genética. No entanto, ter um parente de primeiro grau com TOC aumenta a probabilidade de você desenvolver uma preocupação obsessiva com uma doença específica.

Tratamento

A terapia cognitivo-comportamental é o tratamento de primeira linha para a hipocondria. O componente cognitivo se concentra em identificar e combater falsas crenças que o levam a superestimar a ameaça representada por seus sintomas. As chances de realmente ter uma doença com risco de vida são geralmente muito baixas, muito menores do que o risco estimado. A parte comportamental se concentra em interromper a busca pela garantia contínua dos médicos e de outras pessoas. Além disso, você trabalharia para interromper o monitoramento contínuo de seu corpo em busca de evidências do problema, o que apenas reforça seu medo. Pesquisas excessivas sobre a doença na internet também seriam descontinuadas. Ser frequentemente exposto a sintomas que evocam preocupação com a doença – sem se envolver em monitoramento corporal, busca de tranquilidade ou pesquisa na internet – é uma abordagem muito semelhante à prevenção de exposição e resposta utilizada no tratamento do TOC.

Outra abordagem utilizada com hipocondria é a exposição imaginária. Aqui, você escreveria o pior cenário possível de ter a temida doença (como câncer ou aids) em detalhes vívidos. Seu roteiro poderia ser gravado em áudio, e você ouviria a gravação repetidamente até neutralizar os medos e as preocupações que ela evoca. Embora esse possa ser um processo desconfortável no início, em última análise, ele reduz a frequência e a intensidade das preocupações intrusivas sobre a doença.

A terapia baseada em atenção plena pode ser utilizada para tratar a hipocondria, assim como no caso do TOC. O objetivo da terapia baseada em *mindfulness* (como a terapia de aceitação e compromisso) é desenvolver a capacidade de experimentar de forma mais voluntária pensamentos, sentimentos e sensações desconfortáveis sem lutar ou tentar controlá-los. Isso pode naturalmente levá-lo a se envolver em comportamentos menos preocupados, como consultas médicas, monitoramento corporal ou busca de garantias.

Finalmente, como no TOC, os medicamentos inibidores seletivos da recaptação da serotonina (ISRSs) podem ser úteis na redução da ansiedade (e da depressão) em torno da preocupação excessiva em ter uma doença.

Recursos

Muitos bons livros sobre ansiedade em relação à saúde estão disponíveis. Veja, por exemplo, *Overcoming Health Anxiety*, de Katherine Owens e Martin Antony.

Medo de ir ao dentista

A fobia dentária pode envolver medo e evitação da odontologia em geral, ou um medo mais específico de ter um procedimento odontológico específico. Em alguns casos, parece que o problema não é uma fobia, mas sim sintomas de transtorno de estresse pós-traumático em resposta a uma experiência dentária traumática anterior.

Mais da metade dos adultos nos Estados Unidos experimentam alguma ansiedade sobre ir ao dentista, embora um número muito menor seja fóbico a ponto de evitar completamente os dentistas, a menos que tenham uma emergência dentária aguda e dolorosa. Obviamente, isso pode criar problemas muito sérios para a saúde bucal, resultando em procedimentos muito mais difíceis e intrusivos no futuro, quando você não teve limpezas regulares e manutenção dentária de rotina ao longo dos anos.

Mulheres e crianças pequenas relatam uma maior incidência de fobia dentária do que os homens. Quanto mais invasivo for o procedimento (p. ex., cirurgia oral), maior será a probabilidade de ter fobia dentária ou, pelo menos, ansiedade dentária antecipatória considerável.

Causas

Existem várias maneiras de desenvolver o medo de ir ao dentista. O mais comum é realmente ter tido uma experiência dentária dolorosa ou traumática. Um segundo fator é a personalidade do dentista. Mesmo na ausência de experiências dolorosas, muitas pessoas desenvolvem medos simplesmente como resultado de ser atendido por um dentista que acharam frio, impessoal ou indiferente.

Outras causas podem incluir ouvir sobre uma experiência ruim de outra pessoa ou uma generalização do medo da fobia de médico – ou seja, você pode ter medo de receber qualquer procedimento em uma clínica antisséptica administrada por um profissional de saúde.

Muitas vezes, uma fobia dentária pode se sobrepor ao medo do confinamento (estar em uma cadeira da qual não se pode sair durante um período) ou ao medo de perder o controle (abrir mão do controle completo para o dentista, especialmente nos casos em que você está sedado ou adormecido para o procedimento). Às vezes, há um medo de se render aos efeitos do anestésico.

Tratamento

Assim como acontece com outras fobias, o tratamento de primeira linha para a fobia dentária é a terapia cognitivo-comportamental. Isso inclui três componentes:

- Aprender técnicas de controle do pânico, conforme descrito no Capítulo 6 deste guia (p. ex., respiração abdominal e uso de declarações específicas de enfrentamento).
- Identificar e desafiar medos catastróficos sobre a situação fóbica – tendência de superestimar o perigo ou a ameaça da situação e subestimar sua capacidade de lidar com ela, conforme descrito no Capítulo 8. Veja especificamente a seção "Alterando o diálogo interno que perpetua medos e fobias específicos" nesse capítulo.
- Submeter-se à exposição gradual à situação fóbica. Uma hierarquia de exposições seria estabelecida em relação ao consultório do dentista, depois à sala de tratamento e, finalmente, a um procedimento específico, como receber uma injeção antes de um preenchimento. Nesse último caso, você pode primeiro ver a seringa de lidocaína, depois manipulá-la, depois testemunhar o dentista aplicando uma injeção de "placebo" em si mesmo e, finalmente, receber a injeção enquanto está em um estado de relaxamento induzido.

Há uma variável crucial além da terapia cognitivo-comportamental que é fundamental para o sucesso do tratamento: a personalidade e o estilo do dentista ao cuidar de seus pacientes.

A maioria dos pacientes com fobia de ir ao dentista atestará que o fator mais importante para o ajudar a superar seu medo foi a maneira atenciosa do dentista no leito ou à beira da cadeira. Ele é caloroso, carinhoso, atencioso, reconfortante e disposto a explicar as coisas de forma simples e clara? Essas qualidades pessoais ajudam muito a mitigar a ansiedade. Outras coisas que podem ser feitas para tornar o ambiente odontológico mais confortável para pessoas com fobia de ir ao dentista incluem eliminar os odores tradicionais de antissépticos, pedir à equipe que use roupas não clínicas e reproduzir música relaxante ao fundo.

Clínicas especializadas que afirmam oferecer odontologia sem medo existem em muitas das principais áreas metropolitanas. É útil perguntar aos amigos se eles poderiam indicar um dentista com quem tenham um relacionamento fácil e confortável.

Os medicamentos são comumente utilizados para controlar a ansiedade sobre procedimentos odontológicos. O óxido nitroso (ou "gás hilariante") pode ser usado para ajudá-lo a relaxar, embora algumas pessoas tenham medo da máscara que precisa ser utilizada para administrar o gás. Os tranquilizantes benzodiazepínicos, como alprazolam ou diazepam, podem ser administrados por via oral ou intravenosa antes do procedimento. Embora tais medicamentos o ajudem a relaxar, você permanece consciente e capaz de se comunicar com o dentista. Em geral, se você é propenso à ansiedade dentária, pergunte ao seu dentista sobre o uso de um anestésico dentário que não contenha adrenalina.

Algumas dicas úteis para fóbicos dentários:

- Ao trocar de dentista, reúna-se antes de qualquer procedimento para conhecê-lo pessoalmente, bem como para saber como você se sente em relação ao ambiente do consultório.
- Leve uma pessoa de apoio quando for ao dentista, mas não a deixe falar por você. Em vez disso, certifique-se de se comunicar diretamente com o dentista.
- Para qualquer novo procedimento, peça ao dentista que explique e demonstre o procedimento com algum detalhe antes de realmente realizá-lo.
- Tenha um sinal manual predeterminado que você pode usar para informar ao dentista quando você precisa fazer uma pausa, ou no caso de precisar de mais anestésico local.
- Procure encontrar um dentista que seja atencioso, atento às suas necessidades, disposto a explicar tudo e capaz de fornecer muitos reforços positivos. Se o dentista não é alguém em quem você possa confiar e se sentir confortável, procure outra pessoa.

Recursos

Para obter mais informações úteis sobre como lidar com fobias dentárias, faça uma pesquisa no Google por "ajuda para medo de ir ao dentista", em que você encontrará muitos *sites* sobre o assunto.

Fobia de sangue/injeção

O medo de sangue, o medo de ferimentos associados ao sangue e o medo de injeções ou coletas de sangue geralmente andam juntos. A prevalência desses medos na população adulta é de cerca de 4%. Uma fobia completa de injeções pode ter consequências muito graves para a saúde se você se recusar a fazer exames de sangue ou receber medicamentos potencialmente vitais que precisam ser administrados por injeção ou via intravenosa. Cerca de 25% das pessoas com fobias de sangue/injeção comprometem sua saúde, evitando completamente as visitas ao médico (Thompson, 1999).

De todos os transtornos de ansiedade, a fobia de sangue/injeção tem o grau mais forte de associação familiar. Até 60% das pessoas com esse tipo de fobia têm um membro da família com o mesmo problema ou um problema relacionado, ao passo que a incidência na população em geral, como mencionado, é de cerca de 4%. Embora não tenha sido feita uma extensa pesquisa sobre essa questão, um estudo descobriu que a herdabilidade da fobia de sangue/injeção é de 59% (LeBeau et al., 2010). Uma característica incomum das fobias de sangue/injeção, que a distingue de todas as outras fobias, é que elas geralmente envolvem uma resposta fraca. Quando confrontado com a visão de sangue (seu ou de outra pessoa) ou a perspectiva de receber uma injeção, há uma resposta dupla. A primeira fase é uma resposta normal de ansiedade, com aumento da frequência cardíaca, aumento da pressão arterial e outros sintomas semelhantes ao pânico. Isso é seguido por queda repentina da pressão arterial, desaceleração da frequência cardíaca (chamada de *bradicardia*) e redução do fluxo sanguíneo para o cérebro, o que pode resultar em reações de desmaio ou pré-desmaio, como tontura, suor, visão de túnel ou náuseas. Esses sintomas são decorrentes de um fenômeno chamado de "resposta vasovagal". Nesse caso, o nervo vago, o décimo dos 12 nervos cranianos, estimula o sistema nervoso parassimpático a compensar excessivamente a excitação inicial do sistema nervoso simpático associada à alta ansiedade. (Para obter mais informações sobre os sistemas nervosos parassimpático e simpático, ver seção "A fisiologia do pânico", no Capítulo 2.) Cerca de 75% das pessoas com fobias de sangue/injeção tendem a ter sintomas de pré-desmaio ou realmente desmaiar, o que lhes permite escapar do estímulo temido.

Causas

As causas da fobia de sangue/injeção ainda não foram totalmente compreendidas. Há algumas evidências sugerindo que essa classe de fobias tem uma base hereditária, como mencionado anteriormente. No entanto, muitas pessoas com fobias de sangue/lesão citam uma causa traumática na infância como sua fonte percebida do problema. A fobia de sangue/lesão pode se desenvolver na infância em resposta a uma experiência assustadora no consultório médico.

Tratamento

A terapia cognitivo-comportamental, enfatizando a terapia de exposição, funciona bem para fobias de sangue/injeção. No entanto, devido à resposta de desmaio, uma técnica adicional, chamada de "tensão aplicada", está incluída. Após a primeira sensação de possível desmaio, você é instruído a tensionar os pés, as pernas, os braços e os ombros rapidamente de uma só vez. Então, você os solta e os tensiona novamente. Isso aumenta a pressão arterial e bloqueia a resposta de desmaio. Ainda mais importante, isso lhe dá confiança de que você tem uma estratégia de enfrentamento que pode usar para superar o desmaio. Com essa confiança, é muito mais fácil negociar a exposição.

É preciso alguma desenvoltura para criar exposições eficazes para esse tipo de fobia. Uma possível hierarquia de exposições para fobia sanguínea incluiria os seguintes passos:

1. Leia um artigo sobre sangramento.
2. Veja fotos de sangue.
3. Veja fotos de lesões envolvendo sangue.
4. Assista a vídeos ou filmes que envolvam sangue e ferimentos.
5. Segure um frasco ou tubo de ensaio contendo sangue.
6. Visite um banco de sangue.
7. Testemunhe uma cirurgia veterinária (se isso puder ser providenciado).

Para a fobia de injeção, uma possível hierarquia de exposição poderia incluir os seguintes passos:

1. Veja fotos de pessoas recebendo uma injeção.

2. Veja vídeos de pessoas recebendo uma injeção.
3. Visite um consultório médico e veja alguém receber uma injeção.
4. Visite um consultório médico e observe alguém fazer uma coleta de sangue.
5. Manuseie seringas.
6. Peça a um profissional de saúde que toque uma agulha de seringa na sua pele sem perfurá-la.
7. Receba uma injeção no braço.
8. Faça uma coleta de sangue.

Assim como ocorre com outras fobias, é melhor iniciar a hierarquia em qualquer etapa que cause ansiedade leve e repetir quaisquer etapas mais difíceis mais de uma vez se causarem ansiedade excessiva. Para algumas pessoas, fazer exposições em uma ordem aleatória de dificuldade, em vez de em uma ordem progressiva, pode acelerar o processo. Inicialmente, pode ser bem útil ter uma pessoa de apoio que vai com você para um ambiente médico. A medicação (um tranquilizante) pode ser usada para ajudá-lo a dar um passo particularmente difícil, mas geralmente não é recomendada se você estiver propenso a desmaiar. Para ter confiança de que você não vai desmaiar, a tensão aplicada deve ser utilizada quando você sentir tontura. Como descrito anteriormente, isso inclui tensionar repentinamente os pés, as pernas, os braços e os ombros ao mesmo tempo. Segure-os firmemente por pelo menos 5 segundos. Em seguida, solte todos os músculos, tensione-os e relaxe-os novamente. Em alguns casos em que o desmaio é um problema difícil, as exposições podem ser feitas primeiro com você deitado, depois sentado e, finalmente, em pé.

Em ambientes médicos e, particularmente, odontológicos, uma variedade de anestésicos pode ser usada para reduzir o medo de ser injetado. Esses anestésicos geralmente incluem algum tipo de gel anestesiante aplicado na gengiva, seguido por uma injeção muito gradual de anestésico. Muitas vezes, você nem percebe a agulha. Os dentistas mais competentes são proficientes na administração de injeções indolores.

Recursos

Assim como ocorre com todas as fobias específicas, uma variedade de *sites* úteis pode ser encontrada ao se fazer uma pesquisa no Google por "fobia de sangue/lesão".

Medo de vomitar (emetofobia)

O medo de vomitar, às vezes chamado de *emetofobia*, é surpreendentemente prevalente. Ele pode assumir várias formas, incluindo o medo de vomitar, o medo de vomitar em público, o medo de ver vômito ou o medo de ver outra pessoa vomitar.

A emetofobia pode se desenvolver na infância ou na idade adulta e durar anos sem tratamento. Às vezes, ela acompanha outros medos, como o medo de comer, ou outros transtornos, como transtornos alimentares (anorexia e/ou bulimia) ou transtorno obsessivo-compulsivo.

A maioria das pessoas com emetofobia raramente vomita e pode não ter vomitado desde a infância. No entanto, quando o medo é grave, sua vida pode ser restringida de várias maneiras. Você pode evitar longas viagens de carro ou ir apenas a lugares onde você sabe que um banheiro está facilmente disponível. Pode querer viajar apenas quando você pode ser o motorista ou mesmo somente quando é capaz de dirigir sozinho. Ou você pode ter medo de ficar perto de bebês ou pessoas doentes que você acredita que têm um risco maior de vomitar. Com frequência, você é hipervigilante em relação a quaisquer sintomas gastrintestinais. Nessa fobia, a náusea é a pior coisa que pode acontecer com você. Você tem medo de vomitar, o que agrava mais as náuseas, o que, por sua vez, aumenta o desejo de vomitar, e o ciclo continua até que você entre em pânico.

Às vezes, o medo de vomitar se associa ao medo de comer. Você pode restringir fortemente o que come ou comer pouco para evitar a possibilidade de se sentir cheio (pois a sensação de saciedade pode preceder o vômito). Em casos raros, a emetofobia pode estar associada à anorexia.

Causas

Um medo geral de perder o controle muitas vezes pode ser encontrado em pessoas que têm medo de vomitar. Para alguns, a fobia começa com um caso particularmente ruim de vômito na infância, ou ver vômito de um ente querido que está muito doente. Quanto mais traumática for a experiência inicial, maior será a probabilidade de uma fobia se desenvolver. Em outros casos, nenhum incidente traumático do passado pode ser encontrado, e o medo parece concentrar-se mais em perder o controle de si mesmo.

Tratamento

Se você é emetofóbico, a primeira coisa a descobrir é do que realmente tem medo. É do próprio vômito ou é medo de rejeição se outras pessoas virem você vomitar? Ou tem a ver, de forma mais geral, com a perda de controle do seu corpo? É importante identificar e trabalhar o medo ou os medos centrais.

Em seguida, é importante fazer uma lista de todas as situações que você evita devido ao seu medo. Por exemplo, você pode evitar fazer longas viagens de carro, fazer um cruzeiro de barco, comer certos alimentos que você acha que podem deixá-lo doente, estar perto de bebês e crianças pequenas ou fazer passeios em parques de diversões. Liste todas as situações que você evita em ordem de dificuldade e, em seguida, assuma gradualmente o risco de enfrentar e entrar em cada uma delas. Trabalhar com uma progressão de exposições o ajudará a recuperar sua vida, bem como a reduzir o medo de vomitar.

Finalmente, a exposição ao próprio vômito o ajudará a superar seu medo. Uma maneira de fazer isso é anotar uma série de cenários de vômito, começando do cenário mais fácil e progredindo até o pior cenário de vômito que você possa imaginar (p. ex., você se descreve, em detalhes gráficos, vomitando em si mesmo e nos outros enquanto está na presença de colegas de trabalho que desaprovam isso). Leia seus cenários de vômito escritos repetidamente ou, melhor ainda, peça a alguém que os leia para você várias vezes, até que as cenas percam a capacidade de evocar muita ansiedade. Você também pode gravar sua série de cenários de vômito em seu *smartphone* e reproduzi-los.

Outra maneira de fazer a exposição (não exclusiva da primeira) é olhar para uma série de cenas de vômitos, progredindo de fotos coloridas de vômitos para vídeos e filmes que tenham cenas gráficas de vômito. Em última análise, você deve progredir para uma situação de vômito ao vivo – por exemplo, um berçário em que os bebês estão almoçando e regurgitando em si mesmos. Se você for ousado, pode progredir para o vômito autoinduzido, embora especialistas emetofóbicos não saibam se isso é útil.

Ao fazer um ou ambos os tipos de exposição, você se acostumará mais a vomitar e afastará suas crenças centrais de que o vômito é algo horrível, passando a ser apenas uma função corporal normal.

Os medicamentos geralmente não são usados para emetofobia (exceto às vezes para ajudá-lo a entrar em uma situação anteriormente evitada). Se o refluxo ácido faz parte da emetofobia, os medicamentos para esse problema podem ser úteis. Muitos emetofóbicos tendem a evitar medicamentos ansiolíticos por medo de que causem vômitos. Remédios naturais para náuseas, como chá de gengibre ou refrigerante, podem ser úteis na redução dos sintomas duradouros de náuseas que exacerbam a ansiedade.

Recursos

Muitos *sites* excelentes sobre emetofobia estão disponíveis *on-line*.

Medo de altura

O medo de altura, ou *acrofobia*, é outra fobia muito comum. Com frequência, combina-se com outras fobias, como medo de voar, medo de andar de elevador ou medo de dirigir sobre uma ponte alta. A forma mais frequente do medo é estar no alto de um prédio. Cerca de 5% da população adulta sofre de acrofobia, e a condição afeta mais mulheres do que homens.

Às vezes, o medo de altura é confundido com vertigem. A *vertigem* é uma sensação de tontura geralmente causada por uma condição médica e raramente ocorre com acrofobia. As reações mais comuns às alturas são tontura e dificuldade em confiar em seu próprio senso de equilíbrio. Com frequência, você pode se agarrar a algo para se estabilizar e, se isso não ajudar, entrar em pânico.

Pessoas com acrofobia devem evitar trabalhos de construção em altura ou subir escadas altas. Infelizmente, essa é uma fobia em que o pânico pode, em algumas circunstâncias, levar a uma queda perigosa.

A acrofobia pode resultar em severas restrições à sua vida se fizer com que você, por exemplo, evite aceitar uma oferta de emprego que envolva estar no alto de um prédio, ou visitar um parente no hospital que esteja em um andar alto.

Causas

Uma certa quantidade de acrofobia é instintiva em todos os animais, pois tem vantagem evolutiva na prevenção de quedas. No entanto, uma verdadeira fobia de altura é normalmente aprendida e é um exagero da resposta normal e adaptativa do medo de altura. A acrofobia pode se desenvolver como resultado de uma queda real ou da memória de um incidente em que você teve muito medo de cair quando criança. As pessoas propensas a ter problemas de equilíbrio podem ser mais suscetíveis a desenvolver medo de altura, mas a pesquisa sobre isso é inconclusiva.

Tratamento

A terapia cognitivo-comportamental é eficaz na superação do medo de altura. O acrofóbico aprende primeiro estratégias de controle do pânico (ver Capítulo 6) e, depois, passa por uma hierarquia de exposições a situações que envolvem alturas crescentes. Isso pode ser feito subindo andares sucessivos em um prédio e olhando por uma janela, ou até mesmo caminhando em varandas. Assim como ocorre com outras fobias, ter uma pessoa de apoio para acompanhá-lo na primeira tentativa de exposição pode ser muito útil. Aqui está um exemplo de uma hierarquia de exposições para o medo de altura:

1. Vá para o segundo andar de um prédio e olhe pela janela durante 10 a 60 segundos. Tenha uma pessoa de apoio com você, se desejar.
2. Olhe pela janela do segundo andar durante 2 a 5 minutos. Olhe para fora e, depois, para baixo. Peça a uma pessoa de apoio que vá com você no início; se desejar, faça isso sozinho.
3. Vá para o terceiro andar de um prédio e olhe pela janela durante 10 a 60 segundos. Leve alguém com você, se desejar.
4. Repita a etapa anterior por 2 ou 3 minutos. Olhe para a frente e, depois, para baixo.
5. Repita as duas etapas anteriores com acesso por telefone à sua pessoa de suporte e, em seguida, faça-as novamente sozinho.
6. Continue o processo que você fez com as etapas anteriores para andares progressivamente mais altos em um edifício mais alto. Além do quarto andar, pegue um elevador para os andares mais altos.
7. Continue avançando para andares mais altos até atingir o objetivo desejado (idealmente, o andar mais alto do prédio mais alto da área onde você mora).
8. Se possível, vá para uma varanda ou uma plataforma de observação na altura do seu objetivo (você pode querer experimentar as varandas nos andares inferiores primeiro).

Observação: a hierarquia de exposição apresentada se refere apenas a lidar com edifícios altos, que podem ou não estar perto de onde você mora. A acrofobia também pode envolver o medo de estradas altas e íngremes ou pontes altas. Em ambos os casos, você pode querer escrever cenários detalhados, em que você visualiza primeiro a realização de uma estrada ou ponte elevada e, em seguida, confronta a altura na vida real, talvez primeiro com uma pessoa de apoio e, por fim, sozinho. Para a acrofobia que surge durante o voo, ver seção deste capítulo sobre medo de voar.

A exposição virtual também tem sido utilizada de forma eficaz com o medo de altura. Isso envolve recriar uma hierarquia de cenários de altura em realidade virtual usando equipamentos especiais. As clínicas que podem pagar pelo equipamento preferem essa opção, uma vez que ela permite que os terapeutas tratem mais pessoas de maneira mais eficiente e oportuna.

Recursos

Vários bons livros sobre o medo de altura estão disponíveis na *amazon.com*.

Fobias de animais e insetos

Fobias de tipos específicos de animais ou insetos são abundantes. O medo pode ser de cobras, morcegos, camundongos ou ratos, cães, gatos, certos pássaros, sapos, aranhas, abelhas ou baratas, para citar alguns dos exemplos mais comuns. As pessoas com esse tipo de fobia evitam não apenas um determinado animal/inseto, mas também áreas onde acreditam que podem estar expostas à criatura temida. Evidências da presença do animal/inseto temido, como ver uma teia de aranha, ouvir um cachorro latir ou estar perto de um zoológico, são suficientes para evocar um forte medo. Às vezes, apenas ver uma foto da criatura levará a um ataque de pânico.

Na infância, alguns desses medos são tão comuns que são considerados normais. Somente quando eles perturbam significativamente sua vida e/ou causam sofrimento significativo – quando criança ou adulto – é que eles se qualificam como uma fobia. Em geral, as fobias de animais e insetos tendem a ser mais comuns em mulheres do que em homens, especialmente em relação a cobras, camundongos, aranhas e baratas.

Causas

Foi proposto que certas fobias de animais ou insetos, como medo de cobras ou animais grandes, são inatas em todos os mamíferos, pois conferem uma vantagem evolutiva na promoção da sobrevivência. Em muitos casos, no entanto, a causa da fobia parece ser uma experiência traumática anterior, como ser mordido por um cachorro, arranhado por um gato ou picado por uma vespa. Também é possível que as crianças adquiram dos seus pais os medos de animais ou insetos. Simplesmente observar um pai expressar medo ao ver um rato ou uma aranha pode incutir o mesmo medo na criança. Também houve casos em que simplesmente assistir a um filme de terror que apresentava um determinado animal ou inseto foi suficiente para causar uma fobia.

Tratamento

Superar as fobias de animais e insetos é simples e geralmente envolve uma hierarquia de exposições à criatura temida. Assim como ocorre com a exposição a qualquer outro tipo de fobia, é importante configurar uma série de exposições em ordem crescente de dificuldade. Você pode desejar fazer sua série de exposições de forma incremental, progredindo de fotos e vídeos para uma eventual abordagem e, finalmente, um possível contato com a criatura viva (p. ex., no caso de fobias de cobras ou sapos inofensivos). Algumas pessoas preferem fazer as exposições em uma ordem aleatória de dificuldade, que pode ser mais provocadora de ansiedade, mas acelera o processo de superação da fobia. Uma hierarquia de exposição genérica, aplicável a qualquer fobia de animais/insetos, pode ser algo assim:

1. Desenhe uma imagem do animal/inseto.
2. Veja fotos em preto e branco do animal/inseto.
3. Visualize fotos coloridas do animal/inseto.
4. Assista a um vídeo com o animal/inseto.
5. Manuseie uma versão de brinquedo do animal/inseto.
6. Olhe para o animal/inseto a distância (isso pode envolver uma ida a uma loja de animais ou ao zoológico).
7. Aproxime-se progressivamente do animal/inseto vivo.
8. Observe alguém tocar ou segurar o animal/inseto.
9. Toque ou segure o animal/inseto em uma gaiola e, por fim, diretamente (se for seguro fazê-lo).

Observação: as duas últimas etapas podem exigir uma visita a uma loja de animais, a um centro de natureza ou ao zoológico. Nos casos em que não é possível tocar a criatura (p. ex., ursos), a observação cuidadosa em um zoológico seria o passo final na hierarquia de exposição.

Como em toda terapia de exposição, trabalhar com as várias etapas da hierarquia de exposição requer compromisso, perseverança e disposição para tolerar vários graus de ansiedade. Se a ansiedade se tornar extrema, pode ser útil ter uma pessoa de apoio para acompanhá-lo durante as fases iniciais de exposição. Às vezes, a medicação, como um betabloqueador ou um benzodiazepínico, pode ser útil para facilitar a realização de uma etapa particularmente desafiadora, mas o medicamento eventualmente precisa ser abandonado. Ver Capítulo 7 para a distinção entre "exposição de enfrentamento" e "exposição completa". Ao iniciar uma hierarquia de exposições, é comum começar com qualquer etapa que evoque ansiedade leve a moderada, ignorando quaisquer etapas iniciais que não provoquem ansiedade. Repita qualquer etapa que cause ansiedade muito alta mais de uma vez, se necessário, até que sua ansiedade diminua para um nível tolerável.

Ao trabalhar com a exposição a animais ou insetos, também é importante pensar sobre o que há no animal ou inseto que você considera particularmente assustador. No caso de um cachorro, por exemplo, é o latido, a aparência, o tamanho, a forma como o cachorro se movimenta ou principalmente a ideia de ser atacado? Se você tem fobia de aranhas (*aracnofobia*), é a aparência da aranha, a maneira como ela se move ou o tamanho da aranha que desencadeia seu medo? Depois de identificar quais características específicas da criatura mais o incomodam, é importante concentrar-se nessas características à medida que avança em sua exposição. Depois de se tornar menos condicionado às características mais incômodas pela exposição repetida, é mais provável que você permaneça livre da fobia indefinidamente.

Recursos

Para explorar mais informações sobre a natureza e o tratamento das fobias de animais e insetos/aranhas, você pode consultar alguns dos livros sobre esses tópicos disponíveis na *amazon.com*. Você pode achar útil o livro *Overcoming Animal and Insect Phobias*, de Martin Antony e Randi McCabe.

Medo da morte

O medo da morte, às vezes referido como *tanatofobia*, pode envolver qualquer um ou uma variedade de medos distintos. Aqui estão alguns dos mais comuns:

- Medo da inexistência, do fim permanente da vida
- Medo do desconhecido – de não saber o que acontecerá após a morte
- Medo de uma vida após a morte negativa com base em crenças religiosas, como as ideias de inferno ou purgatório
- Medo de doença, dor e sofrimento associados à morte
- Medo da morte de um ente querido a quem você está intimamente ligado
- Medo do que acontecerá com os entes queridos da sua família após a sua morte
- Medo de coisas mortas, como um cadáver, ou coisas associadas à morte, como caixões, funerárias e cemitérios (esse tipo de medo é chamado de *necrofobia*)

Às vezes, o medo básico é de simplesmente perder o controle. Morrer está fora de seu controle, e você pode tentar manter a morte a distância por meio de visitas frequentes a médicos e práticas ritualísticas de saúde (um caso em que o medo da morte se sobrepõe à hipocondria). Aproximadamente 20% dos norte-americanos expressam algum grau de medo da morte.

Causas

As causas do medo da morte variam, dependendo de qual dos medos é dominante. A filosofia existencialista sustenta que o medo da inexistência é inato à condição humana e compartilhado por todos os seres humanos em um nível profundo. Alguns chegaram ao ponto de afirmar que o medo da morte (no sentido de inexistência permanente) é o "núcleo" ou o medo subjacente por trás de todos os medos. Certamente há pelo menos alguma verdade no ponto de vista existencialista. Todos nós, em um ponto ou outro, tivemos ansiedade sobre nossa eventual morte.

Outros medos da morte giram em torno de crenças religiosas sobre punição e inferno na vida após a morte. Os conselheiros que consideram essas crenças fictícias precisam ser sensíveis ao trabalhar com clientes que as levam muito a sério.

O medo da dor e do sofrimento associados à morte pode surgir de uma experiência traumática de testemunhar um ente querido passar por um processo prolongado de morrer. Muitas vezes, a morte de um ente querido pode levar ao aumento do medo da própria morte, bem como ao medo de visões e objetos associados à morte.

A ansiedade sobre a morte aumenta naturalmente com o envelhecimento e, muitas vezes, em associação com doenças que ocorrem em decorrência dele. O aumento da ansiedade sobre a morte como resultado de sintomas corporais menores é análogo à hipocondria; se os medos e pensamentos sobre a morte forem consistentes e intrusivos, podem ser considerados um transtorno do espectro OC.

Tratamento

O tratamento da tanatofobia, é claro, depende da natureza específica do seu medo em particular. Trabalhar com o medo da inexistência pode exigir alguma reflexão filosófica profunda sobre o sentido da vida e o reconhecimento de que provavelmente a melhor maneira de lidar com a morte é viver a vida o melhor que puder. Também é importante perceber que nenhum de nós é único nesse aspecto; todos temos de lidar com a morte.

Algumas pessoas respondem favoravelmente à leitura de literatura que fornece evidências da sobrevivência da consciência após a morte. Uma extensa literatura sobre experiências de quase morte e numerosos relatos individuais do que as pessoas "viram" durante essas experiências fornecem evidências convincentes para muitos de que a morte não é um fim permanente da existência.

Entre os livros que descrevem visões do "outro lado" vivenciadas por pessoas que tiveram experiências de quase morte, estes são um bom ponto de partida: *Life after Life*, de Raymond Moody, *Evidence of the Afterlife*, de Jeffrey Long, e *Proof of Heaven*, de Eben Alexander. O medo da morte de um ente querido pode ser difícil, mas pode ser visto como um "chamado espiritual" para desenvolver a força interior e a capacidade de se manter por conta própria, mesmo na ausência de alguém querido. Algumas pessoas ficam animadas com a crença de que, após a morte, se reunirão com entes queridos que "foram antes", uma possibilidade que é claramente indicada pela literatura sobre experiências de quase morte.

Por fim, se o seu medo da morte começou com uma experiência traumática de testemunhar a morte de um amigo ou membro da família, pode ser útil tentar hipnoterapia ou dessensibilização e reprocessamento do movimento ocular (EMDR, do inglês *eye movement desensitization and reprocessing*) para trabalhar e reconfigurar memórias traumáticas. (Para obter mais informações, faça uma pesquisa no Google sobre EMDR.)

Recursos

Assim como ocorre com todas as fobias listadas neste capítulo, uma pesquisa na *amazon.com* por "superar o medo da morte" trará uma série de livros úteis sobre o assunto.

Resumo de coisas para fazer

1. Leia neste capítulo sobre qualquer fobia específica que o afete. Você pode querer trabalhar com um terapeuta ou uma pessoa de apoio na realização de um plano de exposição detalhado para superar seu medo. Uma pesquisa no Google sobre qualquer uma das fobias descritas neste capítulo resultará em *sites* que oferecem

mais informações, conselhos e diversas opções de tratamento. Uma pesquisa na *amazon.com* usando o termo "medo de _____" possivelmente apontará livros sobre como superar a fobia específica.

2. Mesmo que você tenha dificuldades com fobias que não são descritas neste capítulo (p. ex., tempestades ou enjoos causados pelo mar), ler as seções de tratamento para todos os vários tipos de fobia pode lhe dar alguns novos *insights* sobre como lidar com qualquer fobia que você tenha. Consulte também o Capítulo 7 para obter mais informações sobre como enfrentar uma fobia em geral. Existem centenas de tipos diferentes de fobias, mas os princípios básicos para enfrentá-las e superá-las são os mesmos.

Leituras adicionais

Alexander, Eben. *Proof of Heaven*. New York: Simon & Schuster, 2012.

Antony, Martin M., and Randi E. McCabe. *Overcoming Animal & Insect Phobias*. Oakland, CA: New Harbinger Publications, 2005.

Bourne, Edmund J. *Overcoming Specific Phobia: Therapist Protocol and Client Manual* (two-book set). Oakland, CA: New Harbinger Publications, 1998.

Brown, Duane. *Flying Without Fear*. 2nd ed. Oakland, CA: New Harbinger Publications, 2009.

Esposito, Janet. *Getting Over Stage Fright*. St. Louis, MO: Love Your Life Publishing, 2009.

———. *In the Spotlight: Overcoming Your Fear of Public Speaking and Performing*. Bridgewater, CT: In the Spotlight, 2000.

Garcia-Palacios, A., H. Hoffman, T. Richards, E. Seibel, and S. Sharar. 2007. "Use of Virtual Reality Distraction to Reduce Claustrophobia Symptoms During a Mock Magnetic Resonance Imaging Brain Scan: A Case Report." *CyberPsychology and Behavior* 10(3): 485–88.

LeBeau, Richard, Daniel Glenn, Betty Liao, Hans-Ulrich Wittchen, Katja Beesdo-Baum, Thomas Ollendick, and Michelle G. Craske. 2010. "Specific Phobia: A Review of DSM-IV Specific Phobia and Preliminary Recommendations for DSM-5." *Depression & Anxiety* 27(2): 148–67.

Long, Jeffrey. *Evidence of the Afterlife: The Science of Near-Death Experiences*. New York: HarperCollins, 2010.

Moody, Raymond. *Life After Life: The Bestselling Original Investigation That Revealed "Near-Death Experiences."* New York: HarperOne, 2015.

Thompson, Alandra. 1999. "Cognitive Behavioral Treatment of Blood-Injury-Injection Phobia: A Case Study." *Behavior Change* 36: 182–90.

Weisinger, Hendrie, and J. P. Pawliw-Fry. *Performing Under Pressure*. New York: Crown Books, 2015.

13

Lidando com sentimentos

À medida que progride em sua recuperação, você pode notar emoções e sentimentos não habituais começando a surgir. Isso é particularmente verdadeiro se você está começando a confrontar suas fobias. É totalmente normal experimentar sentimentos de forma mais intensa quando você começa a enfrentar situações que tem evitado há muito tempo. Se isso está acontecendo com você, está no caminho certo.

Muitas pessoas que são fóbicas e propensas à ansiedade tendem a ter dificuldade com os sentimentos. Você pode ter um problema só de saber *o que* está sentindo. Ou você pode ser capaz de identificar seus sentimentos, mas ser incapaz de expressá-los. Quando os sentimentos começam a surgir durante o enfrentamento de fobias ou do pânico, muitas vezes há uma tendência de retê-los, o que só agrava o seu estresse e a sua ansiedade. Os propósitos deste capítulo são 1) ajudá-lo a aumentar sua consciência dos sentimentos e 2) dar-lhe algumas ferramentas e estratégias para identificá-los e expressá-los mais prontamente.

Alguns fatos sobre sentimentos

- Os sentimentos, ao contrário dos pensamentos, envolvem uma *reação corporal completa*. Eles são mediados por uma parte do cérebro chamada de sistema límbico e pelo sistema nervoso involuntário e autônomo do corpo. Quando está emocionalmente animado, você "sente tudo" e experimenta reações corporais, como aumento da frequência cardíaca, respiração acelerada, transpiração e até mesmo tremores. (Observe a semelhança com o pânico, que é outro tipo de estado emocional intenso.)
- Os sentimentos não surgem do nada, mas sim são *influenciados por seus pensamentos e suas percepções*. Eles surgem da maneira como você percebe ou interpreta eventos externos e/ou da maneira como você reage aos seus próprios processos internos de pensamento ou "diálogo interno" (ver Capítulo 8), a imagens ou a memórias. Se você não consegue identificar um estímulo para uma reação emocional específica (p. ex., um ataque de pânico espontâneo), esse estímulo pode estar inconsciente. Os sentimentos também são afetados pelo estresse. Quando você está sob estresse, seu corpo já está em um estado de excitação fisiológica semelhante ao que acompanha uma emoção. Como você já está preparado para ter reações

emocionais, talvez não precise de muito para se irritar. O tipo de emoção específica que você experimenta dependerá da sua visão dos eventos externos e do que você diz a si mesmo sobre eles.
- Os sentimentos podem ser divididos em dois grupos – *simples* e *complexos*. Há muita controvérsia e desacordo sobre como fazer isso – e até mesmo se isso pode ser feito –, mas, para nossos propósitos aqui, será feita uma distinção entre *emoções básicas*, como raiva, tristeza, medo, amor, excitação ou alegria, e *sentimentos mais complexos*, como ânsia, alívio, decepção ou impaciência. Os sentimentos complexos podem envolver uma combinação de emoções mais básicas e são moldados por pensamentos e imagens. Muitos dos sentimentos na *Lista de sentimentos*, apresentada mais adiante neste capítulo, são complexos. Os sentimentos complexos podem durar muito tempo e estão mais ligados a processos de pensamento, ao passo que as emoções básicas tendem a ser de curta duração, mais reativas e mais ligadas a reações físicas involuntárias mediadas pelo sistema nervoso autônomo. O medo ou o pânico são emoções básicas, ao passo que a ansiedade flutuante (ansiedade sem um objeto) é um exemplo de um sentimento mais complexo.
- Os sentimentos são o que lhe dá *energia*. Se você estiver em contato com seus sentimentos e puder expressá-los, se sentirá mais enérgico. Se você não tiver contato com seus sentimentos ou for incapaz de expressá-los, pode sentir-se letárgico, entorpecido, cansado ou deprimido. Como você verá em breve, sentimentos bloqueados ou retidos podem levar à ansiedade.
- Os sentimentos geralmente vêm *misturados*, e não em forma pura. Às vezes, você pode experimentar uma emoção simples básica, como medo, tristeza ou raiva. Mais frequentemente, contudo, você descobrirá que sente duas ou mais emoções ao mesmo tempo. Por exemplo, é comum sentir raiva e medo ao mesmo tempo quando você se sente ameaçado. Ou você talvez sinta raiva, culpa e amor ao mesmo tempo em resposta a uma discussão com seu companheiro, seu pai ou seu amigo próximo. A expressão comum de *classificar os sentimentos* reflete o fato de que você pode sentir várias coisas ao mesmo tempo.
- Os sentimentos podem ser *contagiosos*. Se você está perto de alguém que está chorando, pode começar a se sentir triste ou até mesmo chorar. Além disso, pode captar a emoção ou o entusiasmo de outra pessoa. Indivíduos fóbicos e propensos à ansiedade com frequência são particularmente suscetíveis a assumir os sentimentos das pessoas ao seu redor. Quanto mais você aprender a estar em contato e confortável com seus próprios sentimentos, menos propenso estará a "pegar" os dos outros.
- Os sentimentos *não* são certos ou errados. Como reações, os sentimentos simplesmente *existem*. Medo, alegria, culpa e raiva não são em si válidos ou inválidos – você simplesmente tem esses sentimentos e geralmente se sentirá melhor se puder expressá-los. As *percepções* ou *os julgamentos* que você fez que *levaram* aos seus sentimentos, no entanto, podem ser certos ou errados, válidos ou inválidos. Tenha cuidado para não julgar a si mesmo ou a qualquer outra pessoa como errada por simplesmente ter um sentimento, qualquer que seja ele.

- Sentimentos fortes costumam ser pistas de necessidades não atendidas. Talvez você esteja se sentindo ansioso porque tem medo do que as outras pessoas vão pensar de você se mostrar sinais de pânico. A necessidade de aceitação está subjacente ao seu medo. Ou você pode estar com raiva porque seu parceiro quebrou um acordo importante que vocês tinham. A necessidade por trás da sua raiva é de respeito e de consideração. Muitas vezes, ao procurar a necessidade por trás de seus sentimentos, você dá a eles uma perspectiva nova e mais profunda. Depois de obter mais informações sobre suas necessidades, você poderá começar a abordar como proceder para atendê-las.
- Os sentimentos estão frequentemente sujeitos à *supressão*. Às vezes, você pode controlar ativamente ou "segurar" seus sentimentos. Por exemplo, você ainda está chateado com uma discussão com seu cônjuge e, em seguida, precisa conversar com um colega de trabalho. Você deliberada e conscientemente retém seus sentimentos, pois sabe que seria inadequado que eles fossem transferidos para a situação no seu trabalho. Em outras ocasiões, você pode começar a experimentar sentimentos desagradáveis e decidir que não quer lidar com eles. Em vez de suprimi-los deliberadamente, você apenas se ocupa e se concentra em outra coisa – em essência, você os ignora. Com o tempo, a prática de suprimir continuamente seus sentimentos pode levar a uma maior dificuldade em expressá-los ou mesmo identificá-los. Quando o processo de supressão começa na infância, você pode crescer sem contato com seus sentimentos e viver a vida experimentando uma certa dormência ou "vazio".

Por que as pessoas fóbicas e propensas à ansiedade têm uma tendência a suprimir seus sentimentos

Pessoas com transtornos de ansiedade tendem a reter seus sentimentos. Há várias causas para isso.

Primeiro, muitas dessas pessoas tendem a ter uma necessidade muito forte de controle e/ou medo de perder o controle (ver seção "Necessidade excessiva de controle", no Capítulo 11). É difícil se render à perda parcial de controle envolvida na experiência completa de seus sentimentos. Quando os sentimentos são cronicamente negados por um longo tempo, eles podem parecer muito grandes e esmagadores quando começam a surgir. Você pode até sentir medos irracionais de "enlouquecer" ou "desmoronar" quando cede à força total desses sentimentos há muito tempo retidos. Observe que esses são os mesmos medos que ocorrem durante um ataque de pânico. Na verdade, em alguns casos, o *próprio pânico pode ser um sinal de que sentimentos reprimidos estão tentando emergir*. Em vez de lidar com sentimentos que parecem esmagadores, você entra em pânico. É importante aprender que os sentimentos só *parecem* esmagadores ou assustadores quando começam a surgir. Esse medo desaparece assim que você se permite aceitá-los e *senti-los*. Simplesmente não é possível "enlouquecer" sentindo plenamente suas emoções. Na verdade, a "loucura" – ou transtorno emocional grave – tem maior probabilidade de se desenvolver como resultado de não estar experienciando seus sentimentos.

Uma segunda razão pela qual as pessoas fóbicas têm dificuldade em expressar seus sentimentos é porque muitas vezes elas cresceram em famílias com pais excessivamente críticos, que estabeleciam padrões irrealisticamente altos ou perfeitos. Em tal situação, a criança não se sente livre para expressar seus impulsos naturais e seus sentimentos. A aprovação dos pais é tão essencial para nós quando crianças que sempre suprimiremos nossas reações e nossos sentimentos naturais se eles estiverem em conflito com as expectativas dos pais. Como adultos, muitos de nós continuamos a fazer essa escolha. A raiva é normalmente o sentimento mais comum a ser retido, uma vez que frequentemente não era tolerado na infância, ou a sua expressão era punida. Para a criança, a raiva se torna verdadeiramente perigosa se sua expressão ameaçar a aprovação e o carinho contínuos de seus pais, de quem essa criança depende completamente para sobreviver. Mais será dito sobre a raiva mais adiante neste capítulo.

Identificar, expressar e comunicar sentimentos

Como as pessoas fóbicas, por sua própria natureza, tendem a ser emocionalmente reativas e ter sentimentos, é especialmente importante que aprendam a expressar, em vez de reter, o que sentem. Na verdade, um processo de três etapas está envolvido aqui.

Talvez você tenha retido tanto suas emoções que, na maior parte do tempo, nem sabe *o que* está sentindo. Um primeiro passo importante é aprender a *identificar* seus sentimentos. Uma vez que essa consciência e a capacidade de identificar sentimentos tenham se desenvolvido, o segundo passo é aprender a *expressá-los*. Isso normalmente envolve estar disposto a compartilhar seus sentimentos com outra pessoa. De modo alternativo, você pode optar por "escrever" seus sentimentos em um diário ou descarregá-los fisicamente (p. ex., chorando ou desabafando a raiva em um travesseiro).

Depois de dar alguma expressão aos seus sentimentos, você está pronto para a terceira e última etapa: *comunicá-los* a quem você percebe ter contribuído para "desencadear" essas emoções particulares. Para os propósitos deste capítulo, "comunicar" um sentimento significa deixar alguém saber que seu sentimento envolve algo que ele disse ou fez.

A boa notícia é que identificar, expressar e comunicar seus sentimentos é algo que pode ser aprendido – e algo que pode ser melhorado com a prática. No entanto, leva algum tempo e perseverança se você estiver acostumado a reter ou ignorar sentimentos durante grande parte da sua vida.

Em resumo, sua capacidade de adquirir consciência e expressar seus sentimentos é uma parte *essencial* do processo de recuperação dos transtornos de ansiedade. É tão importante quanto o relaxamento, a exposição e as habilidades cognitivas discutidas nos capítulos anteriores.

Identificando seus sentimentos

Como você pode identificar o que está sentindo? Será útil seguir estas três etapas:

- Reconheça os sintomas de sentimentos reprimidos.
- Sintonize seu corpo.
- Identifique o sentimento exato.

Reconheça os sintomas de sentimentos reprimidos

Os sentimentos reprimidos com frequência se manifestam por meio de vários tipos de sintomas corporais e psicológicos.

Ansiedade flutuante. A ansiedade surge de muitas fontes. Às vezes, é simplesmente medo diante da incerteza. Às vezes, resulta de antecipar um resultado negativo (pensamento "e se"). Se a ansiedade não parece estar relacionada a nenhuma situação específica – se é apenas um desconforto vago e indefinido –, pode ser porque surge de sentimentos fortes, mas não expressos. Cada sentimento carrega uma carga de energia. Quando mantemos essa energia e não lhe damos expressão, ela pode criar um estado de tensão ou vaga ansiedade. Da próxima vez que segurar sua raiva em relação a alguém, observe se você se sente ansioso depois disso. Manter o entusiasmo ou a excitação sobre algo também pode produzir ansiedade.

Depressão. Em seu famoso livro *The Road Less Traveled,* M. Scott Peck define a depressão como "sentimentos presos". Muitas vezes, podemos nos sentir deprimidos quando estamos mantendo uma dor ou tristeza não expressa por alguma perda. Deixar escapar lágrimas e chorar muitas vezes nos ajuda a nos sentirmos melhor – nós efetivamente lamentamos a perda. A depressão também pode resultar da raiva. Os psicólogos da *gestalt* foram os primeiros a apontar que a depressão pode mascarar a raiva voltada contra o *self*. Se você se sentir deprimido sem nenhuma perda recente óbvia, pode ser proveitoso perguntar-se por que está com raiva. Essa é uma pergunta especialmente relevante se você achar que está atacando e criticando a si mesmo.

Sintomas psicossomáticos. Sintomas psicossomáticos comuns, como dores de cabeça, refluxo ácido, pressão alta e asma, são muitas vezes o resultado de sentimentos cronicamente retidos. Embora os sintomas psicocossomáticos possam surgir de qualquer tipo de estresse crônico, a retenção de sentimentos ao longo de muitos anos é uma forma de estresse que provavelmente afetará seu corpo. Aprender a identificar e expressar sentimentos fortes pode levar à redução ou mesmo à remissão de muitos tipos de sintomas psicossomáticos.

Tensão muscular. Músculos rígidos e tensos são um sintoma comum de sentimentos cronicamente retidos. Você tende a contrair certos grupos de músculos quando suprime e mantém o que sente. Sentimentos diferentes podem ser mantidos contraindo diferentes grupos musculares. A raiva ou a frustração podem ser suprimidas apertando a parte de trás do pescoço e os ombros. O luto e a tristeza podem ser mantidos contraindo os músculos do abdome ou do peito e ao redor dos olhos. O medo pode ser contido por meio do aperto na área do estômago e do diafragma.

Essas correlações entre áreas do corpo e supressão de sentimentos específicos não devem ser vistas como absolutas. A raiva, por exemplo, pode ser contida contraindo-se muitos grupos musculares diferentes, dos olhos à pelve. O ponto é que músculos tensos e tensão física em qualquer região podem ser um sinal de sentimentos cronicamente reprimidos. Essa relação entre sentimentos reprimidos e tensão muscular tem sido explorada em grande profundidade pela escola de terapia conhecida como *bioenergética*.

Qualquer um dos quatro sintomas apresentados pode indicar que você está escondendo sentimentos fortes. Depois de reconhecer isso, o próximo passo é sintonizar exatamente o que você está sentindo.

Sintonize o seu corpo

Ficar na própria mente, absorto em preocupações e inquietações cotidianas, tende a mantê-lo desconectado de seus sentimentos. Para mudar de assunto e ter acesso aos seus sentimentos, é necessário mudar o foco da sua cabeça para o seu corpo. Novamente, os sentimentos tendem a ser mantidos no corpo. Nosso uso da linguagem reflete isso em expressões como "de coração partido", "cabeça nas nuvens", "olho maior que a barriga". Ao reservar um tempo para se sintonizar com o seu corpo, você pode aprender a entrar em contato e identificar os seus sentimentos. Muitas pessoas acharam as etapas a seguir eficientes. (Elas são baseadas em um processo chamado de "foco experiencial", desenvolvido por Eugene Gendlin – ver lista de leitura no final deste capítulo.)

1. Relaxe fisicamente. É difícil saber o que você está sentindo se seu corpo está tenso e sua mente está acelerada. Passe de 5 a 10 minutos fazendo relaxamento muscular progressivo, meditação ou alguma outra técnica de relaxamento para desacelerar.
2. Pergunte a si mesmo: "o que estou sentindo agora?", ou "qual é o meu principal problema ou preocupação agora?".
3. Sintonize-se com aquele lugar em seu corpo em que você sente sensações emocionais, como raiva, medo ou tristeza. Muitas vezes, isso ocorrerá na área do coração ou do intestino (estômago/diafragma), embora possam ser outras áreas mais altas ou mais baixas do corpo. Esse é o seu "lugar interno dos sentimentos".
4. Espere e ouça atentamente o que você pode sentir ou captar em seu lugar de sentimentos. *Não tente analisar ou julgar* o que está lá. Seja um observador e permita-se sentir quaisquer sentimentos ou humores que estejam esperando para surgir. Simplesmente *espere* até que algo surja. O que emerge foi descrito como um "sentimento sentido" (Gendlin, 2007).
5. Se você não chegar a lugar algum nas etapas 3 e 4 ou se ainda estiver preso em sua mente (i.e., seus pensamentos estão acelerados), volte para a etapa 1 e comece de novo. Provavelmente, você precisa de mais tempo para relaxar. Alguns minutos de respiração lenta e profunda muitas vezes ajudam a aumentar a consciência dos seus sentimentos.
6. Depois de obter uma noção geral do que está sentindo, pode ser proveitoso dar concretude ao que foi captado respondendo às seguintes perguntas:

- *Onde no meu corpo está esse sentimento?*
- *Qual é a forma desse sentimento?*
- *Qual é o tamanho desse sentimento?*
- *Se esse sentimento tivesse uma cor, qual seria?*

Se, depois de relaxar e entrar em sintonia com o que está sentindo, você ainda tiver apenas uma vaga noção do que está ali, pode ser útil consultar uma lista de "palavras de sentimento" para ajudá-lo a identificar o sentimento exato que você está experimentando.

Identifique o sentimento exato: a lista de sentimentos

A lista de palavras de sentimento a seguir pode ajudá-lo a identificar exatamente o que está sentindo. Use a lista sempre que tiver uma vaga sensação de algum sentimento, mas não tiver certeza do que exatamente pode ser: leia a lista até que uma palavra de sentimento específica se destaque e, em seguida, verifique se ela corresponde à sua experiência interior.

Expressando sentimentos

Uma vez que você é capaz de identificar o que está sentindo, é importante expressá-lo, especialmente se você sentir algo fortemente. *Expressar* sentimentos, aqui, é definido como "deixá-los sair" ao 1) compartilhá-los com outra pessoa, 2) escrevê-los ou 3) descarregá-los fisicamente (como bater um bastão de plástico contra sua cama ou chorar em um travesseiro). Expressar seus sentimentos *não* significa "despejar" ou direcioná-los para alguém que você percebe ser responsável por como você se sente. A habilidade de deixar as pessoas saberem como você se sente sobre elas (ou melhor, sobre o comportamento delas) é discutida posteriormente, na seção "Comunicando seus sentimentos a alguém".

Os sentimentos podem ser comparados com cargas de energia que precisam de liberação física ou descarga do seu corpo. Quando não expressos, eles tendem a ficar presos em seu corpo na forma de tensão, ansiedade ou outros sintomas descritos anteriormente. Sua saúde física e sua sensação de bem-estar dependem da sua disposição em reconhecer e expressar os sentimentos no momento em que ocorrem ou próximo do momento. A seguir, são apresentadas algumas maneiras proveitosas de expressar seus sentimentos.

Converse sobre isso

Provavelmente, a melhor maneira de expressar sentimentos é compartilhá-los com um amigo, companheiro ou terapeuta. Compartilhar significa não apenas falar *sobre* seus sentimentos, mas realmente deixá-los sair. É importante que você tenha um alto nível de confiança em relação à pessoa com quem compartilha, a fim de se abrir e revelar completamente seus verdadeiros sentimentos. Além disso, é importante que a pessoa *ouça atentamente* – em outras palavras, ela não deve oferecer

Lista de sentimentos

Sentimentos positivos		Sentimentos negativos	
Aceito	Divertido	Abatido	Exasperado
Afetuoso	Encantado	Aborrecido	Ferido
Agradecido	Energizado	Amargo	Frustrado
Alegre	Especial	Ansioso	Furioso
Aliviado	Esperançoso	Apavorado	Horrorizado
Amado	Excitado	Apreensivo	Hostil
Amável	Faceiro	Assustado	Humilhado
Amigável	Feliz	Atormentado	Ignorado
Amoroso	Forte	Cansado	Impaciente
Apaixonado	Generoso	Ciumento	Inadequado
Apoiado	Impaciente	Confuso	Incompetente
Apreciado	Indulgente	Culpado	Incompreendido
Atencioso	Jubiloso	Decepcionado	Indeciso
Autossuficiente	Leal	Dependente	Indignado
Bobo	Orgulhoso	Deprimido	Inferior
Bom	Ótimo	Derrotado	Inibido
Bonito	Pacífico	Desagradável	Inquieto
Bravo	Prazeroso	Desamparado	Insatisfeito
Brincalhão	Preocupado	Desanimado	Inseguro
Calmo	Protegido	Desapreciado	Irritado
Capaz	Realizado	Desconfiado	Isolado
Carinhoso	Relaxado	Desdenhoso	Melancólico
Competente	Respeitado	Desesperado	Melindroso
Confiante	Satisfeito	Desgostoso	Miserável
Confortável	Seguro	Desinteressante	Necessitado
Contente	*Sexy*	Devastado	Odiado
Corajoso	Silencioso	Duvidoso	Perturbado
Curioso	Simpático	Embaraçado	Raivoso
Desejável	Vivo	Encurralado	Sobrecarregado
		Entediado	Solitário
		Envergonhado	Temeroso
		Estranho	Tolo

conselhos, opiniões ou sugestões enquanto você está compartilhando seus sentimentos. Sua capacidade de compartilhar totalmente será, em parte, determinada pela disposição do seu parceiro de não fazer nada além de apenas ouvir sem interromper até que você termine.

Escreva sobre isso

Se seus sentimentos estão exaltados e não há ninguém disponível imediatamente para conversar, pegue uma caneta e um papel e escreva o que você sente. Você pode desejar manter um "diário de sentimentos", no qual você insere seus sentimentos fortes de tempos em tempos (ver *Exercício 2: Diário de sentimentos*, no final deste capítulo). Semanas depois, pode ser muito instrutivo reler o diário para ter uma ideia dos padrões ou temas gerais que permeiam sua vida. Independentemente de você manter um diário ou não, o ato de escrever seus sentimentos muitas vezes servirá como uma válvula de escape até que você tenha a oportunidade de falar sobre eles.

Descarregue a tristeza

Você pode se fazer as seguintes perguntas:

- Você já chorou?
- Em que circunstâncias você chora?
- Você chora porque alguém te machucou? Porque você se sente sozinho? Porque você está assustado?
- Você chora sem motivo aparente?
- Você chora apenas quando está sozinho ou permite que outra pessoa o veja chorando?

Às vezes, você pode ter a sensação de estar segurando as lágrimas. Você sente que gostaria de chorar, mas está tendo dificuldade em "deixar sair". Nesse ponto, você pode descobrir que um determinado estímulo artístico ajudará. Apresentações evocativas de música que têm significado pessoal muitas vezes podem ajudar a provocar as lágrimas. Assistir a um filme emocionante, ler poesia ou literatura ou, até mesmo, assistir a certos programas de televisão também pode trazer à tona uma sensação inicialmente vaga de tristeza.

Descarregue a raiva

Muitas vezes, você pode se sentir irritado ou frustrado, mas reluta em expressar isso por medo de machucar os outros. No entanto, é bem possível, e muitas vezes saudável, descarregar a sua raiva de maneiras que não sejam destrutivas – maneiras que não envolvam "despejar" a sua raiva em outra pessoa. *Fazer os movimentos físicos associados à agressão* pode trazer a raiva à tona. O alvo dessas ações, no entanto, sempre precisa ser um objeto inanimado. Todos os itens a seguir têm sido úteis para muitas pessoas na liberação de sentimentos de raiva:

- Bater em um travesseiro grande com os dois punhos.
- Gritar em um travesseiro.
- Acertar um saco de pancadas.
- Gritar dentro de um carro.
- Cortar madeira.
- Bater em uma boneca inflável em tamanho real.
- Bater com uma raquete de tênis ou com um taco de beisebol de plástico contra a cama.
- Realizar um treino físico vigoroso.

Não é recomendado que você se envolva em qualquer um dos itens anteriores (com exceção do exercício físico) diariamente. Há evidências, relatadas por Carol Tavris em seu livro *Anger: The Misunderstood Emotion,* de que a expressão excessiva de raiva só tende a produzir mais raiva. O termo "viciado em raiva" descreve o tipo de pessoa que se tornou viciada em raiva por meio da expressão *excessiva* dela. Por outro lado, muitas pessoas fóbicas e propensas à ansiedade tendem a reter ou negar sentimentos de raiva na maioria das circunstâncias. A raiva pode ser uma emoção tão difícil para você que alguns comentários adicionais são necessários.

Lidando com a raiva

De todas as diferentes emoções que podem dar origem à ansiedade, a raiva é a mais comum e difundida. A raiva compreende um *continuum* de emoções que vão desde a fúria em um extremo até a impaciência e a irritação no outro. A frustração é talvez a forma mais comum de raiva que a maioria de nós experimentamos.

A propensão a fobias e comportamento obsessivo-compulsivo é frequentemente associada à raiva retida. *Sua preocupação com fobias, obsessões e compulsões pode aumentar durante os momentos em que você se sente mais frustrado, contrariado e irritado com sua situação na vida.* Muitas vezes, no entanto, você está totalmente (ou quase) inconsciente desses sentimentos de raiva ou frustração.

Por que as pessoas que sofrem de fobias e outros transtornos de ansiedade devem estar predispostas a negar ou reter a raiva? Existem vários motivos para isso:

- Indivíduos propensos a fobias e ansiedade tendem a "agradar às pessoas". Eles querem pensar em si mesmos – e parecer aos outros – como agradáveis e simpáticos. Isso deixa menos espaço para experimentar, e muito menos para expressar, raiva.
- Essas pessoas, especialmente se sofrem de agorafobia, são muitas vezes dependentes de relacionamentos com outras pessoas significativas. Expressões externas de raiva são tabu, uma vez que podem ameaçar alienar a própria pessoa de quem o agorafóbico se sente dependente para sobreviver.
- As pessoas propensas à ansiedade têm uma alta necessidade de controle. Contudo, quando plena, a raiva é provavelmente o menos racional e menos controlável de nossos sentimentos. Ceder à raiva, com a consequente perda de controle, é muito assustador se você é alguém que sempre sente a necessidade de "manter o controle" sobre si mesmo.

As consequências de reter a raiva ao longo do tempo foram discutidas na seção anterior, detalhando os sintomas de sentimentos reprimidos. A ansiedade generalizada pode ser um sinal de raiva reprimida, assim como a depressão ou os sintomas psicossomáticos, como refluxo ácido, tensão no pescoço e na parte superior das costas ou dores de cabeça tensionais. Alguns sinais adicionais de raiva contida incluem:

- *o aumento das preocupações fóbicas*, como uma tendência a evitar novas situações sem qualquer razão óbvia;
- *o aumento de pensamentos obsessivos* e/ou comportamentos compulsivos;
- *comportamentos autodestrutivos*, como autocriticar-se de forma excessiva, maximizar o que há de errado em sua vida enquanto desconsidera o que há de bom, reclamar de problemas sem tomar nenhuma ação, engajar-se em comportamento passivo-agressivo, como procrastinação ou estar sempre atrasado, culpar os outros ou se preocupar com o futuro, em vez de aproveitar o presente.

Algumas diretrizes para aprender a lidar com a raiva

Depois de tomar consciência dos sinais e dos sintomas da raiva reprimida, o que você pode fazer para lidar melhor com esses sentimentos? As diretrizes a seguir podem ser pertinentes:

1. *Esteja disposto a abandonar o padrão de sempre ter de ser legal ou agradável em todas as situações.* Expanda seu autoconceito para que você possa se permitir expressar irritação ou raiva em situações em que isso possa ser apropriado. Exemplos incluem ocasiões em que alguém continua respondendo a você com comentários sarcásticos ou críticas sutis – ou uma situação em que alguém quebra um acordo importante que fez com você. Lembre-se de que expressar sua raiva *não* significa despejá-la em outra pessoa, mas sim compartilhar com alguém (de preferência, que *não* seja a pessoa de quem você sente raiva) que você está sentindo raiva. Você precisa fazer isso com sentimento, em vez de apenas falar de maneira imparcial sobre sua raiva. Expressar sua raiva pode significar, alternativamente, escrever ou "exercitar" fisicamente seus sentimentos de raiva. Quando você estiver pronto para dizer às pessoas que está com raiva delas ou do comportamento delas, existem habilidades específicas que você pode aprender para comunicar seus sentimentos sem machucar ou menosprezar a outra pessoa. Consulte a próxima seção, "Comunicando seus sentimentos a alguém", para obter diretrizes sobre como comunicar raiva ou outros sentimentos.
2. *Trabalhe para superar os "e se" sobre o que pode acontecer se você deixar sua raiva sair.* Normalmente, esses "e se" são exagerados e irracionais — por exemplo, "E se eu ficar furioso ou enlouquecer?" ou "E se eu fizer algo terrível?". Lembre-se de que a raiva retida por um longo tempo pode *parecer* ameaçadora no início. Sua intensidade pode assustá-lo durante os primeiros momentos em que você desabafar, mas não o fará "desmoronar", "enlouquecer" ou "fazer algo destrutivo". A intensidade de seus sentimentos de raiva diminuirá rapidamente assim que você se permitir experimentá-los. Isso é especialmente verdade se você expressar sua raiva

de uma maneira benigna. Se sua raiva for intensa, tente descarregá-la em objetos inanimados ou no papel, das formas descritas anteriormente, em vez de "despejá--la" em alguém que você gostaria de culpar por seus sentimentos.
3. *Trabalhe para superar os medos de afastar as pessoas de quem você gosta quando permite que sua raiva apareça.* Ser capaz de *comunicar adequadamente* sentimentos de raiva a outras pessoas significativas é, de fato, uma indicação de que você se importa com elas. Se você não se importasse, seria mais provável que se afastasse delas e escondesse seus verdadeiros sentimentos. Embora a superexpressão da raiva possa ser destrutiva para os outros ou para si mesmo, nunca comunicar sentimentos de raiva a alguém que você ama pode transmitir indiferença ou uma espécie de falsa ponderação, fazendo-o parecer "mais santo do que você é".
4. *Aprenda a comunicar sentimentos de raiva de forma assertiva, em vez de agressiva.* É bem possível transmitir sua raiva ou frustração em relação a outras pessoas de uma forma que respeite sua dignidade – sem as culpar ou rebaixar. Uma maneira é começar o que você diz na primeira pessoa, falando sobre como você mesmo se sente, em vez de culpar a outra pessoa com alguma declaração gentil: "Você...". Em outras palavras, dizer "Sinto raiva quando você quebra seus acordos", em vez de "Você me deixa tão bravo quando quebra seus acordos". "Declarações de eu" mantêm o respeito pela outra pessoa; "declarações de você" colocam as pessoas na defensiva e atribuem a elas a culpa por seus sentimentos. Outras pessoas não o *deixam* com raiva. Em vez disso, você reage com raiva à sua própria interpretação do comportamento de outra pessoa. Algo que eles dizem ou fazem vai contra seus padrões do que é aceitável ou justo, e então você se sente com raiva. Você pode aprender a transmitir seus sentimentos de raiva sem ferir, julgar ou culpar os outros usando as habilidades de comunicação discutidas na próxima seção.
5. *Aprenda a discriminar diferentes maneiras de expressar raiva, dependendo da intensidade de seus sentimentos.* Se sua raiva é *muito* intensa, você provavelmente ainda não está pronto para falar com alguém. Em vez disso, você precisa de um modo de expressão direto e físico, como bater no travesseiro, gritar em um travesseiro ou se envolver em um treino físico vigoroso. Depois que sua raiva diminuir como resultado da expressão física direta – ou se ela for moderada em primeiro lugar –, converse com alguém. Se possível, é melhor compartilhá-la com um amigo neutro antes de confrontar diretamente a pessoa de quem você está com raiva. Se nenhuma pessoa neutra estiver disponível, use as diretrizes de comunicação a seguir, bem como as descritas no Capítulo 14, "Ser assertivo". Se, finalmente, sua raiva for apenas uma leve irritação, você pode usar o método comprovado de respiração profunda e contar até 10 para dissipá-la, ou comunicá-la diretamente, se desejar.

Uma ressalva

Esta seção sobre como lidar com a raiva é destinada a você que tem dificuldade em estar ciente ou expressar sentimentos de raiva. Se você tende a reter sua raiva, mesmo quando está sendo explorado ou abusado, aprender a estar mais em contato com seus sentimentos de raiva pode ser empoderador. Se você tem dificuldade em se defender diante da manipulação ou quando seus limites são violados, então a comunicação apropriada e *assertiva* de sua raiva é algo que você certamente vai desejar aprender.

Em contrapartida, se você sente raiva com frequência e descobre que seus sentimentos de raiva interferem em seus relacionamentos, então você não precisa de instruções sobre como identificar e expressar sua raiva. Se você está cansado do impacto emocional e físico que as explosões de raiva frequentes podem causar, está procurando uma solução diferente. *Quando qualquer emoção é excessiva ou destrutiva, a solução não está em expressá-la mais, mas em mudar o diálogo interno e as crenças equivocadas que agravam essa emoção.* Em resumo, embora este capítulo seja útil se você tiver dificuldade em reconhecer ou expressar sentimentos, é necessária uma abordagem mais cognitiva para qualquer sentimento que pareça excessivo ou destrutivo para você. Assim, se a raiva vier com muita facilidade e interferir em seus relacionamentos, pode ser útil revisar os Capítulos 8 e 9 e examinar o diálogo interno e as crenças equivocadas que o predispõem a ficar com raiva.

A raiva é uma percepção

A raiva, como todas as outras emoções, é determinada por suas percepções e suas interpretações. Outras pessoas e situações *em si* não o "deixam" com raiva: são suas interpretações do que os outros fazem e dizem, e seu comentário interno sobre eles, que estimulam a raiva. Muitas vezes, essas interpretações e o diálogo interno contêm um elemento de distorção. Qualquer uma das seguintes distorções cognitivas pode engatilhar raiva:

- *Rotulagem global*: quando você descreve alguém para si mesmo como um "vagabundo" ou "idiota", você o desconsidera de uma forma que ignora a pessoa como um todo.
- *Pensamento preto e branco*: você vê as coisas em termos extremos, de modo que as pessoas ou situações são totalmente boas ou totalmente ruins; não há tons de cinza. Assim, você pode perder de vista a verdade de uma situação.
- *Ampliação*: quando você exagera em algo, aumenta sua sensação de ser injustiçado e vitimizado. Essa é uma maneira comum de alimentar e manter a raiva.
- *Direito*: quando você acredita que deve sempre conseguir o que quer, que tudo deve vir facilmente ou que a vida deve ser sempre justa, seu pensamento se baseia na crença equivocada de que você *tem naturalmente o direito* de satisfazer completamente suas necessidades o tempo todo. Esse tipo de equívoco pode levar a muita raiva e culpa autodestrutivas.

Os exemplos apresentados são apenas quatro entre vários tipos de pensamento distorcido que podem levar à raiva excessiva e destrutiva. Uma discussão mais completa sobre o pensamento distorcido e as crenças equivocadas que podem desencadear a raiva pode ser encontrada no livro *When Anger Hurts*, de Matthew McKay, Peter Rogers e Judith McKay. Se o excesso de raiva estiver interferindo em seu bem-estar e seus relacionamentos, esse livro pode ajudar.

Comunicando seus sentimentos a alguém

Comunicar seus sentimentos, para os propósitos deste capítulo, significa deixar os outros saberem que seus sentimentos têm algo a ver com o que eles disseram ou fizeram. Esse nível de lidar com seus sentimentos geralmente é mais arriscado do que simplesmente expressá-los a terceiros ou escrevê-los no papel. No entanto, quando você deixa alguém saber como se sente em relação a ele ou ela, tem maior probabilidade de poder trabalhar ou resolver o sentimento – em suma, de se livrar dele. Você pode viver com medo ou raiva de alguém por um longo tempo sem qualquer mudança até que finalmente deixe a pessoa saber como você se sente. Depois disso, você não precisa mais "segurar" o sentimento em segredo ou em silêncio. Às vezes, a pessoa por quem você tem sentimentos não está mais disponível ou viva, caso em que você ainda pode comunicar seus sentimentos escrevendo uma carta (ver Exercício 3 no final deste capítulo).

Existem duas regras importantes para comunicar seus sentimentos:

1. Certifique-se de que a pessoa a quem você revela seus sentimentos *esteja disposta* a ouvi-lo.
2. Evite culpar ou menosprezar a pessoa a quem você está se dirigindo.

A primeira regra é importante porque seus sentimentos são uma parte íntima de você que merece respeito. Se alguém não estiver realmente pronto ou disposto a ouvi-lo, é provável que você se sinta desconsiderado e incompreendido. Sua tristeza, seu medo ou sua raiva em relação à pessoa pode até aumentar. Quando estiver pronto para dizer a alguém como se sente, peça-lhe para reservar tempo para ouvi-lo. Você pode dizer: "Eu tenho algo importante a dizer e agradeceria se você ouvisse". Se a outra pessoa o interromper, você pode dizer: "Você poderia, por favor, esperar até que eu termine?". Quando os outros realmente ouvem você, isso significa que eles lhe dão atenção total, não interrompem e não oferecem conselhos, opiniões ou julgamentos. Eles apenas ouvem – silenciosa e atentamente. Se eles tiverem algum comentário, eles podem esperar até que você termine sua comunicação. A única interrupção apropriada pela outra pessoa pode ser um resumo ocasional do que você disse, apenas para confirmar que ela o ouviu com precisão. Esse resumo ocasional do ouvinte é chamado de *escuta ativa* e é uma habilidade que você pode aprender em qualquer livro básico ou curso sobre comunicação. Boas habilidades de escuta por parte da pessoa a quem você está se dirigindo vão, na verdade, *aumentar* sua capacidade de revelar e comunicar o que você está sentindo.

A segunda regra é importante porque a pessoa com quem você está falando pode ouvir melhor se você a respeitar e se abster de culpá-la ou responsabilizá-la por seus sentimentos. Três habilidades são necessárias para conseguir isso: 1) usar declarações em primeira pessoa, 2) referir como você se sente em relação ao *comportamento* do outro, e não a ele ou ela pessoalmente, e 3) evitar julgar a outra pessoa.

1. *Use declarações em primeira pessoa*. Quando você comunica como se sente para alguém, comece o que você diz com a expressão "Eu sinto..." ou "Estou me sentindo...". Dessa forma, você assume a responsabilidade por seus sentimentos, em vez

de transferi-los para outra pessoa. Quando diz a alguém "Você me faz sentir..." ou "Você me causa esse sentimento...", você renuncia à sua responsabilidade e coloca a outra pessoa na defensiva. Mesmo que parte de você queira culpar, você transmitirá seus sentimentos com mais facilidade e será ouvido com mais atenção se começar com "Eu sinto...".

2. *Refira-se ao comportamento da outra pessoa, em vez de fazer um ataque pessoal.* Sobre o que você tem sentimentos? Embora inicialmente possa parecer que você está com raiva ou com medo da outra pessoa, isso quase invariavelmente acaba sendo uma generalização excessiva. Refletindo mais um pouco, você descobrirá que está irritado ou assustado com algo específico que foi *dito* ou *feito*. Antes de comunicar seus sentimentos, é importante determinar o que era esse algo. Então, quando você realmente falar, complete sua declaração em primeira pessoa com uma referência a esse comportamento ou essa declaração específica.

"Estou com raiva porque você não ligou quando disse que ligaria."

(*E não* "Eu tive um ataque de pânico porque você não ligou – não que você se importasse" ou "Você não ligou, seu idiota, e isso me fez sentir horrível".)

"Me senti ameaçada quando o vi dançando com sua secretária na festa."

(*E não* "Como você pôde dançar com ela quando sabia o quão humilhada eu me sentiria?" ou "Você é completamente insensível aos meus sentimentos".)

"Fico apavorado quando você fala em ir embora."

(*E não* "Como você pode falar comigo assim quando sabe o quão vulnerável eu sou?".)

Embora as maneiras certas e erradas de expressar seus sentimentos possam envolver pouco mais do que uma diferença de redação, é uma diferença importante. Referir seus sentimentos às pessoas, e não ao comportamento delas, resulta em colocá-las ou a si mesmo em uma posição inferior. No primeiro exemplo, despejar raiva na outra pessoa provavelmente fará ela se sentir culpada ou zangada. Chamar alguém de idiota – um rótulo negativo – certamente o colocará na defensiva. No terceiro exemplo, dizer a alguém que você tem medo dele pode fazer *você* se sentir mais na defensiva e criar mais distância no relacionamento. Em resumo, referir seus sentimentos a uma declaração ou um comportamento específico permite que outras pessoas saibam que você está chateado com *algo que elas podem mudar*, e não com *quem elas são como pessoa*.

3. *Evite julgamentos.* Esse ponto fala por si e é uma extensão do ponto anterior. Ao dizer às pessoas como você se sente sobre o que elas disseram ou fizeram, evite julgá-las. Seu problema é com o comportamento delas, e não com elas. Abster-se de julgar os outros aumentará muito a probabilidade de eles o ouvirem.

Exercícios

Os três exercícios a seguir oferecem maneiras diretas de expressar seus sentimentos.

Exercício 1: estabeleça um parceiro de escuta

Faça um acordo com seu cônjuge, seu sócio ou um amigo próximo para reservar 1 hora ou mais por semana para ouvirem um ao outro. Em seguida, faça uma negociação. Primeiro, seu parceiro lhe dá atenção total por meia hora, enquanto você expressa o que está sentindo durante a semana. Então, você muda de função. Como orador nesse processo, você precisa se concentrar em como realmente *se sente* sobre o que está acontecendo em sua vida, e não apenas conversar ou descrever a situação. Se você é o ouvinte, precisa dar atenção total ao orador, sem interrupções. Durante o período em que você estiver ouvindo, evite oferecer conselhos, opiniões ou comentários. Você pode pedir esclarecimentos ao orador se estiver confuso sobre o que ele está falando. Também ajuda resumir ocasionalmente o que você ouve o orador dizer, começando com: "Vamos ver se estou acompanhando você. Você disse...". Fornecer ao orador breves resumos ocasionais do que você o ouve dizer é chamado de *escuta ativa*.

Exercício 2: diário de sentimentos

Reserve um caderno cujo único propósito é fornecer um lugar em que você possa expressar seus sentimentos. Faça anotações sempre que sentir a necessidade de liberar frustração, raiva, ansiedade, medo, tristeza ou luto, bem como sentimentos positivos, como alegria, amor e emoção. Comece cada anotação com as palavras "Eu sinto" ou "Eu senti" e consulte a *Lista de sentimentos* no início deste capítulo para ajudar a identificar os sentimentos específicos que você está experimentando.

Exercício 3: escreva uma carta comunicando seus sentimentos

Escreva uma carta comunicando seus sentimentos a alguém que não esteja disponível pessoalmente. Bons candidatos para isso seriam um ex-cônjuge, uma pessoa amada ou um parente falecido. Reserve um tempo para expressar *todos* os seus sentimentos em relação a essa pessoa, tanto positivos quanto negativos. Lembre-se de se abster de julgamentos e usar apenas declarações em primeira pessoa. Persista com o processo até sentir que disse tudo o que precisava dizer. Não é incomum que tal carta tenha várias páginas.

Depois de concluir a carta, leia-a para um amigo próximo ou terapeuta, o que ajudará a torná-la mais real. Por outro lado, está tudo bem se você preferir manter a carta privada.

Opcional: você pode escrever uma carta para alguém que esteja disponível, mas a quem, por vários motivos, você evitou comunicar seus sentimentos. Você pode querer consultar um amigo próximo ou, melhor ainda, um terapeuta antes de decidir *realmente enviar* tal carta. Em alguns casos, pode ser melhor continuar escrevendo seus sentimentos em relação à pessoa *sem enviar* uma carta que possa potencialmente provocar conflito. Novamente, busque orientação sobre isso com um amigo atencioso ou com um terapeuta (neutro).

Resumo de coisas para fazer

1. Releia a subseção "Reconheça os sintomas de sentimentos reprimidos" (na seção "Identificando seus sentimentos") até que você esteja familiarizado com os sinais psicológicos e corporais de sentimentos reprimidos: ansiedade flutuante, humor deprimido, sintomas psicossociais, como dores de cabeça ou estômago ácido, tensão muscular, e assim por diante.
2. Se você tiver dificuldade em identificar seus sentimentos, use a *Lista de sentimentos* para ajudá-lo a identificar especificamente o que você está sentindo.
3. Pratique com frequência expressar seus sentimentos. Encontre um "parceiro de escuta", de preferência um bom amigo, com quem você possa trocar conversas para falar sobre seus sentimentos regularmente. Ou você pode manter um diário de sentimentos. (Observe as mudanças em seu nível de tensão corporal e de humor depois de expressar o que você sente.)
4. Se a raiva for um sentimento especialmente difícil de lidar, releia "Algumas diretrizes para aprender a lidar com a raiva". Pratique se sentir à vontade para expressar sua raiva a uma pessoa neutra ou em um diário antes de tentar comunicar a raiva diretamente.
5. Ao comunicar raiva ou qualquer outro sentimento diretamente às pessoas, lembre-se de 1) certificar-se de que elas estão dispostas a ouvi-lo, 2) usar declarações em primeira pessoa, 3) referir seu sentimento ao comportamento (ou às declarações) delas, e não a elas pessoalmente, e 4) evitar julgá-las.
6. Escreva uma carta comunicando seus sentimentos a alguém que foi ou é importante em sua vida. Discuta com um amigo, conselheiro ou terapeuta de confiança se deseja enviar a carta.

Leituras adicionais

Gendlin, Eugene. *Focusing*. New York: Bantam Books, 2007.

McKay, Matthew, Martha Davis, and Patrick Fanning. *Messages: The Communication Skills Book*. 4th ed. Oakland, CA: New Harbinger Publications, 2018.

———, Peter Rogers, and Judith McKay. *When Anger Hurts*. 2nd ed. Oakland, CA: New Harbinger Publications, 2003.

Peck, M. Scott. *The Road Less Traveled*. 25th anniversary ed. New York: Touchstone/Simon and Schuster, 2003.

Rubin, Theodore I. *The Angry Book*. New York: Touchstone Books, 1998.

Tavris, Carol. *Anger: The Misunderstood Emotion*. Rev. ed. New York: Touchstone/Simon and Schuster, 1989.

14

Ser assertivo

Ser assertivo é uma atitude e uma maneira de agir em qualquer situação problemática em que você precise:

1. pedir explicitamente o que você quer, ou
2. dizer não a algo que você não quer.

Tornar-se assertivo envolve autoconsciência e saber o que você quer. Por trás desse conhecimento, está a crença de que você tem o direito de pedir o que deseja. Quando você é assertivo, você está consciente de seus direitos básicos como ser humano. Você dá a si mesmo e às suas necessidades particulares o mesmo respeito e dignidade que daria a qualquer outra pessoa. Agir de forma assertiva é uma forma de desenvolver o autorrespeito e a autoestima.

Se você é fóbico ou propenso à ansiedade, pode agir de forma assertiva em algumas situações, mas tem dificuldade em fazer pedidos ou dizer não a familiares ou amigos íntimos. Talvez por ter crescido em uma família em que você sentiu a necessidade de ser perfeito e agradar a seus pais, pode ter continuado a "agradar as pessoas" quando adulto. Com seu cônjuge ou outras pessoas, muitas vezes você pode acabar fazendo muitas coisas que realmente não quer fazer. Isso cria ressentimento, que, por sua vez, produz tensão e às vezes abre conflitos em seus relacionamentos. Ao aprender a ser assertivo, você pode começar a expressar seus verdadeiros sentimentos e suas necessidades com mais facilidade. Você pode se surpreender quando começar a obter mais do que deseja como resultado da sua assertividade. Você também pode se surpreender ao saber que o comportamento assertivo traz maior respeito dos outros.

Estilos de comportamento alternativo

Assertividade é uma forma de agir que estabelece um equilíbrio entre dois extremos: submissão e agressividade.

Estilo não assertivo ou submisso

O *comportamento não assertivo ou submisso* envolve ceder às preferências de outra pessoa enquanto desconsidera seus próprios direitos e necessidades. Você não expressa seus sentimentos nem deixa que os outros saibam o que você quer. O resultado é que eles permanecem ignorantes sobre seus sentimentos ou desejos (e, portanto, não podem ser culpados por não responderem a eles). O comportamento submisso também inclui sentir-se culpado – ou como se estivesse impondo – quando tenta pedir o que quer. Se você der aos outros a mensagem de que você *não tem certeza* se tem o direito de expressar suas necessidades, eles tenderão a desconsiderá-las. As pessoas fóbicas e propensas à ansiedade costumam ser submissas porque, como mencionado anteriormente, investem demais em ser "simpáticas" ou "agradáveis" com todos. Ou podem ter medo de que a expressão aberta de suas necessidades afaste um cônjuge ou um parceiro de quem se sentem dependentes.

Estilo agressivo

O *comportamento agressivo*, por outro lado, pode envolver a comunicação de maneira exigente, abrasiva ou mesmo hostil com os outros. As pessoas agressivas normalmente são insensíveis aos direitos e sentimentos dos outros e tentarão obter o que querem por meio de coerção ou intimidação. Ao ser agressivo, você é bem-sucedido por pura força, criando inimigos e conflitos ao longo do caminho. Isso muitas vezes coloca os outros na defensiva, levando-os a recuar ou revidar, em vez de cooperar. Por exemplo, uma maneira agressiva de dizer a alguém que você quer ser designado para uma determinada tarefa no trabalho seria dizer: "Essa tarefa tem meu nome escrito nela. Se você olhar para a chefe quando ela falar sobre isso durante a reunião de equipe, vai se arrepender".

Estilo passivo-agressivo

Como alternativa a ser abertamente agressivo, muitas pessoas agem de forma *passivo-agressiva*. Se esse é o seu estilo, em vez de confrontar abertamente um problema, você expressa sentimentos de raiva e agressividade de forma encoberta por meio de resistência passiva. Você está com raiva do seu chefe, então está sempre atrasado para o trabalho. Você não quer cumprir o pedido do seu cônjuge, então procrastina ou "esquece" o pedido completamente. Em vez de pedir ou fazer algo sobre o que você realmente quer, você reclama ou geme perpetuamente sobre o que está faltando. Pessoas passivo-agressivas raramente conseguem o que desejam porque nunca conseguem transmitir isso. Seu comportamento tende a deixar outras pessoas com raiva, confusas e ressentidas. Uma maneira passivo-agressiva de pedir uma tarefa específica no trabalho pode ser apontar como *alguém* é inapropriado para o trabalho ou dizer a um colega de trabalho: "Se eu conseguir tarefas mais interessantes, talvez consiga chegar a algum lugar nesta organização".

Estilo manipulador

Um último estilo de comportamento não assertivo é ser *manipulador*. Pessoas manipuladoras tentam conseguir o que querem fazendo os outros sentirem pena ou culpa por elas. Em vez de assumir a responsabilidade de atender às suas próprias necessidades, elas desempenham o papel de vítima ou mártir em um esforço para fazer os outros cuidarem delas. Quando isso não funciona, elas podem ficar abertamente com raiva ou fingir indiferença. A manipulação só funciona enquanto aqueles a quem ela é direcionada não conseguem reconhecer o que está acontecendo. A pessoa que está sendo manipulada pode se sentir confusa ou "louca" até certo ponto; depois, ela fica com raiva e ressentida com o manipulador. Uma maneira manipuladora de pedir uma tarefa específica no trabalho seria dizer ao seu chefe "Puxa, se eu conseguir essa tarefa, acho que meu namorado finalmente terá algum respeito por mim", ou dizer a um colega de trabalho "Não diga uma palavra sobre isso, mas, se eu não conseguir essa tarefa, vou finalmente usar aquele frasco de pílulas para dormir que estou economizando".

Estilo assertivo

O *comportamento assertivo* – em contraste com os estilos descritos anteriormente – envolve pedir o que você quer (ou dizer não) de uma forma simples e direta que não negue, ataque ou manipule alguém. Você comunica seus sentimentos e necessidades de forma honesta e direta, mantendo o respeito e a consideração pelos outros. Você se defende e defende seus direitos sem se desculpar ou se sentir culpado. Em essência, ser assertivo envolve assumir a responsabilidade de atender às suas próprias necessidades de uma forma que preserve a dignidade das outras pessoas. Os outros se sentem confortáveis quando você é assertivo porque sabem onde você está. Eles respeitam você por sua honestidade e franqueza. Em vez de exigir ou comandar, uma declaração assertiva faz uma solicitação simples e direta, como "Eu realmente gostaria dessa tarefa" ou "Espero que o chefe decida me dar essa tarefa específica".

Qual das cinco descrições (não assertiva/submissa, agressiva, passivo-agressiva, manipuladora ou assertiva) se encaixa melhor para você? Talvez, dependendo da situação, mais de um estilo de comportamento se aplique. O exercício a seguir o ajudará a identificar seu modo de comportamento preferido quando quer algo.

Seu estilo de comportamento

Pense em cada uma das seguintes situações, uma de cada vez. Como você normalmente lidaria com isso? Sua abordagem seria não assertiva (em outras palavras, você não faria nada a respeito), agressiva, passivo-agressiva ou manipuladora – ou você responderia assertivamente? Observe o estilo de comportamento que você acredita que provavelmente usaria em sua resposta a cada situação. Basta escrever o nome do estilo de comportamento que você provavelmente usaria (submisso, agressivo, passivo-agressivo, manipulador ou assertivo) ao lado de cada situação. Quando terminar, some o número de vezes que você acredita que sua resposta à situação seria assertiva.

1. Você está sendo mantido ao telefone por um vendedor que está tentando lhe vender algo que você não quer.
2. Você gostaria de romper um relacionamento que não está mais funcionando para você.

3. Você está sentado assistindo a um filme e as pessoas atrás de você estão falando.
4. Seu médico faz você esperar mais de 30 minutos.
5. Seu filho adolescente está com o aparelho de som muito alto.
6. Seu vizinho ao lado está com o aparelho de som muito alto.
7. Você gostaria de devolver algo com defeito a um estabelecimento e receber um reembolso.
8. Você está em uma fila e alguém passa na sua frente.
9. Seu amigo lhe deve dinheiro há muito tempo – dinheiro que você poderia usar – e não responde aos seus telefonemas.
10. Você recebe uma conta que parece anormalmente alta pelo serviço que recebeu.
11. O técnico de reparação doméstica está exigindo um pagamento, mas fez um trabalho insatisfatório.
12. Você recebe comida em um restaurante que está malcozida ou cozida demais.
13. Você gostaria de pedir um grande favor ao seu parceiro ou ao seu cônjuge.
14. Você gostaria de pedir um grande favor ao seu amigo.
15. Seu amigo pede um favor que você não está com vontade de fazer.
16. Seu filho/cônjuge/colega de quarto não está fazendo sua parte justa do trabalho em casa.
17. Você gostaria de fazer uma pergunta, mas está preocupado que outra pessoa possa pensar que é bobagem.
18. Você está em um grupo e gostaria de falar, mas não sabe como a sua opinião será recebida.
19. Você gostaria de iniciar uma conversa em uma reunião, mas não conhece ninguém.
20. Você está sentado/de pé ao lado de alguém que está fumando, e a fumaça está começando a incomodá-lo.
21. Você acha o comportamento do seu parceiro/cônjuge inaceitável.
22. Você acha o comportamento do seu amigo inaceitável.
23. Seu amigo aparece inesperadamente, pouco antes de você sair para fazer algumas tarefas.
24. Você está falando com alguém sobre algo importante, mas ele ou ela não parece estar ouvindo.
25. Seu amigo o deixa na mão em um encontro para o almoço.
26. Você devolve um item que não deseja à loja de departamentos e solicita um reembolso total. O funcionário desvia sua solicitação e se oferece para trocar o item por outro.
27. Você está falando e alguém o interrompe.
28. Um vendedor chega à porta, e você não está interessado no que a pessoa tem para vender.
29. Seu parceiro ou cônjuge trata você como se você fosse uma criança.
30. Você recebe uma crítica injusta de alguém.

Se você tiver menos de 25 de 30 respostas "assertivas" (i.e., sua resposta provável tende a ser submissa, agressiva, passivo-agressiva ou manipuladora), seria favorável que trabalhasse no desenvolvimento de um estilo de comportamento mais assertivo.

Aprenda a ser assertivo

Aprender a ser assertivo envolve trabalhar para aprender e praticar as sete áreas a seguir:

1. *Aprenda e desenvolva comportamentos não verbais* de vários tipos que transmitam uma postura assertiva.
2. *Reconheça e exerça seus direitos básicos* como ser humano, conforme listado na *Declaração de direitos pessoais* mais adiante neste capítulo.
3. *Identifique suas situações problemáticas* que exigem ser mais assertivo. Para quais tipos de *situações da vida* e para quais tipos de *pessoas* você precisa se tornar mais assertivo?
4. *Ensaie respostas assertivas escrevendo-as.* Use os *Exercícios de assertividade* mais adiante neste capítulo para ajudá-lo a escrever suas respostas. (Você também pode praticar respostas assertivas *interpretando-as* com um parceiro, amigo próximo ou terapeuta.)
5. *Pratique fazer solicitações assertivas que você poderia usar para situações da vida real* em que gostaria de ser assertivo, usando os comportamentos e as habilidades que aprenderá neste capítulo.
6. *Desenvolva habilidades para lidar com situações inesperadas quando você precisa ser assertivo de repente ou espontaneamente* – uma espécie de "assertividade no momento".
7. *Aprenda habilidades para dizer "não"* em situações em que você precisa recusar uma solicitação.

Cada um desses casos é discutido em mais detalhes a seguir.

Desenvolva comportamentos assertivos não verbais

Agir de forma assertiva depende não apenas do que você diz, mas também da sua linguagem corporal. Outras pessoas podem perceber a sua abordagem ao pedir algo com base na maneira como você posiciona o seu corpo, assim como no que você expressa em suas feições faciais. Alguns dos aspectos não verbais da assertividade são descritos a seguir:

- *Olhe diretamente para* as pessoas ao abordá-las. Olhar para baixo ou para longe transmite a mensagem de que você não tem certeza de pedir o que deseja. O extremo oposto, o olhar fixo, também não é útil, pois pode colocar a outra pessoa na defensiva.
- Mantenha uma *postura aberta*, em vez de fechada. Se estiver sentado, não cruze as pernas ou os braços. Se estiver em pé, fique ereto e apoiado em ambos os pés. Encare a pessoa a quem você está se dirigindo diretamente, em vez de ficar de lado.

- *Não recue ou se afaste* da outra pessoa enquanto se comunica de forma assertiva. A expressão "defenda sua posição" aqui se aplica literalmente.
- *Fique calmo*. Evite ficar excessivamente emocionado ou excitado. Se você estiver com raiva, descarregue seus sentimentos de raiva *em outro lugar* antes de tentar ser assertivo. Um pedido calmo, mas assertivo, tem muito mais peso para a maioria das pessoas do que uma explosão de raiva.

Tente praticar essas habilidades não verbais com um amigo, interpretando situações que exijam uma resposta assertiva. Consulte a lista de 30 situações que exigem assertividade em *Seu estilo de comportamento*. Se possível, peça a um amigo para simular uma situação, como negar seu pedido, e responda de forma assertiva, utilizando comportamentos não verbais apropriados. Se ninguém estiver disponível para representar, uma alternativa seria praticar comportamentos assertivos não verbais na frente de um espelho.

Reconheça e exerça seus direitos básicos

Como seres humanos adultos, todos temos certos direitos básicos. Muitas vezes, no entanto, ou os esquecemos, ou, quando crianças, nunca fomos ensinados a acreditar neles. Aprender a ser assertivo envolve reconhecer que você, tanto quanto qualquer outra pessoa, tem direito a todas as coisas listadas na *Declaração de direitos pessoais* que se segue. A assertividade também envolve assumir a responsabilidade de *exercer* esses direitos em situações em que eles são ameaçados ou infringidos. Leia a *Declaração de direitos pessoais* e reflita sobre sua disposição para acreditar e exercer cada um deles.

Declaração de direitos pessoais

1. Tenho o direito de pedir o que quero.
2. Tenho o direito de dizer não a pedidos ou demandas que não posso atender.
3. Tenho o direito de expressar todos os meus sentimentos, positivos ou negativos.
4. Tenho o direito de mudar de ideia.
5. Tenho o direito de cometer erros e não tenho que ser perfeito.
6. Tenho o direito de seguir meus próprios valores e padrões.
7. Tenho o direito de dizer não a qualquer coisa quando sinto que não estou pronto, quando não é seguro ou quando viola meus valores.
8. Tenho o direito de determinar minhas próprias prioridades.
9. Tenho o direito de *não* ser responsável pelo comportamento, pelas ações, pelos sentimentos ou pelos problemas dos outros.
10. Tenho o direito de esperar honestidade dos outros.
11. Tenho o direito de ficar com raiva de alguém que amo.
12. Tenho o direito de ser unicamente eu mesmo.

13. Tenho o direito de sentir medo e dizer "Eu estou com medo".
14. Tenho o direito de dizer "Não sei".
15. Tenho o direito de não dar desculpas ou razões para o meu comportamento.
16. Tenho o direito de tomar decisões com base nos meus sentimentos.
17. Tenho direito às minhas próprias necessidades de espaço e de tempo pessoais.
18. Tenho o direito de ser brincalhão e engraçado.
19. Tenho o direito de ser mais saudável do que as pessoas ao meu redor.
20. Tenho o direito de estar em um ambiente não abusivo.
21. Tenho o direito de fazer amigos e me sentir confortável perto das pessoas.
22. Tenho o direito de mudar e crescer.
23. Tenho o direito de ter minhas necessidades e desejos respeitados pelos outros.
24. Tenho o direito de ser tratado com dignidade e respeito.
25. Tenho o direito de ser feliz.

Faça uma cópia da *Declaração de direitos pessoais* ou baixe uma cópia dela da página do livro em loja.grupoa.com.br e coloque-a em um local visível. Ao reservar um tempo para ler cuidadosamente a lista todos os dias, você acabará aprendendo a aceitar que tem direito a cada um desses direitos.

Identifique suas situações problemáticas

Em uma folha de papel em branco, anote duas ou três situações de alta prioridade em que você sente que gostaria de agir de forma mais assertiva. Escolha situações que são atuais e importantes para você. Descreva a situação em detalhes e especifique a pessoa ou as pessoas com quem você deseja agir assertivamente. Aqui estão alguns exemplos, incompletos, de tipos de pessoas e tipos de situações que podem estar envolvidos em uma atuação mais assertiva.

Pessoas
- Cônjuge
- Pais
- Outras pessoas significantes
- Crianças
- Parentes
- Amigos próximos
- Conhecidos
- Colegas de trabalho ou de classe
- Vendedores ou balconistas
- Desconhecidos

Situações

- Pedir ajuda.
- Solicitar um serviço.
- Pedir um favor.
- Ter de "dizer não" a um pedido.
- Declarar uma diferença de opinião.
- Falar sobre algo que o incomoda.
- Lidar com uma pessoa que se recusa a cooperar com seus desejos.
- Ter de se encarregar de uma situação.
- Fazer um pedido a uma figura de autoridade.
- Negociar com alguém para resolver uma situação difícil.
- Protestar contra uma compra que você considera uma "exploração".
- Propor uma nova ideia.
- Chamar para um encontro.

Pratique respostas assertivas por escrito – ou por dramatização – primeiro

Escrever respostas assertivas antes de enfrentar uma situação da vida real pode ser útil se você não estiver acostumado a ser assertivo. Essa etapa não é obrigatória, mas pode ser muito proveitosa. Um teste por escrito pode ajudá-lo a desenvolver maior preparação e confiança para quando você realmente enfrenta uma situação na vida real. Para praticar respostas assertivas por escrito, veja os exercícios a seguir.

Exercícios de assertividade

Os exercícios a seguir foram projetados para ajudar você a praticar responder assertivamente em situações que exigem que você seja assertivo. Aqui estão algumas coisas que você deve ter em mente ao escrever suas respostas:

- Avalie seus direitos legítimos. (Para obter ajuda, veja a *Declaração de direitos pessoais*)
- Mantenha o seu pedido simples e específico.
- Oponha-se aos comportamentos dos outros indivíduos que lhe dizem respeito – e não às suas personalidades.
- Use declarações e faça uma solicitação simples, e não uma demanda ou um comando.
- Não peça desculpas pelo seu pedido.
- Explique o seu pedido à outra pessoa destacando as consequências para você, caso ela não compreenda totalmente o que está sendo solicitado.

(Para obter mais detalhes sobre esses itens, bem como maneiras adicionais de fazer uma solicitação assertiva, ver seção "Pratique solicitações assertivas que você poderia usar na vida real", na sequência desses exercícios.)

Exercício: escreva (ou encene) respostas assertivas

As situações apresentadas a seguir são comuns, e você pode já as ter encontrado em sua vida. A tarefa é preencher o espaço em branco com uma resposta assertiva para cada situação.

1. Você leva o seu carro para a oficina para uma troca de óleo e recebe uma conta que inclui também o alinhamento das rodas e novas velas de ignição. Você diz:

   _____
   _____

2. Você combina de se revezar dirigindo para o trabalho com uma colega. Cada dia que você dirige, ela tem uma tarefa para realizar a caminho de casa. Quando ela dirige, não há paradas. Você diz:

   _____
   _____

3. Quando você entretém seus colegas de trabalho, a conversa sempre vira conversa fiada. Você está planejando uma festa e prefere evitar os tópicos habituais. Você diz:

   _____
   _____

4. Você está no banco. O caixa pergunta: "Quem é o próximo?". É a sua vez. Uma mulher que entrou depois de você diz: "Sou eu". Você diz:

   _____
   _____

5. Você está em um táxi e suspeita que o motorista está levando-o por um caminho mais longo. Você diz:

   _____
   _____

6. Você está em um restaurante que normalmente tem placas de "proibido fumar". Uma pessoa no bar acende um cigarro. Você diz:

   _____
   _____

7. Você já teve reações adversas a medicamentos com frequência no passado. O seu médico lhe dá uma receita sem dizer quais efeitos secundários esperar. Você diz:

8. Você está comprando roupas novas. A vendedora está pressionando-o a comprar algo que faz você parecer 10 quilos mais pesado. Você diz:

9. Você está jogando minigolfe com seu cônjuge. Você não está indo muito bem, mas está se divertindo. Seu cônjuge está continuamente dizendo a você como jogar "certo". Você diz:

10. Você se preparou para um domingo tranquilo em casa, o primeiro em muito tempo. Seus pais ligam e o convidam para passar o dia. Você não quer ir. Você diz:

11. Você recebe um aviso informando que seu filho foi colocado na sala de aula de um professor que você sabe ser notoriamente incompetente. Você liga para o diretor e diz:

12. Uma pessoa toca sua campainha, querendo convertê-la à religião dela. Você não está interessada. Você diz:

13. Uma amiga pede a você que seja babá do filho dela, mas você tem outros planos para o dia. Você diz:

14. Você está se sentindo solitária e "deixada de fora". Seu cônjuge está na sala, lendo. Você diz:

_____

_____

15. Você esteve correndo o dia todo. Está muito quente e você não tem ar-condicionado. Você prepara uma salada para o jantar porque não quer ligar o forno. Seu cônjuge chega em casa com fome e quer uma refeição quente. Você diz:

_____

_____

16. Alguns amigos apareceram sem convite às 17 horas. Agora são 19 horas e você deseja servir o jantar para a sua família. Você não tem o suficiente para incluir as visitas. Você diz:

_____

_____

Uma alternativa para escrever respostas assertivas é praticá-las em um ambiente mais real, interpretando com um parceiro, amigo confiável ou terapeuta. Seu parceiro desempenha o papel de 1) discordar do seu pedido ou 2) fazer uma exigência que você não deseja atender. Seu trabalho é continuar fazendo seu pedido assertivo sem julgar ou culpar seu parceiro ou amigo. Novamente, consulte a lista para praticar o comportamento assertivo no início dos *Exercícios de assertividade*. Tenha em mente que é útil ensaiar comportamentos assertivos com antecedência para ganhar habilidade em se tornar mais assertivo na vida real.

Pratique solicitações assertivas que você poderia usar na vida real

Com base em todas as seções anteriores sobre aprender a ser assertivo – ou seja, estar ciente de comportamentos assertivos não verbais, reconhecer seus direitos básicos, listados na *Declaração de direitos pessoais*, identificar situações e/ou pessoas com quem você precisa ser assertivo e ensaiar respostas assertivas por escrito ou fazendo dramatizações –, *você agora está finalmente pronto para praticar ser assertivo na vida real*. Agir de forma assertiva inclui, em um primeiro momento, as quatro principais *estratégias* a seguir. Observe que a quarta estratégia, a estratégia-chave em que você realmente *faz seu pedido assertivo*, é seguida por uma série de *diretrizes* sobre como fazer um pedido assertivo na vida real.

1. **Avalie seus direitos legítimos** em relação à situação em questão, o que você já aprendeu a fazer utilizando a *Declaração de direitos pessoais*.
2. **Decida para quem você fará sua solicitação.** É preferível fazer o seu pedido à pessoa a quem pretende se dirigir, em vez de passar por uma pessoa secundária. É verdade que pode haver certas situações – como um chefe de nível superior no trabalho ou um parente doente – em que pode ser preferível fazer sua solicitação por meio de uma pessoa secundária. Em alguns casos, pode ser preferível perguntar a um amigo ou parente da pessoa envolvida. No entanto, na maioria dos casos, é melhor, se possível, abordar diretamente a pessoa que você mais deseja impactar.
3. **Determine seu modo preferido de comunicação**: *e-mail*, texto, mensagens de voz, ligação telefônica, carta ou uma reunião cara a cara com a pessoa em um momento mutuamente acordado. Você pode preferir utilizar uma forma menos direta de comunicação primeiro e, depois, seguir com um método mais direto. Por exemplo, você pode deixar uma mensagem de voz solicitando uma conversa ao vivo por telefone ou pessoalmente.
4. **Faça o seu pedido.** Esse é o *passo-chave* para ser assertivo. Você simplesmente pede o que quer (ou não quer) de uma maneira direta e franca. Observe as seguintes diretrizes para fazer solicitações assertivas:
   - *Utilize comportamentos não verbais assertivos*, como você já sabe fazer. Fique firme, estabeleça contato visual, mantenha uma postura aberta e trabalhe em manter a calma e o controle de si mesmo se estiver falando com alguém pessoalmente.
   - *Mantenha o seu pedido simples.* Uma ou duas frases fáceis de entender geralmente são suficientes: "Eu gostaria que você levasse o cachorro para passear esta noite" ou "Eu quero que possamos ir a um conselheiro matrimonial juntos".
   - *Evite pedir mais de uma coisa de cada vez.*
    Seja específico. Peça *exatamente* o que você quer – ou a pessoa a quem você está se dirigindo pode não entender. Talvez você esteja trabalhando em uma fobia de dirigir em rodovias. Em vez de dizer "Eu gostaria que você me ajudasse com minhas sessões práticas", seja específico ao pedir o que você quer, como "Eu gostaria que você fosse comigo quando eu praticar dirigir na rodovia todos os sábados de manhã". Ou, em vez de "Eu gostaria que você viesse para casa em uma hora razoável", especifique "Eu gostaria que você voltasse para casa antes da meia-noite".
   - *Oponha-se a comportamentos, e não a personalidades.* Ao se opor ao que alguém está fazendo, oponha-se ao *comportamento específico*, e não à personalidade do indivíduo. Deixe a pessoa saber que você está tendo um problema com algo que ela está fazendo (ou não fazendo), e não com quem ela é como pessoa.

     É preferível dizer "Tenho um problema quando você não liga para me avisar que vai se atrasar", em vez de "Você é desrespeitoso por não me ligar para me avisar que vai se atrasar".

- *Use "declarações de eu":*

    "Eu gostaria..."
    "Eu quero..."
    "Eu apreciaria se..."

- É importante evitar usar *"declarações de você" ao fazer uma solicitação*. Declarações que são potencialmente ameaçadoras ("Você vai fazer isso ou aquilo") ou coercitivas ("Você tem que...") colocarão a pessoa a quem você está se dirigindo na defensiva e diminuirão a probabilidade de você conseguir o que deseja.
- *Faça solicitações, e não demandas ou comandos.* O comportamento assertivo sempre respeita a humanidade e os direitos da outra pessoa. Assim, uma resposta assertiva é sempre uma solicitação, e não uma demanda. Exigir e comandar são modos agressivos de comportamento baseados na falsa suposição de que você está sempre certo ou sempre tem o direito de fazer tudo do seu jeito.
- *Se sentir que é necessário, deixe a outra pessoa saber como você se sente.* Se você estiver confuso ou ambivalente sobre seus sentimentos, reserve um tempo para esclarecê-los primeiro, escrevendo-os ou conversando com uma pessoa de apoio ou um terapeuta. Se seus sentimentos forem claros, você pode optar por divulgá-los ao fazer um pedido assertivo. Mesmo que a pessoa a quem você está se dirigindo discorde da sua posição, ela pode pelo menos apreciar seus fortes sentimentos sobre a questão. Ao expressar seus sentimentos, é importante reconhecê-los e usar declarações começando com "eu" para transmiti-los. Ver Capítulo 13, "Lidando com sentimentos", para obter mais assistência na identificação e na comunicação de seus sentimentos.
- *Não peça desculpas pelo seu pedido.* Quando quiser pedir algo, faça-o diretamente. Diga "Eu gostaria que você...", em vez de "Eu sei que isso pode parecer uma imposição, mas eu gostaria que você...". Quando quiser recusar um pedido, faça-o de forma direta, mas educada. Não se desculpe ou dê desculpas. Basta dizer: "Não, obrigado", "Não, não estou interessado" ou "Não, não posso fazer isso". Se a resposta da outra pessoa for de persuasão, crítica, apelo à culpa ou sarcasmo, basta repetir sua afirmação com firmeza até que você tenha deixado claro seu ponto de vista.
- *Opcional: indique as conclusões positivas da cooperação.* Se achar apropriado, você pode optar por contar à pessoa a quem está abordando as consequências de obter a cooperação dela. Você pode desejar que a pessoa saiba como a cooperação positiva será benéfica para vocês dois. No entanto, tenha cuidado ao mencionar as consequências de *não* obter cooperação. Isso pode ser difícil sem fazer algum tipo de aviso ou ameaça (mesmo que velada). Você deve evitar ameaças veladas em suas comunicações sempre que possível.

Exemplo: pedido assertivo de Jean para um momento de silêncio

Jean gostaria de meia hora de paz e tranquilidade ininterruptas enquanto faz seu exercício de relaxamento. Seu marido, Frank, tem a tendência de atrapalhar seu tempo de silêncio com perguntas e outras manobras para chamar a atenção. Antes de confrontá-lo, ela esquematizou um pedido assertivo:

1. *Avalie seus direitos, contando com a Declaração de direitos pessoais:* "Eu tenho o direito de ter algum tempo tranquilo para mim mesma." "Tenho o direito de cuidar da minha necessidade de relaxamento." "Tenho o direito de que meu marido respeite minhas necessidades."
2. *Decida como deseja comunicar sua solicitação* (p. ex., conversa telefônica direta com antecedência ou um encontro na vida real): "Vou ligar para Frank e falar sobre minhas preocupações primeiro, antes de falar com ele pessoalmente."
3. *Dirija-se diretamente à pessoa, se possível*: "Nesta situação, como ele é meu marido, preciso falar diretamente com ele."
4. *Faça o seu pedido, mantendo-o simples e específico.* Certifique-se de abordar o comportamento da pessoa que é motivo de preocupação, e não toda a sua personalidade: "Eu gostaria de não ser interrompida durante o tempo que minha porta estiver fechada, exceto em casos de emergência. Eu gostaria que você respeitasse meu direito de ter meia hora de silêncio todos os dias."
   - Evite culpar ou rotular a outra pessoa. Nesse caso, Jean evitaria dizer a Frank: "É irritante quando você interrompe meu tempo de silêncio."
   - Use "declarações de eu", como "eu gostaria..." ou "eu apreciaria...": "Frank, eu agradeceria se você respeitasse minha necessidade de ter algum tempo sozinha à noite."
   Não peça desculpas pelo seu pedido. Evite declarações como: "Eu odeio incomodá-lo, Frank, mas...".
   - Você também pode querer explicar à pessoa como o comportamento dela levou à sua necessidade de fazer seu pedido assertivo. Por exemplo: "Eu te avisei várias vezes que preciso de meia hora por dia sozinha para relaxar, e até fechei a porta, mas você ainda entra e me faz perguntas. Isso perturba minha concentração e interfere em uma parte importante do meu programa para gerenciar minha ansiedade."
   - Você também pode expressar seus sentimentos sobre a situação, desde que não culpe ou julgue a outra pessoa; por exemplo: "Sinto-me frustrada quando minha atenção é interrompida" ou "Sinto raiva quando você não respeita meu direito de ter algum tempo tranquilo para relaxar."
   - Indique as conclusões de conseguir cooperação: "Se você respeitar minha necessidade de ter algum tempo de silêncio, serei muito mais capaz de passar algum tempo com você depois e ser uma boa companheira."

Agora é a sua vez.

Exercício: escreva solicitações assertivas para situações da vida real

Selecione duas ou três pessoas ou situações problemáticas que você descreveu anteriormente e escreva sua solicitação assertiva seguindo as diretrizes da seção "Pratique solicitações assertivas que você poderia usar em situações da vida real".

Depois de escrever em detalhes seu pedido assertivo para uma ou mais situações problemáticas específicas, você descobrirá que se sente mais preparado e confiante ao confrontar a situação na vida real. Esse processo de escrever metodicamente uma prévia do seu pedido assertivo é especialmente útil durante o tempo em que você está aprendendo a ser assertivo. Mais tarde, quando você tiver um bom grau de domínio, talvez não precise escrever o seu pedido todas as vezes com antecedência. No entanto, nunca é uma má ideia preparar seu pedido, especialmente quando muita coisa está em jogo. Os advogados fazem isso como um modo de vida, pois normalmente afirmam os direitos de seus clientes em situações de alto risco.

Assertividade no momento

Muitas situações surgem no curso da vida cotidiana que o desafiam a ser assertivo de forma espontânea. Alguém toca música alta enquanto você está tentando dormir. Ou alguém insiste em fumar em uma área designada como "não fumantes". Talvez, no supermercado, alguém passe na sua frente na fila. Você pode usar o conjunto a seguir de breves diretrizes para elaborar um pedido assertivo espontâneo.

1. *Avalie seus direitos.* Você acha que houve uma violação legítima dos seus direitos?
2. *Faça um pedido específico e direto à outra pessoa usando uma "declaração de eu"*, como "Eu gostaria...", "Eu agradeceria...", "Você poderia, por favor...". Faça um pedido simples que não culpe e não julgue a outra pessoa.
3. *Indique o problema destacando as consequências para você.* Se você acha que a pessoa a quem está se dirigindo pode ficar atrapalhada com seu pedido, talvez queira explicar por que o comportamento dela tem um efeito adverso sobre você. Por exemplo, você pode dizer: "Todos aqui, inclusive eu, estão esperando na fila. Você se importaria de esperar a sua vez e permitir que as outras pessoas que já estão esperando sigam em frente?".
4. *Opcional: expresse os seus sentimentos.* Se você está lidando com um estranho com quem não deseja ter mais nenhum relacionamento, geralmente não há problema em pular essa etapa. Por outro lado, pode ser uma boa ideia expressar seus sentimentos quando você precisa ser assertivo no momento com seu cônjuge, filho ou amigo próximo ("Estou realmente desapontado por você não ter ligado quando disse que ligaria" ou "Estou me sentindo muito cansado para limpar a cozinha agora").
5. *Opcional: indique os resultados em receber (ou não) cooperação.* Com estranhos, essa etapa geralmente não será necessária. Em raras ocasiões, quando alguém é resistente a um pedido muito razoável, você pode optar por declarar consequências negativas ("Se você continuar fumando, posso ter um ataque de asma" ou "Observe que há uma placa fixada aqui para não fumar"). Com familiares e amigos, uma declaração de resultados positivos pode ser usada para fortalecer seu pedido ("Se for para a cama às 20h30, vou ler uma história para você").

A chave para ser assertivo no momento é tornar seu pedido o mais simples, específico e direto possível. Optar ou não por mencionar as consequências para você do comportamento da outra pessoa dependerá, em grande parte, da situação. Mencione as consequências quando quiser que a outra pessoa aprecie melhor a sua situação. Se você conhece bem alguém, também pode expressar seus sentimentos, se quiser que a outra pessoa entenda o quão fortemente isso o afeta. Por exemplo, "Estou muito desapontado por você não ter ligado quando disse que ligaria".

Aprendendo a dizer não

Um aspecto importante de ser assertivo é a sua capacidade de dizer não a pedidos que você não quer atender. Dizer não significa que você *estabelece limites* às demandas de outras pessoas por seu tempo e sua energia quando tais demandas entram em conflito com suas próprias necessidades e desejos. Isso também significa que você pode fazer isso sem se sentir culpado.

Em alguns casos, especialmente se você estiver lidando com alguém com quem não deseja ter um relacionamento, basta dizer "Não, obrigado" ou "Não, não estou interessado", de maneira firme e educada. Se a outra pessoa persistir, basta repetir sua declaração com calma, sem pedir desculpas. Se você precisa fazer sua declaração mais forte e enfática, você pode desejar 1) olhar a pessoa diretamente nos olhos, 2) elevar um pouco o nível de sua voz e 3) afirmar sua posição: "Eu disse não, obrigado".

Em muitos outros casos – com conhecidos, amigos e familiares –, você pode querer dar à outra pessoa alguma explicação para recusar o pedido. Aqui, muitas vezes é útil seguir um procedimento de quatro etapas:

1. Reconheça o pedido da outra pessoa, repetindo-o.
2. Explique o motivo da recusa.
3. Diga não.
4. *Opcional*: se apropriado, sugira uma proposta alternativa em que as suas necessidades e as da outra pessoa possam ser atendidas.

Use a etapa 4 apenas se você puder ver facilmente uma maneira de você e a outra pessoa encontrarem um meio-termo.

Exemplos

"Eu entendo que você realmente gostaria de se reunir esta noite (*reconhecimento*). Acontece que tive um dia muito longo e me sinto exausta (*explicação*), então preciso deixar para outra ocasião (*dizendo não*). Haveria outra noite no final desta semana em que poderíamos nos reunir? (*opção alternativa*)."

"Ouvi dizer que você precisa de ajuda com a mudança (*reconhecimento*). Eu gostaria de ajudar, mas prometi ao meu namorado que iríamos viajar no fim de semana (*explicação*), então não estarei disponível (*dizendo não*). Espero que você consiga encontrar outra pessoa."

Observe que, nesse último exemplo, o orador não apenas reconhece a necessidade de sua amiga, mas indica que ela teria gostado de ajudar se as circunstâncias tivessem sido diferentes. Às vezes, você pode querer que alguém saiba que, sob diferentes condições, você teria aceitado o pedido de bom grado.

"Eu percebo que você gostaria de sair comigo novamente (*reconhecimento*). Eu acho que você é uma boa pessoa, mas me parece que não temos o suficiente em comum para buscar um relacionamento (*explicação*), então eu tenho que dizer não (*dizendo não*)."

"Eu sei que você gostaria que eu cuidasse de Johnny por um dia (*reconhecimento*), mas tenho alguns compromissos importantes que tenho que cumprir (*explicação*), então não posso ficar de babá hoje (*dizendo não*)."

Existem algumas situações específicas em que você repetidamente tem problemas para dizer não? Faça uma lista dessas situações no espaço a seguir:

Agora, pegue uma folha de papel e escreva uma resposta assertiva hipotética para cada uma das situações em que você diz não, seguindo o procedimento de quatro etapas descrito anteriormente.

As seguintes sugestões adicionais também podem ser úteis para aprender a dizer não (adaptadas do livro de Matthew McKay, Peter Rogers e Judith McKay, *When Anger Hurts*):

1. *Não tenha pressa.* Se você é do tipo de pessoa que tem dificuldade em dizer não, reserve algum tempo para pensar e esclarecer o que você quer dizer antes de responder ao pedido de alguém (p. ex., "eu vou te avisar até o final da semana" ou "eu vou te ligar de volta amanhã de manhã depois de refletir sobre isso").
2. *Não se desculpe demais.* Quando você pede desculpas aos outros por dizer não, você passa a mensagem de que "não tem certeza" de que suas próprias necessidades são tão importantes quanto as deles. Isso abre caminho para que eles coloquem mais pressão sobre você para cumprir o que eles querem. Em alguns casos, eles podem até tentar jogar com sua culpa para obter outras coisas ou fazer você "compensar" por ter dito não inicialmente.
3. *Seja específico.* É importante ser muito específico ao afirmar o que você fará e o que não fará. Por exemplo, "Estou disposto a ajudá-lo a se mudar, mas, por causa das minhas costas, só posso carregar itens leves" ou "Posso levá-lo ao trabalho, mas apenas se você puder me encontrar às 8h15".
4. *Use uma linguagem corporal assertiva.* Certifique-se de encarar a pessoa com quem você está falando diretamente e manter um bom contato visual. Trabalhe para falar em um tom de voz calmo, mas firme. Evite se emocionar.
5. *Cuidado com a culpa.* Você pode sentir o impulso de fazer *outra coisa* por alguém depois de recusar um pedido. Não tenha pressa antes de se oferecer para fazer. Certifique-se de que sua oferta vem do desejo genuíno, e não da culpa. Você dominou totalmente a habilidade de dizer não aos outros quando chegar ao ponto em que pode fazê-lo sem se sentir culpado.

Resumo de coisas para fazer

Aprender a ser assertivo pode permitir que você obtenha mais do que deseja e ajudará a minimizar a frustração e o ressentimento em seus relacionamentos com parceiros, familiares e amigos. Também pode ajudá-lo a assumir mais riscos e pedir mais da vida, aumentando seu senso de autonomia e autoconfiança.

Tornar-se assertivo, no entanto, requer *prática*. Quando você tentar agir de forma assertiva com a família e os amigos pela primeira vez, esteja preparado para se sentir estranho. Também esteja preparado para que eles não entendam o que você está fazendo e, possivelmente, até se ofendam. Se você explicar da melhor maneira possível e der a eles tempo para se adaptarem ao seu novo comportamento, você pode ficar agradavelmente surpreso quando eles vierem a respeitar você por sua nova franqueza e honestidade.

Para tirar o máximo proveito deste capítulo, considere fazer o seguinte:

1. Determine seu estilo de comportamento dominante (submisso, agressivo, passivo-agressivo, manipulador ou assertivo), perguntando a si mesmo qual estilo de comportamento você provavelmente escolheria para cada uma das 30 situações listadas no questionário *Seu estilo de comportamento*.

2. Faça uma cópia da *Declaração de direitos pessoais* e fixe-a em um local visível. Leia-a repetidas vezes até que você se sinta completamente familiarizado com todos os direitos listados.

3. Escreva respostas assertivas para os *Exercícios de assertividade* ou pratique a assertividade interpretando respostas assertivas com um amigo de confiança ou um terapeuta.

4. Revise todas as quatro estratégias descritas em "Pratique solicitações assertivas que você poderia usar na vida real", particularmente a 4, "Faça o seu pedido", que oferece diretrizes específicas para fazer sua solicitação. Familiarize-se completamente com as diretrizes para fazer uma solicitação assertiva: manter sua solicitação simples, ser específico, usar declarações em primeira pessoa, contestar comportamentos (e não personalidades), não se desculpar por ser assertivo, fazer solicitações, em vez de demandas, declarar seus sentimentos sobre sua solicitação assertiva (especialmente para pessoas de quem você é próximo) e mencionar, se apropriado, as decorrências positivas de obter cooperação com sua solicitação assertiva.

5. Veja o exemplo para fazer uma solicitação assertiva ("Pedido assertivo de Jean para um momento de silêncio"), bem como suas respostas ao exercício *Escreva solicitações assertivas para situações da vida real*, e, em seguida, pense em tudo o que aprendeu neste capítulo e como você pode usar essas habilidades de assertividade em sua própria vida.

6. Revise a seção "Assertividade no momento" para ajudá-lo com quaisquer situações que surjam no curso da vida diária e que exijam uma resposta assertiva espontânea.

7. Revise a seção "Aprendendo a dizer não" e, com um amigo ou um terapeuta, encene dizer não a pedidos descabíveis.
8. Consulte os livros listados a seguir em "Habilidades de assertividade" para uma cobertura mais completa do tópico. Se você sentir a necessidade de procurar ajuda extra além desses livros, procure *podcasts* ou vídeos do YouTube que demonstrem habilidades de assertividade.
9. Consulte os livros listados a seguir em "Habilidades de comunicação" ou faça uma aula de comunicação para apoiar seu treinamento de assertividade com outras habilidades interpessoais importantes, como ouvir, autorrevelar e negociar.

Leitura adicional

Habilidades de assertividade

Alberti, Robert E., and Michael Emmons. *Your Perfect Right*. 10th ed. Oakland, CA: Impact Publishers, 2017.

Davis, Martha, Elizabeth Robbins Eshelman, and Matthew McKay. *The Relaxation & Stress Reduction Workbook*. 7th ed. Oakland, CA: New Harbinger Publications, 2019.

McKay, Matthew, Peter Rogers, and Judith McKay. *When Anger Hurts*. 2nd ed. Oakland, CA: New Harbinger Publications, 2003.

Smith, Manuel J. *When I Say No, I Feel Guilty*. New York: Bantam, 1975.

Habilidades de comunicação

Fisher, Roger, and William Ury. *Getting to Yes: Negotiating Agreement Without Giving In*. Rev. ed. New York: Penguin, 2011.

McKay, Matthew, Martha Davis, and Patrick Fanning. *Messages: The Communication Skills Book*. 4th ed. Oakland, CA: New Harbinger Publications, 2018.

15
Autoestima

A autoestima é uma forma de pensar, sentir e agir que implica que você se aceita, respeita, confia e acredita em si mesmo. Quando você se *aceita*, pode viver confortavelmente com suas forças pessoais e fraquezas sem críticas excessivas. Ao se *respeitar*, você reconhece sua própria dignidade e seu valor como um ser humano único. Você se trata bem de maneira semelhante à forma como trataria alguém que respeita. *Autoconfiança* significa que seus comportamentos e seus sentimentos são consistentes o suficiente para lhe proporcionar um senso interno de continuidade e coerência, apesar das mudanças e dos desafios em suas circunstâncias externas. *Acreditar* em si mesmo significa sentir que merece coisas boas na vida. Também significa ter confiança de que pode realizar suas necessidades, suas aspirações e seus objetivos mais profundos. Para avaliar seu próprio nível de autoestima, pense em alguém (ou imagine como seria conhecer alguém) a quem você aceita e respeita, em quem confia e acredita *plenamente*. Agora, pergunte a si mesmo em que medida você mantém essas atitudes em relação a si mesmo. Onde você se colocaria nessa escala?

Muito baixa autoestima	0	1	2	3	4	5	6	7	8	9	10	Muito alta autoestima

Uma verdade fundamental sobre a autoestima é que ela precisa vir de *dentro*. Quando a autoestima é baixa, essa deficiência cria uma sensação de vazio que você pode tentar preencher se apegando – muitas vezes de forma compulsiva – a algo externo que oferece uma sensação temporária de satisfação e de realização. Quando a busca por preencher seu vazio interno se torna desesperada, repetitiva ou automática, isso é chamado de *vício*. De forma ampla, o vício é uma ligação a algo ou alguém externo que você sente que precisa para proporcionar uma sensação de satisfação ou de alívio interno. Com frequência, esse apego substitui o envolvimento em um relacionamento saudável por uma atividade ou uma substância. Também pode substituir uma sensação temporária de controle ou poder por uma confiança e uma força interiores mais duradouras.

Uma alternativa saudável ao vício é trabalhar para construir sua autoestima. Crescer em autoestima significa desenvolver confiança e força a partir do interior. E mesmo aproveitando plenamente a vida, você não precisa mais se apropriar ou se identificar com algo ou alguém externo para se sentir bem. A base do seu valor próprio é interna, sendo muito mais duradoura e estável.

Formas de construir a autoestima

Existem muitos caminhos em direção à autoestima. Não é algo que se desenvolve da noite para o dia ou como resultado de qualquer *insight*, decisão ou modificação isolada no seu comportamento. A autoestima é *construída gradualmente* por meio de uma disposição para trabalhar em várias áreas da sua vida. Este capítulo considera, em três partes, uma variedade de maneiras de construir a autoestima:

- Cuidar de si mesmo
- Desenvolver apoio e intimidade
- Outros caminhos para a autoestima

O mais fundamental para sua autoestima é a sua disposição e a sua habilidade para cuidar de si mesmo. Isso significa, primeiramente, que você pode *reconhecer* suas necessidades básicas como ser humano e *tomar medidas* para satisfazê-las.

A Parte I deste capítulo foca no tema de cuidar de si mesmo. Começa enumerando uma variedade de situações disfuncionais familiares que podem causar baixa autoestima. Em seguida, há uma discussão sobre as necessidades humanas básicas, para ajudá-lo a identificar aquelas necessidades mais importantes para abordar em sua vida neste momento.

A Parte II deste capítulo é uma extensão da Parte I. Encontrar suporte e intimidade em sua vida é, evidentemente, uma parte importante de cuidar de si mesmo. Outras pessoas não podem fornecer autoestima, mas o apoio, a aceitação, a validação e o amor delas podem contribuir significativamente para reforçar e fortalecer sua autoafirmação. Essa parte é dividida em quatro seções. A primeira seção aborda a importância de desenvolver um sistema de apoio. A segunda seção apresenta 10 condições essenciais para uma intimidade genuína. A terceira seção oferece uma discussão sobre limites interpessoais. Ter limites em seus relacionamentos é essencial tanto para a intimidade quanto para a autoestima. Uma seção final destaca a relevância da assertividade para a autoestima.

A Parte III apresenta quatro aspectos adicionais da autoestima:

- Bem-estar pessoal e imagem corporal
- Expressão emocional
- Diálogo interno e declarações para a autoestima
- Metas pessoais e senso de realização

Embora esses caminhos para a autoestima sejam diversos entre si, todos podem ser vistos como uma extensão da ideia básica de cuidar de si mesmo.

Parte I: Cuidando de si mesmo

Cuidar de si mesmo é o alicerce sobre o qual repousam todos os outros caminhos em direção à autoestima. Sem uma *disposição* básica e a *habilidade* para cuidar, amar e nutrir a si mesmo, é difícil alcançar uma experiência profunda ou duradoura de autovalorização.

Talvez você tenha tido a sorte de receber o amor, a aceitação e o cuidado dos seus pais, o que poderia ter lhe proporcionado uma base sólida para a autoestima na vida adulta. Neste momento, você está livre de quaisquer sentimentos enraizados de insegurança, e seu caminho para a autoestima provavelmente será simples e breve, envolvendo certas mudanças de atitude, de hábitos e de crenças. No entanto, para aqueles que carregam um sentimento de insegurança ao longo da vida, o caminho para a autovalorização envolve desenvolver a capacidade de fornecer a si mesmo o que seus pais não puderam. É possível superar deficiências do passado ao desenvolver uma relação construtiva consigo no presente. Duas maneiras de fazer isso são: 1) reconhecer e reservar tempo para as suas necessidades básicas e 2) reservar tempo para pequenos atos de autocuidado diariamente.

Algumas causas da baixa autoestima

Quais são algumas das circunstâncias da infância que podem ter levado-o a crescer com sentimentos de insegurança ou de inadequação?

1. **Pais excessivamente críticos.** Pais que eram constantemente críticos ou estabeleciam padrões de comportamento impossivelmente altos podem tê-lo feito sentir-se culpado ou que, de alguma forma, você "nunca seria bom o suficiente". Como adulto, você continuará a buscar a perfeição para superar um sentimento de inferioridade de longa data. Você também pode ter uma forte tendência à autocrítica.
2. **Perdas significativas na infância.** Se você foi separado de um dos pais devido a morte ou divórcio, pode ter se sentido abandonado. Você pode ter crescido com uma sensação de vazio e insegurança que pode ser intensamente reativada por perdas de pessoas significativas em sua vida adulta. Como adulto, você pode buscar superar antigas sensações de abandono por meio de uma dependência excessiva em relação a uma pessoa específica ou por meio de vícios em comida, drogas, trabalho ou qualquer coisa que funcione para encobrir a dor.
3. **Abuso por parte dos pais.** Abuso físico, emocional e/ou sexual são formas extremas de privação. Eles podem deixá-lo com uma mistura complexa de sentimentos, incluindo inadequação, insegurança, falta de confiança, culpa e/ou raiva. Adultos que foram fisicamente abusados na infância podem se tornar vítimas perpétuas ou podem desenvolver uma postura hostil em relação à vida, vitimando outros. Adultos, especialmente os homens, que foram abusados sexualmente na infância às vezes expressam sua raiva recorrendo ao estupro e ao abuso na idade adulta. Ou podem direcionar essa raiva para dentro, sentindo profundo auto-ódio e inadequação. Sobreviventes de infâncias abusivas com frequência, e compreen-

sivelmente, têm dificuldades com relacionamentos íntimos em sua vida adulta. Embora menos evidente, o abuso verbal constante pode ter efeitos igualmente prejudiciais.

4. **Alcoolismo ou abuso de drogas por parte dos pais.** Muito tem sido escrito nos últimos anos sobre os efeitos do alcoolismo dos pais em crianças. O consumo crônico de álcool ou o abuso de substâncias cria um ambiente familiar caótico e pouco confiável, no qual é difícil para uma criança desenvolver um senso básico de confiança ou segurança. A negação do problema, muitas vezes por ambos os pais, ensina a criança a negar seus próprios sentimentos e a dor relacionada à situação familiar. Muitas dessas crianças crescem com baixa autoestima ou com um fraco senso de identidade pessoal. Felizmente, hoje existem grupos de apoio disponíveis para ajudar filhos adultos de alcoólatras a superar os efeitos adversos de seu passado. Se seu pai, sua mãe ou ambos eram alcoólatras, pode ser interessante ler os seguintes livros: *Adult Children of Alcoholics,* de Janet Woititz, e *Recovery: A Guide for Adult Children of Alcoholics,* de Herbert Gravitz e Julie Bowden. Você também pode considerar a possibilidade de se juntar a um grupo de apoio ou de terapia para filhos adultos de alcoólatras em sua região.

5. **Negligência por parte dos pais.** Alguns pais, devido a preocupações consigo mesmos, com o trabalho ou com outras questões, simplesmente falham em dar atenção e cuidado adequados aos seus filhos. Crianças deixadas por conta própria muitas vezes crescem se sentindo inseguras, sem valor e solitárias. Como adultos, podem ter uma tendência a desconsiderar ou negligenciar suas próprias necessidades.

6. **Rejeição por parte dos pais.** Mesmo sem abuso físico, emocional, sexual e/ou verbal, alguns pais transmitem a seus filhos a sensação de que não são desejados. Essa atitude profundamente prejudicial ensina a criança a crescer duvidando de seu direito de existir. Essa pessoa tende a ter uma inclinação para a autorrejeição ou a autossabotagem. Adultos com passados assim devem aprender a se amar e a cuidar de si mesmos para superar o que seus pais não lhes deram.

7. **Superproteção por parte dos pais.** A criança que é superprotegida pode nunca aprender a se arriscar com independência e a confiar no mundo fora da família imediata. Como adulta, essa pessoa pode se sentir muito insegura e com medo de se aventurar longe de uma pessoa ou de um lugar seguro. Por meio da aprendizagem de reconhecer e de cuidar de suas próprias necessidades, indivíduos superprotegidos podem ganhar confiança para criar sua própria vida e descobrir que o mundo não é tão perigoso.

8. **Superindulgência por parte dos pais.** A criança "mimada" de pais superindulgentes não é exposta o suficiente ao adiamento da gratificação ou aos limites apropriados. Como adultas, essas pessoas tendem a se sentir entediadas, com falta de persistência ou com dificuldades em iniciar e sustentar o esforço individual. Elas tendem a esperar que o mundo venha até elas, em vez de assumir a responsabilidade de criar sua própria vida. Até que estejam dispostas a assumir a responsabilidade pessoal, essas pessoas se sentirão lesadas e muito inseguras, pois a vida não continua a proporcionar o que aprenderam a esperar durante a infância.

Alguma das categorias listadas parece se encaixar com você? Mais de uma? Inicialmente, pode ser difícil admitir problemas em seu passado. Nossa memória da infância muitas vezes é vaga e indistinta, especialmente quando *não queremos* lembrar do que realmente aconteceu. O objetivo de lembrar e reconhecer o que aconteceu na sua infância não é para que você possa culpar seus pais. Provavelmente, seus pais fizeram o melhor que puderam com os recursos pessoais disponíveis, que podem ter sido severamente limitados devido às privações que experimentaram com *seus próprios* pais. O objetivo de lembrar do seu passado é *liberá-lo* e *reconstruir o seu presente*. Antigos padrões baseados no medo, na culpa ou na raiva tendem a interferir na sua vida atual e em seus relacionamentos até que você possa identificá-los e liberá-los. Quando reconhece e, finalmente, perdoa seus pais pelo que eles não puderam lhe dar, você pode realmente começar a jornada de aprender a cuidar de si mesmo. Em essência, isso significa se tornar um bom pai para si mesmo. O restante desta seção considerará duas maneiras importantes pelas quais você pode aprender a cuidar melhor de si mesmo:

1. Reconhecer e atender às suas necessidades básicas.
2. Dedicar tempo para pequenos atos de autonutrição diariamente.

Suas necessidades básicas

Necessidades humanas básicas trazem uma associação com abrigo, roupas, comida, água, sono, oxigênio, e assim por diante – em outras palavras, o que os seres humanos necessitam para sua sobrevivência física. Somente no século XX é que as *necessidades psicológicas* de ordem mais elevada foram identificadas. Embora não sejam necessárias para a sobrevivência, atender a essas necessidades é essencial para o seu bem-estar emocional e um ajuste satisfatório à vida. O psicólogo Abraham Maslow propôs cinco níveis de necessidades humanas, com três níveis além das preocupações primárias de sobrevivência e segurança. Ele organizou esses níveis em uma hierarquia:

Necessidades de autorrealização (realização do seu potencial na vida, integridade)
↑
Necessidades de estima (autorrespeito, domínio, senso de realização)
↑
Necessidades de pertencimento e amor
(apoio e carinho dos outros, intimidade, senso de pertencimento)
↑
Necessidades de segurança (abrigo, ambiente estável)
↑
Necessidades fisiológicas (comida, água, sono, oxigênio)

No esquema de Maslow, atender às necessidades de níveis superiores depende de ter satisfeito as necessidades de níveis mais baixos. É difícil satisfazer as necessidades de pertencimento e estima se estiver passando fome. Em um nível mais sutil, é difícil realizar seu potencial total se estiver se sentindo isolado e alienado por não ter atendido às necessidades de amor e pertencimento. Escrevendo na década de 1960, Maslow estimou que o estadunidense médio satisfazia talvez 90% das suas necessidades fisiológicas, 70% das suas necessidades de segurança, 50% das suas necessidades de amor, 40% das suas necessidades de estima e 10% das suas necessidades de autorrealização.

Embora Maslow tenha definido a estima de forma restrita em termos de um senso de realização e domínio, a autoestima plena depende de *reconhecer e cuidar de todas as suas necessidades*.

Como reconhecer quais são as suas necessidades? De quantas das seguintes necessidades humanas importantes você está ciente?

1. Segurança e proteção física.
2. Segurança financeira.
3. Amizade.
4. Atenção dos outros.
5. Ser ouvido.
6. Orientação.
7. Respeito.
8. Validação.
9. Expressão e compartilhamento dos seus sentimentos.
10. Senso de pertencimento.
11. Nutrição.
12. Tocar e ser tocado.
13. Intimidade.
14. Expressão sexual.
15. Lealdade e confiança.
16. Senso de realização.
17. Progresso em direção a objetivos.
18. Sentir-se competente ou especialista em alguma área.
19. Contribuição.
20. Diversão e brincadeira.
21. Sentido de liberdade, independência.
22. Criatividade.
23. Consciência espiritual – conexão com uma força superior.
24. Amor incondicional.

Agora, releia cuidadosamente a lista e questione-se quantas dessas necessidades você realmente está satisfazendo no momento. Em quais áreas você fica aquém? Que passos concretos você pode dar nas próximas semanas e meses para satisfazer melhor aquelas necessidades que não estão sendo atendidas? Por exemplo, você pode desejar trabalhar para superar suas fobias, o que ajudará a suprir as necessidades 17 e 18. Sair para dançar ou ir ao cinema contribuirá de certa forma para sua necessidade de diversão e brincadeira.

O ponto é que aprender a cuidar de si mesmo envolve ser capaz de 1) *reconhecer* e 2) *atender* às suas necessidades básicas como ser humano. A lista anterior pode dar ideias sobre áreas da sua vida que precisam de mais atenção. Utilize o quadro a seguir para planejar o que você realmente fará no próximo mês em relação a cinco (ou mais) de suas necessidades que poderiam ser melhor atendidas.

Necessidade	O que estou disposto a fazer no próximo mês para melhor atender a essa necessidade

Atividades de autocuidado

Identificar suas necessidades psicológicas mais importantes (da lista de Maslow) e prestar atenção àquelas que podem ter sido negligenciadas é um importante primeiro passo. Mais especificamente, você pode praticar atividades específicas de autocuidado que ajudam a melhorar seu relacionamento consigo mesmo. Nem todas as atividades da lista podem ser relevantes ou úteis, mas você pode tentar encontrar ao menos três ou mais atividades de autocuidado para ajudar a aumentar seus sentimentos de autoestima e autorrespeito.

A lista a seguir tem sido muito útil para muitos dos meus clientes que sofrem de transtornos de ansiedade ou depressão. Ao realizar pelo menos um ou dois itens da lista todos os dias, ou qualquer outra atividade que lhe dê prazer, você pode cultivar um relacionamento mais produtivo consigo mesmo. Você não tem nada a perder além dos seus sentimentos de insegurança e inadequação – e nada a ganhar, exceto um aumento da autoestima.

1. Tome um banho quente.
2. Tome café da manhã na cama.
3. Vá a uma sauna.
4. Faça uma massagem.
5. Compre uma rosa.
6. Tome um banho de espuma.
7. Vá a um abrigo de animais e brinque com os bichinhos.
8. Passeie por uma paisagem bonita em um parque.
9. Visite um zoológico.
10. Vá à manicure ou à pedicure.
11. Pare e sinta o cheiro de algumas flores.
12. Acorde cedo e veja o nascer do sol.
13. Assista ao pôr do sol.
14. Relaxe com um bom livro e/ou com uma música suave.
15. Assista a um filme engraçado.
16. Ouça sua música favorita e dance sozinho.
17. Vá para a cama cedo.
18. Durma ao ar livre sob as estrelas.
19. Tire um "dia de saúde mental" do trabalho.
20. Prepare um jantar especial só para você e coma à luz de velas.
21. Dê uma caminhada.
22. Ligue para um bom amigo – ou vários bons amigos.
23. Vá a um bom restaurante apenas com você mesmo.
24. Vá à praia.
25. Dirija por belas paisagens.
26. Medite.
27. Compre roupas novas.
28. Passeie por uma loja de livros ou de discos pelo tempo que quiser.
29. Compre um bicho de pelúcia fofo e brinque com ele.
30. Escreva a si mesmo uma carta de amor e envie pelo correio.
31. Peça a uma pessoa especial para cuidar de você (alimentar, abraçar e/ou ler para você).
32. Compre algo especial que você possa pagar.
33. Vá ver um bom filme ou *show*.
34. Vá ao parque e alimente os patos, brinque nos balanços, e assim por diante.
35. Visite um museu ou outro lugar interessante.
36. Dê a si mesmo mais tempo do que o necessário para realizar o que está fazendo (deixe-se perder tempo).

37. Trabalhe em seu quebra-cabeça favorito ou em um livro de enigmas.
38. Entre em uma banheira de hidromassagem.
39. Faça uma gravação de suas declarações.
40. Escreva um cenário ideal sobre um objetivo e, em seguida, visualize-o.
41. Leia um livro inspirador.
42. Escreva uma carta para um velho amigo.
43. Asse ou cozinhe algo especial.
44. Vá olhar vitrines.
45. Acesse áudios para meditação.
46. Ouça uma gravação positiva e motivacional.
47. Escreva suas realizações em um diário especial.
48. Exercite-se, especificamente se engajando em um tipo de exercício de que você gosta.

Parte II: Desenvolvendo apoio e intimidade

Embora a autoestima seja algo que construímos dentro de nós mesmos, uma grande parte do nosso sentimento de autovalor é determinada pelos nossos relacionamentos pessoais significativos. Os outros não podem lhe conceder um sentimento de adequação e confiança, mas a aceitação, o respeito e a validação por parte deles podem reafirmar e fortalecer a sua própria atitude e os seus sentimentos positivos sobre si mesmo. O amor-próprio se torna narcisista quando isolado dos outros. Vamos considerar quatro caminhos para a autoestima que envolvem relacionamentos com outras pessoas:

- Amizades próximas e apoio
- Intimidade
- Limites
- Assertividade

Amizades próximas e apoio

Quando são feitas pesquisas sobre valores humanos, muitas pessoas colocam os amigos próximos no topo da lista, juntamente com a carreira, uma vida familiar feliz e a saúde. Cada um de nós precisa de um sistema de apoio composto de pelo menos dois ou três amigos próximos, além da família imediata. Um amigo próximo é alguém em quem você pode confiar profundamente e com quem pode se abrir. É alguém que aceita confortavelmente você como é, em todos os seus humores, comportamentos e papéis. É também alguém que estará ao seu lado, aconteça o que acontecer na sua vida. Um amigo próximo lhe proporciona a oportunidade de compartilhar seus sentimentos e suas percepções sobre sua vida fora da sua família imediata. Essa pessoa pode ajudá-lo a expressar aspectos da sua personalidade que talvez não sejam expressos com seu cônjuge, seus filhos ou seus pais. Pelo menos dois ou três amigos próximos desse tipo, com quem você possa contar regularmente, são uma parte essencial de um sistema de apoio adequado. Tais amigos podem ajudar a proporcionar continuidade em sua vida em momentos de grande transição, como mudar de casa, durante um divórcio ou com a morte de um membro da família.

Quantos amigos próximos do tipo descrito você tem? Se você não tem pelo menos dois, o que poderia fazer para cultivar essas amizades?

Intimidade

Enquanto algumas pessoas parecem contentes em passar pela vida com poucos amigos próximos, a maioria de nós busca uma relação especial com uma pessoa em particular. É nos relacionamentos íntimos que nos abrimos mais profundamente e temos a chance de descobrir mais sobre nós mesmos. Esses relacionamentos ajudam a superar uma certa solidão que a maioria de nós eventualmente sentiria, não importa o quão autossuficientes e fortes possamos ser, sem intimidade. O sentimento de pertencimento que obtemos dos relacionamentos íntimos contribui substancialmente para os nossos sentimentos de autovalor. No entanto, o autovalor não pode ser derivado inteiramente de outra pessoa. Um relacionamento íntimo saudável simplesmente reforça a sua própria aceitação e a sua crença em si mesmo.

Muito tem sido escrito sobre o tema da intimidade e sobre quais ingredientes contribuem para relacionamentos íntimos duradouros. Alguns dos mais importantes estão listados a seguir (sem uma ordem específica):

1. Interesses em comum, especialmente recreativos e de lazer. (Algumas diferenças nos interesses, no entanto, podem adicionar um pouco de novidade e emoção.)
2. Um sentimento de romance ou "magia" entre você e seu parceiro. Essa é uma qualidade intangível de atração que vai muito além do nível físico. Em geral, é muito forte e constante nos primeiros 3 a 6 meses de um relacionamento. O relacionamento, então, requer a capacidade de renovar, refrescar ou redescobrir essa magia à medida que amadurece.
3. Você e seu parceiro precisam estar bem alinhados em suas necessidades relativas de união *versus* independência. Conflitos podem surgir se um de vocês tiver uma necessidade muito maior de liberdade e "espaço" do que o outro, ou se um de vocês tiver a necessidade de proteção e aconchego que o outro não deseja fornecer. Alguns parceiros podem adotar um padrão de "dois pesos e duas medidas" – em outras palavras, eles não estão dispostos a conceder a você o que eles exigem para si mesmos (como confiança e liberdade).
4. Aceitação mútua e apoio ao crescimento e à mudança pessoal de cada um. É bem sabido que, quando apenas uma pessoa está crescendo em um relacionamento, ou quando uma pessoa sente que seu crescimento é invalidado pela outra, o relacionamento frequentemente termina.
5. Aceitação mútua das falhas e fraquezas de cada um. Após os meses iniciais românticos de um relacionamento, cada parceiro deve encontrar qualidades suficientes no outro para tolerar e aceitar as falhas e fraquezas do parceiro.
6. Expressões regulares de afeto e carinho. Um relacionamento íntimo não pode ser saudável sem ambos os parceiros estarem dispostos a expressar abertamente afe-

to. Expressões não sexuais, como abraços e carinhos, são tão importantes quanto um relacionamento sexual saudável.
7. Compartilhamento de sentimentos. Uma verdadeira proximidade entre duas pessoas requer vulnerabilidade emocional e disposição para se abrir e compartilhar seus sentimentos mais profundos.
8. Boa comunicação. Existem livros e cursos inteiros dedicados a esse assunto. Embora haja muitos aspectos diferentes de uma boa comunicação, os dois critérios mais importantes são que:
   - *os parceiros estejam genuinamente dispostos a ouvir um ao outro;*
   - *ambos sejam capazes de expressar seus sentimentos e pedir diretamente o que desejam* (em vez de reclamar, ameaçar, exigir e tentar manipular o outro para satisfazer suas necessidades).
9. Um forte senso de confiança mútua. Cada pessoa precisa sentir que pode contar com a outra. Cada uma também confia na outra com seus sentimentos mais profundos. Um senso de confiança não vem automaticamente – precisa ser construído ao longo do tempo e mantido.
10. Valores comuns e um senso maior de propósito. Um relacionamento íntimo tem a melhor oportunidade de ser duradouro quando duas pessoas têm valores comuns em áreas importantes da vida, como amizades, educação, religião, finanças, sexo, saúde e vida familiar. Os relacionamentos mais fortes geralmente são unidos por um propósito comum que transcende as necessidades pessoais de cada indivíduo – por exemplo, criar filhos, administrar um negócio ou um compromisso com um ideal espiritual.

Quantas das 10 características listadas estão presentes no seu relacionamento íntimo? Há alguma, em particular, na qual você gostaria de trabalhar?

Limites

Assim como a intimidade é importante, a necessidade de manter limites apropriados em relacionamentos íntimos e outros é igualmente importante. Limites significam simplesmente que você sabe onde você termina e a outra pessoa começa. Você não define sua identidade em termos da outra pessoa. E, acima de tudo, você não obtém seu senso de autovalor e autoautoridade tentando cuidar, resgatar, mudar ou controlar a outra pessoa. O termo "codependente" (ou expressões como "mulheres que amam demais") costuma ser usado para definir pessoas que, por falta de uma base sólida e interna de autovalor, tentam se validar cuidando, resgatando ou simplesmente agradando outra pessoa. O caso clássico disso é a pessoa que tenta organizar sua vida em torno de "resgatar" um cônjuge alcoólatra ou outro parente próximo dependente químico. Contudo, a perda de limites pode ocorrer em qualquer relacionamento em que você tenta obter autovalor e segurança esforçando-se demais para cuidar, controlar, resgatar ou mudar outra pessoa. Suas próprias necessidades e seus sentimentos são deixados de lado e desconsiderados no processo. Um bom indicativo da perda de limites é quando você passa mais tempo falando ou pensando sobre as necessidades ou sobre os problemas de outra pessoa do que sobre os seus.

Dois excelentes livros, *Mulheres Que Amam Demais* e *Codependência Nunca Mais,* são recomendados se você quiser explorar mais questões de limites em seus próprios relacionamentos. Em seu livro de grande sucesso *Mulheres Que Amam Demais,* Robin Norwood defende as seguintes diretrizes para superar a codependência em um relacionamento próximo:

- Aprender a parar de gerenciar, controlar ou "dirigir" a vida de outro ou outros que você ama.
- Fazer da recuperação da codependência sua prioridade máxima.
- Buscar ajuda externa, como a de um terapeuta – abandonando a ideia de que você pode lidar com isso sozinho.
- Aprender a abrir mão de jogar o jogo de "salvador" e/ou "vítima" com a outra pessoa.
- Encontrar um grupo de apoio de pessoas que entendem o problema, como um grupo Al-Anon ou Codependentes Anônimos.
- Encarar e explorar seus próprios problemas pessoais e sua dor em profundidade.
- Cultivar a si mesmo: desenvolver uma vida própria e perseguir seus próprios interesses.
- Desenvolver uma vida espiritual pessoal que permita abandonar o próprio desejo e confiar em uma força superior.
- Tornar-se "egoísta" – não no sentido prejudicial do egoísmo, mas no sentido de colocar *seu* bem-estar, seus desejos, seu trabalho, seu lazer, seus planos e suas atividades em primeiro lugar, em vez de por último.
- Compartilhar o que você aprendeu com outros.

Em *Codependência Nunca Mais,* Melody Beattie define cuidadosamente a codependência e fornece uma série de etapas para superar esse problema. Algumas de suas recomendações incluem:

- Praticar o "desapego" – deixar de se preocupar obsessivamente com alguém.
- Desistir da necessidade de controlar outra pessoa – respeitar o suficiente aquela pessoa para saber que ele ou ela pode assumir a responsabilidade por sua própria vida.
- Cuidar de si mesmo, o que inclui resolver "assuntos inacabados" de seu próprio passado e aprender a acolher e cuidar da criança carente e vulnerável interior.
- Melhorar a comunicação– aprender a expressar o que você quer e a dizer não.
- Lidar com a raiva – dar a si mesmo permissão para sentir e expressar raiva com entes queridos, quando necessário.
- Descobrir a espiritualidade – encontrar e se conectar com um poder superior.

A codependência é um problema para você? Já considerou se juntar a um grupo de apoio que se concentra em questões de codependência, como Al-Anon ou Codependentes Anônimos?

Assertividade

Cultivar a assertividade é fundamental para a autoestima. Se você não consegue claramente comunicar aos outros o que deseja ou não, acabará se sentindo frustrado, impotente e sem poder. Se não fizer mais nada, a prática do comportamento assertivo, por si só, pode aumentar seu sentimento de *autorrespeito*. Honrar suas próprias necessidades ante outras pessoas de maneira assertiva também aumenta o respeito *delas* por você e rapidamente supera qualquer tendência da parte delas de se aproveitarem de você.

O conceito de assertividade, juntamente a exercícios para desenvolver um estilo de comunicação assertivo, é apresentado no Capítulo 14 deste guia.

Parte III: Outros caminhos para a autoestima

As duas primeiras partes deste capítulo focaram em atender às suas necessidades e em desenvolver apoio e intimidade em seus relacionamentos. Nesta parte final, são descritos quatro outros caminhos para a autoestima, que envolvem diferentes níveis de todo o seu ser:

- Corpo: bem-estar físico e imagem corporal
- Sentimentos: expressão emocional
- Mente: diálogo interno e declarações positivas para a autoestima
- *Self* pleno: metas pessoais e senso de realização

Embora essas áreas tenham sido consideradas em outras partes deste guia, elas são brevemente discutidas aqui por sua relevância para a autoestima.

Corpo: bem-estar físico e imagem corporal

A saúde física e os sentimentos de bem-estar pessoal, de vitalidade e de robustez compõem um dos fundamentos mais importantes da autoestima. Muitas vezes, é difícil sentir-se bem consigo mesmo quando você se sente fisicamente fraco, cansado ou doente. Evidências atuais apontam para o papel dos desequilíbrios fisiológicos – frequentemente causados pelo estresse – na gênese de ataques de pânico, agorafobia, ansiedade generalizada e transtorno obsessivo-compulsivo (ver Capítulo 2). Melhorar seu bem-estar físico terá um impacto direto em seu problema específico de ansiedade, contribuindo substancialmente para a sua autoestima. Os capítulos sobre relaxamento, exercício e nutrição estão diretamente relacionados ao bem-estar físico. Lê-los e colocar em prática as sugestões e diretrizes oferecidas ajudarão muito a melhorar seu bem-estar pessoal. O questionário apresentado na página a seguir visa a fornecer uma visão geral de como você está nessa área.

Expressão emocional

Quando está desconectado de seus sentimentos, é difícil saber quem você é. Você tende a se sentir internamente distante de si mesmo e, com frequência, com medo. Ao identificar e expressar toda a gama de seus sentimentos, você pode se familiarizar melhor com suas necessidades, seus desejos e seus anseios únicos. Literalmente, você começa a sentir a si mesmo – todo o seu ser –, em vez de andar em uma nuvem de preocupações, fantasias e antecipações. Aprender a aceitar e expressar seus sentimentos requer tempo, coragem e disposição para ser vulnerável na presença de ou-

Questionário de bem-estar pessoal

1. Você está se exercitando pelo menos meia hora, de três a cinco vezes por semana?
2. Você gosta do exercício que faz?
3. Você se dá a oportunidade de relaxar profundamente todos os dias por meio de relaxamento muscular progressivo, visualização, meditação ou outro método de relaxamento?
4. Você reserva pelo menos 1 hora diária para relaxar ou para o seu lazer?
5. Você gerencia seu tempo para não estar perpetuamente apressado?
6. Você lida com o estresse ou sente que ele controla você?
7. Você reserva tempo sozinho para reflexão pessoal?
8. Você dorme pelo menos 7 a 8 horas todas as noites?
9. Você está satisfeito com a qualidade e a quantidade do seu sono?
10. Você faz três refeições sólidas por dia, incluindo um café da manhã substancial?
11. Você está minimizando o consumo de alimentos que causam estresse (aqueles que contêm cafeína, açúcar, sal ou ingredientes ultraprocessados)?
12. Você toma suplementos vitamínicos regularmente para complementar sua dieta, como um comprimido multivitamínico, vitaminas do complexo B e vitamina C quando está sob estresse físico ou emocional?
13. Você gosta de seu ambiente de vida? O lugar onde você mora é confortável e relaxante?
14. Fumar tabaco interfere em seu bem-estar físico?
15. O uso excessivo de álcool ou drogas recreativas compromete seu bem-estar?
16. Você está satisfeito com o seu peso atual? Se não, o que você pode fazer a respeito?
17. Você valoriza sua aparência pessoal por meio de boa higiene, cuidados pessoais e roupas que o façam se sentir confortável e atraente?
18. Você gosta do seu corpo e de como você se apresenta?

tros em quem você confia. (Ver Capítulo 13 deste livro para mais informações sobre identificar e expressar sentimentos.)

Diálogo interno e declarações para a autoestima

O que você diz a si mesmo e suas crenças sobre si mesmo contribuem de forma óbvia e literal para sua autoestima. Se você está se sentindo inadequado e impotente, provavelmente é porque você *acredita* que é. Da mesma forma, você pode elevar sua autoestima *simplesmente* trabalhando para mudar seu diálogo interno e suas crenças básicas sobre si mesmo.

Exercícios para identificar e alterar seu diálogo interno negativo e suas crenças equivocadas foram apresentados nos Capítulos 8 e 9. As seções a seguir destacam certas partes desses capítulos que são relevantes para a autoestima. Em primeiro lugar, considere quatro tipos diferentes de diálogo interno improdutivo, que o Capítulo 8 descreve em termos de quatro "subpersonalidades": o preocupado, o crítico, a vítima e o perfeccionista. Em segundo lugar, considere o uso de declarações, como as fornecidas em "Declarações para a autoestima" (na próxima seção), para superar crenças e suposições negativas sobre si mesmo.

Dos quatro tipos de diálogo interno descritos no Capítulo 8 – o preocupado, o crítico, a vítima e o perfeccionista –, o crítico e a vítima são os mais potencialmente destrutivos para sua autoestima. De fato, pessoas com baixa autoestima invariavelmente têm uma forte consciência de crítica ou de vítima, ou ambas. A função específica do crítico é diminuir sua autoestima, fazendo-o se sentir inadequado, inferior e incompetente. Em seguida, o diálogo interno da vítima pode piorar a situação, dizendo que você não tem solução e é inútil.

Primeiro, volte ao Capítulo 8 e reveja a seção "Tipos de diálogo interno negativo" e o exercício "*O que suas subpersonalidades estão dizendo a você?*", com atenção especial ao crítico e à vítima. Complete as fichas de exercícios para combater o diálogo interno destrutivo de cada uma dessas subpersonalidades, se ainda não o fez. Então, quando perceber que está envolvido em diálogos internos autocríticos ou de vitimização, siga estas três etapas:

1. **Interrompa a cadeia de pensamentos negativos** com algum método que desvie sua atenção de sua mente e o ajude a se conectar mais com seus sentimentos e seu corpo. Qualquer uma das seguintes opções pode funcionar:
   – *Fazer atividade física*, como tarefas domésticas ou exercícios.
   – *Fazer uma caminhada rápida ao ar livre.*
   – *Praticar respiração abdominal.*
   – *Fazer 5 a 10 minutos de relaxamento muscular progressivo.*
   – *Gritar "Pare!" em voz alta ou silenciosamente, várias vezes seguidas, se necessário.*

   O objetivo dessas estratégias de interrupção é ajudá-lo a se afastar do excesso de pensamentos em sua mente e se conectar com seu corpo de forma a desacelerar, proporcionando um pouco de distância de seus pensamentos negativos.

2. **Desafie seu diálogo interno negativo** com perguntas apropriadas, se necessário. Boas perguntas a serem feitas ao seu crítico ou à sua vítima podem ser "Qual é a evidência disso?", "Isso é *sempre* verdade?" e "Estou considerando todos os lados desse problema?". Revise a lista de perguntas socráticas no Capítulo 8 para ver outros exemplos de perguntas.

3. **Contraponha seu diálogo interno negativo** com declarações positivas de apoio a si mesmo. Você pode criar suas próprias declarações positivas, especificamente elaboradas para refutar as declarações do seu crítico ou da sua vítima, uma a uma. De modo alternativo, você pode usar declarações contrárias positivas da lista a seguir, destinadas a promover a autoestima.

Metas pessoais e senso de realização

A realização de metas pessoais sempre aumenta sua autoestima. Se você olhar para trás em sua vida nos momentos em que se sentiu mais confiante, perceberá que muitas vezes eles sucederam o alcance de metas pessoais importantes. Embora conquistas externas nunca possam ser a única base de um senso de autovalor, elas certamente contribuem para como você se sente consigo mesmo.

Declarações para a autoestima

Quem sou

Eu sou amável e capaz.

Eu me aceito plenamente e acredito em mim exatamente do jeito que sou.

Eu sou uma pessoa única e especial. Não há mais ninguém exatamente como eu em todo o mundo. Eu aceito todas as diferentes partes de mim mesmo.

Já sou merecedor como pessoa. Não preciso provar nada.

Meus sentimentos e minhas necessidades são importantes.

Está tudo bem pensar no que eu preciso.

É importante reservar um tempo para mim mesmo.

Tenho muitas qualidades.

Acredito em minhas capacidades e valorizo os talentos únicos que posso oferecer ao mundo.

Sou uma pessoa de alta integridade e com um propósito sincero.

Confio na minha capacidade de alcançar meus objetivos.

Sou uma pessoa valiosa e importante, digna do respeito dos outros.

As outras pessoas me percebem como uma pessoa boa e agradável.

Quando as pessoas realmente me conhecem, elas gostam de mim.

As outras pessoas gostam de estar perto de mim. Gostam de ouvir o que tenho a dizer e saber o que penso.

As outras pessoas reconhecem que tenho muito a oferecer.

Mereço ser apoiado pelas pessoas que se importam comigo.

Mereço o respeito dos outros.

Confio em mim mesmo e me respeito e sou digno do respeito dos outros.

Hoje recebo assistência e cooperação das outras pessoas.

Sou otimista em relação à vida. Espero e desfruto de novos desafios.

Sei quais são meus valores e tenho confiança nas decisões que tomo.

Aceito facilmente elogios e reconhecimento dos outros.

Tenho orgulho do que conquistei e aguardo com expectativa o que pretendo alcançar.

Acredito na minha capacidade de ter sucesso.

Amo a mim mesmo do jeito que sou.

Não preciso ser perfeito para ser amado.

Quanto mais me amo, mais capaz sou de amar os outros.

O que estou aprendendo

Todos os dias, estou aprendendo a me amar mais.

Estou aprendendo a acreditar em meu valor e nas minhas capacidades únicas.

Estou aprendendo a confiar em mim mesmo (e nos outros).

Estou aprendendo a reconhecer e cuidar das minhas necessidades.

Estou aprendendo que meus sentimentos e minhas necessidades são tão importantes quanto os de qualquer outra pessoa.

Estou aprendendo a pedir o que preciso a outras pessoas.

Está tudo bem dizer não aos outros quando preciso.

Estou aprendendo a viver um dia de cada vez.

Estou aprendendo a me aproximar dos meus objetivos um dia de cada vez.

Estou aprendendo a cuidar melhor de mim mesmo.

Estou aprendendo a reservar mais tempo para mim mesmo a cada dia.

Estou aprendendo a deixar de lado dúvidas e medos.

Estou aprendendo a deixar preocupações de lado.

Estou aprendendo a deixar de lado a culpa (ou a vergonha).

Estou aprendendo que os outros me respeitam e gostam de mim.

Estou aprendendo a me sentir mais à vontade perto de outras pessoas.

Estou aprendendo a ter mais confiança em _____ (nomeie a situação).

Estou aprendendo que tenho direito a _____ (especificar).

Estou aprendendo que não há problema em cometer erros.

Estou aprendendo que não preciso ser perfeito para ser amado.

Estou aprendendo a me aceitar exatamente do jeito que sou.

Há várias maneiras pelas quais você pode trabalhar com a lista apresentada. O Capítulo 9, sobre crenças equivocadas, contém várias sugestões para trabalhar com declarações. Os dois métodos a seguir são fáceis de implementar:

- Selecione suas declarações favoritas da lista e escreva-as individualmente em pequenos cartões. Em seguida, leia o conjunto lentamente e com sentimento uma ou duas vezes ao dia. Fazer isso enquanto olha para si mesmo em um espelho pode ser uma prática útil. Você também pode querer reformular cada declaração na segunda pessoa – "Você é amável e capaz", em vez de "Eu sou amável e capaz" – ao repetir as frases para a imagem refletida no espelho.
- Como alternativa, você pode gravar as declarações. Repita cada declaração lentamente e deixe cerca de 5 a 10 segundos entre declarações diferentes. Ouça a gravação uma vez ao dia quando se sentir relaxado e receptivo. Você tem maior probabilidade de interiorizar as declarações quando concentra totalmente sua atenção nelas enquanto está em um estado relaxado. (Observação: você pode desejar criar sua própria lista de declarações de autoestima, selecionando aquelas que são mais significativas para você na lista apresentada ou criando as suas próprias.)

Se você está lidando com fobias ou ataques de pânico, uma conquista significativa é a capacidade de enfrentar e lidar com situações que você evitava anteriormente. Um sentimento ainda mais inabalável de realização é alcançado quando, além de enfrentar situações fóbicas, você se torna confiante de que pode lidar com qualquer reação de pânico que possa surgir. O domínio de fobias e reações de pânico é um dos temas principais deste livro e é abordado detalhadamente nos Capítulos 6 e 7. Se você se recuperou totalmente da agorafobia, de fobias sociais ou do transtorno de pânico enfrentando conscientemente aquilo que mais temia, sabe o quanto de autoconfiança e força interior pode ser adquirido. Enfrentar suas fobias (incluindo a fobia do próprio pânico) por meio de um processo de exposição gradual, por *si só*, contribuirá consideravelmente para a sua autoestima.

Além do importante objetivo de superar fobias e pânico, entretanto, há todos os outros objetivos que você pode ter na vida. Seu senso de autoestima depende do sentimento de que você está progredindo em direção a *todos* os seus objetivos. Se você se sente "parado" e incapaz de avançar em direção a algo importante que deseja, pode começar a duvidar de si mesmo e a se sentir um pouco diminuído.

Além da problemática da recuperação em relação a fobias e pânico, então, você pode se fazer duas perguntas:

1. Quais são as coisas mais importantes que eu quero na vida – agora e no futuro?

   Esses são seus valores pessoais mais importantes.

2. Quais metas específicas preciso estabelecer para cumprir meus valores mais importantes?

Para responder a essas perguntas e trabalhar na definição e na conquista de suas metas pessoais mais importantes, veja a seção "Encontrando e cumprindo seu propósito único", no Capítulo 21 ("Significado pessoal").

Recordando conquistas anteriores

Ao identificar seus valores mais importantes e seus objetivos para o futuro, é essencial não perder de vista o que você já alcançou em sua vida. É comum esquecer as conquistas passadas nos momentos em que você se sente insatisfeito consigo mesmo. Você pode aumentar sua autoestima em poucos minutos ao refletir sobre sua vida e reconhecer os objetivos que já conquistou.

O exercício a seguir foi elaborado para ajudá-lo a fazer isso. Pense em toda a sua vida ao revisar cada área e faça uma lista de suas realizações. Tenha em mente que, embora seja gratificante ter conquistas externas, "socialmente reconhecidas", as realizações mais importantes são mais intangíveis e internas. O que você deu aos outros (p. ex., amor, ajuda ou orientação) e as lições de vida que você adquiriu no caminho para a maturidade e a sabedoria são, em última análise, suas conquistas mais importantes.

Lista de conquistas pessoais

Para cada uma das seguintes áreas, liste quaisquer realizações que você teve até o momento. Use uma folha de papel separada, se precisar.

Escola

Trabalho e carreira

Casa e família (p. ex., criar um filho ou cuidar de um parente doente)

Esportes

Artes e hobbies

Liderança

Premiações

Crescimento pessoal e autoaperfeiçoamento

Atividades de caridade

Coisas intangíveis dadas aos outros

Importantes lições de vida aprendidas

Outras

Resumo de coisas para fazer

Tantas foram as estratégias diferentes para aumentar sua autoestima apresentadas neste capítulo que seria impraticável resumir cada uma delas aqui. A planilha a seguir destina-se a ajudá-lo a organizar o que aprendeu com este capítulo e decidir quais estratégias específicas para construir a autoestima você deseja experimentar no futuro imediato.

Estratégias para construir a autoestima

Volte ao capítulo e decida qual das seguintes estratégias você deseja implementar para aumentar sua autoestima no próximo mês. Limite-se a três ou quatro estratégias listadas a seguir e dedique ao menos uma semana a cada uma. Nos espaços fornecidos a seguir, ou em uma folha de papel separada, escreva especificamente quais ações você tomará em relação a cada estratégia. Quando terminar, crie seu próprio programa de autoestima de quatro semanas, anotando com qual estratégia você trabalhará nas próximas quatro semanas.

1. Identifique não mais do que três ou quatro necessidades da lista de necessidades mencionadas anteriormente neste capítulo (ver "Suas necessidades básicas") às quais você gostaria de dar atenção especial. Em seguida, elabore medidas para atender às necessidades que você destacou. O que você fará especificamente?

2. Faça uma ou mais coisas da lista de atividades de autocuidado, se possível diariamente. O que você fará por si mesmo a cada dia de uma determinada semana?

3. Trabalhe na construção do seu sistema de suporte. Como, especificamente, você vai fazer isso?

4. Trabalhe para cultivar ou melhorar um relacionamento íntimo (p. ex., passar tempo de qualidade com seu parceiro, fazer um curso de habilidades de comunicação, participar de um fim de semana de enriquecimento matrimonial). Como você fará isso?

5. Trabalhe para melhorar sua compreensão e sua capacidade de manter os limites apropriados (p. ex., leia os livros sugeridos de Robin Norwood e Melody Beattie; participe do Al-Anon ou dos Codependentes Anônimos; participe de um *workshop* sobre codependência). Como, especificamente, você vai fazer isso?

6. Aprenda e pratique habilidades de assertividade (ver Capítulo 14). O que você fará especificamente?

7. Trabalhe para melhorar seu bem-estar pessoal e sua imagem corporal (p. ex., implemente relaxamento, exercícios e melhorias nutricionais em sua vida – ver Capítulos 4, 5 e 16). O que você está disposto a fazer no próximo mês?

8. Trabalhe para identificar e expressar seus sentimentos (ver Capítulo 13). O que você fará especificamente?

9. Combata o diálogo interno negativo de suas subpersonalidades crítico ou vítima (use as planilhas referentes às subpersonalidades crítico e vítima do Capítulo 8).

10. Trabalhe com declarações de autoestima:
    - escreva uma ou duas delas várias vezes por dia;
    - leia-as diariamente a partir de uma lista;
    - coloque-as em uma gravação que você ouve diariamente.

    Qual delas você vai fazer?

11. Liste as realizações pessoais que você alcançou até o momento usando a planilha deste capítulo.

Programa de autoestima de quatro semanas

Quais das intervenções anteriores você implementará nas próximas quatro semanas?
Semana 1:

Semana 2:

Semana 3:

Semana 4:

Leituras adicionais

Beattie, Melody. *Codependent No More.* 25th anniversary ed. Center City, MN: Hazelden, 1992.

Branden, Nathaniel. *The Psychology of Self-Esteem.* 32nd anniversary ed. San Francisco: Jossey-Bass, 2001.

Gravitz, Herbert, and Julie Bowden. *Recovery: A Guide for Adult Children of Alcoholics.* New York: Touchstone, 1987.

Jeffers, Susan. *Feel the Fear and Do It Anyway.* 20th anniversary ed. New York: Ballantine Books, 2006.

McKay, Matthew, and Patrick Fanning. *Self-Esteem.* 4th ed. Oakland, CA: New Harbinger Publications, 2016.

Norwood, Robin. *Women Who Love Too Much.* New York: Pocket Books, 2008.

Schiraldi, Glenn R. *The Self-Esteem Workbook.* 2nd ed. Oakland, CA: New Harbinger Publications, 2016.

Woititz, Janet G. *Adult Children of Alcoholics.* 2nd expanded ed. Deerfield Beach, FL: Health Communications, 1990.

16

Alimentação

Relativamente pouco foi escrito sobre o tema da alimentação e dos transtornos de ansiedade. No entanto, se for considerado que há pelo menos alguma base biológica para ataques de pânico e ansiedade, o assunto da alimentação se torna importante. O que você come tem um impacto muito direto e significativo em sua fisiologia e em sua bioquímica.

Nos últimos 30 anos, a relação entre dieta, estresse e humor tem sido bem documentada. Sabe-se que certos alimentos e algumas substâncias tendem a criar estresse e ansiedade adicionais, ao passo que outros promovem um humor mais calmo e estável. Certas substâncias naturais têm um efeito calmante direto, e outras são conhecidas por terem um efeito antidepressivo. Você pode ainda não reconhecer as conexões entre como se sente e aquilo que come. Você pode não perceber que a quantidade de café ou de bebidas à base de cola que você bebe agrava seu nível de ansiedade. Ou você pode não estar ciente de qualquer conexão entre o consumo de açúcar e seus sintomas de ansiedade, depressão ou tensão pré-menstrual (TPM). Este capítulo pode esclarecer algumas dessas conexões e ajudá-lo a fazer mudanças positivas na maneira como se sente.

A discussão sobre alimentação neste capítulo abrange três tópicos principais:

- Alimentos, substâncias e condições que agravam a ansiedade.
- Diretrizes dietéticas para reduzir a ansiedade.
- Suplementos para reduzir a ansiedade.

As informações nessas seções são baseadas em minha experiência pessoal e em leituras no campo da nutrição. A pretensão é ser apenas sugestivo, não prescritivo. Se você deseja fazer uma avaliação aprofundada e reavaliar sua dieta, consulte um nutricionista ou um médico holístico que tenha conhecimento sobre nutrição.

Substâncias que podem aumentar a ansiedade

Estimulantes: cafeína

De todos os fatores dietéticos que podem agravar a ansiedade e desencadear ataques de pânico, a cafeína é o mais notório. Vários dos meus clientes podem rastrear seu primeiro ataque de pânico até uma ingestão excessiva de cafeína. Muitas pessoas descobrem que se sentem mais calmas e dormem melhor depois de reduzirem o consumo de café. A cafeína tem um efeito diretamente estimulante em vários sistemas diferentes do corpo. Ela aumenta o nível do neurotransmissor noradrenalina em seu cérebro, fazendo-o sentir-se alerta e acordado. Também produz a mesma resposta de excitação fisiológica que é desencadeada quando você é submetido ao estresse – aumento da atividade do sistema nervoso simpático e liberação de adrenalina.

Em suma, muita cafeína pode mantê-lo em uma condição cronicamente tensa, deixando-o mais vulnerável à ansiedade generalizada e a ataques de pânico. A cafeína contribui ainda mais para o estresse, causando o esgotamento da vitamina B_1 (tiamina), que é uma das chamadas vitaminas antiestresse.

A cafeína está contida não apenas no café, mas também em muitos tipos de chás, em refrigerantes, em chocolates, no cacau e em medicamentos de venda livre. A pseudoefedrina, presente em muitos medicamentos de venda livre, pode ter um efeito estimulante equivalente à cafeína.

Use o *Quadro de cafeína* fornecido neste capítulo para acompanhar sua ingestão de cafeína. Se você é propenso à ansiedade generalizada ou a ataques de pânico, considere reduzir seu consumo total de cafeína para *menos de 100 mg ao dia*. Por exemplo, uma xícara de café passado ou uma bebida dietética de cola por dia seria o máximo. Para os amantes do café, isso pode parecer um grande sacrifício, mas você pode se surpreender ao descobrir o quanto se sentirá melhor se conseguir tomar uma única xícara pela manhã. O sacrifício pode valer a pena se você tiver menos ataques de pânico. Se você for muito sensível à cafeína, seria aconselhável eliminá-la completamente.

Observe que existem enormes diferenças individuais na sensibilidade à cafeína. Como acontece com qualquer droga viciante, o consumo crônico de cafeína leva ao aumento da tolerância e ao potencial para sintomas de abstinência. Se você bebe cinco xícaras de café por dia e reduz abruptamente para uma por dia, pode ter reações de abstinência, incluindo fadiga, depressão e dores de cabeça. É melhor diminuir gradualmente ao longo de um período de alguns meses – por exemplo, de cinco para quatro xícaras por dia durante um mês, depois duas ou três xícaras por dia durante o próximo mês, e assim por diante. Algumas pessoas gostam de substituir o café padrão por café descafeinado, que tem cerca de 3 mg de cafeína por xícara, ao passo que outras bebem chás de ervas, como o chá verde. No extremo oposto do *continuum* de sensibilidade, estão as pessoas que ficam nervosas com uma única bebida à base de cola ou uma xícara de chá. Alguns dos meus clientes descobriram que mesmo pequenas quantidades de cafeína os predispõem ao pânico ou a uma noite sem dormir. Portanto, é importante que você experimente para descobrir qual pode ser sua ingestão diária ideal de cafeína. Para a maioria das pessoas propensas a ansiedade ou pânico, acaba sendo menos de 100 mg por dia ou, às vezes, nenhuma cafeína.

Nicotina

A nicotina é um estimulante tão forte quanto a cafeína. Ela causa aumento da excitação fisiológica e vasoconstrição, fazendo seu coração trabalhar mais. Os fumantes muitas vezes se opõem a essa noção e afirmam que fumar um cigarro tende a acalmar seus nervos. Pesquisas provaram, no entanto, que os fumantes tendem a ser mais ansiosos do que os não fumantes, mesmo quando não há diferenças na ingestão de outros estimulantes, como café e medicamentos de venda livre. Eles também tendem a dormir menos do que os não fumantes. Depois de parar de fumar, as pessoas não apenas se sentem mais saudáveis e com mais vitalidade, mas também são menos propensas a estados de ansiedade e pânico. Em suma, se você fuma atualmente, esse é mais um motivo para parar.

Quadro de cafeína

Café	____ xícaras	@ _____ mg	= _____ mg
Chá	____ xícaras	@ _____ mg	= _____ mg
Bebidas à base de cola	____ xícaras	@ _____ mg	= _____ mg
Medicamentos de venda livre	____ xícaras	@ _____ mg	= _____ mg

Outras fontes (chocolate, 25 mg por barra; cacau, 13 mg por xícara) _____ mg

Total diário _____ mg

Teor de cafeína do café, do chá e do cacau (miligramas por xícara)

Café instantâneo	66 mg
Café passado	110 mg
Café filtrado	146 mg
Sachê de chá – infusão de 5 minutos	46 mg
Sachê de chá – infusão de 1 minuto	28 mg
Chá a granel – infusão de 5 minutos	40 mg
Cacau	13 mg
Café descafeinado	4 mg

Teor de cafeína de bebidas à base de cola (miligramas por lata de 340 mL)

Coca-Cola	65 mg
Coca-Cola Zero Açúcar	49 mg
Pepsi	43 mg

Medicamentos estimulantes

Alguns medicamentos de venda livre têm um efeito estimulante, sobretudo medicamentos para resfriado e tosse contendo pseudoefedrina e fenilpropanolamina. Além desses medicamentos, você deve estar ciente dos medicamentos prescritos que contêm anfetaminas, incluindo Adderall®, Adderall XR® e Dexedrina®. Ritalina® e Ritalina LA®, Concerta® e Vyvanse® também são medicamentos estimulantes. Sendo estimulantes fortes, pode ser arriscado usá-los se você tiver um histórico de ansiedade ou de ataques de pânico.

Isso também é especialmente verdadeiro para as drogas cocaína e metanfetamina. O uso de qualquer uma dessas drogas pode se tornar a causa inicial de ataques de pânico recorrentes para várias pessoas. Se você está preocupado com o pânico, tais drogas devem ser definitivamente evitadas.

Substâncias que estressam o corpo

Sal

O excesso de sal (cloreto de sódio) estressa o corpo de duas maneiras: 1) pode esgotar o potássio, um mineral importante para o bom funcionamento do sistema nervoso, e 2) pode aumentar a pressão arterial, sobrecarregando o coração e as artérias e acelerando a arteriosclerose. Você pode reduzir a quantidade de sal que consome evitando o uso de sal refinado, usando um substituto natural (como tamari), tanto na culinária quanto à mesa, e limitando, tanto quanto possível, carnes salgadas, salgadinhos e outros alimentos processados que contenham sal. Como regra geral, é bom limitar sua ingestão de sal a uma colher de chá por dia (ou 5,7 g). Se você precisa comprar alimentos processados, escolha aqueles que são rotulados com baixo teor de sódio ou sem sal.

Conservantes

Atualmente, existem cerca de 5 mil aditivos químicos utilizados no processamento comercial de alimentos. Conservantes artificiais comuns incluem nitritos, como nitrito de sódio, nitratos, sulfitos, como sulfito de sódio, benzoato de sódio, glutamato monossódico (MSG), BHT, BHA, xarope de milho rico em frutose, aspartame, bromato de potássio, propilparabeno e corantes e aromatizantes artificiais. Nosso corpo simplesmente não está equipado para lidar com essas substâncias artificiais, e, na maioria dos casos, muito pouco se sabe sobre seus efeitos biológicos a longo prazo. Até o momento, alguns conservantes que foram testados regularmente foram considerados cancerígenos e, portanto, removidos do mercado. Outros atualmente em uso, especialmente glutamato monossódico, nitritos e nitratos, produzem reações alérgicas em muitas pessoas. Ainda pior, foram encontradas associações entre esses aditivos e diabetes e doenças neurodegenerativas. Por exemplo, o alto uso de aspartame ao longo do tempo, na maioria das bebidas *diet*, tem sido associado ao aumento do risco de danos cerebrais. Sabe-se que as sociedades tradicionais que comem alimentos estritamente integrais sem aditivos têm menor incidência de câncer e outras doenças. Você deve tentar comer o máximo possível de alimentos integrais e não processados – os alimentos que seu corpo foi projetado para digerir. Tente comprar vegetais e frutas que não tenham sido tratados com pesticidas (cultivados organicamente), se estiverem disponíveis na sua região.

Hormônios na carne

Carne vermelha, carne de porco e a maioria das formas comercialmente disponíveis de frango são derivadas de animais que muitas vezes foram alimentados com hormônios esteroides para promover rápido ganho de peso e crescimento. Há evidências de que esses hormônios estressam esses animais (bois e porcos às vezes morrem de ataque cardíaco na plataforma de carregamento). Embora não haja atualmente nenhuma evidência conclusiva, muitas pessoas acreditam que esses hormônios também podem ter efeitos nocivos para os consumidores humanos de carne e produtos derivados.

Tente reduzir o consumo de carne vermelha, carne de porco e de aves comercialmente disponíveis, substituindo-as por carne bovina, de aves e de peixes não cultivados, como bacalhau, alabote, salmão, pargo, linguado, truta ou pregado. A tilápia, um item comum nos cardápios, é quase sempre cultivada.

Hábitos alimentares estressantes

O estresse e a ansiedade podem ser agravados não apenas pelo que você come, mas também pela maneira como você come. Em nossa sociedade moderna e acelerada, muitos de nós simplesmente não nos damos tempo suficiente para comer. Qualquer um dos seguintes hábitos pode agravar seu nível diário de estresse:

- Comer muito rápido ou em movimento.
- Não mastigar os alimentos pelo menos 15 a 20 vezes por bocado (os alimentos devem ser parcialmente pré-digeridos na boca para uma adequada digestão posterior).
- Comer demais, a ponto de se sentir estufado ou inchado.
- Beber muito líquido com uma refeição, o que pode diluir o ácido estomacal e as enzimas digestivas; um copo de líquido com uma refeição é suficiente.

Todos os itens apresentados sobrecarregam o estômago e os intestinos na tentativa de digerir e assimilar adequadamente os alimentos. Isso aumenta seu nível de estresse de duas maneiras:

1. Diretamente, por meio de indigestão, inchaço e cólicas.
2. Indiretamente, pela *má absorção* de nutrientes essenciais.

Se o alimento não for digerido adequadamente na boca e no estômago, grande parte dele passará sem ser digerido pelos intestinos e, posteriormente, apodrecerá e fermentará, causando inchaço, cólicas e gases. O resultado é que você obterá apenas uma porção limitada da nutrição potencialmente disponível em sua comida, levando a uma forma sutil de desnutrição da qual provavelmente não estará ciente.

Assim, além de reconsiderar o que come, você pode diminuir o estresse e um provável problema de má absorção dando a si mesmo tempo adequado para comer, mastigando sua comida de maneira satisfatória e não sobrecarregando seu corpo comendo quantidades excessivas.

Açúcar, hipoglicemia e ansiedade

Entre as pessoas nutricionalmente conscientes hoje, o açúcar se tornou um palavrão. O fato é, no entanto, que seu corpo e seu cérebro precisam de glicose – um produto natural da quebra do açúcar – para funcionar. A glicose é o combustível que seu corpo queima; ela fornece a energia que sustenta a vida. Grande parte dessa glicose é derivada de alimentos ricos em carboidratos em sua dieta, como pão, cereais, batatas, vegetais, frutas e massas. Os amidos nesses alimentos são decompostos em glicose.

Açúcares simples, por outro lado, como açúcar branco refinado, açúcar mascavo e mel, se decompõem *muito rapidamente* em glicose. Esses açúcares podem causar problemas, uma vez que tendem a sobrecarregar seu sistema com muito açúcar rapidamente. Nosso corpo não está equipado para processar grandes quantidades de açúcar rapidamente; na verdade, até o século XX, a maioria de nós (exceto os muito ricos) não consumiu grandes quantidades de açúcar refinado. Hoje, a dieta padrão estadunidense inclui açúcar na maioria das bebidas (café, chá, cola), em cereais, em molhos para salada e em carnes processadas, juntamente a uma ou duas sobremesas por dia e talvez um *donut* ou um biscoito nas pausas para um café. Na verdade, o estadunidense médio consome cerca de 55 *kg* de açúcar por ano! O resultado de bombardear continuamente o corpo com essa quantidade de açúcar é a criação de uma desregulação crônica no metabolismo do açúcar. Para algumas pessoas, essa desregulação pode levar a níveis excessivamente altos de açúcar no sangue ou diabetes (cuja prevalência aumentou drasticamente no século atual, para quase uma em cada cinco pessoas). Para outros indivíduos, o problema é exatamente o oposto – quedas periódicas no nível de açúcar no sangue para *abaixo* do normal, uma condição que é popularmente chamada de *hipoglicemia*.

Os sintomas da hipoglicemia tendem a aparecer quando o açúcar no sangue cai abaixo de 50 a 60 miligramas por decilitro – ou quando cai muito rapidamente de um nível mais alto para um mais baixo. Normalmente, isso ocorre cerca de 2 a 3 horas após uma refeição. Também pode ocorrer *simplesmente em resposta ao estresse*, já que seu corpo queima açúcar muito rapidamente sob estresse. Os sintomas subjetivos mais comuns da hipoglicemia são:

- Vertigens
- Ansiedade
- Tremores
- Sensação de desequilíbrio ou fraqueza
- Irritabilidade
- Palpitações

Esses sintomas parecem familiares? Todos eles podem acompanhar um ataque de pânico. Na verdade, para *algumas* pessoas, as reações de pânico podem ser causadas por hipoglicemia. Em geral, essas pessoas se recuperam do pânico ao comer alguma coisa. O açúcar no sangue aumenta, e elas se sentem melhor. (Na verdade, uma maneira informal e não clínica de diagnosticar hipoglicemia é determinar se você tem algum dos sintomas listados 3 ou 4 horas após uma refeição e se eles desaparecem assim que você come alguma coisa.)

A maioria das pessoas com transtorno de pânico ou agorafobia acha que suas reações de pânico *não* se correlacionam necessariamente com crises de baixo nível de açúcar no sangue. No entanto, a hipoglicemia pode agravar a ansiedade generalizada e os ataques de pânico causados por outras razões.

O que faz o açúcar no sangue cair abaixo do normal é uma liberação excessiva de insulina pelo pâncreas. A insulina é um hormônio que faz o açúcar na corrente sanguínea ser absorvido pelas células. (A insulina é utilizada no tratamento do diabetes para reduzir os níveis excessivos de açúcar no sangue.) Na hipoglicemia, o pâncreas tende a ultrapassar sua produção de insulina. Isso pode acontecer se você ingerir muito açúcar, o que resulta em uma alta temporária de açúcar, seguida meia hora depois por uma queda brusca. Isso também pode acontecer em resposta ao estresse súbito ou crônico. O estresse pode causar um rápido esgotamento do açúcar no sangue. Então, você experimenta confusão, ansiedade, desligamento e tremores porque 1) seu cérebro não está recebendo açúcar suficiente e 2) ocorre uma resposta secundária ao estresse. Quando o açúcar no sangue cai muito, suas glândulas adrenais entram em ação e liberam adrenalina e cortisol; isso faz com que você se sinta mais ansioso e hiperativo. Também tem o propósito específico de fazer o seu fígado liberar o açúcar armazenado, a fim de trazer seu nível de açúcar no sangue de volta ao normal. Portanto, os sintomas subjetivos da hipoglicemia surgem de um déficit de açúcar no sangue e de uma resposta secundária ao estresse mediada pelas glândulas adrenais.

A hipoglicemia pode ser formalmente diagnosticada por meio de um teste clínico chamado de teste de tolerância à glicose de seis horas. Após um jejum de 12 horas, você bebe uma solução de açúcar altamente concentrada. O nível de açúcar no seu sangue é então medido em intervalos de meia hora durante um período de seis horas. Você provavelmente obterá um resultado positivo nesse teste se tiver um problema moderado a grave com hipoglicemia. Infelizmente, muitos casos *mais leves* não são detectados pelo teste. É bem possível ter sintomas subjetivos de baixo nível de açúcar no sangue e testar negativo em um teste de tolerância à glicose. Qualquer um dos seguintes sintomas subjetivos é sugestivo de hipoglicemia:

- Você se sente ansioso, tonto, fraco ou irritado várias horas após uma refeição (ou no meio da noite); esses sintomas desaparecem poucos minutos depois de comer.
- Você tem uma sensação de euforia ao consumir açúcar, e isso muda para uma sensação de depressão, irritação ou desatenção 20 a 30 minutos depois.
- Você sente ansiedade, inquietação ou até mesmo palpitações e pânico nas primeiras horas da manhã, entre 4h e 7h. (Seu nível de açúcar no sangue é mais baixo no início da manhã porque você jejuou a noite toda.)

Como lidar com a hipoglicemia? Felizmente, é bem possível superar problemas com baixo nível de açúcar no sangue 1) fazendo várias mudanças significativas na dieta e 2) tomando certos suplementos. Se você suspeita ter hipoglicemia ou foi formalmente diagnosticado, é interessante implementar as diretrizes a seguir. Fazer isso pode resultar em uma postura mais serena – menos ansiedade generalizada, menos instabilidade emocional e menos vulnerabilidade ao pânico. Você também pode notar estar menos propenso à depressão e a mudanças de humor.

Modificações dietéticas para hipoglicemia

- Elimine o máximo possível todos os tipos de açúcar simples da sua dieta. Isso inclui alimentos que obviamente contêm açúcar branco, como doces, sorvetes, sobremesas, Coca-Cola ou Pepsi. Também inclui formas mais sutis de açúcar, como mel, xarope de milho, adoçantes de milho, melaço e xarope de milho com alto teor de frutose. Certifique-se de ler os rótulos de todos e quaisquer alimentos processados para detectar essas várias formas de açúcar.
- Substitua os doces por frutas (exceto frutas secas, que são muito concentradas em açúcar). Evite sucos de frutas ou dilua-os com água na proporção 1:1. É particularmente importante eliminar bebidas e outros alimentos que contenham frutose pura ou xarope de milho rico em frutose. (Frutose de ocorrência natural em frutas orgânicas é aceitável.)
- Reduza ou consuma apenas pequenas quantidades de amidos simples, como massas, cereais refinados, batatas fritas e pão branco. Prefira consumir carboidratos complexos, como pães e cereais integrais, vegetais e arroz integral ou outros grãos integrais. Coma esses carboidratos complexos em quantidades moderadas.
- Coma um lanche proteico (p. ex., nozes ou queijo orgânico) entre as refeições – por volta das 10h30min ou 11h da manhã e especialmente por volta das 16h ou 17h da tarde. Se você acordar cedo, entre 4h e 5h da manhã, também poderá descobrir que um pequeno lanche o ajudará a voltar a dormir por algumas horas. Como alternativa aos lanches entre as refeições, você pode tentar fazer quatro ou cinco pequenas refeições por dia com não mais do que 2 a 3 horas de intervalo. O objetivo de qualquer uma dessas alternativas é manter um nível mais estável de açúcar no sangue.

Suplementos

1. Vitaminas do complexo B: 50 mg de cada uma das 11 vitaminas B uma vez por dia com as refeições. (Para algumas pessoas, doses mais baixas, como 25 ou 10 mg de cada uma das vitaminas B em um suplemento do complexo B, são suficientes.)
2. Vitamina C: 1.000 mg uma ou duas vezes por dia com as refeições.
3. Picolinato de cromo (muitas vezes chamado de *fator de tolerância à glicose*): 200 mcg por dia. Está disponível em qualquer loja de alimentos saudáveis.
4. Opcional: uma combinação de aminoácidos glicogênicos (incluindo L-glicina, ácido L-glutâmico, L-tirosina, L-leucina, L-alanina, L-metionina e L-lisina). Essas combinações estão disponíveis em muitas lojas de alimentos saudáveis sob o nome de *estabilizador de hipoglicemia* ou *fatores glicêmicos*. Tome conforme reco-

mendado no frasco ou por um nutricionista qualificado. Em sua dieta regular, certifique-se de combinar amidos, como pão ou arroz branco, com uma proteína, como queijo ou carne orgânica (incluindo peixe não cultivado).

As vitaminas do complexo B e a vitamina C ajudam a aumentar sua resiliência ao estresse, que pode agravar as oscilações de açúcar no sangue. As vitaminas B também ajudam a regular os processos metabólicos que convertem carboidratos em açúcar em seu corpo.

O cromo mineral e os aminoácidos glicogênicos têm um efeito direto e estabilizador no seu nível de açúcar no sangue. (Se você tem um problema com álcool, isso também ajuda a reduzir os desejos por álcool.) O consumo de álcool por si só pode agravar a hipoglicemia.

Se você estiver interessado em explorar o assunto da hipoglicemia em maior profundidade, é recomendável ler o livro *Sugar Blues: o Gosto Amargo do Açúcar*, de William Dufty.

Alergias alimentares e ansiedade

Uma reação alérgica ocorre quando o corpo tenta resistir à intrusão de uma substância estranha. Para algumas pessoas, certos alimentos afetam o corpo como uma substância estranha, causando não apenas sintomas alérgicos clássicos, como coriza, muco e espirros, mas também uma série de sintomas psicológicos ou psicossomáticos, incluindo qualquer um dos seguintes:

- Ansiedade ou pânico
- Depressão ou alterações de humor
- Tontura
- Irritabilidade
- Insônia
- Dores de cabeça
- Confusão e desorientação
- Fadiga

Tais reações ocorrem em muitos indivíduos apenas quando comem uma quantidade excessiva de um alimento específico, quando comem uma combinação de alimentos que causam irritação ou quando têm resistência excessivamente baixa devido a um resfriado ou a uma infecção. Outras pessoas são tão sensíveis que apenas uma pequena quantidade do alimento errado pode causar sintomas debilitantes. Muitas vezes, os sintomas psicológicos, mais sutis, têm início tardio, dificultando a conexão com os alimentos que causam irritação.

Em nossa cultura, os dois alimentos mais comuns que causam reações alérgicas são leite/produtos lácteos e trigo. A caseína no leite e o glúten no trigo tendem a causar problemas. Outros alimentos que podem ser uma fonte de resposta alérgica incluem álcool, chocolate, frutas cítricas, milho, ovos, alho, amendoim, fermento, marisco, produtos de soja e tomate. Um dos sinais mais reveladores de alergia alimentar é o vício. Você tende a desejar e ser viciado nos mesmos alimentos aos quais é alérgico.

Embora o chocolate seja o exemplo mais comum disso, você também pode parar para pensar se tiver tendência a desejar pão (trigo), produtos lácteos ou outro tipo específico de alimento. Muitas pessoas passam anos sem reconhecer que os alimentos que mais desejam têm um efeito sutil, mas tóxico, em seu humor e em seu bem-estar.

Como descobrir se as alergias alimentares estão agravando seus problemas de ansiedade? Como no caso da hipoglicemia, existem testes formais, que você pode obter de um médico especializado em nutrição, e testes informais, que você pode realizar por conta própria.

Os médicos costumam usar uma combinação de testes cutâneos e exames de sangue para avaliar alergias alimentares. Um teste comum é o "teste de raspagem". Os alergistas geralmente realizam testes cutâneos no antebraço ou nas costas. Após uma espera de 15 a 20 minutos, verifica-se se ocorrem manchas avermelhadas e elevadas, indicando uma alergia.

Uma maneira menos formal e menos cara de avaliar alergias alimentares é realizar seus próprios testes de eliminação. Se quiser determinar se é alérgico ao trigo, simplesmente elimine todos os produtos que contenham trigo de sua dieta por duas semanas e observe se você se sente melhor. Ao fim dessas duas semanas, coma repentinamente uma grande quantidade de trigo e monitore com cuidado quaisquer sintomas que apareçam nas próximas horas. Depois de experimentar o trigo, pode ser interessante fazer o mesmo com leite e produtos lácteos. É importante experimentar apenas um tipo de alimento potencialmente alérgico de cada vez, para que você não confunda os resultados.

Também é uma boa ideia manter um diário de sintomas comparando como você se sente antes, durante e após a eliminação de um determinado tipo de alimento. Muitas pessoas se sentem pior imediatamente depois de eliminar um alimento por alguns dias, como se seu corpo estivesse passando por sintomas de abstinência. Esse é um sinal revelador de alergia alimentar. Em casos graves, tais sintomas podem persistir por várias semanas, de modo que pode ser necessário prolongar o período de eliminação desse alimento. Se isso acontecer, consulte um nutricionista ou um alergista qualificado para ajudá-lo na realização de testes de eliminação.

Uma maneira alternativa de testar alergias alimentares é medir o pulso depois de comer uma refeição. Se estiver mais de 10 batimentos por minuto acima da sua taxa normal, é possível que você tenha comido algo a que é alérgico.

A boa notícia é que você não precisa se abster permanentemente de um alimento ao qual é alérgico. Após um período de vários meses longe de um alimento, é possível comê-lo de novo *ocasionalmente* sem efeitos adversos. Por exemplo, em vez de comer pão integral em quase todas as refeições, você descobrirá que se sente melhor comendo apenas duas ou três vezes por semana.

Para algumas pessoas, as alergias alimentares podem definitivamente ser um fator que contribui para a ansiedade excessiva e as mudanças de humor. Se você suspeitar que isso seja um problema, tente experimentar o método de eliminação e/ou consulte um nutricionista qualificado.

Observação: embora a ênfase desta seção tenha sido em alergias alimentares, muitas pessoas têm sintomas alérgicos a outras substâncias ambientais, tanto orgânicas quanto inorgânicas, o que pode precipitar uma série de sintomas psicológicos, *incluindo ansiedade e pânico*. As substâncias que causam irritação podem incluir conservantes alimentares, gás natural, tecidos sintéticos, produtos de limpeza e detergentes domésticos, hidrocarbonetos de fumaças poluentes, fumaça de gasolina, inseticidas, mofo, tinta de jornais, querosene, terebintina, alcatrão ou asfalto, amianto, cosméticos, xampus, perfumes, colônias, *sprays* de cabelo e, muito comumente, rinite alérgica sazonal em resposta a gramíneas e árvores (especialmente na primavera), para citar alguns. Se você suspeita ser sensível a qualquer uma dessas substâncias, consulte um especialista em alergias.

Mova sua dieta em direção ao vegetarianismo

Tem sido frequentemente observado que os vegetarianos tendem a ser um pouco mais calmos e tranquilos do que seus semelhantes carnívoros. Pode-se dizer que indivíduos mais calmos e descontraídos, em geral, são mais atraídos pelo vegetarianismo. No entanto, as impressões dos pacientes e a minha experiência pessoal sugerem uma via inversa. Uma mudança na dieta em direção ao vegetarianismo é que pode definitivamente promover uma disposição mais calma e menos propensa à ansiedade.

Se você está acostumado a comer carne, laticínios, queijos e produtos à base de ovos, não é necessário – nem aconselhável – desistir de *todas* as fontes de proteína animal de sua dieta. Desistir apenas da carne vermelha, por exemplo – ou restringir o consumo de leite de vaca (e usar leite de arroz ou de amêndoas) –, pode ter um efeito perceptível e benéfico.

Como o vegetarianismo pode levar a uma postura mais serena? No início deste capítulo, foi mencionado que os resíduos de hormônios esteroides na carne vermelha podem exercer um efeito não muito diferente dos hormônios esteroides do próprio corpo, ativando as defesas naturais contra o estresse e suprimindo a imunidade. Outra razão, no entanto, é que carne, aves, laticínios, queijos e ovos, juntamente a açúcar e produtos de farinhas refinadas, são todos alimentos *formadores de ácido*. Esses alimentos não são necessariamente de composição ácida, mas deixam um resíduo ácido no organismo após serem metabolizados, tornando o próprio organismo mais ácido. Isso pode criar dois tipos de problemas.

Quando o corpo está mais ácido, o tempo de trânsito dos alimentos através do trato digestivo pode aumentar até o ponto em que as vitaminas e os minerais não são tão totalmente assimilados. Essa má absorção seletiva de vitaminas – especialmente vitaminas B, vitamina C e minerais – pode aumentar de forma sutil a carga de estresse do corpo e, eventualmente, levar à desnutrição de baixo grau. Tomar suplementos não corrigirá necessariamente essa condição, a menos que você seja capaz de digeri-los e absorvê-los de forma adequada.

Alimentos formadores de ácido, especialmente carnes, podem criar produtos de degradação metabólica que são congestivos para o corpo. Isso é especialmente verdadeiro se você já estiver sob estresse e for incapaz de digerir adequadamente os alimentos proteicos. O resultado é que você tende a acabar se sentindo mais lento ou cansado e pode ter excesso de muco ou problemas de sinusite. Embora seja verdade que essa congestão não é exatamente a mesma coisa que ansiedade, com certeza pode adicionar estresse ao corpo, o que, por sua vez, agrava a tensão e a ansiedade. Quanto mais livre seu corpo estiver da congestão decorrente de alimentos formadores de ácido, mais leve e mais lúcido você provavelmente se sentirá. Esteja ciente, também, de que muitos medicamentos têm uma reação ácida no corpo e podem levar aos mesmos tipos de problemas que os alimentos formadores de ácido.

Manter um equilíbrio ácido-alcalino adequado no corpo ajuda a diminuir o consumo de alimentos formadores de ácido – a maioria dos alimentos de origem animal, o açúcar e os produtos de farinha refinada – e aumentar a quantidade de *alimentos alcalinizantes* em sua dieta. Entre os alimentos alcalinos, destacam-se: todos os vegetais; a maioria das frutas, exceto ameixas e ameixas secas; grãos integrais, como arroz integral, milhete, cuscuz e trigo sarraceno; e brotos de feijão. Idealmente, cerca de 50 a 60% das calorias que você consome devem vir desses alimentos, embora não haja problema em comer uma porcentagem ligeiramente maior de proteínas animais no inverno. Tente incluir mais alimentos alcalinos em sua dieta e veja se isso faz diferença na maneira como você se sente.

Aumente a proteína em relação aos carboidratos

Anos atrás, muitos nutricionistas defendiam a ingestão de uma grande quantidade de carboidratos complexos (grãos integrais, massas, pão) – correspondendo a até 70% do total de calorias. A ideia predominante era a de que muita gordura promovia doenças cardiovasculares e muita proteína levava à acidez e à toxicidade excessivas no corpo. Pensava-se que a dieta ideal consistia em 15 a 20% de gordura, 15 a 20% de proteína e o restante de carboidratos.

Mais recentemente, no entanto, surgiram evidências contra a ideia de comer grandes quantidades de carboidratos, especialmente por si só. Os carboidratos são usados pelo corpo para produzir *glicose*, a forma de açúcar que o corpo e o cérebro usam como combustível. Para transportar glicose para as células, o pâncreas secreta insulina. Comer altos níveis de carboidratos significa que seu corpo produz níveis mais altos de insulina, e muita insulina tem um efeito adverso em alguns dos sistemas hormonais e neuroendócrinos mais básicos do corpo, sobretudo as prostaglandinas e a serotonina.

Em suma, comer grandes quantidades de cereais, pães, massas ou mesmo amidos, como arroz branco, milho e batatas, pode aumentar seus níveis de insulina a ponto de outros sistemas básicos ficarem desequilibrados. A resposta não é eliminar carboidratos complexos, mas reduzi-los *proporcionalmente* à quantidade de proteína e gordura que você consome, *sem aumentar o número total de calorias em sua dieta*. Ao fazer isso, você não acabará em uma dieta muito rica em gordura ou em proteína. Em vez disso, você continuará a comer gordura e proteína com moderação, *diminuindo a quantidade de carboidratos em cada refeição em relação à quantidade de gordura e proteína*. Uma proporção ideal pode ser de 40% de carboidratos, 30% de proteína e 30% de gordura.

O dr. Barry Sears, em seu livro *Enter the Zone*, apresenta pesquisas consideráveis que apoiam o valor da redução da proporção de carboidratos em relação à proteína e à gordura. Muitas pessoas relatam que se sentem melhor e têm mais energia quando aumentam a proporção de proteína para carboidratos em suas dietas. Vários clientes meus notaram que o aumento da proteína em relação aos carboidratos em cada refeição teve um efeito favorável tanto na ansiedade quanto na depressão. Isso não é surpreendente, já que os transtornos de ansiedade e de humor costumam envolver deficiências em neurotransmissores, sobretudo serotonina. O corpo não tem como produzir neurotransmissores (e serotonina, em particular) sem um suprimento constante de aminoácidos, que são derivados de proteínas. Quer você concorde ou não com a abordagem do dr. Sears ou opte por adotar uma dieta 40:30:30, é uma boa ideia ter alguma proteína (preferencialmente na forma de peixe selvagem, aves orgânicas, ovos, tofu, *tempeh* ou feijão e grãos) em cada refeição. Em contrapartida, procure não exceder 30% de suas calorias na forma de proteína – especialmente na forma de carne, frango ou peixe –, pois isso pode tender a tornar seu corpo excessivamente ácido.

O que fazer ao comer fora

As pressões e as restrições da vida moderna exigem que muitos de nós almocemos ou jantemos fora. Infelizmente, a maioria dos alimentos nos restaurantes, mesmo os melhores, fornece muitas calorias, muita gordura saturada e muito sal e, com frequência, inclui alimentos que foram cozidos em óleos obsoletos ou rançosos. Boa parte da comida de restaurante é menos fresca do que aquela que você prepara por conta própria. Na maioria das vezes, comer em restaurantes não é o ideal para cuidar da sua saúde.

Se você precisa comer em restaurantes com frequência, siga as seguintes diretrizes:

- Evite todos os tipos de *fast food* ou *junk food*.
- Sempre que possível, coma em restaurantes que oferecem refeições naturais ou saudáveis, que usem alimentos integrais, preferencialmente orgânicos.
- Se não houver disponibilidade de restaurantes de alimentos naturais, vá a restaurantes de frutos do mar de alta qualidade e peça peixe selvagem fresco, de preferência grelhado sem manteiga nem óleo. Acompanhe o peixe com legumes frescos, batatas ou arroz e uma salada verde. Na salada, evite molhos cremosos ou à base de laticínios.
- Como terceira opção, experimente um restaurante chinês ou japonês de alta qualidade e faça uma refeição composta de arroz, legumes e peixe fresco ou tofu (queijo de soja). Em restaurantes chineses, não se esqueça de pedir ao seu atendente para excluir o MSG (glutamato monossódico), um intensificador de sabor ao qual muitas pessoas são alérgicas.
- Como regra geral, ao comer fora, não coma mais do que um pão com uma porção de manteiga e evite pedir sopas à base de creme, como sopa de mariscos. Abandone molhos de salada e prefira azeite e vinagre ou um molho italiano com baixo teor de gordura. Opte por entradas simples, como frango (de preferência orgânico) ou peixe branco, sem molhos nem coberturas elaboradas. Aves orgânicas ou peixes selvagens são preferíveis. Se possível, tente evitar sobremesas com alto

teor de gordura. Não hesite em pedir ajuda ao garçom para que os alimentos sejam preparados de acordo com suas necessidades. Aprenda a apreciar os sabores sutis de alimentos simples. Você descobrirá que isso se torna mais fácil e satisfatório depois de um tempo evitando consumir alimentos ricos em gordura e açúcar.

Ao pensar em todas as diretrizes para melhorar sua alimentação, lembre-se de que é desnecessário tentar adotá-las todas de uma vez. Comece diminuindo seu consumo de cafeína e açúcar, o que terá impacto mais direto na redução de sua vulnerabilidade ao estresse e à ansiedade. Além dessas sugestões, avance no seu próprio ritmo para melhorar sua dieta. É mais provável que você *mantenha* uma mudança que decidiu que realmente *quer* fazer, em vez de uma à qual você se obrigou.

Resumo: diretrizes para uma dieta de baixo estresse/baixa ansiedade

Assim como ocorre com o restante das informações neste capítulo, as diretrizes a seguir destinam-se a ser sugestivas, e não prescritivas. Essas diretrizes não se destinam a substituir uma avaliação dietética detalhada, as recomendações e a criação de um plano de refeições por um nutricionista competente ou um médico especializado em nutrição. Embora todas as diretrizes a seguir sejam importantes, elas estão listadas em ordem de sua relevância direta para a redução da ansiedade.

1. Elimine, tanto quanto possível, os estimulantes e as substâncias indutoras de estresse descritos na primeira seção deste capítulo – cafeína, chá comum, nicotina, outros estimulantes, sal (até uma colher de chá por dia, ou 5,7 g) e conservantes. (A eliminação da cafeína e da nicotina é a mais crítica para reduzir a ansiedade.) Em vez de chá preto, experimente chá verde (menor quantidade de cafeína) ou chás de ervas.

2. Elimine ou reduza ao mínimo o consumo de açúcar refinado, açúcar mascavo, mel, sacarose, dextrose e outros adoçantes, como xarope de milho, adoçantes de milho e xarope de milho rico em frutose. Substitua sobremesas, bebidas açucaradas e lanches doces por frutas frescas e bebidas sem açúcar. Consuma álcool de forma moderada, já que seu corpo converte álcool em açúcar. Elimine também os adoçantes artificiais, como o aspartame e a sacarina. O aspartame, em particular, pode agravar os ataques de pânico e, com o tempo, causar danos ao sistema nervoso. Para um adoçante natural sem efeitos adversos comprovados, experimente a estévia.

3. Reduza ou elimine alimentos refinados e processados da sua dieta o máximo possível. Substitua-os por alimentos integrais e frescos (de preferência, orgânicos). Mesmo alguns itens com aparência de "alimentos saudáveis", como proteína em pó, são altamente processados. Em vez de refrigerantes, experimente sucos de frutas frescas (não processadas) ou, melhor ainda, coma frutas.

4. Elimine ou reduza ao mínimo qualquer alimento que você estabeleça como alergênico. Observe particularmente como você se sente se eliminar trigo e/ou pro-

dutos lácteos da sua dieta. Esteja atento a qualquer alimento que o faça se sentir cansado ou que produza muco após a ingestão.

5. Reduza o consumo de carne vermelha, bem como de aves que contenham hormônios esteroides e outros produtos químicos. Substitua-as por carnes de aves orgânicas e/ou frutos do mar selvagens (peixes como alabote selvagem, salmão, pargo, linguado, truta e pregado são recomendados). Evite grandes peixes marinhos, como espadarte, espadim e atum, que contêm níveis excessivos de mercúrio. Tente evitar a tilápia, que é quase sempre cultivada.

6. Aumente sua ingestão de fibra alimentar, comendo grãos integrais, farelo, vegetais crus e frutas ricas em fibras, como maçãs. (Observe, contudo, que muita fibra pode causar gases e inchaço e interferir na capacidade do corpo de absorver proteínas.)

7. Beba o equivalente a pelo menos seis copos de água mineral engarrafada ou água purificada por dia. A osmose reversa e o carvão ativado são bons métodos de filtração. Sempre que possível, evite beber água vendida em garrafas de plástico. Se o fizer, beba toda a água depois de abrir a garrafa – não deixe água em uma garrafa de plástico por dias (mesmo na geladeira) para beber mais tarde.

8. Aumente a ingestão de vegetais crus e frescos. Uma salada mista de vegetais todos os dias é uma excelente ideia. Inclua um vegetal cozido fresco (não congelado ou enlatado) em sua dieta todos os dias.

9. Sempre que possível, compre produtos orgânicos.

10. Mantenha toda a gordura em sua dieta (óleos, nozes, molhos para saladas, etc.) em 30% do total de calorias. A gordura animal e os alimentos que contêm colesterol, como carne vermelha, miúdos, molho, queijos, manteiga, ovos, leite integral e mariscos, não devem representar mais de 10% de suas calorias totais. Evite completamente alimentos que contenham ácidos graxos trans (contidos em alimentos fritos, batatas fritas, maionese, margarina, a maioria das rosquinhas, biscoitos, bolachas, bolos e todos os alimentos processados que contenham óleos parcialmente hidrogenados).

11. Para evitar ganho de peso excessivo, consuma apenas a quantidade de energia (calorias) que você gasta. Diminua a ingestão calórica e aumente o exercício aeróbico se você já estiver acima do peso.

12. Selecione alimentos dos quatro principais grupos: 1) frutas e vegetais (quatro a cinco porções diárias); 2) grãos integrais, incluindo arroz integral e pães integrais (duas a três porções diárias); 3) proteínas animais, dando preferência a aves, frutos do mar e ovos orgânicos, ou equivalentes de leguminosas, se você for vegetariano (duas a três porções diárias); 4) produtos lácteos, dando preferência àqueles com baixo teor de gordura ou sem gordura (uma porção diária). Se você é intolerante à lactose ou sensível ao leite de vaca, tente substituir por leite de arroz ou de amêndoas. Sua dieta deve enfatizar as duas primeiras categorias e incluir quantidades moderadas das duas últimas. Em geral, é uma boa ideia mover sua dieta em direção ao vegetarianismo e para longe do consumo excessivo de alimentos de origem animal. Ao mesmo tempo, você deve aumentar a proporção de

Diário alimentar

Instruções: use o quadro a seguir para avaliar seus hábitos alimentares por três dias. As áreas em que o seu consumo médio diário mais se afasta do ideal são as áreas em que você pode fazer mais melhorias no que come. Faça cópias desse formulário (ou baixe a versão em branco disponível *on-line* – ver a página do livro em loja.grupoa.com.br) para que você possa registrar sua dieta por duas ou três semanas.

Por três dias, registre quantas porções você ingere de cada uma destas categorias de alimentos. Para cada categoria, divida o total de porções dos dias 1 a 3 por 3, para obter sua média diária para o período. Compare seu padrão alimentar com o ideal, especificado na coluna à esquerda.					
Semana de: _____ (datas)	Porções do primeiro dia	Porções do segundo dia	Porções do terceiro dia	Média de porções por dia	Porções ideais por dia
Cafeína Porção = 1 xícara de café ou chá preto ou chá normal (1 porção)					
Doces Porção = 1 barra de chocolate, 1 pedaço de torta, 1 xícara de sorvete (1 porção)					
Álcool Porção = 1 cerveja, 1 taça de vinho ou 1 coquetel (1 porção)					
Vegetais e frutas Porção = 1 xícara de feijão, 1 maçã, 1 batata média (5 a 10 porções por dia)					
Pães e cereais integrais Porção = 1 fatia de pão, ¾ xícara de cereal, ¾ xícara de arroz, aveia ou quinoa (4 a 6 porções por dia)					
Leite, queijo, iogurte Porção = 1 xícara de leite, 1 fatia média de queijo, 1 caixa de iogurte (2 a 3 porções por dia)					
Carne, aves, peixe, ovos, feijão e nozes Porção = 85 g de carne magra ou peixe, 2 ovos, 1¼ xícaras de feijão cozido, ¾ xícara de nozes (2 a 3 porções por dia)					

proteína em relação aos carboidratos em sua dieta. A proteína deve representar aproximadamente 30% do que você come; a gordura saudável, de 20 a 30% (ou menos, se seu colesterol estiver acima de 250); e os carboidratos complexos, cerca de 40 a 50%.

Use o *Diário alimentar* a seguir para monitorar o que você come por pelo menos três dias. De que maneiras você pode melhorar seus hábitos alimentares? O que você realmente estaria disposto a mudar no próximo mês?

Suplementos para ansiedade

Vitaminas B[1] e Vitamina C

É amplamente conhecido que, *durante períodos de estresse*, seu corpo tende a esgotar rapidamente as reservas de vitaminas B e vitamina C. Em geral, é recomendável que você tome uma vitamina do complexo B de alta potência e uma dose de 2 g de vitamina C todos os dias. Isso pode fazer uma diferença notável em seu nível de energia e resiliência ao estresse. As vitaminas B são necessárias para ajudar a manter o bom funcionamento do seu sistema nervoso. As deficiências, especialmente de vitaminas B_1, B_2, B_6 e B_{12}, podem levar à ansiedade, irritabilidade, inquietação, fadiga e instabilidade emocional. É melhor tomar todas as 11 vitaminas B juntas em um suplemento do complexo B, pois elas tendem a trabalhar juntas de forma sinérgica. A vitamina C é conhecida por melhorar o sistema imunológico e promover a cura de infecções, de doenças e de lesões. Menos conhecido é o fato de a vitamina C ajudar a apoiar as glândulas adrenais, cujo funcionamento adequado é necessário para sua capacidade de lidar com o estresse. A vitamina B_5 (ácido pantotênico) também apoia as glândulas adrenais, e muitas pessoas acham que é útil para lidar com o excesso de estresse.

As seguintes doses de complexo B e vitamina C são recomendadas regularmente:

- Complexo B: 25 a 50 mg de cada uma das 11 vitaminas B uma vez por dia (duas vezes por dia sob alto estresse).
- Vitamina C: 1.000 mg na forma de liberação prolongada, duas vezes ao dia (o dobro dessa dose sob alto estresse). O complexo de vitamina C, em combinação com os bioflavonoides rutina e hesperidina, é preferível.

Observe que não é fácil ter uma *overdose* de vitaminas B, pois elas são solúveis em água. A única exceção a isso é a vitamina B_6. É importante não exceder 100 mg por dia se estiver tomando B_6 em longo prazo. (No entanto, doses mais altas de B_6 podem ser tomadas em curto prazo para aliviar os sintomas pré-menstruais.) Altas doses diárias de vitamina C são geralmente inofensivas e uma boa proteção contra infecções e resfriados. No entanto, doses diárias repetidas *superiores a 5.000 mg por dia*

---

[1] As vitaminas B incluem tiamina (B_1), riboflavina (B_2), niacina ou niacinamida (B_3), ácido pantotênico (B_5), piridoxina (B_6), biotina, ácido fólico, colina, inositol, cianocobalamina (B_{12}) e PABA (ácido para-aminobenzoico).

têm sido associadas a queixas estomacais, diarreia e até mesmo pedras nos rins em algumas pessoas.

É importante que você tome vitaminas do complexo B, vitamina C e outras vitaminas *com as refeições*. Os ácidos e as enzimas estomacais produzidas durante a digestão dos alimentos são necessários para ajudar a decompor e assimilar as vitaminas. Não tome vitaminas com o estômago vazio (com exceção dos aminoácidos, conforme discutido na seção sobre aminoácidos). A forma de cápsula das vitaminas geralmente é mais suave para o estômago do que os comprimidos.

Cálcio

É amplamente conhecido que o cálcio pode atuar como um tranquilizante, tendo um efeito calmante sobre o sistema nervoso. O cálcio, juntamente a substâncias neurotransmissoras, está envolvido no processo de transmissão de sinais nervosos através das sinapses entre as células nervosas. A depleção de cálcio pode resultar em hiperatividade das células nervosas; isso pode ser uma das bases fisiológicas subjacentes da ansiedade. É importante que você obtenha ao menos 1.000 mg de cálcio por dia, seja em alimentos ricos em cálcio, como laticínios, ovos e vegetais folhosos, seja tomando suplementos de cálcio (os quelatos são preferíveis ao carbonato de cálcio). Se você toma um suplemento de cálcio, certifique-se de tomá-lo em combinação com magnésio, pois esses dois minerais se equilibram e trabalham em conjunto. Para algumas pessoas, o magnésio pode ter um efeito relaxante igual ao do cálcio. Em seu suplemento, a proporção de cálcio para magnésio deve ser de dois para um ou de um para um.

Observação: você pode solicitar que seu nutricionista ou seu médico holístico realize um teste de análise capilar se estiver preocupado com a deficiência de cálcio ou outros minerais. Utilizando uma amostra de cabelo, o teste detecta deficiências de muitos minerais diferentes. A presença de certas deficiências minerais pode ser usada para detectar outras condições. Por exemplo, muito pouco cromo sugere um problema no metabolismo de carboidratos e possível hipoglicemia. Muito pouco cobalto sugere uma possível deficiência de vitamina B_{12}. O teste também pode detectar excessos de metais tóxicos, como alumínio, chumbo ou mercúrio, em seu corpo. Altos níveis de mercúrio, em particular, têm sido associados à ansiedade.

Antioxidantes

Seu corpo precisa de antioxidantes para combater processos inflamatórios que podem levar a uma variedade de doenças, sobretudo doenças cardiovasculares. Bons alimentos antioxidantes incluem feijões (feijão vermelho, feijão carioca e feijão preto), frutas vermelhas (mirtilos, framboesas e morangos orgânicos), maçãs, nozes, nozes-pecãs e corações de alcachofra. Bons suplementos antioxidantes incluem vitamina C (até 2 g por dia), vitamina E (400 IU [10 mcg] por dia), selênio (100 mg por dia), CoQ_{10} (100 mg por dia), resveratrol (também encontrado no vinho tinto) e astaxantina natural (de 4 mg a 12 mg por dia).

Ervas relaxantes

As ervas são usadas há centenas de anos para promover a calma e o relaxamento. Embora geralmente não sejam tão potentes quanto os tranquilizantes prescritos, como alprazolam ou clonazepam (com exceção da kava), elas têm poucos efeitos colaterais e não causam dependência. Muitas pessoas se beneficiam com o uso de ervas para estados leves a moderados de ansiedade. As ervas a seguir têm sido muito úteis para meus clientes.

Kava: erva relaxante das ilhas do Pacífico

Kava (ou kava kava) é um tranquilizante natural muito popular nos Estados Unidos há vários anos. Alguns clientes meus testemunharam que é um relaxante tão potente quanto o alprazolam. Um membro da família das árvores de pimenta, a kava é nativa do sul do Pacífico. Os polinésios a utilizaram por séculos tanto em rituais cerimoniais quanto como relaxante social. Pequenas doses produzem uma sensação de bem--estar, ao passo que grandes doses podem produzir letargia e sonolência e reduzir a tensão muscular.

Em países europeus, como a Alemanha, a kava foi aprovada para o tratamento de insônia e ansiedade. A partir das pesquisas limitadas disponíveis, parece que a kava pode reduzir a atividade do sistema límbico, especialmente da amígdala, centro cerebral associado à ansiedade (ver Capítulo 2). Os efeitos neurofisiológicos detalhados da kava não são conhecidos neste momento.

A principal vantagem da kava sobre tranquilizantes como alprazolam ou clonazepam é não ser viciante. Também é menos provável que prejudique a memória ou agrave a depressão, como os tranquilizantes às vezes podem fazer. Pesquisas indicam que é um tratamento eficaz para ansiedade leve a moderada (não incluindo ataques de pânico), insônia, dores de cabeça, tensão muscular e espasmos gastrintestinais, podendo até ajudar a aliviar infecções do trato urinário.

Ao comprar kava, é preferível obter um extrato padronizado com uma porcentagem especificada de kavalactonas, o princípio ativo. A porcentagem de kavalactonas pode variar de 30 a 70%. Se você multiplicar o número total de miligramas de kava em cada cápsula ou comprimido pela porcentagem de kavalactonas, obterá a força real da dose. Por exemplo, uma cápsula de 200 mg com 70% de kavalactonas seria realmente uma dose de 140 mg.

A maioria dos suplementos de kava contém cerca de 50 a 70% de kavalactonas por cápsula. Pesquisas na Europa revelaram que tomar três ou quatro doses dessa concentração diariamente pode ser tão eficaz quanto um tranquilizante.

Atualmente, há poucos dados concretos sobre os efeitos a longo prazo de tomar kava diariamente. Nas ilhas polinésias, onde os residentes usam kava em altas doses diariamente por longos períodos, a descoloração da pele pode ocorrer ocasionalmente. Às vezes, isso progride para dermatite por descamação, que é aliviada quando o uso de kava é interrompido. Se você notar quaisquer efeitos nocivos, pare de usar kava imediatamente e não retome sem consultar um naturopata ou um médico especializado. É preferível que você não use kava *diariamente* por mais de seis meses. De forma intermitente, no entanto, você pode usá-la indefinidamente.

Em geral, não é uma boa ideia usar kava em combinação com tranquilizantes. Embora não seja prejudicial, tal combinação pode produzir tontura e até desorientação. Especialmente se você estiver tomando uma dose moderada a alta de alprazolam ou clonazepam (mais de 1,5 mg por dia), evite usar kava.

A kava também não deve ser tomada se você tiver doença de Parkinson, estiver grávida ou estiver amamentando. Deve ser usada com cuidado antes de conduzir ou operar máquinas.

Há muitos anos, havia preocupações generalizadas de que a kava poderia causar problemas no fígado. Na Europa, alguns fabricantes usaram os caules e as folhas da planta kava, que contêm uma toxina hepática, e algumas pessoas posteriormente desenvolveram doença hepática. As empresas estadunidenses, então, usaram e continuam a usar apenas a raiz da planta (como os polinésios fizeram por séculos), que é considerada segura. A kava nunca foi proibida nos Estados Unidos, embora atualmente seja restrita em alguns países. A Food and Drug Administration (FDA) adverte que as pessoas com histórico de problemas hepáticos não devem usar kava sem primeiro consultar seu médico.

Valeriana

A valeriana é um tranquilizante e sedativo à base de plantas amplamente utilizado na Europa. Nos últimos anos, ganhou popularidade nos Estados Unidos. Estudos clínicos, principalmente na Europa, descobriram que ela é tão eficaz quanto tranquilizantes no alívio da ansiedade e de insônia leves a moderadas, como Jonathan Davidson e Kathryn Connor discutem em *Herbs for the Mind*. No entanto, ela tem menos efeitos colaterais e não é viciante.

A valeriana também é menos propensa a prejudicar a memória e a concentração ou causar letargia e sonolência, se comparada aos tranquilizantes comumente prescritos. Em geral, não causará ressaca no dia seguinte se for usada para dormir, embora algumas pessoas tenham relatado se sentir afetadas dessa maneira. Em geral, a valeriana pode funcionar bem para ansiedade leve a moderada, mas pode ser menos eficaz para casos mais graves.

Derivada da planta *Valeriana officinalis*, a valeriana tem inúmeros constituintes químicos, incluindo óleo essencial, iridoides e alcaloides. Nenhum desses constituintes é responsável por suas propriedades sedativas; a opinião geral é a de que todos os componentes funcionam sinergicamente. Portanto, é improvável que um único componente seja isolado e fabricado sinteticamente.

A valeriana tem uma boa reputação por promover o sono. Numerosos estudos mostraram que ela pode reduzir o tempo necessário para dormir e melhorar a qualidade do sono. Se você experimentar a valeriana para dormir e ela parecer não funcionar, não desista. Alguns estudos indicam que pode levar de duas a três semanas de uso regular para que a erva atinja seu benefício total, seja para insônia ou ansiedade.

A valeriana pode ser obtida na maioria das lojas de alimentos saudáveis em três formas: cápsulas, extrato líquido ou chá. No tratamento da ansiedade ou da insônia, experimente cada uma dessas formas para ver de qual você mais gosta, seguindo as instruções fornecidas na garrafa ou na embalagem. As cápsulas são as mais convenientes, mas algumas pessoas garantem a eficácia dos extratos e dos chás. Com frequência, você encontrará valeriana combinada com outras ervas relaxantes, como passiflora, erva-de-são-joão, lúpulo ou camomila. Você pode achar essas combinações mais palatáveis ou eficazes.

A dose eficaz para valeriana varia de 200 a 400 mg para alívio da ansiedade durante o dia e 400 a 800 mg para ajudar a dormir à noite. Para dormir, é melhor ingeri-la cerca de 1 hora antes de se recolher. Para ansiedade leve a moderada durante o dia, você pode tomar duas ou três doses na faixa de 200 a 400 mg.

Certifique-se de comprar um produto de valeriana com concentração suficiente. Em geral, uma declaração na garrafa indicando que o produto foi padronizado para pelo menos 0,5% de ácido *valerênico* é uma indicação de que tem concentração razoável. Observe também a data de validade, pois os produtos mais antigos tendem a perder potência. Se o produto contiver outras ervas ou ingredientes além da valeriana, ele deve oferecer uma lista completa deles, juntamente à quantidade em cada dose recomendada. Evite produtos que não forneçam uma lista completa de ingredientes.

Como regra geral, você deve evitar usar valeriana diariamente por mais de seis meses. O uso a longo prazo em altas doses tem sido associado a efeitos colaterais, como dor de cabeça, excitabilidade, inquietação, agitações e palpitações cardíacas. Você pode usá-la de três a quatro vezes por semana, no entanto, indefinidamente. Além disso, a valeriana não deve ser tomada com tranquilizantes benzodiazepínicos, como alprazolam, lorazepam e clonazepam, nem com sedativos, como temazepam, zolpidem e zaleplon. Pode ser combinada com outras ervas, como kava, erva-de-são-joão e, especialmente, lúpulo ou passiflora.

Uma longa história de uso na Europa indica que a valeriana é uma erva especialmente segura. Ainda assim, há relatos ocasionais de reações paradoxais de aumento da ansiedade, inquietação ou palpitações cardíacas, possivelmente devido à alergia. Pare de usar valeriana ou qualquer outra erva se experimentar tais reações.

Erva-de-são-joão

A erva-de-são-joão (*Hypericum perforatum*) também tem um longo histórico de uso. Foi recomendada por Hipócrates para a ansiedade há mais de 2 mil anos. Atualmente, é amplamente utilizada na Europa e nos Estados Unidos para tratar sintomas de depressão leve a moderada e de ansiedade.

A erva-de-são-joão tem um efeito direto no alívio da depressão e parece reduzir a ansiedade como um efeito secundário. Estudos europeus descobriram que ela tem propriedades ansiolíticas quase comparáveis com as dos tranquilizantes. Há evidências de que a erva-de-são-joão aumenta os níveis de todos os três neurotransmissores implicados nos transtornos de ansiedade: serotonina, noradrenalina e dopamina. Com base nisso, ela pode ser vista como preferível em relação aos antidepressivos inibidores seletivos da recaptação da serotonina (ISRSs), que aumentam apenas os níveis de serotonina.

A erva-de-são-joão está disponível em lojas de alimentos saudáveis e em muitas farmácias. Certifique-se de obter marcas padronizadas que contenham 0,3% de hipericina, o princípio ativo. A dose padrão é de três cápsulas de 300 mg por dia.

Ao começar, você pode experimentar duas cápsulas por dia para se acostumar com essa erva e, em seguida, aumentar a dose para três cápsulas, ou 900 mg, por dia. Se sentir que perturba o seu estômago, tome cada dose com uma refeição.

É importante ter em mente que a erva-de-são-joão leva de quatro a seis semanas para atingir a eficácia terapêutica. Se você não perceber nenhum benefício nas primeiras duas a três semanas, não desanime e pare; você precisa manter a ingestão por pelo menos um mês.

A erva-de-são-joão teve um registro de segurança muito bom ao longo das centenas de anos em que foi usada. Para algumas pessoas, no entanto, ela pode causar fotossensibilidade – o aumento da sensibilidade à luz solar. Se usá-la e estiver sob luz solar direta com frequência, é interessante limitar sua exposição ou usar um protetor solar com FPS 30 ou superior.

Se você já está tomando um ISRS ou um antidepressivo tricíclico e quer mudar para a erva-de-são-joão, é melhor parar de tomar o medicamento prescrito antes de começar a tomar a erva. Em geral, *não tome um ISRS e erva-de-são-joão juntos* sem a aprovação do seu médico.

Não há problema em tomar erva-de-são-joão com ervas relaxantes, como kava ou valeriana. Não há fortes evidências contra a combinação com tranquilizantes, como alprazolam e clonazepam, embora alguns médicos tenham receio de fazê-lo. No entanto, se estiver tomando um inibidor da MAO, como fenelzina ou tranilcipromina, *não tome* erva-de-são-joão. Em geral, como ela interage com vários medicamentos diferentes, é uma boa ideia consultar seu médico antes de tomá-la.

Em conclusão, é provável que a erva-de-são-joão seja útil se você estiver lidando com depressão leve a moderada. Também pode aliviar níveis leves a moderados de ansiedade após quatro a seis semanas de uso, embora provavelmente não seja eficaz no alívio de ataques de pânico, transtorno obsessivo-compulsivo ou sintomas de transtorno de estresse pós-traumático. Se você sofre de sintomas de ansiedade mais graves e não obteve ajuda suficiente da terapia cognitivo-comportamental e de outras estratégias naturais, consulte um psiquiatra qualificado e considere um teste com um medicamento ISRS (ver Capítulo 18). Para mais informações sobre a erva-de-são-joão, consulte o livro *Hypericum and Depression*, de Harold Bloomfield, Mikael Nordfors e Peter McWilliams.

Outras ervas úteis

Passiflora

A passiflora é um bom tranquilizante natural, considerado por muitos como tão eficaz quanto a valeriana. Em doses mais altas, é frequentemente usada para tratar a insônia, pois alivia a tensão nervosa e relaxa os músculos. Está disponível em cápsulas ou em extrato líquido em lojas de alimentos saudáveis. Às vezes, você encontrará produtos que combinam a passiflora com valeriana ou outras ervas relaxantes. Use conforme indicado no frasco ou na embalagem.

Gotu kola

Gotu kola é popular há milhares de anos na Índia. Tem um efeito levemente relaxante e ajuda a revitalizar um sistema nervoso enfraquecido. Verificou-se que ajuda a melhorar a circulação e a função da memória, além de promover a cura após o parto. Você pode encontrá-la na maioria das lojas de alimentos saudáveis em cápsulas ou extratos.

Ginkgo biloba

Derivado da árvore *ginkgo*, o *ginkgo biloba* pode ajudar indiretamente a reduzir a ansiedade, melhorando a concentração e a clareza mental. Ele faz isso aumentando o fluxo de sangue, de oxigênio e de nutrientes para o cérebro. Estudos descobriram que o *ginkgo biloba* pode melhorar a função mental em idosos e pode ajudar a tratar o zumbido no ouvido ou "ruído nos ouvidos". Normalmente, está disponível em comprimidos de 60 mg; considere tomar uma ou duas doses de 60 mg por dia. Se estiver tomando ácido acetilsalicílico regularmente, limite o uso de *ginkgo*, uma vez que a combinação pode inibir a coagulação do sangue.

Ao usar qualquer uma das ervas descritas anteriormente, certifique-se de não exceder a dose recomendada. Para obter mais informações sobre ervas, consulte os livros de Harold Bloomfield, Michael Tierra ou Earl Mindell listados no final deste capítulo ou consulte um médico (geralmente um médico holístico ou naturopata) que seja bem versado no uso de ervas.

SAMe: antidepressivo natural de ação rápida

Ao contrário das ervas que acabamos de descrever, a s-adenosil-L-metionina (abreviada SAMe, pronunciada "Sammy") é uma substância que ocorre naturalmente no corpo. Amplamente popular na Europa há mais de três décadas, tornou-se disponível pela primeira vez nos Estados Unidos em 1999. Uma extensa pesquisa feita na Europa descobriu que, às vezes, ela é tão eficaz no tratamento da depressão quanto os antidepressivos ISRSs prescritos.

A SAMe parece funcionar aumentando a atividade da serotonina e da dopamina no cérebro. Enquanto as pessoas saudáveis fabricam o suficiente de sua própria SAMe, a pesquisa revelou que as pessoas clinicamente deprimidas muitas vezes têm deficiência dela.

Uma grande vantagem da SAMe é que ela quase não tem efeitos colaterais. Como ocorre naturalmente no corpo, as reações adversas são raras. Algumas pessoas às vezes relatam náuseas ou enjoos ao iniciá-la, mas isso tende a desaparecer depois de alguns dias. A SAMe também funciona muito rapidamente. Ao contrário dos antidepressivos prescritos e da erva-de-são-joão, os benefícios geralmente são sentidos poucos dias depois de começar a tomá-la.

Combinar SAMe com ISRSs prescritos é um pouco controverso. Certifique-se de conversar com seu médico se estiver pensando em combinar SAMe com um medicamento ISRS.

Além de ajudar com a depressão, a SAMe foi considerada útil no tratamento da osteoartrite e da fibromialgia. Ela parece restaurar e manter a função articular saudável, contribuindo para a regeneração da cartilagem. A SAMe também tem potentes propriedades antioxidantes. É utilizada pelo organismo para ajudar a sintetizar a glutationa, um importante antioxidante envolvido na proteção das células contra os danos dos radicais livres. Finalmente, a SAMe é benéfica para o fígado e pode ajudar a desintoxicar o corpo de álcool, drogas e toxinas ambientais.

Atualmente, as informações sobre o uso de SAMe para tratar a ansiedade são limitadas. A maioria das pesquisas disponíveis avaliou sua eficácia como antidepressivo. Se funcionar como os ISRSs, espera-se que tenha efeitos ansiolíticos e antidepressivos.

A SAMe está disponível na maioria das lojas de alimentos saudáveis e farmácias em comprimidos de 200 mg. A dose recomendada para depressão é de 400 a 1.200 mg por dia. Como pode causar náuseas e distúrbios gastrintestinais em algumas pessoas, comece com 200 mg por dia no início (por esse motivo, os comprimidos com revestimento entérico são preferíveis). Após dois dias, aumente a dose para 200 mg, duas vezes ao dia. Se não sentir benefícios após uma semana com essa dose, aumente novamente para 800 a 1.200 mg por dia. Se você está tomando principalmente para artrite ou fibromialgia, 800 mg por dia provavelmente são suficientes.

Pessoas com transtorno bipolar (maníaco-depressivas) devem tomar SAMe apenas sob supervisão de um médico experiente, pois ela pode agravar os estados maníacos.

Para obter informações detalhadas sobre a SAMe, consulte o livro *Stop Depression Now*, do dr. Richard Brown.

Aminoácidos

Nas últimas décadas, os aminoácidos, que são os constituintes naturais das proteínas, entraram em uso no tratamento de transtornos de ansiedade e depressão. Muitas pessoas os preferem em relação aos medicamentos prescritos, pois eles têm menos efeitos colaterais e não são viciantes. Talvez você queira conversar com um médico holístico, com um naturopata ou com a equipe de sua loja local de alimentos saudáveis para expandir as informações apresentadas a seguir.

Triptofano

O aminoácido triptofano (ou L-triptofano) é um precursor natural da serotonina neurotransmissora. A serotonina está envolvida na regulação de muitas funções corporais, incluindo humor, sono, apetite e limiar de dor. Ela produz uma sensação de calma e bem-estar, e as deficiências têm sido associadas à ansiedade.

Alguns estudos descobriram que o triptofano é tão eficaz quanto antidepressivos prescritos e sedativos no alívio da insônia, da ansiedade generalizada e da depressão.

O triptofano está disponível em duas formas: 5-hidroxitriptofano (5-HTP) e L-triptofano. Você pode encontrar 5-HTP na maioria das lojas de alimentos saudáveis. A dose recomendada é de 50 a 100 mg, duas ou três vezes (ou, para insônia, em uma dose única combinada na hora de dormir), com ou sem alimentos. O L-triptofano foi amplamente utilizado na década de 1980 e, depois, retirado do mercado em 1989 pela FDA: uma impureza no processo de fabricação em uma única empresa causou uma doença sanguínea rara que resultou em uma doença grave para milhares de pessoas. Em meados da década de 1990, o L-triptofano foi reintroduzido nos Estados Unidos sob rigorosos padrões de fabricação e apenas sob prescrição.

Nos últimos tempos, tornou-se novamente disponível ao público e pode ser obtido em algumas lojas de alimentos saudáveis e pela internet. Muitas pessoas acham que o L-triptofano é mais sedativo do que o 5-HTP e, portanto, preferem-no para a insônia. A dose recomendada é de 1.000 a 2.000 mg ao se deitar, tomada com um lanche de carboidratos ou um suco de frutas. Se você tomar 5-HTP ou L-triptofano, a eficácia pode ser melhorada tomando-o com vitamina B_3 (niacinamida) (100 a 500 mg) e vitamina B_6 (100 mg). Se estiver tomando um antidepressivo ISRS, IRSN, tricíclico ou inibidor da MAO, *não tome qualquer forma de triptofano, exceto sob a supervisão de um médico.*

Teanina

O aminoácido teanina foi descoberto como constituinte do chá verde em 1949. Subsequentemente, foi usado em uma variedade de alimentos.

Capaz de atravessar a barreira hematoencefálica, o efeito primário da teanina é aumentar o nível geral do neurotransmissor inibitório cerebral GABA, levando à redução da ansiedade e do estresse. Verificou-se, também, que a teanina promove a produção de ondas alfa no cérebro. Acredita-se que a teanina suplementar, um precursor do GABA, atinge o cérebro mais facilmente do que o GABA suplementar, descrito a seguir. Alguns estudos descobriram que a teanina pode ter um efeito benéfico na função imunológica.

Um estudo realizado em 2007 pelo National Institutes of Health (NIH) descobriu que a ingestão oral de teanina poderia ter efeitos antiestresse por meio da inibição da excitação dos neurônios corticais.

Atualmente, a teanina é amplamente utilizada como um tranquilizante natural suave. Está disponível em cápsulas de 100 mg em lojas de alimentos saudáveis (como aminoácidos) e por meio de distribuidores de vitaminas *on-line*. A dose recomendada para ansiedade leve a moderada é de uma ou duas cápsulas de 100 mg. Para algumas pessoas, doses mais altas podem ser úteis para dormir. Poucos efeitos colaterais foram relatados para doses na faixa de 100 a 200 mg.

Ácido gama-aminobutírico

Como alternativa ao triptofano, você pode considerar experimentar o ácido gama-aminobutírico (GABA, do inglês *gamma-aminobutyric acid*), um aminoácido que está disponível em muitas lojas de alimentos saudáveis. O GABA tem um efeito levemente tranquilizante, e algumas pessoas o usam como uma alternativa aos tranquilizantes prescritos, como alprazolam e lorazepam. Embora não seja tão potente quanto os medicamentos prescritos, o GABA tem a vantagem de ter poucos efeitos colaterais e não ser viciante.

A dose habitual de GABA recomendada para o efeito calmante é de 200 a 500 mg. Não há problema em tomá-lo nessa dose uma ou duas vezes por dia (não exceda 1.000 mg em um período de 24 horas).

É uma boa ideia tomar GABA com um lanche de carboidratos (como um pedaço de torrada, biscoitos, cereais ou bolos de arroz). Os alimentos ricos em carboidratos na verdade aumentam o efeito calmante ou sedativo. Evite tomar GABA com proteínas. Não há nada de prejudicial em fazê-lo, mas a proteína (que é feita de muitos aminoácidos diferentes) tenderá a competir com a absorção do GABA.

Tirosina

Como a depressão frequentemente acompanha a ansiedade, você pode desejar considerar um aminoácido que tem sido usado em alguns casos para tratar a depressão. A tirosina aumenta a quantidade de substâncias neurotransmissoras no cérebro conhecidas como *noradrenalina e dopamina*, substâncias cuja deficiência tem sido implicada como uma causa contribuinte da depressão. Desde as edições anteriores deste livro, a pesquisa sobre tirosina para o tratamento da depressão tem sido divergente. No entanto, muitas pessoas relatam benefícios em tomar tirosina para a depressão. A tirosina também é conhecida por aumentar o estado de alerta, atenção e foco. Ela é encontrada em muitos alimentos, especialmente no queijo, bem como no peru, no frango e no peixe.

A tirosina está disponível em cápsulas ou comprimidos de 250 ou 500 mg em muitas lojas de alimentos saudáveis e *on-line*. Se você estiver interessado em experimentar, observe as seguintes diretrizes:

- Não tome tirosina se estiver grávida, tiver fenilcetonúria (PKU, uma doença que requer uma dieta livre de fenilalanina) ou estiver tomando um medicamento inibidor da MAO (como fenelzina ou tranilcipromina). Se você tem pressão alta, tome apenas sob a supervisão de um médico.
- Tome de 500 a 1.000 mg de tirosina uma vez pela manhã, de preferência antes do exercício. É melhor que você evite tomar tirosina logo após uma refeição rica em proteínas, pois ela não pode atravessar a barreira hematoencefálica se houver aminoácidos concorrentes (como os encontrados nas proteínas). É melhor tomar tirosina com o estômago vazio. Se o fizer, comece com apenas uma dose de 500 mg antes de tentar 1.000 mg. Se a tirosina causar algum efeito colateral, como dor de cabeça, náuseas ou aumento da ansiedade, interrompa o uso.
- Você poderá experimentar algum benefício da tirosina após algumas semanas, se tomada na dose certa. Não exceda 1.000 mg por dia, exceto sob a supervisão de um médico familiarizado com o uso de terapia com aminoácidos. Se você está gravemente deprimido e/ou tem pensamentos suicidas, não confie apenas nos aminoácidos para lidar com o seu problema. Por favor, consulte um psiquiatra.

Uma discussão aprofundada sobre o uso de aminoácidos no tratamento da depressão pode ser encontrada nos livros de Joan Mathews Larson e Julia Ross listados no final deste capítulo.

Ácidos graxos ômega 3

Os ácidos graxos ômega 3, especialmente DHA e EPA, são importantes para a saúde cerebral e neurológica. Sem níveis suficientes de ácidos graxos ômega 3, as membranas das células nervosas são menos fluidas e podem fazer as células nervosas reagirem lentamente e falharem. Estudos recentes descobriram que a suplementação de ômega 3 é útil na diminuição dos sintomas de depressão. A melhor fonte de ácidos graxos ômega 3 é o peixe selvagem (especialmente salmão e sardinha). Tomar óleo de peixe líquido (duas colheres de sopa por dia) ou em cápsulas de 1 g (duas ou três por dia, ou uma dose combinada de 1.000 a 2.000 mg por dia) pode ajudar a aliviar a depressão e a instabilidade do humor. Os óleos devem ser armazenados no congelador ou no refrigerador para os proteger de oxidações prejudiciais. Tomar 400 IU (10 mcg) diárias de vitamina E (forma mista de tocoferol) também pode fornecer proteção contra a oxidação.

Suplementos hormonais

Certos hormônios estão disponíveis para complementar deficiências presumidas. Você provavelmente já os viu em sua farmácia local ou loja de alimentos saudáveis. Alguns podem promover o relaxamento e ajudar a dormir. Um dos mais comuns, a melatonina, é discutido a seguir.

Melatonina

A melatonina é um hormônio secretado à noite pela glândula pineal para sinalizar ao cérebro que é hora de dormir. A melatonina suplementar pode ajudar a regular os ciclos de sono. É tomada em doses de 0,5 a 2,5 mg. Enquanto algumas pessoas a acham útil, outras dizem que não obtêm nenhum benefício com a melatonina e que ela as deixa se sentindo grogues pela manhã.

Resumo de coisas para fazer

1. Avalie a quantidade de cafeína em sua dieta usando o *Quadro de cafeína* neste capítulo e tente reduzir gradualmente sua ingestão para menos de 100 mg por dia. Se você é especialmente sensível, pode preferir eliminar completamente a cafeína, optando por café descafeinado, chá verde ou, até mesmo, chá de ervas sem cafeína.
2. Pare de fumar. Além de reduzir significativamente o risco de doenças cardiovasculares e câncer, você diminuirá sua suscetibilidade a ataques de pânico e ansiedade.
3. Reduza o consumo de substâncias que estressam seu corpo. Diminua a ingestão de sal para uma colher de chá (5,7 g) por dia. Substitua os alimentos processados que contenham conservantes por vegetais (de preferência orgânicos) e frutas e grãos integrais. Se possível, substitua as carnes disponíveis comercialmente por carne bovina, aves e peixes orgânicos. Evite carnes processadas.

4. Permita que comer seja uma atividade relaxante. Evite comer em movimento ou de forma excessiva. Mastigue bem os alimentos e limite a ingestão de líquidos durante uma refeição a um copo.

5. Avalie se você experimenta os sintomas subjetivos da hipoglicemia – tontura, ansiedade, depressão, fraqueza ou tremores – três ou quatro horas após uma refeição (ou nas primeiras horas da manhã) e se eles são rapidamente aliviados pela alimentação. Você pode desejar fazer um teste formal de tolerância à glicose de seis horas. Se você suspeitar que a hipoglicemia está contribuindo para o seu problema de ansiedade, esforce-se para eliminar da sua dieta todas as formas de açúcar branco, bem como açúcar mascavo, mel, xarope de milho, adoçantes de milho, melaço e xarope de milho rico em frutose. Evite aspartame. Um estudo recente encontrou uma ligação entre essa substância e o transtorno de pânico para certas pessoas. A maioria das frutas frescas (não secas) faz bem se você estiver hipoglicêmico, embora os sucos de frutas devam ser diluídos com água. Releia as "Modificações dietéticas para hipoglicemia" recomendadas neste capítulo e considere tomar os suplementos sugeridos. Você pode consultar um nutricionista qualificado para ajudá-lo a estabelecer um regime alimentar e de suplementos adequado.

6. Avalie sua suscetibilidade a alergias alimentares. Tome nota de qualquer tipo de alimento que você deseja (prestando atenção particularmente ao trigo e aos produtos lácteos) e tente eliminar esse alimento de sua dieta por duas semanas. Em seguida, reintroduza o alimento e observe se você tem algum sintoma.

7. Trabalhe para cumprir as "Diretrizes para uma dieta de baixo estresse/baixa ansiedade" descritas neste capítulo. Use o *Diário alimentar* para monitorar sua ingestão de cafeína, gorduras, doces e álcool e tente obter um número equilibrado de porções de cada grupo principal de alimentos por várias semanas. *Evite se forçar a mudar radicalmente sua dieta de uma só vez*, ou você pode acabar se rebelando contra a ideia de fazer quaisquer mudanças. Introduza uma pequena mudança a cada semana – ou talvez até a cada mês –, para que você modifique gradualmente seus hábitos alimentares.

8. Considere tomar os suplementos recomendados para ansiedade e estresse, especialmente vitaminas B, vitamina C, cálcio-magnésio e antioxidantes. Você pode consultar um nutricionista ou um médico que apoie a ideia de vitaminas de alta concentração (nem todos apoiam) para ajudá-lo nisso.

9. Você pode desejar experimentar as ervas kava ou valeriana como um tranquilizante suave para aliviar a ansiedade. Ou você pode desejar experimentar SAMe ou erva-de-são-joão como um tratamento para depressão leve a moderada. As cápsulas de óleo de peixe (ricas em ácidos graxos ômega 3) também podem ser úteis para a depressão. Todas essas substâncias geralmente podem ser encontradas em uma farmácia local, uma loja de alimentos saudáveis ou *on-line*. Evite exceder os níveis recomendados, a menos que você consulte um profissional experiente.

10. Você pode desejar explorar se os aminoácidos podem ser úteis – especificamente, teanina, GABA ou triptofano para ansiedade e tirosina para depressão. Consulte os livros de Joan Mathews Larson e Julia Ross listados a seguir para obter informações detalhadas sobre o uso de aminoácidos para tratar ansiedade e depressão.

11. Das muitas coisas que seu cérebro precisa para funcionar adequadamente, os três critérios a seguir são de particular importância para pessoas que têm ataques de pânico, fobias e/ou ansiedade:
    - *Um nível adequado de serotonina.* Níveis adequados podem ser alcançados, se necessário, por meio dos medicamentos ISRSs, como fluoxetina, sertralina, paroxetina, escitalopram ou citalopram (ver Capítulo 18). Alternativas naturais para aumentar a serotonina incluem o uso de erva-de-são-joão, s-adenosil-L-metionina (SAMe) ou o aminoácido triptofano. Você também pode aumentar seus níveis de serotonina comendo alimentos ricos em triptofano, como peru, atum, ovos ou leite, fazendo muito exercício, tendo pelo menos 1 hora por dia de exposição ao sol e, por último, mas não menos importante, tendo estes ingredientes mágicos em sua vida: amor e carinho.
    - *Um nível adequado e estável de açúcar no sangue.* Revise as seções sobre hipoglicemia e diretrizes dietéticas para hipoglicemia. Elimine doces que não sejam frutas orgânicas da sua dieta. Sempre tenha um lanche sem açúcar, como nozes sem sal ou *crackers* e queijo com você (em seu carro, no trabalho, etc.) se você começar a sentir sintomas hipoglicêmicos. Certifique-se de tomar um suplemento do complexo B e cromo.
    - *Luz suficiente.* Revise a seção no Capítulo 17 sobre transtorno afetivo sazonal para determinar se a deficiência de luz é um problema para você. Se sim, leia o livro de Norman Rosenthal listado a seguir. Enquanto isso, aumente sua exposição à luz solar ou à luz brilhante durante o outono e o inverno, se possível.

Leituras adicionais

Balch, Phyllis. *Prescription for Nutritional Healing.* 5th ed. Garden City Park, NY: Avery Trade, 2010. (Um livro de referência abrangente.)

Bloomfield, Harold. *Healing Anxiety Naturally.* New York: HarperPerennial, 1999.

_____, Mikael Nordfors, and Peter McWilliams. *Hypericum and Depression.* Los Angeles: Prelude Press, 1997.

Bourne, Edmund J., Arlen Brownstein, and Lorna Garano. *Natural Relief for Anxiety.* Oakland, CA: New Harbinger Publications, 2004.

Brown, Richard, Theodore Bottiglieri, and Carol Colman. *Stop Depression Now.* New York: Berkley, 2000.

Davidson, Jonathan, and Kathryn Connor. *Herbs for the Mind.* New York: The Guilford Press, 2000.

Dufty, William. *Sugar Blues.* Reedição. New York: Grand Central Life & Style, 1986. (Livro popular clássico sobre hipoglicemia.)

Haas, Elson M., and Buck Levin. *Staying Healthy with Nutrition.* 1st ed. Berkeley, CA: Celestial Arts, 2006.

Larson, Joan Mathews. *Depression-Free, Naturally.* New York: Ballantine, 2001.

Mindell, Earl. *Earl Mindell's New Vitamin Bible.* New York: Grand Central Life & Style, 2011.

Robbins, John. *The Food Revolution.* 10th anniversary ed. San Francisco: Conari Press, 2011.

Rosenthal, Norman. *Winter Blues: Everything You Need to Know to Beat Seasonal Affective Disorder.* 4th ed. New York: Guilford Press, 2012.

Ross, Julia. *The Mood Cure.* New York: Penguin Books, 2003.

Sears, Barry. *Enter the Zone.* New York: Harper Collins, 1995.

Tierra, Michael. *The Way of Herbs.* Rev. ed. New York: Pocket Books, 1998.

Weil, Andrew. *Natural Health, Natural Medicine.* Rev ed. New York: Houghton Mifflin Harcourt, 2004.

17

Condições de saúde que podem contribuir para a ansiedade

É provável que, em vez de ter uma causa identificável, sua ansiedade surja de uma variedade de fatores físicos, psicológicos e de estilo de vida. Este capítulo examina uma série de condições físicas comuns que podem agravar a ansiedade ou sobrecarregar seu sistema e torná-lo mais vulnerável aos efeitos dela. Essas condições incluem fadiga adrenal, desequilíbrio da tireoide, toxicidade corporal, síndrome pré-menstrual, menopausa, transtorno afetivo sazonal e insônia. A hipoglicemia e as alergias alimentares, discutidas no Capítulo 16, podem ter efeitos semelhantes. Para resolver de forma adequada seu problema com pânico, fobias, ansiedade generalizada ou depressão, é importante lidar com essas condições, já que qualquer uma delas pode agravar seus problemas de ansiedade. Embora essa lista de forma alguma abranja todas as condições que podem complicar a ansiedade, ela inclui algumas das mais comuns. Algumas dessas condições são óbvias, outras não. Você sabe disso se não consegue dormir ou se sofre de tensão pré-menstrual (TPM), mas você e seu terapeuta podem não estar cientes de condições como fadiga adrenal, toxicidade corporal, desequilíbrios da tireoide ou transtorno afetivo sazonal. Qualquer pessoa que sofra de ansiedade deve estar ciente dos sintomas, das causas e do tratamento de todos os transtornos discutidos neste capítulo.

Fadiga adrenal e *"burnout"*

O estresse prolongado e incessante pode afetar suas glândulas adrenais. Em *The Stress of Life,* o especialista em estresse Hans Selye descreve como o estresse prolongado nas glândulas adrenais resulta em um estado de mau funcionamento crônico ou "exaustão".

Recursos adrenais insuficientes, por sua vez, tendem a afetar a forma como você lida com situações estressantes, tornando mais provável que você *fique ansioso diante do estresse.* Sono inadequado, exposição prolongada ao calor ou ao frio, exposição a toxinas, poluentes ou substâncias às quais você é alérgico e ingestão de cortisona por um determinado período também podem contribuir para o estresse adrenal. Trauma grave súbito ou doença física grave podem iniciar ou piorar a fadiga adrenal. Evidências para uma redução persistente real da produção adrenal devido ao estresse são inconclusivas, portanto os termos alternativos "fadiga adrenal" ou "esgotamento" são utilizados neste capítulo. Observe que muitos desses fatores, sobretudo traumas súbitos, como perdas ou transições de vida, também desempenham um papel no início dos transtornos de ansiedade. Transtornos de ansiedade e fadiga adrenal com frequência ocorrem juntos e, por vezes, são difíceis de separar.

A fadiga adrenal parece se desenvolver em estágios. Quando você está combatendo o estresse, as glândulas adrenais tendem a hiperfuncionar, produzindo grandes quantidades de adrenalina e noradrenalina, além de hormônios esteroides, como o *cortisol*. Segundo Hans Selye, à medida que o estresse se prolonga, as glândulas começam a ser sobrecarregadas e entram em um estado de subfunção temporária. Se você estiver relativamente saudável, as glândulas tentarão compensar e podem realmente se reconstruir até o ponto de *hipertrofia* (crescimento). No entanto, se os níveis elevados de estresse persistirem, as glândulas eventualmente se esgotarão de novo e permanecerão em um estado crônico de subfunção. Nessa fase, as glândulas podem oscilar entre a superprodução de adrenalina, que pode causar pânico ou oscilações de humor, e a subprodução de adrenalina. O resultado da fadiga adrenal prolongada pode ser síndrome da fadiga crônica, fibromialgia, bronquite crônica, sinusite crônica ou distúrbios autoimunes, que vão desde o lúpus até a artrite reumatoide.

Os sintomas da fadiga adrenal incluem:

- Baixa tolerância ao estresse (pequenas coisas que antes não o incomodavam agora o afetam)
- Letargia e fadiga (com frequência, manifestadas por dificuldade em se levantar de manhã)
- Tontura ao se levantar rapidamente (chamada de *hipotensão postural*)
- Sensibilidade à luz (dificuldade em se adaptar à luz intensa ao ar livre)
- Dificuldades com concentração e memória
- Insônia
- Hipoglicemia
- Alergias (a alimentos, substâncias ambientais, pólens, mofo, etc.)
- Aumento dos sintomas da síndrome pré-menstrual
- Resfriados e condições respiratórias mais frequentes

Hipoglicemia e fadiga adrenal. A hipoglicemia e a fadiga adrenal com frequência ocorrem juntas. As glândulas adrenais funcionam com o pâncreas para ajudar a manter níveis estáveis de açúcar no sangue. Quando as glândulas adrenais estão em subfunção, os níveis de açúcar no sangue tendem a se tornar irregulares. À medida que a fadiga adrenal piora, o sistema imunológico é comprometido, levando a uma maior suscetibilidade a alergias, asma, infecções respiratórias e resfriados.

Vícios e fadiga adrenal. A dependência de cafeína, tabaco, álcool ou drogas recreativas (sobretudo estimulantes) está frequentemente associada à fadiga adrenal, assim como ao desejo fisiológico por açúcar. O uso contínuo de qualquer uma dessas substâncias tende a agravar a condição. Se você tem alguma dessas dependências, o risco de fadiga adrenal pode ser maior do que a média.

Seu cotidiano e a fadiga adrenal. Uma vida cotidiana cronicamente estressante e exigente devido ao perfeccionismo e à pressão autoimposta para alcançar metas pode levar à fadiga adrenal.

Recuperação da fadiga adrenal

Para se recuperar da fadiga adrenal, é necessário abordá-la em várias frentes diferentes. Certas mudanças no estilo de vida, suplementação e modificações na dieta podem ser úteis. Elas estão detalhadas a seguir.

Simplifique sua vida. Avalie quais hábitos, práticas e obrigações na sua vida a sobrecarregam, em vez de enriquecê-la.

Pratique regularmente sua forma preferida de relaxamento. Seja relaxamento muscular progressivo, visualização guiada, ioga ou meditação, tente comprometer-se a praticar diariamente. Veja o Capítulo 4, "Relaxamento", para obter mais informações.

Reserve tempo para si mesmo diariamente. Lembre-se de que o tempo para si mesmo não é um luxo; ele é necessário para manter uma vida vibrante e satisfatória (ver Capítulo 4). Organize seu dia com pelo menos dois períodos de 20 a 30 minutos de relaxamento. Uma hora completa de tempo para si à noite é ainda melhor.

Tente ter 8 horas de sono por noite. O sono suficiente também não é um luxo. Deite-se por volta das 22h ou 23h, se possível. Sempre que puder, permita-se dormir até mais tarde de manhã.

Exercite-se regularmente. Faça 20 a 30 minutos de exercício moderado todos os dias, de preferência ao ar livre (ver Capítulo 5).

Reduza o consumo de cafeína e álcool e elimine nicotina e drogas recreativas. Mantenha o consumo de café em uma xícara por dia, se possível. Limite o consumo de álcool para uma ou duas cervejas, ou uma taça de vinho por dia. Reduza o consumo de refrigerante para no máximo uma lata por dia. Se você for sensível à cafeína, substitua os chás de ervas por bebidas cafeinadas. O chá de alcaçuz é especialmente bom se você for hipoglicêmico.

Por dois meses, elimine todas as formas de açúcar, exceto xilitol ou estévia. Isso inclui açúcar branco e mascavo, mel, chocolate, melaço, frutose pura, xarope de milho de frutose refinado, xarope de bordo e frutas secas. Substitua o açúcar por frutas frescas com moderação. O xilitol é um açúcar feito a partir da fibra da árvore bétula. Ele produz apenas um pequeno aumento no açúcar no sangue e nenhum aumento nos níveis de insulina. A estévia é derivada de uma erva sul-americana e é muito mais doce que o açúcar. Não tem calorias e é muito mais segura do que adoçantes artificiais, como aspartame e sacarina. Xilitol e estévia estão disponíveis na maioria das lojas de produtos naturais. Após dois meses, você pode reintroduzir açúcares naturais, como mel, em quantidades muito pequenas.

Mantenha uma dieta saudável e equilibrada. Elimine o máximo possível os alimentos processados e aqueles aos quais você é alérgico. Enfatize grãos integrais, vegetais frescos e frutas frescas em sua dieta. Consuma proteínas na forma de feijões e grãos, ovos, aves orgânicas, carne sem hormônios e antibióticos ou peixe selvagem. Não exagere nos carboidratos. Reduza o consumo de amidos simples: massa, pão, batatas fritas, batatas, cereais, bolachas, pãezinhos, e assim por diante. Combine gordura saudável (como um molho para salada à base de azeite de oliva), proteína e fonte de carboidratos complexos em cada refeição. Evite comer apenas frutas logo de manhã e evite sucos de frutas processados (ver Capítulo 16).

Se você tem hipoglicemia, siga a dieta apropriada. Certifique-se de consumir um lanche de proteína e carboidrato 2 a 3 horas após cada refeição principal (ver Capítulo 16).

Suplementos para a fadiga adrenal

Certos suplementos podem ajudar a aliviar a fadiga adrenal. Converse com um profissional de saúde sobre a possibilidade de tomar os suplementos e as quantidades listadas a seguir:

- Vitamina C com bioflavonoides: 500 a 1.000 mg, três vezes ao dia com as refeições
- Picolinato de zinco: 30 mg diariamente
- Vitamina B_6: 50 mg, duas vezes ao dia
- Cálcio com magnésio (preferencialmente em formas quelatadas, como citrato ou aspartato): 1.000 mg de cálcio para 1.000 mg de magnésio ao se deitar

Algumas pessoas acham que o alcaçuz, na forma de cápsulas de raiz de alcaçuz integral, pode ser útil no tratamento da fadiga adrenal. No entanto, não tome alcaçuz se tiver pressão alta ou níveis elevados de estrogênio. O alcaçuz também foi considerado benéfico para a hipoglicemia.

Desequilíbrios da tireoide

Sua glândula tireoide fica acima do osso do peito e direciona reações metabólicas em todo o seu corpo. Ela secreta dois hormônios, tiroxina e tri-iodotironina, que desempenham um papel na regulação da temperatura corporal e da taxa metabólica, entre muitas outras funções.

A glândula tireoide pode estar desequilibrada de duas maneiras: ela pode se tornar lenta e não secretar hormônios suficientes, uma condição chamada de *hipotireoidismo*, ou pode se tornar excessivamente ativa, o que, como você pode ter imaginado, é chamado de *hipertireoidismo* (ou *tireotoxicose*). De acordo com o dr. Ridha Arem, autor de The Thyroid Solution, aproximadamente 10 a 20% da população adulta sofre de algum tipo de desequilíbrio da tireoide.

A função tireoidiana baixa está associada a depressão, baixa energia, ganho de peso, fadiga e letargia. Você pode ter tendência a sentir frio, especialmente nas mãos e nos pés, e tende a ganhar peso facilmente. Outros sintomas podem incluir problemas menstruais, retenção de água e dificuldade de concentração e memória. *Em contrapartida, uma tireoide excessivamente ativa está associada a ansiedade, hiperatividade, inquietação, dificuldade para dormir, perda de peso, aumento da frequência cardíaca, propensão à sudorese profusa e temperaturas corporais elevadas.*

O hipertireoidismo é uma condição às vezes confundida com ansiedade generalizada. Se você não apenas está ansioso, mas se sente "hiperativo", perdeu peso recentemente apesar de um bom apetite ou tende a suar muito, seria uma boa ideia avaliar a função da sua tireoide.

Se você suspeitar que pode ter um problema na tireoide, é melhor consultar um médico. Seu médico deve realizar um exame de sangue *completo* da tireoide, preferencialmente um que meça os seguintes fatores:

- *Hormônio tireoestimulante (TSH, do inglês thyroid stimulating hormone)*. Hormônio liberado pela glândula hipófise, que ordena que a glândula tireoide produza mais ou menos de seus hormônios. Um valor de TSH de 4 milésimos de unidades internacionais por litro ou mais é considerado indicativo de hipotireoidismo. Um valor abaixo de 0,5 milésimo de unidade internacional sugere uma condição de hipertireoidismo. Além disso, níveis elevados do próprio hormônio tireoidiano (T3) indicam hipertireoidismo.
- *T4 (tiroxina livre)*. Forma menos ativa do hormônio tireoidiano que temos disponível para converter no hormônio tireoidiano mais ativo, T3.
- *T3 (tri-iodotironina livre)*. Forma ativa do hormônio tireoidiano produzida a partir do T4. Níveis baixos de T3 estão comumente associados à depressão e a outros sintomas de hipotireoidismo. Muitos médicos podem suspeitar de um problema mesmo que seu nível de T3 esteja no limite inferior da faixa normal. Níveis elevados estão associados ao hipertireoidismo.
- *Antitireoglobulina* e *antitireoperoxidase*. Dois fatores que medem a quantidade de anticorpos que você pode estar produzindo, os quais podem atacar a glândula tireoide e suprimir sua função. Níveis elevados desses anticorpos indicam uma condição chamada de tireoidite de Hashimoto, que pode levar a condições tanto de hipotireoidismo quanto de hipertireoidismo e precisa ser tratada medicamente.

Tratando o desequilíbrio da tireoide

Se o seu exame da tireoide indicar uma função tireoidiana anormal, seu médico pode escolher entre vários tratamentos alternativos. Se os resultados dos testes sanguíneos indicarem uma condição de *hipotireoidismo*, você geralmente será submetido a um teste de 90 dias com medicamentos para a tireoide, como levotiroxina sódica, levotiroxina ou liotironina. A dose correta desses medicamentos precisa ser ajustada ao longo do tempo. A reposição hormonal "natural" usando Armour® Thyroid (derivado do tecido da glândula tireoide animal) às vezes é empregada, mas é menos popular atualmente, devido a dificuldades com a padronização do produto e a inúmeras interações adversas com pílulas anticoncepcionais, anticoagulantes, insulina, ácido acetilsalicílico, esteroides ou medicamentos que contêm iodo. No entanto, algumas pessoas se saem bem e preferem hormônios tireoidianos naturais e bioidênticos.

O início da reposição hormonal tireoidiana, natural ou sintética, geralmente é acompanhado por um período de um ou dois meses ajustando a dose para cima ou para baixo para determinar a dose precisa para você. Se você perceber que está muito nervoso com o medicamento, seu médico reduzirá a dose para o nível mínimo necessário para aliviar os sintomas de lentidão, depressão e ganho de peso. Ou você pode experimentar dois ou três tipos diferentes de hormônio tireoidiano. Em geral, é necessário continuar usando o hormônio tireoidiano por um ano. Nesse ponto, você pode tentar interromper o uso e ver como se sente. Cerca de dois terços das pessoas com hipotireoidismo precisam continuar com a reposição hormonal a longo prazo.

Se os resultados dos testes da tireoide indicarem *hipertireoidismo*, seu médico deverá realizar mais testes para descartar problemas como a doença de Graves (outro tipo de problema autoimune). Casos leves de hipertireoidismo podem se resolver por conta própria ao longo do tempo. Às vezes, betabloqueadores, como propranolol, são administrados para reduzir os sintomas de ansiedade, batimentos cardíacos rápidos e sudorese. Em casos mais graves, o tratamento pode envolver medicamentos antitireoidianos, iodo radioativo (que destrói parcialmente a tireoide e, assim, interrompe a produção excessiva de hormônios) ou cirurgia para remover uma parte ou toda a tireoide. Se a glândula tireoide precisar ser removida, você precisará tomar hormônio tireoidiano sintético ou natural indefinidamente para evitar o desenvolvimento de hipotireoidismo.

Toxicidade corporal

A toxicidade excessiva no corpo pode não aumentar diretamente a ansiedade, mas contribui para o nível de estresse físico do seu corpo e, assim, intensifica os sintomas de ansiedade. A toxicidade corporal com frequência agrava alergias e sensibilidades químicas, o que, por sua vez, pode agravar a ansiedade. Fatores que podem causar o acúmulo de toxinas no corpo incluem: consumo de produtos químicos, aditivos e pesticidas em alimentos; exposição a poluentes ambientais no ar e na água; exposição a substâncias utilizadas em ambientes fechados, como produtos de limpeza doméstica, desodorantes, *sprays* para o cabelo, cosméticos e até mesmo carpetes (que podem liberar produtos químicos tóxicos); uso de medicamentos prescritos ou recreativos; e acúmulo de produtos metabólicos próprios, que são produzidos em abundância quando você está sob estresse.

Aqueles que atingiram um alto nível de toxicidade acumulativa com frequência podem experimentar alguns dos seguintes sintomas:

- Fadiga e baixa energia
- Dor nas articulações ou nos músculos
- Dores de cabeça
- "Névoa cerebral" ou confusão mental
- Irritabilidade e mudanças de humor
- Insônia
- Sensibilidade a produtos químicos no ambiente
- Depressão
- Língua muito pigmentada ou odor corporal anormal
- Excesso de muco (tosse e chiado)
- Alergias
- Problemas sinusais ou respiratórios

Acredita-se que o fígado e o cólon sejam os órgãos mais afetados pelo acúmulo de toxinas. Depois do cérebro e do coração, o fígado é provavelmente o órgão mais importante do seu corpo. Ele é a "fábrica" metabólica onde ocorrem centenas de funções necessárias para a vida. Algumas das mais importantes incluem:

- Filtragem do sangue
- Secreção de bile, necessária para a digestão de gorduras
- Extração e armazenamento de vitaminas (como vitaminas A, D e E) a partir de nutrientes em sua corrente sanguínea
- Síntese de ácidos graxos a partir de aminoácidos e açúcar
- Oxidação de gordura para produzir energia
- Armazenamento de açúcar na forma de *glicogênio* (que pode ser utilizado quando o corpo está com baixo nível de açúcar no sangue ou glicose)
- Desintoxicação dos subprodutos da digestão (como amônia, da digestão de proteínas)
- Desintoxicação dos produtos metabólicos, assim como de todas as substâncias químicas e estranhas às quais você está exposto

A exposição a toxinas, alguns medicamentos, a má alimentação e o excesso de alimentação podem gerar depósitos de gordura no fígado e interferir no seu funcionamento. O consumo regular de grandes quantidades de álcool pode danificar o fígado e, eventualmente, levar à cirrose. O excesso crônico de alimentação força o fígado a trabalhar mais intensamente e pode enfraquecê-lo ao longo do tempo, sobretudo se você estiver consumindo alimentos carregados de conservantes e aditivos. O consumo excessivo de alimentos fritos ou processados contendo gorduras trans também pode ser prejudicial ao fígado.

Desintoxicando seu estilo de vida

Algumas das medidas mais importantes que você pode tomar para diminuir o nível de toxicidade em seu corpo e melhorar a dieta e o estilo de vida diários incluem as apresentadas a seguir.

Evite alimentos que contenham conservantes e aditivos. Tente consumir alimentos não processados e integrais sempre que possível. Certifique-se de incluir frutas e vegetais frescos, preferencialmente quatro ou cinco porções por dia.

Reduza ou elimine cafeína, nicotina, açúcar e álcool. Além de outros problemas de saúde que essas substâncias podem causar, elas deixam resíduos tóxicos no seu corpo.

Minimize o uso de medicamentos. Tome apenas os medicamentos necessários receitados pelo seu médico e evite o uso recreativo de drogas.

Reduza as proteínas animais (sobretudo carne vermelha) e aumente as fontes vegetais de proteína (tofu, *tempeh* e feijões). Quando metabolizadas, as proteínas animais podem produzir subprodutos tóxicos, especialmente se não forem devidamente digeridas.

Beba água purificada ou filtrada. Oito copos de água por dia ajudarão seus rins no processo natural de eliminação. Seus rins desempenham um papel crucial na eliminação de diversos resíduos tóxicos do seu corpo.

Inclua fibras em sua dieta. Certifique-se de que sua dieta contenha alimentos ricos em fibras, como cereais integrais, todos os tipos de farelo, a maioria das frutas frescas, vegetais crus frescos, nozes, sementes e legumes, como feijões, lentilhas ou ervilhas. Você também pode considerar a inclusão de um suplemento de fibra recomendado pelo seu profissional de saúde.

Afaste-se de alimentos acidificantes e congestionantes em direção a alimentos mais alcalinizantes e desintoxicantes. Isso significa reduzir o consumo de carne vermelha, doces, alimentos fritos, alimentos gordurosos, leite, queijo, ovos, farinha refinada e alimentos salgados, bem como qualquer alimento ao qual você saiba que é alérgico, como trigo ou laticínios. Consulte o Capítulo 16, "Alimentação", para obter mais informações sobre alimentos acidificantes e alcalinizantes.

Aumente o consumo de vegetais frescos, frutas, grãos integrais, leguminosas, nozes e sementes e ajuste a proporção de alimentos crus em relação aos cozidos. É benéfico incluir vegetais ou frutas frescas e cruas em cada refeição. Esteja ciente de que a transição de alimentos formadores de ácido para alimentos alcalinizantes deve ser adaptada à sua constituição e às suas necessidades individuais. Se seus hábitos alimentares têm sido altamente tóxicos, faça a mudança *gradualmente*. Reserve um ou dois dias por semana para dar uma pausa em sua dieta normal, buscando consumir alimentos mais saudáveis.

Pratique exercícios aeróbicos regularmente. Isso auxilia na eliminação de toxinas do corpo por meio da transpiração e beneficia os sistemas digestório, renal e linfático.

Converse com seu médico sobre o uso de suplementos antioxidantes. Esses suplementos incluem vitamina C, vitamina E, selênio, zinco, ácido lipoico, coenzima Q_{10} e os aminoácidos cisteína e metionina.

Investigue diversas ervas que podem auxiliar na desintoxicação do seu corpo. Consulte um médico naturalista ou um nutricionista ou herbólogo qualificado antes de utilizar qualquer erva ou suplemento. Algumas ervas consideradas úteis na desintoxicação são cardo-mariano, raiz de dente-de-leão, bardana, pimenta-caiena, gengibre, alcaçuz, equinácea e hidraste. Um suplemento multivitamínico e mineral de alta potência pode ajudar no combate à intoxicação por metais pesados e auxiliar o fígado na desintoxicação.

Apoie a desintoxicação do fígado. Consuma alimentos que protejam o fígado e melhorem sua função. Isso inclui vegetais crucíferos, como repolho, brócolis, couve, couve-chinesa e couve-de-bruxelas, assim como alimentos ricos em enxofre, como alho, cebola, ovos e leguminosas. Ervas como raiz de dente-de-leão, bardana e cardo-mariano são frequentemente utilizadas para ajudar na desintoxicação do fígado.

Síndrome pré-menstrual

A síndrome pré-menstrual (SPM) envolve uma constelação de sintomas físicos e psicológicos disruptivos que muitas mulheres experimentam nos dias ou nas semanas que antecedem a menstruação. A SPM pode agravar um transtorno de ansiedade ou de humor preexistente. Sintomas físicos comuns da SPM incluem retenção de líquidos, sensibilidade nos seios, inchaço, acne, dores de cabeça, aumento do apetite e desejo por doces. Os sintomas psicológicos podem incluir depressão, irritabilidade, ansiedade e tensão, oscilações de humor, distração e esquecimento, fadiga e até mesmo uma sensação de "enlouquecimento". Praticamente metade das mulheres experimenta um aumento pré-menstrual em depressão, ansiedade ou irritabilidade, além de alguns dos sintomas físicos mencionados. Reações de pânico também podem, às vezes, ser um sintoma da SPM. A questão a ser considerada é se seus ataques de pânico normalmente ocorrem ou aumentam em frequência e intensidade nos dias que antecedem a menstruação. Se sim, tratar sua SPM pode ajudar a reduzir ou eliminar os ataques de pânico.

A maioria das teorias médicas relaciona a SPM a um desequilíbrio na quantidade de estrogênio e progesterona no corpo de uma mulher, especialmente durante a segunda metade do ciclo menstrual. Durante esse período de 14 dias, mulheres com SPM tendem a apresentar níveis elevados de estrogênio, ao passo que a progesterona é reduzida. Níveis insuficientes de progesterona em relação à quantidade de estrogênio tendem a promover retenção de líquidos, níveis reduzidos de serotonina no cérebro, níveis mais baixos de endorfinas, atividade prejudicada da vitamina B_6 e alterações em outros níveis hormonais.

Outras teorias sobre a SPM sugerem que a menstruação permite que o corpo elimine toxinas em excesso acumuladas por meio de uma dieta inadequada, bem como pela exposição a contaminantes ambientais e poluentes. Assim, os sintomas experimentados imediatamente antes da menstruação refletem a reação do corpo ao excesso de toxicidade. A implicação é que uma dieta saudável e a redução da exposição a outras toxinas devem ajudar a diminuir os sintomas da SPM.

Ambas as teorias provavelmente são válidas. Os sintomas da SPM podem ser definitivamente amenizados eliminando-se alimentos que tendem a agravá-los. Os sintomas também podem ser aliviados em muitos casos com o auxílio de vitaminas, minerais e ervas suplementares, sobretudo aquelas que elevam os níveis de progesterona no corpo. Recomendações para tratar a SPM são apresentadas a seguir. Antes de realizar qualquer uma delas, consulte um médico, nutricionista ou profissional qualificado de medicina chinesa que seja especialista no tratamento desse problema.

Dieta auxiliar para SPM

Evite ou reduza a ingestão dos seguintes alimentos:

- Alimentos ricos em açúcar, bem como grandes quantidades de carboidratos simples (pão, batatas fritas ou massa). É especialmente importante evitar o impulso de comer compulsivamente doces e alimentos ricos em carboidratos, incluindo chocolate, uma semana antes do início esperado dos sintomas.

- Alimentos salgados e sal de mesa. Isso ajudará a reduzir o inchaço e a retenção de líquidos.
- Alimentos ricos em gordura. Reduzir a ingestão de calorias provenientes de gordura ajudará a diminuir os níveis de estrogênio.
- Bebidas cafeinadas, incluindo café, chá e refrigerantes. A cafeína está associada à sensibilidade nos seios, bem como a sintomas psicológicos, como ansiedade, depressão e irritabilidade.
- Álcool.

Consuma muitas frutas frescas e vegetais, pães e cereais integrais, leguminosas, nozes, carne de aves criadas soltas e peixes selvagens. Consuma alimentos à base de soja, como tofu ou leite de soja, com moderação.

Suplementação de vitaminas e minerais para a SPM

A seguir, confira uma lista de suplementos de vitaminas e minerais que podem ajudar a aliviar os sintomas da SPM.

- **Vitamina B$_6$.** A dose recomendada é de 200 mg diários durante a semana antes da menstruação, mas evite tomar essa quantidade de vitamina B$_6$ por mais de uma semana a cada mês.
- **Um complexo B de alta potência tomado com cálcio e magnésio (1.000 mg de cálcio para 1.000 mg de magnésio).** A suplementação com cálcio e magnésio pode ajudar a reduzir as cólicas menstruais.
- **Zinco.** Durante todo o mês, tome de 15 a 20 mg por dia.
- **Ácidos graxos essenciais.** Uma boa fonte de ácidos graxos essenciais pode ser encontrada em óleos de peixe, que contêm os ácidos graxos ômega 3 EPA e DHA. Você pode tomar de 1.000 a 2.000 mg por dia de EPA/DHA combinados na forma de cápsulas de óleo de peixe. Uma alternativa é o óleo de linhaça, que fornece uma forma de ácidos graxos ômega 3 à base de plantas; no entanto, a conversão para EPA e DHA não é tão eficiente quanto a que ocorre com os óleos de peixe. Óleo de borragem, óleo de semente de groselha negra ou óleo de prímula são fontes de GLA, uma forma especial de ácido graxo ômega 6 essencial para os seres humanos. Você pode tomar de 300 a 900 mg de qualquer um desses diariamente.

Ervas para a SPM

As seguintes ervas são recomendadas por profissionais de medicina alternativa para ajudar a reduzir os sintomas físicos e psicológicos da SPM:

- **Cimicífuga.** Erva popular utilizada tanto para a SPM quanto para a menopausa. A dose recomendada é geralmente um comprimido ou cápsula de 20 ou 40 mg duas vezes ao dia. Pode aliviar sintomas da SPM, como dores de cabeça, oscilações de humor e insônia, entre outros.
- *Dong quai.* Essa erva pode aumentar a energia e estabilizar o humor durante a SPM. Também ajudará a aliviar as cólicas menstruais. Pode ser tomada na forma

de cápsulas (seguindo as recomendações de dosagem no rótulo), em tintura, em extrato líquido ou como chá.
- **Raiz de alcaçuz.** É tomada três vezes ao dia na forma de raiz em pó, como chá, ou como extrato líquido. Isso ajudará a estabilizar os níveis hormonais e os níveis de açúcar no sangue, além de aliviar as cólicas.
- **Alecrim, casca de viburno e kava.** Conhecidos por reduzir as cólicas.
- **Chá de *kombucha*.** Fornece energia e estimula o sistema imunológico. Relatos indicam que tem sido útil para algumas mulheres.

Exercício regular

Um programa de exercícios físicos regulares animará seu metabolismo, ajudará seu humor e reduzirá os níveis de estresse. Se não puder fazer exercícios vigorosos, tente caminhar pelo menos um quilômetro e meio por dia. (Ver Capítulo 5.)

Tratamentos prescritos para a SPM

A seguir, está uma lista de tratamentos prescritos por médicos para aliviar a SPM.

Contraceptivos orais. Eles podem ajudar a manter o equilíbrio adequado entre estrogênio e progesterona. Esteja ciente de que a eficácia de contraceptivos orais na prevenção da gravidez pode ser reduzida por alguns antibióticos e talvez por erva-de-são-joão. Os contraceptivos orais têm uma série de efeitos colaterais em curto e longo prazo que você pode querer evitar.

Diuréticos. Reduzem a retenção de água e o inchaço dos seios.

Progesterona natural. Cremes de progesterona natural são utilizados eficazmente por muitas mulheres para aumentar os níveis de progesterona antes da menstruação. Esses cremes estão disponíveis sem receita médica, mas é melhor consultar um profissional de saúde experiente no uso deles antes de tentar um por conta própria. Também é importante monitorar os níveis de progesterona após usar o creme por um mês para garantir que os níveis de progesterona não estejam elevados e determinar a dose e a frequência adequadas de uso.

Antidepressivos. Medicamentos antidepressivos são às vezes usados no tratamento dos transtornos do humor associados à SPM.

Para informações adicionais sobre a SPM, consulte os livros *Period Repair Manual* e *PMS: Premenstrual Syndrome Self-Help Book*, indicados na seção "Leitura adicional" no final deste capítulo.

Menopausa

A menopausa é definida medicamente como a cessação dos períodos menstruais por pelo menos seis meses. Em média, ela começa quando uma mulher atinge a idade de

50 a 51 anos, embora possa começar tão cedo quanto 40 ou tão tarde quanto 55. Os sintomas comuns que acompanham a menopausa incluem:

- Ondas de calor
- Dores de cabeça
- Oscilações de humor
- Ressecamento vaginal
- Insônia
- Infecções na bexiga ou no trato urinário
- Mãos e pés frios
- Esquecimento e incapacidade de concentração
- Libido reduzida
- Ansiedade e/ou depressão

A principal causa subjacente da menopausa é a redução da produção dos dois principais hormônios femininos, estrogênio e progesterona. Curiosamente, os sintomas indesejados da menopausa aparecem apenas em países em que o envelhecimento das mulheres é desvalorizado, especialmente nos Estados Unidos e na Europa Ocidental. Em muitas culturas tradicionais, em que a juventude e a atratividade sexual não são idolatradas e as mulheres recebem crescente respeito com o envelhecimento, os sintomas da menopausa são praticamente inexistentes. Isso é um exemplo claro do efeito da cultura na sintomatologia, mesmo que a base fisiológica subjacente da menopausa seja universal. Nos Estados Unidos, de 60 a 85% das mulheres na menopausa têm ondas de calor. Entre as mulheres indígenas maias, nenhuma as tem.

A terapia de reposição hormonal, como tratamento para a menopausa, começou na década de 1950 com a administração de estrogênio sintético para mulheres. Após cerca de 20 anos, os médicos finalmente perceberam que a reposição de estrogênio está associada a um risco aumentado até 13 vezes de desenvolver câncer de endométrio. Assim, na década de 1970, tornou-se moda adicionar progesterona sintética (progestina) ao estrogênio, e o tratamento passou a ser chamado de "terapia de reposição hormonal" (TRH). A TRH é um tratamento eficaz na medida em que reduz as ondas de calor e outros sintomas da menopausa, além de ter a vantagem adicional de reduzir o risco de as mulheres desenvolverem câncer de endométrio, assim como osteoporose (perda de densidade óssea que ocorre com a idade). No entanto, após mais 20 anos, tornou-se evidente que a TRH aumenta significativamente o risco de câncer de mama, sobretudo em mulheres que já estão em risco de desenvolvê-lo. Pior ainda, um estudo posterior (Iniciativa de Saúde da Mulher 2002) constatou que o risco de doenças cardíacas e derrames aumentou com a TRH, a ponto de os pesquisadores interromperem o estudo e orientarem todos os participantes a interromperem imediatamente o uso de estrogênio e progesterona sintéticos. Efeitos colaterais adicionais de estrogênio e progesterona sintéticos podem incluir náuseas, sensibilidade nos seios, depressão, distúrbios hepáticos, retenção de líquidos e distúrbios do açúcar no sangue. Devido a todos esses problemas, alguns médicos atualmente não recomendam a TRH, exceto para uso em curto prazo. Assim como na SPM, os sintomas da menopausa podem ser efetivamente aliviados por meio de uma combinação de dieta, exercícios, suplementos e ervas.

Você pode achar qualquer uma ou todas as indicações a seguir úteis.

Hormônios bioidênticos

Os hormônios bioidênticos são preparações hormonais que têm a mesma fórmula química daqueles produzidos pelo corpo. Em vez de serem sintetizados a partir de fontes animais, os hormônios bioidênticos são sintetizados a partir de produtos químicos vegetais derivados da soja e do inhame. Existe a crença prevalente de que, porque os hormônios bioidênticos são sintetizados a partir de plantas, eles são mais naturais do que os hormônios sintéticos.

Esses hormônios parecem ser úteis para muitas mulheres para uma variedade de sintomas da menopausa. No entanto, o *Boletim de saúde* da Mayo Clinic afirma que não há evidências consistentes de que os hormônios bioidênticos sejam mais eficazes ou até mais seguros do que a terapia hormonal tradicional para a menopausa, então consulte seu ginecologista antes de decidir usá-los.

Outros medicamentos utilizados para ajudar na menopausa incluem antidepressivos em baixa dose, gabapentina e medicamentos para reduzir o risco de osteoporose.

Ervas

Muitas mulheres acham a *cimicífuga* uma erva eficaz na redução dos sintomas da menopausa. Utilizada por americanos nativos por séculos, a cimicífuga é eficaz na redução de ondas de calor e outros sintomas da menopausa, como depressão, dores de cabeça e ressecamento vaginal. Se usar cimicífuga, é recomendável que você adquira um produto padronizado para conter pelo menos 1 mg de *triterpenos*, o ingrediente ativo. *Dong quai* (angélica-chinesa) também pode ser muito útil para aliviar ondas de calor c outros sintomas da mcnopausa. Alcaçuz e vítex são igualmente úteis para estabilizar os níveis hormonais, embora não esteja claro se alguma erva pode realmente elevar os níveis deficientes de estrogênio e progesterona até o valor normal.

Suplementos

Os seguintes suplementos podem ser úteis para aliviar os sintomas da menopausa:

- Vitamina D – de 400 a 1.000 UI por dia
- Óleo de linhaça
- Cálcio e magnésio (1.000 e 500 mg por dia, respectivamente)
- Trevo vermelho

Dieta

Juntamente à dieta saudável recomendada no Capítulo 16, é bom consumir alimentos ricos em fitoestrogênios, que se ligam aos receptores de estrogênio da mesma forma que o estrogênio em seu corpo. Tais alimentos incluem produtos de soja, óleo de linhaça, maçãs, grãos integrais, aipo, salsa e alfafa. Em geral, vegetais e alimentos à base de plantas tendem a ser ricos em fitoestrogênios em relação aos alimentos de origem animal, o que pode explicar por que culturas cujas dietas são predominantemente à base de plantas (incluindo soja) tendem a ter baixa incidência de sintomas da menopausa.

Exercício

A prática regular de exercícios físicos, tão útil na redução dos sintomas de ansiedade e depressão, também é eficaz na redução da gravidade e da frequência dos fogachos.

Consulte o livro de Christiane Northrup em "Leitura adicional" ao final deste capítulo para obter mais informações sobre a menopausa.

Transtorno afetivo sazonal

Quando as estações mudam da primavera e do verão para o outono e o inverno, você desenvolve os seguintes sintomas? Marque os sintomas que são familiares:

- Menos energia do que o habitual.
- Acordar se sentindo cansado, embora durma mais.
- Alterações de humor, como se sentir mais ansioso, irritável, triste ou deprimido.
- Diminuição da produtividade ou da criatividade.
- Sensação de ter pouco controle sobre seu apetite ou peso.
- Mais problemas de memória e concentração.
- Menos interesse em socializar.
- Menor capacidade de lidar com o estresse.
- Menos entusiasmo sobre o futuro ou redução do prazer na sua vida.

Se você marcou dois ou mais desses sintomas, pode ser uma das muitas pessoas afetadas pelo *transtorno afetivo sazonal* (TAS) ou por uma forma mais leve desse transtorno, conhecida como *TAS subsindrômico*. O TAS é uma depressão cíclica que ocorre durante os meses de inverno. É desencadeado pela exposição insuficiente à luz natural. À medida que os dias ficam mais curtos e o ângulo do sol muda durante o outono, os sintomas do TAS começam a aparecer. Estima-se que 20% da população adulta estadunidense ou 36 milhões de pessoas sejam afetadas por TAS e TAS subsindrômico. Quanto mais longe da linha do equador você mora, mais suscetível você é.

Ansiedade e TAS

Muitas pessoas lidando com transtornos de ansiedade experimentam uma intensificação de sua condição durante o final do outono e o inverno. Os ataques de pânico podem ocorrer com mais frequência, e a ansiedade generalizada pode aumentar juntamente à depressão. Não é surpreendente que isso ocorra, pois os mesmos sistemas cerebrais que contribuem para a base neurobiológica da depressão, o *sistema noradrenérgico* e o *sistema serotoninérgico*, também estão implicados em transtornos de ansiedade, sobretudo transtorno de pânico, transtorno de ansiedade generalizada e transtorno obsessivo-compulsivo. Desequilíbrios bioquímicos nesses sistemas, quando inclinados para um lado, podem causar depressão; quando inclinados para o outro, podem agravar os transtornos de ansiedade. Infelizmente, para muitos indivíduos, problemas com ansiedade e depressão coexistem, ambos agravando-se durante os meses de inverno.

Seja manifestando-se como depressão, seja como ansiedade, os sintomas do TAS são causados pela diminuição da disponibilidade de luz natural. O TAS pode ser agravado não apenas pela redução da luz externa durante os meses de inverno, mas também pelo tempo excessivo passado em ambientes internos com baixos níveis de luz, em casa ou no trabalho. Os sintomas do TAS foram relatados mesmo no verão entre pessoas que trabalham em ambientes sem janelas. Eles também podem ocorrer em indivíduos sensíveis em qualquer época do ano após uma sucessão de dias nublados.

Costumava-se pensar que o TAS era causado pela supressão insuficiente de um hormônio no cérebro chamado de *melatonina*. A melatonina é secretada pela glândula pineal no cérebro à noite, após várias horas de escuridão. É um dos mecanismos pelos quais seu cérebro informa que é hora de dormir. Com a luz da manhã, a secreção de melatonina é suprimida, e você sabe que é hora de acordar. Embora popular por muitos anos, a hipótese de que o TAS é causado pela supressão insuficiente de melatonina não foi confirmada por pesquisas sistemáticas. Os resultados dos estudos foram inconclusivos, e os pesquisadores buscaram outros caminhos para encontrar pistas para a causa do TAS. A hipótese que recentemente recebeu mais atenção é a de que a insuficiência de luz pode causar uma redução nos níveis de serotonina no cérebro. Norman Rosenthal, um dos principais pesquisadores nesse campo, escreve em *Winter Blues* que, quando indivíduos suscetíveis são expostos a pouca luz ambiental, como durante o inverno, eles produzem pouca serotonina. Rosenthal e outros pesquisadores acreditam que esses baixos níveis de serotonina são responsáveis pelos sintomas do TAS.

Problemas com o metabolismo da serotonina estão frequentemente associados a sintomas de depressão, ansiedade ou ambos; é por isso que medicamentos que bloqueiam a recaptação de serotonina no cérebro – como fluoxetina, sertralina ou paroxetina – frequentemente aliviam a depressão e muitos dos transtornos de ansiedade. Mas por que a luz reduzida afeta a serotonina? E por que apenas em certos indivíduos? A resposta para a primeira pergunta ainda está sendo pesquisada. Em resposta à segunda pergunta, há evidências de que pessoas suscetíveis ao TAS podem ter dificuldade em receber ou processar a luz em um nível neurológico.

Durante o inverno, pessoas com TAS tendem a desejar doces e carboidratos. Consumir grandes quantidades de carboidratos geralmente aumenta a quantidade de *triptofano* (um aminoácido essencial derivado naturalmente de alimentos ricos em proteínas) que chega ao cérebro. Uma vez no cérebro, o triptofano se converte em serotonina, o neurotransmissor que é tão essencial para o bem-estar psicológico. Consumir doces e carboidratos dá ao triptofano uma vantagem competitiva sobre outros aminoácidos do corpo para entrar no cérebro. Portanto, se você costuma ser atraído por doces e amidos no inverno, pode ser a tentativa do seu corpo de aumentar seus níveis de serotonina.

Terapia de luz para TAS

O tratamento que mais efetivamente reduz os sintomas do TAS é a *terapia de luz*. Em princípio, seria possível diminuir o TAS no inverno passando períodos prolongados ao ar livre todos os dias. A menos que você seja um instrutor de esqui ou um operador de limpador de neve, no entanto, isso é impraticável em climas frios. A terapia de luz envolve o uso de um ou mais dispositivos específicos em ambientes fechados para aumentar sua exposição à luz intensa. Às vezes, indivíduos sensíveis à luz podem experimentar uma melhora simplesmente aumentando a luz normal do ambiente ou instalando lâmpadas mais brilhantes. No entanto, a maioria dos portadores de TAS parece exigir exposição a níveis de luz mais elevados, pelo menos quatro vezes mais brilhantes do que a luz normal de casa e do escritório.

Caixas de luz são comumente utilizadas para aliviar os sintomas do TAS. Uma caixa de luz é um conjunto de lâmpadas fluorescentes em uma caixa, com uma tela plástica difusora. A maioria desses dispositivos entrega entre 2.500 e 10.000 lux de energia luminosa – consideravelmente acima da faixa usual de iluminação interna (aproximadamente 200 a 1.000 lux). Uma sessão típica de terapia de luz envolve sentar-se a 2 ou 3 metros de uma caixa de luz por um período de meia hora a 2 horas pela manhã. Não é necessário nem aconselhável olhar diretamente para a luz; em vez disso, você pode usar o tempo para ler, escrever, comer, costurar ou fazer o que precisar fazer. A quantidade de exposição diária à luz necessária para reduzir os sintomas varia de uma pessoa para outra. Experimente variar a duração da exposição de acordo com suas próprias necessidades.

A terapia de luz é muito eficaz quando administrada corretamente, como Norman Rosenthal documenta em seu livro *Winter Blues*. Em ensaios experimentais, demonstrou-se que ela ajuda 75 a 80% dos portadores de TAS em uma semana, se utilizada regularmente. Antes de iniciar a terapia de luz por conta própria, você deve consultar um médico ou outro profissional de saúde que conheça essa terapia e sua aplicação. Embora os dispositivos de terapia de luz estejam disponíveis sem receita médica, você pode economizar tempo – e possíveis efeitos colaterais, como dor de cabeça, cansaço ocular, irritabilidade ou insônia – obtendo ajuda para usá-los corretamente.

Enfrentando o TAS

A National Organization for Seasonal Affective Disorder (NOSAD) oferece as seguintes sugestões:

- Discuta seus sintomas com seu médico. Você pode ser encaminhado a um psiquiatra que pode diagnosticar o TAS ou o TAS subsindrômico e prescrever tratamentos de luz especiais para ajudar a aliviar seus sintomas. Certos antidepressivos inibidores seletivos da recaptação de serotonina (ISRSs) também podem ser úteis no tratamento de algumas pessoas com depressão sazonal.
- Se você receber um diagnóstico médico de TAS ou TAS subsindrômico e seu médico prescrever tratamento de luz, não pule ou diminua o tratamento porque está se sentindo melhor; você pode ter uma recaída. Trabalhe com seu médico para

ajustar o tempo, o horário, a distância e a intensidade da luz para seu tratamento individualizado.
- Receba o máximo de luz possível e evite ambientes escuros durante as horas de luz do dia no inverno.
- Reduza os sintomas depressivos leves do inverno exercitando-se diariamente, preferencialmente ao ar livre, para aproveitar a luz natural.
- Se você não puder se exercitar ao ar livre no inverno devido ao frio extremo, faça exercícios internos. Se possível, tente sentar-se ao sol em frente a uma janela voltada para o sul por períodos curtos, mas frequentes, durante o dia. Como alternativa, faça exercícios internos em frente a uma caixa de luz.
- Rearranje os espaços de trabalho em casa e trabalhe perto de uma janela ou instale luzes brilhantes em sua área de trabalho.
- Mantenha um horário regular de sono/vigília. Pessoas com TAS relatam estar mais alertas e menos fatigadas quando se levantam e dormem em horários predefinidos, em comparação com quando variam seus horários.
- Esteja ciente das temperaturas externas frias e vista-se para conservar energia e calor. Muitas pessoas afetadas por mudanças sazonais relatam sensibilidade a temperaturas extremas.
- Organize passeios familiares e eventos sociais para o dia e o início da noite no inverno. Evite ficar acordado até tarde, o que pode perturbar seu horário de sono e seu relógio biológico.
- Economize energia gerenciando tempo com sabedoria e evitando ou minimizando o estresse desnecessário.
- Compartilhe experiências sobre o TAS como uma forma de obter informações, compreensão, validação e apoio.
- Se possível, planeje uma viagem durante o inverno para um clima quente e ensolarado.

Durante os meses de inverno, você pode achar útil aumentar seus níveis de serotonina, seja de forma natural, seja com medicamentos prescritos. Para a abordagem natural, experimente tomar 5-hidroxitriptofano (5-HTP). Você pode começar com 50 mg por dia e aumentar para até 300 mg por dia (ver Capítulo 16 para obter mais informações sobre triptofano). Se sentir que não está obtendo ajuda com o 5-HTP, pode consultar seu médico sobre a possibilidade de experimentar um medicamento ISRS, como sertralina, citalopram, fluvoxamina, escitalopram ou paroxetina (ver Capítulo 18 para obter mais informações sobre ISRSs).

Insônia

A insônia afeta cerca de 30% dos adultos e é a condição mais comum que pode agravar os transtornos de ansiedade. Problemas de ansiedade de todos os tipos geralmente pioram após uma noite mal dormida.

A maioria de nós precisa de 7 a 8 horas de sono por noite, das quais pelo menos seis devem ser ininterruptas. É durante as primeiras horas da noite que obtemos o sono profundo necessário para repor os sistemas do nosso corpo para outro dia, ao passo que, durante a última parte da noite, obtemos proporcionalmente mais sono REM (movimento rápido dos olhos) ou sono de sonho, necessário para o cérebro integrar e resolver "negócios inacabados" do dia anterior. O sono passa por uma série de estágios: quatro estágios de sono progressivamente mais profundo, seguidos por um estágio de sono REM. Esse ciclo de cinco estágios se repete três ou quatro vezes durante a noite.

Se você não consegue dormir, o problema pode ser com *adormecer*, caso em que leva mais de 20 minutos para dormir, ou em *permanecer* dormindo, em que você pode adormecer facilmente, mas acorda horas antes do amanhecer e não consegue voltar a dormir. Em geral, a ansiedade está mais associada ao primeiro tipo de problema, ao passo que a depressão está associada ao "despertar precoce pela manhã". No entanto, não é incomum ter ambos os tipos de problemas se você estiver ansioso ou deprimido.

Dez problemas comuns

Por que você não consegue dormir? A insônia é complexa e pode ter uma variedade muito grande de causas. Na maioria dos casos, de fato, há várias causas atuando ao mesmo tempo. A seguir, estão 10 das origens mais comuns da insônia.

1. *Cafeína em excesso durante o dia.* O consumo excessivo de café, chá, refrigerantes de cola e outros alimentos ou medicamentos contendo cafeína é um culpado muito comum por trás da insônia. Todos, é claro, somos diferentes. Você pode ser tão sensível à cafeína que mesmo uma xícara de café de manhã pode mantê-lo acordado na noite seguinte. No extremo oposto, você pode conseguir tomar café na hora de dormir. Como regra geral, é melhor evitar cafeína após o meio-dia se estiver com problemas de sono, e você pode até considerar reduzir o consumo pela manhã. (Ver *Quadro de cafeína* no Capítulo 16 para determinar quanta cafeína você consome em um dia.)
2. *Exercício insuficiente.* Um dos melhores remédios para a insônia é fazer um treino aeróbico durante o dia. O exercício vigoroso ajuda a liberar a tensão muscular e queimar hormônios do estresse em excesso (como adrenalina e tiroxina), ambos os quais podem interferir no sono. Também pode liberar a frustração acumulada, que pode manter sua mente acelerada à noite. Se você não está se exercitando durante o dia, pode se surpreender com o quanto tal treino pode ajudar no seu sono e na sua ansiedade (ver Capítulo 5). A única precaução é evitar exercícios vigorosos até três horas antes de dormir, pois isso pode ser superestimulante e interferir no adormecimento.
3. *Estimulação excessiva à noite.* Qualquer coisa que o superestimule após as nove da noite pode dificultar que você pegue no sono (ou permaneça dormindo) mais tarde naquela noite. Isso pode incluir assistir a um programa de TV dramático ou violento, navegar na *web*, realizar tarefas difíceis (incluindo leitura difícil), ter uma conversa estimulante por telefone ou vivenciar uma briga doméstica. Você também pode se manter acordado expondo-se a uma luz intensa (como a tela do computador) até tarde da noite. É melhor se acalmar durante as últimas 2 ou 3 horas do dia com programas de TV tranquilizadores, leitura ou conversa.

Melhor ainda, experimente um banho quente antes de dormir para relaxar. Ouvir música relaxante também pode ajudar.

4. *Preocupação excessiva com o sono.* O sono é um processo automático que requer relaxar. Quanto mais você tenta persegui-lo, mais ele tende a escapar de você. Em geral, preocupar-se com o sono impedirá que você adormeça, seja na hora de dormir ou às quatro da manhã. Dizer a si mesmo para parar de se preocupar provavelmente não será muito útil, então a melhor solução é algum tipo de tática de distração. As várias técnicas de relaxamento descritas no Capítulo 4 podem ser úteis para esse fim. O relaxamento muscular progressivo é útil se seus músculos estiverem tensos, ao passo que a meditação ou uma visualização guiada pode ser útil para uma mente acelerada e ansiosa. Para algumas pessoas, apenas ouvir música tranquila ou o zumbido da TV pode fazê-las dormir, ao passo que, para outras, um romance entediante resolve. Se você sentir que está preocupado, experimente diferentes táticas de distração para redirecionar sua mente.

   Um princípio do sono famoso e secular é que, se você estiver deitado na cama por muito tempo (mais de 30 minutos a 1 hora), não fique lá. Levante-se e faça uma técnica de relaxamento, meditação ou leitura leve em uma poltrona ou no sofá até se sentir realmente sonolento. Então, volte para a cama. Dessa forma, sua cama será associada apenas ao sono, em vez de à vigília.

5. *Deficiência de serotonina e/ou melatonina.* Com o tempo, o estresse pode esgotar as reservas de neurotransmissores de serotonina e do hormônio melatonina em seu cérebro. Ambos são necessários para o sono. A serotonina é necessária para ativar as partes do cérebro responsáveis pelo início do sono, bem como para fazer a melatonina. A melatonina é produzida a partir da serotonina pela sua glândula pineal, geralmente no final do dia, com o início da escuridão. É a substância química que seu cérebro usa para sinalizar a si mesmo que é hora de dormir. Em resumo, sem melatonina, é difícil pegar no sono, e sem serotonina, é difícil produzir melatonina.

   É fácil aumentar suas reservas de serotonina ou melatonina com suplementos naturais disponíveis em lojas de produtos naturais ou farmácias. O triptofano, na forma de 5-hidroxitriptofano (5-HTP; 50 a 150 mg) ou L-triptofano (500 a 1.500 mg), é um aminoácido que naturalmente se converte em serotonina em seu cérebro. Experimente o 5-HTP primeiro na dose sugerida na hora de dormir e, se não ficar satisfeito com os resultados, experimente o L-triptofano, que está disponível em algumas lojas de produtos naturais e pela internet. O efeito do triptofano pode ser aprimorado se tomado com um lanche rico em carboidratos (como suco de laranja ou biscoitos) junto a 100 mg de vitamina B_6. O hormônio melatonina está disponível em lojas de produtos naturais em comprimidos que variam de 0,5 a 5 mg. Faça experiências com a dose para determinar o que é melhor para você, já que as pessoas variam muito em relação ao que constitui uma dose ideal. Se doses de 2 a 5 mg causarem efeitos colaterais, diminua a dose para 0,5 ou 1 mg. Lembre-se de que é aceitável tomar tanto triptofano quanto melatonina na hora de dormir para aprimorar seu sono.

   Se você perceber que os suplementos naturais não estão sendo eficazes para ajudá-lo a dormir, talvez queira consultar seu médico sobre medicamentos prescritos que aumentam a serotonina. Qualquer um dos ISRSs, como citalopram ou sertralina – medicamentos comumente usados para tratar transtornos de ansiedade –, também pode ser útil para a insônia. (Ver Capítulo 18 para uma descrição mais detalhada dos ISRSs.) Especialmente se você estiver lidando com depressão prolongada junto à insônia, pode se beneficiar ao experimentar um ISRS. Em geral, quando você toma um ISRS, precisa tomá-lo diariamente por um período de 6 meses a 1 ano (ou mais). Se você está procurando um medicamento que possa ajudá-lo a dormir sem os problemas viciantes associados aos sedativos prescritos (como temazepam ou zolpidem), talvez queira experimentar a trazodona, de 25 a 100 mg, na hora de dormir.

6. *Hipoglicemia.* Uma razão comum para níveis elevados de cortisol durante a noite é a hipoglicemia noturna. Quando há uma queda nos níveis de glicose no sangue durante a noite, você libera hormônios que regulam os níveis de glicose, como adrenalina, glucagon, cortisol e hormônio do crescimento. Se for liberada uma quantidade excessiva desses hormônios, isso pode acordá-lo. Seguindo as recomendações listadas no Capítulo 16 para a hipoglicemia, você pode melhorar seu sono. Se você acorda nas primeiras horas da manhã com fome, ou sentindo que seu nível de açúcar no sangue está baixo, experimente fazer um lanche com proteínas e carboidratos, como pão com manteiga de nozes ou queijo com biscoitos.

7. *Horários irregulares para dormir.* Um problema muito comum para pessoas que sofrem de insônia é ir para a cama e acordar em horários irregulares. O corpo dorme melhor quando tem uma rotina, indo para a cama e acordando aproximadamente no mesmo horário todos os dias. Se você dormir até muito tarde, pode achar difícil dormir na noite seguinte. É por isso que muitas pessoas têm dificuldade para dormir no domingo à noite antes da segunda-feira, tendo ficado acordadas até tarde nas duas noites do fim de semana. O caso extremo de interrupção do sono é trabalhar em turnos diferentes em sequência. A menos que seja necessário, é melhor evitar empregos que exijam que você mude constantemente de turno. Com o tempo, você pode perder muito sono e comprometer sua saúde.

O corpo tem um ciclo de sono-vigília, chamado de ciclo *circadiano*, que ocorre todos os dias – idealmente, cerca de 16 a 17 horas acordado e 7 a 8 horas na cama. Esse ciclo funcionará de maneira muito mais suave, garantindo um sono melhor, se você dormir e se levantar nos mesmos horários todos os dias.

8. *Ambiente de sono inadequado.* Pode haver problemas em seu ambiente de sono que minam sutilmente seu sono sem que você perceba. Um problema comum é um colchão que é muito macio ou muito firme. Se possível, invista em um colchão de qualidade que seja verdadeiramente confortável para você. Isso também se aplica aos travesseiros (você quer algo mais confortável do que o que encontraria em um hotel mediano). A temperatura do ambiente também é uma variável importante; muitas pessoas têm problemas para dormir se a temperatura do quarto ultrapassar os 26 graus. Se você não tiver ar-condicionado, use um ventilador para resfriar o ambiente. A temperatura ideal para dormir é de cerca de 21 graus. Ruído e luz também podem ser problemas. Se você não pode escapar do ruído,

obtenha um ventilador ou uma máquina de "ruído branco" para ajudar a mascará-lo. No caso de excesso de luz, cortinas escuras ou máscaras para os olhos geralmente ajudam.
9. *Parceiros barulhentos.* Uma parte crucial do seu ambiente de sono é seu parceiro de cama, se você tiver um. Ronco alto é um disruptor muito comum do sono que afeta milhões de pessoas que simplesmente ficam deitadas e suportam. Existem muitas soluções para o ronco, incluindo *sprays* e protetores nasais que você pode obter em uma farmácia local. Na internet, você encontrará centenas de dispositivos que podem ajudar no ronco. Ou você pode procurar um otorrinolaringologista especializado no tratamento do ronco. Para casos mais graves, a cirurgia a *laser* ou técnicas cirúrgicas usando ondas de rádio de alta frequência têm sido utilizadas com eficácia. Roncar não é algo com o qual você tenha que conviver. Para mais informações, consulte os livros *Relief from Snoring and Sleep Apnea,* de Tess Graham, e *No More Sleepless Nights*, de Peter Hauri e Shirley Linde.
10. *Medicamentos para dormir.* Os medicamentos para dormir incluem tranquilizantes benzodiazepínicos e sedativos, como alprazolam, lorazepam, clonazepam, diazepam, clordiazepóxido, temazepam e flurazepam, além de sedativos não benzodiazepínicos, como zolpidem, eszopiclona e zaleplona. Milhões de pessoas usam medicamentos para dormir, e eles podem ser salvadores em certas ocasiões, como em voos noturnos ou para lidar com momentos altamente estressantes. O problema surge quando eles são utilizados regularmente a longo prazo. Todos eles têm três problemas principais. Um é que eles podem eventualmente perder sua eficácia quando usados todas as noites. Se você os tomar todas as noites, descobrirá que mais cedo ou mais tarde eles não funcionarão tão bem. Além disso, apesar de fazerem você dormir, eles podem interferir na qualidade do seu sono, reduzindo o tempo gasto em estágios mais profundos do sono (ou aumentando o tempo nos estágios mais superficiais do sono). Finalmente, todos eles são altamente viciantes, a menos que utilizados apenas ocasionalmente. Quer seja alprazolam, clonazepam, zolpidem ou eszopiclona, se você tomar um sedativo prescrito por mais de algumas semanas, é provável que se torne dependente dele. Você pode descobrir que não consegue dormir sem ele.

Esses são alguns dos problemas mais comuns que podem interferir no sono. Outros, além do escopo desta seção, incluem distúrbios específicos do sono, como apneia do sono e síndrome das pernas inquietas, ou condições de saúde específicas, como asma e alergias, refluxo ácido ou dor crônica. Para uma discussão aprofundada sobre sono, problemas de sono e medidas para melhorar o sono, consulte os livros *No More Sleepless Nights*, de Peter Hauri e Shirley Linde, ou *The Promise of Sleep*, de William Dement.

Diretrizes gerais para uma boa noite de sono

O sono é tão essencial para o bem-estar físico e mental quanto uma alimentação adequada e exercícios regulares. As diretrizes a seguir são projetadas para ajudá-lo a manter uma rotina de sono saudável.

Faça:

- Exercícios durante o dia. Vinte minutos ou mais de exercícios aeróbicos no meio do dia ou no final da tarde antes do jantar são ideais. No mínimo 45 minutos de caminhada rápida diariamente são suficientes. Muitas pessoas acham útil uma breve caminhada (20 a 30 minutos) antes de dormir.
- Vá para a cama e levante-se em horários regulares. Mesmo que você esteja cansado de manhã, faça um esforço para manter seu horário de despertar agendado e não varie seu horário de dormir à noite. No dia seguinte, você pode retomar o que estiver fazendo. Seu corpo prefere um ciclo regular de sono e vigília.
- Diminua suas atividades na última hora (ou nas duas últimas horas) do dia. Evite atividades físicas ou mentais vigorosas, perturbações emocionais, etc.
- Experimente um banho quente antes de dormir.
- Desenvolva um ritual de sono antes de dormir. Deve ser uma atividade que você faça todas as noites antes de se deitar.
- Reduza o ruído. Use protetores auriculares ou uma máquina de mascaramento de ruído, como um ventilador, se necessário.
- Bloqueie o excesso de luz.
- Mantenha a temperatura do seu quarto entre 18 e 21 graus. Um quarto muito quente ou muito frio tende a interferir no sono. Use ventiladores para um quarto quente se um ar-condicionado não estiver disponível. Seu quarto deve ser ventilado, e não abafado.
- Compre um colchão de qualidade. Experimente variar a firmeza do seu colchão. Invista em um novo ou insira uma placa sob um que esteja afundado ou seja muito macio. Para um colchão muito duro, coloque um colchonete de espuma de ovo entre a superfície do colchão e a capa do colchão.
- Os travesseiros não devem ser muito altos ou fofos. Travesseiros de penas, que se comprimem, são os melhores.
- Tenha camas separadas se seu parceiro roncar, chutar ou se virar na cama. Discuta isso com ele ou ela e decida uma distância mutuamente aceitável.
- Consulte um psicoterapeuta, se necessário. Transtornos de ansiedade e depressão com frequência causam insônia. Conversar com um psicoterapeuta competente pode ajudar. Obter mais apoio emocional e expressar seus sentimentos a alguém em quem confia frequentemente ajuda no sono.

Não faça:

- Não tente forçar o sono. Se não conseguir dormir após 20 a 30 minutos na cama, saia da cama, envolva-se em alguma atividade relaxante (como assistir à TV, sentar-se em uma cadeira e ouvir uma gravação de relaxamento ou música suave, meditar ou tomar uma xícara de chá de ervas) e volte para a cama apenas quando estiver com sono. Isso também se aplica a acordar no meio da noite e ter dificuldade para voltar a dormir.
- Não faça uma refeição pesada antes de dormir ou vá para a cama com fome. Um pequeno lanche saudável antes de dormir pode ser útil.

- Não se entregue ao consumo excessivo de álcool antes de dormir. Para algumas pessoas, um pequeno copo de vinho antes de dormir pode ajudar, mas seu consumo de álcool não deve exceder isso.
- Não consuma cafeína em excesso. Tente limitar o consumo de cafeína para as manhãs. Se você for sensível à cafeína, evite-a por completo e experimente café descafeinado ou chás de ervas.
- Não fume cigarros. A nicotina é um estimulante leve e, além dos riscos à saúde mais divulgados, pode interferir no sono. Se você é fumante, converse com seu médico sobre as melhores maneiras de reduzir esse hábito.
- Não se envolva em atividades não relacionadas ao sono na cama. A menos que façam parte do seu ritual de sono, evite atividades como trabalhar ou ler por períodos prolongados na cama. Isso ajudará a fortalecer a associação entre a cama e o sono.
- Não cochile durante o dia. Cochilos curtos (15 a 20 minutos) são permitidos, mas cochilos longos de uma hora ou mais podem interferir no sono na noite seguinte.
- Não se deixe ter medo da insônia. Trabalhe para aceitar aquelas noites em que você não dorme tão bem. Você ainda pode funcionar no dia seguinte, mesmo que tenha dormido apenas algumas horas. Quanto menos você lutar, resistir ou temer a insônia, mais ela tenderá a desaparecer.

De modo geral:

- Com a aprovação do seu médico ou profissional de saúde, experimente suplementos naturais que possam promover o sono. Ervas como kava e valeriana, em doses mais altas, podem induzir o sono. (Ver Capítulo 16 para obter informações mais detalhadas sobre essas ervas.) Não ultrapasse as doses recomendadas e certifique-se de discutir todas as ervas com seu médico antes de tomá-las.
- Algumas pessoas acham útil tomar de 0,5 a 3 mg do hormônio melatonina na hora de dormir. Experimente a dose para determinar a quantidade que funciona melhor para você.
- O aminoácido triptofano é útil para muitas pessoas na indução do sono. Você pode obtê-lo na maioria das lojas de produtos naturais, na forma de 5-hidroxitriptofano ou L-triptofano. Se experimentar 5-HTP, tome de 50 a 150 mg na hora de dormir; para triptofano, experimente de 500 a 1.500 mg antes de ir para a cama. Os efeitos de qualquer forma de triptofano podem ser aprimorados se ingeridos com um lanche rico em carboidratos e 100 mg de vitamina B_6. Você pode tomar triptofano todas as noites, se necessário. Finalmente, o aminoácido GABA, de 500 a 1.000 mg antes de dormir, pode induzir o sono para algumas pessoas. Varie a dose, pois algumas pessoas acham que doses mais altas podem causar agitação.
- Para relaxar músculos tensos ou uma mente agitada, utilize técnicas de relaxamento profundo. Especificamente, a relaxação progressiva dos músculos ou exercícios de visualização guiada gravados podem ser úteis (ver Capítulo 4). Use um dispositivo que possa reproduzir a gravação em um *loop* contínuo.
- Se alguma dor estiver lhe causando insônia, experimente um analgésico. No caso da dor, isso é mais apropriado do que um comprimido para dormir.

- Evite ou minimize comprimidos para dormir, como temazepam, zolpidem ou eszopiclona, exceto em emergências ocasionais. Sedativos prescritos, como esses, podem interferir no seu ciclo de sono e, em última análise, agravar a insônia. Se for necessário tomar um medicamento prescrito para dormir, experimente trazodona em doses de 25 a 100 mg.
- Se você depende de um comprimido para dormir e sente que isso está interferindo em seu sono, consulte um médico competente ou psiquiatra experiente em ajudar pessoas a interromperem o uso desses medicamentos. Há pessoas que tomam sedativos prescritos por um longo prazo, mas esse é um método utilizado como último recurso em casos graves de insônia.

Resumo de coisas para fazer

1. Se você suspeitar que está sofrendo de fadiga contínua devido ao estresse sustentado – ou após uma situação de estresse muito alta –, pode ser útil reduzir ou eliminar a cafeína e o açúcar de sua dieta o máximo possível, além de lidar com qualquer alergia alimentar (ver Capítulo 16). Procure ter uma dieta rica em proteínas e com baixo teor de carboidratos e reduza ou elimine alimentos processados ou *junk food*. É importante simplificar sua vida o máximo possível para reduzir o estresse; e certifique-se de dormir adequadamente e se exercitar todos os dias.

2. Se você acredita que tem sintomas de hipotireoidismo ou hipertireoidismo, peça ao seu médico para realizar um exame sanguíneo completo da tireoide. Use os medicamentos recomendados pelo seu médico e certifique-se de se exercitar adequadamente.

3. Sintomas como fadiga, dores de cabeça, "névoa cerebral" ou confusão, dores musculares, sensibilidade química, irritabilidade, erupções cutâneas e alergias sugerem que seu corpo pode estar excessivamente tóxico. Siga todas as recomendações alimentares e de estilo de vida listadas na seção "Desintoxicando seu estilo de vida". É particularmente importante reduzir ou eliminar cafeína, nicotina, álcool e drogas recreativas, açúcar refinado e *junk food* de sua dieta o máximo possível. Com a assistência do seu médico, use apenas os medicamentos prescritos de que você realmente precisa. O exercício regular acompanhado de transpiração também é muito importante. Em consulta com seu médico ou profissional de saúde, você pode experimentar: fazer uma "semana de desintoxicação" de quatro ou cinco dias com alimentos crus ou uma dieta vegana; tomar suplementos antioxidantes; experimentar ervas desintoxicantes, como cardo-mariano, dente-de-leão e bardana; ou promover a desintoxicação do cólon usando produtos à base de sementes de *psyllium*.

4. Para aliviar os sintomas da SPM, reduza ou elimine doces e carboidratos refinados da sua dieta o máximo possível. Você verá que reduzir cafeína, álcool e sal também será útil. Aumente a ingestão de vegetais e frutas frescas em sua dieta. Aumente também o exercício diário. Tome os suplementos recomendados na seção sobre SPM, incluindo complexo B, B_6, vitamina A, cálcio-magnésio e cápsulas

de óleo de peixe. Muitas mulheres consideram a erva angélica-chinesa útil. Em consulta com seu médico ou profissional de saúde, use cremes de progesterona natural.

5. Se você está lidando com a menopausa, discuta hormônios bioidênticos com um médico ou profissional de saúde que conheça essas alternativas à reposição hormonal sintética. O *cohosh* preto é uma erva que pode ser muito útil na menopausa; você pode usá-lo sozinho ou em combinação com outras ervas, como angélica-chinesa e alcaçuz. Mantenha uma dieta rica em fitoestrogênios e faça exercícios regularmente.

6. Para o transtorno afetivo sazonal (TAS), siga todas as sugestões listadas neste capítulo. Certifique-se de se expor ao ar livre ou a uma caixa de luz interna por pelo menos 1 hora todos os dias durante os meses de inverno. Se as recomendações listadas aqui não forem suficientes, considere aumentar seus níveis de serotonina no inverno. Isso pode ser feito naturalmente, tomando triptofano ou erva-de-são-joão, ou consultando seu médico sobre o uso de um medicamento ISRS, como sertralina, escitalopram, citalopram ou fluvoxamina (ver Capítulo 18 para obter mais informações sobre ISRSs).

7. As causas e curas para a insônia são complexas. Revise cuidadosamente a seção sobre insônia para determinar as possíveis causas do seu problema com o sono. Em seguida, experimente todas as diferentes sugestões listadas na seção de diretrizes gerais. Se sentir que não está obtendo ajuda suficiente, consulte os livros de Peter Hauri e Shirley Linde e o de William Dement indicados a seguir, e/ou consulte um especialista em sono.

Leituras adicionais

Arem, Ridha. *The Thyroid Solution*. 3rd ed. New York: Ballantine Books, 2017.

Bourne, Edmund J., Arlen Brownstein, and Lorna Garano. *Natural Relief for Anxiety*. Oakland, CA: New Harbinger Publications, 2004.

Briden, Lara, and Jerilynn Prior. *Period Repair Manual: Natural Treatment for Better Hormones and Better Periods*. 2nd ed. Self-published: Amazon Digital Services, 2018.

Dement, William C. *The Promise of Sleep*. New York: Delacorte Press, 2000.

Graham, Tess. *Relief from Snoring and Sleep Apnea*. 2nd ed. Scotts Valley, CA: CreateSpace Independent Publishing, 2014.

Hauri, Peter, and Shirley Linde. *No More Sleepless Nights*. Rev. ed. New York: John Wiley and Sons, 1996.

Hoffstein, Victor, and Shirley Linde. *No More Snoring*. New York: John Wiley & Sons, 1999.

Lark, Susan M. *PMS: Premenstrual Syndrome Self-Help Book*. Berkeley, CA: Celestial Arts, 1989.

Murray, Michael, and Joseph Pizzorno. *Encyclopedia of Natural Medicine*. Rev. 3rd ed. New York: Atria Books, 2012.

Northrup, Christiane. *The Wisdom of Menopause*. Rev. ed. New York: Bantam, 2012.

Rosenthal, Norman. *Winter Blues: Everything You Need to Know to Beat Seasonal Affective Disorder*. 4th ed. New York: Guilford Press, 2012.

Selye, Hans. *The Stress of Life*. Rev. ed. New York: McGraw Hill, 1978.

Women's Health Initiative. 2002. "Risks and Benefits of Estrogen Plus Progestin in Healthy Postmenopausal Women." *Journal of the American Medical Association* 288: 321–33.

18

Medicação para a ansiedade

O uso de medicamentos é uma questão crucial para aqueles que enfrentam a ansiedade diariamente, assim como para os profissionais que tratam os transtornos de ansiedade. Para muitas pessoas, a medicação representa um ponto positivo ao longo do caminho para a recuperação. Para outras, a medicação pode confundir e complicar o processo de recuperação, quando a liberdade da ansiedade é adquirida ao custo de uma dependência em longo prazo de tranquilizantes. Para outras pessoas, ainda – aquelas que têm fobia ou são filosoficamente contrárias a todos os tipos de drogas –, a medicação pode não ser uma opção, mesmo quando é necessária. Uma coisa é clara: os prós e os contras de depender de medicamentos são únicos e variáveis em cada caso individual.

Como você deve ter percebido, este guia oferece uma variedade de estratégias não médicas para ajudá-lo a superar a ansiedade, o pânico e as fobias. Minha visão pessoal é de que os métodos naturais devem sempre ser explorados completamente antes de desenvolver uma dependência de medicamentos prescritos. Os medicamentos podem induzir mudanças não naturais na fisiologia do seu corpo, com efeitos colaterais em curto e longo prazos.

Muitas pessoas descobrem que podem evitar medicamentos – ou eliminar os que estão tomando – ao implementar um programa abrangente de saúde pessoal que inclui as seguintes ações:

- Mudanças positivas na alimentação e uso de suplementos apropriados.
- Um programa diário de exercícios vigorosos.
- Prática diária de relaxamento profundo ou meditação.
- Mudanças no diálogo interno e nas crenças básicas, encorajando uma abordagem menos impulsiva e mais relaxada à vida.
- Apoio humano da família e/ou dos amigos.
- Simplificação da sua vida e do ambiente para reduzir o estresse.

Essas abordagens podem ser tudo o que você precisa se os sintomas de ansiedade forem relativamente leves a moderados em gravidade. Leve a moderado indica que seu problema não interfere significativamente em sua capacidade de trabalhar ou prejudica relacionamentos pessoais importantes. Além disso, o problema não causa a você um sofrimento sério e/ou constante.

Se, por outro lado, você tem um problema mais grave com a ansiedade, o uso *apropriado* de medicamentos pode ser uma parte importante do seu tratamento. Isso é especialmente verdadeiro se você estiver lidando com transtorno de pânico, agorafobia ou transtorno obsessivo-compulsivo. Também é verdadeiro para fobia social e transtorno de ansiedade generalizada quando esses problemas interferem significativamente na sua qualidade de vida. Aproximadamente 50 a 60% dos meus clientes usam medicamentos. Minha impressão é de que, para eles, uma *combinação* de métodos naturais e medicamentos proporciona a abordagem mais útil, eficaz e compassiva para a recuperação.

Esteja ciente de que, muitas vezes, não é necessário tomar medicamentos indefinidamente. No entanto, o uso do medicamento certo pelo período correto pode ajudá-lo a dar uma guinada em direção à melhoria da sua condição. Este capítulo apresenta informações sobre os diversos tipos de medicamentos utilizados no tratamento de problemas de ansiedade. Além disso, você encontrará várias diretrizes para ajudá-lo a decidir se a medicação é algo que você deve considerar.

Quando considerar a medicação

Na minha experiência, existem certos tipos de pessoas, em certos tipos de situações, para as quais os medicamentos são apropriados. A seguir, está uma lista desses tipos de situações, juntamente aos tipos de medicamentos que podem ser utilizados de modo adequado.

1. Se você tem ataques de pânico tão frequentes (p. ex., um ou mais por dia) e tão intensos que impedem sua capacidade de trabalhar e ganhar a vida, seus relacionamentos pessoais primários e/ou seu senso básico de segurança e controle sobre sua vida. É fundamental considerar a medicação se você tiver sintomas *graves* de pânico ou ansiedade que não melhoraram ao longo de um período de duas ou três semanas. "Grave" significa que você tem dificuldade em funcionar e/ou está sofrendo de uma considerável angústia. Suportar níveis graves de ansiedade por longos períodos pode, infelizmente, predispor seu sistema nervoso a *permanecer* ansioso por muito mais tempo do que se a ansiedade fosse reduzida por medicação no início. Dois tipos de medicamentos são mais frequentemente utilizados para tratar ataques de pânico. O primeiro tipo inclui antidepressivos. Embora sejam rotulados como "antidepressivos", esses medicamentos também têm um efeito potente na redução da ansiedade. Os antidepressivos mais comumente utilizados são os *inibidores seletivos da recaptação de serotonina* (ISRSs), como paroxetina, sertralina, fluvoxamina, citalopram e escitalopram. Uma classe adicional relacionada de antidepressivos, os *inibidores seletivos da recaptação de serotonina-noradrenalina* (ISRSNs), como venlafaxina, desvenlafaxina e duloxetina, são frequentemente testados quando você não respondeu a uma tentativa inicial de um ISRS. Outra classe de medicamentos antidepressivos às vezes utilizada é a dos *tricíclicos*, como imipramina ou nortriptilina. Atualmente, no entanto, eles são uma segunda opção depois que ISRSs ou ISRSNs foram testados.

   O outro tipo de medicamento utilizado para tratar o pânico (e outros transtornos de ansiedade) são os *tranquilizantes benzodiazepínicos*. Entre eles, alprazolam, clonazepam ou lorazepam são geralmente utilizados. (Descrições dos principais tipos de medicamentos utilizados no tratamento de transtornos de ansiedade seguem esta seção.) Muitos médicos usam tranquilizantes em curto prazo, pois o uso prolongado tende a ser altamente viciante. A retirada do uso prolongado de benzodiazepínicos pode ser difícil. No entanto, em casos graves, esses tranquilizantes podem ser prescritos por um período de seis meses a dois anos em uma dose alta o suficiente para reduzir significativamente a frequência e a gravidade do pânico, bem como a ansiedade em relação ao pânico.

2. Se você tem agorafobia e tem dificuldade em realizar exposições da vida real a situações fóbicas (ver Capítulo 7). Ou seja, você tentou por um tempo sem medicação e não avançou muito. Doses *baixas* de um tranquilizante benzodiazepínico, como clonazepam (na faixa de, no máximo, 0,25 a 0,5 mg/dia), podem permitir que você supere as primeiras etapas da exposição às suas fobias. Os benefícios da exposição provavelmente serão mantidos mesmo após a interrupção da medicação, *se a dose tiver sido suficientemente baixa*. Isso é menos provável, no entanto, para doses mais altas de tranquilizantes (i.e., mais de 1 mg/dia). Você precisa sentir alguma ansiedade ao realizar a exposição para que a técnica seja eficaz. Após as hierarquias de exposição terem sido concluídas com doses baixas de tranquilizantes, é importante reestruturá-las sem medicação, para garantir uma recuperação completa e permanente de suas fobias. Os medicamentos antidepressivos ISRSs (ver seção com o mesmo nome mais tarde neste capítulo) também podem ser altamente eficazes em ajudar as pessoas a realizarem exposições. Na verdade, muitos psiquiatras consideram os medicamentos ISRSs uma parte essencial do tratamento do transtorno de pânico com ou sem agorafobia.

3. Você está lidando com ansiedade aguda em resposta a uma situação de crise. Você pode se beneficiar ao depender de um tranquilizante benzodiazepínico em *curto prazo* para passar por um período particularmente estressante (como fazer uma entrevista para novo emprego ou lidar com uma crise de saúde significativa, a morte de um parente próximo ou outro evento importante da vida). De modo alternativo, um sedativo (p. ex., temazepam ou zolpidem) pode ser prescrito para ajudá-lo a dormir durante esse tempo.

4. Se você tiver depressão crônica ou grave acompanhando transtorno de pânico, agorafobia, uma fobia específica, transtorno de ansiedade generalizada ou qualquer outro transtorno de ansiedade, com frequência pode se beneficiar de um medicamento antidepressivo prescrito. Casos mais leves de depressão (i.e., você não perde o apetite, a capacidade de dormir ou o interesse em prazeres simples e/ou não tem pensamentos suicidas) podem responder à erva-de-são-joão, ao suplemento s-adenosil-L-metionina (SAMe) ou a aminoácidos, como triptofano (L-triptofano em si ou o popular suplemento 5-HTP), tirosina ou DL-fenilalanina (ver seção "Uso de suplementos naturais" no final deste capítulo). Casos moderados a graves de depressão são frequentemente mais bem tratados com ISRSs, ISRSNs, tricíclicos ou outros tipos de medicamentos antidepressivos. Esses medicamentos ajudarão a aliviar a depressão, o pânico e a ansiedade ao mesmo tempo.

5. Se você sofre de ansiedade de desempenho ao falar em público ou em outras situações de desempenho – especialmente se a ansiedade envolver palpitações car-

díacas –, pode ser beneficiado por doses de curto prazo de fármacos betabloqueadores, como propranolol ou metoprolol. Um tranquilizante benzodiazepínico, como alprazolam ou clonazepam, também pode ser utilizado de forma ocasional (não regular) para ajudá-lo a lidar com situações de alto desempenho.
6. Casos difíceis de fobia social ou ansiedade social generalizada (p. ex., você evita uma ampla gama de situações sociais ou é incapaz de participar de reuniões importantes no trabalho) podem ser aliviados por medicamentos antidepressivos ISRSs ou, às vezes, por medicamentos IRSNs. Os medicamentos devem ser tomados em combinação com terapia cognitivo-comportamental individual ou, preferencialmente, em grupo (veja no Capítulo 1 a seção sobre tratamento de fobia social).
7. Aqueles com transtorno obsessivo-compulsivo com frequência se beneficiam do uso de medicamentos antidepressivos, geralmente em combinação com terapia cognitivo-comportamental, bem como exposição e prevenção de resposta. Medicamentos como clomipramina, fluoxetina, paroxetina ou fluvoxamina são frequentemente utilizados no tratamento desse transtorno. Entre 60 e 70% das pessoas com transtorno obsessivo-compulsivo experimentam uma melhora em seus sintomas ao tomar um desses medicamentos. Todos esses medicamentos parecem ser úteis no tratamento do próprio transtorno obsessivo-compulsivo, seja ou não acompanhado de depressão. A clomipramina, no entanto, tem alguns efeitos colaterais potencialmente indesejáveis.

Para mais informações sobre vários fatores que podem afetar sua decisão de depender de medicamentos, consulte a seção "A decisão de usar medicamentos: o que considerar" mais adiante neste capítulo.

Tipos de medicamentos utilizados no tratamento de transtornos de ansiedade

A seguir, está uma descrição das principais classes de medicamentos prescritos usados no tratamento de transtornos de ansiedade. São consideradas as vantagens e as desvantagens potenciais de cada tipo de medicamento.

Medicamentos antidepressivos ISRSs

Os medicamentos antidepressivos ISRSs incluem fluoxetina, sertralina, paroxetina, fluvoxamina, citalopram e escitalopram. Nos últimos 20 anos, eles se tornaram os medicamentos de primeira linha utilizados pela maioria dos psiquiatras no tratamento de transtornos de ansiedade. Os ISRSs tendem a modular os níveis do neurotransmissor serotonina no cérebro, impedindo a reabsorção da serotonina nas sinapses (espaços entre as células nervosas). Com mais serotonina disponível na sinapse, o número de receptores de serotonina nas células nervosas pós-sinápticas no cérebro pode diminuir (não são necessários tantos). A redução dos receptores de serotonina ocorre ao longo do primeiro ou do segundo mês em uso de um ISRS e é tecnicamente chamada de *regulação negativa*.

A regulação negativa permite que milhões de células nervosas no sistema de receptores serotoninérgicos (particularmente aquelas em partes do cérebro responsáveis pela ansiedade) se tornem menos sensíveis a mudanças no ambiente neuroquímico do cérebro criado pelo estresse. Isso significa menos mudanças dramáticas no humor e menos vulnerabilidade à ansiedade.

Os ISRSs tendem a ser tão eficazes – às vezes, mais eficazes – do que os antidepressivos tricíclicos mais antigos que foram usados para tratar o pânico (p. ex., imipramina, amitriptilina, desipramina ou nortriptilina). Eles também têm a vantagem distinta de causar menos efeitos colaterais para a maioria das pessoas do que os antidepressivos mais antigos. Os ISRSs são usados com mais frequência para tratar pânico, pânico com agorafobia, transtorno de ansiedade generalizada ou transtorno obsessivo-compulsivo. Eles também foram utilizados na fobia social, especialmente na fobia social generalizada, em que a pessoa tem fobia da maioria dos tipos de situações sociais e encontros. Às vezes, são usados para tratar o transtorno de estresse pós-traumático (TEPT), sobretudo quando é acompanhado por depressão. As pessoas diferem bastante em sua resposta aos ISRSs. Se você tentar um e não obtiver benefícios, esteja disposto a tentar outro ou até mesmo a passar por testes com três ISRSs diferentes. Para obter benefícios completos de um ISRS, você pode precisar tomá-lo por *um a dois anos*. A recaída com medicamentos ISRSs parece ser baixa quando o medicamento é tomado por pelo menos 18 meses; no entanto, dados confiáveis sobre a porcentagem exata de recaída dependem de gênero, idade, etnia e outros fatores. Doses diárias eficazes típicas para ISRSs são: fluoxetina, 20 a 60 mg; paroxetina, 20 a 40 mg; sertralina, 50 a 100 mg; fluvoxamina, 50 a 100 mg; citalopram, 20 a 40 mg; e escitalopram, 10 a 20 mg. Doses eficazes desses medicamentos para transtorno obsessivo-compulsivo (TOC) tendem a ser um pouco mais altas. No entanto, alguns pacientes com TOC acreditam que obtêm bons resultados com doses mais baixas.

Vantagens

Os ISRSs podem ser úteis para qualquer um dos transtornos de ansiedade ou depressão. Eles têm sido particularmente úteis para pessoas com transtorno de pânico, agorafobia, ansiedade social generalizada, transtorno de ansiedade generalizada ou TOC. Os ISRSs são facilmente tolerados e seguros para pessoas doentes ou idosas. Eles não são viciantes e não causam problemas quando utilizados em longo prazo. Na maioria dos casos, não levam ao ganho de peso.

Desvantagens

Embora os ISRSs tenham menos efeitos colaterais do que os antidepressivos tricíclicos mais antigos, eles podem causar efeitos colaterais em algumas pessoas, incluindo agitação, inquietação, nervosismo, tontura, sonolência, dores de cabeça, náuseas, desconforto gastrintestinal e disfunção sexual. Esses efeitos tendem a desaparecer após duas semanas, então é importante tentar superá-los durante a fase inicial do tratamento. *Todos esses efeitos colaterais podem ser minimizados come-*

çando com uma dose muito baixa do medicamento e aumentando-a, ao longo do tempo, para níveis terapêuticos. Por exemplo, as doses podem começar com 5 mg ao dia para fluoxetina ou paroxetina e 10 mg para sertralina ou fluvoxamina. Para atingir tais doses, você precisa começar com um quarto de comprimido por dia na maioria dos casos, depois aumentar gradualmente até um comprimido por dia ao longo de várias semanas. Se o médico quiser começar com uma dose alta, esteja disposto a educá-lo sobre a importância de aumentar gradualmente a dose de um ISRS a partir de uma dose baixa. Esteja disposto a aumentar sua dose gradualmente com muita paciência. (Você pode perceber que os efeitos colaterais aumentam por um ou dois dias após cada aumento de dose.)

O único efeito colateral que pode ser problemático ao longo do tempo é a redução da motivação sexual e/ou disfunção sexual (p. ex., orgasmo ausente ou retardado). Isso pode ser perturbador para muitas pessoas e, em alguns casos, pode levá-las a interromper o uso do medicamento. Para uma certa porcentagem de pessoas que tomam ISRSs, o funcionamento sexual normal será retomado após dois ou três meses de uso do medicamento, então é uma boa ideia continuar com um ISRS mesmo que, a princípio, você experimente diminuição do desejo sexual. Se o problema não melhorar, pode ser amenizado de uma destas quatro maneiras, sob supervisão do seu médico: 1) reduzindo pela metade a dose do ISRS nos dias em que escolher ser sexualmente ativo; 2) complementando o uso do ISRS com 5 a 10 mg por dia de buspirona; 3) suplementando o ISRS com os medicamentos amantadina ou ciproeptadina; ou 4) experimentando o suplemento DHEA, disponível na maioria das lojas de produtos naturais, em uma dose de 25 a 50 mg por dia. Muitas pessoas acham que uma ou duas dessas intervenções podem ajudá-las a restaurar uma atividade sexual mais normal enquanto continuam a tomar um ISRS.

Uma terceira desvantagem é que os ISRSs, embora frequentemente eficazes, levam até quatro a cinco semanas para produzir qualquer benefício terapêutico significativo. Às vezes, o potencial terapêutico completo não é alcançado até que o medicamento seja tomado por 12 semanas ou mais. Há algumas evidências de que benefícios ainda maiores ocorrem ao longo de um ano. Se você estiver sofrendo de pânico ou ansiedade grave e incapacitante, seu médico pode recomendar que você tome um tranquilizante (possivelmente um benzodiazepínico de alta potência – veja a seguir) enquanto espera que o ISRS faça efeito.

Muitas pessoas têm dificuldade em interromper o uso da paroxetina. Aproximadamente 5 a 10% das pessoas que suspendem o uso da paroxetina podem experimentar sintomas graves, como ataques de pânico, mudanças de humor, transpiração profusa, despersonalização e sensações semelhantes a "choque elétrico". Antes de decidir usar a paroxetina, certifique-se de discutir esse problema potencial com seu médico.

Uma desvantagem final dos ISRSs é seu custo. Sem seguro-saúde nos Estados Unidos, você pode pagar mais de 200 dólares por mês por alguns ISRSs. A duração ideal para tomar um medicamento ISRS é de um a dois anos. Você aumenta o risco de retorno dos sintomas se tomar o medicamento por um período mais curto.

Observação: pessoas com transtorno bipolar (mania depressiva) devem tomar ISRSs apenas sob supervisão de um médico experiente, pois os ISRSs podem agravar os estados maníacos.

Benzodiazepínicos de alta potência

Os tranquilizantes benzodiazepínicos (BZs) de alta potência alprazolam, lorazepam e clonazepam são comumente utilizadas no tratamento de transtornos de ansiedade. Os BZs mais antigos, como diazepam, clordiazepóxido ou clorazepato, são ocasionalmente experimentadas quando alguém é sensível aos efeitos colaterais dos novos benzodiazepínicos. Os BZs são frequentemente utilizados em combinação com antidepressivos ISRSs (ou antidepressivos tricíclicos mais antigos) para tratar casos graves de transtorno de pânico, ansiedade social generalizada, ansiedade generalizada, TOC e TEPT. Com frequência, é possível parar muito gradualmente o uso de BZs após o antidepressivo ter alcançado seu pleno benefício ansiolítico (i.e., de quatro a seis semanas após o início do medicamento).

Os medicamentos BZs geralmente deprimem a atividade de todo o sistema nervoso central e, assim, diminuem direta e eficientemente a ansiedade. Eles fazem isso se ligando aos receptores no cérebro que funcionam para reduzir ou suprimir a atividade nas partes do cérebro responsáveis pela ansiedade – a amígdala, o lócus cerúleo e o sistema límbico, em geral. Em doses mais altas, os tranquilizantes BZs agem como sedativos e podem promover o sono. Doses mais baixas tendem a simplesmente reduzir a ansiedade sem sedação. A principal diferença entre vários benzodiazepínicos é o "tempo de meia-vida" de cada medicamento, ou o tempo que seus metabólitos químicos permanecem em seu corpo. (Por exemplo, o alprazolam tem uma meia-vida de 8 horas; o clonazepam, de 18 a 24 horas; e o diazepam, de 48 a 72 horas.)

Talvez o tranquilizante mais comum utilizado no tratamento de transtornos de ansiedade seja o alprazolam. O alprazolam difere de outros BZs no sentido de ter um efeito antidepressivo, além da capacidade de aliviar a ansiedade. Também tende a ter um efeito sedativo menos pronunciado do que outros tranquilizantes. Como o alprazolam tem meia-vida curta, geralmente são prescritas duas ou três doses por dia. Se você tomar apenas uma dose por dia, pode experimentar a "ansiedade de rebote" – a tendência de experimentar níveis mais elevados de ansiedade à medida que a medicação se dissipa. Os BZs com meia-vida mais longa, como clonazepam ou diazepam, tendem a causar menos ansiedade de rebote e, muitas vezes, podem ser tomados em uma única dose diária. Pesquisas indicam que doses altas de alprazolam, de 2 a 6 mg por dia, são necessárias para suprimir completamente ataques de pânico.

Na prática clínica, no entanto, é comum administrar doses baixas, na faixa de 0,25 a 1 mg, uma ou duas vezes ao dia. Uma forma de liberação prolongada do alprazolam, alprazolam XR, tem uma meia-vida mais longa que o alprazolam comum e não precisa ser tomada com tanta frequência.

Vantagens

Os BZs agem muito rapidamente, reduzindo os sintomas de ansiedade em 15 a 20 minutos. Ao contrário dos antidepressivos, que precisam ser tomados regularmente, os BZs podem ser utilizados conforme necessário. Ou seja, você pode tomar uma pequena dose de alprazolam, lorazepam ou clonazepam apenas quando precisar enfrentar uma situação desafiadora, como uma tarefa de exposição, participar de uma entrevista de emprego ou fazer um voo.

Os BZs tendem a ter menos efeitos colaterais incômodos para muitas pessoas do que os medicamentos antidepressivos (sobretudo os antidepressivos tricíclicos). Às vezes, são os únicos medicamentos que proporcionam alívio quando uma pessoa não pode tomar nenhum dos medicamentos antidepressivos. Formas genéricas de BZs estão disponíveis, reduzindo seu custo.

Desvantagens

Os BZs, ao contrário dos medicamentos antidepressivos, tendem a ser viciantes. Quanto maior for a dose (i.e., mais de 1 mg por dia para BZs de alta potência) e quanto mais tempo você os tomar (i.e., mais de duas semanas), maior será a probabilidade de desenvolver dependência física. A dependência física significa que, se você parar de tomar o medicamento abruptamente, é provável que ocorram sintomas graves de ansiedade. Muitas pessoas que tomaram alprazolam (ou outros BZs) em altas doses por um mês ou baixas doses por vários meses relatam que é muito difícil sair da medicação. (Há algumas evidências de que a retirada do clonazepam, devido à sua meia-vida mais longa, pode ser ligeiramente mais fácil e menos prolongada do que a retirada do alprazolam.) A retirada *abrupta* desses medicamentos é *perigosa* e pode causar ataques de pânico, ansiedade intensa, confusão, tensão muscular, irritabilidade, insônia e até mesmo convulsões. Uma redução mais gradual da dose, ao longo de muitas semanas ou até meses, é o que torna a descontinuação possível. A facilidade com que as pessoas podem se desvencilhar do alprazolam varia, mas, como regra geral, é melhor reduzir *muito* gradualmente, ao longo de um período de um a quatro meses, sob supervisão médica. Durante esse período de retirada, você pode sofrer uma recorrência de ataques de pânico ou outros sintomas de ansiedade para os quais o medicamento foi originalmente prescrito.

Se um medicamento BZ for retirado muito rapidamente, você pode experimentar *ansiedade de rebote*. A ansiedade de rebote é a ocorrência de sintomas de ansiedade *maiores* do que os que você experimentou antes de tomar o medicamento. O rebote pode levar a uma *recaída*, um retorno do seu transtorno de ansiedade com igual ou maior gravidade do que antes de tomar o medicamento. Para minimizar o risco de rebote, é crucial retirar sua dose de BZ muito gradualmente, de preferência ao longo de vários meses. (Por exemplo, se você estiver tomando 1,5 mg de alprazolam por dia por seis meses, reduza sua dose em 0,25 mg a cada duas a três semanas.)

Outra desvantagem dos BZs é que eles são eficazes apenas enquanto você os estiver tomando. Quando você para de tomá-los, seu transtorno de ansiedade tem virtualmente 100% de chance de retornar, a menos que você tenha aprendido habilidades de enfrentamento (i.e., respiração abdominal, relaxamento, exercício, manejo do estresse, trabalho com diálogo interno, assertividade, etc.) e feito mudanças no estilo de vida que resultem em alívio duradouro da ansiedade. Tomar apenas um BZ, sem fazer mais nada, equivale a simplesmente suprimir seus sintomas sem abordar a causa do seu problema.

Um problema final com os BZs é que eles tendem a ter um efeito embotador, não apenas na ansiedade, mas nos sentimentos em geral. Muitas pessoas relatam que suas respostas emocionais são atenuadas enquanto estão tomando esses medicamentos. Por exemplo, podem ter dificuldade em chorar ou ficar com raiva, mesmo em momentos em que essas reações são apropriadas. Na medida em que a ansiedade está relacionada a sentimentos suprimidos e não resolvidos, tomar esses medicamentos tenderá apenas a aliviar os sintomas, em vez de aliviar a causa do problema. (Algumas pessoas têm uma reação paradoxal aos BZs, durante a qual elas realmente se tornam *mais* emocionais ou impulsivas, embora isso tenda a acontecer com pouca frequência.) O embotamento emocional é um pouco menos provável com medicamentos antidepressivos, embora possa ocorrer.

O uso a longo prazo de BZs – isto é, mais de dois anos – às vezes é necessário em casos graves de pânico e ansiedade que não respondem a nenhum outro tipo de medicamento. Embora permita que muitas pessoas se tornem funcionais, o uso prolongado de BZs tem vários problemas. Muitos usuários de BZs a longo prazo, especialmente em doses mais altas, relatam que se sentem deprimidos e/ou menos vitais e enérgicos do que gostariam. É como se o medicamento tendesse a retirar deles um certo grau de energia. Com frequência, se conseguirem mudar para um medicamento antidepressivo para ajudar no manejo de sua ansiedade, eles recuperam um senso de vitalidade e entusiasmo pela vida. Muitos médicos atualmente consideram os BZs como mais apropriados para tratar em curto prazo a ansiedade e o estresse agudos do que condições mais duradouras, como a agorafobia, o transtorno de estresse pós-traumático ou o transtorno obsessivo-compulsivo. Sempre que possível, os transtornos de ansiedade crônicos e de longo prazo são tratados de maneira mais apropriada com antidepressivos ISRSs ou IRSNs. No entanto, há certas pessoas que parecem precisar tomar uma baixa dose de um BZ em longo prazo para funcionar. Elas aceitam o vício e outros efeitos colaterais em troca de proteção contra a ansiedade que não conseguiram gerenciar usando apenas técnicas naturais ou outros tipos de medicamentos. Se você tem mais de 50 anos e toma um medicamento BZ a mais de dois anos, deve fazer *check-ups* médicos periodicamente, incluindo uma avaliação da função hepática.

Antidepressivos inibidores da recaptação de serotonina-noradrenalina

Os antidepressivos IRSNs atuam bloqueando a recaptação de dois neurotransmissores importantes, serotonina e noradrenalina. Atualmente, os três IRSNs mais comumente utilizados são duloxetina, venlafaxina e desvenlafaxina. A desvenlafaxina é a forma espelhada da venlafaxina (como a molécula de venlafaxina se pareceria no espelho), e alguns afirmam que ela tem menos efeitos colaterais que a venlafaxina, embora não haja pesquisa sistemática sobre isso. Os IRSNs são medicamentos potentes e podem ser experimentados quando a resposta aos ISRSs é insuficiente. Eles são mais comumente usados para tratar depressão, transtorno de pânico e/ou transtorno de ansiedade generalizada, mas podem ser usados para tratar outros transtornos de ansiedade, como transtorno de ansiedade social generalizada ou TOC.

A principal vantagem dos IRSNs sobre os ISRSs é que eles podem estabilizar tanto o sistema de receptores noradrenérgicos quanto o de serotoninérgicos, em vez de apenas o sistema de serotonina. Assim, para certas pessoas, os IRSNs podem ter um efeito mais potente na redução da ansiedade do que os ISRSs. No entanto, isso está longe de ser sempre o caso, e muitos estudos mostram eficácia aproximadamente igual entre os ISRSs e os IRSNs. Eles têm as mesmas desvantagens dos ISRSs, com efeitos colaterais que incluem tontura, náuseas, fraqueza, boca seca, insônia e disfunção sexual. Como os ISRSs, a dose precisa ser reduzida gradualmente quando os IRSNs são descontinuados. A interrupção abrupta está associada a sintomas graves de abstinência.

Antidepressivos moduladores e estimuladores de serotonina

Os antidepressivos moduladores e estimuladores de serotonina (SMSs, do inglês *serotonin modulators and stimulators*) são uma classe relativamente nova de medicamentos que, além de promover a inibição da recaptação da serotonina, como os ISRSs, estimula a transmissão em um ou mais locais receptores de serotonina.

A vilazodona, com uma faixa de dose normal de 10 a 40 mg por dia, atua tanto como inibidor da recaptação de serotonina quanto como facilitador da ativação do receptor de serotonina 5-HT1A, um mecanismo de ação compartilhado com o medicamento redutor de ansiedade buspirona e o medicamento antipsicótico atípico aripiprazol.

A vilazodona foi aprovada nos Estados Unidos no início de 2011. Em setembro de 2011, a Food and Drug Administration (FDA) levantou questões sobre se ela mostrava alguma vantagem sobre os ISRSs disponíveis anteriormente e comumente utilizados. Alguns usuários relataram bons resultados com a vilazodona em relação tanto à ansiedade quanto à depressão, ao passo que outros relataram efeitos colaterais, como náuseas, diarreia, insônia e ganho de peso, levando-os a interromper a medicação. A vilazodona foi comercializada como tendo menos efeitos colaterais sexuais do que outros ISRSs, embora os resultados até agora mostrem que esse benefício não é relatado invariavelmente.

A vortioxetina, com uma faixa de dose normal de 5 a 20 mg por dia, foi introduzida nos Estados Unidos no final de 2013. É descrita como um antidepressivo multimodal, pois tem uma ação diferencial em diferentes tipos de receptores de serotonina. Especificamente, tem uma reação antagonista (inibitória) em relação aos receptores de serotonina 5-HT3A e 5-HT7, ao passo que tende a facilitar a neurotransmissão nos receptores 5-HT1A e 5-HT1B. Também é um inibidor potente da recaptação de serotonina, como os ISRSs típicos.

Pesquisas preliminares indicam que esses efeitos múltiplos em vários receptores de serotonina diferentes podem resultar em aumento de noradrenalina (como nos IRSNs) e dopamina (como nos estabilizadores de humor), bem como aumento da transmissão de glutamato. Portanto, o medicamento parece ter uma variedade de efeitos além da simples inibição da recaptação de serotonina.

Atualmente, a vortioxetina está sendo estudada quanto aos efeitos cognitivos potencialmente benéficos, além de seus efeitos antidepressivos, em pessoas idosas.

A levomilnaciprana foi aprovada nos Estados Unidos em 2013 para tratar a depressão maior. Ela também parece ter efeitos benéficos para transtornos de ansiedade. Está intimamente relacionada à milnaciprana (um medicamento frequentemente utilizado para o controle da dor, sobretudo na fibromialgia), que não é utilizada nos Estados Unidos. Sua ação primária é semelhante aos IRSNs, embora também tenha a capacidade de bloquear receptores NMDA, de forma semelhante a alguns anestésicos, bem como a cetamina, que será descrita posteriormente neste capítulo. Um receptor N-metil-D-aspartato (NMDA) é um tipo de *receptor de glutamato* no cérebro. Assim como os receptores de serotonina, noradrenalina e dopamina (sítios em células nervosas que se ligam a neurotransmissores químicos), os receptores de glutamato são outro tipo de receptor que foi descoberto que desempenha um papel importante em transtornos de ansiedade e humor.

Antidepressivos tricíclicos

Os antidepressivos tricíclicos incluem imipramina, nortriptilina, desipramina, clomipramina, amitriptilina e doxepina, entre outros. Esses medicamentos (sobretudo a imipramina) são às vezes usados para tratar ataques de pânico, quer esses ataques ocorram por si só, quer ocorram em associação com agorafobia. Os antidepressivos tricíclicos parecem reduzir tanto a frequência quanto a intensidade das reações de pânico para muitas pessoas. Eles também são eficazes na redução da depressão que frequentemente acompanha o transtorno de pânico e a agorafobia. Costumava-se acreditar que a imipramina era o antidepressivo mais eficaz para tratar o pânico, mas evidências mais recentes indicam que qualquer um dos medicamentos antidepressivos tricíclicos pode ser útil, dependendo do indivíduo. A clomipramina tende a ser especificamente útil no tratamento do TOC, embora esteja associada a vários efeitos colaterais.

Os antidepressivos tricíclicos têm sido menos utilizados desde a década de 1990 em comparação com os antidepressivos ISRSs, uma vez que tendem a ter efeitos colaterais mais problemáticos. Por exemplo, em estudos com imipramina, geralmente cerca de um terço dos participantes desiste devido à intolerância aos efeitos colaterais (apenas cerca de 10% desistem em estudos usando ISRSs). Em contrapartida, os antidepressivos tricíclicos são às vezes uma escolha melhor do que os ISRSs para certas pessoas, pois a maioria deles (exceto clomipramina) modifica um sistema de receptores diferente no cérebro (o sistema noradrenérgico, em vez do sistema serotoninérgico, embora alguns dos tricíclicos afetem ambos os sistemas, serotoninérgico e noradrenérgico). Assim como os ISRSs, os antidepressivos tricíclicos são mais bem tolerados quando se começa com uma dose muito baixa (p. ex., 5 mg por dia de imipramina) e gradualmente se aumenta para um nível terapêutico (aproximadamente 100 a 200 mg por dia).

Vantagens

Os antidepressivos tricíclicos, assim como os ISRSs, não levam à dependência física. Eles têm um efeito benéfico na depressão, bem como no pânico e na ansiedade. Eles bloqueiam ataques de pânico, mesmo se você não estiver deprimido. Em virtude de serem disponíveis em formas genéricas, são econômicos.

Desvantagens

Os antidepressivos tricíclicos (ao contrário dos ISRSs) tendem a produzir efeitos colaterais anticolinérgicos, incluindo boca seca, visão turva, tontura ou desorientação e hipotensão postural (causando tontura). Ganho de peso e disfunção sexual também podem ocorrer. Com a imipramina, em particular, a ansiedade pode *aumentar* nos primeiros dias de administração. Com a clomipramina (eficaz para TOC), os efeitos colaterais podem ser particularmente incômodos.

Embora esses efeitos colaterais tendam a diminuir após uma ou duas semanas, eles persistem para 25 a 30% das pessoas que tomam antidepressivos tricíclicos após o período de ajuste inicial.

Assim como os ISRSs, os antidepressivos tricíclicos levam cerca de três a quatro semanas para oferecer benefícios terapêuticos. Embora capazes de bloquear ataques de pânico, esses medicamentos podem não ser tão eficazes quanto ISRSs e tranquilizantes BZs na redução da ansiedade antecipatória sobre a possibilidade de ter um ataque de pânico ou ter de enfrentar uma situação fóbica.

Por fim, cerca de 30 a 50% das pessoas terão recaída (experimentarão um retorno dos sintomas de pânico ou ansiedade) após a descontinuação de medicamentos antidepressivos tricíclicos. No entanto, essa taxa de recaída é muito menor do que a que ocorre quando os BZs são descontinuados.

Antidepressivos inibidores da monoaminoxidase

Se você já experimentou ISRSs, IRSNs, moduladores SMS e antidepressivos tricíclicos de maneira adequada e ainda não obteve benefícios, seu médico pode tentar a classe mais antiga de medicamentos antidepressivos, os inibidores da monoaminoxidase (IMAOs). Fenelzina é o IMAO mais comumente utilizado para tratar o pânico, embora a tranilcipromina às vezes seja utilizada. Apesar dos IMAOs serem medicamentos potentes, eles são frequentemente os últimos a serem experimentados, visto que podem causar aumentos graves ou até fatais na pressão arterial quando combinados com 1) alimentos que contêm o aminoácido tiramina, como vinho, queijos envelhecidos e certas carnes, e 2) certos medicamentos, incluindo alguns analgésicos de venda livre. Se você estiver tomando um IMAO, deve estar sob rigorosa supervisão do seu médico.

Vantagens

Os IMAOs têm um efeito potente no bloqueio do pânico e, às vezes, são eficazes quando outros tipos de antidepressivos falharam. Há também algumas pesquisas que indicam que eles são úteis no tratamento da fobia social, sobretudo a fobia social generalizada (tendência a ter fobia de uma ampla variedade de situações interpessoais). Eles também podem ajudar na depressão grave que não respondeu a outras classes de antidepressivos.

Desvantagens

Os efeitos colaterais incluem ganho de peso, hipotensão (pressão arterial baixa), disfunção sexual, dor de cabeça, fadiga e insônia. Esses efeitos podem ser mais pronunciados durante a terceira e a quarta semanas de tratamento e provavelmente diminuirão.

Restrições dietéticas são críticas. Ao tomar um IMAO, você precisa evitar alimentos que contenham tiramina, incluindo a maioria dos queijos, iogurte caseiro, a maioria das bebidas alcoólicas, carnes e peixes envelhecidos, fígado, bananas maduras e certos vegetais. Medicamentos para resfriado de venda livre, pílulas dietéticas e certos anti-histamínicos também precisam ser evitados. Anfetaminas prescritas e ISRSs ou antidepressivos tricíclicos também devem ser evitados.

Outros antidepressivos

Outros medicamentos antidepressivos ocasionalmente utilizados em transtornos de ansiedade incluem mirtazapina, bupropiona e trazodona. A mirtazapina é classificada como um antidepressivo noradrenérgico e serotoninérgico específico (NaSSA, do inglês *noradrenergic and specific serotonergic antidepressant*) e, assim como a venlafaxina, tem uma ação dupla, aumentando os níveis de noradrenalina e serotonina na sinapse. A mirtazapina é muito sedativa em doses mais baixas e pode ser usada para promover o sono. Em doses mais altas, é um antidepressivo eficaz e pode ser usado quando a venlafaxina não é bem tolerada. Psiquiatras às vezes o usam em combinação com um ISRS, como paroxetina ou citalopram, para potencializar os efeitos antiansiedade e/ou antidepressivos do ISRS, uma estratégia chamada de *acréscimo*.

A bupropiona é frequentemente utilizada para a depressão, mas pode ser difícil para pessoas com transtornos de ansiedade tolerarem, pois seus efeitos colaterais podem incluir ansiedade e insônia. Do ponto de vista positivo, a bupropiona é um dos poucos antidepressivos que não têm efeitos colaterais sexuais.

A trazodona é o medicamento antidepressivo mais antigo que existe desde o início da década de 1980. Embora não seja frequentemente prescrita para ansiedade, pode ser um sedativo altamente eficaz para muitas pessoas. Tem a vantagem de ser menos viciante (ao contrário de sedativos como temazepam, zolpidem ou eszopiclona) e pode ser mais potente para algumas pessoas do que sedativos naturais, como melatonina e triptofano. Seus efeitos colaterais são semelhantes aos listados para os antidepressivos tricíclicos.

Betabloqueadores

Embora existam vários medicamentos bloqueadores beta-adrenérgicos (popularmente chamados de *betabloqueadores*), os três mais comumente utilizados para transtornos de ansiedade são propranolol, atenolol e metoprolol. Esses medicamentos podem ser úteis para condições de ansiedade com sintomas corporais marcados, especialmente palpitações cardíacas (batimento cardíaco rápido ou irregular) e transpiração. Os betabloqueadores são muito eficazes em bloquear essas manifestações periféricas de ansiedade, mas são menos eficazes em reduzir a experiência interna de ansiedade mediada pelo sistema nervoso central. Propranolol ou metoprolol podem ser utilizados em combinação com um tranquilizante BZ, como o alprazolam, no tratamento do transtorno de pânico quando as palpitações cardíacas são proeminentes.

Por si só, os betabloqueadores são frequentemente administrados em uma única dose (p. ex., 20 a 40 mg de propranolol; 25 a 50 mg de metoprolol) para aliviar os sintomas corporais de ansiedade (batimento cardíaco rápido, tremores ou rubor) antes de uma situação de alto desempenho, como falar em público, fazer uma entrevista de emprego, fazer exames finais ou fazer uma apresentação musical. Os betabloqueadores também são frequentemente utilizados para tratar o prolapso da válvula mitral, uma arritmia cardíaca benigna que às vezes acompanha o transtorno de pânico.

Embora esses medicamentos sejam relativamente seguros, eles podem, em doses mais altas, causar efeitos colaterais, como a diminuição excessiva da pressão arterial (causando tontura ou vertigem), fadiga e sonolência. Em algumas pessoas, eles também podem causar uma leve depressão. Ao contrário dos tranquilizantes, esses medicamentos não tendem a ser fisicamente viciantes. Ainda assim, se você os estiver tomando por um tempo, é preferível reduzir gradualmente a dose para evitar elevações de pressão arterial ao interrompê-los. Os betabloqueadores não são recomendados para pessoas com asma ou outras doenças respiratórias que causam chiado, ou para diabéticos.

Buspirona

A buspirona está disponível há mais de 30 anos. Até o momento, foi considerada útil para diminuir a ansiedade generalizada, mas é menos eficaz na redução da frequência ou da intensidade de ataques de pânico. Algumas pesquisas indicam que a buspirona pode ser útil no tratamento da fobia social ou para potencializar os efeitos dos medicamentos ISRSs usados no tratamento de transtornos de ansiedade. Alguns profissionais preferem a buspirona ao alprazolam (e outros BZs) para tratar a ansiedade generalizada, pois ela é menos propensa a causar sonolência e não causa dependência. Há pouco risco de você se tornar fisicamente dependente da buspirona ou precisar de um longo período para descontinuar seu uso. Pesquisas recentes, no entanto, não constataram que a buspirona seja mais eficaz do que os ISRSs no tratamento de transtornos de ansiedade.

Uma dose comum inicial para a buspirona é de 5 mg duas ou três vezes ao dia. Leva de duas a três semanas antes que o efeito ansiolítico completo desse medicamento seja alcançado. Algumas pessoas com ansiedade generalizada respondem bem à buspirona, ao passo que outras relatam efeitos colaterais (letargia, náuseas, tontura ou ansiedade paradoxal).

Outros medicamentos utilizados para tratar a ansiedade

Quando os medicamentos antidepressivos e/ou tranquilizantes BZs são ineficazes ou não totalmente eficazes no tratamento do transtorno de pânico, os psiquiatras podem tentar outros medicamentos, como ácido valproico, gabapentina, tiagabina ou pregabalina. Embora tais medicamentos sejam frequentemente usados para tratar transtornos epilépticos ou transtorno bipolar, eles também têm um efeito ansiolítico. Acredita-se que funcionem aumentando a atividade do neurotransmissor GABA (ácido gama-aminobutírico) no cérebro. (A tiagabina é, na verdade, um inibidor seletivo da recaptação de GABA.) Certas pessoas, mais frequentemente aquelas com transtorno de ansiedade generalizada, parecem se beneficiar de um ou outro desses medicamentos, tomados sozinhos ou com um antidepressivo ISRS. As faixas de dose eficazes para o ácido valproico são de 700 a 1.500 mg por dia; da gabapentina, de 300 a 1.800 mg por dia; da tiagabina, de 4 a 10 mg por dia; e da pregabalina, de 150 a 300 mg por dia.

A vantagem desses medicamentos é que eles agem rapidamente, não são viciantes e não estão associados a efeitos colaterais sexuais. Muitas pessoas recebem ajuda genuína desses medicamentos. Em contrapartida, algumas pessoas relatam que a gabapentina ou a tiagabina as fazem se sentir cansadas, letárgicas ou ocasionalmente nauseadas. O ácido valproico geralmente é bem tolerado, mas foi associado a problemas no fígado em algumas pessoas (portanto, precisa de monitoramento). Se você não teve uma boa resposta aos antidepressivos e deseja evitar os problemas viciantes associados aos BZs, vale a pena experimentar esses medicamentos.

Canabidiol

Canabidiol (CBD) é um composto que pode ser derivado da planta de *cannabis*, sendo um dos mais de 104 compostos químicos conhecidos como canabinoides encontrados na planta. É importante distinguir o canabidiol do THC (tetra-hidrocanabinol), o ingrediente *psicoativo* de uma cepa específica da *cannabis* associado à "viagem" causada pelo consumo de maconha. Canabidiol e maconha derivam de *cepas diferentes* da mesma espécie de *cannabis, Cannabis sativa*. A cepa da planta que produz a maconha tem altas concentrações de THC e pode ser vendida como ingrediente ativo em produtos, como biscoitos, de forma distinta das folhas secas utilizadas em cigarros de maconha (popularmente chamados de "baseados", entre outros termos).

Todos os produtos químicos canabinoides, incluindo o THC, se ligam a um conjunto específico de *receptores de canabinoides* no cérebro. Embora haja mais de uma década de pesquisa sobre o THC e suas propriedades psicoativas, pesquisas mais recentes, desde 2011, sobre os compostos de canabidiol não psicoativos têm mostrado resultados promissores tanto para o alívio da dor quanto para ajudar nos transtornos de ansiedade e humor.

O óleo de canabidiol (CBD) é feito extraindo-se o canabidiol da planta de *cannabis* e, em seguida, diluindo-o com um óleo veicular, como o de coco ou de semente de cânhamo.

O CBD tem recebido mais atenção recentemente no mundo médico e da saúde, com alguns estudos confirmando que pode ajudar a tratar uma variedade de doenças, como dor crônica e ansiedade. Além disso, ele tem sido mais amplamente disponibilizado sem receita médica nos últimos anos – consideravelmente mais do que a maconha ou os produtos contendo THC.

Alívio da dor

Certos componentes da planta de maconha, incluindo o CBD, parecem demonstrar efeitos analgésicos. Estudos mostraram que o CBD pode ajudar a reduzir a dor crônica e a inflamação, aumentando a atividade dos receptores de endocanabinoides.

Como mencionado, o cérebro tem seu próprio *sistema de receptores de canabinoides* integrado. Isso é às vezes chamado de sistema endocanabinoide (ECS, do inglês *endocannabinoid system*) e desempenha diversas funções, incluindo a regulação de dor, ansiedade, sono, apetite e, até mesmo, de atividades do sistema imunológico. Os *endocanabinoides* são neurotransmissores produzidos pelo cérebro que ajudam a ligar compostos de canabidiol ingeridos a locais específicos de receptores, onde têm uma ação redutora da dor e antiansiolítica. Muitos dos receptores específicos de CBD estão concentrados em partes do cérebro que ativam tanto a dor quanto a ansiedade, como a amígdala, o hipocampo, o núcleo caudado e as áreas cinguladas.

Estudos preliminares com roedores demonstraram a eficácia dos CBDs na redução da dor. Quando ratos receberam injeções de CBD para reduzir a dor de incisões cirúrgicas, demonstraram sensibilidade à dor reduzida. Ratos com dor no nervo ciático também mostraram sensibilidade à dor reduzida em resposta a injeções de CBD. Estudos em seres humanos mostraram que o CBD pode ser eficaz no controle da dor relacionada à esclerose múltipla e até mesmo à artrite.

Tratamento de ansiedade e depressão

Transtornos de ansiedade e de humor afetam uma proporção muito grande da população global. Como mencionado no prefácio deste livro, a incidência anual de transtornos de ansiedade e de humor no mundo é de pelo menos 18%, aproximando-se de uma em cada cinco pessoas.

Historicamente, ansiedade e depressão têm sido tratadas por meio de uma combinação de terapia cognitivo-comportamental e/ou medicamentos psicoativos, geralmente ISRSs ou IRSNs, conforme descrito anteriormente neste capítulo. Embora muitas vezes sejam úteis, esses medicamentos também podem causar vários efeitos colaterais, incluindo sonolência, agitação, insônia, disfunção sexual e dor de cabeça (ver seção anterior sobre ISRSs). Além dos ISRSs e IRSNs, sabe-se que tranquilizantes como BZs são amplamente eficazes na redução da ansiedade, com efeitos colaterais mínimos. A desvantagem deles é que podem se tornar viciantes e levar à dependência ou ao abuso.

Nos últimos anos, o óleo de CBD tem mostrado crescente popularidade como tratamento natural tanto para a depressão quanto para a ansiedade. Tornou-se uma alternativa natural aos medicamentos prescritos, sendo cada vez mais acessível. Alguns clientes deste autor relataram benefícios do óleo de CBD para ajudar a mitigar seus sintomas de ansiedade. Estudos controlados por placebo sobre o óleo de CBD mostraram redução da ansiedade, do comprometimento cognitivo e do desconforto geral com o uso recorrente do óleo.

O óleo de CBD também tem sido utilizado para tratar insônia e ansiedade em crianças com TEPT. Até o momento, os efeitos antidepressivos do CBD foram demonstrados principalmente em estudos com animais. Além disso, o CBD é capaz de modificar a atividade dos receptores de serotonina no cérebro, um efeito há muito reconhecido na redução da depressão e dos transtornos de humor.

Em suma, o óleo de CBD se destaca em estudos com animais e seres humanos na atenuação dos sintomas de ansiedade e depressão. Os benefícios obtidos com o uso de extratos padronizados de óleo de CBD tendem a variar de pessoa para pessoa.

Uma ressalva é que a eficácia no tratamento da ansiedade e da depressão foi demonstrada para o CBD a *curto prazo*. Pesquisas em andamento estão examinando os benefícios do uso a *longo prazo* do CBD.

Por fim, lembre-se de duas considerações importantes antes de usar o CBD. Primeiro, como mencionado anteriormente, mesmo que o CBD esteja disponível *on-line*, os diferentes estados nos Estados Unidos, por exemplo, variam em sua permissividade em relação ao seu uso, principalmente em virtude de sua associação com o THC, que é muito mais regulamentado, especialmente em alguns estados norte-americanos. Segundo, esteja ciente da dose que você recebeu e da frequência recomendada de dosagem. Esteja ciente também de que, como a maioria dos suplementos, os diferentes produtos de CBD podem variar em sua pureza (talvez dependendo do óleo carreador utilizado). A quantidade de CBD exibida no rótulo de um produto pode variar em relação à quantidade real contida no produto. Recomenda-se que você converse com um profissional de saúde que seja experiente e bem versado no uso do óleo de CBD e em sua dosagem adequada antes de começar a usá-lo. O campo do uso de CBD está evoluindo rapidamente, então melhorias na disponibilidade, na qualidade, na pureza e na variedade de produtos de óleo de CBD ocorrerão com maior rapidez nos próximos anos. Como mencionado, alguns clientes deste autor relataram ter obtido ajuda com seus problemas de ansiedade por meio do uso do óleo de CBD.

Maconha recreativa e medicinal

A maconha recreativa tem sido utilizada há mais de 70 anos para buscar um "barato" que muitos usuários afirmam ser satisfatório. Esse efeito é produzido por um composto psicoativo na maconha chamado de THC (tetra-hidrocanabinol). Atualmente, a maconha recreativa é legal em 10 estados dos Estados Unidos quando obtida de um dispensário registrado. A maconha medicinal, ou seja, a maconha obtida mediante prescrição em um dispensário de maconha medicinal, é atualmente legal em 30 estados e em Washington, DC. Esses números provavelmente terão mudado até você ler este capítulo. Há um amplo apoio entre a população norte-americana para os usos medicinais de produtos à base de THC, bem como para a maconha recreativa. A maconha recreativa foi legalizada no Canadá no final de 2018, embora regulamentos e disponibilidade variem por província. Nos Estados Unidos, existe um conflito entre o governo estadual e o governo federal, pois a maconha continua sendo uma droga da Tabela I, de acordo com a FDA, estando agrupada na mesma categoria que opiáceos. Assim, enquanto o uso recreativo é atualmente legal em 10 estados e o uso medicinal por prescrição é legal em cerca de 30 estados, ainda é ilegal a nível federal usar maconha ou produtos contendo THC, o que gera conflitos para algumas pessoas quanto às regulamentações estaduais e federais. Muitos usuários recreativos ignoram o conflito, já que hoje (desde 2019), a posse e o uso de pequenas quantidades de maconha recreativa muito raramente são julgados, ao contrário do que ocorria uma ou duas décadas atrás. A situação tanto da maconha recreativa quanto da medicinal está mudando rapidamente e varia de estado para estado, de país para país; os números relatados neste capítulo provavelmente estarão desatualizados após 2020 ou 2021.

Maconha e ansiedade

O mais importante para a discussão deste capítulo, com base em pesquisas preliminares e muitas informações anedóticas, é que o uso de maconha ou produtos contendo THC para ansiedade resultou em avaliações extremamente mistas. Algumas pessoas com transtornos de ansiedade relatam um efeito temporário de calma e relaxamento. Outras relatam exatamente o oposto. A maconha aumenta diretamente a ansiedade delas ou a tendência a reagir com ansiedade ao estado alterado de consciência que a maconha frequentemente produz. Algumas pessoas ansiosas até relataram experiências altamente angustiantes semelhantes a uma "viagem ácida", levando a ataques de pânico e a um nível mais alto e adverso de ansiedade generalizada que pode durar semanas.

As pesquisas sobre maconha e ansiedade já começaram, mas, com base em relatos que o autor recebeu de clientes, o CBD (livre de THC) parece ser uma alternativa muito mais segura para ansiedade e transtornos de ansiedade do que a maconha ou produtos contendo THC. Além dos potenciais efeitos adversos na ansiedade, o uso prolongado de maconha está associado a uma série de efeitos colaterais. Estes incluem desenvolvimento de tolerância (necessitando de doses mais altas ou mais frequentes), déficits cognitivos reversíveis (déficits de raciocínio que diminuem com a cessação do uso), *síndrome amotivacional* (redução recorrente da motivação) e, com o uso de doses muito potentes (muitas vezes, não identificadas em fontes recreativas), ocorrência de alucinações ou reações psicóticas breves. Mesmo se obtida em um dispensário, os níveis de THC na maconha hoje *variam de 12 a 25%*, ao passo que os níveis médios de THC na maconha eram de cerca de 4% há 20 anos. Fontes clandestinas de THC devem ser especialmente evitadas, pois podem ser combinadas com outras substâncias potencialmente provocadoras de ansiedade ou tóxicas.

Para resumir, aqui estão algumas informações importantes sobre maconha e ansiedade:

- A maconha pode proporcionar alívio temporário dos sintomas de ansiedade para algumas pessoas, mas, para outras, pode causar aumento da ansiedade e até mesmo ataques de pânico.
- Para algumas pessoas, a abstinência de maconha (assim como no caso do álcool) pode resultar em ansiedade grave. Se você usar maconha por um longo tempo e parar de repente, pode ter uma reação severa de ansiedade.
- Outra questão é que pessoas com ansiedade que são acalmadas pela maconha podem tender a se entregar excessivamente a ela como uma forma de automedicação, levando eventualmente à dependência e ao abuso de substâncias.
- Por fim, assim como ocorre com o álcool, intoxicação por maconha e direção não **se** misturam.

Tratamento da depressão com cetamina

A cetamina está por aí há muito tempo, geralmente administrada por infusão intravenosa. Foi aprovada pela FDA na década de 1970 para uso como anestésico veterinário, especialmente em doses mais altas. A cetamina teve uma variedade de usos, incluindo depressão resistente ao tratamento (DRT) e, sobretudo, ideação suicida. Ela é definitivamente relevante para pessoas que lutam contra transtornos de ansiedade. Vários estudos constataram que cerca de 50% (ou, em alguns estudos, mais de 50%) das pessoas lidando com transtornos de ansiedade também enfrentam depressão. Em casos mais graves de TOC e TEPT, a comorbidade com a depressão chega a 70 ou 80%.

A cetamina também está disponível no mercado ilegal de drogas como uma droga recreativa. Em doses mais altas, ela produz uma sensação de dissociação ou despersonalização que certos usuários veem como um "barato".

Atualmente, a cetamina, administrada por infusão intravenosa, está sendo utilizada como tratamento não convencional para depressão maior e depressão resistente ao tratamento (DRT) em mais de duzentos hospitais e clínicas médicas nos Estados Unidos. No momento da publicação deste livro, ela está em fase experimental para o tratamento de ansiedade e transtornos de ansiedade, mas é relevante, como mencionado, porque muitas pessoas com transtornos de ansiedade também lutam contra a depressão. Atualmente, o grau de padronização e qualidade do atendimento oferecido em clínicas de cetamina é variável e não é bem monitorado.

Muitos profissionais consideram a cetamina um tratamento de segunda linha a ser utilizado depois que um cliente teve resposta nominal ou efeitos colaterais excessivos em resposta a medicamentos antidepressivos convencionais, como ISRSs, IRSNs ou medicamentos moduladores de SMS, como vortioxetina. Existem duas vantagens amplamente reconhecidas da cetamina. Em primeiro lugar, ela tem um início de eficácia mais rápido em relação à maioria dos medicamentos antidepressivos. A melhoria nos sintomas depressivos pode aparecer dentro de 24 horas após a administração, ao contrário de duas a três semanas, como ocorre com a maioria dos medicamentos antidepressivos tradicionais. Em segundo lugar, a cetamina é considerada superior à eletroconvulsoterapia (ECT). Embora a ECT também tenha um início rápido de eficácia, com frequência tem efeitos colaterais significativos, especialmente perda temporária de memória de eventos até um dia ou mais antes da administração da ECT em muitos pacientes que a recebem.

Medicamentos antidepressivos comuns da classe dos ISRSs e IRSNs têm um longo período até que a eficácia se manifeste, pois eles diminuem os receptores de serotonina e noradrenalina de forma gradual em áreas do cérebro em que tais receptores são comuns, como o sistema límbico e o córtex pré-frontal. A cetamina funciona de maneira bem diferente. Embora sua ação ainda não seja totalmente compreendida, ela parece atuar bloqueando os receptores N-metil-D-aspartato (NMDA) no cérebro, aumentando, assim, o acesso ao neurotransmissor *glutamato*.

Em estudos com animais, sabe-se que o estresse contribui para a perda da liberação de glutamato e a recaptura de glutamato no córtex pré-frontal e no hipocampo. O estresse de longo prazo, por sua vez, pode levar à *perda de interconectividade dos neurônios* no córtex pré-frontal. O uso contínuo de cetamina tende a *reverter* esses efeitos, levando à neurogênese e ao aumento da conectividade dentro do córtex pré-frontal. Mais importante, parece que uma das muitas biomarcas cerebrais do transtorno depressivo maior é a diminuição da conectividade entre os neurônios pré-frontais. A cetamina ajuda a reverter isso.

Uso recente de cetamina

No momento da publicação deste livro, as infusões intravenosas de cetamina para depressão ainda são consideradas experimentais, e seu uso no tratamento da depressão maior é extrabula. Suas principais vantagens incluem a capacidade de melhorar o resultado na DRT que não respondeu a múltiplos cursos de medicamentos antidepressivos convencionais, incluindo ISRSs, IRSNs e outros antidepressivos atípicos, como a vortioxetina. Seu início de ação rápida é especialmente importante para fornecer alívio imediato dos sintomas debilitantes da depressão e, *de especial importância, diminuir tanto a ideação suicida quanto o risco de suicídio em pacientes que estão explicitamente suicidas.*

As empresas farmacêuticas reconheceram o potencial de antidepressivos de ação rápida e estão experimentando-os com diferentes vias de administração, incluindo intranasal, oral, intramuscular e sublingual. Elas também estão trabalhando em medicamentos derivados da cetamina que podem evitar os efeitos colaterais dissociativos da cetamina convencional.

Atualmente, *dois tipos principais* de cetamina são utilizados para tratar a depressão maior que não respondeu a dois ou mais medicamentos ISRSs, IRSNs ou outros antidepressivos (uma síndrome conhecida como DRT).

1. As infusões intravenosas de cetamina descritas anteriormente são utilizadas em muitas clínicas médicas como um remédio de ação rápida para a DRT. A cetamina intravenosa é uma mistura de duas moléculas de imagem espelhada: R-cetamina e S-cetamina. Embora a cetamina tenha sido aprovada há décadas como anestésico, a FDA continua a ver os tratamentos intravenosos para a *depressão* como um uso "extrabula".
2. A escetamina, uma forma diferente de cetamina, é administrada como um *spray* nasal. Contém apenas a molécula S-cetamina.

Pessoas que desejam usar o *spray* nasal de escetamina devem fazê-lo em um consultório médico sob supervisão médica. O profissional de saúde é obrigado a monitorar uma pessoa que usa o *spray* de escetamina por 2 horas após cada uso. Isso ocorre principalmente devido à possibilidade de efeitos colaterais, como tontura, dissociação ou experiências de despersonalização, que podem ser muito desconfortáveis para algumas pessoas e interferir na atenção e no julgamento. Os usuários não têm permissão para levar o *spray* para casa e são aconselhados a não dirigir por 24 horas após a administração do *spray* nasal de escetamina.

Em muitos casos, o uso de infusões de cetamina ou *sprays* nasais de escetamina pode ser bem caro. A cobertura do seguro-saúde para a cetamina nos Estados Unidos é, no momento, muito irregular, com diferenças na cobertura dependendo do estado, bem como da duração do tratamento.

Efeitos colaterais de cetamina e escetamina

Até o momento, há vários *aspectos negativos* no uso de cetamina que foram relatados:

- Aproximadamente 60% dos pacientes que recebem cetamina experimentam uma remissão rápida, mas com frequência temporária, da depressão grave. Isso pode ser devido à duração insuficiente do tratamento com cetamina. Pesquisas em andamento que utilizam uma série de tratamentos ao longo de vários meses demonstraram uma probabilidade maior (embora não certa) de resposta positiva em longo prazo, sem a necessidade de continuar recebendo doses de cetamina indefinidamente.
- Durante ou após a administração, a cetamina pode causar respostas dissociativas, em que o receptor tem experiências desconcertantes do tipo "fora do corpo" ou de despersonalização. (Para pessoas que usam a cetamina de forma recreativa, esses tipos de experiências de despersonalização são realmente buscados como uma espécie de "barato".) Uma advertência importante é que o uso da cetamina comum, assim como da perigosa droga de rua fentanil, pode levar a problemas muito graves, até mesmo com risco à vida.
- Embora as experiências dissociativas possam ser muito desconfortáveis para as pessoas, a ocorrência de sintomas dissociativos está, de fato, positivamente correlacionada com um bom resultado no tratamento com cetamina. A gravidade das experiências dissociativas é dependente da dose.
- No momento da publicação deste livro, nem todas as clínicas de cetamina são iguais. Algumas têm profissionais que não são totalmente treinados na administração de cetamina. Portanto, cabe ao consumidor avaliar a qualidade de qualquer clínica específica. Esperançosamente, a FDA estabelecerá pelo menos um sistema de relatórios voluntários, para que dados de resultados e relatos de reações adversas estejam disponíveis para todos os profissionais que administram a cetamina.
- Alguns estudos com animais mostraram que a administração repetida e a longo prazo de cetamina pode causar efeitos de excitotoxicidade – ou seja, efeitos adversos aos neurônios devido à estimulação excessiva. A pesquisa sobre os efeitos de tratamentos repetidos com cetamina ainda está em andamento no momento.
- As doses e a frequência de infusão ou *spray* nasal parecem variar de uma clínica para outra e, no momento da publicação deste livro, não parece haver um modelo totalmente padronizado de "melhores práticas" para o uso de cetamina.

Conclusão

Nos últimos anos, o uso de cetamina no tratamento da depressão maior e da DRT tornou-se generalizado nos Estados Unidos e na Europa. A cetamina tem a vantagem de um início de ação rápido em comparação com a maioria dos medicamentos antidepressivos convencionais. Isso é um benefício importante para pessoas que estão ativamente suicidas. No entanto, no momento da publicação deste livro, as infusões de cetamina ainda são amplamente consideradas um tratamento experimental para a depressão. Até 2019, a FDA aprovou o uso de *sprays* nasais de escetamina sob rigorosa supervisão médica. Como mencionado, o *spray* nasal de escetamina contém apenas uma das duas moléculas da cetamina – ou seja, apenas a S-cetamina, e não ambas as formas da molécula, R-cetamina e S-cetamina, como nas infusões intravenosas. Pessoas e famílias que desejam usar a cetamina no tratamento da depressão devem avaliar cuidadosamente a qualidade do treinamento e da experiência dos profissionais em sua clínica de escolha.

A decisão de usar medicamentos: o que considerar

A decisão de incluir medicamentos no seu esforço para se recuperar da ansiedade envolve muitas considerações. Em primeiro lugar, é sempre uma decisão a ser tomada em consulta com o seu médico. Seu médico, preferencialmente um psiquiatra, deve ser conhecedor e experiente no tratamento de transtornos de ansiedade e deve trabalhar com você de maneira colaborativa (não autoritária). Em segundo lugar, sua decisão depende de vários fatores pessoais, incluindo 1) a gravidade do seu problema com ansiedade, 2) sua perspectiva pessoal e seus valores em relação à medicação e 3) sua paciência, que pode ser testada nas situações em que várias medicações precisam ser experimentadas consecutivamente antes que a certa para você seja encontrada.

Desconfie de respostas padronizadas e generalizações simples ao considerar seguir um curso de medicação ou experimentar substâncias mais recentes para tratar ansiedade e depressão, como CBD ou cetamina. As 12 vinhetas a seguir ilustram a gama complexa de situações que podem levar uma pessoa a decidir a favor ou contra o uso de medicação.

1. Um médico ocupado tem numerosos deveres no trabalho, em casa e em sua comunidade. Ele reserva tempo para meditar, correr, expressar sentimentos e trabalhar com diálogo interno, mas ainda tem ataques de pânico debilitantes. Ele descobre que um antidepressivo ISRS o ajuda a dormir melhor e a realizar suas responsabilidades diárias com menos ansiedade.
2. Uma mãe que ficou confinada em casa com agorafobia por muito tempo tem dificuldade para começar a terapia de exposição. Ela descobre que tomar um medicamento ISRS a ajuda a começar. Após um ano de exposição, ela está confiante o suficiente para continuar sem medicação.
3. Uma secretária, que estava tomando medicamentos para ansiedade e depressão em associação há um ano, descobre que está grávida. Ela interrompe a medicação e suporta sintomas intensificados por nove meses para ter um bebê saudável.
4. Um homem passando por um divórcio tem um ataque cardíaco seguido de ansiedade e depressão mistas. Embora tenha sido contrário ao uso de medicamentos até esse momento, ele decide depender de um medicamento BZ para ajudá-lo a enfrentar essa grave crise.
5. Uma mulher que acabou de ser promovida a um emprego mais exigente descobre que sua mãe morreu. Ela opta por tomar medicamentos por vários meses para lidar com as circunstâncias estressantes de sua vida.
6. Um quiroprático que ministra aulas de nutrição e está profundamente envolvido em práticas de saúde alternativas tem TOC. Ele descobre que precisa tomar um antidepressivo ISRS em uma dose mais alta para lidar com seu trabalho.
7. Uma estudante que decide se inscrever em um programa de certificação para ser acupunturista tem um forte desejo, apesar de seus ataques de pânico, de adotar apenas métodos naturais (como ervas, alimentação, *tai chi* e meditação) para lidar

com sua ansiedade. Ela decide se abster de usar medicamentos prescritos, mas consegue obter algum alívio de sua ansiedade por meio do uso de CBD.
8. Um homem que tem tomado vários antidepressivos ISRS para transtorno de pânico por mais de cinco anos quer avaliar como se sairia sem medicação. Ele interrompe o uso de medicação ao longo de dois meses e se sai bem.
9. Uma usuária de longa data de BZs sente que eles a estão deixando deprimida e decide que preferiria ter alguma ansiedade e intensidade emocional em sua vida do que se sentir amortecida ou sem energia devido a um tranquilizante. Ela reduz gradualmente o uso de BZ ao longo de um período prolongado de 6 meses.
10. Um pastor com transtorno de pânico não consegue tolerar nenhum medicamento antidepressivo. Ele descobre que consegue funcionar melhor tomando uma baixa dose de um tranquilizante todos os dias em longo prazo.
11. Uma mulher que se sente suicida após a morte súbita do marido obtém alívio relativamente rápido de seus pensamentos suicidas e da depressão ao receber infusões de cetamina em uma clínica de cetamina registrada.
12. Um alcoólatra em recuperação com dois anos de sobriedade começa a tomar alprazolam para lidar com sua ansiedade. Dentro de dois meses, ele começa a aumentar a dose. Tanto seu médico quanto seus amigos do programa de 12 passos o aconselham a interromper a medicação. No interesse de manter o compromisso com um estilo de vida livre de substâncias, ele o faz.

Se você está considerando iniciar uma medicação prescrita ou experimentar um medicamento sem prescrição, como o CBD, os dois fatores mais importantes a serem considerados ao tomar uma decisão para si mesmo são seus próprios *valores pessoais* e a *gravidade da sua condição*. Cada um desses fatores é considerado a seguir.

Valores pessoais

Quais são seus valores pessoais em relação à medicação? Você está aberto a incluir medicação como parte do seu programa de recuperação, ou sente fortemente vontade de aderir apenas a métodos naturais? Enquanto seus sintomas podem justificar experimentar medicação e seu médico pode encorajá-lo a fazê-lo, a decisão é, em última instância, sua. Se você estiver comprometido com o ideal de cura natural sem o auxílio de medicação, essa é uma opção perfeitamente legítima. No extremo oposto, há pessoas que não têm interesse ou motivação suficientes para dedicar tempo e esforço à prática diária de técnicas de relaxamento, exercícios, exposição e habilidades cognitivas. Elas buscam alívio imediato dos sintomas por meio do uso de medicamentos. Em muitos casos, essa também é uma escolha viável. Não cabe a ninguém julgar a decisão de uma pessoa de buscar alívio dos transtornos de ansiedade por meio da medicação. Os medicamentos certamente proporcionam grande alívio para muitas pessoas.

Ao fazer uma escolha sobre depender de medicação prescrita, é importante ter todas as informações necessárias para tomar a decisão mais informada e esclarecida possível. Tal decisão não deve ser baseada apenas no impulso – por exemplo, no desejo de tomar uma dose elevada de medicação para eliminar todos os sintomas de ansiedade o mais rápido possível. Tampouco deve ser baseada no medo ou na evitação da medicação porque você tem uma fobia dela. O propósito deste capítulo é fornecer o máximo de informações possível para que você possa tomar a decisão ideal para si mesmo.

Gravidade da sua condição

Além de seus valores pessoais, a próxima coisa a considerar ao pensar em medicação é a gravidade de seus sintomas. Como regra geral, quanto mais grave for o seu problema, mais provável será que você se beneficie de um teste de medicação. A gravidade pode ser definida de duas maneiras: sua capacidade de funcionar e seu nível de angústia. Use as perguntas a seguir para avaliar a gravidade de sua própria condição.

- O seu problema com a ansiedade interfere significativamente na sua capacidade de funcionar na sua vida cotidiana? Você tem dificuldade para trabalhar ou é incapaz de trabalhar? Sua capacidade de cuidar de seus filhos ou ser receptivo ao seu cônjuge é prejudicada pela sua ansiedade? Você tem dificuldade em organizar seus pensamentos para realizar tarefas básicas, como cozinhar ou pagar contas?
- O seu problema com a ansiedade lhe causa uma angústia considerável, a ponto de você se sentir *muito desconfortável* durante 2 ou mais horas todos os dias? É difícil para você apenas passar por cada dia? Você acorda todas as manhãs em um estado de apreensão? Se a sua resposta a *qualquer* dessas perguntas for sim, você pode querer considerar a medicação.
- Você está lidando com uma depressão significativa? A depressão significativa acompanha os transtornos de ansiedade em até cerca de 50% dos casos. A associação mais alta é com o transtorno de ansiedade generalizada (TAG) e o TOC, ao passo que a associação mais baixa é com fobias específicas. Também há uma síndrome – "ansiedade e depressão mistas" – que tem recebido atenção nos últimos anos. Os sintomas de depressão incluem falta de energia, humor contínuo baixo ou apatia, perda de apetite, sono perturbado, autocrítica frequente, dificuldade de concentração e, possivelmente, pensamentos suicidas. Se você estiver deprimido, a medicação antidepressiva pode ser especialmente útil, pois tende a restaurar a motivação e a energia necessárias para praticar as habilidades promovidas neste livro (como respiração abdominal, exercício, exposição e terapia cognitivo-comportamental). Se estiver tendo pensamentos suicidas, você e seu médico podem querer considerar infusões de cetamina ou tratamentos com *spray* nasal de escetamina para obter uma remissão mais rápida tanto da sua depressão quanto dos seus pensamentos suicidas.

Cronicidade do seu transtorno de ansiedade

Além da gravidade dos sintomas, a *cronicidade* (i.e., há quanto tempo você tem o seu problema) é outro fator importante a ser considerado. Se sua ansiedade é de origem recente e uma resposta a circunstâncias estressantes, ela pode passar quando você aprende técnicas de gerenciamento do estresse e trabalha por meio de qualquer problema que tenha instigado o estresse. Em contrapartida, se você tem sofrido por mais de um ano – e, especialmente, se já tentou terapia cognitivo-comportamental e ainda não obteve o benefício desejado –, um teste de medicação pode ser útil. *Em conclusão, quanto mais grave e/ou mais crônica (de longa duração) for a sua condição, mais provável será que você responda favoravelmente à medicação.*

Teste genotípico

Medicamentos antidepressivos, como ISRSs, IRSNs e outros tipos mais recentes, como medicamentos SMS, têm sido utilizados como medicamentos de primeira linha para tratar tanto os transtornos de ansiedade quanto os transtornos do humor, como a depressão maior. Para algumas pessoas afortunadas, o primeiro antidepressivo experimentado alivia os sintomas e tem efeitos colaterais mínimos, mesmo que leve de três a quatro semanas para mostrar eficácia. No entanto, para muitas pessoas, o primeiro medicamento antidepressivo experimentado é ineficaz ou causa efeitos colaterais indesejáveis.

Encontrar o medicamento certo pode envolver vários testes (cada um com duração de pelo menos três semanas) de diferentes antidepressivos até que a pessoa encontre um medicamento que ajude *e* tenha efeitos colaterais toleráveis (efeitos colaterais significativos geralmente diminuem após cerca de duas semanas em um teste). Esse processo de tentativa e erro com diferentes medicamentos pode levar dois meses ou mais e requer considerável persistência e paciência tanto por parte do provedor de saúde quanto pelo cliente em busca de ajuda. Em alguns casos, se você já tentou vários medicamentos sem sucesso e, principalmente, se tiver pensamentos suicidas, pode querer considerar infusões de cetamina ou receber tratamentos com *spray* nasal de escetamina em uma instalação médica aprovada. Normalmente, você pode experimentar uma remissão dos seus sintomas dentro de 24 horas.

O *teste genotípico* pode acelerar a identificação de medicamentos que são mais propensos a serem adequados especificamente para o seu cérebro e o seu corpo. Esse tipo de teste é indicado *depois* de você ter experimentado dois ou três testes com vários medicamentos antidepressivos sem muito sucesso. O teste ainda não foi clinicamente aperfeiçoado e, portanto, é considerado uma abordagem de segunda linha para o tratamento de transtornos de ansiedade e humor.

O teste genotípico é atualmente utilizado fora do campo da psiquiatria em outros campos da medicina para verificar se determinados medicamentos, como o tamoxifeno, podem ser eficazes no tratamento do câncer de mama.

O cerne do teste genotípico é estabelecer se o seu corpo tem as enzimas adequadas para metabolizar vários tipos de medicamentos. Seu organismo tem diferentes enzimas, produzidas no fígado, chamadas de enzimas P450 (ou CYP450), para processar diferentes tipos de medicamentos. Uma vez que características herdadas, estabelecidas por genes específicos, podem levar a variações nessas enzimas, os medicamentos antidepressivos podem afetá-lo de maneira diferente, dependendo de se você tem a(s) enzima(s) certa(s) para metabolizar o medicamento.

O teste genotípico permitiu aos médicos identificarem uma enzima CYP450 específica com uma variação significativa na maioria dos seres humanos, denominada CYP2D6. Até o momento, parece que ter essa enzima permite a você processar melhor vários tipos diferentes de antidepressivos ISRSs ou IRSNs, incluindo fluoxetina, paroxetina, fluvoxamina, venlafaxina e duloxetina, entre outros. Ele também prevê uma resposta potencialmente boa a alguns dos antidepressivos tricíclicos mais antigos, como nortriptilina, amitriptilina, imipramina, doxepina e clomipramina.

Um teste genético separado pode ajudar a identificar a presença de uma enzima diferente, CYP2C19, que permite ao seu corpo metabolizar um conjunto diferente de antidepressivos, como citalopram, desvenlafaxina, escitalopram e sertralina. Outros medicamentos psicotrópicos não antidepressivos metabolizados pela enzima CYP2C19 incluem os antipsicóticos atípicos aripiprazol e olanzapina.

Observe que ambas as enzimas CYP2D6 e CYP2C19 metabolizam vários outros medicamentos fora do âmbito de aplicação psiquiátrica.

Existem outros testes genotípicos para uma variedade de outras enzimas metabolizadoras de medicamentos, incluindo CYP2C9, CYP3A4 e CYP3A5. Portanto, pode ser necessário realizar mais de um teste genotípico para fornecer evidências suficientes para fazer uma escolha informada do antidepressivo "certo" para você. Esses testes também podem ser utilizados para prever o metabolismo de uma variedade de medicamentos não psiquiátricos.

Qualquer teste genotípico que você realizar o classificará em uma das quatro categorias: 1) *metabolizador normal*, o que significa que você tem a(s) enzima(s) necessária(s) para metabolizar os medicamentos associados a esse teste, com relativamente poucos efeitos colaterais; 2) *metabolizador intermediário*, que indica que você pode não conseguir processar os medicamentos associados ao teste tão bem quanto os metabolizadores normais, aumentando, assim, o risco de efeitos colaterais iniciais, necessitando de observação e gerenciamento mais próximo ao tomar um dos medicamentos; 3) *metabolizador fraco*, indicando que você tem quantidades insuficientes da enzima associada ao teste para processar os medicamentos específicos do teste, com a desvantagem de que o medicamento pode se acumular em seu sistema e, provavelmente, causar efeitos colaterais mais duradouros; nessa situação, ainda é possível, em alguns casos, tomar o medicamento em uma dose mais baixa e aumentar gradualmente até a dose terapêutica; 4) *metabolizador ultrarrápido* (as enzimas associadas a esse teste metabolizam seus medicamentos associados muito rapidamente, fazendo o medicamento sair do seu corpo antes de ter a chance de funcionar adequadamente).

Em resumo, o teste genotípico pode ser útil *após* você passar por um processo de tentativa e erro com *pelo menos dois ou três antidepressivos diferentes* sem resultado positivo, seja porque 1) os medicamentos não são totalmente eficazes após um teste de um mês com cada um, ou 2) os efeitos colaterais são inaceitáveis para você e não diminuem após a primeira semana ou duas do medicamento. Nos dias antes do teste genotípico, alguns psiquiatras persistiram em experimentar quatro ou cinco antidepressivos diferentes e, no final, conseguiram encontrar um que se encaixasse bem com o cliente. Assim, em princípio, o teste genômico é uma opção, *em vez de uma necessidade*. Ele oferece uma tentativa de acelerar a seleção de medicamentos ao longo do extenso processo de experimentar até meia dúzia de antidepressivos diferentes, incluindo não apenas ISRSs e IRSNs, mas também medicamentos SMSs (moduladores e estimuladores de serotonina), como vortioxetina, bem como antidepressivos tricíclicos mais antigos, como imipramina, nortriptilina, amitriptilina, entre outros.

Limitações atuais dos testes genotípicos

Os testes genotípicos ainda estão em estágios iniciais de desenvolvimento. Algumas de suas limitações incluem as seguintes:

- Um teste genotípico pode ser insuficiente para determinar o medicamento ideal para você. Muitas vezes, é necessário realizar dois ou mais testes diferentes para encontrar um medicamento que se adapte melhor especificamente ao seu cérebro e ao seu corpo. Tais testes podem ser bem caros.
- Os testes genotípicos ainda não estão disponíveis para a gama completa de medicamentos antidepressivos. Pode valer a pena realizar os testes genotípicos depois de falhar em testes com pelo menos dois ou três medicamentos diferentes. Contudo, se o teste genotípico em si não conseguir estabelecer um medicamento "ideal" para você, não desista. Você e seu médico podem querer continuar experimentando medicamentos adicionais por tentativa e erro para ver se há um que possa ser eficaz. Por exemplo, para certas pessoas com transtorno de ansiedade social, os antidepressivos inibidores da MAO de primeira geração, como fenelzina e tranilcipromina, podem ser eficazes quando todos os outros antidepressivos falharam. No entanto, com esses medicamentos, há questões de ganho de peso potencial, bem como uma lista crítica de restrições dietéticas.
- Os testes se concentram apenas em como seu corpo metaboliza diferentes medicamentos; eles não fornecem informações sobre como o medicamento afeta fisiologicamente o cérebro ou pode afetar os receptores cerebrais para melhorar os sintomas.
- O custo dos testes pode variar dependendo de qual teste é solicitado, do número de testes solicitados e da cobertura oferecida pelo seu plano de saúde nos Estados Unidos. Ligue para a operadora do seu plano de saúde com antecedência para avaliar a cobertura de qualquer teste genotípico que deseje receber.

Conclusão

O material desta seção foi baseado principalmente em pesquisas e procedimentos de testes clínicos disponíveis na Mayo Clinic (Rochester, Minnesota) e em seus *campi* satélites em Jacksonville, Flórida, e Phoenix, Arizona. Muitas outras clínicas oferecem testes genotípicos. Talvez o teste genotípico mais conhecido e mais pesquisado fora do trabalho da Mayo Clinic seja o teste psicotrópico GeneSight, disponível por meio da Assurex Health. O GeneSight oferece vários testes genômicos que avaliam as mesmas enzimas CP450 que a Mayo Clinic, além de vários outros grupos de enzimas que podem ser menos relevantes para condições psiquiátricas. Os testes genotípicos da empresa classificam uma lista de 38 medicamentos psiquiátricos em três categorias: 1) caixa verde (use o medicamento conforme indicado), 2) caixa amarela (use o medicamento com cautela e monitoramento) ou 3) caixa vermelha (evite o medicamento, a menos que você tome uma dose baixa e tenha monitoramento extensivo).

Observação: o campo dos testes genotípicos para prever a resposta a medicamentos antidepressivos é atualmente altamente competitivo e abrange várias empresas e instalações privadas que oferecem os testes. Assim, ao contrário da maioria das abordagens de autoajuda, os testes genotípicos foram aqui apresentados mencionando-se apenas dois dos fornecedores mais conhecidos de testes.

Finalmente, algumas ressalvas devem ser feitas para a genotipagem em geral. Os testes ainda são considerados procedimentos experimentais, aguardando a aprovação completa da FDA. A FDA, de fato, aponta que algumas associações entre tipos de enzimas e propensão a certos medicamentos antidepressivos não foram comprovadas por pesquisas rigorosas e se baseiam apenas em evidências observacionais. As pessoas devem estar cientes de que os testes podem ser custosos e que eles oferecem apenas *uma abordagem* para melhorar o tratamento de transtornos de ansiedade e humor. Embora realizar testes genotípicos *possa* ajudá-lo a escolher melhor um medicamento antidepressivo adequado, isso é *tudo* o que eles podem oferecer. Os testes não abordam a multiplicidade de outros fatores que afetam os transtornos de ansiedade e humor. Portanto, os leitores precisam estar cientes de que os testes genotípicos são uma tecnologia relativamente nova, que pode ter *algum* benefício para *algumas* pessoas que falharam em múltiplos testes de medicamentos antidepressivos.

Duração do tratamento medicamentoso

Para quem está considerando experimentar ou está atualmente tomando um medicamento prescrito, a questão de quanto tempo tomá-lo é muito importante. Infelizmente, não há uma resposta simples. O tempo que você precisa tomar o medicamento depende de pelo menos três fatores diferentes:

- *Tipo de medicamento* (p. ex., tranquilizante ou antidepressivo)
- *Tipo de transtorno de ansiedade* (p. ex., pânico, fobia social ou transtorno obsessivo-compulsivo)
- *Sua motivação e seu comprometimento em utilizar abordagens naturais* (um programa comprometido de abordagens não medicamentosas pode ajudá-lo a parar de depender de medicamentos ou reduzir sua dose)

Tipos de medicamentos

Alguns tipos de medicamentos, como tranquilizantes ou betabloqueadores, com frequência são utilizados apenas conforme necessário. Ou seja, você só usa o medicamento ao lidar com uma situação aguda que provoca ansiedade, como enfrentar uma fobia ou fazer uma apresentação. Tranquilizantes também podem ser utilizados por um período de algumas semanas para ajudá-lo a superar uma situação particularmente difícil, como a morte de um ente querido ou fazer o exame da ordem. Por um período de um a dois anos, os tranquilizantes podem ser úteis se você não puder tomar nenhum tipo de medicamento antidepressivo para a ansiedade. O uso em longo prazo de tranquilizantes (mais de um ano), embora tenha alguns problemas, pode até ser justificado em alguns casos (ver seção anterior sobre tranquilizantes benzodiazepínicos).

Medicamentos antidepressivos geralmente são tomados diariamente por um período mínimo de seis meses a um ano. Na minha experiência, eles são *mais eficazes no tratamento de transtornos de ansiedade quando tomados por um período de um a dois anos.* O risco de recidiva após interromper os antidepressivos é menor se você os tomou por esse tempo e depois os reduziu gradualmente. Para algumas pessoas, o uso em longo prazo de medicamentos antidepressivos (ou seja, mais de dois anos), em uma dose de manutenção (geralmente no extremo mais baixo da faixa de dose terapêutica), oferece uma qualidade de vida ótima.

Tipos de transtorno de ansiedade

Se você tem um caso relativamente leve de agorafobia ou uma fobia específica, pode ser necessário tomar uma baixa dose de um tranquilizante, como 0,25 a 0,5 mg de lorazepam, apenas durante e até as primeiras fases da exposição à sua situação fóbica. Então, nas fases posteriores, você pode parar de tomar o medicamento e trabalhar por meio de suas hierarquias de exposição por conta própria. Conseguir fazer isso sem o uso de qualquer tranquilizante aumentará sua maestria sobre sua fobia. Em contrapartida, se você estiver tendo ataques de pânico frequentes e estiver praticamente (ou completamente) recluso, pode se beneficiar ao tomar medicamentos por mais tempo. Para medicamentos antidepressivos ISRSs, o período de um a dois anos mencionado anteriormente é ótimo. A manutenção a longo prazo em uma baixa dose de medicamento antidepressivo pode ser necessária em alguns casos.

Para a fobia social, você pode tomar um antidepressivo (ISRS ou IRSN) ou, se não responder aos antidepressivos, um benzodiazepínico, especialmente se sofrer de fobia social generalizada (ansiedade em uma ampla variedade de situações sociais). Um a dois anos com o medicamento provavelmente otimizará seu tratamento. A manutenção a longo prazo em uma baixa dose, assim como na agorafobia, pode ser necessária em alguns casos.

Com o TOC, o uso a longo prazo de um medicamento ISRS em uma dose mais alta é frequentemente a melhor estratégia. Após dois anos, você pode tentar reduzir a dose para ver qual é a dose mínima necessária para corrigir os problemas neurobiológicos associados ao TOC. Por outro lado, algumas pessoas com TOC conseguem lidar com seu problema utilizando apenas terapia cognitiva e prevenção de resposta à exposição (ERP) – às vezes desde o início, às vezes depois de um ou dois anos de medicação. (Ver livro *Brain Lock*, de Jeffrey Schwartz, listado no final deste capítulo.)

O transtorno de ansiedade generalizada requer medicamentos apenas em casos moderados a graves, especialmente se acompanhado por depressão significativa, ou em situações em que você não está motivado ou não está disposto a fazer as modificações comportamentais e de estilo de vida que podem ajudar.

Por fim, o transtorno de estresse pós-traumático pode ser frequentemente auxiliado por medicamentos antidepressivos em combinação com a terapia cognitivo-comportamental; casos graves podem precisar de uma dose de manutenção a longo prazo.

Sua motivação e seu comprometimento em utilizar abordagens naturais

Em muitos casos, é possível eliminar ou, pelo menos, reduzir sua necessidade de medicação a longo prazo se você mantiver um programa comprometido de abordagens naturais. *O cérebro tem a capacidade inerente de se curar dos desequilíbrios induzidos pelo estresse que podem ter levado à sua necessidade original de medicação.* Embora a recuperação do cérebro possa demorar um pouco mais do que no caso de um osso quebrado ou de um ligamento rompido, ele pode recuperar, com modificações cognitivas, comportamentais e de estilo de vida adequadas, grande parte ou toda a sua integridade natural ao longo do tempo. Sua crença de que você pode se recuperar da ansiedade e, eventualmente, parar de tomar a medicação ajudará a tornar mais provável que isso aconteça. A ideia popular de "mente acima da matéria" não é uma noção vazia. Qualquer uma das abordagens sugeridas neste livro o ajudará a se curar naturalmente. Quanto mais dessas abordagens você conseguir implementar regularmente, mais cedo e mais poderosamente você será capaz de promover um estado de saúde natural no corpo e na mente.

Descontinuando a medicação

Se você decidiu que deseja parar de depender de medicamentos prescritos, observe as seguintes diretrizes:

1. *Certifique-se de ter alcançado algum nível de domínio das estratégias básicas apresentadas neste livro para superar a ansiedade e o pânico.* Em particular, seria uma boa ideia ter estabelecido uma prática diária de relaxamento profundo e exercícios, bem como habilidades para combater o diálogo interno temeroso para superar os sintomas de ansiedade. Se planeja interromper o uso de alprazolam ou um tranquilizante BZ, essas habilidades serão úteis para lidar com possíveis recorrências de ansiedade durante o período de retirada, muitas vezes prolongado, bem como a longo prazo. Tenha certeza de que qualquer ressurgimento de ansiedade intensa durante a retirada de um tranquilizante é temporário e não deve persistir se você prosseguir com sua retirada de maneira suficientemente *gradual.*
2. *Consulte seu médico para estabelecer um programa de redução gradual da dosagem da medicação.* Isso é especialmente importante se você estiver tomando um tranquilizante BZ (o período de redução depende da dose, mas pode precisar ser tão longo quanto seis meses, um ano ou, em alguns casos, ainda mais). Um período de redução (geralmente de um a dois meses) também precisa ser observado se estiver sendo reduzido o uso de um medicamento antidepressivo, como paroxetina, ou um betabloqueador, como propranolol. Em geral, quanto mais tempo você tomou um medicamento, mais longo e mais gradual deve ser o período de redução.
3. *Para muitas pessoas, a redução de benzodiazepínicos pode ser difícil.* O sistema nervoso se adapta a esses medicamentos, e pode levar algum tempo para você se readaptar a viver sem eles, especialmente se os tiver tomado por mais de um ou dois meses. Com frequência, os psiquiatras prescrevem um antidepressivo ISRS ou outro medicamento ansiolítico não viciante, como a gabapentina, durante e após o processo de redução do BZ para aliviar os sintomas de abstinência. Para pessoas incapazes de tolerar esses medicamentos prescritos, às vezes doses altas dos aminoácidos triptofano, teanina, GABA, taurina e glicina – administradas por via intravenosa ou oral – podem ser úteis tanto durante quanto por algum tempo após o período de redução.

Existem duas abordagens para a retirada dos BZs. Uma é reduzir a dose *muito lentamente* ao longo de vários meses, preferencialmente com a ajuda de um medicamento ansiolítico não viciante, conforme descrito anteriormente. De modo alternativo, programas de reabilitação de medicamentos fazem uma retirada mais rápida, ao longo de duas ou três semanas, e usam um BZ alternativo (de meia-vida longa), como o diazepam, ou fenobarbital, em vez do BZ de alta potência (como alprazolam ou clonazepam) que está sendo retirado. Após a retirada do medicamento secundário, um antidepressivo ou outro medicamento ansiolítico não viciante pode ser usado para ajudar na adaptação por vários meses após o término da retirada. Para obter informações mais detalhadas sobre a retirada de BZs, consulte os recursos de C. Heather Ashton listados ao final deste capítulo.

4. *Esteja preparado para aumentar sua dependência das estratégias descritas neste guia durante o período de redução.* São especialmente importantes a respiração abdominal, o relaxamento, o exercício físico, as estratégias de enfrentamento para a ansiedade e a superação do diálogo interno negativo. A retirada da medicação é uma oportunidade para praticar e aprimorar suas habilidades no uso dessas estratégias. Você ganhará aumento de autoconfiança ao aprender a usar estratégias autodirigidas para dominar a ansiedade e o pânico sem depender de medicação.

5. *Não se decepcione se precisar depender de medicamentos durante futuros períodos de ansiedade ou estresse agudo.* Parar o uso regular de um medicamento não significa necessariamente que você não possa se beneficiar do uso em *curto prazo* desse medicamento no futuro. Por exemplo, usar um tranquilizante ou medicamento para dormir por duas semanas durante um período de estresse agudo devido a uma experiência traumática é apropriado e improvável que leve à dependência. Se você estiver sujeito ao transtorno afetivo sazonal, pode se beneficiar ao tomar um medicamento antidepressivo durante os meses de inverno. Não considere um sinal de fraqueza ou falta de autocontrole se ocasionalmente precisar depender de medicamentos prescritos por um período limitado. Devido à pressão e às demandas da vida moderna, há muitas pessoas que às vezes usam medicamentos prescritos para ajudá-las a lidar com a vida.

Trabalhando com seu médico

O objetivo deste capítulo foi fornecer uma visão equilibrada do papel dos medicamentos no tratamento da ansiedade. Certamente, existem várias situações em que os benefícios dos medicamentos prescritos superam os riscos e inconvenientes associados. No entanto, é importante que, antes de tomar *qualquer* medicamento, você esteja plenamente ciente de todos os seus potenciais efeitos colaterais e limitações. É responsabilidade do seu médico: 1) obter um histórico completo dos seus sintomas, 2) informá-lo sobre os possíveis efeitos colaterais e limitações de qualquer medicamento específico e 3) obter seu *consentimento informado* para experimentar um medicamento. Sua responsabilidade é não omitir informações solicitadas pelo seu médico ao fornecer seu histórico médico, bem como informar a ele, caso ele não pergunte, se 1) você tem alguma reação alérgica a algum medicamento, 2) está grávida, 3) está tomando outros medicamentos prescritos ou de venda livre ou 4) está tomando suplementos naturais.

Após essa troca de informações entre você e seu médico, ambos estarão em posição de tomar uma *decisão totalmente informada e mútua* sobre se tomar um medicamento prescrito específico é o melhor para você. Se o seu médico não estiver disposto a adotar uma postura colaborativa, em vez de autoritária, ou a permitir o seu consentimento informado, procure outro médico que o faça. Os medicamentos podem permitir que você vire a página na recuperação de seu problema específico, mas é essencial que eles sejam utilizados com o máximo cuidado e responsabilidade.

Observação: a internet oferece *sites* que distribuem vários medicamentos ansiolíticos, especialmente tranquilizantes, sem receita médica. É melhor evitar esses *sites*, pois podem pegar seu dinheiro sem enviar nada, enviar o medicamento errado ou enviar uma versão inferior ou tóxica do medicamento solicitado. Use seu tempo e dinheiro para consultar um médico ou psiquiatra experiente quando você precisar de medicamentos e utilize farmácias respeitáveis, que exigem receita médica.

Em conclusão

O uso *apropriado* de medicamentos não entra em conflito com valores holísticos ou um estilo de vida natural. Há um momento e um lugar para o uso de medicamentos no tratamento de transtornos de ansiedade, e não os usar nesses momentos equivale a não cuidar bem de si mesmo. A verdadeira pergunta a se fazer é: *o que é a coisa mais compassiva que você pode fazer por si mesmo?* Em alguns casos, a resposta pode ser parar de tomar a medicação – especialmente se você se tornou excessivamente dependente ou viciado em um medicamento por vários anos sem avaliar como você se sairia sem ele. Em alguns casos, a resposta pode ser usar a medicação por um período de vários meses (até um ano) para superar um momento difícil ou impulsionar sua motivação para utilizar abordagens cognitivo-comportamentais e outras abordagens naturais. Em outros casos, o uso de manutenção a longo prazo de medicamentos (particularmente os ISRSs), *em combinação com todo o espectro de terapia cognitivo-comportamental, mudanças naturais e de estilo de vida sugerido neste livro*, pode ser a resposta mais compassiva que você pode ter para si mesmo.

Existem poucas respostas definitivas quando se trata do assunto de medicamentos. Obter todas as informações que você pode, trabalhar com um médico competente (preferencialmente, um psiquiatra) e habilidoso no tratamento de transtornos de ansiedade em quem você possa confiar e, depois, ouvir sua própria intuição é o melhor que você pode fazer.

Uso de suplementos naturais

Como este capítulo trata de medicamentos prescritos, não inclui informações detalhadas sobre substâncias naturais que podem ser úteis no tratamento de problemas de ansiedade. Descrições completas de todos os suplementos naturais utilizados para tratar ansiedade e depressão podem ser encontradas na seção "Suplementos para ansiedade", no Capítulo 16.

Existem duas classes de tais substâncias. Os *tranquilizantes naturais* incluem ervas, como kava, valeriana, passiflora e camomila, bem como aminoácidos, como teanina e GABA. Os *antidepressivos naturais*, que também podem ter um efeito redutor da ansiedade, incluem erva-de-são-joão, s-adenosil-L-metionina (abreviada como SAMe) e os aminoácidos triptofano e tirosina. Você pode encontrar qualquer um desses suplementos em sua loja local de produtos naturais ou *on-line*. Um ou uma combinação deles pode ser muito útil como alternativa a medicamentos prescritos no tratamento de seu problema com ansiedade e/ou depressão. A consideração-chave ao decidir experimentar suplementos naturais é se você considera seu problema de ansiedade no espectro de gravidade de *leve a moderada*. *Se a ansiedade for mais um incômodo – um desconforto ou uma inconveniência em sua vida –*, e não uma condição debilitante ou altamente angustiante, você pode querer considerar suplementos naturais antes de consultar um psiquiatra sobre medicamentos prescritos. Se você já está tomando um antidepressivo ISRS ou tranquilizante BZ, não experimente suplementos naturais sem antes consultar um médico bem versado em combinar medicamentos prescritos com suplementos.

Uma discussão mais extensa sobre suplementos naturais para ansiedade e depressão pode ser encontrada no final do Capítulo 16, "Alimentação".

Resumo de coisas para fazer

1. Revise este capítulo para obter uma visão geral dos vários tipos de medicamentos utilizados no tratamento de transtornos de ansiedade. Esteja familiarizado com os benefícios e as limitações desses medicamentos que podem ter relevância para a sua questão específica.

   Se atualmente você não está tomando medicamentos, mas se pergunta se poderia se beneficiar com eles, entre em contato com um psiquiatra experiente no tratamento de transtornos de ansiedade para discutir suas opções.

   Se você está atualmente tomando um medicamento e gostaria de parar, consulte o médico que prescreveu para discutir a adequação disso. Se você e seu médico decidirem que você está pronto para interromper o medicamento, siga as diretrizes na seção "Descontinuando a medicação". Lembre-se de que é preferível interromper o medicamento apenas depois de adquirir alguma maestria nas habilidades discutidas nos Capítulos 4 a 15 deste livro. Se você deseja interromper um medicamento BZ que está tomando há mais de um mês, prepare-se para levar algum tempo diminuindo a dose muito gradualmente, possivelmente ao longo de vários meses, ou, em alguns casos, até mesmo até um ano. Consulte o *site* benzo.org.uk e *The Ashton Manual,* ainda considerado uma das fontes mais confiáveis para a negociação da retirada de medicamentos BZs. Esse importante manual sobre retirada de BZs pode ser obtido (em inglês) *on-line* fazendo uma busca no Google por *"The Ashton Manual"*. Também está disponível no Amazon Kindle.

2. Se você acha que seu problema com a ansiedade é relativamente leve (se for mais um incômodo do que uma condição debilitante ou altamente angustiante), considere experimentar suplementos naturais, conforme descrito no final do Capítulo 16, "Alimentação", antes de recorrer a medicamentos. Você também pode dar uma olhada nos livros *Healing Anxiety Naturally*, de Harold Bloomfield, ou no meu livro *Natural Relief for Anxiety*.

Leituras adicionais

Bergamaschi, Muteus M., Regina Helena Costa Queiroz, Marcos Hortes Nishara Chagas, Danielle Chaves Gomes de Oliveira, Bruno Spinosa De Martinis, Flávio Kapczinski, et al. 2011. "Cannabidiol Reduces the Anxiety Induced by Simulated Public Speaking in Treatment-Naïve Social Phobia Patients." *Neuropsychopharmacology* 36(6): 1219–26.

Bloomfield, Harold. *Healing Anxiety Naturally.* New York: HarperPerennial, 1998.

Bourne, Edmund, Arlen Brownstein, and Lorna Garano. *Natural Relief for Anxiety.* Oakland, CA: New Harbinger Publications, 2004.

Mayo Clinic. Cytochrome P450 tests, mayoclinic.org/tests-procedures/cyp450test/about.

"New Warning Against Use of Marijuana for Two Groups." *New York Times*, national edition. August 30, 2019, A22.

Norden, Michael. *Beyond Prozac.* Rev. ed. New York: ReganBooks/HarperPerennial, 1996.

Preston, John, John H. O'Neal, and Mary C. Talaga. *Handbook of Clinical Psychopharmacology for Therapists.* 8th ed. Oakland, CA: New Harbinger Publications, 2017.

Schward, Jeffrey, and Beverly Beyette. *Brain Lock: Free Yourself from Obsessive-Compulsive Behavior.* 20th anniversary ed. New York: ReganBooks/HarperPerennial, 2016.

Serafini, Gianluca, Robert H. Howland, Fabiana Rovedi, Paolo Girandi, and Mario Amone. 2014. "The Role of Ketamine in Treatment-Resistant Depression: A Systematic Review." *Current Neuropharmacology* 12(5): 444–46.

Shannon, Scott. 2016. "Effectiveness of Cannabidiol for Pediatric Anxiety and Insomnia as Part of Posttraumatic Stress Disorder: A Case Report." *Permanente Journal* 20(4): 108–11.

Thielking, Megan. 2018. "Ketamine Gives Hope to Patients with Severe Depression. But Some Clinics Stray from the Science and Hype Its Benefits." statnews.com/2018/09/24/ketamine-clincis-severe-depression-treatment/.

Zanelati, T. V., C. Biojone, F. A. Moreira, F. S. Guimarães, and S. R. L. Joca. 2010. "Antidepressant-like Effects of Cannabidiol in Mice: Possible Involvement of 5-HT1A Receptors." *British Journal of Pharmacology* 159(1): 122–28.

19

Meditação

A meditação tem sido praticada há mais de três mil anos com o propósito de treinar e acalmar a mente. Como você deve saber, ela se originou como uma prática espiritual dentro do antigo hinduísmo e do budismo, embora mais tarde tenha sido praticada de várias formas em muitas outras religiões. A filosofia oriental ensinou que a origem do sofrimento humano está em nossos pensamentos automáticos e condicionados (na terapia cognitiva, o termo "pensamentos automáticos" é semelhante a essa noção). Nada na vida é inerentemente ruim, exceto se pensamos sobre isso ou reagimos a isso como tal. O objetivo da prática de meditação é aprender a dar um passo atrás e simplesmente testemunhar seus pensamentos automáticos e padrões reativos sem julgamento. Se você está preso nos padrões automáticos de sua mente, a prática regular de meditação pode ajudá-lo a se tornar gradualmente mais livre deles.

Como a meditação ajuda a alcançar essa liberdade? Em uma palavra, você pode dizer que é pela ampliação ou "expansão" da *consciência*. A consciência pode ser definida como um estado puro e incondicionado de lucidez que você pode experimentar profundamente dentro de si mesmo. Ela existe "abaixo" ou antes dos padrões condicionados de pensamento e reatividade emocional que você aprendeu ao longo da vida. Essa consciência incondicionada está sempre disponível para você, mas, na maioria das vezes, é obscurecida pelo fluxo incessante de conversas mentais e reações emocionais que compõem sua experiência comum, momento a momento. Somente quando você se torna muito quieto e parado, disposto a "apenas ser", observando sua experiência interior no momento presente sem julgamento e sem se esforçar para fazer nada, essa consciência organizada que está por trás de seus pensamentos e sentimentos começa a ressurgir.

Quando você experimenta esse estado incondicionado de consciência, simplesmente sente uma profunda sensação de paz. Desse lugar de paz interior, podem surgir outros estados incondicionados, como amor incondicional, sabedoria, percepção profunda e alegria. Em si, esse estado de paz interior não é nada que você precise desenvolver. Você nasceu com isso. Está sempre lá, dentro de você. Você pode descobri-lo se ficar parado e quieto tempo suficiente para permitir que ele surja. A prática da meditação é uma das maneiras mais objetivas e diretas de fazer isso.

A prática da meditação permite que você expanda sua consciência até o ponto em que ela seja maior – ou mais "ampla" – do que seus pensamentos de medo ou suas reações emocionais. Assim que a sua consciência for maior do que o seu medo, você não será mais dominado pelo medo, mas poderá ficar fora dele (em sua mente) e apenas testemunhá-lo. É como se você se identificasse com uma parte do seu ser interior que é maior do que a parte que está restringida por pensamentos de medo. À medida que você continua a praticar a meditação e a ampliar sua consciência, torna-se mais fácil observar continuamente o fluxo de pensamentos e sentimentos que compõem sua experiência. Você está menos propenso a ficar "preso" ou perdido neles.

Você pode estar preocupado com o fato de que aumentar sua capacidade de observar seus pensamentos e sentimentos internos soa como ficar dividido internamente, em vez de mais conectado consigo mesmo. Na verdade, é o contrário. São seus pensamentos reativos e padrões emocionais condicionados que tendem a afastá-lo de seu próprio centro – para levá-lo para longe de seu *self* interior mais profundo e para o que tem sido popularmente chamado de "viagens mentais" ou "dramas pessoais". Praticar meditação é cultivar maior autointegração e plenitude. À medida que você aprofunda e amplia sua consciência, começa a entrar em contato com mais de si mesmo. Seus pensamentos e sentimentos reativos ainda ocorrem, mas você não é tão fortemente arrebatado por eles. Você está mais livre para realmente aproveitar sua vida porque não fica tão preso – ou preso por tanto tempo – em qualquer estado particular de ansiedade, preocupação, raiva, culpa, vergonha, tristeza, e assim por diante. Em vez disso, você é capaz de simplesmente reconhecer sua reação, permitir que ela se mova por meio de sua experiência e deixá-la ir. Sua consciência interior se torna ampla o suficiente para que você possa observar um pensamento preocupado e, em seguida, optar por deixá-lo ir se não for razoável. Você começa a ter mais escolhas sobre o que pensa e experimenta. Você não está tão disperso pela interminável cascata de pensamentos e sentimentos reativos da sua mente. Embora esses pensamentos e sentimentos ainda ocorram, seu relacionamento com eles é diferente. Sua consciência interior se torna ampla o suficiente para que você possa recuar mais facilmente e testemunhar seus pensamentos e sentimentos, em vez de ser levado por eles.

Benefícios da meditação

A meditação foi popularizada pela primeira vez nos Estados Unidos em meados da década de 1960 na forma de meditação transcendental (MT). Na MT, um instrutor seleciona um mantra em sânscrito (uma palavra, frase ou som) para você. Então, você é instruído a repetir o som mentalmente enquanto está sentado em um lugar tranquilo. Você precisa se concentrar completamente – mas sem forçar – no mantra, deixando que quaisquer distrações apenas passem por sua mente.

Na década de 1970, Herbert Benson fez uma pesquisa sobre a MT, que publicou em seu famoso livro *The Relaxation Response*. Benson desenvolveu sua própria versão de meditação, que envolvia repetir mentalmente a palavra "um" em cada expiração. Ele documentou uma série de efeitos fisiológicos da meditação, incluindo:

- Diminuição da frequência cardíaca
- Diminuição da pressão arterial
- Diminuição do consumo de oxigênio

- Diminuição da taxa metabólica
- Diminuição da concentração de ácido láctico no sangue (associada à redução da ansiedade)
- Aumento do fluxo sanguíneo do antebraço e da temperatura das mãos
- Aumento da resistência elétrica da pele (associado ao relaxamento profundo)
- Aumento da atividade das ondas cerebrais alfa (também associado ao relaxamento)

Benson estabeleceu que os benefícios positivos da meditação não são exclusivos da MT e que um mantra selecionado individualmente é desnecessário. Seu próprio método "respiratório" alcançou os mesmos efeitos fisiológicos da MT. Ele se referiu ao estado profundo de relaxamento físico induzido pela meditação como a "resposta de relaxamento".

Desde a época do trabalho de Benson, pesquisas notáveis sobre os benefícios a longo prazo da meditação estabeleceram que ela pode alterar traços de personalidade, comportamentos e atitudes. Se você sofre de um transtorno de ansiedade, a meditação pode quebrar padrões mentais obsessivos e ajudá-lo a reestruturar seus pensamentos de forma mais produtiva. (A meditação regular tem um impacto ainda maior nos padrões mentais repetitivos do que a prática do relaxamento muscular progressivo, que é mais direcionada para aliviar a tensão muscular.)

Descobriu-se que a meditação reduz a ansiedade e a preocupação crônica. Muitas vezes, a dosagem de tranquilizantes ou outros medicamentos que você está tomando pode ser reduzida se estiver meditando diariamente. Outros benefícios a longo prazo incluem:

- Estado de alerta aguçado
- Aumento do nível de energia e de produtividade
- Diminuição da autocrítica
- Maior objetividade (capacidade de ver situações sem julgamento)
- Diminuição da dependência de álcool, drogas recreativas e medicamentos prescritos
- Maior acessibilidade às emoções
- Aumento da autoestima e do senso de identidade

Nas décadas de 1980 e 1990, Jon Kabat-Zinn fez uma extensa pesquisa sobre a meditação como um método de controle do estresse. Utilizando uma abordagem à meditação que ele se referiu como "*mindfulness*", Kabat-Zinn desenvolveu um programa abrangente para o gerenciamento do estresse conhecido como "redução do estresse baseada em *mindfulness*" (MBSR, do inglês *mindfulness based stress reduction*), que tem sido ensinada em universidades e clínicas em todo o território dos Estados Unidos. O termo "*mindfulness*" se refere à postura básica de todas as formas de meditação: testemunhar silenciosamente o fluxo contínuo de sua experiência interior com aceitação completa e sem julgamento. Algumas pessoas preferem esse termo porque é um conceito puramente psicológico, sem os tons "orientais" da palavra "meditação". Dois dos livros de Kabat-Zinn, *Full Catastrophe Living* e *Aonde Quer Que Você Vá, é Você Que Está Lá*, têm sido amplamente influentes em trazer a meditação ou a prática de *mindfulness* para a sociedade tradicional.

Mais recentemente, a prática de meditação demonstrou prevenir a recaída entre pessoas que tiveram três ou mais episódios de depressão maior (Segal, Williams e Teasdale 2013). É uma das poucas intervenções, além da medicação, que foi empiricamente demonstrada para ajudar a prevenir a recorrência da depressão. Atualmente, a prática de meditação e *mindfulness* está sendo utilizada por muitos médicos e psicoterapeutas como um complemento ao tratamento de uma ampla variedade de problemas físicos e psicológicos. Em suma, a prática de meditação/*mindfulness* é uma técnica psicológica poderosa para acalmar a mente. Embora tenha origens em tradições espirituais, você não precisa adotar nenhuma perspectiva espiritual específica para praticar e se beneficiar da meditação.

Tipos de meditação

Existem dois tipos amplos de meditação: *concentrativa* e *não concentrativa*. Às vezes, elas são chamadas de meditação estruturada e não estruturada. A abordagem concentrativa enfatiza a concentração da sua atenção durante a meditação, mantendo um foco específico em um determinado objeto. Toda vez que sua mente começa a vagar durante uma sessão de meditação, você traz sua atenção de volta a um objeto específico de foco. Por exemplo, você pode se concentrar em uma palavra específica que fala repetidamente, como "um", "agora" ou "relaxar". Outra forma popular e amplamente praticada de meditação concentrativa envolve o foco em sua respiração. Ao meditar, você simplesmente continua trazendo sua atenção de volta ao ciclo da respiração, experimentando o aumento e a diminuição da respiração, de preferência a partir do abdome.

A abordagem não concentrativa e não estruturada da meditação não restringe a atenção a um objeto específico. Em vez disso, o conteúdo total da experiência – o que quer que surja na consciência – torna-se objeto de foco. Você simplesmente testemunha quaisquer pensamentos, sentimentos, desejos ou sensações físicas que surjam em sua experiência, sem resistir a eles ou julgá-los de qualquer forma. Você presta atenção cuidadosamente, de tal forma que está ciente do momento presente e de tudo o que está contido em sua experiência presente, sem qualquer julgamento.

O termo "*mindfulness*" às vezes é utilizado para se referir ao tipo não concentrativo de meditação, uma vez que *mindfulness* significa prestar atenção de propósito a qualquer coisa que surja no momento presente, sem julgamento (Kabat-Zinn 2005). Para o propósito deste capítulo, *mindfulness* é entendido mais como uma atitude, uma postura ou uma abordagem que você pode adotar em qualquer forma de meditação, seja concentrativa ou não concentrativa. Na meditação concentrativa, você pode manter uma postura consciente em relação aos pensamentos, aos sentimentos e às sensações que surgem em sua experiência, enquanto se concentra em qualquer objeto de meditação que escolher. O *mindfulness* é uma postura de não julgamento e aceitação em relação ao fluxo de sua experiência que você pode assumir em qualquer tipo de meditação e, de fato, mesmo a qualquer momento em sua experiência diária contínua fora da meditação. A meditação é um processo deliberado e limitado no tempo para o qual você reserva um tempo específico. O *mindfulness* é uma postura, uma abordagem ou uma atitude que você pode tomar durante a prática da meditação, bem como em relação a toda a sua experiência de vigília.

Aprender a meditar

Aprender a meditar é um processo que envolve pelo menos três etapas distintas:

- Atitude certa
- Técnica certa
- Cultivo do *mindfulness*

A *atitude certa* é uma mentalidade ou postura mental que você traz para a meditação. Tal atitude exige tempo e compromisso para se desenvolver. Felizmente, a prática da meditação em si o ajuda a aprender a atitude certa. A *técnica certa* envolve aprender métodos específicos de sentar-se e focar sua consciência que facilitam a meditação. O *cultivo do* mindfulness é o processo de fazer uma mudança fundamental em seu relacionamento com sua própria experiência interna. É desenvolver um "observador interno" sem julgamento dentro de si mesmo que permite que você simplesmente testemunhe, em vez de reagir aos altos e baixos da existência cotidiana.

Atitude certa

A atitude que você traz para a prática da meditação é fundamental. Na verdade, cultivar a atitude certa faz parte da prática. Seu sucesso e sua capacidade de perseverar com a prática da meditação serão, em grande parte, determinados pela maneira como você a aborda. Os oito aspectos da atitude certa apresentados a seguir são baseados nos escritos de Jon Kabat-Zinn. Seus livros (ver "Leituras e recursos complementares" no final deste capítulo) são altamente recomendados se você for empenhado na realização de uma prática regular de meditação.

Mente de principiante

O ato de observar sua experiência imediata e contínua sem julgamentos, preconceitos ou projeções é muitas vezes chamado de "mente de principiante". Em essência, com a mente de principiante, você percebe algo com o frescor que traria se estivesse vendo pela primeira vez. É ver – e aceitar – as coisas como elas realmente são no momento presente, sem o véu de suas próprias suposições ou julgamentos sobre elas. Por exemplo, da próxima vez que você estiver na presença de pessoas conhecidas, considere vê-las o máximo possível como elas realmente são, além de seus sentimentos, pensamentos, projeções ou julgamentos. Como você as veria se as encontrasse pela primeira vez?

Não esforço

Quase tudo o que você faz durante o dia provavelmente é direcionado a um objetivo. Na meditação, isso não existe. Embora a meditação exija esforço para ser praticada, ela não tem outro objetivo além de permitir que você "apenas seja". Quando você se senta para meditar, é melhor limpar sua mente de quaisquer objetivos. Você não está tentando relaxar, esvaziar sua mente, aliviar o estresse ou alcançar a iluminação. Você não precisa avaliar a qualidade de sua meditação de acordo com o alcance de tais objetivos. A única intenção que você traz para a meditação é simplesmente ser – observar sua experiência "aqui e agora" exatamente como ela é. Se você está tenso, ansioso ou com dor, não se esforce para se livrar dessas sensações; em vez disso, simplesmente as observe e esteja com elas da melhor maneira possível. Deixe-as permanecer simplesmente como estão. Ao fazer isso, você deixa de resistir ou lutar contra elas.

Aceitação

Aceitação é o oposto de esforço. À medida que aprende a simplesmente estar com tudo o que vivencia no momento, você cultiva a aceitação. Aceitação não significa que você tem de gostar do que quer que surja (p. ex., tensão, irritação, frustração ou dor); significa simplesmente que você está disposto a estar com ela sem tentar afastá-la. Você pode estar familiarizado com o ditado "Aquilo a que você resiste, persiste". Enquanto resiste ou luta com algo, seja na meditação ou na vida em geral, você realmente o energiza e amplia. A aceitação permite que o desconforto ou que o problema simplesmente exista. Embora possa não desaparecer, torna-se mais fácil lidar com isso porque você deixa de ir contra e/ou de evitá-lo.

Na prática da meditação, a aceitação se desenvolve à medida que você aprende a abraçar cada momento como ele vem, sem se afastar dele. Ao aprender a fazer isso, você descobre que o que quer que estivesse lá por um determinado momento, logo mudará – mais rapidamente, na verdade, do que se você tentasse resistir a isso.

Na vida, aceitação não significa que você se resigna ao modo como as coisas são e para de tentar mudar e crescer. Pelo contrário, a aceitação pode abrir um espaço em sua vida para que você reflita com clareza e aja adequadamente. A energia é liberada para agir quando você não está mais reagindo ou lutando contra a dificuldade. Às vezes, é claro, é necessário passar por uma série de reações emocionais em torno de um problema antes que você possa chegar à aceitação.

Não julgamento

Um pré-requisito importante para a aceitação é o não julgamento. Quando você presta atenção à sua experiência contínua ao longo do dia, percebe que com frequência julga as coisas – tanto as circunstâncias externas quanto as internas (seus próprios humores e sentimentos). Esses julgamentos são baseados em seus valores e padrões pessoais do que é "bom" e "ruim". Se você duvida disso, tente dedicar apenas 5 minutos para perceber quantas coisas você julga durante esse curto intervalo de tempo. Para praticar a meditação, é importante aprender não tanto a parar de julgar, mas a obter alguma distância do processo. Você pode simplesmente observar seus julgamentos internos sem reagir a eles, muito menos julgá-los. Em vez disso, você cultiva uma suspensão de qualquer julgamento, observando o que quer que surja, incluindo seus próprios pensamentos de julgamento. Você permite que esses pensamentos entrem e saiam, enquanto continua a observar qualquer objeto que tenha selecionado como foco para a meditação.

Paciência

A paciência é uma prima próxima da aceitação e do não esforço. Significa permitir que as coisas se desenrolem em seu próprio tempo natural. É deixar sua prática de meditação ser o que quer que seja sem apressá-la.

A paciência é necessária para reservar tempo para meditar por meia hora todos os dias. Também é necessária para persistir com sua prática de meditação durante os dias ou semanas em que nada particularmente interessante acontece. Ser paciente é parar de se apressar. Isso geralmente significa ir na contramão de uma sociedade em ritmo acelerado, em que correr de um destino para outro é a norma.

A paciência que você pode trazer para sua prática de meditação ajudará a garantir seu sucesso e sua permanência. Sentar-se regularmente em meditação o ajudará a desenvolver a paciência, assim como a cultivar todas as características descritas nesta seção. As atitudes que o ajudam a desenvolver sua prática de meditação são as mesmas que são aprofundadas pela própria prática.

Deixar acontecer

Nossas mentes costumam ser como macacos. Agarramo-nos a um determinado pensamento ou estado emocional – às vezes, um que é realmente doloroso – e não o deixamos ir. Cultivar a capacidade de deixar ir é crucial para a prática da meditação, sem falar em uma vida menos ansiosa. Quando se apega a qualquer experiência, seja agradável ou dolorosa, você impede sua capacidade de simplesmente estar presente no aqui e agora sem julgamento ou esforço. Aprender a deixar as coisas irem é auxiliado por aprender a aceitá-las. Deixar acontecer é uma consequência natural de uma disposição para aceitar as coisas como elas são.

Se você achar que, antes da meditação, tem dificuldade em deixar de lado alguma preocupação, você pode usar sua meditação como um meio para testemunhar os pensamentos e sentimentos que está criando em torno da preocupação, incluindo o processo de "segurar" em si. Quanto mais minuciosamente você observar os pensamentos e sentimentos específicos que criou em torno de um problema, mais rapidamente será capaz de expandir sua consciência em torno desse problema e deixá-lo ir. Quando a preocupação é intensamente carregada emocionalmente, é provável que seja melhor liberar seus sentimentos conversando ou escrevendo-os em um diário antes de se sentar para meditar. Cultivar todas as atitudes descritas nesta seção o ajudará a deixar ir.

Comprometimento e autodisciplina

Um forte compromisso de trabalhar em si mesmo, juntamente à disciplina para perseverar e seguir com o processo, são mais dois aspectos essenciais para estabelecer uma prática de meditação. Embora a meditação seja muito simples por natureza, nem sempre é fácil na prática. Aprender a valorizar e reservar tempo para "apenas ser" regularmente requer um compromisso em meio a uma sociedade fortemente orientada para o fazer. Poucos de nós cresceram com valores que prezavam pela falta de esforço; portanto, aprender a interromper a atividade direcionada a objetivos, mesmo que por apenas 20 a 30 minutos por dia, requer compromisso e disciplina. O compromisso é semelhante ao que é exigido no treinamento atlético. Um atleta em treinamento não pratica apenas quando tem vontade, quando tem tempo para se adaptar ou quando há outras pessoas por perto para lhe fazer companhia. O treinamento exige que o atleta pratique todos os dias, independentemente de como ele se sente ou se há algum senso de realização imediato.

Para estabelecer uma prática de meditação, é melhor sentar-se em silêncio por pelo menos 20 minutos, quer você queira ou não – quer seja conveniente ou não –, cinco a sete dias por semana, por pelo menos dois meses. (Se você achar que não consegue manter essa frequência no início, não se castigue, apenas faça o seu melhor.) Você provavelmente achará mais fácil reservar um horário específico do dia para fazer sua prática, como a primeira atividade da manhã ou antes do jantar à noite. No final de dois meses, se você praticou regularmente, o processo provavelmente terá se tornado um hábito suficiente (e suficientemente autorreforçador) para você continuar. A experiência da meditação varia de sessão para sessão: às vezes é bom, às vezes parece comum e outras vezes você achará difícil meditar.

Embora o objetivo não seja se esforçar por nada, um compromisso de longo prazo com a prática regular de meditação transformará fundamentalmente sua vida. Sem mudar nada do que possa acontecer na sua vida, a meditação mudará a sua relação com tudo o que você vivencia em um nível profundo.

Técnica certa: diretrizes para praticar meditação

Existe uma técnica para a meditação adequada. Provavelmente, o aspecto mais importante é sentar-se da maneira certa, o que significa sentar-se ereto, com as costas retas, no chão, em uma posição de pernas cruzadas, ou em uma cadeira, com os pés apoiados no chão. Parece haver um certo alinhamento energético dentro do corpo que ocorre ao sentar-se ereto. Não é tão provável que aconteça quando você está deitado, embora deitar-se seja bom para outras formas de relaxamento. Também é útil relaxar os músculos tensos antes de meditar. Uma maneira de fazer isso é praticando ioga. Em tempos históricos, o principal objetivo das posturas de ioga era relaxar e equilibrar energeticamente o corpo antes de meditar. As diretrizes a seguir destinam-se a ajudar a tornar sua prática de meditação mais fácil e eficaz:

- *Encontre um ambiente tranquilo.* Faça o que puder para reduzir ruídos e distrações externas. Se isso não for completamente possível, reproduza uma gravação de sons suaves e instrumentais ou sons da natureza. O som das ondas do oceano também pode ser um bom fundo. Você também pode usar um gerador de ruído branco para mascarar o ruído externo.
- *Reduza a tensão muscular.* Se você estiver se sentindo tenso, dedique algum tempo (não mais do que 10 minutos) para relaxar os músculos. As posturas de ioga, se você estiver familiarizado com elas, são uma excelente maneira de relaxar. O relaxamento muscular progressivo da parte superior do corpo – cabeça, pescoço, ombros, braços, tórax e abdome – é frequentemente útil (ver Capítulo 4). Se você sentir muita energia ou sua mente estiver acelerada, fazer algum exercício físico primeiro pode tornar mais fácil meditar depois.

- *Sente-se apropriadamente.* Estilo oriental: sente-se de pernas cruzadas no chão, com uma almofada ou travesseiro apoiando suas nádegas. Descanse suas mãos sobre as suas coxas. Incline-se ligeiramente para a frente para que parte do seu peso seja suportada pelas coxas, bem como pelas nádegas. Estilo ocidental (preferido pela maioria dos americanos): sente-se em uma cadeira confortável de encosto reto com os pés no chão e as pernas descruzadas, as mãos nas coxas (palmas para baixo ou para cima, o que você preferir). Em qualquer posição, mantenha as costas e o pescoço retos sem se esforçar para fazê-lo. Não assuma uma postura rígida e inflexível. Se você precisar se coçar ou se mover, faça isso. Em geral, não se deite ou apoie a cabeça; isso tenderá a promover o sono.
- *Reserve de 20 a 30 minutos para meditação.* (Os iniciantes podem preferir começar com 10 minutos.) Você pode ajustar um temporizador que fique ao seu alcance ou colocar uma gravação de fundo de 20 a 30 minutos para saber quando terminar. Se ter um relógio disponível para olhar deixa você mais confortável, tudo bem. Depois de praticar de 20 a 30 minutos por dia durante várias semanas, você pode tentar períodos mais longos de meditação de até 45 minutos a 1 hora.
- *Torne uma prática regular meditar a maioria ou todos os dias da semana.* Mesmo que você medite por apenas 5 minutos, é importante fazê-lo todos os dias. É ideal se você puder encontrar um horário definido para praticar a meditação. Duas vezes por dia é excelente; uma vez por dia é o mínimo.
- *Não medite com o estômago cheio.* A meditação é mais fácil se você não praticar com o estômago cheio ou quando estiver cansado. Se você não conseguir meditar antes de uma refeição, espere pelo menos meia hora depois de comer para fazê-lo.
- *Selecione um foco para sua atenção.* Os dispositivos mais comuns são o seu próprio ciclo de respiração ou um mantra. Os exercícios de meditação estruturados a seguir usam ambas as técnicas. Outros objetos comuns de meditação são externos e incluem imagens, música ou gravações de cantos repetitivos ou um objeto sagrado. Se você estiver praticando meditação não estruturada ou *mindfulness*, simplesmente relaxe e *testemunhe* quaisquer pensamentos e sentimentos passando pelo seu fluxo de consciência. Abrace todas as diretrizes descritas na seção anterior, "Atitude certa".
- *Durante a meditação, pode ser útil fechar (ou quase fechar) os olhos para reduzir as distrações externas.* Algumas pessoas, no entanto, preferem manter os olhos ligeiramente abertos – apenas o suficiente para ver objetos externos indistintamente. Isso pode reduzir a tendência de se distrair com pensamentos, sentimentos e devaneios internos. Tente isso se estiver tendo dificuldade com distração.
- *Durante a meditação, você descobrirá que, muitas vezes, se distrai com pensamentos estranhos, sentimentos e sensações corporais.* Quando isso acontecer, não se julgue. Apenas traga gentilmente sua atenção de volta para o que você selecionou como seu foco. Se um pensamento ou sentimento desagradável tentar capturar sua atenção, tente se lembrar: "isso é apenas um pensamento" ou "isso é apenas um sentimento". Basta estar presente com o pensamento ou com o sentimento sem entrar nele. Eventualmente, ele mudará e passará. Boas perguntas para se fazer às vezes são "posso apenas estar em um espaço para o que quer que apareça?" e "posso estar totalmente presente nisso?".

- *Distração, tédio, inquietação, sonolência e impaciência são reações comuns durante a meditação.* Quando esses estados surgirem, apenas observe-os, permita que eles sejam como são e, em seguida, volte a estar totalmente presente no momento.
- *Quando terminar a sua prática do dia, abra os olhos suavemente (se estiverem fechados) e estique o corpo.* Observe como você está se sentindo, mas se o sentimento é positivo ou negativo, não o julgue. Se você se sentir bem após sua prática, abstenha-se de estabelecer qualquer expectativa de que sua próxima prática seja da mesma maneira. Deixe cada sessão prática ser uma experiência única em si mesma.

Em última análise, a prática da meditação não tem outro objetivo além de você *apenas estar* – estar plenamente consciente no momento presente. No entanto, um benefício importante da meditação regular é o cultivo do *mindfulness*: a capacidade de recuar e observar o fluxo contínuo de sua experiência sem ficar preso a ela.

É improvável que você esteja ciente de quão distraída é sua mente até sentar-se para meditar. Usar técnicas de meditação estruturadas aumentará sua capacidade de concentração no início. Mais tarde, você pode abandonar esses formulários e se concentrar mais diretamente em simplesmente observar o fluxo contínuo de sua experiência.

Cultivando o *mindfulness*: exercícios de meditação

Mindfulness é prestar atenção sem julgamento a qualquer coisa que surja no momento presente de sua experiência. É testemunhar sua experiência imediata exatamente como ela é, sem tentar mudar, reagir ou interferir nela. Uma boa maneira de apreciar o *mindfulness* é perceber que ele engloba todas as atitudes descritas na seção sobre atitude certa: não esforço, aceitação, não julgamento, mente de iniciante, paciência, desapego, compromisso e autodisciplina. O *mindfulness* não é algo que você precisa se esforçar muito para alcançar. Se você se esforçar para isso, ele tenderá a escapar do seu alcance. Ao relaxar, deixar ir e simplesmente observar o fluxo contínuo de sua experiência sem julgamento, você começará a experimentar o que realmente é a atenção plena. As palavras não podem ensinar o significado do *mindfulness* tão bem quanto a experiência direta.

Em última análise, o *mindfulness* pode mudar a maneira como você lida com o medo e com a dor de uma maneira profunda. À medida que sua prática se fortalece, você pode aprender a relaxar e a permanecer presente mesmo quando o medo e a dor atravessam o momento presente.

Os seguintes exercícios de meditação foram inspirados por Jon Kabat-Zinn, Jack Kornfield e outros professores de meditação. Eles derivam de práticas básicas que têm sido utilizadas por estudantes de meditação por muitos séculos. Vários dos exercícios descritos aqui enfatizam a manutenção do foco em seu ciclo respiratório continuamente trazendo sua atenção de volta à respiração cada vez que você se distrai. Provavelmente, é melhor fazer os exercícios em sequência. Depois de ganhar alguma experiência com meditação, você pode escolher qual exercício prefere. A *walking meditation* (caminhar meditando) pode ser utilizada isoladamente ou como uma pausa de um longo período de meditação sentada.

Exercício básico de meditação

1. Sente-se em uma posição confortável, mas ereta. Concentre-se no seu ciclo respiratório enquanto respira lentamente a partir do abdome por 10 minutos. Deixe que as sensações de inspirar e expirar sejam o objeto do seu foco.
2. Se sua mente se desviar do foco em sua respiração, deixe acontecer sem julgar. Em seguida, traga suavemente sua atenção de volta ao seu ciclo respiratório. Faça isso quantas vezes precisar durante o curso de sua meditação. Apenas mantenha um foco suave, sem forçar sua mente.
3. Se você se distrair com frequência, use o *Exercício de respiração calmante* (descrito no Capítulo 4). Quando você sentir que relaxou o suficiente para ficar relativamente bem focado em seu ciclo respiratório, tente diminuir a contagem.
4. Comece a praticar esse exercício por 10 minutos e aumente gradualmente até chegar aos 30 minutos. Você pode achar útil definir um cronômetro ou reproduzir uma gravação de 30 minutos de música meditativa para saber quando terminar.

Sentindo seu corpo durante a meditação

1. Comece este exercício se concentrando em sua respiração. Em seguida, expanda sua atenção para incluir a consciência de todo o seu corpo. Concentre-se especialmente nos braços e nas pernas, juntamente ao ciclo respiratório. Você pode estender seu foco para as mãos e os pés. Quando sua atenção desviar, traga-a de volta para se concentrar em seus braços e suas pernas.
2. Como no exercício anterior, não se julgue quando sua mente divagar. Cada vez que você se sentir distraído, gentilmente traga sua atenção de volta para os braços, as pernas e a respiração. Você pode precisar fazer isso muitas vezes no início. Com a prática, sua concentração deve melhorar.
3. Comece praticando esse exercício por 10 minutos por dia e vá aumentando gradualmente até chegar a 30 minutos.

Testemunhando pensamentos e sentimentos

1. Quando você se sentir confortável com os dois primeiros exercícios, deixe sua consciência expandir para incluir todos os seus pensamentos e sentimentos.
2. Simplesmente observe seus pensamentos e sentimentos conforme eles vão e vêm, assim como você observaria os carros passando ou as folhas flutuando em um rio. Deixe cada novo pensamento ou sentimento ser um novo objeto a ser testemunhado.
3. Se você ficar "preso" em sentimentos ou reações durante esse processo, simplesmente *observe* que você está se sentindo preso e dê tempo para que isso passe.
4. Observe a impermanência de seus pensamentos e sentimentos. Eles tendem a ir e vir rapidamente, a menos que você prolongue um em particular, "segurando-o".
5. Se certos pensamentos continuarem voltando, deixe-os voltar. Apenas continue observando-os até que eles eventualmente sigam em frente.
6. Se você notar sentimentos específicos de inquietação, impaciência, irritabilidade ou "querer passar por isso", simplesmente observe esses sentimentos sem julgamento e, em seguida, permita que eles passem.

7. Se surgirem sentimentos de medo, ansiedade, raiva, tristeza ou depressão, não entre neles. Basta estar com os sentimentos e simplesmente testemunhá-los ou observá-los até que passem. Você pode descobrir que trazer sua atenção de volta ao objeto de meditação escolhido, seja ele qual for, o ajuda a passar por esses sentimentos.
8. Quando você começar a praticar pensamentos e sentimentos de testemunho, comece com períodos mais curtos de prática e, em seguida, trabalhe até 30 minutos por dia.

Observando tudo o que vem à consciência

1. Deixe-se observar, sem julgamento, o que passa pela sua consciência: pensamentos, reações, sensações físicas de desconforto, de impaciência, de inquietação, de sonolência, de conforto e de relaxamento. Deixe cada aspecto de sua experiência surgir e seguir em frente, sem dar atenção especial a nenhum aspecto. Sempre que você ficar preso a um pensamento ou uma reação em particular, volte para um objeto de meditação escolhido, seja um mantra, uma única palavra ou apenas seu ciclo de respiração. Permaneça assim durante quaisquer períodos momentâneos de sentimento de estagnação. Pratique a aceitação e o não julgamento em relação a tudo o que ocorrer em sua experiência enquanto estiver sentado, por até 30 minutos por dia.

Walking meditation *(meditação caminhando)*

1. Na privacidade da sua casa, reserve 5 minutos para caminhar devagar, com consciência. Você pode andar para a frente e para trás ou em círculos.
2. Tenha em mente, enquanto caminha, que você não está tentando chegar a lugar nenhum. Em vez disso, você está consciente do próprio processo de caminhar.
3. Esteja totalmente presente em cada passo que você dá. Concentre-se nas sensações que você sente em seus pés, tornozelos, panturrilhas, joelhos e coxas enquanto suas pernas se movem lentamente a cada passo. Vá tão devagar quanto desejar, a fim de manter o foco.
4. Se sua atenção se desviar para pensamentos, reações ou outras distrações, permita que isso aconteça sem julgamento. Em seguida, traga seu foco de volta às sensações em suas pernas e seus pés enquanto caminha lentamente.
5. Comece a praticar a meditação caminhando diariamente por 5 minutos e tente chegar a 15 minutos.

Praticar qualquer um desses exercícios regularmente o ajudará a estabelecer uma base para o desenvolvimento do *mindfulness* como um modo de vida. Começar uma prática de meditação é simples, mas manter isso requer compromisso adicional, conforme descrito na seção a seguir.

Mantendo uma prática de meditação

A motivação, o compromisso e a autodisciplina necessários para estabelecer uma prática de meditação já foram mencionados na seção sobre atitude certa. Aprender a meditar pode ser comparado a aprender um esporte, como beisebol, raquetebol ou golfe. É necessária uma quantidade significativa de tempo de treinamento antes de você se tornar proficiente. Isso envolve o compromisso de continuar sentado naqueles dias em que você não sente vontade ou acha inconveniente fazê-lo. Reservar um tempo regular para praticar de 20 a 30 minutos todos os dias torna isso mais fácil. Os melhores horários geralmente são logo pela manhã, ao acordar, ou no final da tarde, antes do jantar. Outros bons momentos seriam antes do almoço ou em uma pausa no trabalho. Ao reservar um tempo regular, você constrói um lugar para a meditação em sua vida.

Além de seu próprio compromisso pessoal e sua autodisciplina, há várias coisas que podem apoiar a sua prática. Pode ser útil encontrar uma classe ou um grupo local que medite regularmente. Você pode encontrar essa classe em alguns hospitais ou faculdades locais (programas de educação de adultos) em sua área. Ou pode haver um grupo de meditação independente a uma curta distância de carro. Programas de MT (uma forma específica de meditação com mantras que existe há muitos anos) são oferecidos em certas áreas. Ter o apoio de um grupo com quem você medita regularmente ajudará a motivá-lo naqueles momentos em que parece difícil acompanhar sua prática diária.

Em alguns lugares, você pode ter a sorte de estar perto de um professor completamente fundamentado e habilidoso na prática da meditação.

A Insight Meditation Society, por exemplo, oferece retiros de meditação em vários lugares nos Estados Unidos. Um retiro de meditação geralmente envolve estar em meditação por até 8 horas por dia (com intervalos de hora em hora), alternando entre formas de meditação sentada e caminhando. Os retiros podem durar de um a dez dias consecutivos, embora alguns durem ainda mais. Fazer um retiro é uma maneira poderosa de aprofundar sua prática de meditação contínua. Em geral, não é recomendado para iniciantes.

Finalmente, há uma série de excelentes livros que podem apoiar a sua prática. Um livro de meditação projetado especificamente para pessoas com transtornos de ansiedade é *Calming Your Anxious Mind*, de Jeffrey Brantley.

Preocupações comuns que podem surgir

Ao se comprometer a meditar regularmente, você pode ter muitas perguntas e preocupações. A seguir, está uma lista compilada do livro *Calming Your Anxious Mind*.

- *Não há tempo suficiente para meditar.* Normalmente, quando você diz que não tem tempo para alguma coisa, isso significa que ela não tem prioridade suficiente para você dar tempo a ela. É provável que a meditação e o *mindfulness*, praticados regularmente, transformem gradualmente sua vida e sua capacidade de lidar com a ansiedade. A pergunta que você tem de responder é o quanto de prioridade você está disposto a dar à meditação. Quão comprometido você está em dar um lugar regular em sua vida à meditação?

- *A meditação é muito chata.* A meditação pode ser chata, isso é algo esperado. A questão, nesse caso, é se você tem expectativas irracionais sobre o que a meditação deve ser. Se você estiver atento, a solução para o tédio é observar cuidadosamente seu estado de tédio quando ele surgir. Ao investigá-lo cuidadosamente, você pode aprender algumas coisas sobre o tédio. Por exemplo, o tédio geralmente contém conversas internas e julgamentos negativos específicos. Ao investigar cuidadosamente seus pensamentos e suas reações em torno de seu estado de tédio para ver o que está lá, em vez de apenas reagir, você pode se sentir menos entediado.
- *Quando me sento quieto e medito, fico mais ansioso.* A meditação realmente deixa você mais ansioso? Ou é possível que, ao parar e ficar quieto, você comece a se tornar mais consciente da ansiedade que já estava presente? Quando você não está distraído, é provável que qualquer ansiedade que tenha sido encoberta pela distração apareça. Agora, você tem a oportunidade de trabalhar com sua ansiedade, em vez de fugir dela ou tentar evitá-la. Ao aceitar sua ansiedade o máximo possível e torná-la objeto de sua atenção e sua consciência, você tem a oportunidade de mudar a maneira como se relaciona com ela. Você tem a oportunidade de apenas estar com ela até que ela mude. Uma das maneiras mais importantes pelas quais a prática da meditação pode ajudá-lo a lidar melhor com a ansiedade é treinando-o a simplesmente aceitar estados de ansiedade, em vez de tentar fugir deles. Quanto mais você aprende a aceitar e trabalhar com sua ansiedade à medida que ela surge, menos ela será um "inimigo" que você está tentando combater. Em última análise, quanto menos você lutar contra a ansiedade, mais fácil será lidar com ela. Portanto, se você se sentir mais ansioso durante a meditação, fique com a ansiedade o máximo possível. Você aprenderá uma maneira totalmente nova de lidar com a ansiedade e com a preocupação ao fazer isso.
- *É difícil meditar porque estou muito ansioso ou agitado.* E se a prática do *mindfulness* não parecer ajudá-lo a se acalmar? E se você continuar se sentindo muito agitado e distraído após 10 minutos ou mais de meditação? Se isso acontecer, seu corpo pode realmente estar muito carregado para ficar parado. A melhor coisa a fazer é praticar exercícios físicos. Tente fazer alguma forma de exercício aeróbico (ver Capítulo 5) ou dedique 20 minutos para fazer uma sequência de posturas de ioga. Depois de descarregar a energia do seu corpo, tente sentar-se em meditação novamente.
- *É difícil me disciplinar para meditar regularmente.* Embora o objetivo seja meditar sete dias por semana, você pode não conseguir fazer isso no início. Não tente ser perfeito, apenas faça o melhor que puder. À medida que você continua a praticar, começará a experimentar alguns dos benefícios da meditação e talvez se sinta motivado a mantê-la todos os dias. É verdade que a prática da meditação exige disciplina, assim como aprender a tocar piano ou dominar um esporte. Você precisa se comprometer a praticar regularmente para continuar meditando a longo prazo. No entanto, não se castigue se você não puder fazer isso todos os dias no início. Faça o melhor que puder. Leia livros, ouça gravações ou, o melhor de tudo, encontre um grupo local que se sente regularmente para meditar. Todas essas coisas o ajudarão a manter sua motivação para praticar regularmente.

Meditação e compaixão

Um aspecto importante do desenvolvimento da capacidade de observar sua mente é trazer compaixão para a sua observação. Pode não ser suficiente aprender apenas a observar seus pensamentos e sentimentos reativos. Sem cultivar compaixão por sua reatividade, você pode permanecer em guerra com ela. Trazer compaixão e coração para a sua auto-observação é começar a fazer as pazes consigo mesmo.

Muitas pessoas, especialmente se forem perfeccionistas, tratam-se como se fossem um sargento severo disciplinando um novo recruta. Se isso parece difícil de imaginar, observe quanto tempo você gasta criticando-se, rebaixando-se ou empurrando-se e forçando-se a fazer o que realmente não quer. Quando você não está se pressionando ou criticando, pode cair em uma postura mais passiva de medo. Por medo, sua mente constantemente o assusta com "e se isso..." ou "e se aquilo...". Quando cai em uma postura de vítima, você pode se deprimir com "não adianta...", "não existe esperança...", "é uma causa perdida...". Assim que você começa a se sentir menos deprimido, uma tendência ao perfeccionismo pode entrar em ação e mantê-lo em uma esteira com "eu deveria...", "eu devo...", "eu tenho que...". Observe o quanto você se critica, assusta, deprime ou empurra e aprenderá um pouco sobre sua própria mente. Para obter mais informações sobre os vários tipos de diálogo interno inútil, consulte as seções sobre o preocupado, o crítico, a vítima e o perfeccionista no Capítulo 8, "Diálogo interno".

Cultivar a compaixão na auto-observação é fundamental para mudar seu relacionamento consigo mesmo. A compaixão permite que você se afaste do julgamento, da crítica e até do desprezo e se aproxime da tolerância, da aceitação e do amor. A compaixão depende de aceitar a si mesmo – e ao resto do mundo – *como é*, uma atitude que pode ser cultivada por meio da prática da meditação. Viver com suas limitações e abraçar sua humanidade é algo que você pode aprender. Para uma declaração mais aprofundada sobre o papel da compaixão na meditação, consulte o livro de Jack Kornfield, *A Path with Heart*.

Meditação e medicação

Poucos livros sobre meditação, se houver algum, abordam a questão de como os medicamentos prescritos afetam a experiência da meditação. Alguns programas formais de treinamento em meditação, como a MT, solicitam aos iniciantes que abandonem todos os medicamentos prescritos não essenciais antes de aprender a meditar. Minha observação pessoal é que diferentes medicamentos afetam as pessoas de maneiras distintas.

Duas generalizações, no entanto, podem ser feitas:

1. Medicamentos benzodiazepínicos, como alprazolam, lorazepam ou clonazepam, parecem aumentar a distração, dificultando o foco durante a meditação. Verificou-se que os benzodiazepínicos tendem a aumentar a atividade das ondas beta no cérebro (ondas cerebrais rápidas e não síncronas associadas ao pensamento) e reduzem a capacidade de entrar em estados de ondas cerebrais alfa

(ondas cerebrais síncronas associadas a estados mentais relaxados, bem como à meditação). Embora certamente não seja impossível meditar enquanto toma um medicamento benzodiazepínico, você pode achar que é um pouco mais difícil.
2. Os medicamentos antidepressivos inibidores seletivos da recaptação de serotonina (ISRSs), como fluoxetina, sertralina, paroxetina ou citalopram, não parecem impedir a meditação para a maioria das pessoas. Há certas pessoas que relatam que a meditação é mais difícil ao tomar um medicamento ISRS ou inibidor da recaptação de serotonina e noradrenalina (IRSN). Em contrapartida, algumas pessoas acham mais fácil meditar depois de tomar um ISRS porque se sentem mais calmas e menos sujeitas a pensamentos e sentimentos intrusivos. Em geral, os medicamentos ISRSs não representam um impedimento significativo para o cultivo de uma prática de meditação.

É difícil encontrar informações sobre os efeitos dos antidepressivos tricíclicos (como imipramina ou nortriptilina) ou outros medicamentos ansiolíticos (como gabapentina, tiagabina ou buspirona) na meditação. É possível avaliar os efeitos de tais medicamentos se você reduzir sua dose por alguns dias enquanto medita e depois retomar a dose normal. Por favor, consulte seu médico prescritor antes de tentar isso.

Conclusão

O objetivo deste capítulo foi apresentar a prática de meditação como uma estratégia adicional que você pode usar para ajudá-lo a lidar melhor com a ansiedade, com o medo e com a preocupação. Embora a meditação seja uma poderosa estratégia de enfrentamento, ela de forma alguma substitui qualquer um dos outros métodos para lidar com a ansiedade e o medo apresentados neste guia. Respiração abdominal, exercício físico, trabalhar com o diálogo interno e o medo, enfrentar fobias por meio da exposição, utilizar uma boa alimentação, lidar com condições que podem agravar a ansiedade, trabalhar a assertividade e a autoestima e, finalmente, confiar na medicação, se necessário, podem ser muito úteis para a sua recuperação em relação às suas dificuldades de ansiedade, assim como a meditação pode ser. Em última análise, você descobrirá por si mesmo qual é o papel que a meditação pode desempenhar em sua jornada para superar a ansiedade, reservando um tempo para praticá-la diariamente, se possível. Você pode descobrir que ela é uma ferramenta muito poderosa, se persistir nela no longo prazo.

Tenha em mente que ter "sucesso" na meditação é apenas fazê-la. Quanto mais vezes você fizer isso, mais rapidamente você treinará sua mente para ser menos reativa, mais estável e mais capaz de observar. Você estará treinando-a para ser capaz de aproveitar cada momento como ele vier, sem valorizar nenhum momento acima do outro. A prática regular de meditação promoverá o desenvolvimento das próprias atitudes que ajudam a facilitar a prática no início: aceitação, paciência, não julgamento, desapego e confiança.

Resumo de coisas para fazer

1. Para iniciar uma prática de meditação, siga as diretrizes na seção "Técnica certa" durante as primeiras duas semanas. Você pode começar com períodos de meditação de 10 minutos e aumentar gradualmente a duração até 30 minutos. Assuma o compromisso consigo mesmo de praticar todos os dias. É melhor encontrar um horário específico do dia e um local específico para a sua prática, onde você esteja livre de distrações. Revise a seção "Atitude certa" para ajudá-lo a cultivar a abordagem adequada a ser adotada em relação à sua prática.

2. Depois de uma ou duas semanas – ou quando você sentir que ganhou alguma familiaridade e conforto com a meditação –, experimente os vários exercícios de meditação na seção "Cultivando o *mindfulness*". Pratique-os um de cada vez e trabalhe na sequência para determinar qual exercício ou quais exercícios você prefere. Depois de passar algum tempo trabalhando com esses exercícios, você começará a elaborar seu próprio estilo de prática preferido.

3. Para apoiar sua prática, encontre uma classe ou um grupo que medite regularmente. Se esse recurso não estiver disponível, você pode trabalhar com gravações relacionadas à meditação e ler alguns dos livros sobre meditação listados a seguir, talvez começando com os de Brantley, Kabat-Zinn, Kornfield e Goldstein.

Leituras e recursos complementares

Livros

Brantley, Jeffrey. *Calming Your Anxious Mind*. 2nd ed. Oakland, CA: New Harbinger Publications, 2007. (Examina diretamente como a prática da meditação pode ajudar a lidar com a ansiedade e a preocupação.)

Goldstein, Joseph. *Insight Meditation*. Boston: Shambhala, 2003.

Kabat-Zinn, Jon. *Full Catastrophe Living*. Rev. ed. New York: Bantam, 2013.

_____. *Wherever You Go, There You Are*. 10th anniversary ed. New York: Hatchette, 2005. (Os livros de Kabat-Zinn fornecem uma boa introdução à meditação e à prática do *mindfulness*).

Kornfield, Jack. *A Path with Heart*. New York: Bantam Books, 1993.

Levine, Stephen. *A Gradual Awakening*. New York: Anchor Books, 1989.

Nhat Hanh, Thich. *The Art of Living*. New York: HarperOne, 2017.

Salzberg, Sharon. *Loving-Kindness*. Boston: Shambhala, 2002.

Segal, Zindel V., J. Mark G. Williams, and John D. Teasdale. *Mindfulness-Based Cognitive Therapy for Depression*. 2nd ed. New York: Guilford Press, 2013.

CDs e programas de meditação

Uma boa coleção de CDs de meditação é disponibilizada pela *Sounds True*, uma editora multimídia localizada em Boulder, no estado do Colorado (EUA) (soundstrue.com). Programas de meditação com CDs ou arquivos para *download* de Jon Kabat-Zinn podem ser encomendados acessando mindfulnesscds.com.

Retiros de meditação

Dois grandes centros para retiros de meditação nos Estados Unidos são a Insight Meditation Society (dharma.org), localizada em Barre, Massachusetts, e o Spirit Rock Meditation Center (spiritrock.org), localizado em Woodacre, Califórnia.

20
Prevenção de recaídas

Aproximadamente 30 a 40% das pessoas que recebem tratamento de última geração para seus problemas de ansiedade têm uma recuperação limitada. Elas não sentem o alívio que esperavam encontrar. Das pessoas que inicialmente se beneficiaram do tratamento, uma porcentagem significativa recai após um determinado período. Em alguns casos, a recaída é causada por um aumento temporário do estresse pessoal e pode ser superada. Em outros casos, menos afortunados, a recaída tende a ser mais duradoura.

Reveses *versus* recaída

É fundamental entender que o progresso na recuperação de um transtorno de ansiedade *não é linear*. Os contratempos temporários – em que você pode experimentar a recorrência de um ataque de pânico, um súbito sentimento de resistência a entrar em uma situação fóbica que você havia dominado anteriormente ou a presença de sensações desagradáveis durante a exposição – são uma parte totalmente normal e esperada do processo de recuperação.

Você pode ter passado um ou dois meses totalmente livre de ataques de pânico e, de repente, a junção certa de estressores pode novamente evocar uma onda inesperada de pânico. Ou você pode acreditar que dominou seu medo de voar e, na realidade, fez dois voos bem-sucedidos. Então, você decide fazer um voo de longa distância, e a fobia de voar teimosamente se reafirma. Você está tendo um revés.

Os reveses são uma coisa; a recaída é outra completamente diferente.

A característica fundamental de um *revés* é que é uma *interrupção temporária* do seu progresso em direção à recuperação. Ter um dia ruim – ou mesmo uma semana ruim – em que sua ansiedade retorna, mas você lida proativamente com isso e segue em frente, é uma parte normal da recuperação.

O objetivo principal deste capítulo é fornecer habilidades e estratégias para lidar com reveses. Então, você pode efetivamente impedir que a interrupção temporária de um revés se transforme em uma recaída.

A *recaída* é uma série de reveses ao longo do tempo. Ela ocorre quando você não reconhece as *razões mais comuns para a recaída*, descritas na seção a seguir, "Razões para não melhorar após o tratamento". Se você não tem conhecimento de possíveis razões pelas quais pode ter uma recaída, também pode deixar de utilizar as estratégias sugeridas para lidar/superar cada causa comum de recaída.

A recaída também pode ocorrer quando você constantemente fecha os olhos para *sinais de alerta* típicos que predizem que você pode estar indo em direção à recaída. Esses sinais geralmente ficam ocultos, e a segunda seção deste capítulo, "Observando sinais ocultos de recaída potencial", enumera alguns dos sinais de alerta mais comuns.

Em suma, os reveses durante o curso da recuperação de um transtorno de ansiedade, sejam ataques de pânico, fobias ou preocupação excessiva, são *temporários, normais e inevitáveis*. Responder a reveses percebendo os sinais de alerta comuns de uma potencial recaída, bem como recorrer a uma variedade de habilidades para *parar* o revés, permite que você avance com sua recuperação sem qualquer risco de recaída. À medida que você continua a trabalhar com reveses temporários, é provável que eles se tornem menos frequentes e menos intensos. Em última análise, você pode chegar a um ponto em que os reveses são bem raros, e o potencial de recaída é insignificante. Sua condição de ansiedade se torna uma memória: uma coisa do passado.

Razões para não melhorar após o tratamento

Por que as pessoas não conseguem melhorar apesar de um bom tratamento? Por que os outros recaem? Supondo que eles tenham recebido um curso bem administrado de terapia cognitivo-comportamental (TCC) e, em alguns casos, medicação adicional apropriada para transtornos de ansiedade, o que acontece?

Esta seção descreve cinco possíveis razões para não se recuperar totalmente após receber TCC e/ou medicação. A segunda parte do capítulo enumera uma série de "sinais de alerta" que sugerem a possibilidade potencial de recaída.

Se você não se recuperou porque não recebeu tratamento adequado (i.e., seu terapeuta se sentou e apenas conversou com você ou tentou alguma outra forma de tratamento, em vez de TCC), você precisa continuar procurando até encontrar uma ajuda eficaz. Tenha em mente que as razões para não se recuperar totalmente que se seguem assumem que você já teve um tratamento adequado orientado pela TCC e, no entanto, não melhorou tanto quanto gostaria.

Você não continua a praticar as técnicas e estratégias básicas da terapia cognitivo-comportamental

A recuperação de pânico, de fobias, de preocupação excessiva ou de obsessões e de compulsões requer esforço consistente durante um período. Você precisa reservar um tempo todos os dias (ou, pelo menos, três ou quatro dias por semana) para praticar a respiração abdominal, fazer relaxamento muscular profundo, praticar exercícios aeróbicos, desafiar e combater o diálogo interno que provoca ansiedade e enfrentar gradualmente sensações de ansiedade interna (sobretudo com transtorno de pânico) ou situações externas evitadas (fobias). Se você não puder ou não quiser fazer tal esforço durante o curso da TCC, provavelmente não se beneficiará tanto com isso. Se você deixar de acompanhar as práticas básicas de relaxamento, exercício e combate ao diálogo interno que provoca ansiedade *após a conclusão da terapia*, também poderá aumentar o risco de recaída. A recuperação de um transtorno de ansiedade requer uma mudança permanente em seu estilo de vida, com tempo alocado a cada dia (ou quase diariamente) para praticar as habilidades que impedem que a ansiedade e as fobias se repitam.

Se você acha que está tendo dificuldade em manter um compromisso com as práticas diárias que podem garantir sua recuperação em longo prazo, há algumas coisas que você pode fazer. Em primeiro lugar, você pode marcar com seu terapeuta "sessões de reforço" periódicas (depois de terminar a terapia) para ajudá-lo a permanecer no caminho certo com seu programa de recuperação. Em segundo lugar, se você mora em uma grande área metropolitana, pode participar de um grupo de apoio a transtornos de ansiedade. Esse grupo precisa ser um lugar em que o foco esteja no que todos estão fazendo para manter ou abraçar a recuperação, e não apenas em desabafar sobre seus problemas. Se você não conseguir encontrar um grupo de apoio local, poderá fazer uma pesquisa na Amazon por livros específicos para seu transtorno de ansiedade (ver bibliografia de livros listados no final do Capítulo 1 para obter recomendações de livros específicos para cada tipo de transtorno de ansiedade). Ou você pode procurar vídeos do YouTube ou *podcasts* relevantes para seu problema específico com ansiedade.

Você não toma medicação quando é necessário, ou não toma a dose adequada, ou para de tomá-la antes que ela ofereça seu benefício total

Muitas vezes, a prescrição de medicamentos é desnecessária. No entanto, se o seu problema for relativamente grave, pode ser necessário combinar a TCC com medicação para obter os melhores resultados. "Grave" significa que seu problema atende a pelo menos um dos seguintes critérios:

- Sua ansiedade é perturbadora o suficiente para que seja difícil para você chegar ao trabalho e/ou desempenhar seu trabalho (ou fez você parar de trabalhar).
- Sua ansiedade interfere na sua capacidade de manter relacionamentos satisfatórios e próximos com membros da família e/ou outras pessoas significativas (ou impede que você estabeleça um relacionamento com qualquer outra pessoa significativa).
- Sua ansiedade causa sofrimento significativo pelo menos 50% do tempo em que você está acordado. Não é apenas um incômodo ou uma irritação – muitas vezes, você se sente sobrecarregado e acha difícil enfrentar o dia.

Se você acredita que seu transtorno de ansiedade atende a um ou mais desses critérios, é provável que possa se beneficiar de um teste de medicação, podendo ser: um ISRS, como escitalopram, sertralina, citalopram ou paroxetina; um medicamento IRSN, como duloxetina ou desvenlafaxina; ou talvez a buspirona ou um antidepressivo modulador de SMS, como vortioxetina. Não experimentar medicamentos porque tem medo deles ou se opõe filosoficamente a eles pode dificultar a sua recuperação, se a sua situação for grave. Alguns dos meus próprios clientes permaneceram estagnados por anos até que finalmente decidiram tentar a medicação.

Diretrizes detalhadas sobre quando usar medicamentos e quais usar podem ser encontradas no Capítulo 18, "Medicação para a ansiedade". Você também pode obter um encaminhamento para um psiquiatra especializado no tratamento de transtornos de ansiedade. Em geral, os psiquiatras têm mais conhecimento sobre medicamentos para ansiedade do que o seu médico de cuidados primários.

Outro problema com a medicação é a incapacidade de tomá-la por tempo suficiente. Pesquisas revelaram, por exemplo, que o período mais eficaz para tomar medicamentos antidepressivos ISRSs, como escitalopram, citalopram, sertralina ou paroxetina (ou IRSNs, como desvenlafaxina ou duloxetina), é de aproximadamente um ano a 18 meses. Verificou-se que as taxas de recaída variam de 50 a 70% para um grupo que tomou esses tipos de medicamentos por apenas seis meses, ao passo que a taxa de recaída caiu para 30% para um grupo que tomou os medicamentos por 18 meses. Muitas vezes, você pode reduzir uma dose inicialmente alta do medicamento para uma dose de "manutenção" mais baixa. Novamente, consulte o Capítulo 18, "Medicação para a ansiedade", para obter mais informações.

Permanecer em uma medicação antidepressiva ISRS, IRSN ou moduladora e estimuladora de serotonina (SMS) por mais tempo permite que seu cérebro se recupere e se regenere do trauma inicial causado por sintomas graves de ansiedade – isto é, o trauma inicial, digamos, de transtorno de pânico grave, ou de uma grave ansiedade social, *pode* ter tido efeitos físicos no cérebro. Infelizmente, quanto mais tempo os sintomas de ansiedade graves persistirem sem tratamento, maior será o potencial de trauma cerebral e, portanto, maior será o risco de sintomas de ansiedade a longo prazo. Iniciar a medicação mais cedo ou mais tarde pode mitigar esses efeitos traumáticos. Então, permanecer com a medicação por um período de um ano a 18 meses – ou, em alguns casos, ainda mais – permite ao cérebro a oportunidade de descansar e se regenerar. Embora a informação neste parágrafo se baseie em grande parte nos 30 anos de tratamento de perturbações de ansiedade do autor, existem algumas pesquisas que a apoiam. Ver livro *Handbook of Clinical Psychopharmacology for Therapist*, de John Preston, John O'Neal e Mary Talaga.

Um último problema com medicamentos, especialmente ISRSs ou IRSNs, é que você pode ter efeitos colaterais excessivos com o medicamento porque seu médico o iniciou no nível de dose terapêutica, a faixa de dose recomendada para a eficácia clínica do medicamento, de acordo com o *Physician's Desk Reference*. Muitas pessoas com transtornos de ansiedade não toleram um medicamento inicialmente administrado em dose terapêutica, por isso descontinuam o medicamento imediatamente ou após alguns dias devido aos efeitos colaterais. É muito importante iniciar qualquer medicamento ISRS ou IRSN em uma dose fracionada, talvez um quarto ou um quinto do limite inferior da faixa de dose terapêutica normal. Em seguida, você gradualmente titula a dose para cima ao longo de um período de duas semanas a um mês, até atingir o limite inferior da faixa de dose terapêutica. Mais detalhes sobre a titulação gradual de medicamentos antidepressivos no tratamento de transtornos de ansiedade podem ser encontrados no Capítulo 18, "Medicação para a ansiedade". Alguns médicos que não estão acostumados a trabalhar com transtornos de ansiedade podem não estar cientes desse problema.

As observações apresentadas se aplicam principalmente a medicamentos antidepressivos utilizados para tratar a ansiedade, como ISRSs, IRSNs e SMSs. As taxas de recaída após o uso e a descontinuação de tranquilizantes de alta potência, como alprazolam, lorazepam ou clonazepam, tendem a ser altas – mesmo depois de tomá--los por um período tão curto quanto um mês – se você não aprendeu nenhuma outra habilidade ou fez mudanças no estilo de vida para ajudar a superar seu problema (novamente, ver Capítulo 18, "Medicação para a ansiedade").

Você não modifica seu estilo de vida de uma maneira que promova maior paz e leveza em sua vida

Mesmo que você tenha recebido TCC e tomado a(s) medicação(ões) adequada(s), sua recuperação ainda pode ser limitada se seu estilo de vida for tão complicado e ocupado que você se mantenha em um alto nível de estresse. Os transtornos de ansiedade são causados por três conjuntos de fatores, conforme descrito no Capítulo 2: hereditariedade, fatores de personalidade (com base em experiências da infância) e estresse cumulativo. Você não pode fazer muito sobre sua composição genética ou suas experiências na primeira infância, mas pode fazer muito para mitigar o estresse em sua vida. Se você reduzir e gerenciar seu estresse, reduzirá sua vulnerabilidade à ansiedade. Os fatores de estresse externos incluem demandas de trabalho, deslocamentos na hora do engarrafamento, poluição atmosférica, aditivos alimentares, familiares e parentes negativos ou poluição sonora, para citar apenas alguns. Esses tipos de estressores geralmente exigem soluções externas: tomar medidas diretas para mitigar uma circunstância estressante em sua vida, como alterar o horário do dia em que você se desloca para o trabalho, adotar uma dieta mais saudável ou procurar terapia de casais, se você tem problemas contínuos com seu cônjuge ou companheiro.

Os fatores de estresse interno têm a ver com suas próprias atitudes, como enfatizar demais o sucesso à custa de todo o resto, ou a tendência a amontoar muitas atividades em um espaço de tempo muito curto. Fontes internas de estresse exigem soluções internas – basicamente mudando suas atitudes e prioridades. Muitas pessoas não se recuperam de pânico, fobias ou preocupações excessivas até que estejam dispostas a dar tanta importância à sua paz de espírito e saúde quanto ao sucesso na carreira e às realizações materiais.

Aprender a simplificar sua vida é uma das intervenções *mais* importantes que você pode fazer para reduzir seu nível de estresse. Embora os limites de página tenham impedido um capítulo sobre esse tópico neste guia, consulte os Capítulos 7 e 8 sobre como se nutrir e simplificar sua vida no livro mais compacto deste autor sobre ansiedade: *Coping with Anxiety: Ten Simple Ways to Relieve Anxiety, Fear & Worry*, segunda edição.

Você não consegue tratar questões interpessoais e de personalidade que perpetuam a ansiedade

A TCC e a exposição podem ajudá-lo a mudar os pensamentos que provocam pânico/preocupação e a enfrentar seus medos. No entanto, elas não podem modificar os principais traços de personalidade que o predispõem a ficar ansioso em primeiro lugar. Se você cresceu com pais perfeccionistas e excessivamente controladores, por exemplo, é provável que você mesmo seja perfeccionista. Nada em você ou em sua vida atende aos seus padrões exagerados e, portanto, você se prepara para um estresse contínuo. Ou, se seus pais foram altamente críticos, você pode ter crescido com uma necessidade excessiva de agradar e obter aprovação. Se você passa a vida tentando agradar os outros à custa de suas próprias necessidades pessoais, é provável que nutra muito ressentimento não expresso e, portanto, seja mais propenso à ansiedade. Insegurança, dependência excessiva, excesso de cautela e necessidade excessiva de controle são problemas adicionais de personalidade comuns a pessoas com transtornos de ansiedade. Esses traços essenciais de personalidade estão frequentemente associados a problemas interpessoais – por exemplo, talvez você espere muito de seu cônjuge ou de outra pessoa importante (perfeccionismo) ou não peça o suficiente (necessidade excessiva de agradar). Ou você pode se ressentir das tentativas de seus pais de controlá-lo, mas não faz valer suas próprias necessidades em relação a eles.

O Capítulo 11, "Estilos de personalidade que perpetuam a ansiedade", examina quatro grandes problemas de personalidade que não apenas predispõem as pessoas à ansiedade, mas também podem contribuir para a recaída após um tratamento eficaz:

- Perfeccionismo
- Necessidade excessiva de aprovação
- Tendência a ignorar sinais físicos e psicológicos de estresse
- Necessidade excessiva de controle

Para cada questão de personalidade, o capítulo lista uma variedade de estratégias construtivas para superar os efeitos adversos desse traço de personalidade específico.

Você é confrontado com questões existenciais

O problema na raiz da sua ansiedade pode ser ainda mais profundo do que a personalidade. A ansiedade pode persistir, apesar da terapia e da medicação, porque você experimenta uma sensação de vazio ou falta de significado em sua vida. Atualmente, com tantos valores conflitantes e uma perda de autoridades tradicionais, como a igreja ou normas sociais consistentes, é fácil se sentir à deriva e confuso. O próprio ritmo da vida moderna, incluindo a sua ênfase na comunicação virtual, em vez de na comunicação presencial, pode levar a sentimentos de confusão, se não mesmo ao caos total. O que tem sido chamado de "ansiedade existencial" não responde à TCC e exige um tipo diferente de abordagem.

Se sua vida parece sem sentido e sem direção, talvez você precise descobrir seus próprios dons e criatividade únicos e, em seguida, encontrar uma maneira de expressá-los de forma significativa no mundo. Cada um de nós tem um presente único para oferecer – uma contribuição única para fazer.

A primeira seção do Capítulo 21 ("Significado pessoal"), intitulada "Encontrando e cumprindo seu propósito único", contém uma série de diretrizes e exercícios para identificar e perseguir seu próprio propósito único. Em primeiro lugar, há um questionário detalhado para identificar seus *valores* pessoais mais importantes. Em segundo lugar, o questionário de valores é seguido por exercícios que permitem identificar seus *objetivos* mais importantes, com base em seus valores principais. Lá, você pode listar suas metas de curto e longo prazos, bem como identificar quaisquer possíveis obstáculos que possa encontrar no processo de alcançar seus objetivos. Por fim, a seção leva você a uma série de etapas para criar um *plano de ação* para atingir seus objetivos mais importantes. Uma série de diretrizes para realizar seu plano de ação, além de uma parte final sobre como assumir um compromisso genuíno com seu plano, encerram a seção.

Conclusão

Das cinco possíveis razões descritas para não manter seus ganhos com o tratamento da ansiedade, quais você acha que podem se aplicar a você? Se você perceber que não se recuperou totalmente do tratamento e pode estar caminhando para uma recaída, o que pode fazer a respeito? Quando você descobre o que é necessário para garantir sua recuperação contínua após o tratamento da ansiedade, *toda a sua vida* começa a funcionar melhor, e você começa a se sentir melhor. Seu problema com pânico, fobias, preocupação excessiva ou obsessões certamente melhorará, assim como sua depressão, suas dores de cabeça, sua insônia ou sua tendência a ser mal-humorado ou irritável. *Todos eles ficam melhores.*

Observando sinais ocultos de recaída potencial

A recaída após a recuperação parcial ou completa de um transtorno de ansiedade geralmente é inesperada. Você se sente confiante de que está melhorando, que os ataques de pânico ou fobias com os quais você pode ter lutado por anos parecem estar diminuindo. Mas, então, você encontra uma súbita e inesperada cascata de estressores. Ou você inconscientemente escorrega de volta para velhos padrões de comportamento ou evitação que há muito tempo levaram ao próprio problema com a ansiedade que você pensou que iria superar. Nesse tipo de circunstância, você pode experimentar um revés temporário, lidar bem com isso e seguir em frente. No entanto, se você não superar totalmente o revés temporário, poderá estar se encaminhando para a possibilidade de um retorno mais duradouro do seu problema de ansiedade. Há uma série de *sinais de alerta* que sugerem o potencial de mais do que apenas um revés temporário – ou seja, uma recaída mais duradoura e o retorno do problema de ansiedade que você pensou ter superado.

Sinais de alerta cognitivos

Certas tendências mentais ou padrões de pensamento podem sinalizar o início de um revés ou mesmo uma potencial recaída após a recuperação da ansiedade:

- *Você está propenso a preocupações excessivas ou prolongadas.* Você descobre que começa a antecipar perigo ou ameaça ao retornar a situações que anteriormente evocavam forte ansiedade antes do tratamento eficaz.

- *Você começa a superestimar o risco de ameaça ou de perigo* de situações que a terapia ajudou você a avaliar de forma mais realista. Você não consegue reavaliar o risco de forma realista.
- *Você tenta suprimir ou lutar contra suas preocupações.* Em vez de apenas aceitar a preocupação com uma atitude de "Tudo bem, está aqui de novo, então vou deixar isso aí e cuidar da minha vida", você resiste e tenta enterrar ou fugir da preocupação.

Resposta construtiva

Uma das melhores maneiras de lidar com os sinais de alerta cognitivos – e praticamente a estratégia mais antiga e icônica para lidar com qualquer onda de ansiedade – é a famosa abordagem de quatro etapas de Claire Weekes para aceitar, em vez de resistir a pensamentos ansiosos: 1) aceitar os pensamentos, e não fugir deles; 2) aceitar o que seu corpo está fazendo (i.e., suas sensações de ansiedade física), e não lutar contra isso; 3) flutuar com as ondas de ansiedade/os pensamentos e sentimentos ansiosos, em vez de tentar forçar seu caminho através deles; e 4) permitir que o tempo passe.

Consulte o Capítulo 6 deste guia para obter uma descrição mais completa dessas quatro etapas. Se quiser ir mais longe, você pode até ler um dos livros clássicos de Claire Weekes, *Hope and Help for Your Nerves* ou *Peace from Nervous Suffering*.

Uma maneira alternativa de lidar com os sinais de alerta cognitivos de uma potencial recaída é recorrer a frases de enfrentamento úteis, como "Esse sentimento não é confortável, mas posso aceitá-lo", "Essa não é a pior coisa que poderia acontecer" ou "Essa é uma boa oportunidade para aprender a lidar com meus medos". Uma lista de 23 frases de enfrentamento pode ser encontrada na seção "Frases de enfrentamento" no Capítulo 6. Ao praticar declarações de enfrentamento, siga as diretrizes da seção "Maneiras de trabalhar com frases de enfrentamento", também no Capítulo 6. As três maneiras mais comuns de trabalhar com frases de enfrentamento são 1) anotar sua lista preferida de frases de enfrentamento todos os dias, 2) recitar, *lentamente e com sentimento*, suas frases de enfrentamento de sua lista escrita ou 3) gravar e reproduzir sua lista preferida de frases de enfrentamento em seu *smartphone*. Ensaiar suas frases de enfrentamento com frequência o ajuda a internalizá-las. Se você utilizou todas as estratégias anteriores para lidar com sinais de alerta cognitivos de recaída, mas ainda sente preocupação excessiva, pode consultar um terapeuta especializado em trabalhar com transtornos de ansiedade. Se você já trabalhou com um terapeuta de ansiedade e ele ainda está disponível, você pode querer vê-lo para algumas "sessões de reforço".

Sinais físicos de alerta de estresse excessivo

O excesso de estresse pode levar a sensações físicas que indicam que você está exagerando ou acelerando sua vida. Esses sinais físicos de alerta de estresse excessivo podem incluir:

- Sentir-se excessivamente cansado ou exausto

- Sentir-se suado
- Sentir náuseas
- Sentir-se agitado
- Sentir tonturas ou vertigens
- Sentir um sentimento de distanciamento, como se "você não estivesse todo lá", muitas vezes referido como "despersonalização"

Consulte a *Planilha de ataque de pânico 1: sintomas corporais* no Capítulo 6 para obter uma lista completa dos tipos de sensações físicas que podem indicar pelo menos um revés e, possivelmente, o potencial de recaída em relação ao seu transtorno de ansiedade original.

Resposta construtiva

Uma variedade de estratégias para diminuir os sinais de alerta de estresse excessivo é descrita no Capítulo 4, "Relaxamento", incluindo respiração abdominal, exercícios de relaxamento muscular, visualizações guiadas para ansiedade (ver Apêndice 2 para obter mais recursos) e prática regular de meditação (ver Capítulo 19). O exercício físico é uma das estratégias mais potentes para aliviar os sintomas de estresse excessivo. O Capítulo 5, "Exercício físico", fornece informações detalhadas e diretrizes para utilizar o exercício para mitigar o estresse.

Finalmente, uma boa gestão do tempo e permitir-se ter tempo de inatividade suficiente pode ajudar muito a aliviar os sintomas de estresse excessivo. Veja a seção "Tempo de inatividade e gerenciamento de tempo" no Capítulo 4 para uma discussão detalhada dessas duas principais soluções para o estresse.

Comportamentos de segurança

Em contraste com os sinais de alerta cognitivos de recaída ou as sensações físicas de estresse excessivo, os *comportamentos de segurança* são comportamentos de autoproteção em que você se envolve para tentar impedir uma recorrência de ansiedade. Eles geralmente têm uma tendência a sair pela culatra. Em sua tentativa de se esquivar ou escapar da ansiedade por meio de tais comportamentos, você acaba trazendo mais ansiedade.

Seguem alguns tipos comuns de comportamentos de segurança:

- *Busca excessiva de tranquilidade.* Por exemplo, você tem uma dor de cabeça leve que parece durar mais de um dia. Você tem medo de ter um problema sério, como um tumor cerebral ou um hematoma subdural, por isso continua ligando para os médicos ou até mesmo marca consultas médicas para obter garantias para o que é essencialmente um sintoma muito comum (provavelmente uma simples dor de cabeça tensional).
- *Procrastinação.* Por exemplo, você tem um exame próximo ou talvez uma apresentação diante de um grupo de pessoas. Em vez de se dar tempo suficiente para se preparar, você espera até o último minuto e depois se estressa tentando se preparar adequadamente em um tempo muito curto.

- *Superpreparação.* Novamente, usando o exemplo de um exame próximo ou uma apresentação ao vivo, você gasta tempo excessivo se preparando demais para isso, o que leva a uma "ansiedade antecipatória" significativa (ansiedade antes de uma situação um tanto exigente) que deixa você infeliz por vários dias antes do evento real.
- *Verificação excessiva ou dupla verificação.* Digamos que você esteja preocupado com a pressão alta porque teve uma única leitura alta no consultório médico (uma ocorrência não incomum). Então você compra um aparelho de pressão arterial doméstico e verifica repetidamente sua pressão arterial em casa. Mesmo que a maioria de suas leituras esteja em uma faixa normal, você continua verificando para se certificar de que está bem.

  Ou, como outro exemplo de verificação excessiva, seu marido está atrasado para chegar em casa (talvez devido a um horário de trabalho prolongado ou tráfego excessivo), e você fica preocupada e continua ligando para ele, apesar de ele fornecer uma explicação adequada para o atraso. Um único telefonema não é suficiente. Claro, a situação pode piorar muito se o seu marido decidir desligar o telefone para parar de receber chamadas repetidas.
- *Perfeccionismo.* Lutar pela perfeição é um sinal de alerta não apenas para o potencial retorno da ansiedade (e até mesmo para a recaída), mas também para a desilusão e até mesmo para a depressão. O perfeccionismo muitas vezes surge antes de situações de desempenho, seja falando em grupo, seja fazendo uma apresentação ou talvez uma *performance* musical ao vivo. Esforçar-se pela perfeição completa geralmente acaba sendo um exercício de futilidade. Normalmente, você define seus padrões em um nível que não é realisticamente alcançável. Então você se sente autocrítico ou até mesmo envergonhado se não atender às suas expectativas excessivas. Para obter mais informações sobre o perfeccionismo e como lidar com ele, consulte a seção sobre perfeccionismo no Capítulo 11, "Estilos de personalidade que perpetuam a ansiedade".
- *Dependência excessiva de uma pessoa de apoio.* Ao trabalhar para enfrentar uma fobia de longa data, muitas vezes ajuda ter uma pessoa de apoio com você. Por exemplo, se você estiver fazendo seu primeiro voo depois de muitos anos evitando voar, ter alguém o acompanhando pode fornecer distração e segurança, o que ajuda a mitigar sua ansiedade. Ou talvez você tenha uma fobia de ir ao dentista e tenha deixado os problemas dentários se acumularem porque sua fobia dentária o impediu de lidar com seus problemas por alguns anos. Pode ser muito útil ter alguém o acompanhando quando você faz sua primeira visita ao dentista depois de muito tempo. Apenas ter a pessoa de apoio sentada na sala de espera enquanto você faz o *check-up* pode ser suficiente.

As pessoas de apoio são uma espécie de "muleta" que pode ajudá-lo quando você enfrenta pela primeira vez uma situação fóbica que evita há anos. No entanto, se continuar a levar consigo a sua pessoa de apoio sempre que enfrentar a fobia, nunca a *dominará*, pois nunca ganhará a confiança de que pode lidar com ela sozinho. Para *completar* a exposição à maioria das fobias, eventualmente se torna necessário abandonar o comportamento de segurança de ter uma pessoa de apoio o acompanhando.

Só então você poderá se sentir totalmente confiante por ter superado o medo. Isso é especialmente importante em situações em que você *realmente precisa entrar em uma situação sem precisar que alguém esteja com você* o tempo todo, como dirigir longe de casa ou em rodovias.

Resposta construtiva

1. *Perceber* que você está adotando comportamentos de segurança para se proteger da ansiedade.
2. *Expor, em vez de se opor*. Desista de lutar ou fugir de uma situação de exposição desconfortável (enfrentar o que você teme). A chave para superar os comportamentos de segurança é a *plena aceitação* da situação e a capacidade de *tolerar o desconforto* (desde que o desconforto não atinja um grau avassalador, o que muitas vezes é improvável).
3. *Lidar*. Seu objetivo é simplesmente lidar com uma situação que provoca ansiedade, sem recorrer a comportamentos de segurança que podem prejudicar seu progresso. Você ainda pode confiar em suas *estratégias de enfrentamento* mais úteis para passar pela exposição a uma situação desconfortável e aliviar o desconforto. Duas estratégias comuns de enfrentamento são confiar na respiração abdominal (ver Capítulo 4) ou utilizar frases de enfrentamento, como "Posso ficar ansioso e ainda lidar com essa situação" ou "Já lidei com isso antes e posso lidar com isso novamente, apesar da ansiedade". (Ver seção "Frases de enfrentamento", no Capítulo 6, para obter uma lista completa de possíveis frases de enfrentamento.) Uma lista completa de *estratégias de enfrentamento* pode ser encontrada na seção "Estratégias de enfrentamento para neutralizar o pânico em um estágio inicial", no Capítulo 6. Se você está apenas lidando com alta ansiedade, em vez de ataques de pânico, você pode substituir a palavra "pânico" por "ansiedade" no título – ou seja, "Estratégias de enfrentamento para neutralizar a *ansiedade* em um estágio inicial".

    Observação: há uma diferença muito importante entre uma estratégia de enfrentamento e um comportamento de segurança. Uma estratégia de enfrentamento é uma habilidade proativa que você utiliza para negociar uma situação que provoca ansiedade. Um comportamento de segurança, por outro lado, é algo que você faz para evitar ou contornar qualquer ansiedade que possa surgir ao enfrentar uma situação que a provoque. É uma tática de fuga. A tentativa de escapar da ansiedade geralmente sai pela culatra e só traz mais ansiedade.
4. *Considere obter ajuda de um terapeuta* especializado no tratamento de transtornos de ansiedade, se você estiver encontrando dificuldade consistente em abandonar comportamentos de segurança no processo de lidar com ataques de pânico, fobias ou preocupação excessiva.

Resumo de coisas para fazer

1. Entenda a diferença entre reveses temporários e recaída total, conforme descrito no início deste capítulo.

2. Esteja ciente das razões pelas quais a recaída pode ocorrer após um tratamento eficaz. (Ver "Razões para não melhorar após o tratamento", neste capítulo.)
3. Esteja ciente dos "sinais de alerta" que podem sugerir a possibilidade de um revés ou mesmo de uma recaída. (Ver "Observando sinais ocultos de recaída potencial", neste capítulo.)
4. Adote uma atitude de *aceitação em relação ao desconforto da ansiedade*, em vez de tentar escapar disso.
5. Confie em suas estratégias de enfrentamento preferidas para negociar e cumprir uma atitude de abordagem e aceitação em relação a situações que provocam ansiedade, em vez de escapar. Para obter informações detalhadas sobre essas estratégias de enfrentamento, ver seções "Resposta construtiva", no final de "Sinais de alerta cognitivos", "Sinais físicos de alerta de estresse excessivo" e "Comportamentos de segurança" (neste capítulo).

Leituras adicionais

McKay, Matthew, Michelle Skeen, and Patrick Fanning. *The CBT Anxiety Solution Workbook: A Breakthrough Treatment for Overcoming Fear, Worry, and Panic*. Oakland, CA: New Harbinger Publications, 2017. (Veja especialmente o capítulo 11).

_____, Martha Davis, and Patrick Fanning. *Thoughts and Feelings: Taking Control of Your Moods and Your Life*. 4th ed. Oakland, CA: New Harbinger Publications, 2011.

Preston, John, John O'Neal, and Mary Talaga. *Handbook of Clinical Psychopharmacology for Therapists*. 8th ed. Oakland, CA: New Harbinger Publications, 2017.

21
Significado pessoal

Os capítulos deste livro até este ponto consideraram os aspectos físicos, emocionais, comportamentais e mentais dos transtornos de ansiedade. Foram oferecidas diretrizes para lidar com esses vários níveis do problema. No nível corporal, a ansiedade, o pânico e as fobias podem ser aliviados por meio de respiração abdominal, relaxamento, exercícios e/ou medicamentos. Emocionalmente, aprender a identificar e expressar sentimentos pode aliviar a tensão que está por trás da ansiedade. No nível comportamental, a exposição pode superar a evitação fóbica. No nível mental, substituir o diálogo interno de medo e as crenças equivocadas por pensamentos e suposições realistas pode ajudar a reduzir a ansiedade em todas as suas diversas formas.

Para muitas pessoas, a ampla gama de abordagens apresentadas até esse ponto será suficiente para garantir a recuperação. Assumir o compromisso de seguir o programa descrito neste guia, seja sozinho, seja com um terapeuta, o ajudará a recuperar sua vida da ansiedade. Você pode precisar de um pouco mais, no entanto. Todas as técnicas descritas até agora podem ajudar muito, mas, para certas pessoas, elas não são suficientes. Um nível subjacente de ansiedade permanece – uma ansiedade que vem de não ter respondido a perguntas básicas sobre o significado e o propósito de sua vida.

Psicólogos existenciais, como Rollo May, usaram o termo "ansiedade existencial" para se referir ao tipo de ansiedade que surge por não ter conseguido atingir todo o seu potencial na vida. Essa ansiedade consiste em uma vaga sensação de tensão, tédio e talvez até mesmo "desespero silencioso", que surge do sentimento de impedimento, por uma razão ou outra, de ser tudo o que podemos ser. Você vive com um sentimento de incompletude, uma sensação de que algo vital está faltando, embora você possa não reconhecer conscientemente o que é. Se alguém lhe perguntasse "Para onde vai sua vida?" ou "Do que você acha que sua vida se trata?", você tenderia a ter problemas para responder. Ou você pode pensar em coisas que, refletindo mais, não parecem "suficientes" para tornar sua vida tão significativa quanto você gostaria que fosse.

Para algumas pessoas, a falta de propósito ou significado na vida pode fornecer terreno fértil para o desenvolvimento de ataques de pânico e fobias. Embora o pânico possa ser causado por uma série de fatores, às vezes ele reflete uma revelação repentina (e desespero) de que sua vida não tem direção óbvia. Da mesma forma, o medo de ficar preso ou confinado, ou "incapaz de escapar", que está subjacente a tantas fobias *pode* refletir um medo mais profundo de ficar preso por suas circunstâncias atuais de vida, seja envolvendo uma carreira sem saída, seja envolvendo um relacionamento ou qualquer outra situação que pareça confinada, mas exigiria riscos substanciais para ir além. A evitação fóbica, por sua vez, *pode* refletir uma evitação mais profunda dos próprios riscos necessários para realizar todo o seu potencial e propósito de vida. Minha experiência com vários clientes mostra que seus transtornos de ansiedade (não parece importar o tipo específico) não foram totalmente resolvidos até que eles encontrassem algo que pudesse dar à sua vida um maior senso de significado, *além de assumirem os riscos necessários para abraçá-lo.* Em um caso, isso envolveu uma mudança de carreira, ao passo que, em outro, significou cultivar um talento criativo com música.

Este capítulo lhe dá a oportunidade de refletir sobre a questão do significado, do propósito e dos objetivos de sua vida, bem como de explorar se a espiritualidade pode fornecer pelo menos uma direção para encontrar respostas. A espiritualidade é um conceito universal. Não se refere a nenhuma religião em particular, mas a um senso básico de que há um propósito maior para a vida, bem como um poder maior – um "Poder Superior", se você quiser – que transcende a ordem humana das coisas. A espiritualidade não apenas pode dar à vida um significado maior, mas pode ajudar a superar a ansiedade diretamente, uma vez que leva a qualidades como paz interior, serenidade, fé e amor incondicional.

Se você acha que o significado e a espiritualidade são importantes, pode querer dar uma olhada no meu livro *Beyond Anxiety & Phobia: A Step-by-Step Guide to Lifetime Recovery,* que explora esses tópicos com muito mais profundidade. Na verdade, esse livro apresenta uma ampla gama de abordagens destinadas a ir além do que é apresentado neste guia. Foi escrito como um suplemento ou complemento para o guia. O livro está listado na seção "Leitura adicional" no final deste capítulo.

Encontrando e cumprindo seu propósito único

Cada um de nós tem um ou mais propósitos especiais a cumprir que podem dar à nossa vida uma sensação de plenitude. As pessoas que cumprem o seu propósito especial dizem muitas vezes, quando chegam à velhice, que se sentem satisfeitas com a sua vida – que fizeram tudo o que podiam para realizar o que se propuseram a fazer. Exemplos comuns de propósitos de vida podem incluir criar uma família, ter sucesso em uma carreira gratificante, contribuir para sua comunidade, desenvolver e expressar um talento artístico, completar uma meta educacional e usar o que aprendeu para servir aos outros, superar um vício ou os problemas de uma infância disfuncional e transmitir o que aprendeu aos outros. Os propósitos de vida parecem ter uma dupla função: 1) permitir que você se sinta mais completo e íntegro e 2) permitir que você, de alguma forma, sirva ou contribua para o bem dos outros. Perceber o que realmente dá sentido e propósito à sua vida provavelmente o levará além de suas próprias necessidades pessoais e terá um impacto benéfico em outra pessoa, seja uma criança, as pessoas para quem você trabalha, a sua comunidade ou qualquer pessoa a quem você transmita o que aprendeu com sua experiência. Ao descobrir seu verdadeiro propósito e potencial, você vai além das preocupações imediatas com segurança e satisfação pessoal e passa a fazer uma contribuição significativa.

Se atualmente você se sente fora de contato com seu propósito de vida, como descobrir qual é? O questionário a seguir foi projetado para estimular seu pensamento de maneiras que podem ajudá-lo a formular seus próprios valores únicos.

Inventário de valores pessoais

1. O trabalho que você está fazendo atualmente expressa o que você realmente quer fazer? Se não, como você pode começar a tomar medidas para descobrir e fazer um trabalho que seria mais pessoalmente gratificante?
2. Você está satisfeito com a educação que obteve? Você gostaria de voltar para a escola e aumentar sua educação e seu treinamento? Se sim, como você pode começar a se mover nessa direção?
3. Você tem saídas criativas? Existem áreas da sua vida em que você sente que pode ser criativo? Se não, quais atividades criativas você poderia desenvolver?
4. Que tipos de interesses ou atividades despertam seu entusiasmo? O que você naturalmente gosta de fazer sozinho, com amigos ou familiares, ao ar livre ou dentro de casa?
5. O que você gostaria de fazer da sua vida se pudesse fazer o que realmente queria? (Suponha, para os fins dessa pergunta, que o dinheiro e as responsabilidades de seu trabalho e de sua família atuais não sejam uma limitação.)
6. O que você gostaria de realizar com sua vida? O que você gostaria de ter concluído quando chegar aos 70 anos para sentir que sua vida foi produtiva e significativa?
7. Quais são os valores mais importantes da vida? Que valores dão maior significado à sua vida? Alguns exemplos de valores incluem:

    - Vida familiar feliz
    - Paz de espírito
    - Sucesso material
    - Conquista de carreira
    - Crescimento pessoal
    - Dedicação a uma causa social
    - Boa saúde
    - Servir aos outros
    - Intimidade
    - Expressão criativa
    - Consciência espiritual

8. Existe alguma coisa que você valoriza profundamente e ainda sente que não experimentou totalmente ou realizou em sua vida? Que mudanças você precisa fazer – ou que riscos você precisa assumir – para realizar mais plenamente seus valores mais importantes?
9. Você tem algum talento ou habilidade especial que não tenha desenvolvido ou expressado totalmente? Que mudanças você precisa fazer – ou que riscos você precisa assumir – para desenvolver e expressar seus talentos e suas habilidades especiais?
10. À luz das questões anteriores, seus propósitos de vida mais importantes incluiriam o seguinte (listar):

Suas respostas às perguntas podem lhe dar alguns *insights* sobre o que é mais importante para você fazer na sua vida. Dê a si mesmo pelo menos um dia inteiro para refletir sobre essas perguntas e escrever suas respostas. Você pode até ponderar sobre essas perguntas por uma semana ou mais. Depois de chegar às respostas por si mesmo, continue pelas seções deste capítulo, que descrevem como definir metas, dividir cada meta em uma sequência de etapas e, finalmente, assumir o compromisso de agir em relação a cada meta. Em seguida, você pode querer compartilhar suas respostas a essas perguntas (seus valores pessoais, suas metas e seus cronogramas) com um amigo ou conselheiro pessoal próximo e obter a opinião e o *feedback* dessa pessoa. Se perceber que seu propósito envolve fazer uma mudança de carreira, pode ser útil trabalhar com um conselheiro de carreira. Se isso envolver voltar para a escola, converse com um orientador acadêmico da escola que você está considerando.

Dos valores pessoais às metas

Identificar seus valores pessoais mais importantes é um primeiro passo crítico. O próximo passo é planejar metas para sua vida com base em seus valores. Como você planeja especificamente incorporar e realizar o que você mais valoriza?

Definir e avançar com metas

Reserve algum tempo – até vários dias, se necessário – para esclarecer quais são seus objetivos mais importantes, com base nos valores/propósitos que você identificou no *Inventário de valores pessoais*. Pense no prazo provável para atingir essas metas e anote suas metas mais importantes para cada período, usando o gráfico a seguir.

Minhas metas pessoais mais importantes

Para o próximo mês: _____

Para os próximos seis meses: _____

Para o próximo ano: _____

Para os próximos três anos: _____

Certifique-se de que seus objetivos sejam realistas. Revise a seção "Trabalhe em metas que sejam realistas", na seção sobre perfeccionismo no Capítulo 11. Se você se perguntar se um objetivo específico pode estar indo longe demais, faça uma verificação da realidade falando sobre isso com amigos ou com um terapeuta. Ao mesmo tempo, não se subestime. Muitas metas que parecem difíceis no início são atingíveis quando divididas em uma sequência de etapas incrementais.

Lidar com obstáculos em direção aos objetivos

Você está realmente trabalhando em direção aos objetivos que deseja para sua vida? Ou você está dando desculpas e criando obstáculos para a realização desses objetivos? A frase popular "assumir a responsabilidade por sua vida" significa simplesmente que você assume total responsabilidade por trabalhar em direção aos seus próprios objetivos. Evitar a autorresponsabilidade é fazer pouco ou nada sobre o que você quer e/ou esperar que outra pessoa faça isso por você. Evitar a autorresponsabilidade garantirá que você tenha sentimentos de impotência, inadequação ou até mesmo de desesperança.

Quais são alguns dos obstáculos que você pode estar colocando no caminho de ir atrás do que você quer? O *medo* é o maior impedimento para fazer algo sobre seus objetivos, assim como ocorre no caso de superar fobias. Se você não se vê se movendo em direção ao que deseja, pergunte-se se está deixando algum dos seguintes medos atrapalhar:

- Medo de perder a segurança atual – por exemplo, você não pode fazer o que quer e ganhar a vida
- Medo de falhar
- Medo de rejeição pessoal ou desaprovação dos outros
- Medo de ter sucesso (com o que você teria de lidar, não é mesmo?)
- Medo de que seu objetivo envolva muito trabalho
- Medo de que seu objetivo envolva muito tempo
- Medo de que seu objetivo envolva muita energia
- Medo de que seu objetivo seja muito irreal – por exemplo, que os outros o desencorajem
- Medo da própria mudança

A solução para os medos de agir de acordo com seus objetivos de vida é a mesma solução para lidar com uma fobia: *enfrentar o medo e seguir em frente*. Não é possível eliminar o risco e o desconforto ao buscar atingir um objetivo importante, mas dividir o objetivo em etapas suficientemente pequenas (como você faria para a exposição a uma fobia; ver Capítulo 7) permitirá que você avance.

Embora o medo possa ser um grande obstáculo para avançar em seus objetivos, a culpa também pode ser um impedimento. Você pode considerar se alguma das seguintes crenças está impedindo-o de buscar o que quer:

"Eu não sou bom o suficiente para ter _____."
"Eu não mereço ter _____."
"Ninguém na minha família jamais fez algo assim antes."
"Outros não aprovarão se eu for atrás de _____."
"Ninguém aceitará essa ideia se eu tentar colocá-la em prática."

As duas primeiras crenças realmente poderiam ter sido listadas como medos, mas também envolvem culpa. Para superar o sentimento de não merecer alcançar seu objetivo, você pode querer trabalhar intensamente com a simples afirmação "eu mereço" ou "eu mereço ter _____". Não economize no uso da repetição com essa declaração em particular. Continue a trabalhar com ela até desenvolver uma convicção emocional de que é verdade. Desenvolver a convicção de que você merece o que realmente deseja aumentará significativamente a sua autoestima.

Desenvolva um plano de ação

Depois de superar obstáculos específicos para agir em seus objetivos, é hora de desenvolver um plano de ação. Divida cada um dos seus objetivos em uma sequência de etapas. Lembre-se de que esse é um plano de longo prazo. Como opção, você pode especificar um período para realizar cada etapa. Certifique-se de se recompensar após a realização de cada etapa, assim como você trabalharia com as etapas de exposição a uma fobia. Você pode pedir aos membros da sua família ou aos seus amigos o apoio deles em seu empreendimento.

Use a planilha a seguir para listar as etapas específicas que você pode seguir para progredir em direção a uma meta pessoal importante. Se você quiser perseguir mais de um objetivo, faça fotocópias da folha – ou baixe a versão na página do livro em loja.grupoa.com.br. Você pode esclarecer etapas específicas com mais facilidade conversando sobre elas com um amigo ou com um terapeuta.

Um plano de ação lhe dá um mapa para ir atrás do que você quer. Você pode consultá-lo enquanto monitora seu progresso ou se ficar preso a qualquer momento ao longo do caminho. Se você tiver problemas com qualquer etapa específica, talvez seja necessário investigar mais uma vez se medos ou sentimentos de culpa estão atrapalhando.

Plano de ação: passos em direção ao seu objetivo

1. Seu objetivo (seja o mais específico possível):
   _____
   _____

2. Que pequeno passo você pode dar agora para progredir em direção a esse objetivo?
   _____
   _____

3. Que outras etapas você precisará seguir para atingir esse objetivo? (Estime o tempo necessário para concluir cada etapa.)
   _____
   _____
   _____

Exemplo

Você pode estar se sentindo cada vez mais insatisfeito com sua linha de trabalho atual e gostaria de fazer outra coisa. No entanto, você não tem certeza sobre o que quer fazer, muito menos como treinar para isso. O objetivo geral de "entrar em outra linha de trabalho" pode parecer um pouco exagerado, se visto como um todo. Contudo, se você o dividir em partes componentes, ele se torna mais gerenciável:

1. Encontre um conselheiro de carreira que você respeite (ou faça um curso para explorar opções de carreira em uma faculdade local).
2. Explore diferentes opções:
    - *Trabalhar com o orientador ou fazer um curso apropriado.*
    - *Ler sobre diferentes vocações em livros como* Qual a Cor do Seu Paraquedas? *e* Occupational Outlook Handbook.
    - *Conversar com pessoas que ocupam cargos em vocações pelas quais você se sente atraído.*
3. Restrinja as opções vocacionais a um tipo específico de trabalho. (Obtenha qualquer ajuda de que você precise para fazer isso.) O foco é extremamente importante para atingir as metas.
4. Obtenha educação ou treinamento para a linha de trabalho que você escolheu.
    Descubra onde há treinamento disponível em sua área por meio de pesquisas na internet ou falando diretamente com pessoas já envolvidas nesse tipo de trabalho.
    - *Inscreva-se em escolas ou programas de treinamento apropriados.*
    - *Solicite um subsídio ou empréstimo educacional, se sua educação ou seu treinamento exigir um compromisso de tempo integral.*
5. Conclua sua educação ou seu treinamento (se possível, mantendo seu emprego atual).
6. Procure uma posição de nível básico em sua nova carreira.
    - *Obtenha recursos que informem onde os empregos estão disponíveis* (boletins informativos profissionais ou comerciais, periódicos, organizações de ex-alunos, jornais e linhas diretas de emprego e *sites* são todos bons recursos).
    - *Prepare um currículo com aparência profissional.*
    - *Candidate-se a vagas de emprego.*
    - *Vá para entrevistas.*
7. Comece sua nova carreira.

Tome medidas comprometidas

Você identificou seus valores mais importantes e desenvolveu metas passo a passo específicas para cumpri-los. O passo final é assumir um compromisso genuíno de realizar o plano de ação que você elaborou para cada objetivo.

Agir é trabalhar. Envolve reservar tempo em sua agenda – ou em toda a sua vida – para se concentrar em seguir em frente com as etapas relacionadas a metas que você planejou com antecedência. Também envolve coragem e vontade de trabalhar com qualquer ansiedade que possa surgir ao confrontar certos passos ao longo do seu caminho (como fazer uma entrevista para um emprego, concluir exames finais ou dar passos incrementais para enfrentar uma fobia). Um ingrediente poderoso é a perseverança. Faça o seu melhor para seguir todas as etapas para atingir uma meta. Quando obstáculos e reveses interromperem seu progresso, aceite-os como parte do processo, supere qualquer medo ou frustração temporária que surja e continue em frente até atingir seu objetivo. A recompensa é saber que você está agindo de acordo com seus valores genuínos e realizando seu(s) propósito(s) único(s) – aquilo que você veio ao mundo para fazer.

Em suma, encontrar e cumprir seu propósito de vida único é um processo de três partes: 1) *identificar seus valores mais importantes*, 2) *definir metas específicas*, com uma sequência específica de etapas incrementais para atingir cada objetivo, e 3) *tomar ações comprometidas* para alcançar cada objetivo.

Pode lhe interessar saber que existe um ramo das terapias chamado de terapia de aceitação e compromisso (ACT, do inglês *acceptance and commitment therapy*), que fornece uma tecnologia para conduzir essas três etapas. Antes de trabalhar com valores e objetivos, a ACT coloca ênfase especial na *aceitação* – abandonando a luta ou a resistência a quaisquer limitações atuais que existam em sua vida. O outro aspecto fundamental da ACT é assumir um *compromisso* genuíno de mudar o que você deseja mudar em sua vida. Os leitores interessados em explorar a ACT, que também inclui um componente da prática de *mindfulness*, podem dar uma olhada em algumas das cartilhas básicas da ACT, como *ACT Made Simple*, de Russ Harris, e *The Mindfulness & Acceptance Workbook for Anxiety*, de John Forsyth e Georg Eifert.

Visualização do propósito de vida

Para ajudá-lo em sua jornada para encontrar significado pessoal, escreva um cenário em uma folha de papel de como seria sua vida se você realizasse plenamente seu(s) propósito(s) de vida único(s). Você pode criar visualizações separadas para cada propósito ou incorporar a realização de todos os seus propósitos de vida em uma única descrição. Certifique-se de tornar seu cenário suficientemente detalhado para incluir onde você está morando e trabalhando, com quem você está, quais atividades compõem seu dia e como seria um dia típico. Depois de concluir uma descrição detalhada, leia-a com atenção regularmente. Você também pode gravá-la, de preferência em sua própria voz. Você pode começar sua gravação com alguns minutos de instruções preliminares para relaxar. Visualizar o cumprimento do seu propósito de vida de forma regular e consistente pode ajudar muito a acelerar o processo de realmente realizar seus objetivos.

Espiritualidade

Esta seção sobre espiritualidade foi incluída porque muitos clientes meus alcançaram avanços em sua condição como resultado do desenvolvimento de sua vida espiritual. Se esta seção falar com você, ela pode servir para motivá-lo a cultivar a sua espiritualidade. Se você já tem um compromisso espiritual profundo, o que se segue pode simplesmente reforçar o que você já sabe, em vez de ensinar-lhe algo novo. Em contrapartida, se esta seção parecer repulsiva ou inaplicável, você não precisa se sentir compelido a lê-la ou incorporá-la ao seu programa de recuperação. Você pode superar totalmente seu problema específico com ansiedade confiando nas estratégias e nas diretrizes apresentadas nos capítulos anteriores deste guia.

A espiritualidade envolve o reconhecimento e a aceitação de um Poder Superior além de sua própria inteligência e vontade, com quem você pode se relacionar. Esse Poder Superior pode lhe proporcionar uma experiência de inspiração, admiração, alegria, segurança, paz de espírito e orientação que vai além do que é possível na ausência da convicção de que tal poder existe.

Para nossos propósitos aqui, a espiritualidade pode ser vista como distinta da religião. Diferentes religiões mundiais propuseram várias doutrinas e sistemas de crenças sobre a natureza de um Poder Superior e a relação da humanidade com ele. A espiritualidade, por outro lado, refere-se à *experiência comum* por trás desses vários pontos de vista – uma experiência que envolve uma consciência e um relacionamento com algo que transcende seu *self*, bem como a ordem humana das coisas. A esse "algo", foram dados vários nomes ("Deus" sendo o mais popular na sociedade ocidental) e definições que são numerosas demais para contar. Para os fins deste capítulo, ele pode ser referido como um (ou "seu") *Poder Superior*. Você pode optar por definir o que isso significa para si mesmo da maneira que achar mais apropriada. Seu próprio senso de um Poder Superior pode ser tão abstrato quanto a "consciência cósmica" ou a "inteligência cósmica" ou tão realista quanto a beleza do oceano ou das montanhas. Pode ser muito pessoal, como no caso de Jesus, Maomé ou Krishna. Mesmo que você se considere agnóstico ou ateu, pode ter uma sensação de inspiração ao dar um passeio na floresta ou contemplar um belo pôr do sol. Ou o sorriso de uma criança pequena pode lhe dar uma sensação especial de alegria. Tudo o que o inspira, o enche de admiração ou o leva além de si mesmo para uma perspectiva mais ampla aponta na direção do que é referido aqui como seu Poder Superior.

O objetivo desta seção é enfatizar que há muita cura e benefícios a serem obtidos ao cultivar sua vida espiritual (se isso for algo pelo qual você se sente atraído ou acha que é certo para você). De todos os métodos e diretrizes sugeridos neste guia, um compromisso espiritual pessoal atinge um nível mais profundo para ajudá-lo a superar o sentimento básico de medo ou insegurança subjacente aos vários tipos de transtornos de ansiedade. Enquanto outros métodos descritos nos capítulos anteriores trabalham em diferentes níveis – corpo, sentimentos, mente ou comportamento –, a consciência espiritual e o crescimento podem efetuar uma transformação em todo o seu ser e ajudá-lo a desenvolver uma confiança e uma fé que são inabaláveis. Certamente, os outros métodos descritos nos capítulos anteriores ainda são importantes e necessários. Lembre-se de que as ideias e os exercícios apresentados neste capítulo não substituem o trabalho com todas as outras estratégias e habilidades deste guia.

Vários dos meus clientes sofreram grandes reviravoltas em sua condição como resultado do cultivo de sua espiritualidade. Desenvolver um relacionamento com seu Poder Superior não curava necessariamente uma fobia ou obsessão específica, mas fornecia apoio moral, coragem, esperança e fé para que eles seguissem seu programa de recuperação pessoal. Isso lhes proporcionou a sensação de que não estão sozinhos no universo e de que há uma fonte de orientação e apoio disponível em momentos de confusão e de desânimo.

O impacto da espiritualidade

Além da terapia cognitivo-comportamental, a espiritualidade tem um papel especial a desempenhar na recuperação da ansiedade:

- Pode aumentar sua crença e sua esperança de que a recuperação é possível.
- Pode fornecer uma maneira de lidar com transtornos de ansiedade mais graves e crônicos.
- Pode levar a mudanças distintas na personalidade, na atitude e no comportamento que aumentam sua capacidade de lidar com um transtorno de ansiedade.
- Pode fornecer um quadro de referência mais positivo para perceber suas dificuldades com a ansiedade (ou com a vida em geral). Uma atitude de focar no que parece ser uma dificuldade arbitrária e intransponível pode mudar para uma atitude de ver isso como uma oportunidade de crescer e evoluir como ser humano.

Quais são os benefícios específicos a serem obtidos com o desenvolvimento de sua espiritualidade? Antes de enumerar vários deles, é importante entender que ninguém busca o crescimento espiritual para "obter" tais benefícios. Você escolhe se desenvolver espiritualmente apenas porque sente uma inspiração interior profunda para fazê-lo. Os benefícios são simplesmente consequências que decorrem da escolha de cultivar um relacionamento com o seu Poder Superior. Se você já desenvolveu sua vida espiritual, entenderá os benefícios listados a seguir.

Segurança e proteção

Uma sensação de segurança interior é especialmente importante se você frequentemente lida com ansiedade, preocupações, ataques de pânico ou fobias. Com o desenvolvimento de uma conexão com seu Poder Superior, você ganha segurança por meio da convicção de que não está sozinho no universo, mesmo naqueles momentos em que se sente temporariamente separado de outras pessoas. Você se sente cada vez mais seguro ao acreditar que há uma fonte à qual sempre pode recorrer em momentos de dificuldade. Há muita segurança a ser adquirida por meio do entendimento de que não há problema ou dificuldade, por maior que seja, que não possa ser resolvido com a ajuda do seu Poder Superior.

Paz de espírito

A paz de espírito é o resultado de sentir uma sensação profunda e permanente de segurança. Quanto mais confiança você desenvolver em seu Poder Superior, mais fácil se tornará lidar, sem medo ou sem preocupação, com os desafios inevitáveis que a vida traz. Não é que você desista de si mesmo ou de sua vontade por tal poder; em vez disso, simplesmente aprende que pode "deixar ir" e recorrer ao seu Poder Superior quando se sente preso a um problema na vida e não sabe como proceder. Aprender a deixar ir quando as soluções para os problemas não são imediatamente aparentes pode ajudar a reduzir a preocupação e a ansiedade em sua vida. A paz de espírito é o que se desenvolve na ausência de tal ansiedade.

Autoconfiança

À medida que você desenvolve um relacionamento com seu Poder Superior, você se lembra de que não criou a si mesmo. Você é lembrado de que faz parte do universo da criação, tanto quanto as montanhas, as estrelas e toda a vida selvagem. Se este é um universo benigno e solidário em que vivemos – e desenvolver um relacionamento com seu Poder Superior o ajudará a acreditar que é –, então, em essência, você é bom, amável e digno de respeito apenas pelo fato de estar aqui. Seja como for que se comporte – quaisquer que sejam as escolhas que faça –, você ainda é inerentemente bom e digno. Seus próprios julgamentos de si mesmo, por mais negativos que sejam, não contam se você é uma criação do universo como todo o restante. Como disse uma pessoa com humor: "Deus não faz lixo". (É naturalmente um erro supor que esse tipo de raciocínio pode ser utilizado para justificar um comportamento ignorante ou antiético. É importante ter em mente a distinção entre como uma pessoa se comporta e o que uma pessoa é em essência.)

Abandonar uma necessidade excessiva de controle

A preocupação tem a ver com a previsão de resultados desfavoráveis associados a situações que você não pode controlar totalmente. Ao se preocupar, você se dá uma ilusão de controle. Se você se preocupa com algo o suficiente, sente que de alguma forma pode evitá-lo. De alguma forma, você não será pego desprevenido. Se você parasse de se preocupar, você abriria mão do controle.

O crescimento espiritual, independentemente da tradição ou da abordagem que você siga, incentiva o cultivo da disposição de renunciar ao controle. Sem renunciar à autorresponsabilidade, você permite que seu Poder Superior (independentemente de sua definição) tenha alguma influência na determinação do resultado de situações que você sente que não pode controlar totalmente. Às vezes, ser capaz de apenas entregar suas preocupações a um Poder Superior pode aliviar parte do fardo que você acha que precisa carregar para resolver seus problemas. Para obter mais informações sobre como lidar com a preocupação, ver Capítulo 10, "Superando a preocupação".

Capacidade de se distanciar dos padrões de reação emocional condicionada

Práticas espirituais, particularmente a meditação do *mindfulness* (ver Capítulo 19, "Meditação"), podem ajudá-lo a ficar mais em contato com o seu *eu interior incondicionado*. Esse é um estado profundo e interior de consciência, além do ego, que está sempre quieto e em paz, não importa em quais melodramas você possa estar preso em sua mente. Mover-se para o seu *self* incondicionado é como alcançar um oásis de calma além de qualquer coisa com a qual você possa estar ansioso. Tal estado pode ser deliberadamente cultivado se você estiver disposto a arranjar tempo para isso.

Algumas maneiras de fazer isso incluem meditação, tempo de silêncio dedicado à leitura inspiradora, música inspiradora, visualizações guiadas ou disciplinas físicas, como ioga ou *tai chi*.

Capacidade de dar e receber amor incondicional

A característica mais fundamental do seu Poder Superior é que ele lhe oferece uma experiência de amor incondicional. Esse é um tipo de amor que difere do amor romântico ou mesmo da amizade comum. Envolve um cuidado absoluto com o bem-estar do outro, sem quaisquer condições. Ou seja, não importa como outra pessoa apareça ou aja, você tem compaixão e cuidado por ela sem julgamento. À medida que desenvolve uma conexão mais profunda com seu Poder Superior, você experimenta maiores graus de amor incondicional em sua vida. Você sente seu coração se abrindo mais facilmente para as pessoas e para as suas preocupações. Você se sente mais livre de julgamento em relação a eles ou de fazer comparações entre eles. O amor incondicional aparece em sua capacidade aumentada de dar amor aos outros e de experimentar mais dele entrando em sua vida. Você começa a sentir menos medo e mais alegria em sua vida e ajudar a inspirar os outros a experimentar sua própria capacidade de amor incondicional. Esse tipo de amor também se manifesta por meio da experiência de ter tudo do que você precisa em sua vida para continuar com o que você quer fazer. Isso é tratado na Bíblia no ditado "Buscai primeiro o Reino, e tudo vos será acrescentado".

Orientação

Desenvolver um relacionamento com seu Poder Superior fornecerá orientação para tomar decisões e resolver problemas. Seu Poder Superior tem uma sabedoria universal que vai além do que você pode realizar por meio de seu próprio intelecto. Nas religiões tradicionais, isso tem sido chamado de "onisciência de Deus" ou "inteligência divina". Ao se conectar com seu Poder Superior, você pode recorrer a essa sabedoria maior para ajudá-lo a resolver todos os tipos de dificuldades. Você provavelmente já experimentou esse aspecto do seu Poder Superior em momentos em que sentiu uma profunda convicção sobre algo ou teve um lampejo intuitivo que se revelou bastante preciso. Ao aprender a pedir orientação ao seu Poder Superior, você ficará surpreso ao descobrir que cada pedido sincero, mais cedo ou mais tarde, será respondido. Além disso, a qualidade dessa resposta geralmente excede o que você poderia ter descoberto por meio de seu próprio intelecto ou vontade consciente.

Essas são algumas – não todas – das características que definem um relacionamento próximo com seu Poder Superior. Todas elas podem contribuir de forma significativa para o seu processo de recuperação pessoal. Tenha em mente que existem muitos caminhos diferentes que você pode seguir para chegar a uma maior consciência de seu Poder Superior. O caminho específico que você escolher, tradicional ou não, depende de você. A extensão e a sinceridade do seu compromisso com o caminho escolhido determinarão o grau de cura pessoal que você experimenta.

Mudanças nas crenças associadas à espiritualidade

Desenvolver-se espiritualmente não apenas leva a novas experiências e mudanças na maneira como você se sente, mas também pode levar a uma mudança em suas crenças e suposições básicas sobre a vida e o mundo. À medida que você se desenvolve espiritualmente, muitas de suas crenças sobre o significado da vida, em geral, e sobre o que é a sua vida, especificamente, podem mudar drasticamente. À medida que essas crenças básicas mudam, sua visão de sua condição – sua luta pessoal com a ansiedade – também começa a mudar.

Essas mudanças de crenças podem levá-lo a ter mais compaixão e tolerância consigo mesmo, bem como a encontrar um significado mais profundo nos desafios que você enfrenta, em vez de vê-los como arbitrários e sem sentido. Você pode se sentir inferior, como uma vítima que tem um problema específico com ansiedade. Em vez disso, você pode considerar sua condição como uma *oportunidade* de crescer e expandir quem você é.

A seguir, está uma lista de 10 suposições que são frequentemente associadas à espiritualidade. Elas não são tiradas de nenhuma fonte, tradição ou credo, mas são baseadas em minha experiência pessoal. Embora representem meu ponto de vista pessoal, essas ideias têm sido pontos de partida úteis para discussões com vários de meus clientes. Ao ler as ideias, considere aquelas que se encaixam ou fazem sentido para você e se sinta à vontade para descartar aquelas que não se encaixam. Cada um de nós tem uma filosofia básica sobre a vida que temos de formular para nós mesmos.

Algumas dessas ideias podem estimular questões que você pode desejar discutir com uma pessoa importante, um amigo de confiança ou até mesmo um pastor, padre ou rabino. Todas as ideias podem levar a uma visão mais otimista e tolerante da vida. Ao adotar qualquer uma dessas ideias que se encaixam para você, pode achar que sua atitude sobre sua condição – assim como a vida em geral – se torna um pouco mais positiva e um pouco menos onerosa.

1. A vida é uma escola. O principal significado e propósito da vida é que ela é uma "sala de aula" para o crescimento da consciência.

A maioria das pessoas tende a definir o significado de sua vida nos termos das pessoas, das atividades, das autoimagens ou dos objetos aos quais atribuem maior valor. O que você mais valoriza na vida – seja família, outro indivíduo, trabalho, um papel específico ou a autoimagem, sua saúde ou posses materiais – é o que provavelmente define o significado de sua vida. Se você perdeu o que mais valorizava, sua vida pode parecer perder o sentido. Pense por um momento sobre o que você mais valoriza em sua vida e o que lhe dá maior satisfação e conforto. Então, imagine como seria sua vida se essas coisas fossem tiradas dela de repente.

A verdade, é claro, é que tudo o que você mais valoriza *acabará* por desaparecer. Nada que você aprecia dura para sempre. No entanto, se tudo o que você valoriza deve algum dia deixar de existir, qual é o sentido *final* da vida? Contanto que você assuma que não há nada mais na existência do que sua vida atual – o que existe agora –, então não parece haver *qualquer* significado final. Você acaba dizendo (junto a Jean-Paul Sartre e outros existencialistas) que o único sentido que a vida tem é o que você faz dela no momento presente. Além disso, a vida parece não ter sentido em si. Já que tudo, incluindo a própria vida, eventualmente passa, como pode haver algum ponto final para qualquer uma dessas coisas?

A maioria das formas de espiritualidade, tradicionais e modernas, vão além dessa situação existencial. A maioria delas faz algum tipo de suposição de que a vida humana *não* é tudo o que existe. Algo de nós persiste além da vida humana, e assim a vida passa a ser vista como uma permanência temporária, não o destino final. A vida passa a ser entendida como um campo de preparação ou treinamento para outra coisa que não pode ser totalmente compreendida ou revelada enquanto você está vivo.

É essa interpretação particular do significado "final" da vida que muitas pessoas descobriram ser mais válida e útil. Se o sentido final da vida é que ela é uma *sala de aula* ou *escola* para o crescimento da consciência – para o desenvolvimento da sabedoria e da capacidade de amar –, então o fato de que tudo passa assume um significado totalmente novo. As tarefas e os desafios que surgem na vida, e sua resposta a eles, não têm repercussões eternas. Eles também não têm nenhum significado. São mais como aulas em uma escola, aulas às quais você se aplica e tenta dominar da melhor maneira possível. Cada lição é repetida até que seja dominada. À medida que você domina as lições antigas, novas são colocadas diante de você. Essa "escola da Terra" é, portanto, um lugar onde você aprende e cresce; não é sua morada final. Eventualmente, é hora de sair dessa sala de aula e seguir em frente.

2. Adversidade e situações difíceis são lições projetadas para o seu crescimento – não são atos aleatórios e caprichosos do destino. No esquema maior das coisas, tudo acontece por um propósito.

Se você aceitar a ideia de que a vida é uma sala de aula, as adversidades e dificuldades que entram em sua vida podem ser vistas como parte do currículo – como lições para o crescimento. Isso é muito diferente do ponto de vista de alguém que vê os infortúnios da vida como peculiaridades aleatórias do destino. Essa última perspectiva leva a uma sensação de vitimização. Você pode acabar se sentindo impotente em um mundo caprichoso que parece ser completamente desigual no tratamento das pessoas, algumas das quais têm muita sorte, ao passo que outras têm infortúnios amontoados sobre elas.

A visão aqui proposta é de que as dificuldades da vida são lições para promover o crescimento em sabedoria, compaixão, amor e outras qualidades positivas (algumas tradições religiosas se referem a "testes"). Quanto maior for a dificuldade, maior será o potencial de aprendizado e crescimento. Se você aceitar essa ideia, então a próxima pergunta que você pode fazer é esta: quem estabelece o currículo ou "atribui" suas lições de vida? Muitos de nós podem fazer essa pergunta de uma forma ou de outra quando um determinado desafio de vida parece particularmente difícil. Tendemos a protestar contra alguns dos infortúnios e limitações que enfrentamos. Surge a pergunta: "Como um Deus amoroso poderia permitir isso?".

Não há uma resposta fácil para essa pergunta. Nenhum de nós pode entender completamente como nossas lições de vida são administradas e atribuídas, embora diferentes tradições espirituais tenham visões diferentes sobre esse assunto (as tradições orientais falam de "carma", ao passo que as tradições judaico-cristãs falam de "testes" e "tentações"). Cada um de nós precisa lutar com os desafios que a vida traz sem entender completamente o porquê. O que parece evidente é que o crescimento não poderia ocorrer se as lições fossem *sempre* fáceis. Se o propósito da vida é que cresçamos em sabedoria, consciência e compaixão, então pelo menos algumas das lições precisam ser difíceis. Essa pode não ser uma visão totalmente consoladora, mas pelo menos faz algum sentido para as situações difíceis que ocorrem na vida.

Dada essa visão, você pode parar de perguntar "Por que isso aconteceu comigo?" e, em vez disso, fazer perguntas mais construtivas: "O que isso quer me ensinar?" e "O que pode ser aprendido com isso?". Você pode tomar qualquer preocupação ou inquietação que esteja incomodando mais em sua vida nesse momento e tentar fazer as duas últimas perguntas, em vez da primeira.

3. Suas limitações e falhas pessoais são a base com a qual você tem de trabalhar para o seu crescimento interior. Às vezes, você pode curá-las e superá-las com um esforço modesto. Em outros casos, elas podem ficar com você por um longo tempo, a fim de empurrá-lo para evoluir e se desenvolver em todo o seu potencial. Você não está errado ou de alguma forma é culpado devido às suas limitações.

Pense por um momento sobre algumas de suas próprias limitações pessoais – aquelas com as quais você acha mais difícil conviver. Se você está lidando com um transtorno de ansiedade, pense sobre sua condição. Você pode perguntar por que alguém deve ter de lidar com uma condição difícil, como transtorno de pânico, agorafobia, fobia social ou transtorno obsessivo-compulsivo, por alguns meses, muito menos por mais tempo. Felizmente, você utilizou todos os melhores tratamentos – incluindo medicação, se necessário – e teve uma recuperação significativa e genuína. Em alguns casos, uma recuperação completa de um transtorno de ansiedade é certamente possível. Suponha, no entanto, que você recebeu todos os melhores tratamentos, trabalhou muito duro por um ou dois anos e experimentou uma melhora parcial, mas ainda está lidando com sua condição até certo ponto. Essa é uma razão para você se considerar um fracasso? Uma razão para pensar que você é de alguma forma menos habilidoso ou persistente do que aquelas pessoas que superaram sua condição rapidamente?

Se você trabalhou duro para superar sua condição, mas ainda está preocupado com isso, talvez haja alguma experiência de crescimento significativa para encontrar no processo de ter de trabalhar com sua dificuldade por um longo tempo. Tudo depende da lição que você está aprendendo. Ter uma condição difícil que é facilmente dispensada em pouco tempo certamente ajudaria a desenvolver sua confiança em seu próprio autodomínio – uma lição importante em si mesma. No entanto, não necessariamente desenvolveria qualidades de compaixão ou paciência. Muitas vezes, parece que só tendo de lutar com nossas próprias enfermidades por um longo tempo podemos aprender plenamente como sentir compaixão ou ter paciência com as dificuldades dos outros.

Como segundo exemplo, suponha que sua lição seja aprender a deixar de lado a necessidade excessiva de controle – mais ainda, aprender a deixar de lado e permitir que seu Poder Superior ou Deus tenha um impacto em sua vida. Uma maneira (não a única maneira) de aprender isso é ter de lidar com uma situação difícil em que todos os seus esforços para a controlar simplesmente não funcionam. A capacidade de abandonar o controle é muitas vezes fomentada por essas mesmas dificuldades na vida que são mais desafiadoras. Algumas condições e situações são tão desafiadoras que nos *obrigam* a deixar ir. Não há alternativa. Brigar ou lutar contra a condição só cria mais angústia e sofrimento. Muitas vezes, é no momento exato em que deixa de lado totalmente sua preocupação ou para de lutar que você pode experimentar algum tipo de resposta ou alívio de seu Poder Superior. Deixar ir e confiar em seu Poder Superior não deve ser pensado como renunciar à responsabilidade por sua vida. Em vez disso, envolve fazer tudo o que puder para se ajudar primeiro e, depois, entregar as coisas a outra fonte de assistência.

Em suma, é um erro culpar-se por ter qualquer condição intratável, não importa o quão incapacitante ou há quanto tempo você a tenha. Ela está lá para promover e aprofundar certas qualidades do seu eu interior. *Como você responde a isso e o que você aprende com isso é o que é importante*, não a condição em si.

4. Sua vida tem um propósito e uma missão criativos. Há algo criativo que é seu para desenvolver e oferecer.

Sua vida não é uma sequência aleatória de eventos acidentais, mas segue um plano. Esse plano é *criado* a partir de um nível que nenhum de nós pode entender completamente. Parte desse plano consiste nas lições para o crescimento da consciência, que foram descritas nas três seções anteriores.

Outro aspecto muito importante do plano são suas qualidades criativas, seus talentos ou seus "dons". Cada um de nós tem pelo menos uma forma pessoal de criatividade que pode dar sentido e propósito à nossa vida. O desenvolvimento e a plena expressão de seus talentos e dons criativos é o seu "propósito de vida" ou "missão de vida", mencionado anteriormente neste capítulo.

Seu propósito de vida é algo que você sente que *precisa* fazer para se sentir inteiro, completo e realizado em sua vida. É exclusivamente seu – algo que não pode ser duplicado. Só você pode fazer isso. Vem de dentro e não tem nada a ver com o que seus pais, parceiros ou amigos podem querer que você faça. Em geral, isso o leva além de si mesmo e tem um impacto em algo ou em outra pessoa.

Seu propósito ou sua missão pode ser uma vocação ou um passatempo – seu escopo pode se estender ao mundo inteiro ou a apenas uma outra pessoa. Exemplos incluem criar uma família, dominar um instrumento musical, voluntariar seus serviços para ajudar jovens ou idosos, escrever poemas, falar eloquentemente diante de grupos ou cuidar de um jardim em seu quintal.

Até que você desenvolva e expresse seus dons criativos, sua vida parecerá incompleta. Você sentirá mais ansiedade porque não está tendo tempo para fazer o que realmente quer fazer – o que, de fato, nasceu para fazer. A primeira parte deste capítulo foi projetada para ajudá-lo a entrar em contato com seu propósito criativo e sua missão, bem como com as metas para alcançá-lo. Se você ainda não tem certeza do que é, pode querer discutir suas respostas ao *Inventário de valores pessoais* no início deste capítulo com um amigo ou conselheiro de confiança.

5. Uma fonte superior de apoio e orientação está sempre disponível.

Essa ideia é a base de toda esta seção sobre espiritualidade. Muito medo e muita ansiedade são baseados na percepção de que você está separado e sozinho – ou então é baseado na antecipação de rejeição ou perda que pode eventualmente resultar de você estar separado e sozinho. A verdade é que você não está sozinho. Mesmo naqueles momentos em que você pode achar difícil recorrer a outros seres humanos para obter apoio, ainda há outra fonte de apoio que sempre pode ser invocada. Seu Poder Superior não é apenas uma entidade abstrata que criou e sustenta o universo. É uma força, um poder ou uma presença com a qual você pode entrar em um relacionamento pessoal. Esse relacionamento é tão pessoal quanto qualquer outro que você poderia ter com outro ser humano.

Nesse relacionamento pessoal, você pode experimentar *apoio* e *orientação*. O apoio geralmente aparece na forma de inspiração ou entusiasmo, que pode ajudá-lo a se levantar e sustentá-lo em momentos de baixa motivação e desânimo. A orientação pode vir na forma de *insights* e intuições claras que fornecem discernimento e orientação sobre o que você precisa fazer. Com frequência, esse tipo de *insight* ou inspiração é mais sábio do que qualquer coisa que você possa ter descoberto com sua mente racional.

Você pode enfrentar um dilema sobre isso. Se você pensa em inspiração e intuição originadas em sua própria mente subconsciente, como elas vêm de um Poder Superior – de algo aparentemente separado de você? Certamente, da perspectiva da mente consciente, tudo parece separado – você se percebe separado dos outros, do mundo e, muito provavelmente, de um Poder Superior. Há outro nível, contudo, que a mente consciente não pode compreender, em que todas as coisas estão unidas. A filosofia oriental se refere a isso como "Aquele em que todas as coisas residem". O físico moderno David Bohm fala da "ordem implícita", em que tudo está interconectado. Na Bíblia (Novo Testamento), essa ideia é expressa na declaração "O Reino dos Céus está dentro de você".

Para receber apoio e orientação do seu Poder Superior, você simplesmente precisa perguntar. Nada mais é necessário. Embora isso possa parecer fácil, pode não ser na prática se você acredita que deve descobrir e lidar com tudo sozinho. Ou pode não ser fácil se você sentir que é irracional, fraco ou de alguma outra forma abaixo de sua dignidade confiar em um poder invisível para apoio. Confiar e acreditar em seu Poder Superior exige uma certa disposição para deixar de lado o controle, bem como uma certa humildade – muitas vezes, é humilhante chegar à conclusão de que você não pode lidar com algo completamente por conta própria. A capacidade de deixar ir e confiar é algo que pode ser aprendido. Muitas vezes, as lições de vida mais difíceis – aquelas que o levam ao seu limite absoluto – tendem a ser as que mais têm a ensinar sobre o desapego.

À medida que aprende cada vez mais a permitir que seu Poder Superior (ou Espírito) ajude em sua vida, você pode crescer na confiança de que às vezes é apropriado renunciar ao controle.

6. O contato com seu Poder Superior está diretamente disponível em sua experiência pessoal.

Você pode descobrir um relacionamento pessoal com seu Poder Superior dentro de sua própria experiência imediata. É um relacionamento tão pessoal quanto qualquer outro que você possa ter com outro ser humano.

É uma relação de mão dupla. Você pode receber apoio, orientação, inspiração, paz de espírito, força interior, esperança e muitos outros dons de seu Poder Superior;

também pode comunicar suas necessidades ao Espírito por meio da oração e comunicar diretamente sentimentos de gratidão e reverência. Tal relacionamento pode se aprofundar e crescer à medida que você escolhe lhe dar atenção e tempo.

Existem inúmeras maneiras pelas quais seu Poder Superior pode se manifestar em sua experiência pessoal. Seguem alguns exemplos bem comuns:

- Sentir-se apoiado por uma presença amorosa.
- Um conhecimento interno ou reconhecimento intuitivo – algum *insight* profundo – chega até você, e você tem uma sensação clara e inequívoca de que é verdade.
- Após um período de estresse ou luta, de repente você sente um influxo de calma ou paz. Por vir até você sem qualquer esforço de sua parte, há uma sensação de que vem de um lugar além do seu ego pessoal.
- Sentimentos de admiração e respeito ao contemplar a beleza da natureza.
- Experiências visionárias – na verdade, ter uma impressão visual, dentro ou fora de sua mente, de um ser ou uma presença espiritual.
- Sincronicidades – algo no mundo exterior coincidentemente corresponde ao que está acontecendo em sua mente. Parece mais do que apenas uma coincidência. Por exemplo, você está obsessivamente preocupado com algo enquanto dirige, e um carro estaciona na sua frente com uma placa personalizada que diz: "Deixe estar".
- Milagres – por exemplo, curas espontâneas que desafiam a explicação médica.

Ao ler isso, pense em algumas das maneiras pelas quais você experimentou a presença de um Poder Superior em sua própria vida. Existem muitas outras formas além das listadas anteriormente.

7. Perguntas feitas com sinceridade ao seu Poder Superior são respondidas.

Essa ideia é realmente uma extensão do ponto anterior sobre o seu Poder Superior ser uma fonte de apoio e orientação. A razão para fazer esse ponto separadamente é ressaltar o fato de que o apoio e a orientação do seu Poder Superior não são apenas concedidos a você – você pode deliberadamente pedir por eles. A famosa citação de Jesus "Peça e você receberá" é verdadeira, independentemente da tradição ou da orientação espiritual específica que você segue.

É pressuposto de todas as abordagens religiosas que incorporam a oração que esta será respondida. Talvez você tenha tido experiências de suas orações sendo respondidas. Muitas vezes, parece que o grau de seriedade do seu pedido tem algo a ver com a rapidez com que a oração recebe uma resposta. Um exemplo comum é quando você se sente sobrecarregado com alguma situação e quase literalmente clama por ajuda ao seu Poder Superior. Em muitos casos, se não na maioria, algo na situação melhora ou muda, muitas vezes em pouco tempo.

Na verdade, há pesquisas científicas que confirmam a eficácia da oração. Vários estudos empíricos devidamente controlados sobre a oração são relatados no livro *One Mind*, de Larry Dossey, MD.

Em suma, há apoio anedótico e de pesquisa para a ideia de que a oração é eficaz. Isso não significa que tudo pelo que você orar se tornará realidade. Existem algumas qualificações que, na minha experiência, precisam ser mantidas em mente: 1) o pedido ou súplica precisa ser feito com seriedade e sinceridade genuínas; 2) a "resposta" ou retorno à oração pode não vir imediatamente – pode levar dias, semanas ou meses; e 3) a resposta pode não vir de uma só vez – em vez disso, apenas um passo na direção da resposta pode vir (p. ex., se você está orando pela cura da dor crônica, a resposta pode vir na forma de uma forte intuição de visitar um médico ou profissional de cura em particular). A oração pode ser respondida de várias maneiras, e às vezes a resposta pode não ser a que você esperava. Não é possível saber com antecedência como uma oração específica será respondida (é aí que entra a fé). O que se pode confiar é que haverá uma resposta, e essa resposta servirá ao seu bem maior.

8. O que você realmente pede ou deseja do nível mais profundo de si mesmo – do seu coração – tenderá a vir até você.

Uma das coisas mais poderosas que podem promover mudanças positivas e cura é uma intenção sincera. O poder da intenção pode promover consequências milagrosas. O que você acredita e com que se compromete com todo o seu coração tende a se tornar realidade. Quando a intenção é para o seu bem maior – e quando não entra em conflito com o bem maior de outra pessoa –, é mais provável que se manifeste.

Uma intenção profundamente arraigada muda e concentra sua própria consciência. Também parece ter ramificações em eventos no mundo além de você. Os eventos no mundo exterior tenderão a se alinhar com sua intenção mais profunda. O famoso poeta e romancista alemão Goethe resumiu isso nestas famosas observações:

> Em relação a todos os atos de iniciativa ou criação,
> há uma verdade elementar;
>
> A ignorância mata inúmeras ideias e planos esplêndidos:
> no momento em que se compromete definitivamente,
> então a providência divina também se move.
>
> Todo tipo de coisa ocorre para nos ajudar,
> que em outras circunstâncias nunca teriam ocorrido.
>
> Toda uma série de acontecimentos surge da decisão, levantando a seu favor
> todo tipo de incidentes e assistências imprevistas,
> que ninguém poderia ter sonhado
> que aconteceriam em seu caminho.

9. O amor é mais forte do que o medo. O amor puro e incondicional emana do seu Poder Superior (Deus) e está no centro do seu ser e de todos os seres. Todos os medos podem ser entendidos como diferentes formas de separação: separação dos outros, de nós mesmos e separação de Deus – do amor que une todas as coisas.

O amor é mais forte do que o medo porque é mais profundo. Em um nível consciente, o amor é a experiência de sentir o coração voltado para a unidade com alguém ou algo que não seja você mesmo. Em um nível mais profundo, o amor é o "estado fundamental" ou fundamento essencial de todo o universo. Essa é uma visão comum às religiões oriental e ocidental. O amor não é algo que possuímos ou não possuímos, pois literalmente *define* o que somos em nosso núcleo e em nossa essência. O medo pode ser profundo, mas nunca tão profundo quanto o amor, porque o medo surge apenas quando nos sentimos separados do estado fundamental do amor que nos unifica com tudo o mais.

A frase popular "Somos todos um" expressa a verdade sobre o amor e é, em um nível além do que nossa mente consciente pode compreender de forma plena, literalmente verdadeira.

A maior parte da ansiedade que você experimenta pode estar relacionada a medos específicos de abandono, rejeição e humilhação, perda de controle, confinamento, lesão ou morte. O medo pode assumir qualquer uma dessas formas, com base em seu condicionamento e sua experiência passada. No entanto, nenhum desses medos poderia surgir se você não experimentasse a separação. A existência do medo sempre aponta para um grau de separação – separação de sua mente consciente de seu ser mais íntimo, separação dos outros e/ou separação de Deus. Se é verdade que, em essência, todos nós estamos unidos como um só, então todo medo que sentimos – não importa o quanto acreditemos nele – é, na verdade, apenas uma ilusão. Se pudéssemos perceber as coisas como elas realmente são, não haveria razão para ter mais medo.

Amor e medo constituem talvez a dualidade mais profunda da existência humana. No entanto, em última análise, o primeiro sempre pode superar o último.

10. A morte não é o fim, mas uma transição. Nossa natureza essencial ou alma sobrevive à morte física. (Temer a morte como "o fim" é simplesmente uma ilusão.)

Essa ideia básica é compartilhada por todas as religiões do mundo. Todas elas assumem que a alma de um indivíduo continua a existir após a morte física, embora difiram um pouco em suas concepções sobre a natureza da vida após a morte.

Evidências reais para essa visão surgiram nos últimos 25 anos a partir da pesquisa generalizada sobre "experiências de quase morte". Como você provavelmente já sabe, as experiências de quase morte se baseiam em relatos do que as pessoas experienciaram entre o momento em que os seus sinais vitais indicavam morte iminente ou real e quando foram posteriormente reanimadas. Todos esses relatos compartilham várias coisas, como passar por um túnel, encontrar um ser de luz que irradia amor e compreensão, testemunhar uma revisão cena por cena de toda a sua vida e, às vezes, encontrar parentes que já morreram. Um número menor desses relatos descreve cenas e locais de outro mundo associados aos eventos vivenciados. Embora os milhares de tais relatórios que foram coletados em todo o mundo não "provem" que a consciência sobrevive à morte, eles certamente apresentam um argumento forte nessa direção. Outra evidência de que os sobreviventes de quase morte dão uma olhada na vida após a morte vem do fato de que muitos deles perdem o medo da morte e se tornam mais profundamente espirituais após a sua experiência. Se o que eles passaram foi simplesmente um sonho, por que teria um impacto tão profundo e duradouro?

O medo da morte surge em você ou está subjacente a outros medos que você possa ter sobre doenças ou ferimentos? Nesse caso, você pode querer consultar a literatura sobre experiências de quase morte e chegar às suas próprias conclusões sobre a vida após a morte. O livro clássico na área é *Vida depois da Vida,* de Raymond Moody, mas há muitos bons livros sobre o assunto. Uma busca na Amazon por livros sobre o tema "vida após a morte" ou "além da vida" resultará em inúmeros livros sobre o tema.

Seu conceito e seu relacionamento com seu Poder Superior

A seção anterior apresentou algumas visões sugeridas sobre espiritualidade. Quais são seus pontos de vista específicos? Reserve um tempo para refletir sobre as perguntas a seguir. Escreva sua resposta nos espaços fornecidos ou em um pedaço de papel separado.

1. O que a ideia de Deus ou de um Poder Superior significa para você pessoalmente?

2. Descreva os atributos que definem sua noção de Deus, Espírito ou um Poder Superior. Quando você pensa sobre a natureza do seu Poder Superior, que ideias e imagens vêm à sua mente?

3. Você experimenta uma conexão pessoal e consciente com seu Poder Superior? Como você tem vivenciado essa conexão?

4. Quais obstáculos você sente que interferem em sua aceitação e/ou experiência de um Poder Superior?

5. O que você esperaria ganhar desenvolvendo e/ou aprofundando sua conexão com um Poder Superior?

Opções para desenvolver sua vida espiritual

Exercício 1: espiritualidade e sua visão sobre a sua condição

Volte às 10 suposições descritas na seção anterior, "Mudanças nas crenças associadas à espiritualidade", e, em seguida, complete a seção anterior, "Seu conceito e seu relacionamento com seu Poder Superior".

À luz das ideias propostas sobre espiritualidade, bem como das suas próprias ideias sobre um Poder Superior, como essas opiniões afetam a sua perspectiva sobre a sua condição particular de ansiedade? E a sua visão da vida em geral? Em uma folha de papel separada, anote suas respostas a essas duas perguntas.

Exercício 2: conectando-se com seu Poder Superior

Este exercício se destina a ajudá-lo a entrar em contato com seu Poder Superior e obter assistência para lidar com qualquer problema que lhe cause preocupação ou ansiedade. Use o exercício apenas se parecer apropriado para você. (Você pode ter seus próprios métodos de oração e meditação preferidos.) Dê a si mesmo tempo para relaxar e se concentrar primeiro antes de trabalhar com as declarações e a visualização.

1. Fique confortavelmente sentado (ou deite-se, se preferir). Passe pelo menos 5 minutos usando qualquer técnica que desejar para relaxar. Você pode fazer respiração abdominal ou relaxamento muscular progressivo, visualizar-se indo para um lugar tranquilo ou meditar. (Ver Capítulo 4 para obter instruções sobre técnicas específicas de relaxamento.)

2. Se você ainda não está ciente disso, lembre-se da situação, da pessoa ou do que quer que esteja o deixando preocupado ou ansioso. Concentre-se nisso por vários momentos até ter isso claramente em mente. Se surgirem sentimentos de ansiedade, permita-se senti-los.

3. Afirme repetidamente, com o máximo de convicção possível:
    "Eu entrego isso ao meu Poder Superior (ou a Deus)."
    "Eu entrego esse problema ao meu Poder Superior (ou Deus)."

    Simplesmente repita essas declarações devagar, com calma e com sentimento quantas vezes desejar, até começar a se sentir melhor. Ao fazer isso, é bom trazer à mente as seguintes ideias sobre seu Poder Superior:
    – É "onisciente" – em outras palavras, tem sabedoria e inteligência que vão além de sua capacidade consciente de perceber soluções para os problemas.
    – Na sua maior sabedoria, o seu Poder Superior tem uma solução para toda preocupação.
    – Mesmo que você não consiga ver a solução para sua preocupação agora, pode afirmar com fé que não há problema que não possa ser resolvido com a ajuda de seu Poder Superior.

4. Se você tem inclinação visual, imagine que vai encontrar seu Poder Superior. Você pode se ver em um jardim ou em um belo cenário de sua escolha e, em seguida, imaginar que vê uma figura – seu Poder Superior – se aproximando de você. Pode ser indistinto no início e ficar gradualmente mais claro. Você pode notar que essa figura exala amor e sabedoria. Pode ser um velho ou uma velha sábia, um ser de luz, Jesus, o ser supremo em sua religião particular ou qualquer outra presença que represente adequadamente seu Poder Superior.

5. Enquanto estiver na presença de seu Poder Superior – quer você o visualize ou não –, simplesmente encontre uma maneira de pedir ajuda. Por exemplo, você pode dizer: "Peço sua ajuda e orientação com _____." Continue repetindo seu pedido até se sentir melhor. Você pode querer ouvir para compreender se o seu Poder Superior tem uma resposta imediata ou uma visão para lhe oferecer sobre o seu pedido. No entanto, não há problema em simplesmente fazer o seu pedido e pedir ajuda sem obter resposta. O objetivo desse processo é desenvolver confiança e crença em seu Poder Superior (o que tradicionalmente tem sido chamado de "fé em Deus"). A chave para essa parte do processo é uma atitude de humildade genuína. Ao pedir ajuda ao seu Poder Superior, você renuncia a uma parte do seu controle consciente da situação e exerce uma disposição para confiar.

6. *Opcional*: se parecer apropriado, visualize um feixe de luz branca indo para aquele lugar em seu corpo que se sente ansioso ou preocupado. Muitas vezes, isso pode ser a região do plexo solar (no meio do tronco, logo abaixo do centro da caixa torácica) ou a "boca" do estômago. Deixe essa área ser preenchida com a luz até que a ansiedade se dissolva ou desapareça. Continue direcionando a luz branca para essa região até que se acalme e esteja livre de ansiedade.

Dê tempo a todo esse processo. Pode ser necessário persistir por até meia hora para sentir uma conexão genuína com o seu Poder Superior e uma confiança profunda de que o problema que o preocupa pode realmente ser resolvido. Se, depois de concluir esse processo, sua preocupação voltar no dia seguinte, basta repetir o exercício todos os dias até dominar sua preocupação.

Exercício 3: inventário de suas experiências espirituais

Se você sente que já tem um relacionamento pessoal com um Poder Superior, como o experimentou? Ao relembrar sua vida, você poderá se lembrar de momentos em que se sentiu inspirado, admirado, comovido ou elevado além da sua experiência cotidiana. Escreva suas respostas às seguintes perguntas nos espaços fornecidos ou em um pedaço de papel separado.

1. Que situações, lugares, pessoas, atividades ou eventos lhe dão uma sensação de inspiração? Uma sensação de admiração ou reverência?

2. Qual das seguintes experiências você considera ser "espiritual"? Escreva um exemplo de uma experiência inspiradora que você teve em cada caso.

Beleza natural
(Um lugar ou uma ocasião na natureza que o encheu de admiração ou reverência.)

Visão profunda
(Algo criativo que você se sentiu genuinamente inspirado a fazer.)

Expressão de amor recebida ou dada
(Indicar quando e com quem.)

3. As seguintes experiências são frequentemente consideradas espirituais. Descreva qualquer uma de suas experiências pessoais que se aplicam.

Receber respostas às orações

Sincronicidades (coincidências significativas)

Orientação

Milagres

4. Experiências místicas ou visionárias – descreva casos em que você experimentou alguma das seguintes situações:

Sentir-se apoiado por uma presença amorosa

Ter uma súbita sensação de paz em meio à turbulência

Ter um senso de unidade de tudo – ou você mesmo sendo um ou parte de tudo

Experimentar uma infusão de luz que levou a uma sensação de paz, felicidade ou alegria

Testemunhar um ser ou uma presença espiritual (como anjos, Jesus ou outras figuras dentro de sua tradição espiritual particular)

Outros (quaisquer outras experiências que você considere uma manifestação direta do seu Poder Superior)

Suas práticas espirituais

Cultivar um relacionamento com seu Poder Superior é, de certa forma, semelhante a desenvolver um relacionamento com outra pessoa. Quanto mais tempo e energia você dá a ele, mais próximo e profundo o relacionamento se torna. Se você está disposto a dar alta prioridade a esse relacionamento, ele pode se tornar uma parte importante de sua vida cotidiana. Você pode aprofundar seu compromisso com a espiritualidade por meio de qualquer uma das seguintes práticas:

Comunidade espiritual. Participação regular na igreja ou em sua organização espiritual preferida. Lembrar-se do sagrado na presença de outros é uma maneira comum e poderosa de experimentar sua conexão com seu Poder Superior. Isso pode ser feito ao frequentar sua igreja preferida, ir a aulas espirituais e reuniões ou até mesmo ao praticar uma dança sagrada, como a dança Sufi. Você também pode optar por se envolver em um programa de 12 etapas que seja relevante para suas necessidades. Os programas de 12 etapas oferecem a muitas pessoas uma abordagem bem concebida e eficaz para curar vícios. Embora tenham começado com Alcoólicos Anônimos há 80 anos, agora incluem uma ampla gama de programas, como Emocionais Anônimos, Codependentes Anônimos, Comedores Compulsivos Anônimos, Viciados em Sexo e Amor Anônimos e *Workaholics* Anônimos. Consulte o local do Conselho Nacional de Alcoolismo para obter uma lista de grupos de 12 passos na sua área.

Leitura regular de literatura inspiradora de sua preferência. É bom fazer isso pelo menos uma vez por dia – ao acordar, durante a pausa para o almoço ou antes de dormir. Você pode confiar em textos tradicionais associados à sua religião, como a Bíblia, a Torá, o Alcorão ou o *Bhagavad Gita*, ou em livros mais modernos e contemporâneos sobre espiritualidade. Alguns dos livros modernos favoritos do autor estão listados na seção "Leitura adicional", no final deste capítulo.

Prática regular de meditação. A meditação é uma prática de ficar quieto a ponto de entrar em contato com uma parte mais profunda do seu ser interior: uma parte não reativa, além do condicionamento, e, em última análise, em sintonia com o seu Poder Superior. A meditação fornece uma maneira de não se identificar com emoções e pensamentos autolimitantes, para que você possa *testemunhar, em vez de reagir* a eles. Para saber mais sobre meditação, ver Capítulo 19, "Meditação".

Prática regular de oração. A oração é uma maneira de se comunicar ativamente com seu Poder Superior, geralmente na forma de um pedido. Às vezes, você pode pedir ao seu Poder Superior uma qualidade, como força, paz ou clareza. Outras vezes, você pode pedir ao seu Poder Superior que simplesmente esteja presente em uma situação particular. Ou você pode ceder um problema ao seu Poder Superior sem pedir nada em particular.

Trabalhar com declarações espirituais. Embora a oração seja uma oportunidade de fazer um pedido ao seu Poder Superior, repetir declarações espirituais é uma maneira de reforçar suas crenças espirituais. Declarações espirituais famosas incluem declarações como "Deixe ir e deixe com Deus" ou "Minha alma habita em Deus". Dois livros famosos de autoajuda sobre como trabalhar com declarações espirituais são *Você pode curar sua vida,* de Louise Hay, e *Creative Visualization,* de Shakti Gawain. Há também uma oração afirmativa de uma página no Capítulo 10 do meu livro *Beyond Anxiety & Phobia,* intitulada "Uma declaração para restaurar a integridade", que muitos dos meus clientes acharam útil. Veja esse livro para uma cobertura mais aprofundada do tópico da espiritualidade, incluindo o capítulo final sobre a natureza do amor incondicional, do perdão e da compaixão.

Um momento de silêncio na natureza. Se possível, procure um local de beleza natural (de preferência, livre de ruído de trânsito e ruído humano), como um parque, uma área ao lado de um lago ou rio, uma praia, um prado tranquilo ou uma clareira na floresta, onde você possa testemunhar um nascer ou pôr do sol, ou uma área tranquila e escura, onde você possa ver a faixa da Via Láctea. Em seguida, passe 2 ou 3 minutos na área em total silêncio, apenas absorvendo toda a sua beleza natural, sendo receptivo a quaisquer sentimentos de inspiração que surjam.

Serviço compassivo. Isso significa servir aos outros por um motivo genuíno de ajudar. Pode envolver trabalho voluntário ou apenas simples atos de bondade e compaixão para com os outros em seu dia a dia. Ajudar outra pessoa a sair de um espaço escuro em sua vida iluminará sua alma.

Depois de ler essa lista parcial de práticas espirituais, pergunte-se se você gostaria de aumentar seu engajamento ou envolvimento em qualquer uma ou mais de uma delas.

Uma advertência final

Ler as seções anteriores pode ter feito a espiritualidade soar como se fosse uma cura para tudo. Você pode até ficar com a ideia de que desenvolver um relacionamento com seu Poder Superior é *tudo* o que é necessário para superar seu problema com pânico, fobias ou ansiedade. É muito improvável que isso seja verdade. Você ainda precisará recorrer a todas as estratégias apresentadas neste guia para lidar com seu problema específico de ansiedade. Relaxamento, exercícios, estratégias de enfrentamento para pânico, exposição, mudança no diálogo interno e nas crenças equivocadas, expressão de sentimentos, desenvolvimento de assertividade e trabalho na autoestima serão todos necessários.

Desenvolver a sua espiritualidade pode oferecer-lhe inspiração adicional e esperança para persistir no seguimento do seu programa de recuperação. Também pode fornecer um meio poderoso de avançar para o próximo passo nos momentos em que você se sentir preso, desmotivado ou confuso.

Resumo de coisas para fazer

1. Você se sente ciente de seu próprio propósito ou propósitos de vida? Use o *Inventário de valores pessoais* para ajudar a esclarecer o que você mais gostaria de fazer com sua vida.

2. Com base em seus valores, faça uma lista de suas metas pessoais mais importantes. Em seguida, desenvolva um plano de ação – uma sequência específica de etapas – para alcançar cada um de seus objetivos importantes.

3. Reflita sobre as 10 ideias apresentadas na seção "Mudanças nas crenças associadas à espiritualidade" e complete o exercício 1.
4. Pratique a meditação "Conectando-se com seu Poder Superior" do exercício 2 quando se sentir diante de um problema pessoal que não conseguiu resolver por meio de seus próprios esforços conscientes.
5. Entre a lista de opções para desenvolver sua vida espiritual, reserve um tempo para refletir sobre:
   – Experiências que você teve que o deixaram inspirado, comovido ou elevado além de sua consciência cotidiana. Dê uma olhada no *Exercício 3: inventário de suas experiências espirituais*, para identificar tais experiências.
   – Pense em quaisquer práticas espirituais atuais em que você se envolva. Consulte a seção "Suas práticas espirituais" para explorar se você gostaria de expandir alguma de suas práticas espirituais atuais ou talvez adicionar novas.

Leituras adicionais

Se você está em um caminho religioso tradicional, provavelmente já está familiarizado com várias fontes escritas de inspiração e orientação. A Bíblia tem uma grande quantidade de discernimento e sabedoria para oferecer se você é de fé cristã ou judaica. Islâmicas, budistas, hindus e outras religiões tradicionais têm uma rica literatura de sabedoria espiritual. Os livros listados a seguir não estão alinhados com nenhuma religião em particular, mas, como este capítulo, falam de uma espiritualidade universal.

Bourne, Edmund J. *Beyond Anxiety & Phobia*. Oakland, CA: New Harbinger Publications, 2001.

_____. *Healing Fear*. Oakland, CA: New Harbinger Publications, 1998.

Dass, Ram. *Be Here Now*. San Cristobal, NM: Lama Foundation, 1971. (No prelo.)

Dossey, Larry. *One Mind*. Reprint. Carlsbad, CA: Hay House, 2014.

Forsyth, John P., and Georg H. Eifert. *The Mindfulness & Acceptance Workbook for Anxiety*. 2nd ed. Oakland, CA: New Harbinger Publications, 2016.

Gawain, Shakti. *Creative Visualization*. 40th anniversary ed. Novato, CA: Nataraj Publishing/New World Library, 2016.

_____, with Laurel King. *Living in the Light*. 25th anniversary ed. Novato, CA: Nataraj Publishing/New World Library, 2011.

Harris, Russ. *ACT Made Simple*. 2nd ed. Oakland, CA: New Harbinger Publications, 2019.

Hay, Louise. *You Can Heal Your Life*. Carlsbad, CA: Hay House, 1999. (Inclui muitas ferramentas e declarações úteis para desenvolver a autoestima.)

Jampolsky, Gerald. *Love Is Letting Go of Fear*. 3rd ed. New York: Celestial Arts, 2010.

Moody, Raymond. *Life After Life*. Special anniversary ed. New York: HarperOne, 2015.

Rodegast, Pat, and Judith Stanton. *Emmanuel's Book*. New York: Bantam, 1987.

Roman, Sanaya. *Spiritual Growth*. Novato, CA: New World Library, 1992.

Tolle, Eckhart. *A New Earth: Awakening to Your Life Purpose*. 10th anniversary ed. New York: Penguin, 2008.

_____. *The Power of Now*. Vancouver, BC, Canada: Namaste Publishing, 2004. (Um excelente recurso para ir além da mente condicionada e desenvolver a consciência.)

Williamson, Marianne. *Illuminata*. New York: Riverhead Books, 1995. (Uma excelente coleção de pensamentos e orações para os tempos modernos.)

Zukav, Gary. *The Seat of the Soul*. 25th anniversary ed. New York: Simon & Schuster, 2014.

Epílogo
Um futuro de ansiedade crescente

> *"Estou pedindo que, para o seu bem e para a segurança de sua nação, não faça viagens desnecessárias, use caronas ou transporte público sempre que puder... e ajuste seus termostatos para economizar combustível. Cada ato de conservação de energia como este é mais do que apenas senso comum, eu lhe digo que é um ato de patriotismo."*
>
> —Jimmy Carter, 1980

Este guia se concentrou principalmente em estratégias e habilidades destinadas a ajudá-lo a superar transtornos de ansiedade, como ataques de pânico, fobias ou preocupação excessiva. Como um guia para enfrentar a ansiedade, *Vencendo a ansiedade e a fobia* se absteve de abordar o contexto sociocultural mais amplo para a ansiedade que a humanidade está enfrentando no presente e enfrentará no futuro.

Na Introdução deste livro, vários fatores de ansiedade no nível social foram mencionados, como instabilidade econômica, desigualdade de renda, terrorismo local e global, proliferação de armas nucleares (particularmente por nações desonestas) e, finalmente, mudança climática, que atualmente está atingindo uma série de "pontos de inflexão" (pontos além dos quais não pode haver um retorno fácil). Um deles, por exemplo, é a perda significativa de camadas de gelo em ambos os polos, levando a aumentos perceptíveis no nível global do oceano. Outro é o desmatamento maciço – com a consequente perda de biodiversidade e hábitat biológico –, bem como a redução significativa do número mundial de árvores disponíveis para ajudar a absorver o dióxido de carbono da atmosfera.

Muitos outros impactos climáticos podem ser mencionados, como a acidificação do oceano, levando a perdas enormes de peixes e ao branqueamento de corais, ou um número crescente de cidades que, durante os meses de verão, atingem temperaturas superiores a 48,8 °C, tornando impossível para as pessoas trabalharem ao ar livre, exceto à noite, e causando aumento de mortes entre crianças e idosos, que não conseguem encontrar proteção suficiente contra esse calor extremo.

Todas as indicações científicas apontam para um *futuro com crescentes ameaças climáticas*.

A *ansiedade*, por definição, é uma resposta natural a uma ameaça percebida ou real. Uma vez que a ciência climática aponta para um futuro com *crescentes ameaças climáticas*, a conclusão é que estamos diante de um futuro de *maior ansiedade coletiva*. A mudança climática, por si só, leva a um mundo futuro de crescente ansiedade, além de todas as outras tendências mundiais futuras que podem comprometer a segurança coletiva.

Nos últimos anos, a maioria dos cientistas climáticos reconheceu que a *taxa* de impactos das mudanças climáticas tem sido consistentemente *subestimada*: é provável que até 2030 ou 2035 cheguemos a pontos de inflexão que, há apenas alguns anos, eram considerados improváveis de ocorrer antes de 2050.

Comparações com Pearl Harbor, o assassinato de JFK, o 11 de setembro de 2001 e até mesmo a peste negra dos anos 1300 vêm à mente. Uma diferença profunda entre esses acontecimentos que abalaram o mundo e a crise atual é a *duração percebida*. Desafios como Pearl Harbor ou o pior da peste negra desenrolaram-se em prazos que duraram no máximo alguns anos. As mudanças climáticas são diferentes. Sem mudanças urgentes e abrangentes feitas *nos próximos 10 anos*, as mudanças climáticas representam consequências cada vez mais catastróficas para a vida na Terra nos próximos 50 anos – ou mesmo nas próximas centenas de anos (a menos que surja alguma tecnologia milagrosa de captura de carbono ainda não inventada ou utilizada). Esse é um futuro de crescente ansiedade – um futuro que é uma direção definitiva.

Breve lista de possíveis impactos climáticos para as próximas duas décadas

- *Aumento do derretimento da camada de gelo da Groenlândia, bem como de várias camadas de gelo da Antártida*. Na pior das hipóteses, esse processo pode levar a inundações precoces de várias grandes cidades costeiras, bem como à submersão quase completa de porções costeiras de Bangladesh e Mianmar.
- *Aumento do desmatamento, mais crítico na Amazônia brasileira e nas florestas da Indonésia*. Todos os anos, uma média de 33 milhões de acres de floresta é cortada. A colheita de madeira contribui para a emissão de 1,5 bilhão de toneladas métricas de CO_2 para a atmosfera global a cada ano, cerca de *20% do total* de emissões de gases de efeito estufa provocadas pelo homem. Os dois principais objetivos do desmatamento desenfreado são a produção de madeira e a abertura de campos para o cultivo de soja, para produzir matéria-prima para o gado de corte. Se a humanidade reduzisse seu consumo de carne bovina, menos árvores seriam sacrificadas.
- *Aumento das temperaturas médias do verão em várias cidades acima de aproximadamente 48,8 °C*, semelhante à temperatura do Vale da Morte, na Califórnia (EUA). O trabalho ao ar livre em tal calor torna-se impossível e só pode ser feito à noite, quando a temperatura externa cai para cerca de 32,2 °C. As vidas de muitas crianças e idosos estão diretamente ameaçadas se não conseguirem encontrar alívio para um calor tão extremo. Várias cidades no Paquistão e na Índia estão atualmente experimentando essas temperaturas extremas continuamente por até *um ou dois meses* durante o verão, em vez de apenas em dias específicos. O resultado é uma insolação generalizada e a morte de pessoas vulneráveis. Outras cidades se juntarão a essas se o aquecimento global continuar.

- *O oceano está se tornando cada vez mais um importante "dissipador de calor" (local de absorção de calor) para o aquecimento global.* À medida que absorve maiores quantidades de CO_2, o oceano se torna cada vez mais ácido, dizimando populações de peixes em todo o mundo e branqueando os maiores recifes de coral do mundo, como a Grande Barreira de Corais na costa leste da Austrália.
- *O aumento do fenômeno de dissipação de calor urbano* tornou as grandes cidades, particularmente na Ásia, inabitáveis no verão sem ar-condicionado. A *combinação de calor elevado e umidade elevada* (superior a 60%) provou ser especialmente letal para as pessoas que não conseguem encontrar ou custear refúgio do calor. O resultado foi a migração em massa dos centros urbanos durante os meses de verão e a perda substancial de empregos.

Sem enumerar mais os impactos das alterações climáticas, o ponto crítico é que a *taxa* de mudança no aquecimento global está acelerando em relação ao que se pensava ser há dois ou três anos. Assim, a necessidade de mitigação é mais urgente do que se pensava anteriormente. Muitos cientistas usam o termo "emergência climática", em vez de "mudança climática". As metas estabelecidas para 2050 há alguns anos precisam ser recalibradas para 2030. Os milhões de jovens que se manifestam nas ruas em muitas sextas-feiras estão lá para transmitir esse grau de urgência. Sem esforços rápidos e abrangentes para mitigar o aquecimento global, eles viverão para ver impactos catastróficos em suas vidas.

Algumas soluções propostas (muitas das quais são bem conhecidas há mais de uma década)

1. *Um imposto mundial sobre o carbono*, que aumenta gradualmente ao longo do tempo, aumentando o custo para todas as indústrias, atividades (como o desmatamento) e veículos que envolvem carbono, conforme a quantidade de carbono emitida. Até o momento, o uso generalizado de impostos sobre o carbono foi evitado.
2. *Sistemas de* "cap and trade" *(limite e comércio).* Um sistema de *cap and trade* é uma estratégia baseada no mercado que dá às empresas emissoras de dióxido de carbono a oportunidade de estabelecer seus próprios limites de emissão de carbono. A parte "*cap*" do *cap and trade* geralmente é estabelecida por um governo, uma região ou um estado. Por exemplo, a Nova Inglaterra e a Califórnia representam uma região e um estado, respectivamente, que estabeleceram um limite para as emissões permitidas de gases de efeito estufa – especialmente destinado a empresas de produção de energia, mas incluindo todas as empresas. Com o tempo, o limite é gradualmente reduzido, de modo que as empresas precisam se tornar menos intensivas em carbono. A parte "*trade*" do *cap and trade* permite que as empresas comprem licenças para emitir níveis maiores de CO_2 em troca da compra de "compensações" para mitigar o CO_2, como reflorestar uma área, construir sistemas de painéis solares ou instalar sistemas movidos a energia eólica. Portanto, uma empresa é limitada de duas maneiras: um limite é definido para suas emissões totais permitidas, e sua oportunidade de emitir mais do que o limite deve ser comprada, devendo a empresa investir em esforços que reduzam diretamente as emissões de gases de efeito estufa.

3. *Afastamento da produção de energia baseada em combustíveis fósseis (carvão, petróleo ou gás natural) em direção a formas de produção de energia livres de carbono*, como reatores nucleares (especialmente os mais novos e de menor escala), células solares e parques eólicos. Essas mudanças vitais na produção de energia são, na melhor das hipóteses, uma solução de longo prazo, já que *quase metade* da eletricidade produzida nos Estados Unidos, na China e na Índia ainda usa o carvão como fonte primária de energia.

Geoengenharia: o último recurso

A redução da emissão de gases de efeito estufa tem sido o principal objetivo para reduzir o aquecimento global por três décadas. No entanto, parece que as metas ambiciosas, como a meta estabelecida no Acordo Climático de Paris de 2016 para limitar o aumento da temperatura global em não mais de 1,5 grau centígrado (ou, na falta disso, pelo menos 2 graus centígrados), já foram excedidas. Na época do Acordo de Paris, as metas declaradas eram voluntárias e não obrigatórias, embora relatórios periódicos dos países participantes sobre o progresso fossem obrigatórios. A partir de 2019, o aumento médio das temperaturas globais já subiu *2,7 graus centígrados*. Até o momento da publicação deste livro, julho de 2019 foi registrado como o mês mais quente do mundo. Além disso, após 2019, as emissões nocivas de carvão seguem aumentando, incluindo 4,5% de aumento das emissões de carvão na China e 7,1% na Índia nos últimos dois anos (Harvey 2018).

Se todos os esforços para diminuir as emissões de gases de efeito estufa falharem, a *geoengenharia* fornecerá uma série de métodos possíveis, mas não testados, para reduzir a entrada de luz solar na atmosfera terrestre. A palavra "geoengenharia" significa exatamente o que diz: reengenharia do meio ambiente em escala global para reduzir o aquecimento global. A seguir, estão cinco (de forma alguma todos) exemplos de conceitos de geoengenharia (Biello 2007), alguns dos quais foram testados em uma escala muito pequena, embora nenhum deles tenha sido seriamente considerado em escala global, não apenas em virtude dos esforços e/ou custos envolvidos, mas porque as consequências para o hábitat humano e animal não são totalmente conhecidas e não podem ser totalmente previstas.

1. A *injeção artificial de aerossóis, sendo o mais popular o dióxido de enxofre (SO_2) diretamente na atmosfera* superior, pode ter um efeito de resfriamento, bloqueando o calor e a luz do sol. Também poderia trazer de volta as médias globais de precipitação para os níveis pré-industriais. A desvantagem é que aumentar o SO_2 para níveis que reduziriam a luz solar e o calor globalmente teria um efeito semelhante a muitas centenas de erupções vulcânicas simultâneas (que também liberam dióxido de enxofre). Ninguém pode prever todos os efeitos sobre as espécies animais e vegetais do enchimento da alta atmosfera com sulfitos. Além disso, se apenas o hemisfério norte fosse tratado, o hemisfério sul sofreria impactos climáticos cada vez mais severos. Por fim, a injeção de SO_2 teria de continuar indefinidamente. Se parasse de modo repentino, como resultado de obstáculos políticos ou econômicos, os cientistas preveem um "efeito rebote" do *aumento da taxa* de aquecimento global em relação aos valores iniciais.

2. Uma segunda solução de geoengenharia é *injetar trilhões de pequenos espelhos refletivos na atmosfera superior, que literalmente refletiriam de volta o calor e a luz do sol*, resfriando a Terra. Essa alternativa tecnológica específica é mais difícil de escalar para níveis globais do que a infusão de aerossol de sulfato e acarreta riscos semelhantes.
3. Uma terceira possibilidade *é a captura e o armazenamento de carbono*. Isso envolve a adaptação de todas as usinas de energia que emitem carbono e de outras empresas intensivas em carbono com mecanismos para capturar e armazenar carbono no subsolo. Embora essa alternativa tenha sido discutida por muitos anos, o custo e os obstáculos políticos para fazê-lo globalmente foram considerados proibitivos por muitos cientistas.
4. Outra proposta de longa data tem sido *semear o oceano com limalhas de ferro, a fim de aumentar a produção de fitoplâncton, uma vez que ele captura diretamente o CO_2*. Assim como ocorre com a maioria das alternativas de geoengenharia, os custos tecnológicos, políticos e econômicos de ampliar essa solução para todo o planeta são desafiadores, para dizer o mínimo. Ninguém sabe realmente quais serão os efeitos em curto ou longo prazo da semeadura de ferro nos oceanos. Alguns críticos alertam que os ecossistemas oceânicos podem ser perturbados de forma a resultar em florações de algas nocivas, causando marés vermelhas em todo o mundo e outros efeitos tóxicos. Enquanto a fertilização dos oceanos com ferro pode resultar em menor acidificação do mar em níveis mais altos, a acidificação pode aumentar em níveis mais profundos do mar.
5. Por fim, a única forma verdadeiramente *natural* de geoengenharia envolveria reverter os impulsionadores das mudanças climáticas: (1) plantar um enorme número de árvores, (2) bloquear o crescimento vertiginoso da industrialização para restaurar hábitats naturais e biodiversidade e (3) tornar o ar-condicionado de baixo custo muito mais amplamente disponível para residentes de cidades expostas ao excesso de calor (entre várias outras alternativas naturais). Isso é geoengenharia no seu melhor: restaurar o máximo possível os recursos que estabilizaram o clima da Terra por milhares de anos. Infelizmente, essa opção positiva tem a menor probabilidade de ser realizada. O custo e o esforço para ampliar essas alternativas naturais para níveis que fariam uma diferença genuína são verdadeiramente desafiadores. Também falta vontade política para o fazer nos países mais responsáveis pelas alterações climáticas.

Ações pessoais que cada um de nós pode implementar

Embora a ação coletiva contra as mudanças climáticas, nos níveis global e governamental, seja necessária, também há coisas que cada um de nós pode fazer para mitigar as mudanças climáticas. Aqui estão algumas ações que podemos implementar individualmente:

1. *Afaste-se dos carros que consomem gasolina* e proporcionam maiores emissões de CO_2, substituindo-os por veículos híbridos a gás e elétricos ou totalmente elétricos. A vantagem dos veículos elétricos é que eles são livres de carbono. Uma

desvantagem potencial é que a rede elétrica ainda depende significativamente da energia gerada pelo carvão, embora isso esteja mudando rapidamente em algumas áreas. Como a demanda mundial por carros é cada vez mais dramática, a substituição de fontes de eletricidade baseadas em carvão por alternativas solares e eólicas atualmente não consegue acompanhar.

2. *Promova o desinvestimento em empresas petrolíferas* (como Exxon Mobil, Royal Dutch Shell ou British Petroleum) e invista em empresas baseadas em energias renováveis.
3. *Coma menos carne vermelha.* O gado de corte é criado com soja, e boa parte dela é obtida a partir de estoques de soja cultivados em grandes áreas desmatadas da Amazônia no Brasil, bem como em áreas desmatadas da Indonésia. Ao comer menos carne, você apoia a manutenção de mais árvores no planeta, sem as quais o mundo poderia ver mudanças climáticas descontroladas (as árvores absorvem uma quantidade de CO_2 significativa). Comer carne uma vez por dia produz indiretamente cerca de 1,5 tonelada a mais de gás de efeito estufa (CO_2 e metano) por ano *por pessoa* do que se tornar vegetariano.
4. *Aproxime-se do trabalho.* Reduza o tempo de viagem ao mínimo. Você não apenas ganha uma viagem mais rápida, mas também salva o planeta do aumento das emissões de CO_2 provenientes dos carros. Se possível, more perto o suficiente para trabalhar usando o transporte coletivo ou indo de bicicleta.
5. *Reduza ao mínimo as viagens de avião.* O querosene queimado pelos motores a jato é uma importante fonte de carbono liberado na atmosfera.
6. *Use aparelhos com classificação "classe A", mais eficientes em termos energéticos.* Isso é especialmente importante para eletrodomésticos que consomem grandes quantidades de energia, como refrigeradores ou aparelhos de ar-condicionado.
7. *Use luzes LED.* Essas luzes são mais eficientes em termos energéticos do que as lâmpadas fluorescentes, que, por sua vez, são mais eficientes do que as lâmpadas incandescentes mais antigas.
8. *Recicle resíduos eletrônicos.* Centenas de milhões de telefones celulares, *laptops*, iPads e monitores de computador acabam em aterros sanitários todos os anos. Lá, eles se desintegram ao longo dos séculos, lixiviando metais tóxicos, como chumbo, mercúrio e lítio, que podem eventualmente chegar às águas subterrâneas. Para reverter essa tendência, faça uma pesquisa no Google pelo lugar mais próximo da sua comunidade que usa eletrônicos reciclados. A menos que você esteja em uma área rural remota, esse local deve estar a uma curta distância de carro. Se desejar, guarde todos os seus eletrônicos antigos e extintos para que seja necessária apenas uma ida ao local de reciclagem de lixo eletrônico.

Observação: essa é apenas uma lista muito parcial de ações que você pode tomar para reduzir sua "pegada de carbono" pessoal – ou seja, a quantidade de emissões baseadas em carbono que você produz pessoalmente a cada ano. Para obter uma lista muito mais completa de coisas que você pode fazer para ajudar o planeta, veja o Capítulo 24, "Tome medidas", do livro *Global Shift*, deste mesmo autor. Além disso, Al Gore produziu uma sequência de seu icônico filme de 2006, *Uma Verdade Inconveniente*, chamada *Uma Verdade Mais Inconveniente*, lançada em 2017.

Referências

Biello, David. Ten Solutions for Climate Change. *Scientific American*, Nov. 26, 2007. www.scientifi-camerican.com/article/10-solutions-for-climate-change.

Harvey, Chelsea. "CO2 Emissions Reached an All-Time High in 2018." *Scientific American*, Dec. 6, 2018. www.scientificamerican.com/article/co2-emissions-reached-an-all-time-high-in-2018.

Bourne, Edmund. *Global Shift: How A New Worldview is Transforming Humanity*. Oakland, CA, New Harbinger Publications (em esforço conjunto com a Noetic Books do Institute of Noetic Sciences), 2008.

Apêndice 1

Organizações úteis

Anxiety and Depression Association of America

A Anxiety and Depression Association of America (ADAA) é uma organização sem fins lucrativos e de caridade fundada em 1980 por líderes no campo do tratamento de fobias, agorafobia e transtornos de pânico/ansiedade. Seu objetivo é promover a conscientização pública sobre transtornos de ansiedade, estimular a pesquisa e o desenvolvimento de tratamentos eficazes e oferecer assistência aos pacientes e às suas famílias no acesso a especialistas e programas de tratamento disponíveis. Em 2012, a associação se expandiu tanto no nome quanto nos recursos oferecidos para incluir a depressão.

O *site* da associação, *adaa.org*, oferece um *link* "Find Your Therapist" ("Encontre seu terapeuta", em português) para ajudar a encontrar terapeutas em sua área local que listam sua prática com a associação. A associação prefere que você use essa ferramenta para encontrar um terapeuta perto de onde você mora, em vez de entrar em contato diretamente com a ADAA.*

Para obter mais informações sobre a ADAA, seus serviços, suas publicações, seus *podcasts* e suas conferências, bem como sobre como participar, entre em contato:

Anxiety and Depression Association of America
8701 Georgia Ave. #412
Silver Spring, MD 20910
1-240-485-1001
information@adaa.org

International OCD Foundation

A missão da International OCD Foundation é ajudar indivíduos com transtorno obsessivo-compulsivo (TOC) a viver uma vida plena e produtiva. A organização fornece livros e folhetos, realiza pesquisas e organiza conferências nacionais sobre TOC. Para obter informações abrangentes sobre o TOC e uma lista de terapeutas especializados no tratamento desse transtorno, consulte o *site iocdf.org*. Você também pode escrever ou ligar para eles:

International OCD Foundation
PO Box 961029

---

* N. de T. No Brasil, acesse https://www.fbtc.org.br/encontre-um-terapeuta e localize um terapeuta cognitivo-comportamental perto de você.

Boston, MA 02196
1-617-973-5801
info@iocdf.org

Social Anxiety Institute

A ansiedade social é o medo de ser julgado e avaliado negativamente por outras pessoas, levando a sentimentos de inadequação, constrangimento, humilhação e depressão. Atualmente, é o terceiro problema de saúde mental mais comum no campo dos transtornos de ansiedade. O Social Anxiety Institute oferece uma lista de prestadores de tratamento, vídeos, livros e um boletim informativo relevante sobre transtorno de ansiedade social e fobia social. Para obter mais informações sobre seu trabalho, bem como sobre como se tornar um membro, entre em contato:

Social Anxiety Institute
Thomas A. Richards, PhD
2058 East Topeka Drive
Phoenix, AZ 85024
1-602-230-7316
socialanxietyinstitute.org

National Alliance on Mental Illness (NAMI)

A NAMI fornece informações sobre toda a gama de dificuldades de saúde mental, incluindo transtornos de ansiedade. Também descreve uma ampla gama de tratamentos para vários problemas de saúde mental. A NAMI é uma aliança nacional de mais de mil afiliadas locais em comunidades nos Estados Unidos. Para obter mais informações sobre a NAMI, basta acessar o *site*.

National Alliance on Mental Illness (NAMI)
1-800-950-6264 (linha de apoio)
nami.org

Embora falar com uma pessoa ao vivo por telefone seja sempre mais pessoal, no caso possível de a linha de apoio ser fechada, você pode enviar uma mensagem de texto para NAMI para 741741 ou enviar um *e-mail* para info@NAMI.org.

Observação: se você ou alguém que você conhece estiver tendo uma crise grave – considerando suicídio ou não –, ligue gratuitamente para o *Lifeline* pelo telefone 1-800-273-8255 para falar com um conselheiro de crise treinado, disponível 24 horas por dia, sete dias por semana.**

** N. de T. No Brasil, busque o Centro de Valorização da Vida (https://cvv.org.br, telefone 188). Atendimento por telefone disponível 24 horas. Atendimento por *chat*: domingo das 17h à 01h; segunda a quinta das 09h à 01; sexta das 15h às 23h; sábado das 16h à 01h.

Apêndice 2

Recursos para relaxar

Há uma grande variedade de recursos de treinamento para alcançar um estado profundo de relaxamento, disponíveis para *downloads* para o seu computador ou *smartphone*.

Relaxamento e visualização

Relaxamento profundo

Uma grande variedade de recursos de áudio para *download* que facilitam o relaxamento profundo pode ser encontrada em Sounds True (soundstrue.com). Clique no *link* "Meditation".

Visualizações guiadas

Um bom recurso para *downloads* e livros que podem facilitar a redução da ansiedade e o relaxamento profundo é o *site* do Dr. Emmett Miller: drmiller.com.

Você também pode fazer uma pesquisa na Amazon por "visualizações para relaxar".

Música

Calma, pacífica

Acesse amazon.com/music e faça uma pesquisa para encontrar músicas tranquilas e calmantes.

Clássica

Para um entusiasta de música clássica, ouça o álbum *The Most Relaxing Classical Album in the World…Ever!* (Virgin Records).

Compilações

Em geral, compilações de música de Windham Hill e Narada são propícias ao relaxamento. Acesse amazon.com/music e faça uma pesquisa por "*Windham Hill*" ou "*Narada*".

Apêndice 3

Como parar pensamentos obsessivos

Os pensamentos obsessivos podem se tornar uma *espiral negativa*. Quanto mais tempo você passa com eles, mais profundamente você pode se aprofundar neles. Os pensamentos obsessivos geralmente são temerosos e tendem a deixá-lo com dúvidas, por exemplo: "E se eu esquecer de desligar o fogão a gás antes de sair de casa" ou "E se eu ficar contaminado por tocar na alavanca de descarga do banheiro público, mesmo que eu tenha lavado as mãos". Essa dúvida, por sua vez, leva-o a revisitar o pensamento temeroso repetidas vezes em um esforço para apaziguar a dúvida. Esse pensamento também pode ser visto como uma forma de transe. Quanto mais você o induz pela repetição, mais extasiado você fica, e mais difícil pode ser "quebrar o feitiço".

É preciso um ato deliberado de vontade para parar os pensamentos obsessivos. Você precisa fazer um esforço deliberado para se afastar da atividade mental circular e *sair da sua cabeça*, "mudando de marcha" para outra modalidade de experiência. Alguns exemplos são praticar atividade física, ligar para um bom amigo, assistir a um filme engraçado ou resolver quebra-cabeças (uma espécie de foco obsessivo "positivo" alternativo).

A força para baixo de uma espiral obsessiva pode ser muito atraente. Seguir o caminho de menor resistência provavelmente manterá sua mente girando e girando. Embora a escolha deliberada de romper com o pensamento obsessivo possa ser difícil no início (especialmente se você estiver muito ansioso), com a prática, ficará mais fácil.

A seguir, estão alguns exemplos de atividades e experiências alternativas que podem ajudá-lo a sair da sua mente e se afastar do pensamento obsessivo.

1. *Faça exercício físico*. Pode ser o seu exercício favorito ao ar livre ou em ambientes fechados, dançar ou apenas executar tarefas domésticas.

2. *Faça o relaxamento muscular progressivo isolado ou combinado com a respiração abdominal*. Ver Capítulo 4 para mais detalhes. Continue assim por 5 a 10 minutos até se sentir totalmente relaxado e livre de pensamentos obsessivos.

3. *Use música evocativa para liberar sentimentos reprimidos*. Tais sentimentos – geralmente de tristeza ou de raiva – podem estar subjacentes e "conduzir" à preocupação ou ao pensamento obsessivo.

4. *Fale com alguém.* Converse sobre algo que não seja a preocupação, a menos que você queira expressar seus sentimentos sobre isso, como no ponto 3.
5. *Use distrações visuais.* Pode ser televisão, filmes, *videogames*, seu computador, leitura edificante ou até mesmo um jardim de pedras.
6. *Use distração sensório-motora.* Tente fazer artesanato, consertar algo ou praticar jardinagem.
7. *Encontre uma "obsessão positiva" alternativa.* Por exemplo, faça palavras cruzadas ou quebra-cabeças.
8. *Pratique rituais saudáveis.* Combine a respiração abdominal com uma declaração positiva que tenha significado pessoal. Continue assim por 5 a 10 minutos, ou até que esteja totalmente relaxado.

Exemplos de declarações:

"Deixe estar."

"Esses são apenas pensamentos – eles estão desaparecendo."

"Estou inteiro, relaxado e livre de preocupações."

Para os espiritualmente inclinados:

"Deixe nas mãos de Deus."

"Eu permaneço em Espírito (Deus)."

"Eu libero essa negatividade para Deus."

Apêndice 4

Declarações para superar a ansiedade

As declarações a seguir destinam-se a ajudá-lo a mudar sua atitude e responder construtivamente aos tipos de diálogo interno negativo que podem alimentar a ansiedade. Lê-los uma ou duas vezes provavelmente não fará muita diferença. Ensaiar alguns ou todos eles diariamente por algumas semanas ou meses começará a ajudá-lo a mudar sua visão básica sobre o medo em uma direção construtiva. Uma maneira de fazer isso é ler uma das duas seções a seguir lentamente, uma ou duas vezes por dia, dando a si mesmo tempo para refletir sobre cada declaração. Melhor ainda, grave uma ou ambas as seções, deixando alguns segundos de silêncio entre cada declaração. Em seguida, ouça a gravação uma vez por dia, quando relaxado, para reforçar uma atitude mais positiva e confiante sobre como dominar sua ansiedade.

Pensamentos negativos e declarações positivas para combatê-los

(Use apenas as declarações se você estiver fazendo uma gravação.)

Isso é insuportável.	Posso aprender a lidar melhor com isso.
E se isso continuar sem parar?	Vou lidar com isso um dia de cada vez. Eu não tenho que projetar o futuro.
Sinto-me prejudicado e inadequado em relação aos outros.	Alguns de nós têm caminhos mais íngremes para percorrer do que outros. Isso não me torna menos valioso como ser humano – mesmo que eu realize menos coisas no mundo exterior.
Por que eu tenho que lidar com isso? Outras pessoas parecem mais livres para aproveitar suas vidas.	A vida é uma escola. Por qualquer motivo, pelo menos por enquanto, recebi um caminho mais íngreme – um currículo mais difícil. Isso não me faz errado. Na verdade, a adversidade desenvolve qualidades de força e compaixão.
Ter essa condição parece injusto.	A vida pode parecer injusta do ponto de vista humano. Se pudéssemos ver o quadro geral, veríamos que tudo está seguindo de acordo com o planejado.

Não sei como lidar com isso.	Posso *aprender* a lidar melhor com isso e com qualquer dificuldade que a vida traga.
Eu me sinto tão inadequado em relação aos outros.	Deixe as pessoas fazerem o que fazem no mundo exterior. Estou seguindo um caminho de crescimento e transformação interior, que é pelo menos igualmente valioso. Encontrar a paz em mim mesmo pode ser um presente para os outros.
Cada dia parece um grande desafio.	Estou aprendendo a levar as coisas mais devagar. Estou reservando tempo para cuidar de mim.
Não entendo por que estou assim – por que isso aconteceu comigo.	As causas da minha ansiedade são muitas, incluindo hereditariedade, ambiente e estresse cumulativo. A compreensão das causas satisfaz o intelecto, mas não é o que cura.
Eu sinto que estou ficando louco.	Quando a ansiedade é alta, posso *sentir* que estou perdendo o controle. Mas esse sentimento não tem nada a ver com enlouquecer. Os transtornos de ansiedade estão muito longe da categoria de transtornos rotulados como "loucos".
Eu tenho que lutar contra isso.	Lutar com um problema não vai ajudar tanto quanto ganhar mais tempo na minha vida para cuidar melhor de mim mesmo.
Eu não deveria ter deixado isso acontecer comigo.	As causas em longo prazo desse problema estão na hereditariedade e no ambiente da infância, então eu não causei essa condição. Mas *posso* assumir a responsabilidade de melhorar.

Declarações ansiolíticas

Escolha suas declarações favoritas na lista a seguir. Sua lista pode conter de cinco a dez declarações principais (ou mais, se você preferir). Em seguida, leia a lista lentamente ou grave-a, lendo lentamente e reproduzindo-a uma vez por dia.

- Estou aprendendo a deixar as preocupações irem.
- A cada dia, estou crescendo em minha capacidade de dominar a preocupação e a ansiedade.
- Estou aprendendo a não alimentar minhas preocupações – a escolher a paz, em vez do medo.
- Estou aprendendo a escolher conscientemente o que penso e escolho pensamentos que são favoráveis e benéficos para mim.
- Quando surgem pensamentos ansiosos, posso desacelerar, respirar e deixá-los ir.

- Quando surgem pensamentos ansiosos, posso arranjar tempo para relaxar e liberá-los.
- O relaxamento profundo me dá liberdade de escolha para sair do medo.
- A ansiedade é feita de pensamentos ilusórios – pensamentos que posso deixar de lado.
- Quando vejo a maioria das situações como elas realmente são, não há nada a temer.
- Pensamentos de medo geralmente são exagerados, e estou aumentando minha capacidade de desligá-los à vontade.
- O verdadeiro risco que enfrento na maioria das situações é realmente muito pequeno.
- Toda preocupação envolve superestimar o risco de perigo – e subestimar minha capacidade de lidar com ele.
- Cada vez mais, está se tornando mais fácil relaxar e me livrar da ansiedade.
- Mantenho minha mente muito ocupada com pensamentos positivos e construtivos, não tenho muito tempo para me preocupar.
- Estou aprendendo a lidar com minha mente e a escolher os pensamentos que prefiro pensar.
- Estou ganhando mais confiança em mim mesmo, pois sei que posso lidar com qualquer situação que apareça.
- O medo está se dissolvendo e desaparecendo da minha vida. Estou calmo, confiante e seguro.
- À medida que levo a vida de forma mais lenta e fácil, tenho mais leveza e paz.
- À medida que cresço em minha capacidade de relaxar e de me sentir seguro, percebo que realmente não há nada a temer.